先进材料与关键技术丛书

功能静电纺纤维材料

丁 彬 俞建勇 著

中国纺织出版社

内 容 提 要

本书围绕静电纺丝技术，详细介绍了静电纺纳米纤维材料的种类、结构及功能化应用。内容涉及静电纺丝技术的起源、发展及基本理论；静电纺纳米纤维材料的种类及结构；静电纺纳米纤维材料在空气过滤、液体过滤、油水分离、自清洁、防水透湿、吸附与催化、生物医用与生化分离、传感、能源、隔热等领域的功能化应用；功能静电纺纤维材料的研究展望。书中介绍的内容是作者近年来的研究进展，反映了该领域的研究前沿及发展趋势。

本书可供静电纺丝和功能纳米纤维材料领域的科研人员阅读，也可供高等院校相关专业师生及企业技术人员参考。

图书在版编目（CIP）数据

功能静电纺纤维材料 / 丁彬，俞建勇著 . −− 北京：中国纺织出版社，2019.1（2024.5重印）

（先进材料与关键技术丛书）

ISBN 978-7-5180-4912-7

Ⅰ.①功…　Ⅱ.①丁…　②俞…　Ⅲ.①静电纺纱 – 纺织纤维 – 研究　Ⅳ.① TS104.7

中国版本图书馆 CIP 数据核字（2018）第 075694 号

责任编辑：符 芬　　责任校对：楼旭红　王花妮
责任印制：何 建

中国纺织出版社出版发行
地址：北京市朝阳区百子湾东里A407号楼　邮政编码：100124
销售电话：010—67004422　传真：010—87155801
http://www.c-textilep.com
中国纺织出版社天猫旗舰店
官方微博 http://weibo.com/2119887771
北京虎彩文化传播有限公司印刷　各地新华书店经销
2024年5月第2次印刷
开本：787×1092　1/16　印张：25.25　插页：8
字数：520千字　定价：168.00元

推荐序一

　　《中国制造 2025》提出的五大工程和十大领域中均涉及新材料，并明确将高性能结构材料、功能性高分子材料、先进复合材料、高性能纤维作为发展重点，纳米技术、生物基纤维等被纳入战略前沿材料；随着《纺织工业发展规划（2016～2020年）》和《纺织工业"十三五"科技进步纲要》发布，提出高性能纤维、生物基纤维整体技术达到国际先进水平的发展目标，并详细规划化纤材料工程及发展重点。

　　中国纺织出版社紧跟时代发展潮流，紧扣行业发展需求，组织行业相关领域权威作者著写出版《先进材料与关键技术丛书》，内容涵盖纺织新材料发展的重点领域，大多是国家科技奖获奖项目，其中《功能静电纺纤维材料》反映目前纳米纤维材料的前沿研究热点和高端应用，并提出了该领域发展的前沿科学问题。

　　作为典型的传统行业，纺织行业急需转型升级，《先进材料与关键技术丛书》的出版是察行业之所需，诉行业之所求。

　　特此推荐！

中国工程院院士

2018.07.13

推荐序二

　　中国纺织出版社历来具有紧密追踪纺织科研与生产成果的传统，这次又适时推出了《先进材料与关键技术丛书》。书稿为原创内容，均由本方面专家权威根据自身科研结果集成。

　　我有幸应邀对此丛书提供推荐意见，姑且谈谈自己的一些想法。我对中国纺织工业及教育未来是非常乐观的。原因很简单，在所有工业产品中，只有食物和衣着是人类生存须臾不可缺少的。任何一个国家，若食物和衣着依赖他人，则事关国家安全问题，何况是中国如此大国。而工业化大规模生产需要训练有素的专业人员；同时，日益成熟的消费者不断提出新产品、新功能、新要求。这一切都是以发达的纺织教育及科研能力为前提的，因此，纺织工业及教育虽然在其他某些国家式微，但在中国仍将继续蓬勃发展。

　　纺织科学与工程是研究如何将纤维原材料加工成产品，故材料和加工是我们的两大基本学科领域，而最能显示纺织特点的是纺织材料科学。但必须清楚认识到，由于先后受欧美及苏联传统的影响，纺织材料学从一开始就与一般材料学相脱离。无论在学术指导思想和课程内容甚至专业术语上都形成了自己独立的系统而孤立于材料学主体之外。另外，不像其他工程学科，纺织工程基本没有自己成熟且系统的专业基础课，且近年来数理化基础课又被严重削弱。所产生的严重后果之一是所培养人才基本训练较弱，关键知识不深，思路较窄，对新知识新理论不敏感，开创性及与其他行业合作中竞争力不足。而最近的新现象是本学科逐渐丢弃纺织特点，有沦为低档材料学科的危险。

　　改变此种颓势需各方努力。但基于原创科研成就的高水平科技书籍无疑是其中重要一环。希望大家合力把这项事关领域发展的重要举措坚持下去！

英国皇家纺织学会院士、美国机械工程师学会院士

2018.07.03

前　言

　　早在 7000 多年前，人类就能够从自然界中获取棉、麻、丝、毛等天然纤维，并将其用于遮体保暖。随着化学工业和高分子材料的迅速发展，一系列合成高分子纤维不断涌现，不仅满足了日常生活中人们对服装、家用纺织品的需求，还广泛应用于医疗卫生、环境、能源等高新技术领域。

　　20 世纪 80 年代末，纳米技术的迅速兴起带动了纳米材料的蓬勃发展和广泛应用，使其成为推动当代科学技术进步的重要力量。纳米纤维作为一维纳米材料，不仅具有显著的尺寸效应，还在光、热、电、磁等方面表现出诸多新奇的特性，可显著提升材料的性能并拓宽其应用领域。目前，纳米纤维的制备方法主要有模板法、闪蒸法、海岛法、静电纺丝法等，其中静电纺丝技术因具有制造装置简单、纤维结构可调性好、技术结合性强等优势，已成为制备纳米纤维的主要途径之一。静电纺纳米纤维材料具有比表面积大、孔径小、孔隙率高、孔道连通性好、易表面功能化改性等特点，在航空航天、国防军工、环境治理、电子能源、生物医用等高精尖领域具有广阔的应用前景。

　　作者一直从事静电纺丝技术及纳米纤维的基础与应用研究工作，尤其在静电纺纳米纤维结构的精细调控及功能化应用方面积累了一定的研究经验。鉴于当前诸多领域对纳米纤维材料的迫切需求和静电纺丝技术的迅猛发展，以及作者在功能静电纺纤维材料方面的一些研究成果，特撰写此书，旨在给纤维材料研究领域的科研人员提供参考，并希望本书可对纳米纤维材料的发展起到抛砖引玉的作用。

　　本书第 1～2 章主要介绍静电纺丝技术的起源、发展、基本理论和静电纺纤维材料的种类及结构；第 3～12 章介绍静电纺纳米纤维材料在空气过滤、液体过滤、油水分离、自清洁、防水透湿、吸附与催化、生物医用与生化分离、传感、能量存储与转换、隔热领域的功能化应用；第 13 章介绍静电纺纤维材料在应用领域拓展、力学性能增强及宏量制备方面的研究展望。

　　由于水平有限，且功能静电纺纤维材料的发展非常迅速，书中难免存在一些不足甚至错误之处，恳请读者批评指正。

丁彬　俞建勇

2018 年春于上海

目　录

第1章 绪论

1.1 纤维材料

1.1.1 纤维材料概述

纤维通常是指长径比大于 1000 且直径在几百微米以下的细长物质。早在 7000 多年前，人类就已能够从植物和动物分泌液及其毛发中获取棉、麻、丝、毛等天然纤维，并将其作为纺织物的主要原料[1]。随着化学工业和高分子材料的迅速发展，人类逐渐生产出聚酰胺、聚丙烯、聚酯等一系列合成高分子纤维材料[2]。纤维技术的快速发展促进了纺织工业的兴起，极大地拓宽了服装与家用纺织品（家纺）的原料种类，且随着加工技术的不断改进，越来越多具有不同外观与性能的服装与家纺制品被开发出来，从而满足了人们日益增长的生活需求。同时，随着各种高性能、多功能纤维的相继开发及其工业化生产[3]，纤维材料不再局限于传统的服装与家纺领域，还广泛应用于医疗卫生、环境、能源等高新技术领域[4-8]。

在纤维科学与工程的发展过程中，纤维细化是纤维材料的重要发展趋势之一，当纤维的直径从微米数量级降低至纳米数量级时，纤维材料的比表面积、孔隙率、孔道连通性等将大幅提升，进而在光、热、电、磁等方面表现出许多独特的性质，不仅有利于提升其在现有领域的应用性能，还可拓宽其应用领域。

1.1.2 纳米纤维材料及其制备技术

纳米科学技术是在 20 世纪 80 年代末诞生并逐步发展起来的一项新兴科技，是研究尺寸范围在 0.1 ~ 100nm 的物质的组成体系（包括电子、原子和分子）的运动规律和相互作用及其实际应用的科学技术[9]。纳米科学技术的发展引发了一系列新的科学技术，包括纳米材料、纳米化学、纳米加工技术等。纳米材料具有表面效应、量子尺寸效应和小尺寸效应等纳米效应，这些效应可赋予材料新的功能特性，在众多领域表现出巨大的应用价值。纳米纤维是指直径在纳米尺度范围内的一维纳米材料，但从广义上讲，直径在 1μm 以下的纤维也被称作纳米纤维。纳米纤维不仅具有通常纳米材料的独特效应，还具有优异的热稳定性、机械性能、电子和光子传输性、光学性质和光电导性能等，在电子、军工、信息、光学、化工、生物和医药等领域具有广阔的发展前景。目前，纳米纤维的制备技术主要有模板合成法、熔喷法、海岛法、闪蒸法、相分离法和静电纺丝法等。

（1）模板合成法。模板合成法是以具有特定结构的物质作为模板，在模板的空间限域作用和调控作用下获取纳米纤维的方法。根据模板的不同，模板法可分为硬模板法和软模板法，硬模板法主要以多孔阳极氧化铝作为模板，通过电镀、原子层沉积、高压注入、超临界流体等方法将原料填充到模板表面或内部，最后将模板去除获得纳米纤维，如图 1-1 所示[10]。软模板法主要是以表面活性剂作为模板，在模板的调控作用下制备不同形貌结构的纳米纤维[11]。该方法可精确调控纳米纤维的尺寸、形貌、结构，但纤维的连续性较差，不易批量化制备。

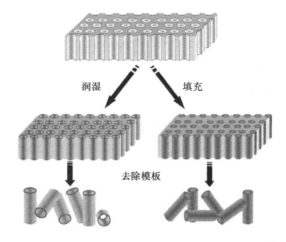

图 1-1　模板法制备中空纳米纤维和纳米纤维示意图[10]

（2）熔喷法。熔喷法是将聚合物熔体从模头喷丝孔中挤出，高速的热气流从喷丝孔两侧通道吹出，对聚合物熔体形成拉伸作用，随后聚合物熔体在冷空气的作用下冷却结晶，最终依靠网帘中的抽吸装置使纳米纤维随机沉积到接收基材上，并通过自身的热黏合作用形成纳米纤维材料[12]，如图 1-2 所示。熔喷法因制备工艺流程短，可大批量生产纳米纤维材料，但其力学性能较差，通常情况下需要与其他材料进行复合使用。

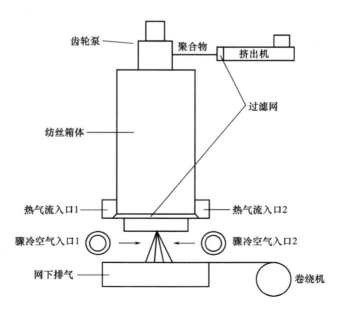

图 1-2　熔喷纺丝过程示意图[13]

（3）海岛法。海岛法是将一种聚合物溶于另一种聚合物中，其中一种聚合物呈现出"岛"的状态，另一种聚合物呈现出"海"的状态，通过溶剂将"海"溶解便可得到纳米纤维[14]，图 1-3 展示了以聚四氟乙烯（PTFE）和聚乙烯醇（PVA）为原料，通过海岛法制备纳米纤维膜的流程示意图。由海岛法制备的纳米纤维直径较小，但其原料可选范围窄、纤维聚集体结构可调性差，且在生产过程中资源浪费严重，生产设备投资巨大。

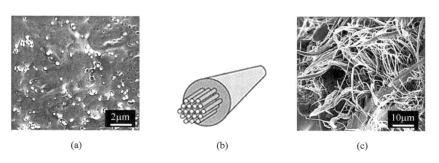

（a） （b） （c）

图 1-3 PTFE 海岛纤维制备过程：[15]（a）PTFE/PVA 复合纤维膜；
（b）PTFE 为"岛"，PVA 为"海"；（c）PTFE 纳米纤维膜

（4）闪蒸法。闪蒸法是在高温高压条件下将聚合物溶于适当的溶剂中形成纺丝液，当纺丝液在喷丝孔处挤出时，由于压力骤降导致溶剂急剧挥发，聚合物冷却固化成纳米纤维[16]，其制备过程如图 1-4 所示。闪蒸法生产效率高，但是所需能耗较高，并且整个过程伴随着溶剂的挥发，对环境具有一定的危害性，此外，其工艺较复杂、纤维直径

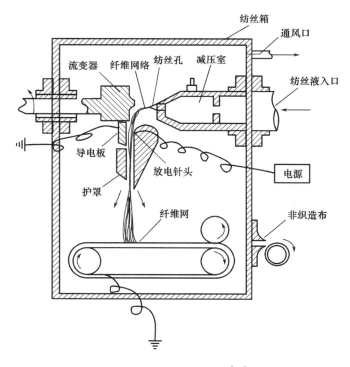

图 1-4 闪蒸纺丝加工工艺流程[16]

分布范围较宽、纤维的连续性差。

（5）相分离法。相分离法制备纳米纤维的途径主要包括热致相分离和非溶剂诱导相分离。热致相分离是将聚合物溶解于溶剂中并在低温下冷冻，冷冻过程中，体系发生相分离而形成聚合物富集相和溶剂富集相，随后通过干燥或萃取处理以去除溶剂，最终得到纳米纤维。非溶剂诱导相分离法是向聚合物溶液中引入不良溶剂以诱导体系相分离，经冷冻干燥、真空升华后得到纳米纤维[17]。该方法设备简单、技术操作难度低，但由此方法制备得到的材料存在孔道连通性差的缺陷，且工艺可控性差、制备周期长，难以实现产业化[18]。

静电纺丝技术是近年来迅猛发展起来的一种纳米纤维制备方法，具有设备简单、成本低、可纺原料广、纤维结构可调性好、多元技术结合性强的优点，被广泛用于制备有机、无机、有机/无机复合纳米纤维材料。

1.2　静电纺丝技术

静电纺丝技术是利用高压静电作用使聚合物溶液或熔体带电并发生形变，在喷头末端处形成悬垂的锥状液滴，当液滴表面静电斥力大于其表面张力时，液滴表面就会喷射出高速飞行的射流，并在较短的时间内经电场力拉伸、溶剂挥发、聚合物固化形成纤维。所获得的静电纺纤维直径小、比表面积大，同时纤维膜还具有孔径小、孔隙率高、孔道连通性好等优势，在过滤、传感、医疗卫生以及自清洁等领域具有广泛的应用[19-22]。

1.2.1　静电纺丝的起源与发展

静电纺丝起源于 200 多年前人们对静电雾化过程的研究。1745 年，Bose[23] 通过对毛细管末端的水表面施加高电势，发现其表面将会有微细射流喷出，从而形成高度分散的气溶胶，并得出该现象是由液体表面的机械压力与电场力失衡所引起的。1882 年，Rayleigh[24] 指出当带电液滴表面的电荷斥力超过其表面张力时，就会在其表面形成微小的射流，并对该现象进行理论分析总结，得到射流形成的临界条件。1902 年，Cooley 与 Morton[25] 申请了第一个利用电荷对不同挥发性液体进行分散的专利。随后 Zeleny[26-27] 研究了毛细管端口处液体在高压静电作用下的分裂现象，通过观察总结出几种不同的射流形成模型，认为当液滴内压力与外界施加压力相等时，液滴将处于不稳定状态。

基于上述的基础研究，1929 年，Hagiwara[28] 公开了一种以人造蚕丝胶体溶液为原料，通过高压静电制备人造蚕丝的专利。1934 年，Formhals[29] 设计了一种利用静电斥力来生产聚合物纤维的装置并申请了专利，该专利首次详细介绍了聚合物在高压电场作用下形成射流的原因，这被认为是静电纺丝技术制备纤维的开端。从此，静电纺丝技术成为了一种制备超细纤维的有效可行方法。1966 年，Simons[30] 发明了一种生产静电纺纤维的装置，获得了具有不同堆积形态的纤维膜。20 世纪 60 年代，Taylor[31] 在研究电场力诱导液滴分裂的过程中发现，随着电压升高，带电液体会在毛细管末端逐渐形成一个半球形状的悬垂液滴，当液滴表面电荷斥力与聚合物溶液表面张力达到平衡时，带电液滴会变成圆锥形；当电荷斥力超过表面张力时，就会从圆锥形聚合物液滴表面喷射出液体射流。人们称这个悬垂的圆锥形液滴为"泰勒锥"，如图 1-5 所示。1971 年，Baumgarten[32] 使用丙烯酸树脂溶液通过静电纺丝技术获得了直径小于 1μm 的纤维，同时发现纤维直径受溶液黏度、灌注速度、纺丝电压以及纺丝介质中气体种类等多种因素影响。

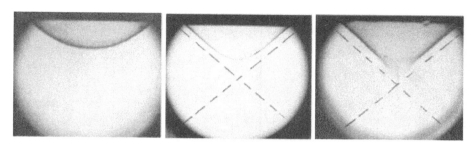

图 1-5　泰勒锥的形成过程[31]

20 世纪 90 年代，Reneker 研究小组对静电纺丝技术的研究，引起了科研人员的广泛关注，其在英国 *Nanotechnology* 杂志上发表了关于静电纺丝技术制备聚合物纤维及其应用展望的综述论文[33]，至今引用率已超过 2000 次。进入 21 世纪后，静电纺丝技术进入了快速发展时期，静电纺纤维的成型机理及过程逐渐被揭示。随着高分辨率、高速摄影设备的出现，研究者逐渐认识到溶液射流在高压静电场中的运动及变化规律，并先后对静电纺丝初始阶段泰勒锥形状、锥角以及临界电压等进行了更为深入的研究[34-35]。随后，静电纺纤维的可纺聚合物原料范围大大拓宽，通过与其他聚合物溶液共混，一些不能纺丝的聚合物也被成功地制备成了静电纺纤维，如聚乙烯亚胺、聚苯胺等[36-38]。同时，静电纺纤维组成成分与形貌结构从单一变得多样化，随着对纺丝原理的深入理解与纺丝设备的开发，研究者可以制备出各种组分与形貌结构的静电纺纤维[39-41]。此外，静电纺纤维的研究由制备表征转向应用并逐步从小规模制备向批量化生产转变，Elmarco、Electrospun、NaBond、Holmarc、Opto-Mechatronics、E-Spin Nanotech 等公司均有规模化静电纺丝设备销售[42]。

1.2.2　静电纺丝基本理论

静电纺丝是静电雾化的一个特例。当带电液体为小分子液体或低黏度的高分子液体，施加在喷头末端的电压超过某一临界值时，就会喷射出微小带电液滴，这一过程即为静电雾化[23]，主要形成的是微/纳米级的气溶胶或者聚合物微球。当带电液滴为具有一定黏度的高分子溶液或熔体时，若液体表面的电荷斥力大于其表面张力，就会在喷头末端的泰勒锥表面形成高速飞行的聚合物射流。射流在电场力的作用下产生拉伸形变，同时伴随着溶剂挥发与聚合物固化，最终沉积在接收器上，形成聚合物纤维，这一过程即为静电纺丝。

1.2.2.1　射流形成的临界条件

在静电雾化过程中，由于带电液滴表面产生的静电斥力与表面张力的不平衡引起了液滴的不稳定性。处于电场中的液滴表面会发生电荷聚集，从而产生一个驱使液滴向外分裂的电荷斥力，它与液滴的表面张力形成一种非稳定的平衡状态，ΔP 为表面张力与电荷斥力的差值（N），可用式（1-1）表示：

$$\Delta P = \frac{2\gamma}{R} - \frac{e^2}{32\varepsilon_0\pi^2R^4} \tag{1-1}$$

式中：γ 为表面张力（mN/m）；R 为液滴半径（m）；e 为液滴所带总电荷（C）；ε_0 为介电常数（F/m）。

当液滴半径减小时，电荷密度增加，由静电产生的压力就会增加。带电液滴表面产生的静电斥力与表面张力相等时，带电液滴在电场中处于平衡状态。假设此时带电液滴的直径为 D，换算成液滴的荷质比，可得到式（1-2）：

$$\frac{e}{M} = \sqrt{\frac{288\varepsilon_0\gamma}{\rho^2D^3}} \tag{1-2}$$

式中：M 为液滴的质量（kg）；ρ 为流体密度（kg/m³）。

当电荷斥力打破这个平衡状态时，喷头末端的液滴就会分裂成多个小液滴，形成静电雾化现象，这个液滴稳定的极限称为"瑞利稳定极限"[24]。

假设液体射流为圆柱形，那"瑞利稳定极限"的条件可以用式（1-3）表示：

$$\Delta P = \frac{\gamma}{R} - \frac{\tau^2}{8\varepsilon_0\pi^2R^4} \tag{1-3}$$

式中：τ 为液体射流单位长度所带电荷（C）。

由此换算成射流表面的电荷密度为：

$$\frac{e}{M} = \sqrt{\frac{64\varepsilon_0\gamma}{\rho^2D^3}} \tag{1-4}$$

从式（1-4）可以看出，在静态下达到"瑞利稳定极限"条件时[43]，在泰勒锥表面形成圆柱形射流所需的电荷比静电雾化要小，这种特例就是静电纺丝。Taylor 在研究电荷诱导分裂具有一定黏度液滴的动态过程[44]中，分析液体灌注速度、电压、极板间距离对射流稳定性的影响，计算出了射流形成时泰勒锥的半角度数，并给出了从泰勒锥尖端喷射出射流的临界电压 V_c 的计算公式（1-5）：

$$V_c^2 = \frac{4H^2}{L^2}\left(\ln\frac{2L}{R} - \frac{3}{2}\right)(0.0117\pi\gamma R_0) \tag{1-5}$$

式中：H 为两电极之间的距离（cm）；L 为喷头伸出极板的距离（cm）；R_0 为喷头半径（cm）。

静电雾化的理论表明，液体的电导率和黏度在静电雾化过程中起着重要作用[45]，上述计算中虽没有涉及电导率和黏度，但其对计算静电纺丝过程中泰勒锥尖端射流形成的临界电压具有重要作用。

1.2.2.2　射流的形态与运动状态

对于静电雾化过程来说，低黏度的带电液体在液体黏度、电导率、表面张力、电场强度等诸多参数的影响下会表现出不同的形态，如图 1-6 所示[46]。

对于静电纺丝过程来说，具有一定黏度的带电液体会在喷头末端形成泰勒锥，并在泰勒锥表面形成射流，如图 1-7 所示。

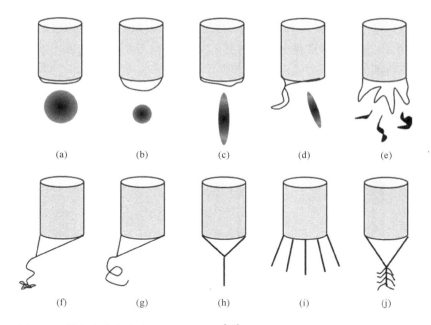

图 1-6 带电液滴在喷头处的不同形态[46]：（a）滴落状；（b）微滴滴落状；
（c）单纺锤状；（d）多纺锤状；（e）液面分叉新月状；（f）摆动射流状；
（g）旋进状；（h）圆锥射流状；（i）多射流状；（j）分叉射流状

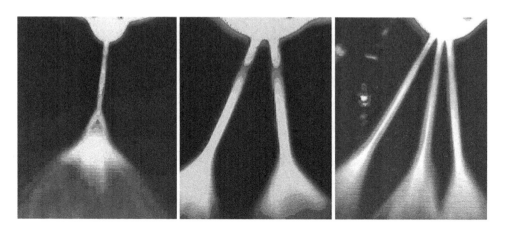

图 1-7 静电纺丝过程中射流的形态[47]

Hayau 等[48]研究发现，悬垂液滴表面的液体流动是引起喷头末端射流形成的主要原因。在高压静电作用下悬垂液滴内部电场很小，其表面存在大量电荷，并且具有较大的电荷梯度，表面电荷在电场的作用下使液滴表面产生层流流动，从而形成射流。同时，Hartman 等[45]的研究也证明了喷头末端悬垂锥形液滴的形状是由液体压力、表面张力、重力、表面电荷斥力、惯性力及其黏度等共同作用决定的。

当射流从泰勒锥尖端喷出后，对于静电喷雾过程来说，就会分裂成多个更小的液滴；对于静电纺丝来说，射流就会被拉伸、变细或者劈裂成更细的射流，最终固化成聚合物纤维。射流的飞行过程可以分为稳定运动区与非稳定运动区，如图 1-8 所示。

在射流稳定区，假设喷头末端到稳定射流末端的距离为 L，射流上的电流由其电阻决定[49]，其电阻主要是由常规电阻和流体中电荷流动时产生的电阻两部分组成，前者与液体表面电荷的分布有关。当射流离开喷头末端以后，射流表面的电荷随其质量一起传输，电阻由表面电荷和流速控制。当电阻由常规电阻主导的区域转变为电荷流动产生电阻主导的区域时，其距离正好为 L，可用（1-6）式表示：

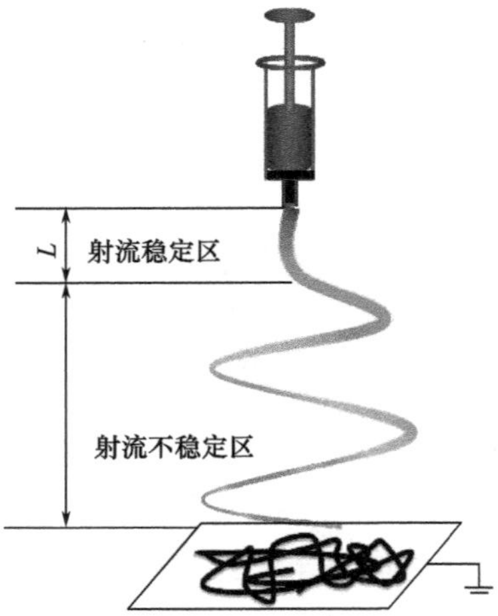

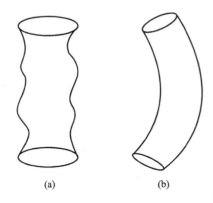

图 1-8　射流运动示意图

$$L^5 = \frac{\beta\rho^2(\ln\chi)^2 h_0^3 k^4 Q^6}{EI^5} \qquad (1-6)$$

式中：β 为通过喷射射流表面的介电不连续性参数，ρ 为流体密度（kg/m³）；χ 为喷射射流长度与喷头末端直径 h_0 的比值，k 为溶液电导率（μS/cm）；E 为电场强度（kV/cm）；I 为电流（μA）；Q 为溶液流量（mL/min）。

射流经过一个短距离的稳定区后，由于外加电场与射流所带的表面电荷的存在，射流就会进入不稳定区域[50]。在非稳定区域内，射流经过不稳定的高速运动，被进一步拉伸，直径迅速减小，同时伴随着溶剂快速挥发，最终固化成直径为几纳米至几微米的纤维。这种不稳定性是一种传递现象，沿着射流的轴向传递并扩大，可能表现出不同的不稳定模式，其取决于射流的流速、半径和表面电荷等参数。这种不稳定性可以分为三种[50-51]，即两种轴对称的不稳定性（曲张不稳定性）和一种非轴对称的不稳定性。轴对称不稳定性的特点是射流的轴向中心线不发生变化而在半径方向发生变化，非轴对称的不稳定性刚好与之相反，即沿射流的轴向发生变化而在径向不发生变化，如图 1-9 所示。

轴对称的不稳定性与非轴对称不稳定性存在一定的竞争关系[52]，第一种轴对称不稳定性可以称为 Rayleigh 不稳定性，由表面张力决定；第二种轴对称不稳定性与非轴对称不稳定性由带电溶液的电本质决定。在电场力较高的情况下，电导率较表面张力敏感，Rayleigh 不稳定性会被抑制。对于高电导率的聚合物流体而言，电本质引起的曲张不稳定性居于主导

(a)　　　　　(b)

图 1-9　带电射流不稳定性形态展示图[50-51]：（a）轴对称不稳定性；（b）非轴对称不稳定性

地位，当射流表面聚集大量静电荷时，轴向的 Rayleigh 不稳定性会受到抑制，因此，非轴对称的不稳定性居主导地位。

1.2.3　静电纺丝过程参数

溶液静电纺丝过程中聚合物溶液的性质（聚合物相对分子质量、溶液浓度与黏度、表面张力、电导率、溶剂性质、溶液温度）、工艺参数（电压、灌注速度、纤维的接收距离、喷头直径）、环境参数（温度、湿度）等都会对纤维的形态结构产生巨大的影响，

而且这些因素往往是相互影响的。

1.2.3.1　聚合物溶液性质

（1）聚合物相对分子质量。聚合物相对分子质量是影响溶液静电纺丝的一个重要参数，它直接影响溶液的理化性质。通俗地讲，要能够通过静电纺丝制备出纤维，所用的聚合物必须具有一定的相对分子质量，纺丝液具有一定的黏度，否则就是一个静电雾化的过程，无法得到纤维[53]。聚合物相对分子质量直接反映其分子链的长度，相对分子质量大说明其分子链长，分子链长的聚合物在溶液中容易发生缠结，从而增加溶液的黏度。对于相同质量分数的聚合物溶液来说，高分子量聚合物溶液黏度要比同种低分子量聚合物溶液的黏度大。当聚合物溶液射流在泰勒锥表面形成以后，其在高压静电场中受到电场力的拉伸作用，相互缠结的分子链沿射流轴向取向化，从而平衡电场力的拉伸作用，保持射流的连续性，形成纤维，否则射流就会断裂形成珠粒或串珠结构[54-55]。与此同时，随着聚合物分子量的增加，分子链间缠结程度增加，纤维直径也随之增加[53]。综上所述，高分子量的聚合物可以在较低的浓度下进行静电纺丝，获得均匀的纤维；而低分子量的聚合物必须在较高浓度下才能获得纤维，反之将得到聚合物微球。

（2）溶剂性质。溶液中溶剂的主要作用是解开聚合物分子链间的缠结，在纺丝过程中，溶液形成射流，在电场力作用下高度拉伸，聚合物分子链得到重新取向和排列，同时伴随着溶剂的挥发，射流固化成聚合物纤维。在这一过程中，溶剂的性质如介电常数、电导率、挥发性以及溶剂对聚合物的溶解性等，都会对静电纺丝过程产生影响，进而影响静电纺纤维的形貌。简单来说，若溶剂的介电常数高，射流表面携带较多的电荷，当射流表面聚集大量静电荷时，射流的非轴对称不稳定性居主导地位，它能够促使不稳定的射流劈裂成更细小的射流，从而形成粗细不匀的纤维。溶剂的电导率大，相应溶液的导电性就好，作用于溶液射流上的电场力较强，有利于减小静电纺纤维的直径[56]。若溶剂沸点低，溶剂挥发过快，溶液很难在喷头处形成泰勒锥，造成喷头堵塞，纺丝过程难以进行，若溶剂挥发过慢，射流在沉积到接收装置上以后仍未固化，容易造成纤维黏结。与此同时，溶剂的挥发性还影响溶液的相分离与固化过程从而影响静电纺纤维的形态结构，形成粗糙表面、多孔表面、扁平截面等一些特殊结构[57-58]。

（3）聚合物溶液浓度与黏度。当聚合物相对分子质量一定时，溶液浓度是影响分子链在溶液中缠结的决定性因素。高分子溶液按照浓度大小及分子链形态的不同，可分为高分子稀溶液、亚浓溶液、浓溶液三种[59]。稀溶液与浓溶液的本质区别在于，单个高分子链线团的回转半径 R_e 是否是孤立存在的，相互之间是否发生交叠。一般用溶液拜里数 B_e 来反映聚合物分子链的缠结程度，当溶液中有分子链缠结时，$B_e > 1$。研究发现在相对分子质量一定的情况下，随着 B_e 增加，射流由雾化状态变为不稳定运动状态，纤维膜中的珠粒数减少，并出现纤维；在 B_e 一定的情况下，随着相对分子质量的增加，射流先稳定运动，再出现鞭动，纤维膜中的珠粒数量减少，纤维直径分布均匀[60]。随着聚合物溶液浓度的提升，溶液的黏度增加，纤维直径也随之增加，有研究者认为，纤维直径与聚合物溶液浓度的三次方呈正相关[61-62]。基于聚合物相对分子质量、溶液浓度和黏度对静电纺纤维形貌的影响规律，通过调整溶液的性质，可以实现对静电纺纤维形貌的调控。

（4）聚合物溶液表面张力与电导率。静电纺丝溶液一般由高分子聚合物与溶剂组成，其表面张力不仅与温度和压力有关，还与溶液的组成有关[63]。在较高浓度下，溶剂质量分数较小，溶剂与聚合物分子链间的作用加强，溶液的黏度升高，溶剂分子倾向于使缠结的分子链分开，减少了其聚集收缩的趋势[64]。在静电纺丝过程中，静电斥力与表面张力为竞争关系，由于轴向的 Rayleigh 不稳定性，表面张力倾向于使射流转变为球形液滴，形成珠粒纤维；而作用于射流表面上的电场力，则倾向于增加射流的面积，使射流变得更细，而不易形成珠粒纤维。因此，带电聚合物溶液表面所受到的静电斥力必须大于溶液的表面张力，纺丝过程才能顺利进行。增加聚合物溶液带电量能够增加溶液的电导率，高电导率的聚合物溶液形成的射流受到的电场力作用较大；如果溶液的电导率低，射流受到的拉伸作用就较弱，容易获得珠粒纤维。提高溶液的电导率，增加了射流表面的电荷密度，此时射流的轴向鞭动不稳定居于主导地位，能够降低纤维直径，同时也使得纤维直径分布变宽。

1.2.3.2　静电纺丝加工参数

静电纺丝过程中，工艺参数如纺丝电压、灌注速度、接收距离、接收基材和环境条件（如温湿度）等都会对所获得的纤维产生影响，与溶液性质一样，这些因素往往也具有一定的相关性。

（1）纺丝电压。静电纺丝技术依靠施加在聚合物流体表面上的电荷来产生静电斥力以克服其表面张力，从而产生聚合物溶液微小射流，经过溶剂挥发后，最终固化成纤维。因此，施加在聚合物流体上的电压必须超过某个临界值（临界电压），使得作用于射流上的电荷斥力大于表面张力才能保证纺丝过程顺利进行[65-66]。一般来说，聚合物溶液浓度一定的情况下，增加电压，溶液射流表面的电荷密度就会增加，射流所传导的电流也随之增加，射流的半径会减小，将最终导致纤维直径减小。

（2）灌注速度。电压一定的情况下，喷头处会形成一个稳定的泰勒锥，泰勒锥的形状会随着灌注速度的变化而改变。如果灌注速度过低，泰勒锥会不稳定，射流的不稳定性增加，从而影响纤维的形貌结构；如果灌注速度过高，泰勒锥则会出现不稳定跳动，也会影响纤维的形貌结构[67]。射流的直径会随着流体的灌注速度在一定范围内增加，从而导致纤维直径有所增大，且纤维直径与灌注速度呈正相关[32, 68-69]。与此同时，由于灌注速度的增加，从泰勒锥表面喷出的射流溶液量也会增加，那么聚合物的固化需要的时间也相应延长，溶剂在纤维内的含量就会增加，残余的溶剂可能会导致纤维间黏结。在保证所纺纤维质量的前提下，提高聚合物溶液的灌注速度，还能够有效提高纤维的产量。

（3）接收距离。接收距离是指喷头末端到纤维接收极板间的距离，其直接影响电场强度，进而影响射流在电场中的拉伸程度和飞行时间。聚合物溶液射流在电场中受拉伸力的作用而运动，在运动过程中溶剂不断挥发，要使其完全挥发必须有一个足够大的距离，如果这个接收距离较小，收集到的纤维将残余大量溶剂，从而影响纤维的质量。综合考虑溶液性质与接收距离可以获得具有理想形貌的纤维[64]。

（4）接收基材。接收基材是静电纺丝设备的重要组成部分，具有优良导电特性的接收基材能够保证喷头与收集板之间形成稳定的电场，有利于射流或纤维上残余的电荷快速消散，使纤维能够沉积在接收器上面，形成膜状集合体[64]；若收集装置是非导电的材料，纤维上的残余电荷无法及时耗散就会迅速积累在非导电的收集装置上[70]。进一步地，通过改变纤维收集板的形状与运动状态等，还可以使纤维形成定向排列以及特殊结构[71]，此部分内容将会在第 2 章详细介绍。

（5）环境温湿度。环境的温度与湿度是对纺丝过程产生影响的两个主要因素，保持恒定湿度的情况下，升高静电纺丝的环境温度会加快射流中分子链的运动，提高了溶液的电导率，其次升高静电纺丝的环境温度降低了溶液的黏度和表面张力，使得一些在室温下不能静电纺丝的聚合物溶液，在升高温度后能够顺利纺丝[72-73]。静电纺丝环境中，射流周围的介质一般均为空气，射流中溶剂与周围介质的交换是一个双扩散过程，射流表面的溶剂挥发，其内部溶剂由中心向表面扩散，射流表面溶剂的挥发速度和内部溶剂扩散速度之间的竞争关系能够影响纤维的形态[74]。在固定的纺丝条件下，环境湿度直接影响射流周围介质的性质，尤其是它与射流中溶剂的相容性。一般来说，如果水汽与溶剂相容性好，增大环境湿度，会抑制射流中溶剂的去除，使射流固化速度降低，纤维有更多的时间被拉伸，纤维直径降低；反之，降低环境湿度，能够加速溶剂挥发，射流固化速度加快，纤维直径增加。

（6）其他条件。除了上述提到的因素外，纺丝环境的气体氛围也会对纺丝过程产生影响。不同气体的电离电压不同，在相同条件下，电离电压高的气体所形成的环境会使纤维直径增大[31]。此外，还有研究者研究了真空条件下的静电纺丝过程，并发现在高真空条件下溶剂挥发速度变快，为了确保成纤质量，需要通过增加电压来提升射流飞行速度以获得直径细小的纤维[75]。

通过对纺丝溶液性质和纺丝过程参数的深入理解，梳理多参数间的相互作用条件，协同调控纺丝溶液性质与纺丝过程参数可制备出不同形态结构的静电纺纳米纤维与纤维集合体材料。根据不同应用领域对纤维材料的结构和性能要求，选择合适的纺丝原液并配套相应的纺丝工艺参数，可获得具有理想结构的静电纺纳米纤维材料，以满足其功能化应用。

参考文献

［1］于伟东. 纺织材料学［M］. 2 版. 北京：中国纺织出版社，2018.

［2］董垠红，彭蜀晋. 纺织纤维发展历程概观［J］. 化学教育，2017，38（8）：76-81.

［3］曾汉民. 功能纤维［M］. 北京：化学工业出版社，2005.

［4］张智涛，张晔，李一明，等. 新型纤维状能源器件的发展和思考［J］. 高分子学报，2016，10：1284-1299.

［5］HUANG Z M，ZHANG Y Z，KOTAKI M，et al. A review on polymer nanofibers by electrospinning and their applications in nanocomposites［J］. Compscitechnol，2003，63（15）：2223-2253.

［6］WANG X Q，DOU L Y，YANG L，et al. Hierarchical structured MnO$_2$@SiO$_2$ nanofibrous membranes with superb flexibility and enhanced catalytic performance［J］. Journal of Hazardous Materials，2017，324：203-212.

［7］WANG X F，DING B，LI B Y. Biomimetic electrospun nanofibrous structures for tissue engineering［J］. Materials Today，2013，16（6）：229-241.

［8］王璐，关国平，王富军，等. 生物医用纺织材料及其器件研究进展［J］. 纺织学报，2016，02：133-140.

［9］张振翼. 电纺无机纳米纤维材料的制备及其功能化研究［D］. 吉林：东北师范大学，2012.

［10］BARTH S，HERNANDEZ-RAMIREZ F，HOLMES J D，et al. Synthesis and applications of one-dimensional semiconductors［J］. Progress in Materials Science，2010，55（6）：563-627.

［11］LI M，SCHNABLEGGER H，MANN S. Coupled synthesis and self-assembly of nanoparticles to give structures with controlled organization［J］. Nature，1999，402（6760）：393-395.

［12］柯勤飞，靳向煜. 非织造学［M］. 上海：东华大学出版社，2010.

［13］李顺希，杨革生，邵惠丽，等. 熔喷法非织造技术的特点与发展趋势［J］. 产业用纺织品，2012，30（11）：1-5.

［14］蒋志青，郭亚. 海岛纤维的生产及应用［J］. 成都纺织高等专科学校学报，2017，34（3）：209-212.

［15］ZHANG Z，TU W，PEIJS T，et al. Fabrication and properties of poly（tetrafluoroethylene）nanofibres via sea-island spinning［J］. Polymer，2017，109：321-331.

［16］杜晨辉，夏磊，刘亚，等. 闪蒸纺超细纤维非织造布应用研究［J］. 非织造布，2008，16（2）：27-30.

［17］李小丽. 相分离法制备脂肪族聚酯及其复合纳米纤维支架［D］. 北京：北京化工大学，2010.

［18］刘淑琼，肖秀峰，刘榕芳，等. 热致相分离制备聚乳酸纳米纤维支架［J］. 高等学校化学学报，2011，32（2）：372-378.

［19］SHENG J，ZHANG M，LUO W，et al. Thermal induced chemical cross-linking reinforced fluorinated polyurethane/polyacrylonitrile/polyvinyl butyral nanofibers for waterproof-breathable application［J］. RSC Advances，2016，6（35）：29629-29637.

［20］HE F，FAN J，CHAN L H. Preparation and characterization of electrospun poly（vinylidene fluoride）/poly（methyl methacrylate）membrane［J］. High Performance Polymers，2014，26（7）：817-825.

［21］ZHANG M，SHENG J，YIN X，et al. Polyvinyl butyral modified polyvinylidene fluoride breathable-waterproof nanofibrous membranes with enhanced mechanical performance［J］. Macromolecular Materials and Engineering，2017，302：1600272.

［22］LIN J，WANG X，DING B，et al. Biomimicry via electrospinning［J］. Critical Reviews in Solid State & Materials Sciences，2012，37（2）：94-114.

［23］BOSE G M. Recherches sur la cause et sur la veritable teorie de l'electricite publies par George Mathias Bose prof. en phisique［M］. France：de l'imprimerie de Jean Fred. Slomac，1745.

［24］RAYLEIGH F R S. On the equilibrium of liquid conducting masses charged with electricity［J］. Philosophical Magazine，2009，14（87）：184-186.

［25］COOLEY J F. Apparatus for electrically dispersing fluids. Compiler：US，692631［P］. 1902-02-04.

［26］ZELENY J. The electrical discharge from liquid points，and a hydrostatic method of measuring the electric intensity at their surfaces［J］. Physical Review，1914，3（2）：69-91.

［27］ZELENY J. Instability of electrified liquid surfaces［J］. Physical Review，1917，10（1）：1-6.

［28］MASARU H. Process for manufacturing artificial silk. Compiler：US，1603080［P］. 1926-10-12

［29］ANTON F. Process and apparatus for preparing artificial threads. Compiler：US，1975504［P］. 1934-10-02.

［30］SIMONS H L. Process and apparatus for producing patterned non-woven fabrics. Compiler：US，3280229［P］. 1966-10-18.

［31］TAYLOR G. Disintegration of water drops in an electric field［J］. Proceedings of the Royal Society of London，1964，280（1382）：383-397.

［32］BAUMGARTEN P K. Electrostatic spinning of acrylic microfibers［J］. Journal of Colloid & Interface Science，1971，36（1）：71-79.

［33］RENEKER D H，CHUN I. Nanometre diameter fibres of polymer，produced by electrospinning［J］. Nanotechnology，1996，7（3）：216-223.

［34］肖婉红. 静电纺丝工艺参数及鞭动对纤维形态影响的研究［D］. 上海：东华大学，2009.

［35］MAHESHWARI S，CHANG H C. Anomalous conical menisci under an ac field-departure from the dc Taylor cone［J］. Applied Physics Letters，2006，89（23）：27.

［36］KIM J S，RENEKER D H. Polybenzimidazole nanofiber produced by electrospinning［J］. Polymer Engineering & Science，2010，39（5）：849-854.

［37］WANG X，DING B，SUN M，et al. Nanofibrous Polyethyleneimine Membranes as Sensitive Coatings for Quartz Crystal Microbalance-based Formaldehyde Sensors：proceedings of the 13th Asian Chemical Congress Abstract Book，2009［C］. Shanghai：Institute of Organic Chemistry，Chinese Academy of Sciences，2009.

［38］NORRIS I D，SHAKER M M，KO F K，et al. Electrostatic fabrication of ultrafine conducting fibers：polyaniline/polyethylene oxide blends［J］. Synthetic Metals，2000，114（2）：109-114.

［39］LIN J，TIAN F，SHANG Y，et al. Co-axial electrospun polystyrene/polyurethane fibres for oil collection from water surface［J］. Nanoscale，2013，5（7）：2745-2755.

［40］ZHANG X，ARAVINDAN V，KUMAR P S，et al. Synthesis of TiO_2 hollow nanofibers by co-axial electrospinning and its superior lithium storage capability in full-cell assembly with olivine phosphate ［J］. Nanoscale，2013，5（13）：5973-5980.

［41］PENG S，LI L，HU Y，et al. Fabrication of spinel one-dimensional architectures by single-spinneret electrospinning for energy storage applications［J］. ACS Nano，2015，9（2）：1945-1954.

［42］杨大祥，李恩重，郭伟玲，等. 静电纺丝制备纳米纤维及其工业化研究进展［J］. 材料导报，2011，25（15）：64-68.

［43］SALEM D R. Electrospinning of nanofibers and the charge injection method［M］. 2007. London，Woodhead Publishing 2007.

［44］TAYLOR G. Electrically Driven Jets［J］. Proceedings of the Royal Society of London，1969，313（1515）：453-475.

［45］HARTMAN R P A，BRUNNER D J，CAMELOT D M A，et al. Jet break-up in electrohydrodynamic atomization in the cone-jet mode［J］. Journal of Aerosol Science，2000，31（1）：65-95.

［46］JAWOREK A，KRUPA A. Classification of the modes of ehd spraying［J］. Journal of Aerosol Science，1999，30（7）：873-893.

［47］RENEKER D H，YARIN A L. Electrospinning jets and polymer nanofibers［J］. Polymer，2008，49（10）：2387-2425.

［48］HAYATI I，BAILEY A I，TADROS T F. Mechanism of stable jet formation in electrohydrodynamic atomization［J］. Nature，1986，319（6048）：41-43.

［49］RUTLEDGE G C，WARNER S B. Electrostatic spinning and properties of ultrafine fibers［J］. National Textile Center Annual Report，2003，M01-D22（November），1–10.

［50］SHIN Y M，HOHMAN M M，BRENNER M P，et al. Experimental characterization of electrospinning：the electrically forced jet and instabilities［J］. Polymer，2001，42（25）：09955-09967.

［51］HOHMAN M M，SHIN M，RUTLEDGE G，et al. Electrospinning and electrically forced jets. I. stability theory［J］. Physics of Fluids，2001，13（8）：2201-2220.

［52］SHKADOV V Y，SHUTOV A A. Disintegration of a charged viscous jet in a high electric field［J］. Fluid Dynamics Research，2001，28（1）：23-39.

［53］TAN S H，INAI R，KOTAKI M，et al. Systematic parameter study for ultra-fine fiber fabrication via electrospinning process［J］. Polymer，2005，46（16）：6128-6134.

［54］KOSKI A，YIM K，SHIVKUMAR S. Effect of molecular weight on fibrous PVA produced by electrospinning [J]. Materials Letters, 2004, 58 (3): 493-497.

[55] AGARWAL S, GREINER A, WENDORFF J H. Functional materials by electrospinning of polymers [J]. Progress in Polymer Science, 2013, 38 (6): 963-991.

[56] SON W K, JI H Y, LEE T S, et al. The effects of solution properties and polyelectrolyte on electrospinning of ultrafine poly (ethylene oxide) fibers [J]. Polymer, 2004, 45 (9): 2959-2966.

[57] RAVVE A. Principles of polymer chemistry [M]. German, Springer, 1995.

[58] BOGNITZKI M, CZADO W, FRESE T, et al. Nanostructured fibers via electrospinning [J]. Advanced Materials, 2001, 13 (1): 70.

[59] 柳明珠. 高分子溶液的临界浓度与链缠结 [D]. 江苏：南京大学，1995.

[60] STEVEN R.GIVENS, KENNCORWIN H. GARDNER, JOHN F. RABOLT A, et al. High-temperature electrospinning of polyethylene microfibers from solution [J]. Macromolecules, 2013, 40 (3): 608-610.

[61] Elliot H S, RENEE K, GARY L B, et al. Two-phase electrospinning from a single electrified jet: microencapsulation of aqueous reservoirs in poly (ethylene-co-vinyl acetate) fibers [J]. Macromolecules, 2003, 36 (11): 3803-3805.

[62] DEITZEL J M, KLEINMEYER J, HARRIS D, et al. The effect of processing variables on the morphology of electrospun nanofibers and textiles [J]. Polymer, 2001, 42 (1): 261-272.

[63] 胡福增，郑安呐，张群安合. 聚合物及其复合材料的表界面 [M]. 北京：中国轻工业出版社，2001.

[64] RAMAKRISHNA S, FUJIHARA K, TEO W E, et al. An introduction to electrospinning and nanofibers [M]. World Scientific, 2005.

[65] FONG H, CHUN I, RENEKER D H. Beaded nanofibers formed during electrospinning [J]. Polymer, 1999, 40 (16): 4585-4592.

[66] HEIKKIL P, HARLIN A. Parameter study of electrospinning of polyamide-6 [J]. European Polymer Journal, 2008, 44 (10): 3067-3079.

[67] WANG C, CHIAHUNG HSU A, LIN J H. Scaling laws in electrospinning of polystyrene solutions [J]. Macromolecules, 2006, 39 (22): 7662-7672.

[68] GUIGNARD C. Process for the manufacture of a plurality of filaments. Compiler: US, 4230650 [P]. 1980-10-28.

[69] SPIVAK A F, DZENIS Y A. Asymptotic decay of radius of a weakly conductive viscous jet in an external electric field [J]. Applied Physics Letters, 1998, 73 (21): 3067-3069.

[70] KESSICK R, FENN J, TEPPER G. The use of AC potentials in electrospraying and electrospinning processes [J]. Polymer, 2004, 45 (9): 2981-2984.

[71] THERON A, ZUSSMAN E, YARIN A L. Electrostatic field-assisted alignment of electrospun nanofibres [J]. Nanotechnology, 2001, 12 (3): 384.

[72] NIE H, HE A, WU W, et al. Effect of poly (ethylene oxide) with different molecular weights on the electrospinnability of sodium alginate [J]. Polymer, 2009, 50 (20): 4926-4934.

[73] LI J, HE A, ZHENG J F A, et al. Gelatin and gelatin-hyaluronic acid nanofibrous membranes produced by electrospinning of their aqueous solutions [J]. Biomacromolecules, 2006, 7 (7): 2243-2247.

[74] GUENTHNER A J, KHOMBHONGSE S, LIU W, et al. Dynamics of hollow nanofiber formation during solidification subjected to solvent evaporation [J]. Macromolecular Theory & Simulations, 2006, 15 (1): 87-93.

[75] HYUNGJUN K, YOONHO J, MYUNGSEOB K, et al. A study on characterization of nonwoven mats via electrospinning under vacuum [J]. 2004, 41 (6): 424-432.

第2章　静电纺纤维材料种类与结构

2.1　静电纺纤维材料的种类

静电纺丝技术是制备纳米纤维最重要的方法之一，具有可纺原料范围广、结构可调性和制备技术拓展性强等优点。通过选用不同的纺丝原料，可制备出种类繁多的纳米纤维，包括有机纳米纤维（天然高分子纳米纤维、合成聚合物纳米纤维）、无机纳米纤维（氧化物纳米纤维、碳纳米纤维、金属纳米纤维、碳化物及氮化物纳米纤维等）及无机/有机复合纳米纤维。

2.1.1　有机纳米纤维

在静电纺丝技术兴起的早期阶段，该技术主要用于制备有机纳米纤维，按照原料来源可分为天然高分子纳米纤维和合成聚合物纳米纤维，目前已通过静电纺丝技术制备出100多种有机纳米纤维材料。

2.1.1.1　天然高分子

天然高分子因具有良好的生物相容性、生物可降解性和无毒性使其在生物医用等领域具有广泛的应用。同时，开发天然高分子材料可大幅度减少石油化工原料的使用，符合可持续发展战略[1]。一般来说，天然高分子主要分为多糖（纤维素、淀粉等）、蛋白质（大豆蛋白、丝蛋白、胶原蛋白等）、聚酯类（聚羟基烷酸酯、聚羟基丁二酸酯等）和天然橡胶等[2]。

与常规的干法或湿法纺丝相比，通过静电纺丝法可制备出直径更细的天然高分子纳米纤维。但是由于天然高分子多为聚电解质，通过静电纺丝制备天然高分子纳米纤维相对于合成高分子而言较为困难，所以关于天然高分子静电纺丝的研究相对较少。目前，可用于静电纺丝的天然高分子主要为多糖类和蛋白质等（表2-1）。

表2-1　常见天然高分子的静电纺丝

种类	聚合物	溶剂	参考文献
多糖类	纤维素	LiCl/二甲基乙酰胺（DMAc），N-甲基吗啉-N-氧化物（NMMO）/水	[3-4]
		1-烯丙基-3-甲基咪唑氯盐/二甲基亚砜（AMIMCl/DMSO）	[5]
		丙酮/DMAc	[6]
		N, N-二甲基甲酰胺（DMF），二氯甲烷（DCM）	[7]

种类	聚合物	溶剂	参考文献
多糖类	纤维素	甲酸	[8]
		DMSO	[9]
	海藻酸钠	甘油混合物	[10]
	壳聚糖（CS）	三氟乙酸（TFA）/DCM	[11]
		乙酸	[12]
	甲壳素	六氟异丙醇（HFIP）	[13]
		AMIMCl/DMSO	[14]
	葡聚糖	水	[15]
	透明质酸	DMF/水	[16]
	环糊精	DMF/水	[17]
蛋白质	明胶	乙酸	[18]
		三氟乙醇（TFE）	[19]
	胶原	乙酸，DMSO	[20]
		HFIP	[21]
		TFA	[22]
	丝素蛋白	TFA	[23]
		甲酸	[24]
	玉米蛋白	乙醇	[25]
		TFE	[26]
	小麦蛋白	乙醇	[27]
	鱼肌浆蛋白	HFIP	[28]
	木质素	乙醇	[29]
	天然橡胶	2-甲基-四氢呋喃	[30]

　　天然高分子中，多糖是单糖的均聚物或共聚物，在自然界中大量存在，包括藻类多糖（藻酸盐等）、植物多糖（纤维素、淀粉等）、动物多糖（CS、透明质酸等）和微生物多糖（葡聚糖等）。静电纺多糖纤维已经被广泛地应用于组织工程、伤口敷料和药物输送系统等生物医用领域[31-32]。

　　以多糖中最为广泛存在的纤维素和CS为例，纤维素由于分子间和分子内氢键力较大使其在普通溶剂中溶解度较低[33]。研究发现，离子液体（LiCl/DMAc、AMIMCl/DMSO）能够使纤维素溶解，从而可通过静电纺丝得到纳米纤维[5, 34]。此外，通过对纤维素进行酯化改性获得的纤维素衍生物具有更好的溶解性及可加工性，因而可通过静电纺丝技术制备纤维素衍生物纳米纤维，再经过水解得到纤维素纳米纤维[35]。CS可在酸性水溶液中溶解，但因其骨架内存在大量的氨基，具有聚阳离子特性，导致溶液的表面张力增加，最终使得静电纺丝得到的纳米纤维中存在大量珠粒[36]。由于纯CS纤维的静电纺丝比较困难，其多与其他合成或天然聚合物如聚氧化乙烯（PEO）[37]、聚乙烯醇（PVA）[38]、聚乳酸（PLA）[39]、丝素蛋白[40]和胶原蛋白[41]等混合纺丝。

蛋白质是由长链氨基酸组成的大分子，根据来源可分为植物蛋白（玉米醇溶蛋白、小麦和大豆蛋白等）和动物蛋白（明胶、丝素蛋白和弹性蛋白等）[42]。以玉米醇溶蛋白为例，研究人员通过改变溶液浓度[43]、酸碱性[44]、溶剂[45]对其可纺性和纤维形貌进行了调控。同时，通过向纺丝溶液中引入交联剂可大幅提升玉米醇溶蛋白纳米纤维膜的机械强度[46]。此外，通过将蛋白质与其他聚合物进行混合，也可改善蛋白质的可纺性并提升纳米纤维膜的机械性能[47]。

2.1.1.2　合成高分子

合成高分子是目前应用最广泛的材料，通过静电纺丝技术已制备出多种合成高分子纳米纤维材料，其按照制备方法的不同分为可溶液纺丝的合成高分子与可熔融纺丝的合成高分子。

可溶液纺丝的合成高分子主要包括水溶性和可溶于有机溶剂的聚合物，其中水溶性的聚合物如 PVA、PEO、聚丙烯酸（PAA）、聚乙烯吡咯烷酮（PVP）、聚丙烯酰胺（PAM）、聚乙二醇（PEG）等，可以溶于水后直接静电纺丝得到纳米纤维，但是这些纳米纤维在水分作用下易溶胀或结构塌陷，因此，必须将所制得的纳米纤维保持在干燥环境中以防止纤维结构被破坏。溶解于有机溶剂的合成聚合物主要包括聚丙烯腈（PAN）、聚酰胺（PA）、聚氯乙烯（PVC）、聚偏氟乙烯（PVDF）、聚苯乙烯（PS）、聚苯并咪唑（PBI）、聚碳酸酯（PC）、聚甲基丙烯酸甲酯（PMMA）、聚对苯二甲酸丙二醇酯（PTT）、聚对苯二甲酸乙二酯（PET）、PLA、聚己内酯（PCL）、聚羟基丁酸酯（PHA）、聚砜（PSU）、聚乙烯亚胺（PEI）、聚乙烯醇缩丁醛（PVB）等[48]，常见的有机溶剂见表 2-2。

表 2-2　常见溶剂的参数[49-50]

溶剂	分子式	密度（g/cm³）	介电常数	沸点（℃）	饱和蒸气压（kPa）
水	H_2O	1.0	78.54 ~ 80.2	100	2.34（25℃）
乙醇	CH_3CH_2OH	0.798	24.55	78.5	5.33（19℃）
甲醇	CH_3OH	0.792	32.6	64.7	13.33（21℃）
四氢呋喃（THF）	C_4H_8O	0.889	7.6	66	21.6（20℃）
HFIP	$(CF_3)_2CHOH$	1.596	17.75	58.2	102（20℃）
DMF	$HCON(CH_3)_2$	0.945	36.7	153	2.7（20℃）
DCM	CH_2Cl_2	1.325	8.9	40	47（25℃）
三氯甲烷	$CHCl_3$	1.483	4.81	62	26.2（25℃）
甲苯	C_7H_8	0.867	2.38	110.6	3.79（25℃）
二硫化碳	CS_2	1.263	2.6	46	48.2（25℃）
TFA	CF_3COOH	1.535	42.1	72.4	14（25℃）
乙酸	CH_3COOH	1.048	6.15	117	1.5（20℃）
甲酸	$HCOOH$	1.22	58.5	100.5	5.33（24℃）

续表

溶剂	分子式	密度（g/cm³）	介电常数	沸点（℃）	饱和蒸气压（kPa）
TFE	CF₃CH₂OH	1.383	27.5	78	52（20℃）
丙酮	CH₃COCH₃	0.790	20.7	56	30.8（25℃）

熔融静电纺丝通常用于加工难以用溶剂溶解的聚合物，例如，聚烯烃和聚酰胺只能在较高的温度下溶于特定的溶剂，但是利用熔融静电纺丝可以制备出直径均匀的纳米纤维[51]。此外，与溶液静电纺丝相比，熔融静电纺丝方法通过使聚合物熔融制备纳米纤维材料，由于制备过程中不使用溶剂，因而在生物医用领域备受青睐，如通过熔融静电纺丝可制备出 PLA[52] 或聚乳酸—羟基乙酸共聚物（PLGA）[53] 组织工程支架，避免了纳米纤维材料中残余溶剂对人体造成的伤害。常见用于熔融静电纺丝的合成聚合物有聚乙烯（PE）、聚丙烯（PP）、乙烯—乙烯醇共聚物（EVOH）、PET、聚酰胺 12（PA-12）、聚己内酯（PCL）、聚氨酯（PU）、PMMA 等。

2.1.2　无机纳米纤维

无机纳米纤维因具有独特的光、电、磁、热及力学等特性，在催化、传感、生物医用、燃料电池、超级电容器、可穿戴电子纺织品等领域具有广阔的应用。目前，通过静电纺丝技术已制备出多种无机纳米纤维，包括氧化物纳米纤维、碳纳米纤维、金属纳米纤维、碳化物及氮化物纳米纤维等[54]。

2.1.2.1　氧化物纳米纤维

静电纺丝技术作为制备一维纳米材料常用的方法，其制备的纤维直径、组分、形貌均可精确调控。2002 年，Shao 等[55] 首次将静电纺丝技术应用于氧化物纳米纤维材料的制备，他们通过以正硅酸乙酯（TEOS）和 PVA 为原料制备出了二氧化硅（SiO₂）纳米纤维。目前，采用静电纺丝技术已成功制备出 100 多种氧化物纳米纤维，表 2-3 列出了典型的单组分氧化物纳米纤维。静电纺丝制备氧化物纳米纤维一般分为三个过程：制备可纺的均相前驱体溶液、静电纺丝得到无机/聚合物杂化纳米纤维、煅烧去除有机组分。

表 2-3　静电纺氧化物纳米纤维

氧化物	无机前驱体	聚合物	添加剂	溶剂	参考文献
SiO₂	TEOS	PVA	磷酸	水	[55]
SiO₂	TEOS	—	盐酸	乙醇和水	[56]
氧化锡（SnO₂）	四氯化锡	PVA	—	水、丙醇和异丙醇	[66]
SnO₂	氯化亚锡	PAN 和 PVP	—	DMF	[67]
氧化钛（TiO₂）	钛酸异丙酯	PVP	乙酸	乙醇	[68]
TiO₂	钛酸四丁酯	PVP	乙酰丙酮	乙醇	[69]
氧化铝（Al₂O₃）	醋酸铝	PVP	乙酸	乙醇	[70]
氧化铈（CeO₂）	硝酸铈	PVP	—	水	[71]

氧化物	无机前驱体	聚合物	添加剂	溶剂	参考文献
氧化钴（Co₃O₄）	醋酸钴	—	柠檬酸	水	[57]
Co₃O₄	硝酸钴	PVP	—	乙醇和水	[72]
氧化铁（Fe₂O₃）	硝酸铁	PVA	—	水	[73]
氧化锗（GeO₂）	异丙醇锗	PVAc	丙酸	丙酮	[74]
四氧化三锰（Mn₃O₄）	醋酸锰	PMMA	—	DMF 和三氯甲烷	[75]
三氧化钼（MoO₃）	钼酸铵	PVA	—	水和乙醇	[76]
氧化镍（NiO）	乙酸镍	—	柠檬酸	水	[58]
NiO	乙酸镍	PVAc	乙酸	DMF	[77]
五氧化二钒（V₂O₅）	三异丙醇氧钒	PMMA	—	DMF 和三氯甲烷	[78]
V₂O₅	乙酰丙酮钒	PVP	—	DMF	[79]
三氧化钨（WO₃）	异丙醇钨	PVAc	—	丙醇和 DMF	[80]
WO₃	六氯化钨	PVP	—	DMF 和乙醇	[81]
氧化锌（ZnO）	醋酸锌	PVA	—	水	[82]
ZnO	醋酸锌	PAN 和 PVP	—	DMF	[83]
氧化锆（ZrO₂）	氧氯化锆	PVA	—	水	[84]
ZrO₂	乙酰丙酮锆	PVP	乙酸	乙醇	[85]

（1）纺丝液的配制。通常，纺丝液的配制从前驱体溶胶的配制开始，前驱体溶胶一般由金属盐或金属醇盐水解缩聚制得。通过将前驱体溶胶直接进行静电纺丝仅能获得少数氧化物纳米纤维如 SiO_2[56]、Co_3O_4[57]、NiO[58] 等，这主要是由于纺丝过程中前驱体溶胶的流变特性及水解缩合速率难以调控。为解决上述问题，研究人员通常通过以下两种方法来调控前驱体溶胶的性质：一种方法是引入聚合物来调节前驱体溶胶的黏度；另一种是引入添加剂来控制前驱体的水解速率[59]。因此，典型的纺丝液一般包括金属醇盐或金属盐、聚合物、添加剂、溶剂（包括乙醇、水、异丙醇、三氯甲烷、DMF 等）。常用的聚合物有 PVP、PVA、聚醋酸乙烯酯（PVAc）、PAN、PVB、PMMA、PAA 等[60]。添加剂一般包括催化剂和盐，其添加量一般很少，但是可以起到提高纺丝液和射流稳定性的作用。催化剂如乙酸、盐酸、丙酸可以用来调节无机前驱体水解和凝胶速率，防止喷头堵塞；盐如氯化钠或四甲基氯化铵，可以增加射流的带电密度，减少珠粒的产生[61]。此外，若采用两种或两种以上的无机前驱体可制备出多组分无机纳米纤维。

（2）静电纺丝。与静电纺聚合物纤维过程相比，氧化物纳米纤维的静电纺丝过程更加复杂。在静电纺丝过程中除了溶剂挥发，还伴随着无机前驱体的水解缩合。水解速度过快一方面会导致喷头堵塞，另一方面使电场中射流凝胶过快从而导致纤维变粗，这些问题均会影响静电纺纳米纤维的连续性和均匀性。通过控制纺丝溶液的性质如无机前驱体和聚合物的浓度、无机前驱体的种类、添加剂的种类及浓度，可获得直径均匀的杂化纳米纤维。此外，纺丝环境对静电纺丝过程也具有重要的影响，在湿度较低或者溶剂蒸汽环境中，可以降低水解缩合的速率，促进纺丝的连续进行[60]。

（3）杂化纳米纤维的煅烧。静电纺丝得到的无机/聚合物杂化纳米纤维需经过高温煅烧去除聚合物组分，得到氧化物纳米纤维。以 PVP/TiO$_2$ 纳米纤维为例，煅烧过程中 PVP 组分逐渐热分解，同时 TiO$_2$ 也逐渐变为结晶状态，纤维表面变得粗糙[62]。一般地，氧化物纳米纤维的组分、晶相、表面粗糙度可以通过调整煅烧工艺参数（温度和保温时间）来精确调控。Xia 等[63] 研究了煅烧工艺对 TiO$_2$ 晶型的影响，发现当 PVP/TiO$_2$ 纳米纤维在 510℃时保温 6h 可以得到锐钛矿晶型的 TiO$_2$ 纳米纤维，当在 800℃保温 3h，锐钛矿晶型将转化为金红石晶型。Dudley 等[64] 发现 WO$_3$ 纤维在 348℃、375℃、525℃ 煅烧后，其晶型分别为四方晶相（Ⅰ）、正交晶相、四方晶相（Ⅱ）。此外，Ding 等[65] 研究了煅烧温度对纤维表面粗糙度的影响，煅烧温度为 800℃时纤维表面较光滑，而煅烧温度升高到 1000℃时，纤维表面变得粗糙。

2.1.2.2　碳纳米纤维

碳纳米纤维因具有优异的导电性能、良好的化学稳定性、超高的比表面积等优点，在能量存储、传感、组织工程和生物医学等领域具有广阔的应用[86]。制备碳纳米纤维的方法主要有化学气相沉积法和纺丝法两种。化学气相沉积法制备的碳纳米纤维可代替炭黑作为锂离子电池的导电添加物，少量的碳纳米纤维即可大幅提升电池的电化学性能，但由于化学沉积法的成本高，限制了其大规模的应用[87]。纺丝法有湿法、凝胶、熔融和干法纺丝，这几种方法制备的碳纤维的直径较大，甚至达到微米级，难以用于能量存储装置中[87]。

与传统纺丝方法相比，静电纺丝法制备的碳纳米纤维直径细且结构可调性强，广泛应用于能量存储装置中[88]。静电纺丝法制备碳纳米纤维主要包括以下步骤：静电纺丝制备出聚合物纤维，稳定化处理，高温碳化。常用的碳源为 PAN[89]、聚酰亚胺（PI）[90]、聚苯并噁嗪（PBZ）[91]、PVDF[92]、沥青[93] 等。

碳纳米纤维的形貌结构与前驱体溶液性质、纺丝参数、稳定化及碳化工艺参数密切相关，前驱体溶液性质及纺丝工艺参数将影响聚合物纳米纤维的结构（详见章节 1.2.3），稳定化及碳化过程将直接影响碳纳米纤维的结构与性能。以 PAN 基碳纳米纤维为例，静电纺丝得到的 PAN 纳米纤维首先在 200 ~ 300℃进行预氧化，在这个过程中 PAN 经过环化、脱氢、吸氧反应，使热塑性线性大分子链转化为非塑性耐热梯形六元环结构，从而使其在高温碳化时不熔不燃，可保持完整的纤维形态[94]。随后，在高温碳化过程中，碳原子发生重排转变成石墨结构。Ge 等[87] 研究了碳化温度对碳纳米纤维的结构变化，如图 2-1 所示，纤维连续性较好且相互穿插成网络结构，纤维直径依次为 367nm、329nm、277nm 和 168nm，但当温度升高到 950℃时，纤维出现了很多断

图 2-1　不同碳化温度下的碳纳米纤维的 SEM 图：
（a）650℃；（b）750℃；（c）850℃；
（d）950℃[87]

头。若继续升高温度，碳纳米纤维会转化为有序石墨结构。

2.1.2.3　金属纳米纤维

　　金属纳米纤维由于其优异的导电性和良好的耐高温性在能源、传感及吸波等领域具有广阔的应用前景[95]。2006 年 Bognitzki[96] 等首次通过静电纺 Cu（NO$_3$）$_2$/PVB 前驱体溶液得到杂化纳米纤维，并对其进行高温煅烧获得氧化物纳米纤维，随后在 300℃氢气氛围中还原成亚微米级的 Cu 纤维。Wu[97] 等以醋酸铜和 PVA 的混合溶液为纺丝液制备出平均直径为 200nm 的复合纳米纤维，经 500℃空气中煅烧 2h 去除其有机组分得到 CuO 纳米纤维，再将其置于 300℃的氢气氛围中还原成直径为 50 ~ 200nm 的 Cu 纳米纤维（图 2-2），该纤维具有优异的电学性能，可作为有机太阳能电池的电极材料。此外，通过静电纺丝技术还可制备出 Fe、Co、Ni 等纳米纤维[98-99]。

图 2-2　Cu 纳米纤维的 SEM 图[97]

2.1.2.4　碳化物和氮化物纳米纤维

　　碳化物具有优异的高温稳定性、耐腐蚀性、机械强度，可广泛应用于航空航天、矿业勘探、电子等领域[100]。研究人员通过化学反应法、单晶拉丝法、胶体法等方法成功制备出碳化硼、碳化铝、碳化铌、碳化硅、碳化钛等微米级纤维材料[101]。为了进一步获得纳米级的碳化物纤维，研究者通过使用聚合物为模板并加入相应前驱体，以静电纺丝法制备出杂化纤维，随后在特殊氛围中高温煅烧获得相应的碳化物纳米纤维[102]。Liu 等[103] 以聚碳硅烷和 PMMA 为原料通过静电纺丝技术制备出杂化纤维，随后在 170℃空气氛围中预处理 3h，最后在 1300℃氮气氛围中煅烧获得 SiC 纳米纤维。在此基础上，Wang 等[104] 通过调控煅烧温度来控制晶核生长情况与纤维直径，获得了成型良好的 SiC 纳米纤维。

　　此外，氮化物中的金属型氮化物和共价型氮化物因具有高熔点、高硬度、良好的化学稳定性、耐化学腐蚀性、较高的导热导电性等特点被广泛研究[105]。研究人员通过静电纺丝方法已成功制备出金属型氮化物纳米纤维材料，Wu 等[106] 通过将 PVP 和硝酸镓进行混合溶液静电纺丝得到杂化纳米纤维，并进行高温煅烧制备出 Ga$_2$O$_2$ 纳米纤维，最后在氨气中高温还原得到 GaN 纳米纤维，在光电探测器和气体传感器等领域都有优异的表现。近年来，静电纺氮化物纳米纤维的研究越发广泛，研究人员还制备了如 Si$_3$N$_4$[107]、BN[108]、ZrN[109] 等陶瓷纳米纤维材料。

2.1.3　无机 / 有机复合纳米纤维

　　纳米复合材料是当前复合材料领域的研究热点之一，无机 / 有机复合纳米纤维一般是指以有机高分子聚合物为连续相，无机纳米材料［如氧化物、金属、碳纳米管（CNTs）、石墨烯等］为分散相，两者进行复合所得到的复合纳米纤维，但由于纳米尺度的材料（分散相）极易自发团聚，从而会对复合材料的应用性能产生影响[110]。因此，如何有效解决无机 / 有机复合材料中无机材料的均匀分散性问题，充分发挥无机纳米材料的纳米效应是该领域的研究难点[111]。

近年来，静电纺丝技术被认为是制备无机/有机复合纳米纤维材料的有效方法之一，具体制备方法主要包括以下几种[110]。

（1）分散混合静电纺丝。即将无机纳米材料直接分散在聚合物溶液中进行静电纺丝。

（2）溶胶—凝胶静电纺丝。即将无机纳米材料的前驱体溶液与聚合物溶液混合进行静电纺丝。

（3）在聚合物溶液中原位制备无机纳米材料用于静电纺丝。

（4）对静电纺纤维进行后处理。如紫外还原、液相沉积、原子层沉积、气—固异相反应等，最终得到无机/有机复合纳米纤维。

表2-4列举了近年来通过静电纺丝工艺制备的无机/有机复合纳米纤维。

表2-4 无机/有机复合纳米纤维汇总表

种类	无机组分	聚合物	制备方法	参考文献
氧化物/聚合物	SiO_2	PVA	溶胶—凝胶静电纺	[112]
	SiO_2	PVDF	分散混合静电纺	[113]
	SiO_2	苯乙烯和异戊二烯共聚物	同轴静电纺	[114]
	$NiO-SiO_2$	PVA	溶胶—凝胶静电纺	[115]
	TiO_2	PVAc、聚对苯乙炔（PPV）		[116-117]
	TiO_2	PSU	分散混合静电纺	[118]
	TiO_2	PAN	静电纺丝—液相沉积	[119]
	TiO_2	PVDF	静电纺丝—水热法	[120]
	Fe_3O_4	PVP	分散混合静电纺	[121]
	ZnO	PVA	溶胶—凝胶静电纺	[122]
	ZnO	PEO	分散混合静电纺	[123]
	ZnO	聚酰胺6（PA-6）	静电纺丝—原子层沉积	[124]
	ZnO	PI	静电纺丝—水热法	[125]
	Al_2O_3	PA-6	静电纺丝—原子层沉积	[124]
	$MgAl_2O_4$	偏氟乙烯—三氟氯乙烯共聚物	分散混合静电纺	[126]
	SnO_2	PAN	静电纺丝—液相沉积	[119]
	Ag	PAN	静电纺丝—紫外还原	[127]
	Cu	PVA	聚合物与$PdCl_2$共混用水合肼还原后分散混合静电纺	[128]
	Cu	PVA		[129]
金属硫化物/聚合物	CdS	PEO	分散混合静电纺	[130]
	ZnS	PPV		[131]
	CdS	PVP	静电纺丝—气固异相反应	[132]
	PbS	PVP		[133]
	Ag_2S	PVP		[134]

种类	无机组分	聚合物	制备方法	参考文献
碳材料 / 聚合物	单壁碳纳米管	PAN	分散混合静电纺	[135]
	多壁碳纳米管 （MWCNTs）	PS		[136]
矿物 / 聚合物	蒙脱土	PU		[137]
	白云石	PLGA		[138]
	羟基磷灰石（HA）	PLA		[139]
	β- 磷酸三钙	PCL		[140]
	碳酸钙	PCL		[141]

023

2.1.3.1　氧化物 / 聚合物复合纳米纤维

最初，Xia 等[142]将静电纺丝技术与溶胶—凝胶技术相结合，以 PVP 为聚合物模板，首次制备出 TiO_2/PVP 复合纳米纤维。此外，将无机氧化物纳米颗粒如 SiO_2、TiO_2、MgO、Al_2O_3、ZnO、Fe_3O_4 等直接分散到聚合物溶液中进行静电纺丝也是制备氧化物 /聚合物复合纳米纤维的常用方法之一。Kanehata 等[143]将 Al_2O_3、SiO_2 纳米颗粒分别分散到 PVA 溶液中进行电纺，制备出一系列 Al_2O_3/PVA、SiO_2/PVA 复合纳米纤维。

通过液相沉积、原子层沉积、水热合成等方法对静电纺聚合物纤维膜进行后处理，可制备出无机氧化物 / 有机复合纳米纤维。Drew 等[119]将静电纺丝法与液相沉积技术相结合，将 PAN 纳米纤维膜浸渍在氟钛酸铵和硼酸的混合溶液中以在 PAN 纤维表面构筑 TiO_2 功能层，从而制备出具有高催化活性的 TiO_2/PAN 复合纳米纤维膜，其在催化、传感及光电转换领域具有广阔的应用潜力。Oldham 等[124]采用原子层沉积技术，在PA-6 纳米纤维表面沉积 ZnO 和 Al_2O_3 纳米颗粒薄层，实现了对 PA-6 纳米纤维膜润湿性与化学稳定性的可控调控。He 等[120]将静电纺丝法与水热法相结合，并在纤维表面引入含有羧基的聚甲基丙烯酸和三氟丙烯酸乙酯的共聚物以增强纤维表面与钛离子间的相互作用，从而在 PVDF 纳米纤维表面生长出 TiO_2 纳米颗粒，成功制备出 TiO_2/PVDF复合纳米纤维，其在光催化、抗菌等领域均具有优异的应用性能。

2.1.3.2　金属 / 聚合物复合纳米纤维

金属纳米材料如金属纳米颗粒、纳米棒、纳米片具有优异的催化活性、导电性与光学性质，从而在催化、光学、电学、磁学等众多领域具有广泛的应用前景[144]，但金属纳米材料易团聚的问题极大限制了该材料的实际应用，通过静电纺丝方法将金属纳米材料与聚合物进行复合，制备得到金属 / 聚合物复合纳米纤维，可避免金属纳米材料的团聚，也能拓宽聚合物材料的应用范围。

将金属纳米颗粒直接分散到聚合物溶液中进行静电纺丝是制备金属 / 聚合物复合纳米纤维的常用方法之一。静电纺丝过程中，射流在电场中的拉伸作用有利于金属纳米颗粒沿纤维轴向排列，从而充分发挥其在催化、信息储存、光电子等领域的应用潜力。He 等[145]将 Ag 纳米颗粒直接分散到 PVA 溶液中进行静电纺丝，发现随着射流的拉伸、细化，Ag 纳米颗粒组装成有序线性链状结构，且该复合纳米纤维展现出表面增强

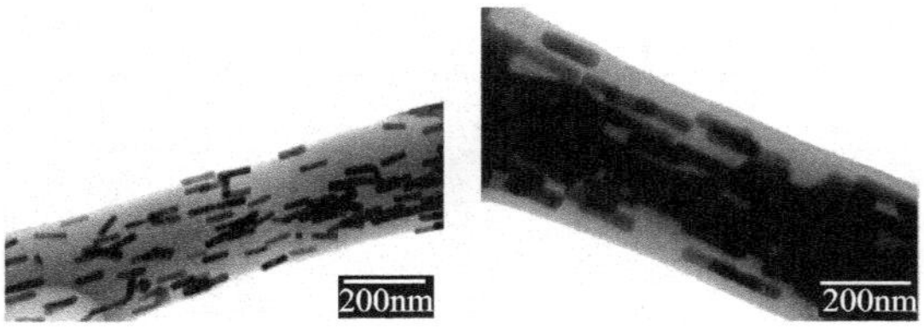

图 2-3　不同长度（a）150nm；（b）200nm 金纳米棒 /PVA 复合纳米纤维的 TEM 图[146]

拉曼散射效应。Cheng 等[146]采用 PEG 对 Au 纳米棒进行功能化改性，实现了 PEG—Au 纳米棒在生物可降解 PLGA 纳米纤维中的取向排列，如图 2-3 所示，PEG—Au 纳米棒的光热性质使得该材料对癌细胞具有优异的选择杀灭性能并可有效抑制其繁殖。

通过静电纺丝—紫外还原法，将聚合物纤维中的金属离子还原成金属单质是制备金属 / 聚合物复合纳米纤维的另一有效途径。研究者通过对含有硝酸银的聚合物复合纤维进行紫外处理使硝酸银还原成 Ag 纳米颗粒，成功制备出了 Ag/PAN、Ag/PVA、Ag/CA 等一系列复合纳米纤维，Ag 纳米颗粒的负载使复合纳米纤维表现出优异的抗菌性能[147]。

2.1.3.3　金属硫化物 / 聚合物复合纳米纤维

金属硫化物纳米材料因具有优异的光学、催化、力学及磁学等特性，在发光装置、光化学催化剂和光敏传感器等领域具有广阔的应用前景。静电纺丝技术的兴起和完善使得一维纳米结构的金属硫化物 / 聚合物复合纳米纤维逐渐成为该领域的研究热点。通过将金属硫化物纳米材料掺杂引入聚合物中，可通过静电纺丝制备出金属硫化物 / 聚合物复合纳米纤维。Wang 等[131]通过分散混合静电纺方法将 ZnS 量子点引入到 PPV 静电纺纤维内部制备出具有优异光致发光性能的 ZnS/PPV 复合纳米纤维。此外，气—固异相反应是在静电纺纤维表面合成金属硫化物纳米颗粒的另一有效方法，其原理是将静电纺金属盐 / 聚合物纳米纤维置于 H_2S 气体中，从而得到金属硫化物 / 聚合物复合纳米纤维。Wang 等[133]将静电纺丝技术与气—固异相反应相结合，制备出了一系列含有金属硫化物半导体纳米粒子（CdS、PbS、Ag_2S）的聚合物复合纤维。

2.1.3.4　碳材料 / 聚合物复合纳米纤维

纳米碳材料（CNTs、石墨烯等）因具有纳米尺寸效应、低密度、高比表面积等特征及优良的力学、电学、热学、光学等性能，在能量存储、吸附、光电器件等众多领域具有广阔的应用前景[148]。

在聚合物中引入少量 CNTs 即可有效改善聚合物的力学性能、导电性能及热传导性能等，但 CNTs 表面能高、易团聚，难以在聚合物基体中均匀分散，静电纺丝过程中高压电场对溶液射流的拉伸作用有利于 CNTs 在聚合物中的取向排列，因而可有效解决 CNTs 分散均匀性差的问题[149]。Kim[150] 等将 MWCNTs 引入 PEO 溶液中并通过静电纺丝制备出了 MWCNTs/PEO 复合纳米纤维，该复合纳米纤维中 MWCNTs 沿纤维轴向排列，有效改善了 PEO 纳米纤维的热稳定性和力学性能。

石墨烯是由单层碳原子通过 sp^2 杂化连接而成的二维碳纳米材料，是目前世界上最薄也是最坚硬的纳米材料，通过将其与聚合物材料复合可有效改善聚合物材料的机械性能、热学、光学、电学等性能[151]。Bao 等[152]将石墨烯掺入到 PVAc 溶液中，经静电纺丝制得了石墨烯 /PVAc 复合纳米纤维膜，研究发现引入石墨烯后，复合纳米纤维膜表现出优异的光学性能，其可作为光纤激光器中产生超短脉冲的新型光学材料。Li 等[153]

采用同轴静电纺丝技术制备出石墨烯 /PA–6 复合纳米纤维膜，其拉伸强度和初始模量相比于 PA–6 纳米纤维膜分别提高了 2.6 倍和 3.2 倍。

2.1.3.5 矿物 / 聚合物复合纳米纤维

矿物材料是指以天然矿物、人工矿物为主要成分的材料，主要包括蒙脱土、硅藻土、白云石、HA 等，其因具有良好的力学性能，通常被用作增强填料以改善高分子材料的热稳定性、刚度和拉伸强度，研究者通过将矿物材料分散到聚合物溶液中进行静电纺丝制备出一系列矿物 / 聚合物复合纳米纤维，如蒙脱土 /PU、蒙脱土 /PCL、蒙脱土 /PVA 纤维等[137, 154-155]。HA 是典型的生物活性矿物材料，其可用于成骨细胞黏附、增殖与加速骨缺陷修复。HA 通常以针状纳米颗粒形式存在，研究者通常将 HA 引入到聚合物纳米纤维中以提高其机械强度[156]。除 HA 外，β– 磷酸三钙、碳酸钙也是骨组织工程领域的生物活性材料，将其引入 PCL 静电纺纤维膜中可有效引导骨组织再生[157]。

2.2 纤维材料的形态结构

2.2.1 单纤维结构

通过调控静电纺溶液性质、纺丝加工参数、环境参数及纺丝装置，可制备出具有不同形态结构的静电纺纤维，如圆形截面实心柱状、串珠、带状、多孔、中空、核壳、多芯、微突、树枝、褶皱和螺旋等结构。

2.2.1.1 实心柱状结构纤维

在静电纺丝过程中，纺丝溶液一般是不可压缩的非牛顿流体，带电射流从 Taylor 锥尖端喷出后在电场作用下做加速运动且在成纤过程中充分拉伸，其直径分布均匀，因此，在接收基材上普遍得到的是截面为圆形的实心柱状纳米纤维，如图 2–4 所示。

(a)	(b)

图 2–4 圆形截面实心柱状结构静电纺纤维的（a）表面和（b）截面 SEM 图

2.2.1.2 串珠结构纤维

串珠纤维的形成主要与溶液本身性质（如浓度、黏度、表面张力、电导率等）有关，一般而言，较低浓度与黏度的纺丝溶液所形成的射流在电场中受力拉伸时，由于分子链间缠结程度较低或没有缠结，无法有效抵抗拉伸力作用而发生断裂，聚合物分子链因具有黏弹性而趋于收缩，最终导致分子链团聚而形成聚合物珠粒[158]，如图 2–5 所示。当溶液浓度和黏度高于某个临界值后，由于分子链间缠结程度增加，溶液射流受力拉伸过

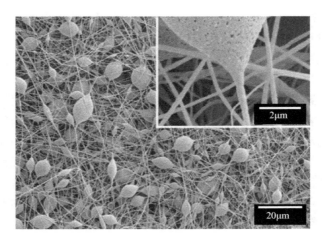

图 2-5　串珠结构 PS 静电纺纤维膜的 SEM 图，插图为高倍 SEM 图[159]

程中有较长的松弛时间，分子链沿射流轴向取向，从而有效抑制了部分分子链的断裂，最终得到连续的静电纺纤维。

2.2.1.3　带状结构纤维

带状结构纤维的形成主要与静电纺丝过程中溶剂的挥发速率有关，早期研究发现当采用高分子量、高浓度溶液体系进行纺丝时，由于纺丝液黏度较高，导致溶液射流中溶剂的挥发速率减小，这种条件下所得到的纤维呈带状。Koombhongse 等[160]制备出了静电纺 PI 带状纤维并首次系统性地提出了带状纤维的成型机理：随着电纺过程中溶剂组分的挥发，射流表面形成聚合物薄层，从而得到具有聚合物外层包裹液体芯的管状结构；随着溶剂的进一步挥发，管状结构在大气压力作用下逐渐塌陷，其截面由圆形逐渐变成椭圆形，最终形成带状结构。在某些情况下，带状结构纤维的边缘会形成两个小管，中部是塌陷聚合物的外层，如图 2-6 所示。

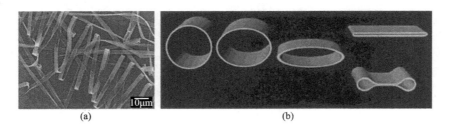

(a)　　　　　　　　　　　(b)

图 2-6　（a）PI 带状纤维的 SEM 图；（b）带状纤维的成型机理示意图[160]

2.2.1.4　多孔结构纤维

多孔材料指含有孔道、缝隙的材料，目前通过静电纺丝工艺制备得到的多孔纤维主要包括有机多孔纤维和无机多孔纤维，按孔径大小可分为微孔（< 2nm）、介孔（2 ~ 50nm）和大孔材料（> 50nm）[161]。

有机多孔纳米纤维的主要制备途径为相分离，引发相分离的因素主要包括聚合物与溶剂、非溶剂间的作用，聚合物与共混组分、共聚组分间的作用[161]。利用溶剂挥发而引起溶液体系相分离是制备静电纺有机多孔纤维的常用方法之一，纺丝过程中聚合物溶液射流随着溶剂挥发而浓度不断升高，从而引发液—液相分离或液—固相分离，形成聚合物富集相和溶剂富集相，聚合物富集相固化形成纤维骨架而溶剂富集相挥发后形成孔洞。Lin 等[162] 采用静电纺丝方法以 DMF/THF 为溶剂制备出了多孔 PS 纳米纤维，如图 2-7 所示。Mccann 等[163] 利用热致相分离的原理来制备静电纺多孔纤维，通过采用盛有液氮的收集装置来收集纤维，使得聚合物射流中未挥发的溶剂组分在飞行过程中冷冻，冷冻过程中射流的溶剂组分与聚合物组分有充分的时间发生热致相分离，通过控制冷冻条件与溶

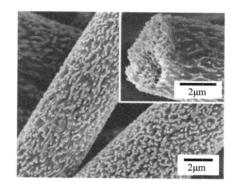

图2-7　静电纺 PS 多孔纤维的 SEM 图[162]

剂的挥发速率可得到具有多孔结构的静电纺纤维。除利用溶剂挥发诱导相分离与热致相分离外，非溶剂诱导相分离以及共混物电纺相分离也是制备多孔静电纺纤维的有效途径。Bognitzki 等[164] 将 PLA、PVP 溶于 DCM 并通过静电纺丝法得到具有双连续相结构的共混纤维，继而用水将 PVP 溶去，制备出具有多孔结构的 PLA 纤维。

　　无机多孔静电纺纤维的制备与纤维中聚合物在高温煅烧过程中的氧化分解相关。Li 等[165] 通过静电纺丝得到 PAN 纳米纤维，然后在氩气氛围中碳化，当温度达到 1000℃ 时混入一定体积的空气，从而得到了多孔碳纳米纤维，如图 2-8（a）所示。此外，在纺丝液中加入表面活性剂如 P123、F127 等作为致孔剂，利用表面活性剂的两亲性使纺丝液中的聚合物定向排列聚集，煅烧去除聚合物后得到多孔无机纳米纤维。Shreyasi 等[166] 在钛酸异丙酯和 PVP 混合的纺丝液中引入致孔剂 F127，通过静电纺丝及煅烧工艺制备出有序介孔结构 TiO$_2$ 纳米纤维［图 2-8（b）］，其比表面积高达 165m^2/g。

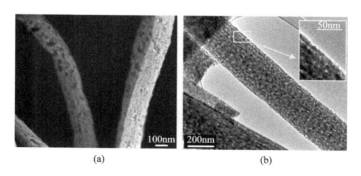

(a)　　(b)

图 2-8　（a）多孔碳纳米纤维的 SEM 图[165]；（b）多孔 TiO$_2$ 纳米纤维的 TEM 图[166]

2.2.1.5　核壳结构纤维

　　与传统的静电纺丝纳米纤维相比，核壳结构的纳米纤维包含核层和壳层两个部分，层间通过化学键或其他作用力连接形成稳定的组装结构。核壳结构纳米纤维的机械性能主要由核层材料决定，壳层赋予材料功能性如自清洁、导电、阻燃等，有望在生物医学、环境工程、光电材料等领域发挥巨大的应用价值。2002 年，Loscertales[167] 等首次提出了通过相互嵌套的两个同轴毛细管组成静电喷雾装置［图 2-9（a）］，并应用该装置制备了 0.15 ~ 10μm 的微胶囊，该工作发表在 Science 杂志上。随后，这一装置扩展

至静电纺丝体系，称为同轴纺丝法。Avsar[168]等以同轴静电纺丝设备制备出以PEO为壳层，PCL为核层的纳米纤维，图2-9（b）所示为核壳结构纳米纤维的TEM图片。复合喷丝头由2个相互嵌套的毛细管组成，内层与外层毛细管之间有一定的缝隙以保证壳层溶液的流通，核层纺丝液则通过内层毛细管在喷丝头尖端与壳层液体汇集而成复合液滴。同轴纺丝内外层纺丝液的选择范围广，解决了部分聚合物可纺性差的缺陷，只要外层纺丝液能够满足普通纺丝液的黏度、聚合物分子量等要求，一些单独静电纺丝时不容易形成纤维的溶液体系便可作为内层液体在外层纺丝液的模板诱导作用下形成核壳结构的复合纤维，扩展了静电纺丝技术原料的可选范围。

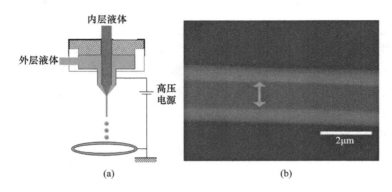

图2-9 （a）同轴静电纺丝装置示意图[167]；（b）PEO—PCL核壳结构纳米纤维TEM图[169]

2.2.1.6 中空结构纤维

中空纤维比表面积高、内部空间大且具有优异的渗透性能，在催化、传感、能源以

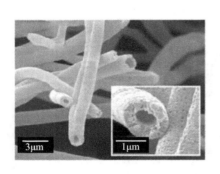

图2-10 TiO$_2$中空纳米纤维的FE-SEM图，插图为其高倍SEM图[170]

及吸附等领域均有广阔的发展前景。通过将同轴静电纺丝方法制备得到的核壳结构纤维进行煅烧或萃取等去除核层材料，留下壳层材料即可获得中空结构纤维。Zhang[170]等以钛酸异丙酯/PVP溶液为壳层，PEO溶液为核层进行同轴静电纺丝，并将得到的核壳纳米纤维在450℃下煅烧去除核层，得到TiO$_2$中空纳米纤维（图2-10）。Peng[171]等结合静电纺丝与高温煅烧工艺制备了中空结构的过渡金属氧化物纳米纤维如CoMn$_2$O$_4$、NiCo$_2$O$_4$、CoFe$_2$O$_4$、NiMn$_2$O$_4$和ZnMn$_2$O$_4$，并发现前驱体溶液中聚合物的种类和煅烧速率是影响中空结构的主要因素。

利用同轴静电纺丝技术不仅可以获得核壳或中空结构的纤维，还可以通过改变喷头装置系统中进液管道的数量制备得到多通道结构的纳米纤维。这种多通道静电纺丝技术的原理与传统的静电纺丝相同，喷头处由多根毛细管组成，毛细管之间留有一定的空隙以保证多个核层液体与壳层液体在射流处的顺利汇合。Zhao[172]等以钛酸四丁酯和PVP溶胶为壳层纺丝液，以石蜡油为芯层纺丝液，通过三通道同轴静电纺丝装置制备了复合纳米纤维（图2-11），再经煅烧得到多通道结构TiO$_2$纳米纤维。研究发现，纳米纤维的多通道结构不仅有助于提升TiO$_2$纳米纤维对气体的吸附性能，同时还有利于增强入射光反射效应，提高其催化性能。

2.2.1.7　微突结构纤维

材料的宏观性能通常与其微观结构密切相关，自然界存在很多这样的现象。例如，荷叶表面覆盖着无数微米级的突起，每个突起上分布着很多纳米级的绒毛突起，从而赋予了荷叶超疏水和自清洁的特性[173-174]。通过构建微突结构纳米纤维，不仅能够改变纤维截面形状，而且能够增大材料的粗糙度，提高比表面积，改变纤维性能和表面性质。Wang 等[175] 在 PAN 纺丝原液中添加 SiO_2 纳米颗粒，通过静电纺丝制备出了具有微突结构的 PAN/SiO_2 纳米纤维，如图 2-12（a）所示。这种微突结构一方面能够加强分散效应，提高纤维膜对固体颗粒的捕集作用，另一方面能够改变气流流动状态，起到降低空气阻力压降的作用。Sheng 等[176] 通过两步涂层工艺对 PAN 纳米纤维膜进行修饰改性，在引入

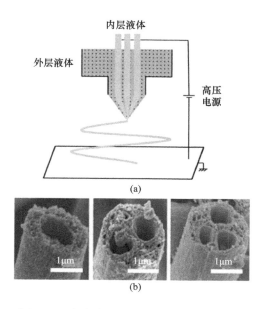

图 2-11 （a）多通道静电纺丝装置示意图；（b）多通道静电纺丝制备的多芯结构 TiO_2 纤维的 SEM 图[172]

低表面能改性物质氨基硅油（ASO）基础上，借助 SiO_2 纳米颗粒所带来的多级粗糙结构使纤维膜达到超疏水特性，如图 2-12（b）所示。

图 2-12 （a）PAN/SiO_2 复合纤维膜[175]；（b）经 SiO_2 纳米颗粒改性后的 PAN/ASO 复合纤维膜[176]

2.2.1.8　褶皱结构纤维

在纤维表面构建褶皱结构能够有效改变纤维的表面性质，赋予材料超润湿性与高比表面积等特性。Ding 等[177] 采用 PS 为纺丝原料，通过调节 THF/DMF 比例最终制备出褶皱结构 PS 纤维，如图 2-13（a）所示。褶皱的形成是由于射流中心的溶剂从内向外扩散，造成了壳层与皮层的收缩不匹配。褶皱结构不仅增大纤维的粗糙度和比表面积，而且由此构建的微纳结构进一步加强了纤维的表面润湿性，水接触角高达 150°。此外，Zhang 等[178] 通过静电纺丝首先得到 PAN/PVP 复合纤维，然后用去离子水去除 PVP 组分，并经水解和接枝反应得到类似于苦瓜皮表面的褶皱结构纤维，如图 2-13（b）所示。

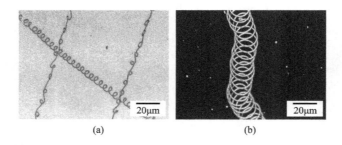

图 2-13 （a）THF/DMF 比例为 3/1 时 PS 纳米纤维膜 SEM 图[177]；（b）PAN 褶皱纤维膜 SEM 图[178]

由于此材料具有较高的比表面积、多级孔结构以及表面胺基官能团，因此可有效吸附 CO_2 气体。

2.2.1.9 螺旋结构纤维

仿生螺旋结构纳米纤维因具有较高的比表面积、孔隙率和较好的柔韧性，在电子器件、吸附过滤与药物输送等领域展现出广阔的应用前景[179]。通过调控纺丝溶液体系组成（如导电聚合物/非导电聚合物复合体系、不同断裂伸长率的聚合物复合体系）与纺丝参数，可制备出具有螺旋结构的纳米纤维。Kessick 等[180]采用导电的聚苯胺磺酸（PASA）和非导电的 PEO 进行复合纺丝得到了螺旋结构纤维，该研究认为纺丝过程中纤维中导电相所携带的正电荷被接收基材中的负电荷中和从而使导电相收缩，最终形成螺旋结构纤维，如图 2-14 所示。Li 等[181]选用具有高断裂伸长率的聚丁二酸丁二醇酯、PTT 以及低断裂伸长率的热塑性材料聚酯弹性体进行复合纺丝，制备得到了螺旋纤维。

图 2-14 不同质量分数（a）6wt%/0.75wt% 的 PEO/PASA；（b）8.5wt%/0.75wt% 的
PEO/PASA 下 PEO/PASA 纳米纤维的 SEM 图[180]

2.2.2 纤维集合体形态结构

静电纺丝法制备的单纤维形貌各异，因此，由单纤维组成的纤维集合体结构亦是多种多样。目前已制备出的纤维集合体包括无规排列纤维膜材料、取向排列纤维膜材料、图案化纤维膜材料、纳米蛛网纤维膜材料、微球/纤维复合膜材料、多层复合纤维膜材料以及体型结构纤维材料等。

2.2.2.1 无规排列纤维集合体

静电纺纤维结构虽然多种多样，但纤维形成的实际过程存在瑞利不稳定性、轴对称不稳定性、扰动和摆动不稳定性等多种不确定因素[48]。因此，在接收板上获得的纤维一般以无规排列形式存在，形成类似于非织造布的纤维膜（图 2-15）。随着静电纺丝技术研究的进一步深入，人们发现这种无规排列的纤维集合体在特殊领域应用时受到了较

图 2-15　典型的无规排列的静电纺纳米纤维 SEM 图

大的限制[182]。因此，科研工作者通过改善静电纺丝技术工艺以获得具有特定形貌和结构的纤维膜，以拓宽应用领域，这是接下来将要介绍的内容[183]。

2.2.2.2　取向排列纤维集合体

取向排列的纳米纤维具有良好的力学性能与光电学性能，可广泛应用于微电子、光电与生物医用等领域。20 世纪 90 年代，Doshi[184] 采用高速旋转的滚筒式接收装置获得了平行排列的纳米纤维，如图 2-16（a）和（c）所示。Theron 等[185] 采用具有尖锐

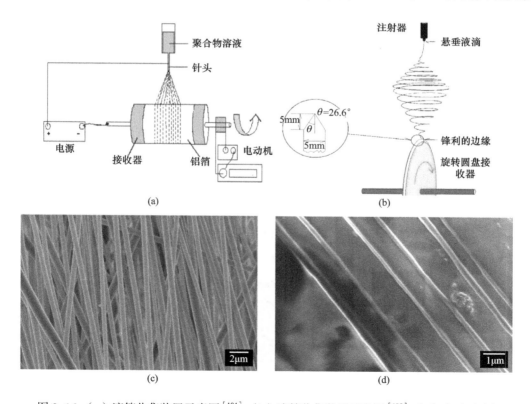

图 2-16　（a）滚筒收集装置示意图[184]；（b）滚筒收集装置示意图[185]；（c）为（a）图装置制备得到的纤维的 SEM 图；（d）为（b）图装置制备得到的纤维的 SEM 图

边缘的圆盘作为收集器［图2-16（b）和（d）］，可以连续获得定向排列的纤维，但由于有效收集区域小，所以收集效率低。Smit 等[186] 使用静态水作为收集装置，获得了连续取向排列的纤维，但收集速度较慢。Teo 等[187] 在此基础上设计了一种动态水浴接收装置，能够自动对纤维进行拉伸取向，获得连续的取向纤维，是较为理想的取向纳米纤维束的制备方法。

2.2.2.3　图案化纤维膜材料

图案化纤维因具有独特的形貌结构，在过滤、组织工程、压力传感、药物传输等领域展现出了巨大的应用潜力[188]。图案化纤维可以通过调整静电纺丝过程中收集装置的形状及材质、射流的运动方式等得到，其具有明显的拓扑结构。目前，图案化纤维膜材料的制备方法主要有对电极法、图案化模板法和纤维直写法等[189]。Xia 等[190] 基于取向排列纤维的研究基础，在圆形石英晶片上分别均匀放置两对和三对电极，并通过控制静电纺丝过程中对电极的导电时间初步制备出了简单的图案化纤维膜，为电极法制备图案化纤维的发展奠定了基础。Clark 等[191] 采用图案化的金属片作为收集装置制备出具有多种图案的 PCL 纳米纤维膜，如图2-17（a）~（c）所示。Lim 等[192] 以 PEO 为原料，通过结合静电纺丝技术和纤维直写法，在绝缘薄膜上刻画出具有鲜花图案的纤维膜［图2-17（d）］。

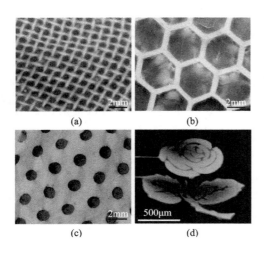

图2-17　具有不同图案静电纺纤维膜的光学照片及 SEM 图：（a）编织线形；（b）正六边形；（c）圆孔形[191]；（d）鲜花形[192]

2.2.2.4　纳米蛛网纤维膜材料

普通静电纺纤维直径一般都大于100nm，研究人员通过使用射流牵伸、核壳纺丝、极稀溶液纺丝法、多组分纺丝等办法尝试对纤维进一步细化，但是这些方法很难得到大量连续且均匀的纳米纤维，从而限制了其在各应用领域的进一步发展。2006 年，Ding 等[193] 以 PAA 水溶液体系为纺丝原液，通过调控溶液性质、纺丝参数以及环境温湿度得到了大量疵点膜，而将溶剂换为乙醇时发现了大量类似蜘蛛网的结构，如图2-18 所示，图2-18（c）为（b）的高倍 SEM 图[193]，该结构以普通纳米纤维为支架，并随机分布着直径仅为20nm 左右的二维网状纤维，这些网孔大多呈现为稳定的六边形结构且

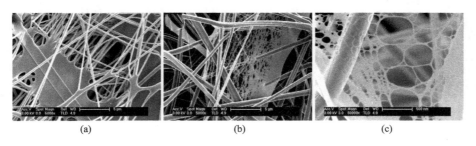

图2-18　不同溶剂条件下获得的静电纺丝 PAA 纤维膜的 SEM 图：（a）H$_2$O；（b）和（c）乙醇

遵循 Steiner 最小树定律。他们将这种具有特殊结构的纤维材料命名为"纳米蛛网",并认为纳米蛛网是在泰勒锥喷出射流的同时产生的微小带电液滴在电场中受力变形和分裂形成的,这个过程称作"静电喷网"。

Wang 等[194]通过静电喷网技术制备得到了 PA-6 纳米蛛网,其结构如图 2-19(a)所示。Zhang 等[195]将聚间苯二甲酰间苯二胺(PMIA)溶解在 LiCl/DMAc 溶液中,然后加入十二烷基三甲基溴化铵(DTAB),通过静电喷网技术得到了 PMIA 蛛网纤维膜,如图 2-19(b)所示。研究发现,相比于不含蛛网结构的 PMIA 纤维膜,具有二维纳米蛛网结构的纤维膜因"网黏结"效应的存在而具有更为优异的力学性能,且随着蛛网覆盖率的增加,这种"网黏结"效应更加明显。

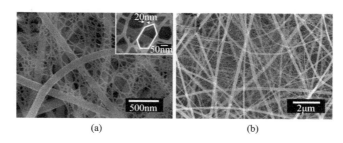

(a)　　　　　　　　　　(b)

图 2-19　纳米蛛网的 SEM 图:(a)PA-6[194];(b)PMIA[193, 195]

目前可用于制备纳米蛛网的聚合物原料已经由原先的 PA-6 和 PAA 扩展到 CS[196]、PAN[197]、PU[198]、PVDF[196]等,如图 2-20 所示。纳米蛛网材料由于其具有孔径小、孔隙率高、孔道连通性好等优点,有望实现在传感、过滤、防护等众多领域的实际应用。

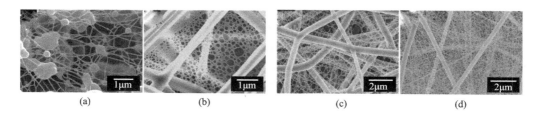

(a)　　　　　(b)　　　　　(c)　　　　　(d)

图 2-20　纳米蛛网 SEM 图:(a)CS[196];(b)PAN[197];(c)PU[198];(d)PVDF[196]

同时,科研人员还对纳米蛛网的成型机理进行了深入研究并提出四种解释:带电液滴发生相分离成网,依靠分子间氢键作用成网,离子促使静电纺纤维劈裂成网,分支射流交缠成网[199-201]。后三种方式仅是对成网机理进行定性分析,而且分析过程忽略了带电流体在飞行过程中所受的牵引力,不能够用来解释全部聚合物成网的机理。Zhang 等[202]对带电液滴相分离成网的机理进行了定量分析,通过对泰勒锥尖端受力情况进行系统研究,提出了两种不同的喷射模式:一种是只产生射流;另一种是同时产生射流和液滴,并分别推导和验证了两种模式产生的临界条件。

2.2.2.5　微球 / 纤维复合膜材料

微球 / 纤维复合膜因具有多级尺度的超润湿性表面而在液体过滤、自清洁等领域表现出巨大的应用潜力。Jiang 等[159]通过静电纺丝技术将 PS 制备成了具有多孔微球和纳米纤维复合结构的超疏水纤维膜材料，其中微球起疏水作用，纳米纤维则起着固定多孔微球的作用，纤维膜的水接触角高达 160°，如图 2-21（a）所示。此后，研究人员通过对微球 / 纳米纤维复合膜的结构进行精确调控，实现了在油水分离领域的应用。例如，Ding 等[203]通过调控静电纺丝与静电喷雾的过渡状态，在普通静电纺 PAN 纤维膜表面一步构筑出兼具微球和串珠纳米纤维的皮层［图 2-21（b）］，皮层的构筑使复合膜同时具有超亲水—水下超疏油特性和较好的孔结构，对不同类型的水包油乳液均展现出良好的分离性能。

图 2-21　复合膜 SEM 图：（a）多孔 PS 微球 / 纳米纤维[159]；（b）微球 / 串珠纳米纤维[203]

2.2.2.6　多层复合纤维膜材料

由于常规静电纺纤维膜的孔径多处于微米级别，仅靠单层纤维膜难以实现在高精度分离领域的应用（如空气过滤、油水乳液分离等），通过在普通纤维膜表面进一步构筑纳米纤维膜以达到减小孔径的目的。同时，将具有不同功能性的纳米纤维材料进行多层复合可进一步提升材料的应用性能。Matsuda 等[204]在 2005 年首次提出了多层静电纺丝的概念，其将嵌段聚氨酯（SPU）、苯乙烯化明胶（ST—明胶）和 I 型胶原蛋白依次沉积到同一收集器上，通过层层叠加制备出胶原蛋白 /ST—明胶 /SPU 三层纤维膜，并初步实现了其在组织工程方面的应用。随后，科研人员根据应用领域对多层复合纤维膜的结构进行功能化设计，制备出一系列具有特定功能的多层复合纤维膜材料。例如，Ge 等[205]采用静电纺丝技术与真空抽滤沉积方法，制备出具有多层复合结构的纳米纤维膜［图 2-22（a）］，该复合膜由高孔隙率的 PAN 静电纺基底、具有蜂窝结构的 PAN 纳米纤维中间层、超亲水—水下超疏油的 SiO_2 纳米纤维表层所构成，复合膜的孔径由基底纤维膜的 4μm 降低至 0.7μm［图 2-22（b）］，得益于这三层结构的协同作用，所得复合膜表现出优异的油 / 水分离性能。

2.2.2.7　体型结构纤维材料

静电纺纤维通常以无规或定向沉积的方式形成具有层状结构的三维聚集体，纤维在垂直于沉积平面方向上难以实现有效的贯穿与交错，使材料呈现出各向异性的结构特征，层与层之间缺乏互连结构导致材料在服役中易发生层间剥离现象。目前，纤维材料三维构建的方法主要有层层堆积法、液体辅助接收法、三维接收器收集法、颗粒沥滤法以及三维纤维网络重构法等。

（1）层层堆积法。利用多层静电纺丝技术，通过将纤维按照一定的顺序堆积成三

(a)

(b)

图 2-22　（a）SiO$_2$ 纳米纤维 / 蜂窝结构 PAN 串珠纳米纤维 /PAN 纳米纤维多层复合膜截面 SEM 图；
（b）PAN 静电纺基底和复合膜的孔径分布图[205]

维纤维材料。Pham 等[206] 通过在不同条件下交替静电纺两种不同的聚合物溶液制备了
PCL 微米及纳米纤维层层交替堆积的三维材料。通过该方法制备的三维材料厚度大于
1mm，平均孔径为 10 ~ 45μm，孔隙率为 84% ~ 89%。通过将静电纺丝与其他纺丝技
术（如聚合物 / 纤维原位沉积技术、熔融纺丝技术等）相结合也可制备出层层堆积三维
纤维材料。Park 等[207] 通过结合聚合物直接熔融沉积（DPMD）技术和静电纺丝技术制
备出了功能化三维纤维支架，如图 2-23 所示，首先通过 DPMD 法制备微米纤维层，然
后在微米纤维层上电纺出 PCL/ 胶原蛋白生物复合纳米纤维层，通过微米纤维和纳米纤

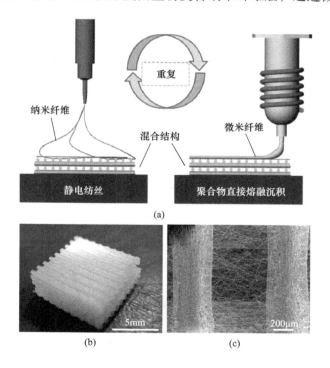

图 2-23　（a）熔融沉积技术与静电纺丝技术结合制备微米纳米纤维复合支架示意图；
（b）9mm×9mm×3.5mm 支架材料的三维结构；（c）支架纤维 SEM 图[207]

维的层层叠加即可获得三维混合结构。

（2）液体辅助接收法。储水器与水涡能辅助取向静电纺纳米纤维的收集[187]，同样的，该技术也可辅助三维结构纤维材料的制备。以水涡辅助多级结构三维多孔 PCL 材料的制备为例，Liao 等[208]首先将静电纺纤维沉积于去离子水表面（置于容器内），同时通过将去离子水从底部排放以在表面形成涡流，进而在容器底部接收具有三维结构的 PCL 多孔支架。随后，PCL 支架通过冷冻干燥或常温干燥以除去水分。Kim 等[209]通过将静电纺 PCL 微 / 纳米纤维沉积于乙醇中，制备出了尺寸可控的三维 PCL 微 / 纳米纤维材料（图 2-24）。通过调控乙醇的流速和纺丝工艺参数，可以控制三维纤维材料的尺寸、孔隙率及微 / 纳米纤维的直径。此外，Kobayashi 等[210]通过静电纺和湿法纺丝相结合制备出了聚乙醇酸（PGA）海绵状三维纳米纤维织物。与传统静电纺纳米纤维膜相比，海绵状 PGA 纳米纤维织物具有更低的表观密度和高孔隙率，因而在纳米纤维织物的可控制备上具有潜在应用前景。

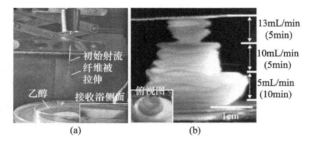

图 2-24　（a）乙醇溶液接收静电纺纳米纤维材料的装置图，插图是静电纺丝凝固浴的侧面图；（b）从三种不同流速乙醇凝固浴中制备的三维 PCL 纤维材料图片[209]

（3）三维接收器收集法。通过三维形状的接收装置接收纳米纤维，随后将接收器去除即可制备出不同形状的三维材料。Chang 等[211]首次采用多种三维形状的接收器来接收纳米纤维，并通过调控电场力和电场强度实现了微观和宏观单管的制备，该单管具有多重微观图案和多级连通结构，且其尺寸、形状、结构和图案在一定范围内可调控（图 2-25）。

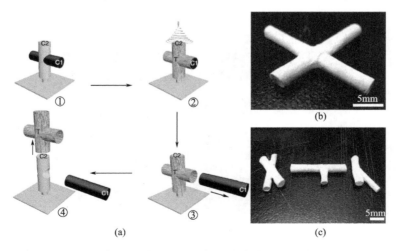

图 2-25　（a）具有多级管道连通结构的三维管状材料制备方法示意图；（b）收集的十字形管状纤维材料；（c）收集的不同形状纤维材料[211]

随后，Zhou 等[212]将静电纺丝技术与接地的旋转金属棒相结合制备出再生丝蛋白管状支架，并研究了静电纺丝参数（包括电压、接收距离、溶液浓度和灌注速度等）对再生丝蛋白中的管状支架纤维形貌和直径分布的影响。这种三维管状材料在组织工程和工业过滤等领域具有广阔的应用前景。

（4）颗粒沥滤法。一种方法是以盐颗粒、冰晶等为致孔剂，通过将其与静电纺丝技术相结合制备纳米纤维/致孔剂三维复合材料，随后除去致孔剂以获得三维多孔材料。Kim 等[213]通过将静电纺丝技术与盐沥滤技术相结合制备了含盐颗粒的透明质酸/胶原纳米纤维复合支架［图 2-26（a）和（b）］，随后通过将支架材料浸渍于 1- 乙基 -3-（3- 二甲氨基丙基）碳二亚胺盐酸盐溶液中进行交联处理，同时通过超声处理将盐颗粒溶于水中，最终制备出具有多孔结构的纳米纤维支架材料［图 2-26（c）］。另一种方法是将接收装置冷却至溶剂冰点以下，使纳米纤维在沉积的同时形成结晶，最终获得单纤维表面多孔的三维纤维材料。Stark 等[214]通过在 PLGA 溶液中添加无定型磷酸三钙纳米粒子，并利用干冰将接收装置冷却，致使纳米纤维内部形成冰晶，通过使干冰升华最终获得了孔隙率达 95%，直径为 5 ~ 10μm 的棉花状材料。

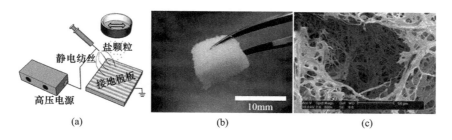

图 2-26　（a）静电纺丝与盐颗粒同步沉积装置示意图；（b）纳米纤维/盐三维复合材料；
（c）三维多孔纳米纤维支架材料[213]

（5）三维纤维网络重构法。上述方法制备的三维材料多是纳米纤维的直接沉积，纤维各向异性堆积的难题仍未解决，导致材料结构易塌陷。基于体型结构纤维材料的研究基础，科研人员提出了一种纳米纤维三维网络重构的方法，将紧密堆积的二维纳米纤维材料进行重构，制备纳米纤维各向同性分布、纤维间紧密粘接并具有多级网孔结构的三维体型材料—纳米纤维气凝胶材料。Ding 等[215]首次将 PAN/苯并噁嗪（BA-a）纤维和 SiO_2 纳米纤维高速分散得到均质稳定的纳米纤维分散液，经冷冻干燥和交联固化得到了具有多级网孔结构的纳米纤维气凝胶。该气凝胶的孔隙率可达 99.92%，体积密度最低仅为 0.12mg/cm^3，且材料具有优异的压缩回弹性。纳米纤维气凝胶的多级网孔由 1 ~ 2μm 的小孔和 10 ~ 30μm 的大孔组成（图 2-27），其中溶剂结晶升华形成大孔结构，纤维缠结粘接形成小孔结构。纳米纤维气凝胶具有体积密度可调、形状尺寸可控性好、大尺寸宏量制备简易等特点，在吸音、保暖、隔热、油水分离等领域展现出了巨大的应用潜力。

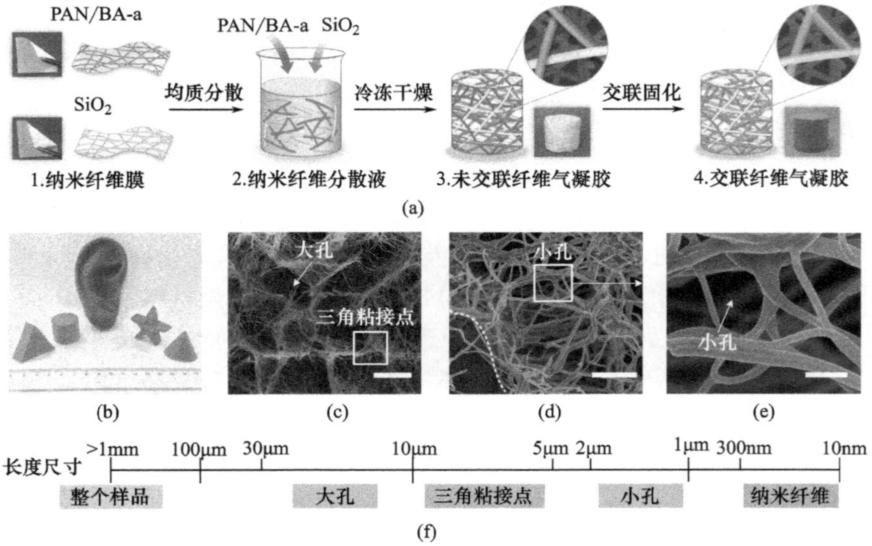

图2-27 （a）纳米纤维气凝胶的制备流程示意图；（b）不同形状纳米纤维气凝胶；
（c）~（e）9.6mg/cm³ 的纳米纤维气凝胶在不同放大倍率下的 SEM 图，图中标尺依次为20μm、5μm、
1μm；（f）气凝胶多级结构尺寸范围示意图

参考文献

［1］张俐娜. 天然高分子改性材料及应用［M］. 北京：化学工业出版社，2006.

［2］KAPLAN D L. Biopolymers from renewable resources［M］. Germany：Springer Berlin Heidelberg，1998.

［3］KIM C W，FREY M W，MARQUEZ M，et al. Preparation of submicron-scale，electrospun cellulose fibers via direct dissolution［J］. Journal of Polymer Science Part B-Polymer Physics，2005，43（13）：1673-1683.

［4］FRENOT A，HENRIKSSON M W，WALKENSTROM P. Electrospinning of cellulose-based nanofibers［J］. Journal of Applied Polymer Science，2007，103（3）：1473-1482.

［5］XU S S，ZHANG J，HE A H，et al. Electrospinning of native cellulose from nonvolatile solvent system［J］. Polymer，2008，49（12）：2911-2917.

［6］SUWANTONG O，RUKTANONCHAI U，SUPAPHOL P. Electrospun cellulose acetate fiber mats containing asiaticoside or Centella asiatica crude extract and the release characteristics of asiaticoside［J］. Polymer，2008，49（19）：4239-4247.

［7］TUNGPRAPA S，PUANGPARN T，WEERASOMBUT M，et al. Electrospun cellulose acetate fibers：effect of solvent system on morphology and fiber diameter［J］. Cellulose，2007，14（6）：563-575.

［8］LANCUSKI A，VASILYEV G，PUTAUX J L，et al. Rheological properties and electrospinnability of high-amylose starch in formic acid［J］. Biomacromolecules，2015，16（8）：2529-2536.

［9］KONG L，ZIEGLER G R. Fabrication of pure starch fibers by electrospinning［J］. Food Hydrocolloids，2014，36：20-25.

［10］NIE H，HE A，ZHENG J，et al. Effects of chain conformation and entanglement on the electrospinning of pure alginate [J]. Biomacromolecules, 2008, 9（5）: 1362-1365.

［11］MENDES A C, GORZELANNY C, HALTER N, et al. Hybrid electrospun chitosan-phospholipids nanofibers for transdermal drug delivery [J]. International Journal of Pharmaceutics, 2016, 510(1): 48-56.

［12］VRIEZE S D, WESTBROEK P, CAMP T V, et al. Electrospinning of chitosan nanofibrous structures: feasibility study [J]. Journal of Material Science, 2007, 42（19）: 8029-8034.

［13］HK N, SW L, JM K, et al. Electrospinning of chitin nanofibers: degradation behavior and cellular response to normal human keratinocytes and fibroblasts [J]. Biomaterials, 2006, 27（21）: 3934-3944.

［14］BARBER P S, GRIGGS C S, BONNER J R, et al. Electrospinning of chitin nanofibers directly from an ionic liquid extract of shrimp shells [J]. Green Chemistry, 2013, 15（3）: 601-607.

［15］RITCHAROEN W, THAIYING Y, SAEJENG Y, et al. Electrospun dextran fibrous membranes [J]. Cellulose, 2008, 15（3）: 435-444.

［16］BRENNER E K, SCHIFFMAN J D, THOMPSON E A, et al. Electrospinning of hyaluronic acid nanofibers from aqueous ammonium solutions [J]. Carbohydrate Polymers, 2012, 87（1）: 926-929.

［17］CELEBIOGLU A, UYAR T. Electrospinning of nanofibers from non-polymeric systems: Electrospun nanofibers from native cyclodextrins [J]. Journal of Colloid and Interface Science, 2013, 404: 1-7.

［18］GOMES S R, RODRIGUES G, MARTINS G G, et al. In vitro and in vivo evaluation of electrospun nanofibers of PCL, chitosan and gelatin: A comparative study [J]. Materials Science and Engineering C-Materials for Biological Applications, 2015, 46: 348-358.

［19］ZHANG Y Z, VENUGOPAL J, HUANG Z M, et al. Crosslinking of the electrospun gelatin nanofibers [J]. Polymer, 2006, 47（8）: 2911-2917.

［20］ELAMPARITHI A, PUNNOOSE A M, KURUVILLA S. Electrospun type 1 collagen matrices preserving native ultrastructure using benign binary solvent for cardiac tissue engineering [J]. Artifical Cells and Nanomedicine Biotechnology, 2016, 44（5）: 1318-1325.

［21］RATH G, HUSSAIN T, CHAUHAN G, et al. Collagen nanofiber containing silver nanoparticles for improved wound-healing applications [J]. Journal of Drug Targeting, 2015, 6: 1.

［22］RNJAKKOVACINA J, WISE S G, LI Z, et al. Electrospun synthetic human elastin:collagen composite scaffolds for dermal tissue engineering [J]. Acta Biomaterial, 2012, 8（10）: 3714-3722.

［23］ELAKKIYA T, MALARVIZHI G, RAJIV S, et al. Curcumin loaded electrospun Bombyx mori silk nanofibers for drug delivery [J]. Polymer International. 2014, 63（1）: 100-105.

［24］CATTO V, FARÈ S, CATTANEO I, et al. Small diameter electrospun silk fibroin vascular grafts: Mechanical properties, in vitro biodegradability, and in vivo biocompatibility [J]. Materials Science & Engineering C, 2015, 54: 101-111.

［25］MOOMAND K, LIM L T. Properties of encapsulated fish oil in electrospun zein fibres under simulated in vitro conditions [J]. Food & Bioprocess Technology, 2015, 8（2）: 431-444.

［26］BRAHATHEESWARAN D, MATHEW A, ASWATHY R G, et al. Hybrid fluorescent curcumin loaded zein electrospun nanofibrous scaffold for biomedical applications [J]. Biomedical Materials, 2012, 7（4）: 045001.

［27］CASTROENR QUEZ D D, RAM REZWONG B, TORRESCH VEZ P I, et al. Preparation, characterization and release of urea from wheat gluten electrospun membranes [J]. Materials, 2012, 5（12）: 2903.

［28］STEPHANSEN K B, GARC AD AZ M, JESSEN F, et al. Interactions between surfactants in solution and electrospun protein fibers effects on release behavior and fiber properties [J]. Molecular

039

Pharmaceutics, 2016, 13（3）: 748-755.

［29］GARCIA-MATEOS F J, CORDERO-LANZAC T, BERENGUER R, et al. Lignin-derived Pt supported carbon（submicron）fiber electrocatalysts for alcohol electro-oxidation［J］. Applied Catalysis B-Environmental, 2017, 211: 18-30.

［30］KIM J R, NETRAVALI A N. One-step toughening of soy protein based green resin using electrospun epoxidized natural rubber fibers［J］. ACS Sustainable Chemistry and Engineering, 2017, 5（6）: 4957-4968.

［31］CALDERON M A R, ZHAO W Q. Applications of polymer nanofibers in bio-materials, biotechnology and biomedicine: a review［J］. Tms 2014 Supplemental Proceedings, 2014, 401-414.

［32］LIANG D, HSIAO B S, CHU B. Functional electrospun nanofibrous scaffolds for biomedical applications［J］. Advanced Drug Delivery Review, 2007, 59（14）: 1392-1412.

［33］LINDMAN B, KARLSTR M G, STIGSSON L. On the mechanism of dissolution of cellulose［J］. Journal of Molecular Liquids, 2010, 156（1）: 76-81.

［34］ZHANG L F, MENKHAUS T J, FONG H. Fabrication and bioseparation studies of adsorptive membranes/felts made from electrospun cellulose acetate nanofibers［J］. Journal of Membrane Science, 2008, 319（1-2）: 176-184.

［35］OHKAWA K. Nanofibers of cellulose and its derivatives fabricated using direct electrospinning［J］. Molecules, 2015, 20（5）: 9139-9154.

［36］MIN B M, LEE S W, LIM J N, et al. Chitin and chitosan nanofibers: electrospinning of chitin and deacetylation of chitin nanofibers［J］. Polymer, 2004, 45（21）: 7137-7142.

［37］PAKRAVAN M, HEUZEY M C, AJJI A. Core–shell structured peo-chitosan nanofibers by coaxial electrospinning［J］. Biomacromolecules, 2012, 13（2）: 412-421.

［38］JEANNIE TAN Z Y, ZHANG X W. Influence of chitosan on electrospun pva nanofiber mat［J］. Advanced Materials Research, 2011, 311: 1763-1768.

［39］IGNATOVA M, MANOLOVA N, MARKOVA N, et al. Electrospun non-woven nanofibrous hybrid mats based on chitosan and PLA for wound-dressing applications［J］. Macromolecular Bioscience, 2010, 9（1）: 102-111.

［40］PARK W H, JEONG L, DONG I Y, et al. Effect of chitosan on morphology and conformation of electrospun silk fibroin nanofibers［J］. Polymer, 2004, 45（21）: 7151-7157.

［41］CHEN Z, MO X, QING F. Electrospinning of collagen–chitosan complex［J］. Materials Letters, 2007, 61（16）: 3490-3494.

［42］SCHEIBEL T. Protein fibers as performance proteins: new technologies and applications［J］. Current Opinion in Biotechnology, 2005, 16（4）: 427-433.

［43］NEO Y P, RAY S, EASTEAL A J, et al. Influence of solution and processing parameters towards the fabrication of electrospun zein fibers with sub-micron diameter［J］. Journal of Food Engineering, 2012, 109（4）: 645-651.

［44］TORRESGINER S, GIMENEZ E, LAGARON J M. Characterization of the morphology and thermal properties of zein prolamine nanostructures obtained by electrospinning［J］. Food Hydrocolloids, 2008, 22（4）: 601-614.

［45］KAYACI F, UYAR T. Electrospun zein nanofibers incorporating cyclodextrins［J］. Carbohydrate Polymers, 2012, 90（1）: 558-568.

［46］NOSZCZYK B H, KOWALCZYK T, ŁYŻNIAK M, et al. Biocompatibility of electrospun human albumin: a pilot study［J］. Biofabrication, 2015, 7（1）: 015011.

［47］TOMASULA P M, SOUSA A M M, LIOU S C, et al. Short communication: electrospinning of casein/pullulan blends for food-grade applications［J］. Journal of Dairy Science, 2016, 99（3）:

1837-1845.

［48］丁彬，俞建勇. 静电纺丝与纳米纤维［M］. 北京：中国纺织出版社，2011.

［49］LEE K H，KIM H Y，LA Y M，et al. Influence of a mixing solvent with tetrahydrofuran and N，N-dimethylformamide on electrospun poly（vinyl chloride）nonwoven mats［J］. Journal of Polymer Science Part B-Polymer Physics，2002，40（19）：2259-2268.

［50］MEDEIROS E S，MATTOSO L H C，OFFEMAN R D，et al. Effect of relative humidity on the morphology of electrospun polymer fibers［J］. Revue Canadienne De Chimie，2008，86（6）：590-599.

［51］HUTMACHER D W，DALTON P D. Melt electrospinning［J］. Chemistry-An Asian Journal，2011，6（1）：44-56.

［52］OGATA N，YAMAGUCHI S，SHIMADA N，et al. Poly（lactide）nanofibers produced by a melt-electrospinning system with a laser melting device［J］. Journal of Applied Polymer Science，2010，104（3）：1640-1645.

［53］YOON Y I，PARK K E，LEE S J，et al. Fabrication of microfibrous and nano-/microfibrous scaffolds: melt and hybrid electrospinning and surface modification of poly（L-lactic acid）with plasticizer［J］. BioMed Research International，2013，2013（2013）：309048.

［54］ESFAHANI H，JOSE R，RAMAKRISHNA S. Electrospun ceramic nanofiber mats today: synthesis，properties，and applications［J］. Materials，2017，10（11）：1238.

［55］SHAO C L，KIM H，GONG J，et al. A novel method for making silica nanofibres by using electrospun fibres of polyvinylalcohol/silica composite as precursor［J］. Nanotechnology，2002，13（5）：635-637.

［56］CHOI S S，LEE S G，IM S S，et al. Silica nanofibers from electrospinning/sol-gel process［J］. Journal of Materials Science Letters，2003，22（12）：891-893.

［57］GU Y X，JIAN F F，WANG X. Synthesis and characterization of nanostructured Co_3O_4 fibers used as anode materials for lithium ion batteries［J］. Thin Solid Films，2008，517（2）：652-655.

［58］LI Y，ZHAN S. Electrospun nickel oxide hollow nanostructured fibers［J］. Journal of Dispersion Science and Technology，2009，30（2）：246-249.

［59］CHEN Z，ZHANG Z，TSAI C C，et al. Electrospun mullite fibers from the sol-gel precursor［J］. Journal of Sol-Gel Science and Technology，2015，74（1）：208-219.

［60］DAI Y，LIU W，FORMO E，et al. Ceramic nanofibers fabricated by electrospinning and their applications in catalysis，environmental science，and energy technology［J］. Polymers for Advanced Technologies，2011，22（3）：326-338.

［61］JAMIL H，BATOOL S S，IMRAN Z，et al. Electrospun titanium dioxide nanofiber humidity sensors with high sensitivity［J］. Ceramics International，2012，38（3）：2437-2441.

［62］XUE J，XIE J，LIU W，et al. Electrospun nanofibers: new concepts，materials，and applications［J］. Accounts of Chemical Research，2017，50（8）：1976-1987.

［63］FORMO E，YAVUZ M S，LEE E P，et al. Functionalization of electrospun ceramic nanofibre membranes with noble-metal nanostructures for catalytic applications［J］. Journal of Materials Chemistry，2009，19（23）：3878-3882.

［64］WANG G，JI Y，HUANG X R，et al. Fabrication and characterization of polycrystalline WO_3 nanofibers and their application for ammonia sensing［J］. Journal of Physical Chemistry B，2006，110（47）：23777-23782.

［65］DING B，KIM C K，KIM H Y，et al. Titanium dioxide nanoribers prepared by using electrospinning method［J］. Fibers and Polymers，2004，5（2）：105-109.

［66］ZHANG Y，HE X，LI J，et al. Fabrication and ethanol-sensing properties of micro gas sensor based on electrospun SnO_2 nanofibers［J］. Sensors and Actuators B-Chemical，2008，132（1）：67-73.

041

[67] AB KADIR R, LI Z, SADEK A Z, et al. Electrospun granular hollow SnO$_2$ nanofibers hydrogen gas sensors operating at low temperatures [J]. Journal of Physical Chemistry C, 2014, 118 (6): 3129-3139.

[68] PARK S J, CHASE G G, JEONG K U, et al. Mechanical properties of titania nanofiber mats fabricated by electrospinning of sol-gel precursor [J]. Journal of Sol-Gel Science and Technology, 2010, 54 (2): 188-194.

[69] LI H, ZHANG W, LI B, et al. Diameter-dependent photocatalytic activity of electrospun TiO$_2$ nanofiber [J]. Journal of the American Ceramic Society, 2010, 93 (9): 2503-2506.

[70] MAHAPATRA A, MISHRA B G, HOTA G. Synthesis of ultra-fine alpha-Al$_2$O$_3$ fibers via electrospinning method [J]. Ceramics International, 2011, 37 (7): 2329-2333.

[71] CUI Q Z, DONG X T, WANG J X, et al. Direct fabrication of cerium oxide hollow nanofibers by electrospinning [J]. Journal of Rare Earths, 2008, 26 (5): 664-669.

[72] DING Y, WANG Y, SU L, et al. Electrospun Co$_3$O$_4$ nanofibers for sensitive and selective glucose detection [J]. Biosensors & Bioelectronics, 2010, 26 (2): 542-548.

[73] ZHENG W, LI Z Y, ZHANG H N, et al. Electrospinning route for alpha-Fe$_2$O$_3$ ceramic nanofibers and their gas sensing properties [J]. Materials Research Bulletin, 2009, 44 (6): 1432-1436.

[74] KIM H Y, VISWANATHAMURTHI P, BHATTARAI N, et al. Preparation and morphology of germanium oxide nanofibers [J]. Reviews on Advanced Materials Science, 2003, 5 (3): 220-223.

[75] FAN Q, WHITTINGHAM M S. Electrospun manganese oxide nanofibers as anodes for lithium-ion batteries [J]. Electrochemical and Solid State Letters, 2007, 10 (3): A48-A51.

[76] LI S, SHAO C, LIU Y, et al. Nanofibers and nanoplatelets of MoO$_3$ via an electrospinning technique [J]. Journal of Physics and Chemistry of Solids, 2006, 67 (8): 1869-1872.

[77] ARAVINDAN V, KUMAR P S, SUNDARAMURTHY J, et al. Electrospun NiO nanofibers as high performance anode material for Li-ion batteries [J]. Journal of Power Sources, 2013, 227: 284-290.

[78] BAN C, CHERNOVA N A, WHITTINGHAM M S. Electrospun nano-vanadium pentoxide cathode [J]. Electrochemistry Communications, 2009, 11 (3): 522-525.

[79] WANG H G, MA D L, HUANG Y, et al. Electrospun V$_2$O$_5$ Nanostructures with controllable morphology as high-performance cathode materials for lithium-ion batteries [J]. Chemistry-A European Journal, 2012, 18 (29): 8987-8993.

[80] WANG G, JI Y, HUANG X, et al. Fabrication and characterization of polycrystalline WO$_3$ nanofibers and their application for ammonia sensing [J]. Journal of Physical Chemistry B, 2006, 110 (47): 23777-23782.

[81] LENG J Y, XU X J, LV N, et al. Synthesis and gas-sensing characteristics of WO$_3$ nanofibers via electrospinning [J]. Journal of Colloid and Interface Science, 2011, 356 (1): 54-57.

[82] REN H, DING Y, JIANG Y, et al. Synthesis and properties of ZnO nanofibers prepared by electrospinning [J]. Journal of Sol-Gel Science and Technology, 2009, 52 (2): 287-290.

[83] SINGH P, MONDAL K, SHARMA A. Reusable electrospun mesoporous ZnO nanofiber mats for photocatalytic degradation of polycyclic aromatic hydrocarbon dyes in wastewater [J]. Journal of Colloid and Interface Science, 2013, 394: 208-215.

[84] SHAO C L, GUAN H Y, LIU Y C, et al. A novel method for making ZrO$_2$ nanofibres via an electrospinning technique [J]. Journal of Crystal Growth, 2004, 267 (1-2): 380-384.

[85] FORMO E, CAMARGO P H C, LIM B, et al. Functionalization of ZrO$_2$ nanofibers with Pt nanostructures: The effect of surface roughness on nucleation mechanism and morphology control [J]. Chemical Physics Letters, 2009, 476 (1-3): 56-61.

[86] LUO C J, STOYANOV S D, STRIDE E, et al. Electrospinning versus fibre production methods:

from specifics to technological convergence [J]. Chemical Society Reviews, 2012, 41 (13): 4708-4735.

[87] GE J, QU Y, CAO L, et al. Polybenzoxazine-based highly porous carbon nanofibrous membranes hybridized by tin oxide nanoclusters: durable mechanical elasticity and capacitive performance [J]. Journal of Materials Chemistry A, 2016, 4 (20): 7795-7804.

[88] MAO X W, HATTON T A, RUTLEDGE G C. A review of electrospun carbon fibers as electrode materials for energy storage [J]. Current Organic Chemistry, 2013, 17 (13): 1390-1401.

[89] RAHAMAN M S A, ISMAIL A F, MUSTAFA A. A review of heat treatment on polyacrylonitrile fiber [J]. Polymer Degradation and Stability, 2007, 92 (8): 1421-1432.

[90] XUYEN N T, RA E J, GENG H Z, et al. Enhancement of conductivity by diameter control of polyimide-based electrospun carbon nanofibers [J]. Journal of Physical Chemistry B, 2007, 111 (39): 11350-11353.

[91] GE J L, QU Y S, CAO L T, et al. Polybenzoxazine-based highly porous carbon nanofibrous membranes hybridized by tin oxide nanoclusters: durable mechanical elasticity and capacitive performance [J]. Journal of Materials Chemistry A, 2016, 4 (20): 7795-7804.

[92] YANG Y, CENTRONE A, CHEN L, et al. Highly porous electrospun polyvinylidene fluoride (PVDF)-based carbon fiber [J]. Carbon, 2011, 49 (11): 3395-3403.

[93] KIM B H, BUI N N, YANG K S, et al. Electrochemical properties of activated polyacrylonitrile/pitch carbon fibers produced using electrospinning [J]. Bulletin of the Korean Chemical Society, 2009, 30 (9): 1967-1972.

[94] TANG X M, SI Y, GE J L, et al. In situ polymerized superhydrophobic and superoleophilic nanofibrous membranes for gravity driven oil-water separation [J]. Nanoscale, 2013, 5 (23): 11657-11664.

[95] HROMADKA J, TOKAY B, CORREIA R, et al. Highly sensitive volatile organic compounds vapour measurements using a long period grating optical fibre sensor coated with metal organic framework ZIF-8 [J]. Sensors and Actuators B: Chemical, 2018, 260: 685-692.

[96] BOGNITZKI M, BECKER M, GRAESER M, et al. Preparation of sub-micrometer copper fibers via electrospinning [J]. Advanced Materials, 2006, 18 (18): 2384-2386.

[97] WU H, HU L, ROWELL M W, et al. Electrospun metal nanofiber webs as high-performance transparent electrode [J]. Nano Letters, 2010, 10 (10): 4242-4248.

[98] LI Y H, KOU X L, HOU N. Synthesis, microstructure and magnetic properties of Fe2CoAl nanofibers [J]. Functional Materials Letters, 2017, 10 (4): 1750035.

[99] YOON D G, CHIN B D, BAIL R. Electrohydrodynamic spinning of random-textured silver webs for electrodes embedded in flexible organic solar cells [J]. Journal of the Korean Physical Society, 2017, 70 (6): 598-605.

[100] AYLETT B J. The chemistry of transition metal carbides and nitrides [J]. Journal of Organometallic Chemistry, 1997, 540: 193-193.

[101] 法尔哈德 莫哈迈迪, 理查德 B 卡斯. 碳化硼陶瓷纤维: 中国, 102066247 B [P]. 2014-02-12.

[102] EICK B M, YOUNGBLOOD J P. SiC nanofibers by pyrolysis of electrospun preceramic polymers [J]. Journal of Materials Science, 2009, 44 (1): 160-165.

[103] LIU Y, LIU Y, CHOI W C, et al. Highly flexible, erosion resistant and nitrogen doped hollow SiC fibrous mats for high temperature thermal insulator [J]. Journal of Materials Chemistry A, 2017, 5 (6): 2664-2672.

[104] WANG B, WANG Y, LEI Y, et al. Tailoring of porous structure in macro-meso-microporous SiC ultrathin fibers via electrospinning combined with polymer-derived ceramics route [J]. Advanced Manufacturing Processes, 2015, 31 (10): 1357-1365.

［105］王良彪. 碳化物和氮化物的固相合成、表征与性能研究［D］. 安徽：中国科学技术大学，2012.

［106］LUO X J, ZHENG X J, WANG D, et al. The ethanol-sensing properties of porous GaN nanofibers synthesized by electrospinning［J］. Sensors and Actuator B: Chemical，2014，202：1010-1018.

［107］ESZTER B, KOLOS M, ANDRAS M, et al. Silicon nitride-based composites reinforced with zirconia nanofibres［J］. Ceramics International，2017，43（18）：16811-16818.

［108］QIU Y J, YU J, RAFIQUE J, et al. Large-scale production of aligned long boron nitride nanofibers by multijet/multicollector electrospinning［J］. Journal of Physical Chemistry C，2009，113（26）：11228-11234.

［109］Li J Y, Sun Y, Tan Y, et al. Zirconium nitride（ZrN）fibers prepared by carbothermal reduction and nitridation of electrospun PVP/zirconium oxychloride composite fibers［J］. Chemical Engineering Journal，2008，144（1）：149-152.

［110］GUALANDI C, CELLI A, ZUCCHELLI A, et al. Nanohybrid materials by electrospinning［M］. Germany：Springer International Publishing，2014.

［111］KIM D H, SUN Z, RUSSELL T P, et al. Organic–inorganic nanohybridization by block copolymer thin films［J］. Advanced Functional Materials，2010，15（7）：1160-1164.

［112］KRISSANASAERANEE M, VONGSETSKUL T, RANGKUPAN R, et al. Preparation of ultra - fine silica fibers using electrospun poly（vinyl alcohol）/silatrane composite fibers as precursor［J］. Journal of the American Ceramic Society，2010，91（9）：2830-2835.

［113］KIM Y J, CHANG H A, LEE M B, et al. Characteristics of electrospun PVDF/SiO$_2$ composite nanofiber membranes as polymer electrolyte［J］. Materials Chemistry & Physics，2011，127（1）：137-142.

［114］KALRA V, MENDEZ S, LEE J H, et al. Confined assembly in coaxially electrospun block copolymer fibers［J］. Advanced Materials，2010，18（24）：3299-3303.

［115］GUAN H, ZHOU W, FU S, et al. Electrospun nanofibers of NiO/SiO$_2$ composite［J］. Journal of Physics & Chemistry of Solids，2009，70（10）：1374-1377.

［116］DING B, KIM C K, KIM H Y, et al. Titanium dioxide nanofibers prepared by using electrospinning method［J］. Fibers and Polymers，2004，5（2）：105-109.

［117］WANG C, YAN E, HUANG Z, et al. Fabrication of highly photoluminescent TiO$_2$/PPV hybrid nanoparticle-polymer fibers by electrospinning［J］. Macromolecular Rapid Communications，2010，28（2）：205-209.

［118］WAN H, NA W, YANG J, et al. Hierarchically structured polysulfone/titania fibrous membranes with enhanced air filtration performance［J］. Journal of Colloid & Interface Science，2014，417（3）：18-26.

［119］DREW C, LIU X, ZIEGLER D, et al. Metal oxide-coated polymer nanofibers［J］. Nano Letters，2003，3（2）：143-147.

［120］HE T, ZHOU Z, XU W, et al. Preparation and photocatalysis of TiO$_2$-fluoropolymer electrospun fiber nanocomposites［J］. Polymer，2009，50（13）：3031-3036.

［121］XIN Y, HUANG Z, PENG L, et al. Photoelectric performance of poly（p-phenylene vinylene）/Fe$_3$O$_4$ nanofiber array［J］. Journal of Applied Physics，2009，105：086106.

［122］DING B, OGAWA T, KIM J, et al. Fabrication of a super-hydrophobic nanofibrous zinc oxide film surface by electrospinning［J］. Thin Solid Films，2008，516（9）：2495-2501.

［123］SUI X, SHAO C, LIU Y. Photoluminescence of polyethylene oxide–ZnO composite electrospun fibers［J］. Polymer，2007，48（6）：1459-1463.

［124］OLDHAM C J, BO G, SPAGNOLA J C, et al. Encapsulation and chemical resistance of electrospun nylon nanofibers coated using integrated atomic and molecular layer deposition［J］. Journal of the Electrochemical Society，2011，158（158）：D549-D556.

044

［125］Chang Z. "Firecracker-shaped" ZnO/polyimide hybrid nanofibers via electrospinning and hydrothermal process ［J］. Chemical Communications，2011，47（15）：4427-4429.

［126］PADMARAJ O, RAO B N, JENA P, et al. Electrochemical studies of electrospun organic/inorganic hybrid nanocomposite fibrous polymer electrolyte for lithium battery ［J］. Polymer，2014，55（5）：1136-1142.

［127］CHEN D, GAO L. Facile synthesis of single-crystal tin oxide nanorods with tunable dimensions via hydrothermal process ［J］. Chemical Physics Letters，2004，398（1）：201-206.

［128］LI Z, HUANG H, WANG C. Electrostatic forces induce poly（vinyl alcohol）- protected copper nanoparticles to form copper/poly（vinyl alcohol）nanocables via electrospinning ［J］. Macromolecular Rapid Communications，2010，27（2）：152-155.

［129］ADOMAVICIENE M, STANYS S, DEMSAR A, et al. Insertion of Cu nanoparticles into a polymeric nanofbrous structure via an electrospinning technique ［J］. Fibres & Textiles in Eastern Europe，2010，78（1）：17-20.

［130］BASHOUTI M, DR W S, BRUMER M, et al. Alignment of colloidal CdS nanowires embedded in polymer nanofibers by electrospinning ［J］. Chemphyschem A European Journal of Chemical Physics & Physical Chemistry，2010，7（1）：102-106.

［131］WANG S, SUN Z, YAN E, et al. Spectrum-control of poly（p-phenylene vinylene）nanofibers fabricated by electrospinning with highly photoluminescent ZnS quantum dots ［J］. International Journal of Electrochemical Science，2014，9（2）：549-561.

［132］LU X, ZHAO Y, WANG C, et al. Fabrication of CdS Nanorods in PVP Fiber Matrices by Electrospinning ［J］. Macromolecular Rapid Communications，2010，26（16）：1325-1329.

［133］LU X, ZHAO Y, WANG C. Fabrication of PbS nanoparticles in polymer - fiber matrices by electrospinning ［J］. Advanced Materials，2010，17（20）：2485-2488.

［134］LU X, LI L, ZHANG W, et al. Preparation and characterization of Ag_2S nanoparticles embedded in polymer fibre matrices by electrospinning ［J］. Nanotechnology，2005，16（10）：2233-2237.

［135］KO F, GOGOTSI Y, ALI A, et al. Electrospinning of continuous carbon nanotube - filled nanofiber yarns ［J］. Advanced Materials，2010，15（14）：1161-1165.

［136］MAZINANI S, AJJI A, DUBOIS C. Morphology, structure and properties of conductive PS/CNT nanocomposite electrospun mat ［J］. Polymer，2009，50（14）：3329-3342.

［137］JI H H, JEONG E H, HAN S L, et al. Electrospinning of polyurethane/organically modified montmorillonite nanocomposites ［J］. Journal of Polymer Science Part B: Polymer Physics，2010，43（22）：3171-3177.

［138］WANG S, ZHENG F, HUANG Y, et al. Encapsulation of amoxicillin within laponite-doped poly（lactic-co-glycolic acid）nanofibers: preparation, characterization, and antibacterial activity ［J］. ACS Applied Materials & Interfaces，2012，4（11）：6393-6401.

［139］JEONG S I, KO E K, YUM J, et al. Nanofibrous poly（lactic acid）/hydroxyapatite composite scaffolds for guided tissue regeneration ［J］. Macromolecular Bioscience，2010，8（4）：328-338.

［140］BIANCO A, FEDERICO E D, CACCIOTTI I. Electrospun poly（ε-caprolactone）-based composites using synthesized β-tricalcium phosphate ［J］. Polymers for Advanced Technologies，2011，22（12）：1832-1841.

［141］FUJIHARA K, KOTAKI M, RAMAKRISHNA S. Guided bone regeneration membrane made of polycaprolactone/calcium carbonate composite nano-fibers ［J］. Biomaterials，2005，26（19）：4139-4147.

［142］SCHLECHT S, TAN S, YOSEF M, et al. Toward linear arrays of quantum dots via polymer nanofibers and nanorods ［J］. Chemistry of Materials，2005，17（4）：809-814.

［143］KANEHATA M, DING B, SHIRATORI S. Nanoporous ultra-high specific surface inorganic fibres

［J］. Nanotechnology, 2007, 18（31）: 315602.

［144］李雪松. 纳米金属材料的制备及性能［M］. 北京：北京理工大学出版社，2012.

［145］HE D, HU B, YAO Q F, et al. Large-scale synthesis of flexible free-standing SERS substrates with high sensitivity: electrospun PVA nanofibers embedded with controlled alignment of silver nanoparticles［J］. ACS Nano, 2009, 3（12）: 3993-4002.

［146］CHENG M, WANG H, ZHANG Z, et al. Gold Nanorod-Embedded Electrospun Fibrous Membrane as a Photothermal Therapy Platform［J］. ACS Applied Materials & Interfaces, 2014, 6（3）: 1569-1575.

［147］ZHANG C L, LV K P, CONG H P, et al. Controlled assemblies of gold nanorods in PVA nanofiber matrix as flexible free-standing SERS substrates by electrospinning［J］. Small, 2012, 8（5）: 647-653.

［148］CHAPMAN R, DANIAL M, KOH M L, et al. Design and properties of functional nanotubes from the self-assembly of cyclic peptide templates［J］. Chemical Society Reviews, 2015, 43（47）: 6023-6041.

［149］ZHANG S, PELLIGRA C I, FENG X, et al. Directed assembly of hybrid nanomaterials and nanocomposites［J］. Advanced Materials, 2018, 1705794.

［150］Lim J Y, Lee C K, Kim S J, et al. Controlled nanofiber composed of multi-wall carbon nanotube/poly（ethylene oxide）［J］. Journal of Macromolecular Science, Part A: Pure and Applied Chemistry, 2006, 43（4-5）: 785-796.

［151］NOVOSELOV K S, GEIM A K, MOROZOV S V, et al. Electric field effect in atomically thin carbon films［J］. Science, 2004, 306（5696）: 666-669.

［152］BAO Q, ZHANG H, YANG J X, et al. Graphene-polymer nanofiber membrane for ultrafast photonics［J］. Advanced Functional Materials, 2010, 20（5）: 782-791.

［153］LI B, YUAN H, ZHANG Y. Transparent PMMA-based nanocomposite using electrospun graphene-incorporated PA−6 nanofibers as the reinforcement［J］. Composites Science & Technology, 2013, 89（1）: 134-141.

［154］MARRAS S I, KLADI K P, TSIVINTZELIS I, et al. Biodegradable polymer nanocomposites: the role of nanoclays on the thermomechanical characteristics and the electrospun fibrous structure［J］. Acta Biomaterialia, 2008, 4（3）: 756-765.

［155］PARK J H, LEE H W, DONG K C, et al. Electrospinning and characterization of poly（vinyl alcohol）/chitosan oligosaccharide/clay nanocomposite nanofibers in aqueous solutions［J］. Colloid & Polymer Science, 2009, 287（8）: 943-950.

［156］DENG X L, SUI G, ZHAO M L, et al. Poly（L-lactic acid）/hydroxyapatite hybrid nanofibrous scaffolds prepared by electrospinning［J］. Journal of Biomaterials Science Polymer Edition, 2007, 18（1）: 117-130.

［157］BA L N, MIN Y K, LEE B T. Hybrid hydroxyapatite nanoparticles-loaded PCL/GE blend fibers for bone tissue engineering［J］. Journal of Biomaterials Science Polymer Edition, 2013, 24（5）: 520-538.

［158］GUO M, DING B, LI X, et al. Amphiphobic nanofibrous silica mats with flexible and high-heat-resistant properties［J］. Journal of Physical Chemistry C, 2010, 114（2）: 916-921.

［159］JIANG L, ZHAO Y, ZHAI J. A lotus-leaf-like superhydrophobic surface: a porous microsphere/nanofiber composite film prepared by electrohydrodynamics［J］. Angew Chemie Interanational Edition, 2004, 43（33）: 4338-4341.

［160］KOOMBHONGSE S, LIU W, RENEKER D H. Flat polymer ribbons and other shapes by electrospinning［J］. Journal of Polymer Science B Polymer Physics, 2001, 39（21）: 2598-2606.

［161］区炜锋，严玉蓉. 静电纺多级孔材料制备研究进展［J］. 化工进展，2009，28（10）: 1766-

1770.

[162] LIN J Y, DING B, YANG J M, et al. Subtle regulation of the micro- and nanostructures of electrospun polystyrene fibers and their application in oil absorption [J]. Nanoscale, 2012, 4 (1): 176-182.

[163] MCCANN J T, MARQUEZ M, XIA Y. Highly porous fibers by electrospinning into a cryogenic liquid [J]. Journal of the American Chemical Society, 2006, 128 (5): 1436-1437.

[164] BOGNITZKI M, FRESE T, STEINHART M, et al. Preparation of fibers with nanoscaled morphologies: Electrospinning of polymer blends[J]. Polymer Engineering & Science, 2001, 41(6): 982-989.

[165] LI W, LI M, WANG M, et al. Electrospinning with partially carbonization in air: Highly porous carbon nanofibers optimized for high-performance flexible lithium-ion batteries [J]. Nano Energy, 2015, 13: 693-701.

[166] CHATTOPADHYAY S, SAHA J, DE G. Electrospun anatase TiO_2 nanofibers with ordered mesoporosity [J]. Journal of Materials Chemistry A. 2014, 2 (44): 19029-19035.

[167] LOSCERTALES I G, BARRERO A, GUERRERO I, et al. Micro/nano encapsutation via electrified coaxial liquid jets [J]. Science, 2002, 295 (5560): 1695-1698.

[168] AVSAR G, AGIRBASLI D, AGIRBASLI M A, et al. Levan based fibrous scaffolds electrospun via co-axial and single-needle techniques for tissue engineering applications [J]. Carbohydrate Polymers, 2018, 193: 316-325.

[169] LIN J, TIAN F, SHANG Y, et al. Co-axial electrospun polystyrene/polyurethane fibres for oil collection from water surface [J]. Nanoscale, 2013, 5 (7): 2745-2755.

[170] ZHANG X, ARAVINDAN V, KUMAR P S, et al. Synthesis of TiO_2 hollow nanofibers by co-axial electrospinning and its superior lithium storage capability in full-cell assembly with olivine phosphate [J]. Nanoscale, 2013, 5 (13): 5973-5980.

[171] PENG S, LI L, HU Y, et al. Fabrication of spinel one-dimensional architectures by single-spinneret electrospinning for energy storage applications [J]. ACS Nano, 2015, 9 (2): 1945-1954.

[172] ZHAO T Y, LIU Z Y, NAKATA K, et al. Multichannel TiO_2 hollow fibers with enhanced photocatalytic activity [J]. Journal of Materials Chemistry, 2010, 20 (24): 5095-5099.

[173] GAO F, YAO Y, WANG W, et al. Light-driven transformation of bio-inspired superhydrophobic structure via reconfigurable PAzoMA microarrays: from lotus leaf to rice leaf [J]. Macromolecules, 2018, 51 (7): 2742-2749.

[174] KAYES M I, GALANTE A J, STELLA N A, et al. Stable lotus leaf-inspired hierarchical, fluorinated polypropylene surfaces for reduced bacterial adhesion [J]. Reactive and Functional Polymers, 2018, 128: 40-46.

[175] WANG N, SI Y, WANG N, et al. Multilevel structured polyacrylonitrile/silica nanofibrous membranes for high-performance air filtration [J]. Separation & Purification Technology, 2014, 126 (15): 44-51.

[176] SHENG J, YUE X, YU J, et al. Robust fluorine-free superhydrophobic amino-silicone Oil/SiO_2 modification of electrospun polyacrylonitrile membranes for waterproof-breathable application [J]. ACS Applied Materials & Interfaces, 2017, 9 (17): 15139-15147.

[177] MIYAUCHI Y, DING B, SHIRATORI S. Fabrication of a silver-ragwort-leaf-like super-hydrophobic micro/nanoporous fibrous mat surface by electrospinning [J]. Nanotechnology, 2006, 17 (17): 5151-5156.

[178] ZHANG Y, GUAN J, WANG X, et al. Balsam pear skin-like porous polyacrylonitrile nanofibrous membranes grafted with polyethyleneimine for post-combustion CO_2 capture [J]. ACS Applied

Materials & Interfaces, 2017, 9 (46): 41087-41098.

[179] KAMATA K, SUZUKI S, OHTSUKA M, et al. Fabrication of left-handed metal microcoil from spiral vessel of vascular plant [J]. Advanced Materials, 2011, 23 (46): 5509-5513.

[180] KESSICK R, TEPPER G. Microscale polymeric helical structures produced by electrospinning [J]. Applied Physics Letters, 2004, 84 (23): 4807-4809.

[181] 常敏, 李从举, 王佩杰. 静电纺丝制备具有扭曲螺旋结构的微/纳米纤维 [J]. 合成纤维, 2007, 36 (7): 1-4.

[182] 刘国相. 静电纺丝制备纤维素增强聚乳酸纳米复合材料的研究 [D]. 黑龙江: 东北林业大学, 2017.

[183] 王先锋. 静电纺纤维膜的结构调控及其在甲醛传感器中的应用研究 [D]. 上海: 东华大学, 2012.

[184] DOSHI J, RENEKER D H. Electrospinning process and applications of electrospun fibers [J]. Journal of Electrostatics, 1995, 35 (2-3): 151-160.

[185] THERON A, ZUSSMAN E, YARIN A L. Electrostatic field-assisted alignment of electrospun nanofibres [J]. Nanotechnology, 2001, 12 (3): 384.

[186] SMIT E, BŰTTNER U, SANDERSON R D. Continuous yarns from electrospun fibers [J]. Polymer, 2005, 46 (8): 2419-2423.

[187] TEO W E, GOPAL R, RAMASESHAN R, et al. A dynamic liquid support system for continuous electrospun yarn fabrication [J]. Polymer, 2007, 48 (12): 3400-3405.

[188] 王淑瑶, 王勇章, 刘耀文, 等. 图案化纤维制备工艺研究进展 [J], 化工新型材料, 2016, 9: 240-242.

[189] 徐合. 具有可控微图案结构的电纺纤维生物材料的制备及其性能研究 [D]. 上海: 上海交通大学, 2014.

[190] LI D, WANG Y, XIA Y. Electrospinning nanofibers as uniaxially aligned arrays and layer-by-layer stacked films [J]. Advanced Materials, 2010, 16 (4): 361-366.

[191] WU Y, DONG Z, WILSON S, et al. Template-assisted assembly of electrospun fibers [J]. Polymer, 2010, 51 (14): 3244-3248.

[192] CHO S J, KIM B, AN T, et al. Replicable multilayered nanofibrous patterns on a flexible film [J]. Langmuir, 2010, 26 (18): 14395-14399.

[193] DING B, LI C, MIYAUCHI Y, et al. Formation of novel 2D polymer nanowebs via electrospinning [J]. Nanotechnology, 2006, 17 (17): 3685-3691.

[194] WANG X, DING B, YU J, et al. Highly sensitive humidity sensors based on electro-spinning/ netting a polyamide 6 nano-fiber/net modified by polyethyleneimine [J]. Journal of Materials Chemistry, 2011, 21 (40): 16231-16238.

[195] ZHANG S, LIU H, YIN X, et al. Tailoring mechanically robust poly (m-phenylene isophthalamide)nanofiber/nets for ultrathin high-efficiency air filter[J]. Scientific Reports, 2017, 7: 40550.

[196] WANG X, DING B, SUN G, et al. Electro-spinning/netting: A strategy for the fabrication of three-dimensional polymer nano-fiber/nets [J]. Progress in Materials Science, 2013, 58 (8): 1173-1243.

[197] 张世超. 超细纳米蛛网材料的成型机理及高效空气过滤应用研究 [D]. 上海: 东华大学, 2017.

[198] HU J, WANG X, DING B, et al. One-step electro-spinning/netting technique for controllably preparing polyurethane nano-fiber/net [J]. Macromolecular Rapid Communications, 2011, 32 (21): 1729-1734.

[199] BARAKAT N A M, KANJWAL M A, SHEIKH F A, et al. Spider-net within the N6, PVA and PU electrospun nanofiber mats using salt addition: novel strategy in the electrospinning process [J].

Polymer，2009，50（18）: 4389-4396.

[200] TSOU S Y，LIN H S，WANG C. Studies on the electrospun Nylon 6 nanofibers from polyelectrolyte solutions: 1. Effects of solution concentration and temperature [J]. Polymer，2011，52（14）: 3127-3136.

[201] PANT H R，BAJGAI M P，NAM K T，et al. Formation of electrospun nylon-6/methoxy poly（ethylene glycol）oligomer spider-wave nanofibers [J]. Materials Letters，2010，64（19）: 2087-2090.

[202] ZHANG S，CHEN K，YU J，et al. Model derivation and validation for 2D polymeric nanonets: Origin，evolution，and regulation [J]. Polymer，2015，74（9）: 182-192.

[203] GE J，ZONG D，JIN Q，et al. Biomimetic and superwettable nanofibrous skins for highly efficient separation of oil-in-water emulsions [J]. Advanced Functional Materials，2018，28（10）: 1705051.

[204] KIDOAKI S，KWON I K，MATSUDA T. Mesoscopic spatial designs of nano- and microfiber meshes for tissue-engineering matrix and scaffold based on newly devised multilayering and mixing electrospinning techniques [J]. Biomaterials，2005，26（1）: 37-46.

[205] GE J，JIN Q，ZONG D，et al. Biomimetic multilayer nanofibrous membranes with elaborated superwettability for effective purification of emulsified oily wastewater [J]. ACS Applied Materials & Interfaces，2018，10（18）: 16183-16192.

[206] PHAM Q P，SHARMA U，MIKOS A G. Electrospun poly（epsilon-caprolactone）microfiber and multilayer nanofiber/microfiber scaffolds: characterization of scaffolds and measurement of cellular infiltration [J]. Biomacromolecules，2006，7（10）: 2796-2805.

[207] PARK S H，KIM T G，KIM H C，et al. Development of dual scale scaffolds via direct polymer melt deposition and electrospinning for applications in tissue regeneration [J]. Acta Biomaterialia，2008，4（5）: 1198-1207.

[208] RAMAKRISHNA S，CHAN C K，LIAO S，et al. Remodeling of three-dimensional hierarchically organized nanofibrous assemblies [J]. Current Nanoscience，2008，4（4）: 361-369

[209] HONG S，KIM G H. Fabrication of size-controlled three-dimensional structures consisting of electrohydrodynamically produced polycaprolactone micro/nanofibers [J]. Applied Physics A，2011，103（4）: 1009-1014.

[210] YOKOYAMA Y，HATTORI S，YOSHIKAWA C，et al. Novel wet electrospinning system for fabrication of spongiform nanofiber 3-dimensional fabric [J]. Materials Letters，2009，63（9）: 754-756.

[211] ZHANG D，CHANG J. Electrospinning of three-dimensional nanofibrous tubes with controllable architectures [J]. Nano Letters，2008，10（8）: 3283-3287.

[212] ZHOU J，CAO C，MA X. A novel three-dimensional tubular scaffold prepared from silk fibroin by electrospinning [J]. International Journal of Biological Macromolecules，2009，45（5）: 504-510.

[213] KIM T G，CHUNG H J，PARK T G. Macroporous and nanofibrous hyaluronic acid/collagen hybrid scaffold fabricated by concurrent electrospinning and deposition/leaching of salt particles [J]. Acta Biomaterialia，2008，4（6）: 1611-1619.

[214] SCHNEIDER O D，WEBER F，BRUNNER T J，et al. In vivo and in vitro evaluation of flexible，cottonwool-like nanocomposites as bone substitute material for complex defects [J]. Acta Biomaterialia，2009，5（5）: 1775-1784.

[215] SI Y，YU J，TANG X，et al. Ultralight nanofibre-assembled cellular aerogels with superelasticity and multifunctionality [J]. Nature Communications，2014，5: 5802.

049

第3章 空气过滤用纳米纤维材料

传统纤维类空气过滤材料虽然可有效拦截微米级固体颗粒，但是对亚微米级固体颗粒的过滤效率较低。大量研究表明，纤维类空气过滤材料的过滤效率会随着纤维直径的降低而提高[1-2]，因此进一步降低纤维直径成为提高空气过滤性能的有效途径。纳米纤维具有直径小、比表面积大的特点，能够有效增强对固体颗粒的吸附作用，由其形成的纤维膜具有孔径小、孔隙率高的特点，可进一步提升对悬浮颗粒物的拦截作用。通过静电纺丝技术制备的纳米纤维膜具有纤维均一性好、孔径分布可控、结构可调节的特点[3]，可根据实际使用环境需求选取不同的聚合物原料，从而制备出针对不同粒径固体颗粒的高效低阻空气过滤材料。

3.1 空气过滤材料

近年来，随着经济的快速发展，雾霾问题日益突出，已然成为当下社会关注的焦点问题。雾霾中悬浮的细小颗粒可以通过呼吸系统进入到人体肺部和心血管中，导致人体免疫能力降低以及肺癌等疾病的发生[4]。在工业生产等方面，尤其是在一些高精密加工的车间中，雾霾中的悬浮颗粒会影响产品的精度；另外，雾霾中高浓度的悬浮灰尘会附着在高压电线的表面，造成电力系统的瘫痪，给工业生产造成巨大的经济损失。因此，亟须高效的空气过滤材料以保障人体健康，确保工业生产的顺利进行。

3.1.1 空气过滤材料概述

现有的空气过滤技术主要包括静电集尘与膜分离。静电集尘式过滤技术由于需经历电晕放电过程，极易产生臭氧，另外设备使用寿命短，限制了该技术的广泛应用[5-6]。膜分离技术分离精度高、能耗低、设备简单且易于工业化，被越来越广泛地运用到空气过滤领域中[7]。目前，用于空气过滤的膜分离材料主要有相分离膜、拉伸膜、核孔膜和纤维膜。

（1）相分离膜。相分离膜因具有孔径小、制备方法简单等优点可被应用于空气过滤领域。通常，相分离膜是将聚合物溶液浸入到非溶剂凝固浴中，溶剂与非溶剂之间的双向扩散效应使溶液体系发生液—固和液—液相分离，最终形成了具有许多微孔结构的膜材料。该多孔膜过滤材料适用于食品发酵、生物制药等需要无菌洁净空气的领域，这主要是由于相分离膜较小的孔径赋予了材料较高的过滤效率，然而其较低的孔隙率使得材料的阻力压降较大，导致其使用过程中能耗较高[8]。

（2）拉伸膜。在空气过滤领域中利用拉伸膜捕集固体颗粒物的技术已相当成熟，目前，市场上的拉伸膜主要为聚四氟乙烯（PTFE）拉伸膜。PTFE拉伸膜厚度小、孔径小、孔隙率高，因而其对较小尺度的固体颗粒物具有较高的过滤效率，但是其容尘量小、孔易被堵塞且阻力压降随着使用时间的延长而急剧增加，限制了其在过滤领域的应用。

（3）核孔膜。核孔膜[9]源于 20 世纪 40 年代美国科学家在重离子加速实验中无意发现的一种非金属材料开孔技术，利用高科技精密（化学蚀刻）扩孔加工工艺形成的具有致密且垂直孔道结构的单层过滤材料。每立方厘米的核孔膜拥有数十万个微米级直通微孔，孔径大小均一，其对 $PM_{2.5}$ 的过滤效率可达 92%。但是核孔膜价格昂贵、阻力压降大等问题限制了其进一步发展。

（4）纤维膜。纤维膜类空气过滤材料是由随机排列的纤维堆积而成，具有较好的结构可调性，可以制备出不同等级的空气过滤材料，以满足不同环境下的使用需求。纤维膜因其过滤性能好、环境适应性强等优点已经成为当前的主流空气过滤材料[6, 10]。纤维膜类空气过滤材料主要包括普通非织造纤维、熔喷驻极纤维、玻璃纤维和静电纺纳米纤维。

①普通非织造纤维[11]：将短纤维或长丝进行定向或随机分布排列，经过加固处理形成纤维各向同性堆积且具有较高孔隙率的网状结构材料。与传统纺织材料相比，非织造材料在过滤性能上有一定程度的提升，但其纤维直径难以进一步细化，孔径相对较大，使其过滤效率难以进一步提升。增加非织造纤维的堆积密度可提升材料的过滤效率，但会使其阻力压降快速增加，难以满足高效低阻的要求。

②熔喷驻极纤维[12]：为了满足高效低阻的要求，将非织造熔喷材料与驻极技术相结合，有望在不增加压阻的情况下大幅度提升材料的过滤性能。但是，目前常用的驻极方式多为电荷的二次注入，注入电荷的阱深较低，电荷易衰减，导致材料难以维持稳定的过滤性能。

③玻璃纤维[13]：玻璃纤维直径小、堆积密度低，对直径为 0.3μm 的颗粒过滤效率达 99.97%。但是玻璃纤维脆性大、易断裂，致使整个材料易破裂，限制了其在终端制品的使用性能。

④静电纺纳米纤维[14]：纤维直径小、纤维均一性好，由其堆积形成的纤维材料孔径小、孔隙率高，因此，其对微小颗粒物的过滤效率高、阻力压降低且平方米质量（克重）低，有望成为一种理想的空气过滤材料。

3.1.2 纤维类空气过滤材料性能与机理
3.1.2.1 纤维类空气过滤材料性能衡量指标

（1）过滤效率[15]。过滤效率是指当上游含尘气体经过滤料时，一部分颗粒物会被滤料捕集，被滤料捕集的颗粒量与上游含尘气体中颗粒总量的比值。

（2）阻力压降[16]。通常是指在额定风量下，过滤材料上游空气流入侧和下游空气流出侧之间的气体压差，单位为帕（Pa）。

（3）品质因子[17]。综合评价过滤性能的指标，用 QF（Quality Factor）值来表示，其表达公式如下：

$$QF=-\frac{\ln(1-\eta)}{\Delta P} \tag{3-1}$$

式中：η 为过滤效率（%）；ΔP 为空气阻力（Pa）。通常情况下，过滤效率越高，阻力压降越低，品质因子越高，说明其过滤性能越好。

（4）容尘量[18-19]。在额定风量下，过滤材料从初阻力达到终阻力时所捕集的实验粉尘总质量，单位以克（g）表示。通常情况下，容尘量越大，其使用寿命越长。

3.1.2.2 纤维类空气过滤材料对微粒的过滤机理

（1）单纤维对微粒的捕集机理。

①拦截效应[20]：一般假设粒子有大小而无质量，不同大小的粒子都随着气流的流线而运动，当某尺寸的微粒沿流线刚好运动到纤维表面附近时，假如从流线到纤维表面的距离等于或小于微粒的半径，微粒就在纤维表面沉积下来。

②扩散效应[21]：气体分子由于热运动会对粉尘颗粒物产生作用力，使其发生布朗运动，从而使得运动粒子随流体流动的轨迹与流线有一定的偏移，粒子的尺寸越小，布朗运动越剧烈，扩散效应也越显著。

③惯性效应[22]：当含尘气流通过纤维类空气过滤材料时，由于纤维材料内部具有曲折的连通孔道结构，从而会影响气流的运动轨迹，使气流运动方向发生急转，此时，由于气流中颗粒物具有一定的质量，其会在惯性作用下脱离流线轨迹，无法随气流绕过纤维，从而撞击在纤维表面实现惯性过滤。

④重力效应[23]：粉尘颗粒物在通过杂乱排列的纤维层内部时，会由于颗粒物自身重力的作用而脱离流线，最终沉积在纤维上，通常粉尘颗粒物自身重量太小，重力沉降效应完全可以忽略不计。

⑤静电效应[24]：静电效应对过滤作用的贡献主要体现在两个方面：一是静电作用使粉尘改变流线轨迹而沉积下来；二是静电作用使粉尘更牢固地粘在滤料纤维表面上。依靠静电作用产生的过滤行为不会对空气流动阻力造成影响，提高静电效应对过滤效率的贡献度有助于实现高效低阻性能。

（2）纤维集合体对微粒的捕集方式。

①表面过滤[25-26]：利用过滤介质表面或过滤过程中所生成的滤饼表面来拦截固体颗粒，从而达到气固分离的作用。这种过滤方式只能除去粒径大于过滤介质孔径或滤饼孔道直径的颗粒。

②深层过滤[27-28]：当颗粒直径小于过滤介质表面孔径时，颗粒不能被过滤介质表层拦截，从而进入到过滤介质内部被捕集，被捕集的颗粒也一起参与后续的过滤过程。

3.1.2.3 纤维类空气过滤材料的气流通过机理

单纤维附近的气流运动状态可根据克努森数[29-30]（K_n）的大小来进行判断，其经验公式为：

$$K_n = \frac{2\lambda}{d_f} \tag{3-2}$$

式中：λ 为空气分子平均自由程；d_f 为纤维直径。

图3-1（a）为4种气体流动行为所对应的纤维直径和 K_n 范围，当纤维直径处于空气连续流态所对应的范围内时，由于单个空气分子运动产生的分子自由程（65.3nm）与纤维直径相比可忽略不计，所以对气流运动的分析可忽略其内部单个空气分子的运动，空气撞击到纤维表面因动量损失而产生阻力。随着纤维直径的降低，单纤维附近的空气流动状态逐渐处于滑移流态，此时部分气体分子在纤维表面产生绕行滑移行为，且该

行为会随着直径的降低而增强。值得注意的是，即使在滑移流态，仍存在着气体分子与纤维的撞击。在过渡流态区域，空气分子绕过纤维，拖曳力降低，如图 3-1（b）所示。当纤维直径与空气分子平均自由程相当时，纤维周围的空气处于过渡流态。通过调控纤维直径的大小，可影响单纤维附近的气体流动状态。

理论上，K_n 值越大，单纤维附近的气流拖曳力越小，纤维膜的阻力压降越小。通过调控聚丙烯腈（PAN）纺丝液中 LiCl 的浓度（0、0.004wt%、0.008wt%、0.012wt% 和 0.016wt%）制备了纤维直径分别为 168nm、108nm、71nm、60nm、53nm 的静电纺 PAN 纳米纤维膜，分别表示为 PAN-0、PAN-4、PAN-8、PAN-12、PAN-16 纤维膜，经计算得到相应的 K_n 值分别是 0.39、0.60、0.92、1.08、1.23，可依据过滤流态的相关理论对其进行研究。通过考察不同直径 PAN 纤维膜的阻力压降来验证纳米纤维是否具有空气滑移效应。在保证纤维膜的厚度、孔隙率和过滤效率基本不变的情况下，纤维膜的压阻变化可分三个阶段［图 3-1（c）］：当纤维直径从 168nm 降低至 71nm 时，压阻快速下降，说明当纤维直径接近空气分子自由程时滑移效应变得显著[31]；当纤维直径从 71nm 降至 60nm 时，压阻缓慢上升；当纤维直径从 60nm 降至 53nm 时，压阻又快速上升，滑移效应随纤维直径的降低而逐渐变弱。PAN-8 纤维膜的 QF 值最高（0.067Pa^{-1}），如图 3-1（d）所示，说明滑移效应是阻力压降减小的主要原因。上述现象与克努森原理阐述的空气阻力随纤维直径的减小而降低的结论不符，这主要是由于纤维的堆积会干扰气体分子在单纤维附近的流动状态。为了研究纤维集合体的空气滑移效应，进一步通过构建相应模型分析单纤维与集合体附近的气流分布状态，建立纤维集合体孔结构与滑移效应间的构效关系。

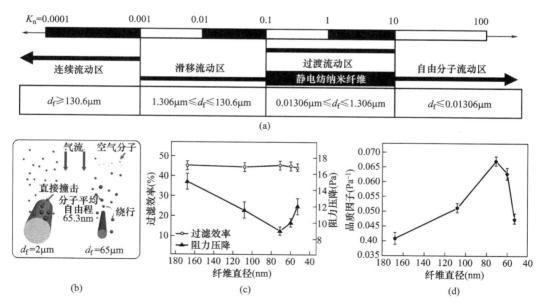

图 3-1　（a）空气流动状态的划分；（b）空气滑移效应示意图；（c）过滤性能与纤维直径之间的关系；（d）品质因子与纤维直径之间的关系

（1）单纤维的空气滑移效应模型构建。为了研究单纤维附近的气流场分布状态，对 PAN 纤维进行了仿真模拟。首先设定空气流动状态为斯托克斯流动，即不可压缩流体的低雷诺数（Re）流动，其惯性力远低于黏性力。通过设定周期性边界条件来排除边界效应对空气流动体系的影响，此外为了模拟最真实的测试条件，控制流速和温度保持在5.3cm/s 和 20℃。随着纤维直径的降低，不同直径纤维附近的空气流动速率呈现递增的趋势，这是由于当纤维直径接近或略小于空气分子自由程时，空气分子的随机运动行为增强，从而使得纤维对空气的黏滞阻力减小。从单纤维附近的模拟气流黏滞阻力可以看到，单纤维的气流阻力随纤维直径降低而急剧下降，如图 3-2（a）所示，这与斯托克斯理论相一致，当纤维直径接近或者小于空气分子平均自由程，空气分子更容易绕过纤维[32]。但是，模拟过程中由于未考虑纤维与纤维间搭接对气流运动的影响，使得该理论与实际 PAN 纳米纤维膜的过滤性能不符。

（2）纤维集合体的空气滑移效应模型构建。与单纤维相比，纤维集合体的多级结构及内部复杂的孔结构会对纤维附近的空气流动状态产生很大影响[33]。为此，基于单纤维气流模拟所设定的环境参数，并进一步结合所制备 PAN 纳米纤维膜的克重、堆积密度等结构参数，对纤维集合体内部的气流分布进行了模拟。发现随着纤维直径逐渐降低至 71nm，空气分子在纤维膜内部绕过纤维的能力逐渐增强，纤维对气流的黏滞阻力逐渐减弱，这与单纤维附近的黏滞阻力演变规律一致。进一步将纤维直径从 71nm 降低至53nm，纤维膜的阻力压降变大，如图 3-2（b）所示。因此，纤维集合体的空气滑移效应与气流黏滞阻力、材料内部多级孔道结构相关。

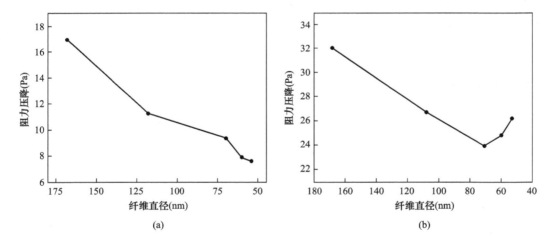

图 3-2　空气流速为 5.3cm/s 时，具有不同纤维直径的（a）单纤维和
（b）纤维集合体的直径与模拟压阻关系曲线

（3）孔结构与滑移效应的构效关系。为进一步阐明滑移效应对降低空气阻力的作用机制，基于拖曳力理论[34]研究了孔结构与滑移效应的构效关系。该理论适用于在三维空间范围内的纤维之间距离相等的聚集体，但实际制备的材料中，纤维无规排列，纤维与纤维间的距离难以控制。为此，引入当量孔径 d 来代表纤维与纤维的间距，引入平衡因子 $\tau = d_f/d^2$ 以建立孔结构与拖曳力之间的构效关系，d 和 τ 的引入有助于揭示滑移效应对阻力压降的影响机制。

从图 3-3（a）~（e）可以看出，纤维直径降低时，纤维搭接所形成的孔径也随之减小，使得纤维间的距离减小，在纤维与纤维的搭接角附近（圆圈区域）具有最小间距。PAN-0、PAN-4、PAN-8、PAN-12、PAN-16 五种空气过滤纤维膜的孔径在 5 ~ 8μm 的范围内变化，其平均孔径分别为 7.2μm、6.95μm、6.33μm、5.7μm、5.3μm。从图 3–3（f）中可以看出，平衡因子随纤维直径的降低呈现两种不同的变化规律，当纤维直径从 168nm 细化至 71nm 时，τ 从 0.032 线性下降到 0.017；当纤维直径从 71nm 细化至 53nm 时，τ 从 0.017 线性增加到 0.020。τ 的变化规律与压阻的变化规律一致，表明当纤维间距离减小时，纤维附近的气流运动状态和拖曳力会随之改变。

为进一步研究孔径降低时滑移效应的变化规律以得到滑移效应最大化时的最佳孔径，制备了一系列具有同等过滤效率（分别为 44% ~ 45%、66% ~ 68%、86% ~ 88% 和 95% ~ 96%）但孔径不同的 PAN 纤维膜，表示为 PAN-M1、PAN-M2、PAN-M3 和 PAN-M4，如图 3–3（g）所示。随着纤维直径从 168nm 细化至 71nm，PAN-M1、PAN-M2 和 PAN-M3 的 τ 值呈现降低的趋势，而 PAN-M4 的 τ 值基本上保持恒定。当纤维直径低于 60nm 时，纤维膜 τ 值均呈现上升的趋势，这是由于孔径的大幅降低会影响纤维附近的气流分布，即纤维间距的降低会使滑移效应减弱。最终根据实验现象由孔径与过滤性能关系图推导出 3.5μm 的孔径为空气滑移效应的临界孔径，这一规律说明纤维间距可改变纤维附近的空气流动状态进而影响滑移效应。

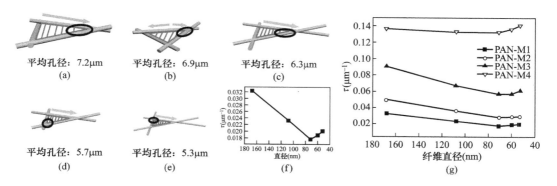

图 3–3 （a）~（e）不同纤维直径 PAN 纤维膜的孔径示意图；（f）平衡因子 τ；（g）不同过滤效率下，PAN 纤维膜的纤维直径—平衡因子的关系曲线

3.2 静电纺纳米纤维空气过滤材料

3.2.1 多级结构纳米纤维膜

在纤维表面构筑多级结构有助于提升其表面粗糙度，从而可有效增大纳米纤维膜的比表面积、孔体积和孔隙率，使固体颗粒物与纤维发生碰撞或黏附的概率增大，最终实现纳米纤维膜过滤性能的大幅提升。如图 3–4 所示，通过将浓度为 6wt% 的 PAN 溶液与添加 SiO_2 纳米颗粒（SNP）的浓度为 12wt% 的 PAN 溶液进行肩并肩纺丝，获得了具有多级结构的 PAN-6/PAN-12—SiO_2 复合纳米纤维膜[35]。

通过调控 PAN-6/PAN-12 喷头数量比可以得到具有无规堆积结构的 PAN 纤维膜，其中纤维直径为 600 ~ 700nm 的 PAN-12 作为纤维膜的骨架纤维，并且随着 PAN-12 喷

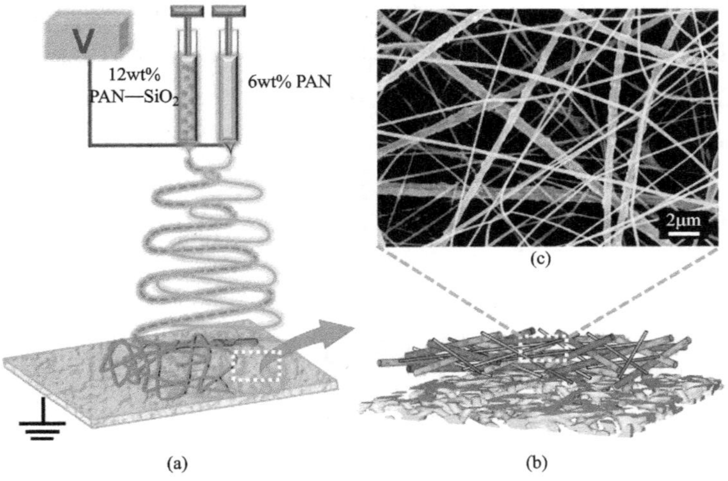

图 3-4 PAN-6/PAN-12—SiO$_2$ 复合纤维膜的（a）制备示意图；（b）结构模拟图；
（c）场发射扫描电子显微镜（FE-SEM）图

头比例的增加，粗纤维数量逐渐增多，纤维直径在 100 ~ 200nm 的 PAN-6 穿插于骨架纤维之间。因此，PAN-6/PAN-12 的喷头数量比直接决定了纤维膜的堆积密度，从而影响纤维膜的过滤性能。从图 3-5（a）中可以看出，当 PAN-6/PAN-12 的喷头数量比从 4/0 变化至 0/4 时，PAN 纤维膜的过滤效率从 73.64% 降低到 11.1%，阻力压降从 64.5Pa 降到 8.2Pa。当 PAN-6/PAN-12 的喷头数量比为 3/1 时，纤维膜具有最佳的过滤效率，其对应的 QF 值为 0.0229Pa^{-1}。

进一步研究中，固定 PAN-6/PAN-12 的喷头数量比为 3/1，通过调控 PAN-12 纺丝溶液中 SiO$_2$ 纳米颗粒的含量（0、4wt%、8wt%、12wt%）构筑了具有多级结构的 PAN/SNP 复合纳米纤维膜。如图 3-5（b）所示，复合纳米纤维膜的 N$_2$ 吸附—脱附等温曲线均呈现 IV 型的等温线，其吸附行为包括单分子层吸附、多层吸附和毛细管冷凝阶段，说明了所制备复合纤维具有介孔结构[36-37]。此外，随着 SiO$_2$ 纳米颗粒含量的增加，纤维膜的比表面积从 6.56m^2/g 增加至 26.97m^2/g，说明 SiO$_2$ 纳米颗粒能够有效增加纤维膜的比表面积，如 3-5（b）插图所示。同时，SiO$_2$ 纳米颗粒的加入使纤维直径降低，纤维膜孔径减小，从而提升了复合纤维膜的过滤性能，如图 3-5（c）所示。当 SiO$_2$ 纳米颗粒含量增加至固体含量的 8wt% 时，纤维膜的过滤性能最佳，其 QF 值达到 0.00308Pa^{-1}。

SiO$_2$ 纳米颗粒在 PAN 纤维表面构筑的粗糙结构是改善纤维膜过滤性能的关键因素之一。假设在斯托克斯流动状态下，Re 小于 1 的高黏性气流通过过滤介质时，气流中的固体颗粒物被过滤介质捕获是得益于拦截和扩散的协同作用[38]。因此，PAN/SNP-8 与 PAN/SNP-0 纤维膜相比，其过滤效率的提高可归因于 SiO$_2$ 纳米颗粒的添加提高了纤维与粒子碰撞面积[39-40]。另外，与圆形截面的 PAN 纤维相比，非圆形截面 PAN/SNP 纤维的多级结构突起增加了纤维表面的压力梯度，使绕过纤维的气流呈现出多流线型，形成气流缓滞区，这会在一定程度上降低纤维材料阻力压降，如图 3-5（d）和（e）所示[40-41]。实验表明，基于以上研究而构建的 PAN/SNP-8 多层复合过滤膜表现出了良好

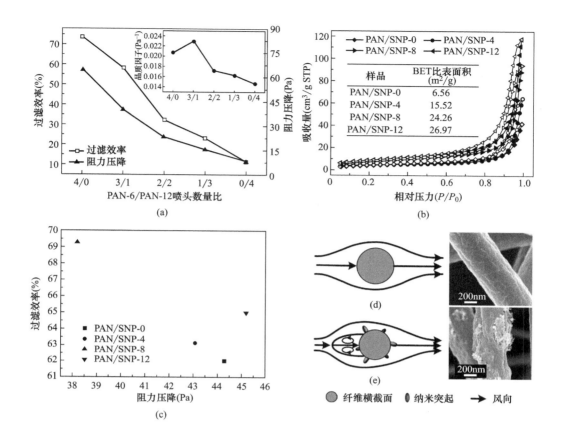

图 3-5　（a）在 85L/min 的气流速度下，不同喷头数量比的 PAN-6/PAN-12 纳米纤维膜的过滤
效率和阻力压降，插图为相关 PAN 纤维膜的品质因子；（b）不同 SiO_2 浓度纳米纤维膜的 N_2
吸附—脱附等温线，内嵌表格为相应纤维膜的 Brunauer-Emmett-Teller（BET）比表面积；
（c）不同 SiO_2 浓度纳米纤维膜的过滤性能；（d）圆形 PAN 纤维；（e）非圆形 PAN/SNP
纤维截面的空气流线，其右图为相应的 FE-SEM 图

的过滤性能，其过滤效率为 99.989%，压阻为 117Pa。

　　随后，以具有良好稳定性、耐酸碱性的聚砜（PSU）树脂作为纺丝聚合物，通过
掺杂 TiO_2 纳米颗粒制备了具有高表面粗糙度、高比表面积的 PSU/TiO_2 纤维膜[22]。如
图 3-6（a）所示，随着 TiO_2 纳米颗粒添加量从 0 逐渐增加至 5wt%，纤维膜的比表面
积从 16.34m²/g 增加至 39.93m²/g，然而当添加量继续增加至 10wt% 时，纤维膜的比表
面积逐渐开始降低，这是由于纳米颗粒浓度过高而发生团聚所导致。

　　在空气流量为 32L/min 的条件下，测试了不同 TiO_2 含量 PSU/TiO_2 纤维膜对
0.3 ~ 0.5μm 气溶胶颗粒的过滤性能，如图 3-6（b）所示。随着 TiO_2 含量的增加，PSU/
TiO_2 纤维膜的过滤效率逐渐增加，当 TiO_2 含量为 5wt% 时，过滤效率达到 86.53%。当
TiO_2 含量进一步增加时，相应纤维膜的过滤效率略有下降，这与复合纤维膜的比表面积
的变化趋势一致。通常情况下，纤维膜的比表面积越大，空气中悬浮颗粒与纤维的接触
概率越高，相应的过滤效率也就越大。然而随着 TiO_2 含量增加，PSU/TiO_2 纤维膜的阻
力压降呈先减小后增大的趋势，这与过滤效率的变化趋势是相反的。这是由于纤维膜的
比表面积越大，在纤维的表面会形成边界层，构建出气流停滞区，从而对气流的通过具

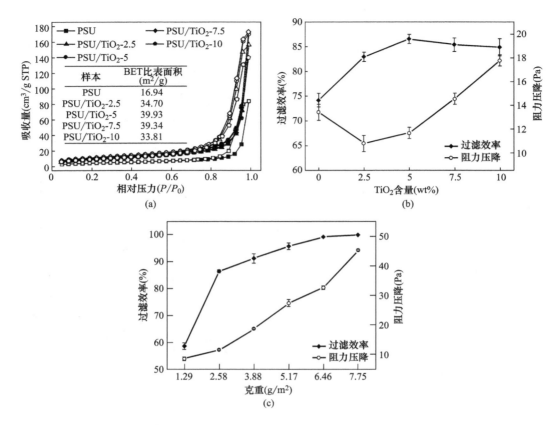

图 3-6 （a）不同 TiO$_2$ 含量的 PSU/TiO$_2$ 纤维膜的 N$_2$ 吸附—脱附等温线，内嵌表格为相应纤维膜的 BET 比表面积；（b）克重为 2.58g/m^2 时，不同 TiO$_2$ 含量的 PSU/TiO$_2$ 纤维膜的过滤效率和阻力压降；（c）不同克重下 PSU/TiO$_2$-5 纤维膜的过滤效率和阻力压降

有一定的减阻作用。此外，随着纤维膜克重的增加，纤维的堆积密度增加，纤维膜孔径减小，过滤效率增加，阻力压降增大，如图 3-6（c）所示。基于以上研究，最终制备出的静电纺纳米纤维膜为过滤效率达 99.997%，阻力压降为 45.3Pa 的过滤材料。

3.2.2 黏结结构纳米纤维膜

　　静电纺纳米纤维膜虽然具有较好的过滤性能，但目前仍普遍存在力学性能较差的问题，从而影响了其实际使用寿命。通过在聚氯乙烯（PVC）纺丝液中引入弹性聚氨酯（PU），制备了具有良好力学性能的静电纺纤维过滤材料。该研究主要通过共混纺丝的方法，将两种聚合物溶解于质量比为 9/1 的 N，N- 二甲基甲酰胺 / 四氢呋喃（THF）混合溶剂中，并调节 PVC/PU 的质量比分别为 10/0，9/1，8/2，7/3[42]，制备出不同类型的复合纤维膜。如图 3-7（a）插图所示，PVC 纤维的表面呈现出了不规整的褶皱结构，这主要是由于 PVC 射流在被电场力拉伸的过程中，溶剂快速挥发导致的相分离与自旋引起的轴向不稳定性共同作用的结果[11, 43-44]。当向 PVC 溶液中加入 PU 后，所得复合纤维表面的褶皱消失且随着 PU 含量的增多，纤维直径增大，纤维之间的黏结点增多，如图 3-7（b）~（d）所示。该结果是由于 PU 的加入使纺丝溶液的黏度增大，电导率下降，溶剂在纺丝过程中不完全挥发所导致[45]。

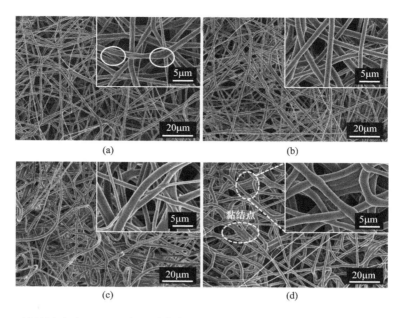

图 3-7　溶液浓度为 10wt% 时，不同质量比 PVC/PU 纤维膜的 FE-SEM 图：（a）10/0；
（b）9/1；（c）8/2；（d）7/3（插图为相应纤维膜的高倍 FE-SEM 图）

059

不同纤维膜的拉伸断裂性能如图 3-8（a）所示，纯 PVC 纤维膜的断裂强度及断裂伸长率最小，这是由于 PVC 纤维之间几乎没有黏结点，纤维在外力的作用下易发生滑移和断裂。加入 PU 之后，纤维膜的断裂强度和断裂伸长都得到了大幅度的提升，且表现出了与纯 PVC 纤维膜完全不同的断裂行为，在较低应力作用下为弹性变形，超过屈服点后呈现非弹性形变直至断裂。纤维膜的断裂机理如图 3-8（b）所示，其主要分为三个阶段：第一阶段为纤维受力发生弹性伸长；第二阶段为黏结点的坍塌，纤维发生滑脱；第三阶段为纤维的断裂，导致整个纤维膜的破裂。此外，PU 的 C═O 基团和 PVC 中的 α—H 之间形成的氢键作用与—C═O⋯Cl—C—之间形成的偶极作用也可分担一部分外力作用。当 PVC/PU 质量比为 8/2 时，纤维膜的强度最大（9.9MPa），但随着 PU 含量的进一步增加，纤维膜的断裂强度有所下降，这是因为在较高 PU 含量的情况下，硬段部分从共混物中发生相分离并且维持有序结构导致的。

在上述研究的基础上，考察了 PVC/PU 质量比为 8/2 时，共混聚合物溶液浓度对纤维膜孔结构的影响，从图 3-8（c）可以发现，随着聚合物浓度的增加，所得纤维膜的平均孔径增加且大多集中在 3 ~ 9μm。此外，PVC/PU 纤维膜在保持小孔径的同时能够维持相对较高的孔隙率，这对于提升材料的空气过滤性能具有重要意义。基于以上分析结果，进一步以溶液浓度为 8wt%，质量比为 8/2 的 PVC/PU 纤维膜为研究对象，测试其在不同风速和不同克重下的过滤性能，如图 3-8（d）所示。当气流速度从 32 L/min 增加至 85 L/min 时，纤维膜的过滤效率几乎没有发生变化，但其阻力压降迅速上升，这是因为高过滤风速条件下，空气分子来不及扩散，从而撞击纤维表面，导致纤维表面的拖曳力增大，从而造成阻力压降的增大。随着纤维膜克重的增加，其过滤效率和阻力压降逐渐增加，当克重为 20.72g/m² 时，纤维膜的过滤效率达 99.5%，阻力压降达 144Pa。

除了通过静电纺丝直接制备具有黏结结构的纳米纤维膜，也可向单纤维中引入低熔

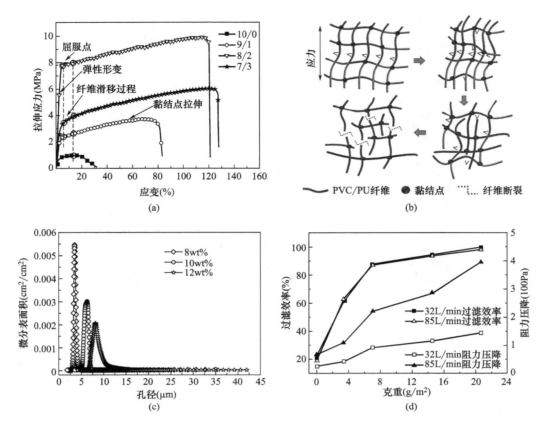

图 3-8 （a）不同 PVC/PU 质量比纤维膜的应力—应变曲线；（b）在外力作用下 PVC/PU 纤维膜的三步断裂机理；（c）PVC/PU 质量比为 8/2 时，不同溶液浓度 PVC/PU 纤维膜的孔径分布；（d）溶液浓度为 8wt% 时，质量比为 8/2 的 PVC/PU 纤维膜在不同风速下的过滤效率和阻力压降

点的聚合物，然后通过施加一定的温度使低熔点聚合物熔融形成黏结结构，从而增强纤维膜的力学性能。通过在 PAN 溶液中加入聚氧化乙烯（PEO），并与 PSU 进行多喷头肩并肩混合纺丝，制备复合纤维膜。膜中较粗的 PSU 纤维作为支架纤维，可以有效降低纤维的堆积密度。PEO 具有较低的熔点（60 ~ 70℃），所以在后续真空干燥的过程中可以在保持纤维膜原有蓬松状态的情况下作为原位黏结剂来构建纤维间黏结点[46]。

在确定 PAN/PSU 的喷头数量比为 3/1 的情况下，通过改变 PAN 溶液中 PEO 的浓度来调节纤维膜的黏结结构。如图 3-9 所示，随着 PEO 浓度的增加，纤维膜中的黏结点数量明显增加，但是纤维直径却没有发生明显变化。当 PEO 的浓度达到 2wt% 时，纤维膜中出现了扁平带状的黏结结构，这可能是由于在达到熔点后，过量的 PEO 会沿着纤维轴向流动，在冷却凝固过程中将相邻和平行的纤维并拢在一起导致的。此外由于熔融黏结作用只发生在 PAN 纤维中，并没有影响 PSU 纤维的结构，PEO@PAN/PSU 复合纤维膜具有良好结构稳定性。

进一步考察了 PEO 浓度对纤维膜孔结构的影响，如图 3-10（a）所示。纤维膜的孔径都分布在 1.5 ~ 3.5μm，随着 PEO 浓度的增加，纤维膜的孔径逐渐减小，孔径分布呈现出变窄的趋势，这主要是因为纤维膜黏结结构的增多。图 3-10（b）为复合纤维膜的表观堆积密度随 PEO 浓度变化的情况，当 PEO 浓度从 0.5wt% 增加至 1.5wt% 时，纤

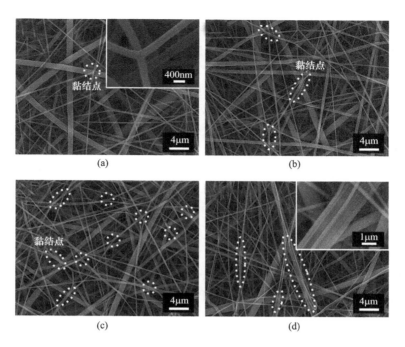

图 3-9　不同 PEO 浓度的 PEO@PAN/PSU 复合纤维膜的扫描电子显微镜（SEM）图：
（a）0.5wt%；（b）1wt%；（c）1.5wt% 和（d）2wt%

061

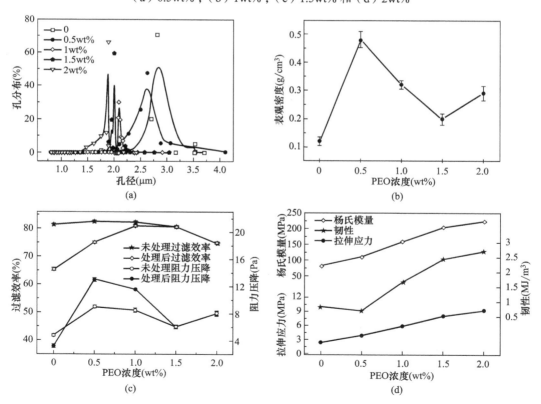

图 3-10　不同 PEO 浓度的 PEO@PAN/PSU 复合纤维膜的（a）孔径分布；（b）表观密度；
（c）过滤性能；（d）力学性能

维膜的堆积密度下降，当 PEO 浓度进一步提高时，纤维膜的堆积密度上升，这主要是因为带状黏结结构的存在导致纤维膜的孔隙降低。当 PEO 的浓度为 1.5wt% 时，纤维膜的堆积密度最低，此时纤维膜的孔隙率为 88.87%。

为了进一步研究纤维膜的结构稳定性和长期使用性能，利用 15kg（模拟 1000 Pa 压阻）压板处理纤维膜 48h，图 3-10（c）为处理前后纤维膜的过滤性能。从图中可以看出处理前后复合纤维膜的过滤效率均随 PEO 浓度的增加先增加后减小且两者之间的差别也逐渐减小，当 PEO 浓度超过 1.5wt% 后，两者几乎一致，说明 1.5wt% 的 PEO 已经赋予复合纤维膜足够的稳定性。未经处理和处理后的复合纤维膜的阻力压降也表现出了相同的趋势，当 PEO 浓度超过 1.5wt% 后复合膜的阻力压降再次增加，这是由于纤维膜堆积密度增加导致的。PEO@PAN/PSU 复合纤维膜的阻力压降都大于 PAN/PSU 纤维膜，这是因为黏结点的引入降低了纤维膜的孔隙率。当 PEO 的浓度为 1.5wt% 时，纤维膜的 QF 值最高，过滤性能最好。

图 3-10（d）展示了复合纤维膜的力学性能。由于黏结结构的存在，PEO@PAN/PSU 复合纤维膜的断裂强力明显高于 PAN/PSU 纤维膜，并随着 PEO 含量的增加而增大。复合纤维膜的杨氏模量呈现出了相同的趋势，纤维膜的韧性虽然在 PEO 浓度为 0.5wt% 时略有下降，但总体是上升的。说明了 PEO 熔融导致的黏结结构能够明显提高纤维膜的抗形变能力。基于以上研究可制备出具有小孔径、高孔隙率和优异机械性能（8.2MPa）的 PEO@PAN/PSU 复合纤维膜，其过滤效率为 99.992%，阻力压降为 95Pa。

3.2.3　超双疏纳米纤维膜

为提高空气过滤材料的抗污性能，满足其在高湿和油性环境下的使用要求，通过在 PU 和 PAN 中引入自主合成的氟化聚氨酯（FPU）对纳米纤维膜进行改性，以提高其疏水和拒油能力，其制备过程如图 3-11（a）所示。FPU 含有全氟烷烃链段，具有表面自由能低、耐磨性好、水解稳定性好等特点，是一种具有独特润湿性的功能材料。

通过采用 PAN/PU 喷头数量比为 2/2 进行混合纺丝，并改变聚合物溶液中 FPU 的含量来调控复合纤维膜的表面润湿性[47]。如图 3-11（b）所示，由于 FPU 的引入使得复合纤维膜具有较低的表面能和纳米粗糙度，因此，随着 FPU 含量的增加，复合纤维膜的水接触角和油接触角逐渐增加，当 FPU 含量为 1wt% 时，复合纤维膜表现出超双疏特性（水接触角 154°、油接触角 151°）。与此同时，研究了不同 FPU 含量对复合纤维膜的过滤性能的影响，如图 3-11（c）所示。可以发现，随着 FPU 含量的增加，复合纤维膜的过滤效率和阻力压降同时增加，其中 FPU 含量为 0.75wt% 的复合纤维膜表现出了最好的过滤性能，其 QF 值是疏水碳纳米管/石英纤维膜的 5 倍[48]。图 3-11（d）为不同克重的复合纤维膜对油性气溶胶颗粒和 NaCl 气溶胶颗粒的过滤性能，可以发现复合纤维膜对油性气溶胶颗粒的过滤效率随着纤维膜克重的增加而增加，克重为 24.04g/m² 时复合纤维膜对油性气溶胶颗粒的过滤效率为 99.98%，达到了高效空气过滤器（HEPA）的标准（99.97%），且克重比商业 HEPA 过滤膜低。此外，复合纤维膜对油性气溶胶颗粒的过滤效率要略低于 NaCl 气溶胶颗粒，这是由于油性气溶胶颗粒与纤维接触时间较长，导致颗粒扩散效应减弱。

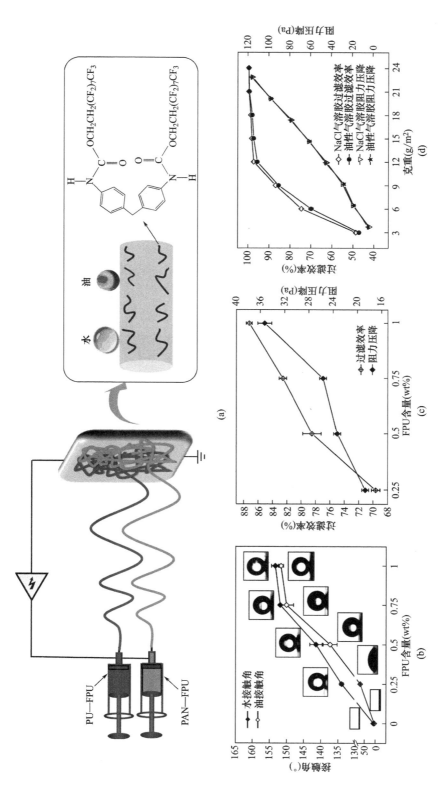

图 3-11　(a) 超双疏纳米纤维膜的制备过程；(b) 不同 FPU 含量 PAN/PU 复合纤维膜的疏水疏油特性；(c) 在克重为 7.49g/m² 时，不同 FPU 含量 PAN/PU 复合纤维膜的过滤性能；(d) 1wt% FPU 含量的 PAN/PU 复合纤维膜在不同克重时对 NaCl 气溶胶颗粒和油性颗粒的过滤性能

3.2.4 驻极纳米纤维膜

驻极体纤维空气过滤材料是指一类利用电荷的静电力作用来捕集空气中尘粒的材料。传统驻极纤维材料多是通过电晕充电、热极化等方法对微米纤维进行后处理使其存储电荷，但该类材料普遍存在电荷注入深度浅，易耗散的问题且后处理驻极工艺烦琐，耗时长。而静电纺丝技术可同时实现纤维成型过程中电荷的原位注入，一步制备电荷存储量大、电荷注入能级深的驻极纳米纤维膜。因此，通过静电纺丝技术有望制备出高效低阻、性能稳定的驻极纳米纤维空气过滤材料。

以聚醚酰亚胺（PEI）为原料，研究了不同驻极体（勃姆石、SiO_2、Si_3N_4 和 $BaTiO_3$）对静电纺纤维膜结构形貌及过滤性能的影响[49]。如图 3-12 所示，驻极纳米纤维膜中纤维都是随机排列，驻极体均匀地分散在纤维中，且纤维表面呈现出褶皱和纳米突起，构成微纳粗糙结构。这是由于在纺丝过程中溶剂的快速挥发，在聚合物固化前溶液就已经均匀相分离，所以驻极体可均匀分布在纤维中。这些褶皱和纳米突起有效地增加了纤维膜的比表面积和表面粗糙度，增强了颗粒与纤维的碰撞与吸附的概率，从而有利于提高纤维膜的过滤性能。通过对比不同驻极体纳米纤维的 SEM 图可以发现，SiO_2 在 PEI 纤维中分布得最均匀，勃姆石较多地分布在纤维的内部，Si_3N_4 发生了部分的团聚，$BaTiO_3$ 在纤维表面的分布量相对较少。

图 3-12　PEI 基驻极纳米纤维膜的 FE-SEM 图：（a）PEI—勃姆石；（b）PEI—SiO_2；（c）PEI—Si_3N_4；（d）PEI—$BaTiO_3$（插图为相应纤维膜的高倍 FE-SEM 图）

驻极体种类对复合纤维膜表面电荷衰减性能的影响如图 3-13（a）所示。可以很直观地观察到，各驻极纤维膜其表面残留电势都是随时间衰减的。其原因主要涉及内因和外因两个方面：内因是纤维本身具有一定的导电率，从而引起电荷的迁移，所产生的脱阱电荷与异性电荷中和，或者被电极和镜像电荷复合；外因是驻极体所带电荷与空气中的电荷发生了中和，引起了电荷的衰减[50]。可以观察到，纯 PEI 纤维膜的电荷储存能力最差，在 120min 后纤维表面电荷衰减了 53%，并仍在进一步衰减。PEI—SiO₂ 驻极纳米纤维膜储存电荷的能力最强，120min 后电荷的衰减率仅为 10%，且随着时间的推移，电荷几乎没有衰减，表明其具有稳定的电荷储存能力。从图 3-13（b）和（c）中可以看出，PEI—SiO₂ 驻极纳米纤维膜在 32 L/min 风量条件下对粒径为 0.3 ~ 0.5μm 的 NaCl 气溶胶颗粒的过滤性能最好。PEI—Si₃N₄ 和 PEI-BaTiO₃ 驻极纳米纤维膜由于纺丝过程比较困难，导致瑕疵点比较多，所以相应的过滤性能提升相对较小。

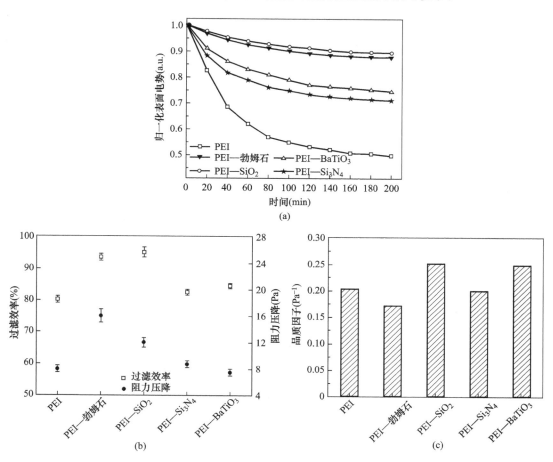

图 3-13　PEI 基驻极纳米纤维膜的（a）归一化表面电势（残留电压与初始电势比值）随时间的变化曲线；（b）过滤效率和阻力压降；（c）品质因子

为了深入研究驻极纳米纤维膜的电荷储存机理，以 PTFE 纳米颗粒作为驻极体，聚偏氟乙烯（PVDF）作为纤维基体，制备了具有不同 PTFE 纳米颗粒含量（0、0.01wt%、0.05wt% 和 0.1wt%）的 PVDF/PTFE 复合纳米纤维膜，分别表示为 PVDF、PVDF/PTFE-1、PVDF/PTFE-2、PVDF/PTFE-5、PVDF/PTFE-10，并研究了 PTFE 纳米颗粒含量对纤维膜电荷储存性能的影响。复合纤维膜的表面电势随时间的变化情况如图 3-14（a）所示，可以发现，4 种纤维膜在前 25min 内，其表面电荷出现了最大的衰减，这是因为浅陷阱电荷的逃逸及储存电荷与相反电性电荷的中和作用共同导致的[51]，在 25 ~ 240min，各纤维膜表面电势的衰减是由于分子热运动引起的部分取向偶极子去极

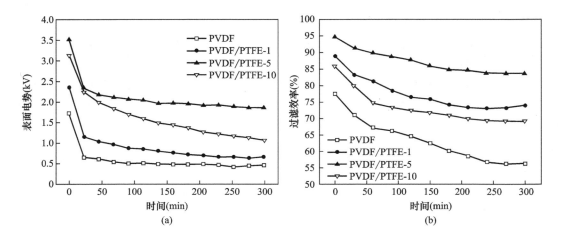

图 3-14　不同 PTFE 纳米颗粒含量时 PVDF/PTFE 复合纳米纤维膜的（a）表面电势
随时间的变化曲线；（b）过滤效率随时间的变化曲线

化导致的。其中 PVDF/PTFE-5 复合纳米纤维膜在相同时间内表面电势衰减最少，说明
其电荷储存能力最好。图 3-14（b）中相应纤维膜的过滤效率的衰减情况与表面电势衰
减趋势是一致的，PVDF/PTFE-5 复合纳米纤维膜的过滤效率在相同时间内的衰减率最
小，是因为其储存电荷的稳定性最好。

　　在静电纺丝过程中，聚合物溶液被负载上正电压，导致许多正电荷被注入多组分纺
丝液体系中。聚合物射流经过电场力的拉伸，溶剂的挥发与固化，最终沉积在接收基材
上形成纤维膜，与此同时形成了体积电荷与表面电荷[52]，如图 3-15（a）和（b）所示。
由于 PVDF 与 PTFE 中含有大量的含氟链段，而氟原子的电负性很强，在高压作用下会
产生极化偶极子，从而形成偶极电荷[51]，如图 3-15（c）所示。在 PVDF 和 PTFE 纳
米颗粒的界面处由于电荷的积累从而形成了界面电荷[53]，如图 3-15（d）所示。

　　如图 3-15（e）所示，通过使用线性升温程序对热激电流进行测量来探讨纤维膜的

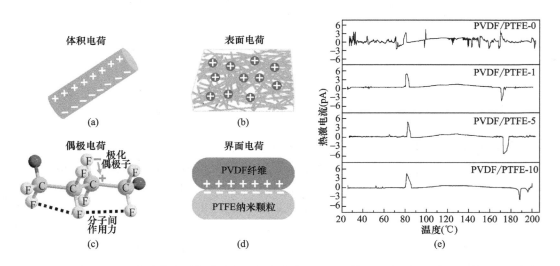

图 3-15　PVDF/PTFE 复合纳米纤维膜中的驻极电荷类型：（a）体积电荷；（b）表面电荷；（c）偶极
电荷；（d）界面电荷；（e）不同 PTFE 含量的 PVDF/PTFE 复合纳米纤维膜的热激电流谱图

电荷储存机制，测试温度区域为 25 ～ 200℃。PVDF/PTFE-0 纳米纤维膜在 25 ～ 62℃范围内表现出了强烈的热刺激放电峰，这主要是由于表面电荷和体积电荷被储存在低能级下，通过对电子的快速捕获产生位移电流峰，说明 PVDF/PTFE-0 纳米纤维膜的电荷储存稳定性较差。而在 80 ～ 90℃内出现了尖锐的电流峰，原因可能是偶极子局部的旋转波动引起的取向偶极子的去极化导致的[54]。此外，离子、侧链的运动以及极化松弛进一步引起了偶极子的运动[55-56]。当 PTFE 纳米颗粒含量增加时，位移电流峰向更高的温度转移，这表明 PTFE 纳米颗粒的氟碳链对大量偶极电荷的产生起到了促进作用[57]。在 165 ～ 185℃范围内出现的电流峰是由于界面电荷和体积电荷的释放产生的，且峰的面积随着 PTFE 纳米颗粒含量的增加而增大。这主要是由于更多的 PTFE 纳米颗粒含量增加了 PVDF 和 PTFE 纳米颗粒的界面，由此可以激发更多的界面极化电荷。然而，当 PTFE 纳米颗粒含量为 0.1wt% 时，峰的面积减小，这是由于 PTFE 纳米颗粒的团聚使得纤维内部界面面积减小所致[58]。此外，当 PTFE 纳米颗粒含量增加时，电流峰明显地从 165℃漂移到 184℃，这是由于 PTFE 纳米颗粒的电子运输能力差而加深了能级。所以当 PTFE 纳米颗粒含量为 0.05wt% 时，相应复合纤维膜的电荷储存能力最好。

为了保持驻极纤维过滤材料在高湿和油性环境下的电荷储存稳定性，以高电阻率的聚乙烯醇缩丁醛（PVB）为聚合物原料，以高介电常数的 Si_3N_4 纳米颗粒为驻极体，以低表面能的 FPU 为表面改性剂，制备疏水疏油的高效驻极纳米纤维膜。

通过在 PVB/Si_3N_4（PVB 浓度为 33wt%，Si_3N_4 NPs 含量为 1wt%）纺丝液中添加不同浓度的 FPU（0、1wt%、2wt% 和 3wt%），制备得到相应的复合纤维膜[59]。将所得样品分别放置于高湿环境（湿度为 85%）和油性环境下进行电荷稳定性测试，结果如图 3-16（a）和（b）所示。经过对比可以发现，在湿度为 85% 的环境下，PVB/Si_3N_4—FPU-2 复合纳米纤维膜表面电势衰减速率最慢，经过 300min 后，表面电势依然高达 1840V。在油性环境下，经过 300min 处理后，其表面电势高达 2850V。相比于没有经过 FPU 改性的 PVB/Si_3N_4 复合纤维膜，改性后的复合纤维膜对电荷储存的稳定性有较大的提升，在相对湿度 85% 和油性颗粒物的环境下其表面电势稳定性分别提升了 62.8% 和 48.4%。

如图 3-16（c）所示，PVB/Si_3N_4—FPU-2 复合纳米纤维膜在 NaCl 气溶胶颗粒物环境下工作 5h，其过滤效率由 99.991% 下降为 99.960%，依然处于 H13 级别（对 0.3μm 粒径的固体颗粒的过滤效率 ≥ 99.95%），而过滤压阻仅增加 3Pa。通过测试发现 PVB/Si_3N_4—FPU-2 复合纳米纤维膜对油性颗粒物也呈现出了相似的过滤性能。随后进一步考

067

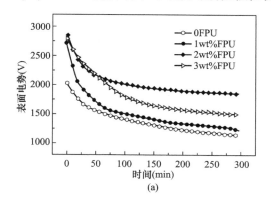

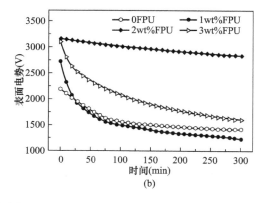

(a)　　　　　　　　　　　　　　　(b)

图 3-16

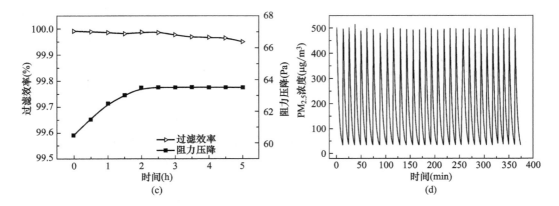

图 3—16　FPU 改性后 PVB/Si$_3$N$_4$ 复合纤维膜在（a）高湿环境（湿度为 85%）下和（b）油性环境下的表面电势随时间的变化曲线；（c）PVB/Si$_3$N$_4$—FPU-2 复合纳米纤维膜对 NaCl 气溶胶颗粒的长时间过滤性能；（d）PVB/Si$_3$N$_4$—FPU-2 驻极复合纳米纤维膜对 PM$_{2.5}$ 的循环过滤性能

察了 PVB/Si$_3$N$_4$—FPU-2 复合纳米纤维膜对 PM$_{2.5}$ 的循环净化性能，实验采用香烟燃烧产生的烟雾颗粒（直径范围在 0.3 ～ 10μm）来模拟大气中的颗粒污染物，从图 3—16（d）中可以看出，在经过 30 次循环之后，PVB/Si$_3$N$_4$—FPU-2 复合纳米纤维膜仍然对 PM$_{2.5}$ 具有较好的净化性能。

3.3　超细纳米蛛网空气过滤材料

通过驻极的方法虽然可以使得纤维膜在维持较低阻力压降的同时，显著提升过滤效率，但是由于驻极电荷在空气中水分子的作用下极易快速耗散，导致纤维膜过滤性能不稳定。随着纤维类空气过滤材料研究的深入，科研人员发现通过物理筛分作用实现对含尘空气的过滤是最安全的方法[60]，而进一步细化纤维的直径减小纤维膜孔径，可加强纤维膜对固体颗粒物的拦截作用，从而显著提高材料的空气过滤性能。近期，作者通过"静电喷网技术"，制备出了一系列具有二维网状结构的纳米纤维材料——"纳米蛛网"，网中纤维平均直径小于 20nm，且具有拓扑 Steiner 最小树结构。纳米蛛网的极细纤维直径使其具有较小的孔径，可显著提高其对颗粒物的物理筛分作用，有望成为制备新型高效低阻空气过滤材料的理想材料。

3.3.1　纳米蛛网成型机理

目前关于纳米蛛网的成型机理研究，学术界普遍接受的理论是荷电液滴的相分离[61]。然而，该机理只是基于简单的定性分析所得到的假设理论。为明晰纳米蛛网的成型过程并实现对纳米蛛网结构的精确调控，通过构建一种数值模型来模拟静电喷网过程中二维纳米蛛网的生成、结构演变以及过程参数调控规律，通过对荷电聚合物液滴的泰勒锥尖端进行受力分析，提出了两种静电喷射模式并构建了聚合物溶液相分离相图[62]。

图 3—17 为泰勒锥尖端荷电流体的喷射模型，泰勒锥的基本参数是构建模型的关键，可以根据泰勒锥的直径来预测荷电射流和液滴的直径。为此可建立直径 D、工艺参数和

材料参数之间的关系[63]：

$$D=\frac{1.463Q^{0.44}\varepsilon^{0.12}\eta^{0.32}}{K^{0.12}\gamma^{0.32}} \quad (3-3)$$

式中：Q 为体积流速；ε 为环境介电常数；η 为流体黏度；K 为流体电导率；γ 为流体表面张力。

图 3–17（a）为泰勒锥尖端荷电流体的受力分析示意图，由于荷电液滴直径很小，所以在喷射的瞬间若忽略其重力的影响，液滴主要受到库仑斥力 F_e 和液体静压力 F_γ 的作用。其中库仑斥力 F_e 有助于使荷电流体扩张 / 分裂，而液体静压力 F_γ 对荷电流体的形变具有抑制作用，两者之间的竞争关系使得泰勒锥尖端存在两种对应于不同临界条件的喷射模式（模式Ⅰ：只产生射流，模式Ⅱ：射流和液滴）。该两种喷射模式的基本前提条件均为 $F_e > F_\gamma$[64-65]。

图 3–17（b）为模式Ⅰ（只产生射流）时圆柱射流的液体静压力分析，最终求得泰勒锥尖端仅产生射流的临界条件为：

$$\frac{e}{m}>J_c=\sqrt{\frac{64\varepsilon\gamma}{\rho^2D^3}} \quad (3-4)$$

式中：e 为流体荷电量；m 为流体质量；J_c 为模式Ⅰ（射流）临界阈值；ρ 为流体密度。所以，只有当泰勒锥尖端荷电射流的荷质比大于模式Ⅰ的临界值 J_c 时，荷电聚合物流体经过电场力的拉伸，溶剂挥发以及相分离过程，最终固化为纤维，如图 3–17（d）所示。

图 3–17（c）为模式Ⅱ（同时产生射流和液滴）时圆柱射流的液体静压力分析，最终求得泰勒锥尖端同时产生射流和液滴的临界的条件为：

$$\frac{e}{m}>D_c=\sqrt{\frac{288\varepsilon\gamma}{\rho^2D^3}} \quad (3-5)$$

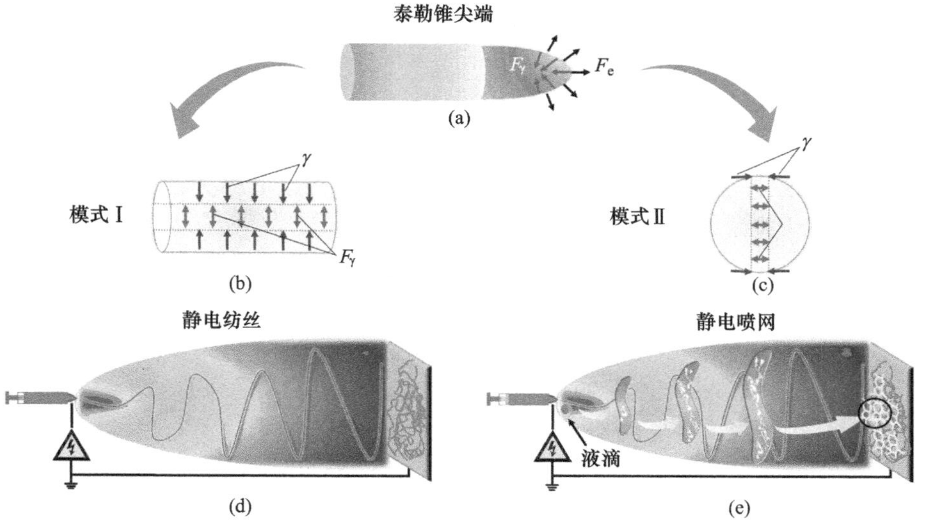

图 3–17 （a）泰勒锥尖端受力分析示意图；（b）静电纺丝过程中圆柱形射流（喷射模式Ⅰ：仅射流）的液体静压力分析；（c）静电喷网过程中球型液滴（模式Ⅱ：射流和液滴）的液体静压力分析；（d）静电纺丝过程模拟；（e）静电喷网过程模拟，电场强度从泰勒锥到接收基材之间的分布为由强到弱

所以，只有当泰勒锥尖端荷电射流的荷质比大于模式 II 的临界值 D_c 时，才会同时产生荷电射流和微小液滴，其中液滴在飞行过程中由于库仑斥力的作用扩张成膜，并伴随着溶剂的挥发而发生旋节线相分离，从而形成二维纳米蛛网，网中纤维直径通常小于 20nm，如图 3-17（e）所示。

为了进一步明确荷电液滴在扩张成膜过程中的热力学演变规律，基于 Flory-Huggins 自由能理论构建了具有最低临界温度的相图[66-67]。如图 3-18 所示，以聚丙烯酸（PAA）作为纺丝聚合物，以乙醇（C_2H_5OH）/H_2O 作为混合溶剂，其质量比分别为 1/0、3/1、1/1、1/3、0/1，研究了静电喷网过程中纳米蛛网结构成型时荷电液滴浓度的演变路径，并对其进行了概念验证。

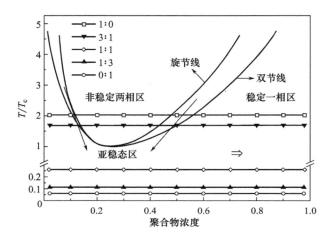

图 3-18　聚合物—溶剂体系平衡相图，T/T_c 表示体系的温度比，连符线表示不同混合溶剂的荷电液滴的浓度变化路径，箭头（⇒）表示溶液随着溶剂挥发聚合物浓度增大的方向

聚合物—溶剂体系的简单热力学中通常用溶度参数表示 χ_{ps} 参数，即

$$\chi_{ps} = \frac{V_s}{N_A k_B T}(\delta_s - \delta_p)^2 + 0.34 \tag{3-6}$$

利用基团贡献方法[68]，通过将表 3-1 中的数据代入以下相关方程：

$$\delta^2 = \delta_s^2 + \delta_p^2 + \delta_h^2 \tag{3-7}$$

表 3-1　PAA 部分溶度参数的基团贡献

官能团	摩尔体积 ΔV（cm^3/mol）	伦敦参数 $\Delta V\delta_s^2$（cal/mol）	极性参数 $\Delta V\delta_p^2$（cal/mol）	电子传递参数 $\Delta V\delta_h^2$（cal/mol）	总参数 $\Delta V\delta^2$（cal/mol）
—CH_2—	16.1	1180	0	0	1180
—CH—	−1.0	820	0	0	820
—COOH	28.5	3150	400	2575	6125

计算得到了聚合物 PAA 的溶度参数（δ_{PAA}）为 $13.65cal^{1/2}cm^{-3/2}$，C_2H_5OH 的溶度参数为 $12.7cal^{1/2}cm^{-3/2}$，H_2O 的溶度参数为 $23.2cal^{1/2}cm^{-3/2}$。因此，混合溶剂的溶度参数 δ_{mix} 和摩

尔体积 V_s 分别为

$$\delta_{mix} = \phi_1\delta_1 + \phi_2\delta_2 \tag{3-8}$$

$$\frac{46i}{18(1-i)} = \alpha \tag{3-9}$$

$$V_s = \frac{46i}{0.789} + 18(1-i) \tag{3-10}$$

下标 1 和 2 分别代表 C_2H_5OH 和 H_2O，i 表示 C_2H_5OH 的摩尔分数，α 表示混合溶剂 C_2H_5OH/H_2O 的质量比。可得以下相关关系：

$$\chi_{ps} = \frac{V_s}{N_A k_B T}(\delta_s - \delta_p)^2 + 0.34 = A + (\chi_c - A)/T \tag{3-11}$$

式中：V_s 为溶剂摩尔体积；N_A 为阿伏伽德罗常数；k_B 玻尔兹曼常数；T 为绝对温度；δ_s 为溶剂浓度绝对参数；δ_p 为极性内聚力参数；δ_h 为氢键内聚力参数；χ_c 为临界相互作用参数；A 为熵校正因子。

$A = 0.34$，PAA 及其组成单元—$C_3H_4O_2$—的平均相对分子质量分别为 250000g/mol 和 72g/mol。简单起见，PAA 的统计链段数选为 3500，链段相对分子质量近似等于 C_2H_5OH/H_2O 的相对分子质量，以此可以得到不同 C_2H_5OH/H_2O 混合溶剂体系溶液热诱导相分离的临界温度 T_c。

荷电液滴在电场中由于处于高速飞行状态，将与空气发生激烈的摩擦，从而引发热致相分离，其飞行过程中的温度变化可近似计算为：

$$\Delta t = \frac{3C\rho_0 v^2 d}{8cR\rho} \tag{3-12}$$

式中：C 为阻力系数；ρ_0 为空气密度；v 为液滴平均飞行速度；d 为液滴飞行距离；c 为比热容；R 为泰勒锥尖端荷电流体半径；ρ 为流体密度。

一般情况下纺丝环境温度为 25℃（298.15K），所以飞行流体的平均温度为：

$$T = \Delta t + 298.15 \tag{3-13}$$

基于以上研究，可以计算得到不同 C_2H_5OH/H_2O 混合溶剂体系的温度比 T/T_c，以此构建出了不同混合溶剂体系中荷电液滴的浓度演变路径，用于纳米蛛网成型的理论分析。

随后，将锦纶（尼龙）66（PA-66）溶解在甲酸中，分别向聚合物溶液中加入相同浓度的 KCl、$MgCl_2$、$CaCl_2$、$BaCl_2$、$FeCl_3$ 并制备得到相应的 PA-66 纤维膜，以此来研究不同类型氯化盐对蛛网成型过程及结构的影响[69]。如图 3-19 所示，可以看出不含盐的 PA-66 溶液所得纤维膜中蛛网覆盖率很低，而掺杂氯化盐的 PA-66 纤维膜中的蛛网覆盖率都相对较高。研究发现，PA-66 纤维膜中蛛网覆盖率会随着阳离子带电量的增加而增加，例如，PA-66/$FeCl_3$ 纤维膜中蛛网覆盖率明显高于 PA-66/KCl 纤维膜，这是由于液滴电荷密度的增加，导致荷电液滴的不稳定性增大，使得蛛网形成概率增加。

此外，盐离子的尺寸也会对纤维膜中的蛛网覆盖率产生一定的影响，从图 3-19（d）~（f）中可以发现，纳米蛛网覆盖率随着盐离子尺寸的增加而增加，其中 PA-66/$BaCl_2$ 纤维膜中蛛网覆盖率最高（>95%）。

进一步以锦纶（尼龙）56（PA-56）作为聚合物，以甲酸/乙酸混合体系为溶剂，考察了溶剂性质对纤维膜中纳米蛛网覆盖率的影响[70]。如图 3-20 所示，随着乙酸含量

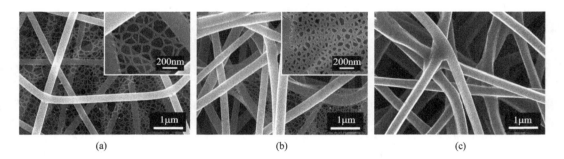

图 3-19 30kV、25℃、相对湿度 25% 条件下，（a）纯 PA-66 纤维膜和掺杂 0.27mol/L 不同氯化盐的 PA-66 纤维膜 FE-SEM 图：（b）KCl；（c）FeCl₃；（d）MgCl₂；（e）CaCl₂；（f）BaCl₂

图 3-20 浓度为 18wt% 的 PA-56 在甲酸 / 乙酸溶剂比为（a）3/1；（b）2/2；（c）1/3 条件下所制备的纳米纤维膜的 FE-SEM 图 [（a）和（b）的插图为相应纤维膜的高倍 FE-SEM 图]

的增多，纳米蛛网覆盖率呈现下降趋势。当甲酸 / 乙酸溶剂比为 3/1 时，纳米蛛网覆盖率为 100%，并且形成了层层堆叠结构和理想的 Steiner 树结构。而当甲酸 / 乙酸溶剂比为 1/3 时，蛛网结构消失，主要是因为聚合物溶液电导率的下降降低了静电纺丝过程中带电液滴的生成概率。

在静电喷网过程中，环境湿度是影响纳米蛛网形貌结构的重要参数。如图 3-21（a）所示，在 25% 环境湿度下，聚间苯二甲酰间苯二胺（PMIA）支架纤维无规排列，且纤维膜中出现了二维纳米蛛网结构[71]。然而在 55% 环境湿度下，PMIA 纳米纤维发生了明显的取向排列，且纤维膜中无蛛网结构产生，如图 3-21（b）所示。这是由于环境中的湿度会影响荷电流体的电荷耗散以及相分离过程。具体分析如下：通过将溶液性质参数和电场参数代入式（3-5）计算得到了纳米蛛网产生时的理论阈值 D_c 为 1.19c/kg，而

PMIA 溶液在相对湿度为 25% 时 e/m 的值较高（1.33c/kg），说明其具有形成液滴的能力，最终形成蛛网结构。环境湿度为 55% 时，PMIA 溶液的 e/m 值小于临界值 D_c，所以最终的 PMIA 纳米纤维膜无蛛网结构产生。因此，通过调节环境湿度可以有效地调节所得纤维膜的结构，如图 3–21（c）所示，在 25%、40% 和 55% 相对湿度下分别可以得到具有纳米纤维 / 蛛网结构、无规排列 / 无蛛网结构、取向排列结构的纤维膜。

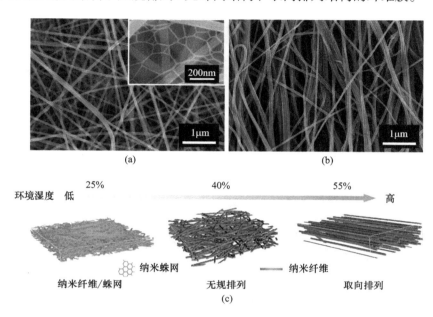

图 3–21　环境湿度为（a）25% 和（b）55% 时得到的 PMIA 纳米纤维膜的 FE-SEM 图，（a）的插图为相应纤维膜的高倍 FE-SEM 图；（c）25%、40% 和 55% 湿度下得到的 PMIA 纳米纤维膜的堆积结构模拟图

3.3.2　梯度结构蛛网 / 纳米纤维复合膜

通过对含有纳米蛛网结构的纤维膜进行实际测试发现，由于蛛网的孔径很小，导致许多粒径较大的颗粒被拦截沉积在纤维膜表面形成滤饼，从而导致材料的阻力压降迅速增加。因此，亟需一种有效的方法来解决这一问题。经过多种方案的试验后发现，将具有不同直径的纤维的优势结合起来，建立一个从微米级到亚微米级再到纳米级的梯度结构，利用逐级过滤的方式来实现对不同粒径颗粒的有效拦截是一种行之有效的方法。

通过静电纺丝的方法分别制备了 PSU 微米纤维膜、PAN 纳米纤维膜，并采用静电喷网技术制备了尼龙 6（PA–6）纳米蛛网膜，通过结构优化最终制备出了 PSU/PAN/PA–6 多尺度复合过滤膜，其结构如图 3–22（a）中的插图所示[72]。从图中可以看出，PSU 微米纤维层、PAN 纳米纤维层、PA–6 纳米蛛网层紧密地结合在一起，并且不同纤维层交界处的纤维相互交叉形成了一个紧密规整的多层复合过滤膜材料。PSU 纤维层中纤维的平均直径为 1μm，PSU 微米纤维膜的孔径范围在 2 ~ 2.5μm，因此可以用于拦截粒径＞ 2μm 的颗粒物。而 PAN 纤维层中纤维平均直径为 220nm，膜的孔径范围在 0.5 ~ 0.7μm，可用于拦截粒径＞ 0.5μm 的颗粒物。PA–6 纳米蛛网中纤维的平均直径在 24nm，膜孔径范围为 0.25 ~ 0.3μm，因而可以实现对 0.3 ~ 0.5μm 粒径颗粒物的有效拦截。将三层结构进行复合时，所得 PSU/PAN/PA–6 复合膜的孔径范围为 0.32 ~ 0.34μm，

073

平均孔径为 0.33μm，且具有高度的蓬松性和高孔隙率（93.2%）。

进一步对复合膜的空气过滤性能进行测试，如图 3-22（a）所示，PSU/PAN/PA-6 复合膜可实现对不同粒径颗粒的高效拦截。其中复合膜对粒径＞1μm 的颗粒的过滤效率为 100%，对粒径为 0.3μm 的 NaCl 气溶胶颗粒的过滤效率为 99.992%。图 3-22（b）为 PSU/PAN/PA-6 复合膜在不同风速下的过滤效率、阻力压降和品质因子，可以看出，随着风速的增加，复合膜的过滤效率从 99.995% 下降到 99.990%，但仍然维持在 HEPA 水平，而阻力压降呈现出线性增加，该规律完全符合达西定律[73-74]。

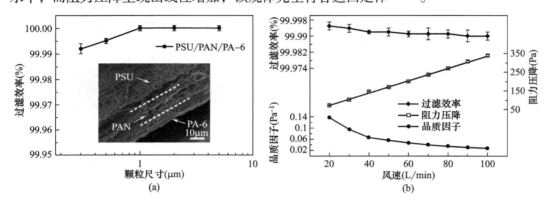

图 3-22　（a）PSU/PAN/PA-6 复合膜对不同粒径颗粒的过滤性能，插图为 PSU/PAN/PA-6 复合膜结构图；（b）不同风速下，PSU/PAN/PA-6 复合膜的过滤效率、阻力压降和品质因子

综上所述，梯度结构蛛网 / 纳米纤维复合膜可以实现对不同粒径颗粒的拦截，且能够在维持较高过滤效率的同时有效地控制压阻的增加速率。

3.3.3　空腔结构纳米蛛网复合膜

据已有研究发现，构造稳定的空腔结构可以使纤维类空气过滤材料在达到较高过滤效率的同时维持较低的阻力压降。前面作者已经制备出了具有层层堆叠结构的纳米蛛网空气过滤膜，其在较低克重下具有较高的过滤效率，因此，在多层复合纳米蛛网材料中构建稳定的空腔结构有望进一步降低材料的空气阻力。

通过在 PA-6 纳米蛛网膜中插入 PAN 纤维，利用 PAN 纤维间的低堆积密度来实现对纳米蛛网膜整体堆积密度的调控，从而可以有效地降低纤维膜的堆积密度[75]。图 3-23（a）展示了不同喷头数量比 PA-6/PAN 复合纤维膜的厚度和堆积密度变化曲线，可以发现随着 PAN 喷头数量的增多，所得复合膜的厚度增大，堆积密度减小，表明 PAN 纤维的引入对降低纤维膜整体的堆积密度起到了积极作用。图 3-23（b）展示了不同喷头数量比 PA-6/PAN 复合纤维膜的过滤效率，可以发现 PAN 纤维的引入对降低纤维膜阻力压降的作用很显著，当 PA-6/PAN 喷头数量比为 3/1 时，所得复合膜的过滤效率几乎没有发生改变，而阻力压降却大幅度下降。因此，通过引入不同尺度纤维可以制备堆积密度可控的纤维空气过滤材料。

经过进一步的研究发现，通过在纤维膜中引入具有串珠结构的 PAN 纤维，可以进一步提高整体纤维膜的空腔体积，因此，通过层层堆叠法制备出了具有三明治结构的纤维空气过滤材料，如图 3-24（a）所示[76]。其中上下两层均为 PA-6 纳米蛛网，由于蛛

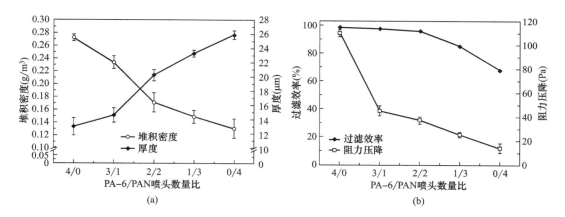

图 3-23　不同 PA-6/PAN 喷头数量比所制备复合纤维膜的（a）堆积密度和厚度；
（b）过滤效率和阻力压降

网的孔径较小，其可通过物理筛分作用实现对固体颗粒的有效拦截，如图 3-24（b）所示。中间层为 PAN 串珠纤维堆积而成的纤维膜，其主要用于提供空腔结构，一方面，该结构不仅能够延长颗粒物在纤维膜中的停留时间，而且增大了颗粒撞击纤维的概率，进而提升纤维膜对固体颗粒物的捕集能力；另一方面，该结构还能够为气流的通过提供顺畅的孔道，减少了气流与纤维间的摩擦作用，增强了气流的穿透性，从而达到降低阻力压降的目的，空腔内气流的运输过程如图 3-24（c）所示。

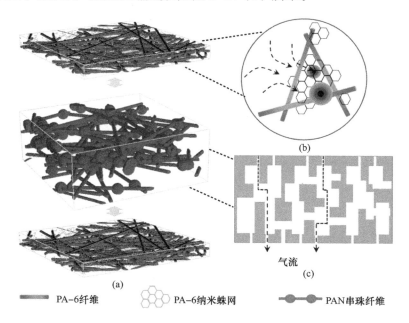

图 3-24　（a）PA-6/PAN/PA-6 复合纤维膜的结构模拟图；（b）对 300 ~ 500nm 的 NaCl 气溶胶颗粒的
物理拦截作用模拟图；（c）复合纤维膜空腔内气流输运模拟图

　　研究中，通过改变 PA-6/PAN/PA-6 的质量比来实现对复合纤维膜结构与过滤性能的优化。从图 3-25（a）中可以看出，复合纤维膜的孔径分布均存在明显的峰值，且孔径分布较为均一，说明复合纤维膜的均匀性较好。复合纤维膜的平均孔径随着 PA-6 蛛网膜占比的增大而减小，通过图 3-25（b）可以直观地看到，复合纤维膜的堆积密度随 PA-6 蛛网膜占比的增大而增大，由最初的 0.15g/cm³ 增加至 0.24g/cm³。

图 3-25（c）为不同质量比 PA-6/PAN/PA-6 复合纤维膜的过滤效率与阻力压降，可以发现，阻力压降曲线的趋势与复合纤维膜堆积密度曲线的趋势相同，当 PA-6 蛛网膜的占比超过 20% 之后，阻力压降急剧上升。过滤效率的变化曲线则呈现出"抛物线"形状，该结果表明复合纤维膜孔径的降低有利于过滤效率的提升，但当超过某一临界值后，反而会使过滤效率呈现出下降的趋势。结合图 3-25（d）复合纤维膜的品质因子发现，当质量比为 1/8/1 时，复合纤维膜的过滤性能最好，这主要是由于在该比例下，复合纤维膜能够保持较大的内部空腔结构，可保证气流的顺利通过，同时，复合膜孔径能够满足对固体颗粒的拦截要求。

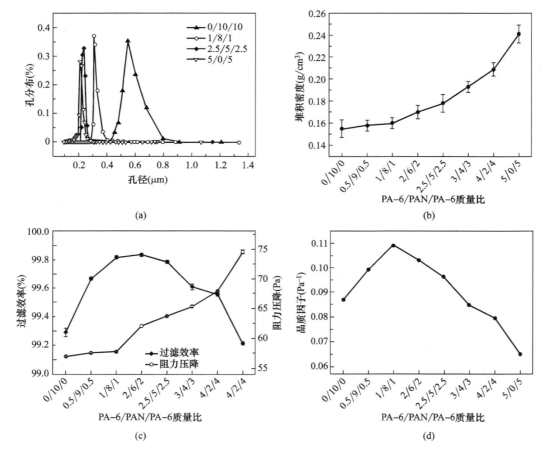

图 3-25　不同质量比的 PA-6/PAN/PA-6 复合纤维膜的（a）孔径分布；（b）堆积密度；
（c）过滤效率和阻力压降；（d）品质因子

除了构建三明治结构来制备具有空腔结构的空气过滤材料，还可以通过静电纺丝一步法得到空腔结构。作者在 PA-6 溶液中掺杂 PMIA 短纤，经静电喷网直接制备出了 PMIA 短纤插层 PA-6 纳米蛛网复合膜[77]，其形貌如图 3-26（a）所示，可以观察到许多类似于针头状的短纤均匀地穿插于纤维膜中，图 3-26（b）和（c）为纤维膜相应区

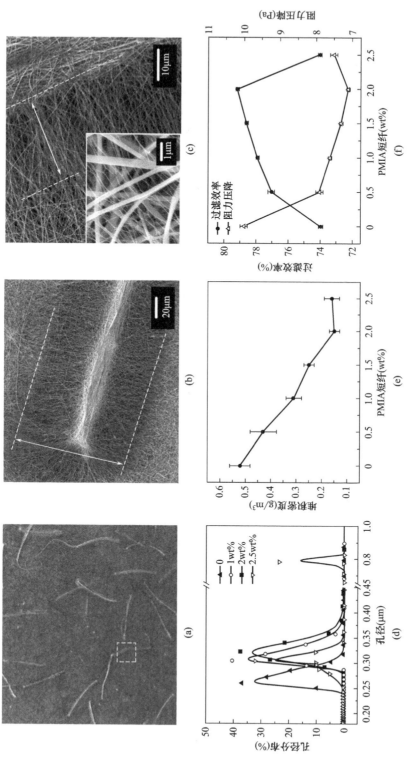

图 3-26 (a) PMIA 短纤插层 PA-6 纳米蛛网复合膜的 SEM 图; (b) 和 (c) 为 (a) 图相应区域放大后的 SEM 图, 插图为高倍 SEM 图; 不同 PMIA 短纤浓度 PA-6/PMIA 纳米蛛网复合膜的 (d) 孔径分布; (e) 堆积密度; (f) 过滤效率和阻力压降

域的高倍 SEM 图，可以很清晰地看到 PMIA 短纤的插入可以在纤维膜中有效地构建空腔结构，使得纤维膜的整体堆积密度下降。PMIA 短纤并没有影响蛛网结构的生成，如图 3-26（c）插图所示，纳米蛛网均匀分布在短纤周围。

图 3-26（d）和（e）为 PMIA 短纤浓度对复合膜孔结构的影响。可以看到，复合膜的平均孔径随着 PMIA 短纤浓度的增大而增大，孔径分布主要集中在 0.25 ~ 0.4μm，因此所得复合膜可通过物理筛分作用实现对粒径 > 300nm 固体颗粒物的有效拦截。当 PMIA 短纤含量为 2.5wt% 时，复合纤维膜的孔径分布出现了两个峰值，0.31μm 处的峰是纳米蛛网的孔径分布，0.8μm 处的峰是由 PMIA 短纤的插入导致纤维膜的堆积密度降低，蓬松程度增大所引起的。复合纤维膜的堆积密度随 PMIA 短纤浓度的增大而减小，如图 3-26（e）所示。

随后研究了 PMIA 短纤含量对纳米蛛网复合膜过滤性能的影响，结果如图 3-26（f）所示。由于复合纤维膜空腔结构的存在和堆积密度的降低，当 PMIA 短纤浓度从 0 增加至 2wt% 时，复合纤维膜的阻力压降呈下降趋势，而 PMIA 短纤周围存在的蛛网结构使得过滤效率呈上升趋势。当 PMIA 短纤的浓度增加至 2.5wt% 时，由于其发生团聚导致复合纤维膜的过滤性能下降。

综上所述，在不破坏蛛网结构的前提下，PMIA 短纤能够很好地构建出空腔结构，一方面为空气气流的通过提供了顺畅的通道，降低了阻力压降；另一方面增加了蛛网与固体颗粒物的接触面积，提升了过滤效率。

上述直喷短纤插层的方法虽然能较快地构建出空腔结构，但是由于纺丝过程中极易发生堵塞针头的情况，导致纤维膜的产量下降。通过选用直径更大的聚对苯二甲酸乙二醇酯（PET）长丝来修饰非织造布，可以得到孔径小、堆积密度低、且具有空腔结构的纳米蛛网纤维膜，其制备过程和纤维的横截面示意图如图 3-27（a）所示[78]。嵌入 PET 长丝的 PA-6 纳米蛛网纤维膜呈现出了波纹状结构，纳米蛛网膜均匀地沉积在 PET 长丝上且空腔结构均匀地分布在 PET 长丝的两侧。单根 PET 长丝上纳米蛛网膜形成的空腔的宽度称为褶距，用来定量研究 PET 长丝对波纹结构的影响程度。此外，定义 S_0 作为单个褶皱的平坦区域的面积，ΔS 作为平坦面对弧面的增量，通过 $\Delta S/S_0$ 计算波纹状结构的迎风面积延伸比，用来研究复合纤维膜迎风面积的变化。

通过研究发现，PET 长丝直径和 PET 长丝间距对 PA-6 纳米蛛网膜的空腔结构影响较大。从图 3-27（c）中可以看出，随着 PET 长丝直径的增加，对应复合纤维膜的褶距增加，波纹起伏程度变大，纤维膜的迎风面积增大。从图 3-27（d）中可以看出，当 PET 长丝的间距从 0.25mm 增加至 1mm 时，褶距呈现上升状态，这是因为绝缘性的 PET 长丝削落了电场强度。$\Delta S/S_0$ 则表现出先增大后减小的状态，长丝间距为 0.5mm 时 PA-6 纳米蛛网纤维膜具有 8.8% 的延伸比以及最稳定的空腔结构；当 PET 长丝的间距从 1mm 增加至 4mm 时，褶距和 $\Delta S/S_0$ 都不再发生明显的变化，说明复合纤维膜中已经形成了较为稳定的空腔结构。

PET 长丝直径对纳米蛛网复合纤维膜过滤性能的影响如图 3-28（a）所示，PET 长丝对降低复合纤维膜的阻力压降效果明显，说明空腔结构有利于减小纤维膜的阻力压降。随着 PET 长丝直径的增加，复合纤维膜的过滤效率和阻力压降均表现为下降的趋势，这是因为 PET 长丝导致了复合纤维膜的整体堆积密度的下降，从而增强了纤维膜

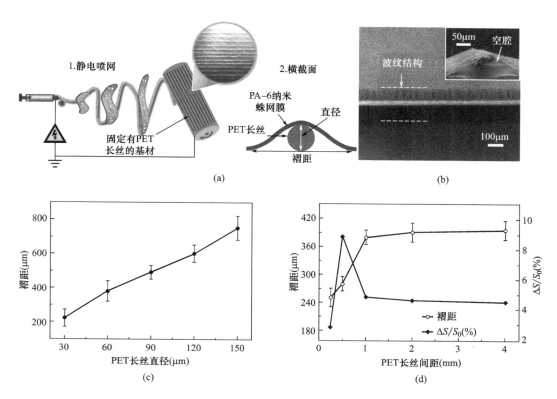

图 3-27 （a）1. 嵌入 PET 长丝的 PA-6 纳米蛛网纤维膜制备过程示意图，2. 波纹结构的 PA-6 纳米
蛛网纤维膜截面示意图；（b）嵌入 PET 长丝的 PA-6 纳米蛛网纤维膜的 SEM 图，插图为截面图；
（c）PET 长丝直径对 PA-6 纤维膜褶距的影响；（d）PET 长丝间距对波纹状 PA-6
纤维膜褶距和比表面积延伸比（$\Delta S/S_0$）的影响

的蓬松结构。当 PET 长丝直径为 60μm 时，PET/PA-6 纳米蛛网复合纤维膜的过滤性能
最好，过滤效率为 98.74%，阻力压降为 36.5Pa。

　　PET 长丝直径保持不变的情况下，图 3-28（b）展示了 PET 长丝间距对纳米蛛网复
合纤维膜过滤性能的影响，发现当 PET 长丝间距从 0.25mm 增加至 0.5mm 时，复合纤
维膜的过滤效率增加至 99.11%，而阻力压降降低为 32Pa，品质因子为 0.15Pa^{-1}，表现

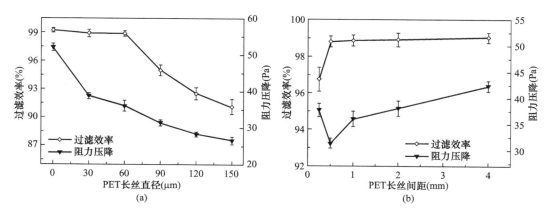

图 3-28　不同 PET 长丝（a）直径和（b）间距时 PET/PA-6 纳米蛛网复合纤维膜的过滤效率和阻力压降

出最佳的过滤性能。因为此时纤维膜的 $\Delta S/S_0$ 最大，形成了互不干扰的均匀分布的空腔结构，此时孔隙率也最大。当 PET 长丝间距进一步增大时，过滤效率稳定不变，而阻力压降呈上升趋势。

　　基于上述研究，最终可制备出过滤效率高达 99.996%，阻力压降为 95Pa 的波纹状褶皱 PA-6 纳米蛛网复合纤维膜。

3.3.4　自支撑型纳米蛛网膜

　　目前，通过静电喷网技术制备的纳米蛛网膜面临的主要问题是对基材的依赖性较强，严重限制了其在纱窗等需要高透光性空气过滤材料领域的应用。目前对自支撑型纳米蛛网膜的研究较少，通过将静电喷网技术与剥离工艺结合起来，可制备出超轻、超薄、高透光的自支撑型纳米蛛网膜[79]。

　　首先以高弹性 PU 为原料，调节纺丝原液中 LiCl 的浓度制备出了一系列 PU 静电纺纳米纤维膜。通过对纤维膜形貌、孔结构、力学性能及过滤性能的分析研究，发现 LiCl 浓度为 2wt% 时，PU 静电纺纳米纤维膜中蛛网覆盖率最高，过滤性能最好，断裂强度达到了 115MPa。在此基础上，通过改变接收基材的种类，最终得到了一系列自支撑型纳米蛛网膜。图 3-29（a）~（d）分别展示了在非织造布、滤纸、金属网和窗纱上制备得到的 PU 纳米蛛网膜，发现四种基材所对应的纤维膜中均形成了均匀分布的纳米蛛网结构。经过对比发现以滤纸为接收基材时所制备的纳米蛛网膜孔径最小，这是因为滤纸较差的导电性使得荷电聚合物流体受到的电场力较弱，导致荷电液滴的劈裂程度减

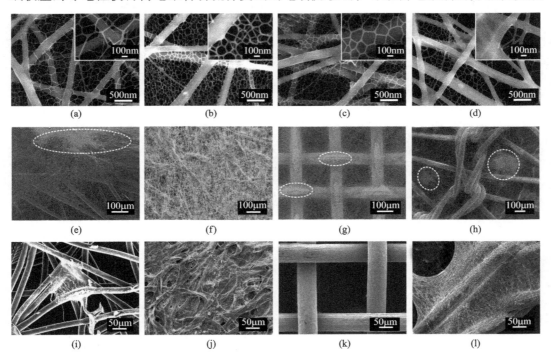

图 3-29　（a）~（d）分别为在非织造布、滤纸、金属网、窗纱上所制备的 PU 纳米蛛网膜的 FE-SEM 图；（e）~（h）分别为静电纺纤维在非织造布、滤纸、金属网、窗纱上的沉积情况；（i）~（l）分别为剥离后静电纺纤维在非织造布、滤纸、金属网、窗纱上的残留情况

小。此外，由于滤纸表面较为致密以及残余溶剂较慢的挥发速度导致纳米蛛网分布最为致密。窗纱表面不规则的结构导致聚合物流体受力不均，从而引起纤维膜上出现了少量的实心膜。当非织造布作基材时，静电纺纤维的覆盖率很低，这是由非织造布本身表面的不均匀性引起的。当以金属网为接收基材时，纳米蛛网膜分布均匀且网孔结构规整，这是由于金属网规整的结构有利于电场的均匀分布，液滴所带荷电较高引起的。

　　紧接着研究了静电纺纤维在 4 种基材上的沉积情况，如图 3-29（e）~（h）所示。可以很直观地发现滤纸和金属网上沉积的纤维膜结构均匀，这主要是因为两种接收基材表面较为平整有利于纤维的均匀沉积，而非织造布和窗纱上沉积的纤维很不均匀，这主要是基材表面不均匀结构导致的。将纤维膜从接收基材上剥离下来后，静电纺纤维在接收基材上的残留情况如图 3-29（i）~（l）所示。经对比发现，滤纸上纤维的残留量最多，这是因为滤纸表面致密的结构导致其与纤维膜的黏结点较多，造成了剥离的困难。非织造布和窗纱的不均匀导致了纤维的部分残留，金属网具有平整的表面，且其与纤维膜的接触点较少因此纤维残留量最少。此外金属网本身与纤维膜的相互黏结作用力较小，所以可以发现纤维膜经过剥离之后，基本上没发生破损的情况。因此，当接收基材为金属网时，可以制备得到结构完整的自支撑纤维膜。

　　基于以上研究可制备得到自支撑 PU 纳米蛛网膜，并将其应用到了实际环境中，以检验其过滤性能。在不同风速下，自支撑 PU 纳米蛛网膜的过滤效率如图 3-30（a）所示。可以发现，纳米蛛网膜的过滤效率随风速的增大而减小，这是因为固体颗粒的动能变大，在纤维膜中停留的时间变短，颗粒与纤维撞击的概率变小，所以导致了过滤效率的下降。然而即使是在高风速下，自支撑 PU 纳米蛛网膜仍然具有较高的过滤效率（> 99.95%）。

　　由于没有基材的支撑，自支撑 PU 纳米蛛网膜具有较小的厚度，透光性明显提高。如图 3-30（b）~（e）所示，可以发现随着克重的增加，纤维膜的透光性变差。克重为 0.36g/m² 的纳米蛛网膜对 PM_1 的过滤效率达 93.835%，其透明度可达到 85%；克重

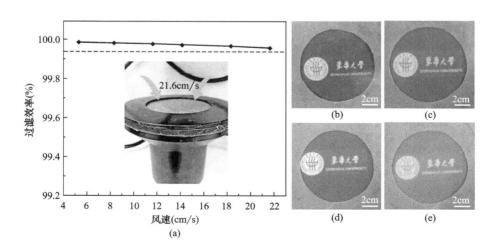

图 3-30　（a）不同空气流速下，自支撑 PU 纳米蛛网膜的过滤效率，插图为纤维膜在高风速条件下的过滤演示图；克重为（b）0.36g/m²，（c）0.58g/m²，（d）0.92g/m²，（e）1.2g/m²　PU 自支撑纳米蛛网膜的透光性能展示图，其透光度分别为 85%，70%，58%，40%

为 1.2g/m² 的纳米蛛网膜对 PM_1 的过滤效率达 100%，对 $PM_{0.3}$ 的过滤效率为 99.97%，其透明度可达到 40%。

3.4 空气过滤材料的应用

近年来，随着我国城市化进程的不断加快，雾霾污染日益严重，对人的身体健康造成了极大的危害，同时影响了工业生产的顺利进行。当前，空气过滤材料在个体防护、室内净化和工业除尘等领域市场需求巨大，因此，亟需开发出针对不同应用领域的高性能空气过滤材料来实现对含尘空气的有效过滤。静电纺纳米纤维膜由于纤维直径小、孔径小、原料来源广泛、结构可调性强等特点有望实现在这些领域的高效应用。

3.4.1 个体防护

目前，市场上大多数的个体防护过滤材料比如纺粘非织造布口罩，当使用时间较长时，人呼出的水蒸气会在滤布中凝结，堵塞纤维材料中的孔结构，从而引起滤布的阻力压降急剧增大，影响人的呼吸，严重时可造成缺氧的情况发生[46]。因此，开发出具有良好热湿舒适性的空气过滤材料迫在眉睫。

作者在前期工作中已经以 PAN 作为纺丝原料制备出了高效低阻的空气过滤材料，然而由于 PAN 中的氰基具有很强的极性，使得 PAN 对水分子有很强的亲和作用。进一步通过掺杂亲水性 SiO_2 颗粒可以提高水汽的透过性能，增强湿气输运能力。在此基础上，利用疏水的 PVDF 纤维作为纤维膜中的拒水成分以防高湿条件下毛细水的产生导致的空气阻力急剧上升。通过将两者有机地结合在一起，可以制备出具有良好热湿舒适性的空气过滤材料[80]。

首先通过调节 PVDF/PAN 的喷头数量比，以获得最佳的聚合物组成比。从图 3-31（a）中可以看出，随着 PAN 喷头数量的增多，所得复合纤维膜的总透湿量增加了 20%，说明了 PAN 纤维有利于湿汽的输运，而相应的纤维膜吸收湿汽的含量也从 3.0g/（m²·d）增加到了 30.1g/（m²·d），说明了 PAN 纤维具有很好的吸湿性能。此外，研究了环境湿度对不同 PVDF/PAN 喷头数量比所得复合纤维膜压阻的影响规律，发现随着 PAN 纤维的增多，在 PAN 纤维中形成的毛细水越多，从而影响了空气气流的通过，导致压阻变大。基于以上研究结果，综合考虑压阻稳定性和透湿性能，确定 PVDF/PAN 的喷头数量比为 2/4。

为进一步增强纤维膜的吸湿透湿能力，通过在 PAN 纤维中引入亲水性 SiO_2 纳米颗粒来增强 PAN 纤维膜的亲水性。实验发现，随着 SiO_2 纳米颗粒的增多，复合纤维膜吸水的速率变快。结合图 3-31（b）发现随着 SiO_2 纳米颗粒的增多，复合纤维膜的透湿率显著增高，这是因为 SiO_2 纳米颗粒使得纤维表面的亲水基团和无定形区增多，从而增强了纤维对水分子的捕捉能力。复合纤维膜的透湿机制如图 3-31（c）所示，水分子一方面随着空气气流一起通过纤维膜；另一方面先吸附在纤维上然后脱附离开纤维膜。通过将材料的透湿性能与过滤性能相结合，发现当 SiO_2 纳米颗粒含量为 2wt% 时，复合纤维膜的过滤效率最高，这是因为此时纤维膜的比表面积最高，而 5wt% SiO_2 纳米颗

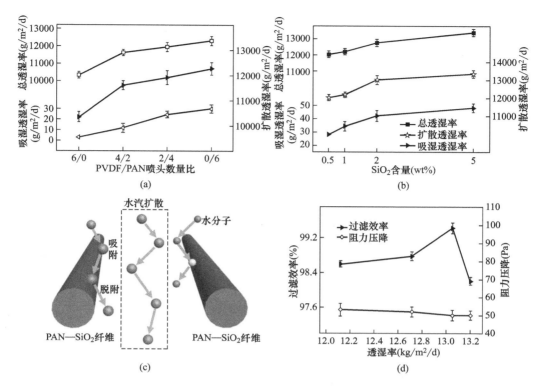

图 3-31　（a）不同射流比的 PVDF/PAN 复合纤维膜的透湿率；（b）不同 SiO_2 添加量的 PVDF/PAN—SiO_2 复合纳米纤维膜的透湿率；（c）PAN—SiO_2 纤维膜的透湿机制示意图；（d）PVDF/PAN—SiO_2 复合纳米纤维膜的透湿性能和过滤性能间的关系

粒的复合纤维膜的过滤效率有所下降，这是由于孔径过大导致的。随着透湿率的增加，阻力压降的变化很小，这是因为在一定误差范围内，各纤维膜的纤维直径、厚度和孔隙率都被控制在了同一水平。通过综合对比复合纤维膜的过滤性能和透湿性能，采用 SiO_2 纳米颗粒含量为 2wt% 所得复合纤维膜进行下一步研究。

　　模仿干燥剂的吸湿原理，以 PAN—SiO_2 纤维膜作为外层，PVDF/PAN—SiO_2-2 纤维膜作为芯层，PVDF 纤维膜作为内层，从而构建出了具有梯度润湿结构的复合纳米纤维膜，其构筑过程示意图如图 3-32（a）所示。通过与商业纤维膜的性能对比，发现复合纳米纤维膜的透湿率随着阻力压降的增加而增加，而商业纤维膜的则呈现出相反的趋势。并且在相同的阻力压降下，复合纳米纤维膜的透湿率明显高于商业纤维膜［图 3-32（b）］，这说明复合纳米纤维膜具有很好的水汽输送能力。随后对复合纳米纤维膜的长效过滤性能进行测试，发现复合膜在 600min 内对 $PM_{2.5}$ 的过滤效率一直维持在 99.99% 以上，这是因为整个过滤过程主要依靠的是物理拦截作用。而在此期间，商业纤维膜的过滤性能发生了锐减，其过滤效率由最初的 99.99% 降低为 87.45%，如图 3-32（c）所示。复合纳米纤维膜的阻力压降随时间的增长速率比商业纤维膜略大，主要是由于其捕捉到的大量固体颗粒堵塞了纤维膜的孔道［图 3-32（d）］。进一步利用环境友好型清洗剂 1- 甲氧基 -2- 异丙醇对经过 600min$PM_{2.5}$ 负载测试后的复合纳米纤维膜进行清洗，纤维膜中的颗粒去除情况如图 3-32（e）插图所示，经过清洗后，膜表面几乎没有颗粒

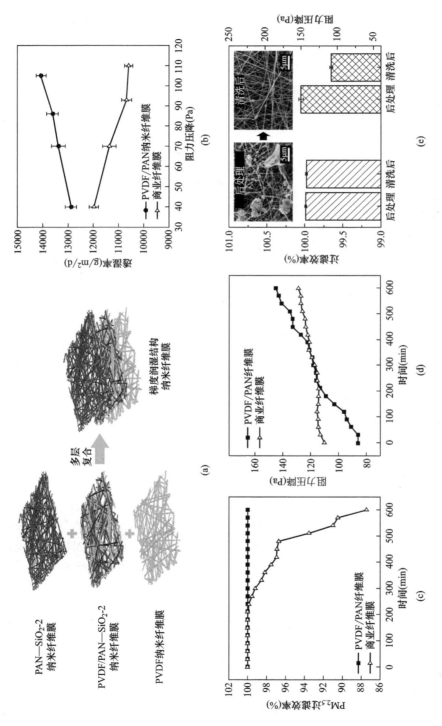

图3-32 （a）梯度润湿结构复合纳米纤维膜的构筑过程示意图；（b）复合纳米纤维膜与商业纤维膜的透湿量和阻力压降；（c）复合纳米纤维膜与商业纤维膜对PM$_{2.5}$过滤性能的对比；（d）PM$_{2.5}$加载测试过程中复合纳米纤维膜与商业纤维膜阻力压降随时间的变化；（e）复合纳米纤维膜清洗前后过滤性能的对比，插图分别为后处理和清洗后的SEM图

残留。对经清洗后的纤维膜进行过滤性能测试发现过滤效率和压阻都能恢复到初始水平
［图 3-32（e）］，这主要是由于清洗剂中大量的羟基与纤维膜形成氢键作用，从而保证
了纤维膜结构的稳定[81]。

以上材料虽然能够解决人在穿戴过程中由于呼吸造成口罩压阻增大的问题，但是当
其处在高湿（80% ~ 90%）环境下，仍会面临着口罩阻力压降急剧上升的问题，所以
迫切需要一种能够在高湿条件下保持稳定过滤性能的空气过滤材料。通过深入研究发现
远红外线与水分子振动频率相近，于是利用远红外线与水分子形成的共振效应来增加水
分子的自由度，从而达到减少纤维膜中含水量的目的。

为此，以 PAN 作为纺丝原料，通过改变纺丝原液中远红外颗粒（FIPs）的含量来
调控 PAN 纤维膜的远红外发射率[82]。如图 3-33（a）所示，当 FIPs 含量为 6wt% 时，
所制备的 PAN/FIPs-6 纤维膜的远红外发射率最好。此外，由于添加了纳米颗粒，纤维
膜的表面形成了凸起结构，纤维膜的表面粗糙度也相应增大，如图 3-33（a）所示。与
此同时，纤维膜的远红外发射率与粗糙度表现出了正相关的趋势，表明提高粗糙度可以
提高材料的远红外发射率。由于材料的远红外发射率与吸收率在数值上是相等的[83]，
因此当纤维膜表面粗糙度增加时，大部分的能量被吸收，其相应的远红外发射率也随之
增大。而当 FIPs 含量进一步增加时，纤维膜的粗糙度下降，这是由于 FIPs 发生了团聚。

为了研究 FIPs 添加量对膜材料压阻的影响，以压阻上升率（RRPD）来表征压阻的
稳定性，其计算公式如下：

$$RRPD = \frac{p_0 - p_1}{p_0} \times 100\% \tag{3-14}$$

式中：P_0 为纤维膜的初始空气阻力；P_1 为经过湿度处理后纤维膜空气阻力。

在湿度为 85% 环境条件下，通过对具有不同 FIPs 含量 PAN/FIPs 纤维膜进行压阻
稳定性测试，发现当 FIPs 含量由 0 增加至 6wt% 时，纤维膜的 RRPD 由 20.4% 降至 8.9%，
如图 3-33（b）所示。此外，发现 6wt% FIPs 含量时 PAN/FIPs 纤维膜的品质因子最高，
综合考虑过滤性能和 RRPD，最终 PAN 浓度选为 15wt%，FIPs 选为 6wt%。

通过对所制备出的 PAN/FIPs 纤维膜进行 PM$_{2.5}$ 净化性能测试发现，在经过 20 个循
环测试后，其对 PM$_{2.5}$ 的有效净化时间仍然维持在 15min 左右，如图 3-33（c）所示，
说明 PAN/FIPs 纤维膜具有很好的可循环使用性能。进一步对 PAN/FIPs 纤维膜的远红外
发射率和阻力压降进行了长时间监测，经过 25h 的监测发现，PAN/FIPs 纤维膜的远红
外发射率基本保持恒定，阻力压降只是略微上升。

基于以上研究，最终可制备出过滤效率为 99.998%、压阻为 79.5Pa 且高湿条件下
RRPD 仅为 6% 的 PAN/FIPs-6 纤维膜，有望实现在口罩、空气净化器和窗纱等领域的
使用。

当过滤材料用于医疗卫生行业时，不仅要求材料具有优异的过滤性能，同时还要
求材料具有较好的抗菌性能。细菌的尺寸一般为 0.5 ~ 1μm，病毒的尺寸一般为 20 ~
300nm[84]，而过滤材料的孔径一般处于微米级，所以通常情况下，医务人员所穿戴的
口罩和手术服等防护服装中的过滤材料很难依靠物理拦截作用将病原颗粒过滤完全，这
就要求过滤材料本身需要具备一定的抗菌功能。

为此，首先通过静电纺丝方法制备出乙烯—乙烯醇共聚物（EVOH）纳米纤维膜，

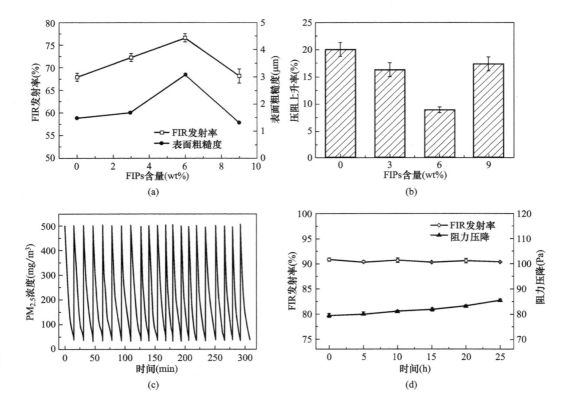

图 3-33　不同 FIPs 含量的 PAN/FIPs 纤维膜的（a）远红外（FIR）发射率和表面粗糙度；
（b）压阻上升率；（c）PAN/FIPs-6 纤维膜的 PM$_{2.5}$ 过滤性能随时间的变化曲线；
（d）PAN/FIPs-6 纤维膜的 FIR 发射率和阻力压降随时间的变化

随后将其浸渍在含有二苯酮四甲酸二酐苯甲酮的 THF 溶液中，利用酯化反应将二苯酮四甲酸二酐苯甲酮接枝到纤维表面，随后同样采用浸渍改性法在所得纳米纤维膜上接枝绿原酸，制备得到的日光驱动可充能抗菌抗病毒纳米纤维膜（BDCA-RNMs）[85]。由于二苯甲酮和多酚基团在光活性方面产生了协同效应，在白天光照情况下，BDCA-RNMs 会从供氢体 EVOH 夺取一个氢原子从而形成 RNMH·，并与其附近的氧气反应释放生物活性氧（ROS），ROS 能够破坏 DNA、RNA 以及蛋白质，最终导致细菌失活。

　　利用如图 3-34（a）所示的装置对由 BDCA-RNMs 制备的 N100 级口罩进行抗菌性能测试，所选取的 3 个测试区域如图 3-34（b）所示。测试结果表明，BDCA-RNMs 区域菌数几乎为零，被 BDCA-RNMs 覆盖的区域菌数同样几乎为零，说明 BDCA-RNMs 具有很强的抗菌作用，如图 3-34（c）所示。BDCA-RNMs 的过滤性能如图 3-34（d）所示，可以很直观地发现，随着测试风速的增加，BDCA-RNMs 的过滤效率略有下降，但仍旧维持在 99% 以上。与此同时，阻力压降却表现出上升趋势，当风速为 90L/min 时，其阻力压降为 128Pa，而市场销售的 N95 级口罩在 85L/min 风速条件下测试的阻力压降为 350Pa。相比而言，BDCA-RNMs 仍旧表现出了优异的透气性能。

3.4.2　室内净化

　　众所周知，人一天当中大部分时间都是在室内度过，因此，室内空气的质量对于人

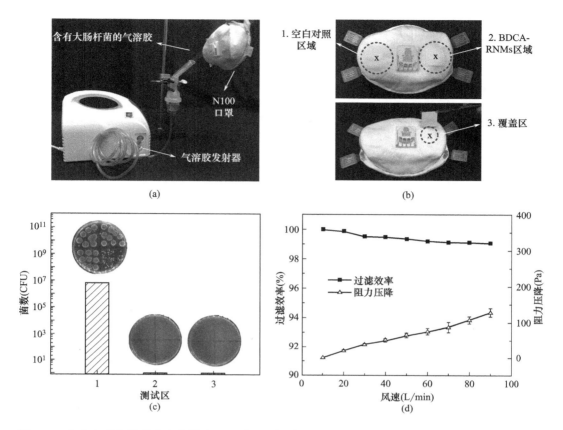

图 3-34　（a）细菌气溶胶发生仪器及 N100 级口罩的抗菌性能测试；（b）该口罩上的三个选定测试区及（c）相应区域的大肠杆菌菌数；（d）不同风速下 BDCA-RNMs 的过滤性能

体健康而言尤为重要，尤其是当空气中存在负离子时，一方面能够还原氮氧化物、中和带正电的粉尘；另一方面能够合成和储存维生素，增强人体的免疫力[86-88]。目前市场上具有负离子释放功能的空气净化器的核心功能层多为微米级材料，存在过滤性能低的缺陷，因此开发具有负离子释放功能的纳米纤维空气过滤材料可有效避免室内空气污染带来的危害，促进身体健康。

在此研究中，分别在 PVDF、PVB、PSU 纺丝原液中加入 8wt% 的负离子粉（NIPs），基于空气滑移效应原理制备出了具备负离子释放功能的 PSU/NIPs-8、PVB/NIPs-8 和 PVDF-18/NIPs-8 纤维膜，以揭示聚合物结构对负离子释放量的影响规律，在误差允许的范围内，其纤维直径处于同一水平，其制备过程和负离子产生原理如图 3-35（a）所示[89]。在负离子粉晶区电势差的诱导下，空气被电离。其中高压作用下的电子与水分子接触，从而诱导水分子转变为负离子。

从图 3-35（b）中可以看出，在相同克重下，PVDF-18/NIPs-8 纤维膜的负离子释放量最高，这是因为 PVDF 具有很强的电负性，进一步加强了负离子粉晶区电势的差异化程度。然而 PSU 中含有非极性的苯环和磺酰基，不会对负离子粉晶区电势差异产生影响，因此 PSU/NIPs-8 纤维膜的负离子释放量最少。从图 3-35（c）中可以看出 PVDF-18/NIPs-8 纤维膜的表面电势最高，说明 PVDF 的强电负性有助于形成电势的差异化。

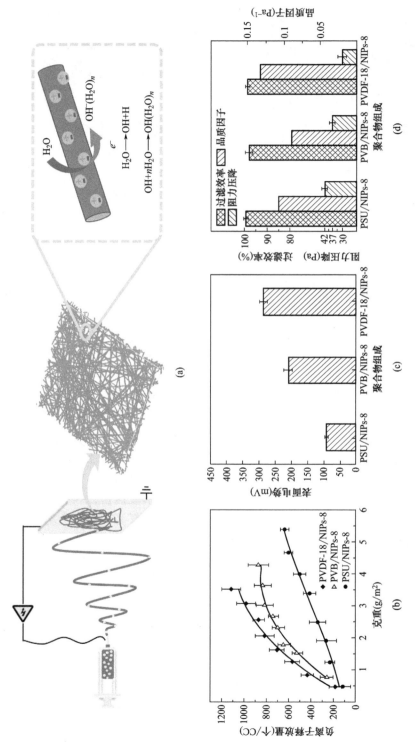

图 3-35 （a）具有负离子释放功能的静电纺丝过滤材料的摩擦丝过滤及其负离子产生原理；（b）不同克重的 PSU/NIPs-8、PVB/NIPs-8 和 PVDF-18/NIPs-8 纤维膜的负离子释放量；（c）PSU/NIPs-8、PVB/NIPs-8 和 PVDF-18/NIPs-8 单纤维的表面电势；（d）克重分别为 3.6g/m²、4.3g/m² 和 5.5g/m² 的 PSU/NIPs-8、PVB/NIPs-8 和 PVDF-18/NIPs-8 纤维膜的过滤效率、阻力压降和品质因子

各纤维膜的过滤性能如图 3–35（d）所示，可以看出三种纤维膜的过滤效率处于同一水平，但是 PVDF-18/NIPs-8 纤维膜的阻力压降最小，这是因为在纺丝过程中，PVDF 的强电负性使得聚合物流体受到更大的库仑斥力，从而得到孔隙率更大的纤维膜。所以 PVDF-18/NIPs-8 纤维膜的 QF 值最高，过滤性能最好。综合考虑负离子释放量和过滤性能，选取 PVDF 作为纺丝原料进行接下来的研究。

聚合物对负离子的释放具有一定的屏蔽作用，因此进一步考察了纤维直径对负离子释放量的影响规律。如图 3–36(a) 所示，可以发现当纤维直径从 0.71μm 下降到 0.39μm 时，负离子释放量逐步上升，说明聚合物含量的减少有助于负离子的释放，但是当直径进一步降低时，负离子释放量却显著下降，这是因为纤维膜中出现了珠粒纤维，而大多数的负离子粉被包裹在珠粒中。从图 3–36（b）中可以看出随着克重的增加，PVDF-14/NIPs-8 纤维膜的负离子释放量的增长趋势最为显著，这是因为直径小的聚合物纤维对负离子的释放过程几乎不产生影响。图 3–36（c）展示了不同纤维直径的 PVDF/NIPs-8 纤维膜对 300nm 粒径 NaCl 气溶胶颗粒的过滤性能，可以发现 PVDF-16/NIPs-8 纤维膜的过滤效率最高，这是因为其纤维直径较 PVDF-18/NIPs-8 纤维膜和 PVDF-20/NIPs-8 纤维膜的纤维直径小。而 PVDF-14/NIPs-8 纤维膜中会存在珠粒结构，导致其过滤效率低于 PVDF-16/NIPs-8 纤维膜。另外，由于 PVDF-16/NIPs-8 纤维膜孔径较小而导致其阻力压降较大，然而经计算可得 PVDF-16/NIPs-8 纤维膜的 QF 值最大，因此 PVDF-16/NIPs-8

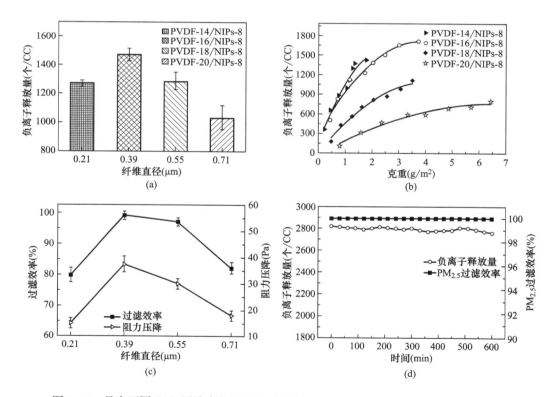

图 3–36　具有不同（a）纤维直径和（b）克重的 PVDF/NIPs-8 纤维膜的负离子释放量；
（c）具有不同纤维直径的 PVDF/NIPs-8 纤维膜的过滤效率和阻力压降；（d）PVDF/NIPs-12
纤维膜的负离子释放量和 PM$_{2.5}$ 过滤性能的长时间测试

纤维膜的过滤性能最好。随后继续考察了负离子粉含量对纤维膜负离子释放量和空气过滤性能的影响,研究发现当负离子粉的含量为 12wt% 时,纤维膜具有最高的负离子释放量和最优的过滤性能。

从图 3-36(d)中可以看出,经过一系列材料结构最优化设计后所制备得到的 PVDF-16/NIPs-12 纤维膜的负离子释放量可达 2818 个 /CC,且连续使用 600min 之后仍然能够维持较高的负离子释放量。此外,对其进行 $PM_{2.5}$ 循环负载测试,在 600min 内过滤效率能长期保持在 99% 以上,将 $PM_{2.5}$ 从 500 μg/m³ 降至 35 μg/m³ 仅需要 13min。

3.4.3　工业除尘

由于钢铁、冶金等高温生产行业会产生大量的高温(600 ~ 1000℃)烟尘,造成空气中 $PM_{2.5}$ 颗粒含量急剧增加,严重影响空气质量。因此,对高温烟尘进行有效的过滤已成为解决 $PM_{2.5}$ 等颗粒污染问题的突破口之一。目前,东丽公司和杜邦公司开发出了一系列有机纤维类空气过滤材料,但大都只能运用在中低温环境下,需对高温粉尘进行降温处理才能使用,而处理过程能耗较大、耗时长。因此,亟需开发出一种耐高温、耐酸碱且具有良好抗氧化能力的无机纤维类空气过滤材料。

在此研究中,以乙酸锆、聚乙烯吡咯烷酮(PVP)和六水合酸硝钇为原料,通过静电纺丝工艺得到杂化纳米纤维,经高温煅烧后得到 ZrO_2/Y_2O_3 纳米纤维膜[90],其外观形貌如图 3-37(a)所示,可以观察到 ZrO_2/Y_2O_3 纳米纤维膜具有一定的柔性。其弯折处的微观形貌如图 3-37(b)所示,可以发现纤维膜并没有发生断裂,弯折处的无机纤维都处于弯曲状态,曲率半径可达 1.5μm,说明 ZrO_2/Y_2O_3 纳米纤维膜具有很好的柔性。此外进一步测试了 ZrO_2/Y_2O_3 纳米纤维膜的力学性能,如图 3-37(c)所示,在经过 400 次的弯折试验后,ZrO_2/Y_2O_3 纳米纤维膜并没有发生破损,仍然具有较好的柔性。通过调控 PVP 含量制备得到了一系列不同纤维直径的 ZrO_2/Y_2O_3 纳米纤维膜,其过滤性能如图 3-37(d)所示。随着纤维直径增大,纤维膜的过滤效率虽有一定程度下降,但阻力压降却呈现出大幅下降的趋势,当纤维直径最细时,ZrO_2/Y_2O_3 纳米纤维膜表现出最高的过滤效率和最高的阻力压降,这是因为纤维膜的平均孔径较小,整体堆积密度较高。当纤维直径超过 382nm 后,阻力压降又呈现出增大趋势,这是因为纤维膜中出现了带状纤维。综合评价,当纤维直径为 382nm 时,ZrO_2/Y_2O_3 纳米纤维膜过滤性能最好,QF 值达到 0.0537Pa⁻¹。

(a)

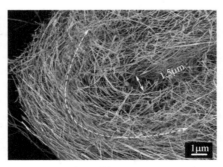

(b)

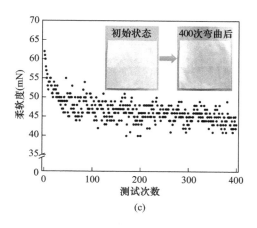
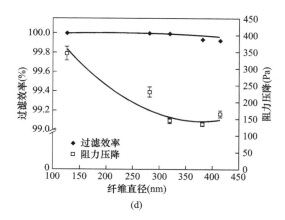

图 3-37　1.5wt% PVP 含量的前驱体溶液制备的 ZrO$_2$/Y$_2$O$_3$ 纳米纤维膜的（a）实物图和（b）弯折处的 SEM 图；（c）直径 382nm 的 ZrO$_2$/Y$_2$O$_3$ 纳米纤维膜的柔软度测试，插图为测试前和测试后纤维膜的照片；（d）不同直径的 ZrO$_2$/Y$_2$O$_3$ 纳米纤维膜在 32L/min 风速下的过滤效率和阻力压降

　　基于上述研究，作者制备出了过滤效率大于 99.97%（达到 HEPA 标准）的无机纤维膜，且能够经受 400 次的弯曲测试，可经受 1200℃ 的高温考验且不会发生性能上的衰减，因此，该材料有望实现在高温过滤领域中的应用。

091

3.5　总结与展望

　　静电纺丝技术作为一门新兴的纳米纤维材料生产技术，在纤维类空气过滤材料构筑方面表现出了巨大的优势，通过该方法制备的纳米纤维膜具有纤维直径均匀、孔结构和堆积结构可调、附加值高等特点，展现出了优异的空气过滤性能。目前，静电纺空气过滤材料已逐步运用到口罩、空气净化器以及防雾霾纱窗等领域，与市场上大部分商品化滤材的过滤性能相比优势明显。

　　当前，静电纺纳米纤维空气过滤材料仍然面临着许多问题需要解决。例如，实际过滤过程中空气分子与固体颗粒的分离过程十分复杂，对颗粒的捕集机理和空气动力学行为仍需进一步研究；静电纺纳米纤维空气过滤材料在生物医用过滤等特定领域的研究仍需进一步完善；在工业化生产过程中，仍然存在许多技术上的问题需要解决，例如，如何维持纺丝环境中电场的均匀分布，保证纺丝的均匀性。此外，提高静电纺纳米纤维材料的力学强度也是目前面临的一项重要挑战。

参考文献

［1］GRAFE T，GRAHAM K. Polymeric nanofibers and nanofiber webs: a new class of nonwovens, INTC, 2002［C］. Georgia : International Nonwovens Technical Conference, 2002.

［2］HUANG Z M, ZHANG Y Z, KOTAKI M, et al. A review on polymer nanofibers by electrospinning and their applications in nanocomposites［J］. Composites Science & Technology, 2003, 63（15）：

2223-2253.

［3］HOLZMEISTER A，RUDISILE M，GREINER A，et al. Structurally and chemically heterogeneous nanofibrous nonwovens via electrospinning［J］. European Polymer Journal，2007，43（12）：4859-4867.

［4］MA G X，WANG J N，YU F et al. An assessment of the potential health benefits of realizing the goals for PM_{10} the updated Chinese ambient air quality standard［J］. Frontiers of Environmental Science & Engineering，2016，10（2）：288-298.

［5］WU J，WANG N，ZHAO Y，et al. Electrospinning of multilevel structured functional micro-/nanofibers and their applications［J］. Journal of Materials Chemistry A，2013，1（25）：7290-7305.

［6］WATANABE T，TOCHIKUBO F，KOIZURNI Y，et al. Submicron particle agglomeration by an electrostatic agglomerator［J］. Journal of Electrostatics，1995，34（4）：367-383.

［7］王华，刘艳飞，彭东明，等. 膜分离技术的研究进展及应用展望［J］. 应用化工，2013，42（3）：532-534.

［8］LIU C，HSU P C，LEE H W，et al. Transparent air filter for high-efficiency $PM_{2.5}$ capture［J］. Nature Communications，2015，6，6205.

［9］王洋，曲华，莫丹. 核孔膜孔径测量和过滤效果研究［J］. 核技术，2016，39（1）：34-38.

［10］ZHU M，HAN J，WANG F，et al. Electrospun nanofibers membranes for effective air filtration［J］. Macromolecular Materials & Engineering，2016，302（1），600353.

［11］BOGNITZKI M，CZADO W，FRESE T，et al. Nanostructured fibers via electrospinning［J］. Advanced Materials，2001，13（1）：70-72.

［12］ARDKAPAN S R，JOHNSON M S，YAZDI S，et al. Filtration efficiency of an electrostatic fibrous filter: studying filtration dependency on ultrafine particle exposure and composition［J］. Journal of Aerosol Science，2014，72（3）：14-20.

［13］CHAE S J. The long-term performance of electrically charged filters in a ventilation system［J］. Journal of Occupational & Environmental Hygiene，2004，1（7）：463-471.

［14］丁彬，俞建勇. 静电纺丝与纳米纤维［M］. 北京：中国纺织出版社，2011.

［15］Christopher M，Long H，Suh P. Characterization of indoor particle sources using continuous mass and size monitor［J］. Journal of the Air & Waste Management Association，2000，50（7）：1236-1250.

［16］Lance W，Cynthia H. Continuous monitoring of ultrafine，fine and coarse particles in a riverside for 18 months in 1999-2000［J］. Journal of the Air & Waste Management Association，2002，52（7）：828-844.

［17］Kaur S，Sundarrajan S，et al. Review: the characterization of electrospun nanofibrous liquid filtration membranes［J］. Journal of Materials Science，2014，49（18）：6143-6159.

［18］SHOU D，YE L，FAN J. Gas transport properties of electrospun polymer nanofibers［J］. Polymer，2014，55（14）：3149-3155.

［19］STACHEWICZ U，STONE C A，WILLIS C R，et al. Charge assisted tailoring of chemical functionality at electrospun nanofiber surfaces［J］. Journal of Materials Chemistry，2012，22（43）：22935-22941.

［20］蔡杰. 空气过滤ABC［M］. 北京：中国建筑工业出版社，2002.

［21］许钟麟. 空气洁净技术原理［M］. 北京：科学出版社，2014.

［22］WAN H，NA W，YANG J，et al. Hierarchically structured polysulfone/titania fibrous membranes with enhanced air filtration performance［J］. Journal of Colloid & Interface Science，2014，417（3）：18-26.

［23］NEIVA A C B，JR L G. A procedure for calculating pressure drop during the build-up of dust filter cakes［J］. Chemical Engineering & Processing Process Intensification，2003，42（6）：495-501.

［24］KANAOKA C，EMI H，OTANI Y，et al. Effect of Charging State of Particles on Electret Filtration ［J］. Aerosol Science & Technology，1987，7（1）：1-13.

［25］CHEN C Y. Filtration of aerosols by fibrous media ［J］. Chemical Reviews，1955，55（3）：595-623.

［26］WALSH D C. Recent advances in the understanding of fibrous filter behaviour under solid particle load ［J］. Filtration & Separation，1996，33（6）：501-506.

［27］PAYATAKES A C，GRADOŃ L. Dendritic deposition of aerosol particles in fibrous media by inertial impaction and interception ［J］. Chemical Engineering Science，1980，35（5）：1083-1096.

［28］HOUI D，LENORMAND R. Particle Deposition on a filter medium ［J］. Kinetics of Aggregation & Gelation，1984，173-176.

［29］ZHAO X，WANG S，YIN X，et al. Slip-effect functional air filter for efficient purification of $PM_{2.5}$ ［J］. Scientific Reports，2016，6，35472.

［30］LI P，WANG C，ZHANG Y，et al. Air filtration in the free molecular flow regime: a review of high - efficiency particulate air filters based on carbon nanotubes ［J］. Small，2014，10（22）：4543-4561.

［31］GAD-EL-HAK M. The fluid mechanics of microdevices-the freeman scholar lecture ［J］. Asme Journal of Fluids Engineering，1999，121（1）：5-33.

［32］TAITEL Y，DUKLER A E. A model for predicting flow regime transitions in horizontal and near horizontal gas - liquid flow ［J］. Aiche Journal，1976，22（1）：47-55.

［33］LI Y，ZHU Z，YU J，et al. Carbon nanotubes enhanced fluorinated polyurethane macroporous membranes for waterproof and breathable application ［J］. ACS Applied Materials & Interfaces，2015，7（24）：13538-13546.

［34］MIKHEEV A Y，SHLYAPNIKOV Y M，KANEV I L，et al. Filtering and optical properties of free standing electrospun nanomats from nylon-4，6 ［J］. European Polymer Journal，2016，75：317-328.

［35］WANG N，SI Y，WANG N，et al. Multilevel structured polyacrylonitrile/silica nanofibrous membranes for high-performance air filtration ［J］. Separation & Purification Technology，2014，126（15）：44-51.

［36］SI Y，REN T，LI Y，et al. Fabrication of magnetic polybenzoxazine-based carbon nanofibers with Fe_3O_4 inclusions with a hierarchical porous structure for water treatment［J］. Carbon，2012，50（14）：5176-5185.

［37］LI B，CAO H，SHAO J，et al. Enhanced anode performances of the Fe_3O_4-carbon-rGO three dimensional composite in lithium ion batteries ［J］. Chemical Communications，2011，47（37）：10374-10376.

［38］LAMB G E R，COSTANZA P A. Influences of fiber geometry on the performance of nonwoven air filters: part II: fiber diameter and crimp frequency ［J］. Textile Research Journal，1979，50（2）：79-87.

［39］HOSSEINI S A，TAFRESHI H V. On the importance of fibers' cross-sectional shape for air filters operating in the slip flow regime ［J］. Powder Technology，2011，212（3）：425-431.

［40］FOTOVATI S，TAFRESHI H V，POURDEYHIMI B. Analytical expressions for predicting performance of aerosol filtration media made up of trilobal fibers ［J］. Journal of Hazardous Materials，2011，186（2-3）：1503-1512.

［41］HOSSEINI S A，TAFRESHI H V. Modeling particle filtration in disordered 2-D domains: A comparison with cell models ［J］. Separation & Purification Technology，2010，74（2）：160-169.

［42］WANG N，RAZA A，SI Y，et al. Tortuously structured polyvinyl chloride/polyurethane fibrous membranes for high-efficiency fine particulate filtration ［J］. Journal of Colloid and Interface Science，

2013, 398（19）: 240-246.

［43］LIN J, TIAN F, SHANG Y, et al. Facile control of intra-fiber porosity and inter-fiber voids in electrospun fibers for selective adsorption［J］. Nanoscale, 2012, 4（17）: 5316-5320.

［44］ABBASIPOUR M, KHAJAVI R. Nanofiber bundles and yarns production by electrospinning: A review［J］. Advances in Polymer Technology, 2014, 32（3）: 1158-1168.

［45］HU J, WANG X, DING B, et al. One - step electro - spinning/netting technique for controllably preparing polyurethane nano-fiber/net［J］. Macromolecular Rapid Communications, 2011, 32（21）: 1729-1734.

［46］ZHANG S, HUI L, XIA Y, et al. Anti-deformed polyacrylonitrile/polysulfone composite membrane with binary structures for effective air filtration［J］. ACS Applied Materials & Interfaces, 2016, 8（12）: 8086.

［47］WANG N, ZHU Z, SHENG J, et al. Superamphiphobic nanofibrous membranes for effective filtration of fine particles［J］. Journal of Colloid and Interface Science, 2014, 428: 41-48.

［48］LI P, ZONG Y, ZHANG Y, et al. In situ fabrication of depth-type hierarchical CNT/quartz fiber filters for high efficiency filtration of sub-micron aerosols and high water repellency［J］. Nanoscale, 2013, 5（8）: 3367-3372.

［49］LI X, WANG N, FAN G, et al. Electreted polyetherimide-silica fibrous membranes for enhanced filtration of fine particles［J］. Journal of Colloid and Interface Science, 2015, 439: 12-20.

［50］张传文, 严玉蓉. PVDF 静电纺纤维毡表面电性能［J］. 纺织学报, 2010, 31（5）: 10-14.

［51］CATALANI L H, COLLINS G, JAFFE M. Evidence for molecular orientation and residual charge in the electrospinning of poly（butylene terephthalate）nanofibers［J］. Macromolecules, 2007, 40（5）: 1693-1697.

［52］NILS M, HANSWERNER S, PER M, et al. Influence of chemical structure and solubility of bisamide additives on the nucleation of isotactic polypropylene and the improvement of its charge storage properties［J］. Macromolecules, 2006, 39（17）: 5760-5767.

［53］LIU L, LV F, LI P, et al. Preparation of ultra-low dielectric constant silica/polyimide nanofiber membranes by electrospinning［J］. Composites Part A : Applied Science & Manufacturing, 2016, 84: 292-298.

［54］SAXENA P, GAUR M S. Thermally stimulated depolarization study in polyvinylidenefluoride‐polysulfone polyblend films［J］. Journal of Applied Polymer Science, 2010, 118（6）: 3715-3722.

［55］GARG M, QUAMARA J K. Multiple relaxation processes in high-energy ion irradiated kapton-H polyimide: Thermally stimulated depolarization current study［J］. Nuclear Inst & Methods in Physics Research B, 2006, 246（2）: 355-363.

［56］QUAMARA J K, SINGH N, SINGH A. Study of dielectric relaxation processes in poly（p-phenylene sulfide）using a thermally stimulated discharge current technique［J］. Macromolecular Chemistry & Physics, 2001, 202（9）: 1955-1960.

［57］YANG D, BAI W, WU Z, et al. PVDF/SiO$_2$ hybrid composite electret films and effects［C］. Shanghai : 9th International Symposium on Electrets, 1996.

［58］HOLSTEIN P, LEISTER N, WEBER U, et al. A combined study of polarization effects in PVDF［C］. Athens : 10th International Symposium on Electrets, 1999.

［59］JIANG P, ZHAO X, LI Y, et al. Moisture and oily molecules stable nanofibrous electret membranes for effectively capturing PM$_{2.5}$［J］. Composites Communication, 2017, 6: 34-40.

［60］LEUNG W F, HUNG C H, YUEN P T. Effect of face velocity, nanofiber packing density and thickness on filtration performance of filters with nanofibers coated on a substrate［J］. Separation & Purification Technology, 2010, 71（1）: 30-37.

［61］BARAKAT N A M，KANJWAL M A，SHEIKH F A，et al. Spider-net within the N6，PVA and PU electrospun nanofiber mats using salt addition: novel strategy in the electrospinning process［J］. Polymer，2009，50（18）: 4389-4396.

［62］ZHANG S，CHEN K，YU J，et al. Model derivation and validation for 2D polymeric nanonets: origin，evolution，and regulation［J］. Polymer，2015，74（9）: 182-192.

［63］R. SAHAY C J T，CHEW Y T. New correlation formulae for the straight section of the electrospun jet from a polymer drop［J］. Journal of Fluid Mechanics，2013，735: 150-175.

［64］BROWN P J，STEVENS K. Nanofibers and Nanotechnology in Textiles［M］. Holland : Elsevier，2007.

［65］JAWOREK A，KRUPA A. Classification of the modes of ehd spraying［J］. Journal of Aerosol Science，1999，30（7）: 873-893.

［66］DAYAL P，KYU T. Porous fiber formation in polymer-solvent system undergoing solvent evaporation ［J］. Journal of Applied Physics，2006，100，043512.

［67］DAYAL P，KYU T. Dynamics and morphology development in electrospun fibers driven by concentration sweeps［J］. Physics of Fluids，2007，19: 107106.

［68］IZUMI Y，MIYAKE Y. Study of linear poly（p-chlorostyrene）- diluent systems. I. solubilities，phase relationships，and thermodynamic interactions［J］. Polymer Journal，1972，3（6）: 647-662.

［69］WANG N，WANG X，DING B，et al. Tunable fabrication of three-dimensional polyamide-66 nanofiber/nets for high efficiency fine particulate filtration［J］. Journal of Materials Chemistry，2011，22（4）: 1445-1452.

［70］LIU B，ZHANG S，WANG X，et al. Efficient and reusable polyamide-56 nanofiber/nets membrane with bimodal structures for air filtration［J］. Journal of Colloid & Interface Science，2015，457: 203-211.

［71］ZHANG S，LIU H，YIN X，et al. Tailoring mechanically robust poly（m-phenylene isophthalamide）nanofiber/nets for ultrathin high-efficiency air filter［J］. Scientific Reports，2017，7，40550.

［72］ZHANG S，TANG N，CAO L，et al. Highly integrated polysulfone/polyacrylonitrile/polyamide-6 air filter for multi-level physical sieving airborne particles［J］. ACS Applied Materials & Interfaces，2016，8（42）: 29062-29072.

［73］WHITAKER S. Flow in porous media I: A theoretical derivation of Darcy's law［J］. Transport in Porous Media，1986，1（1）: 3-25.

［74］CHOONG L T，KHAN Z，RUTLEDGE G C. Permeability of electrospun fiber mats under hydraulic flow［J］. Journal of Membrane Science，2014，451（1）: 111-116.

［75］WANG N，YANG Y，ALDEYAB S S，et al. Ultra-light 3D nanofibre-nets binary structured nylon 6–polyacrylonitrile membranes for efficient filtration of fine particulate matter［J］. Journal of Materials Chemistry A，2015，3（47）: 23946-23954.

［76］YANG Y，ZHANG S，ZHAO X，et al. Sandwich structured polyamide-6/polyacrylonitrile nanonets/bead-on-string composite membrane for effective air filtration［J］. Separation & Purification Technology，2015，152: 14-22.

［77］ZHANG S，LIU H，YU J，et al. Microwave structured polyamide-6 nanofiber/net membrane with embedded poly（m-phenylene isophthalamide）staple fibers for effective ultrafine particle filtration ［J］. Journal of Materials Chemistry A，2016，4（16）: 6149-6157.

［78］ZHANG S，LIU H，ZUO F，et al. A controlled design of ripple-like polyamide-6 nanofiber/nets membrane for high-efficiency air filter［J］. Small，2017，1603151.

［79］ZUO F，ZHANG S，LIU H，et al. Free - standing polyurethane nanofiber/nets air filters for effective

PM capture [J]. Small, 2017, 1702139.

[80] ZHAO X, LI Y, HUA T, et al. Cleanable air filter transferring moisture and effectively capturing PM$_{2.5}$ [J]. Small, 2017, 1603306.

[81] WOOD R A, JOHNSON E F, VAN NATTA M L, et al. A placebo-controlled trial of a HEPA air cleaner in the treatment of cat allergy [J]. American Journal of Respiratory & Critical Care Medicine, 1998, 158 (1): 115-120.

[82] HUA T, LI Y, ZHAO X, et al. Stable low resistance air filter under high humidity endowed by self-emission far-infrared for effective PM$_{2.5}$ capture [J]. Composites Communications, 2017, 6: 29-33.

[83] SALISBURY J W, WALD A, D'ARIA D M. Thermal - infrared remote sensing and Kirchhoff's law: 1. laboratory measurements [J]. Journal of Geophysical Research Solid Earth, 1994, 99 (B6): 11897-11911.

[84] 季君晖, 史维明. 抗菌材料 [M]. 北京: 化学工业出版社, 2004.

[85] SI Y, ZHANG Z, WU W, et al. Daylight-driven rechargeable antibacterial and antiviral nanofibrous membranes for bioprotective applications [J]. Science Advances, 2018, 4 (3): eaar5931.

[86] NAKANE H, ASAMI O, YAMADA Y, et al. Effect of negative air ions on computer operation, anxiety and salivary chromogranin A-like immunoreactivity [J]. International Journal of Psychophysiology, 2002, 46 (1): 85-89.

[87] KONDRASHOVE M N, GRIGORENKO E V, TIKHONOV A V, et al. The primary physico-chemical mechanism for the beneficial biological/medical effects of negative air ions [J]. IEEE Transactions on Plasma Science, 2000, 28 (1): 230-237.

[88] NIMMERICHTER A, HOLDHAUS J, MEHNEN L, et al. Effects of negative air ions on oxygen uptake kinetics, recovery and performance in exercise: a randomized, double-blinded study [J]. International Journal of Biometeorology, 2014, 58 (7): 1503-1512.

[89] ZHAO X, LI Y, HUA T, et al. Low-resistance dual-purpose air filter releasing negative ions and effectively capturing PM$_{2.5}$ [J]. ACS Applied Materials & Interfaces, 2017, 9 (13): 12054-12063.

[90] MAO X, BAI Y, YU J, et al. Flexible and highly temperature resistant polynanocrystalline zirconia nanofibrous membranes designed for air filtration [J]. Journal of the American Ceramic Society, 2016, 99 (8): 2760-2768.

第4章　液体过滤用纳米纤维材料

液体过滤在国防、工业、农业、医疗等领域有着举足轻重的地位，多年来，研究人员一直致力于高性能液体过滤材料的开发。膜分离技术作为 21 世纪最具发展前景的液体过滤技术之一，已经引起了研究者们的广泛关注，其中最为常用的膜分离技术有微滤、超滤、纳滤和反渗透[1]。静电纺丝作为制备膜材料的新型技术，其所制备的纳米纤维膜材料与传统滤膜相比具有孔径小、孔隙率高、孔道连通性好等结构优势，且通过化学改性或与其他组分复合可获得具有独特孔结构与表面物理化学特性的静电纺纤维膜，使其在液体过滤应用中具有较高的过滤效率和渗透通量，从而表现出广阔的应用前景[2]，本章将详细介绍静电纺纤维材料在液体过滤领域的研究进展。

4.1　液体过滤原理

液体过滤是指液—固两相体系中液体以渗流方式穿过多孔介质孔隙，而固体颗粒物被截留在过滤介质一侧或被阻留在其孔隙内，从而实现固体与液体的分离[3]，液体过滤原理按过滤介质的工作方式主要分为表面过滤和深层过滤两类[4]。

表面过滤又被称为滤饼过滤，在过滤过程中，液体中固体颗粒通过筛分作用以及"架桥"作用被滞留在介质表面从而形成滤饼，随着过滤过程的进行，滤饼厚度逐渐增加，介质的过滤阻力也随之上升，当外加驱动压力不足以克服滤饼阻力时，整个过滤过程停止，在实际使用过程中，表面过滤一般适用于分离浓度较高的悬浮液体系[5]。

深层过滤是指在液体过滤过程中，固体颗粒被阻留在过滤介质的内部孔隙中，当介质中的孔隙被颗粒填满后，液体无法渗透介质，整个过滤过程终止，需要对其进行反冲洗处理后方可继续使用，其主要适用于处理浓度较低的悬浮液体系[1]。深层过滤过程主要包括两个阶段：第一阶段为输送阶段，即悬浮液体系中的颗粒逐渐接近过滤介质表面；第二阶段为附着阶段，即颗粒在重力、剪切力、碰撞力等作用下被过滤介质截留捕获，总体而言，深层过滤中悬浮液颗粒被介质捕获的机理主要包括以下五种[6-8]。

（1）截留捕获。悬浮液中无法扩散的较大颗粒会随着流体做无扰动流线运动，直至与过滤介质接触并附着在表面，一般将这种方式称为截留捕获。颗粒直径越大，其被介质截留捕获的概率越大。

（2）沉积和惯性捕获。直径较大的固体颗粒在重力作用下产生沉降，其在沉降过程中逐渐穿过流线并撞击到过滤介质表面，颗粒的密度和直径越大，其在重力作用下沉积并碰撞到介质表面的概率越高。

（3）布朗扩散捕获。固体颗粒在液体中做无序不规则布朗运动，其流动轨迹与流线间具有一定偏移，颗粒的布朗扩散系数 $D=k_BT/(6\pi\mu R)$，式中：k_B 为波尔兹曼常数；

T 为热力学温度（K，$1K=-272.15℃$）；μ 为悬浮液的黏滞系数（Pa·s）；R 为悬浮液颗粒半径（μm）。颗粒的布朗扩散系数远小于分子的布朗扩散系数，由扩散系数公式可知，颗粒半径越大，其扩散系数越小。流体体系中，扩散捕获仅对直径小于 1μm 的固体颗粒才有作用[9]。

（4）流体动力—伦敦引力捕获。在不考虑静电斥力及惯性力情况下，悬浮液中的颗粒主要受流体动力与伦敦引力的作用，由于颗粒直径较小，一般可将过滤介质表面视为平面，而作用在颗粒上的流体流动可分为平面驻点流动与剪切流动，前者形成径向力 F_{st}，当颗粒与过滤介质表面靠近时，伦敦引力 F_{ad} 起作用，颗粒最终受到两个力的径向合力 $F_n = F_{st} + F_{ad}$。液体的流动速率越高，其流体动力作用越强；而过滤介质直径与被捕获颗粒尺寸的差异越大（介质直径远大于颗粒直径），伦敦引力作用越大。

（5）静电斥力及其他捕获。悬浮液中颗粒间存在静电斥力，静电斥力大小与颗粒表面电动电位及溶液离子相关，静电斥力的存在导致介质对颗粒的过滤捕获效率降低；反之，若颗粒表面电荷符号相反，其相互吸引，有利于过滤介质捕获效率的提高[10]。

因此，采用多孔过滤介质对悬浮液中的颗粒进行过滤时，大颗粒易被过滤介质拦截并形成滤饼，属于表面过滤；而小颗粒容易进入到过滤介质内部孔隙中，形成深层过滤[11]。

4.2　液体过滤材料

在固—液分离过程中，需将直径极小的颗粒去除并回收，传统液体过滤方法如深层床过滤、沉降过滤、离心过滤等存在分离精度低且技术成本高的问题，而膜分离技术能够弥补这一缺陷。膜分离技术利用多孔薄膜的选择透过性，使得某些组分透过膜而其他组分被截留，从而实现对均一或非均一混合体系的分离[12]。膜分离方法主要包括微滤、超滤、纳滤、反渗透、电渗析、渗透汽化、膜蒸馏和气体分离等，而液体过滤领域的膜分离方法主要涉及微滤、超滤、纳滤和反渗透，目前常用的液体过滤膜主要有相分离膜、核径迹微孔膜、烧结模、拉伸膜和纤维膜等[13]。

（1）相分离膜。相分离膜是将高分子溶液通过非溶剂诱导相分离法或热致相分离法制备而成[1]。非溶剂诱导相分离法是基于聚合物溶液中溶剂组分与凝固浴（非溶剂组分）间的双扩散作用诱导聚合物析出形成多孔结构，该方法主要适用于具有良溶剂的聚合物，如聚丙烯腈（PAN）、聚偏氟乙烯（PVDF）、聚酰胺、聚砜、聚醚砜、醋酸纤维素等，所制备的膜为非对称结构，包括致密皮层和指状大孔支撑层。热致相分离法则是利用聚合物与稀释剂体系在高温下互溶、低温下分相的特性，通过降低温度来诱导高温聚合物溶液体系分相，并使两相间产生物质传递，继而萃取稀释剂而制备出多孔膜，该方法所制备的膜多为对称结构，但该方法所适用的聚合物种类较少，主要有聚丙烯、聚乙烯、PVDF、聚苯乙烯（PS）、聚甲基丙烯酸甲酯等。目前，相分离膜因具有孔径小、分离精度高等优点已被广泛应用于液体过滤领域，但通量低、能耗大一直是该材料在实际应用中所面临的主要问题[14]。

（2）核径迹微孔膜。核径迹微孔膜是通过采用放射性同位素裂变产生的碎片来撞击和穿透无孔薄膜，使聚合物本体形成径迹，随后浸入酸（或碱）溶液，径迹处聚合物被腐蚀，从而得到具有微孔结构的膜[1]。核径迹微孔膜孔径分布均匀且为垂直通孔结构，在胶体、粗金溶胶等贵重物质处理领域具有一定实际应用价值，但核径迹微孔膜孔隙率较低（10% 左右），使用过程中往往存在渗流通量低的问题[15]。

（3）烧结膜。烧结膜是将一定大小颗粒的粉末压缩在模具内，并采用烧结法，通过控制温度与压力来使得粉末熔融黏结形成多孔膜。烧结法所制成的聚合物膜孔隙率不高，一般在 10% ~ 20%，而金属烧结膜孔隙率较高，一般大于 80%。烧结膜孔径大小取决于粉末颗粒大小，颗粒越细所得膜的孔径也越小，孔径最小可至 0.1μm 左右[16]。

（4）拉伸膜。拉伸膜是以聚烯烃类或含氟类高分子膜为基材，先将其在熔点附近挤压并迅速冷却制成高度定向结晶膜，随后在无张力条件下对其进行退火处理，最后经拉伸得多孔膜材料。拉伸膜孔径为 0.1 ~ 3μm，孔隙率最高可达 90%，但拉伸膜的制备工艺过程难以掌控，且膜孔径分布范围宽[17]。

（5）纤维膜。纤维膜是由纤维无规堆积或取向排列而制成的膜，主要有常规织物、非织造布、滤纸等，其主要用于液体过滤过程中的预处理以去除较大颗粒物，纤维膜因具有孔径可调范围广、孔隙率高、孔道连通性好等结构特点在液体过滤领域展现出巨大的应用潜力，但当前纤维膜的孔径较大，难以高效拦截较小粒径的固体颗粒物。因此，降低纤维膜孔径以提高材料的过滤精度是提升其应用性能的关键[18]。

4.3　液体过滤用静电纺纳米纤维材料

常规织物、非织造布和滤纸的纤维直径粗、孔径大，因而过滤精度低，在实际应用过程中往往被用于拦截较大粒径的颗粒物，如何细化纤维直径以降低纤维膜孔径，在保证纤维膜高通量的同时提高其过滤精度一直是该领域研究者们所关注的热点[19]。静电纺丝法是近年来制备微纳米纤维的新型加工方法，其所制备的纤维直径范围在 10 ~ 500nm，所得纤维膜孔径分布均一且孔道连通性好。因此，通过静电纺丝法细化纤维直径以提高纤维膜的过滤精度，并保证较高的液体渗透通量，有望实现该材料在液体过滤领域的新应用[20]。

4.3.1　PMIA 纳米纤维膜

间位芳纶（PMIA）全称为聚间苯二甲酰间苯二胺，经溶液纺丝方法制备的 PMIA 纤维具有超高强度、高模量、耐高温、耐酸碱等优异性能，其在 220℃下的稳定使用时间可长达 10 年，优于工业上的大多数有机耐高温纤维[21]。由于 PMIA 纤维优异的耐酸碱性与耐高温性，其仅能在较高温度下溶解于类离子溶液体系，如 N, N- 二甲基甲酰胺（DMF）、N, N- 二甲基乙酰胺（DMAc）等，将 PMIA 短纤溶解于 DMF 和氯化锂混合溶液体系以制备静电纺纤维膜[22]。图 4-1（a）和（b）分别为 10wt% 和 8wt% PMIA 溶液所制备的纳米纤维膜的 SEM 图，从图中可以看出膜中 PMIA 纳米纤维呈无规取向且层层堆积，纺丝液浓度为 10wt% 条件下所制备的 PMIA 纤维直径约为 200nm，随着纺丝液浓度降低，纤维直径明显减小，8wt% 浓度下所制备 PMIA 纳米纤维的平均直径小于 100nm。

PMIA 分子链中存在大量的酰胺键，相邻分子链中的酰胺键之间形成了氢键，从而使得 PMIA 静电纺纤维间具有一定的吸引力而紧密堆积，但纤维之间相互搭接仍形成了微 / 纳米级孔隙。图 4-1（c）和（d）为 PMIA 原丝与不同聚合物浓度溶液所制备的 PMIA 纳米纤维膜的氮气吸附—脱附曲线和孔径分布，从图 4-1（c）中可以看出 PMIA 原丝因纤维直径较大导致氮气吸附量极低，而较细的 PMIA 静电纺纤维的吸附量较高，且随着 PMIA 纺丝液浓度的降低，所得静电纺纤维直径降低，纤维膜的吸附量增大。由吸附曲线特征可知，PMIA 纳米纤维膜中的孔属于介孔和大孔，图 4-1（d）为由 Barret-Joyner-Halenda（BJH）算法得到的纤维膜孔径分布，可以看出孔径分布在 5 ～ 65nm，且主要集中在 5 ～ 30nm，孔数量随纤维直径减小而增加。通过 Brunauer-Emmett-Teller（BET）模型计算的比表面积可知，8wt% PMIA 纳米纤维膜的比表面积为 21.46m²/g，约为 PMIA 原丝比表面积的 100 倍。

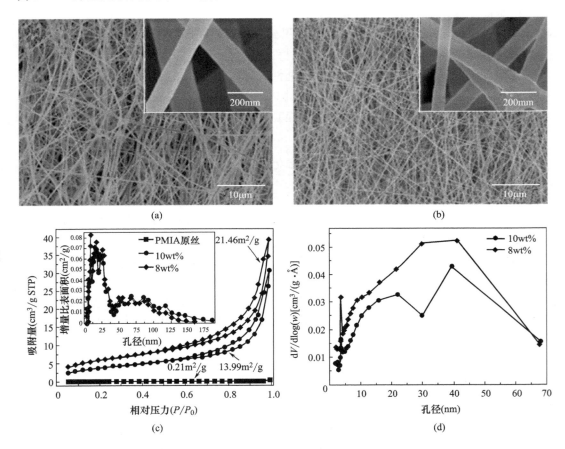

图 4-1 （a）10wt% PMIA 纳米纤维膜的 SEM 图，插图为其高倍 SEM 图；（b）8wt% PMIA 纳米纤维膜的 SEM 图，插图为其高倍 SEM 图；（c）PMIA 原丝与 PMIA 静电纺纳米纤维的 N₂ 吸附—脱附等温线，插图为 PMIA 静电纺纳米纤维的增量比表面积与孔径的关系图；（d）由 BJH 法得到的纳米纤维膜孔径分布

　　此外，由于 PMIA 含有亲水基团，其与纤维膜的表面粗糙结构形成的协同作用使得纤维膜具有良好的亲水性，因而水滴在纤维膜表面呈铺展润湿状态。由于 PMIA 纤维膜中存在大量孔隙且孔径分布于介孔与大孔范围内，其对液态水具有较强的毛细芯吸作

用[23]，使得水可以快速从润湿侧向非润湿侧渗透。将纳米颗粒分散到水中制备悬浊液来测试纤维膜的液体过滤性能，如图 4-2 所示。图 4-2（a）为 PMIA 静电纺纤维膜的液体过滤装置示意图，水可以迅速润湿纤维膜并在毛细力作用下快速向纤维膜内部渗透，而纤维紧密堆积形成的小孔结构可将溶液中的纳米颗粒拦截在纤维膜表面。图 4-2（b）为悬浊液原液经 PMIA 静电纺纤维膜过滤前后的紫外—可见光吸收光谱图（UV-vis），过滤后所得滤液的吸收光谱与纯水几乎重合，表明纳米颗粒已被纤维膜过滤去除。图 4-2（c）和（d）分别为过滤后 PMIA 静电纺纤维膜正面与背面的 SEM 图，可以看出纤维膜正面含有大量纳米颗粒而背面没有，表明 PMIA 静电纺纤维膜对水中纳米颗粒的拦截作用主要集中于膜表面，即属于表面过滤。

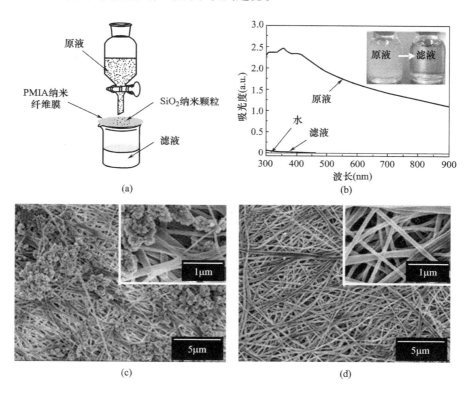

图 4-2　（a）液体过滤装置示意图；（b）含有纳米颗粒的水溶液经静电纺 PMIA 纤维膜过滤前后的 UV-vis 图谱，插图为原液与滤液的光学照片；（c）过滤后静电纺 PMIA 纤维膜的正面 SEM 图，插图为其高倍 SEM 图；（d）过滤后静电纺 PMIA 纤维膜的背面 SEM 图，插图为其高倍 SEM 图

4.3.2　PAN/ 纤维素纳米晶复合膜

　　传统静电纺纤维的直径多分布在亚微米级别，纤维膜孔径较大，要想实现对小粒径纳米颗粒的高效过滤，必须进一步降低纤维膜材料的孔径。以 PAN 静电纺纤维膜为基材，通过在其表面涂覆黄麻纤维素纳米晶，制备得到 PAN/ 纤维素纳米晶复合膜[24]。图 4-3 为 PAN/ 纤维素纳米晶复合膜的制备流程示意图，首先将 PAN 纤维膜平整地放置在玻璃板上，继而将预先制备的黄麻纤维素纳米晶悬浮液滴在 PAN 静电纺纤维膜的一端，用玻璃棒在其表面刮涂形成一层均匀的纤维素纳米晶，重复上述步骤后得到双层

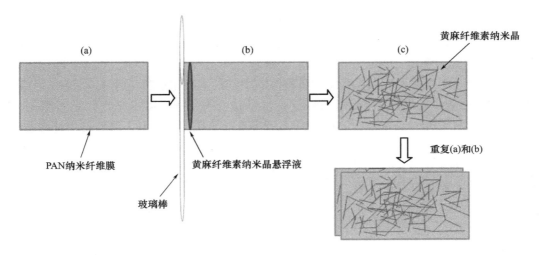

图 4-3 PAN/ 黄麻纤维素纳米晶复合膜的制备流程示意图

叠加的 PAN/ 纤维素纳米晶复合膜。

图 4-4（a）为 PAN/ 纤维素纳米晶复合膜的 SEM 图，由图中可以看出 PAN 静电纺

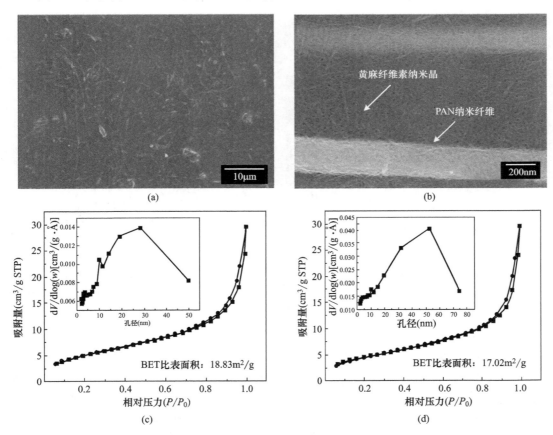

图 4-4 （a）PAN/ 黄麻纤维素纳米晶复合膜的 SEM 图；（b）为（a）的高倍 SEM 图；（c）PAN 纳米
纤维膜的 N$_2$ 吸附—脱附等温线，插图为孔体积与孔径的关系图；（d）PAN/ 黄麻纤维素纳米晶复合膜
的 N$_2$ 吸附—脱附等温线，插图为孔体积与孔径的关系图

纤维膜表面均匀覆盖着黄麻纤维素纳米晶，图 4-4（b）为复合膜的高倍 SEM 图，可以清晰地看到 PAN 纳米纤维作为复合膜的支架，而黄麻纤维素纳米晶紧密堆积在其表面形成了孔径极小的过滤层。图 4-4（c）和（d）分别为 PAN 静电纺纤维膜与 PAN/ 纤维素纳米晶复合膜的氮气吸附—脱附曲线，可以看出两者的 BJH 孔隙直径均在 5 ~ 70nm，以介孔和大孔为主。

为评价复合膜的过滤性能，采用质量分数为 0.2%、颗粒直径为 7 ~ 40nm 的 SiO_2 纳米颗粒 / 水悬浮液进行测试，图 4-5（a）为自制液体过滤装置的示意图，悬浮液于上端滴定管处加入，在自身重力作用下向下方复合膜处渗透。图 4-5（b）为过滤前悬浮液与经复合膜过滤后滤液的 UV-vis 光谱，可以看出过滤前悬浮液呈浑浊状而所得滤液澄清透明，且滤液的 UV-vis 光谱与纯水在 400nm 后几乎重合，说明滤液中已无 SiO_2 纳米颗粒存在。图 4-5（c）和（d）分别为过滤后 PAN/ 纤维素纳米晶复合膜正面与背面的 SEM 图，可以看出复合膜表面拦截有较厚的纳米颗粒层，而背面则没有纳米颗粒存在，表明该复合膜对 SiO_2 纳米颗粒具有较高的表面拦截效率。

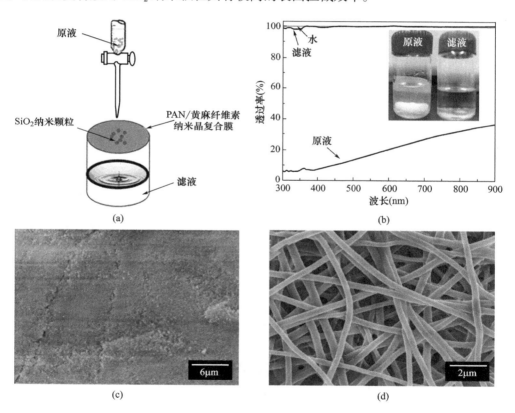

图 4-5 （a）液体过滤装置示意图；（b）含有纳米颗粒的水溶液经 PAN/ 黄麻纤维素纳米晶复合膜过滤前后的 UV-vis 图谱，插图为原液与滤液的光学照片；（c）过滤后 PAN/ 黄麻纤维素纳米晶复合膜的正面 SEM 图；（d）过滤后 PAN/ 黄麻纤维素纳米晶复合膜的背面 SEM 图

4.3.3 PVA 纳米蛛网膜

通过在静电纺纤维基材表面构筑致密过滤层的方法虽然可有效降低材料孔径，但其

制备流程复杂且均匀性较难控制，如何通过调控静电纺丝加工参数，进一步降低静电纺纤维直径，从而一步获得直径细且孔径小的静电纺纳米纤维膜是该工作领域的研究重点和难点[25-26]。研究者们[27-29]分别采用了射流牵伸增强法、多组分纺丝法与核壳纺丝法等，但都难以获得直径小于100nm的连续纤维，作者利用静电喷网技术成功制备出网中纤维直径约20nm的二维纳米材料，称作"纳米蛛网"[30]，将其应用于液体过滤领域可有效提高静电纺纤维滤膜对小粒径颗粒的过滤性能。

在本研究中，采用聚乙烯醇（PVA）作为原料，考虑到PVA因分子链中含有大量羟基而具有水溶性[31]，要想实现PVA在液体过滤领域的应用，必须解决其在水中会发生溶胀或溶解的问题。为此，在纺丝液中添加一定比例的甲酸，甲酸中的醛基与PVA的羟基之间发生缩醛反应而使聚合物分子链产生交联，有效避免了PVA纳米蛛网膜遇水溶胀或溶解的问题[32]。图4-6（a）为PVA纳米蛛网膜的制备流程示意图，荷电液滴从泰勒锥尖端喷出，在高压电场中快速飞行并形变成液膜，同时其与纺丝环境中空气产生剧烈的摩擦作用，因温度升高而发生热致相分离[30]，从而形成以普通静电纺纤维为支架的二维纳米蛛网材料，其FE-SEM图如图4-6（b）所示。

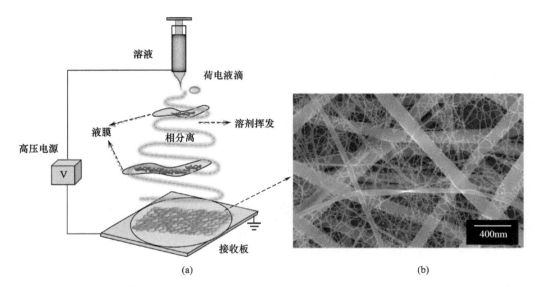

图4-6 （a）PVA纳米蛛网膜的制备流程图；（b）PVA纳米蛛网膜的FE-SEM图

在研究过程中，为了考察PVA分子链交联对纤维膜形貌的影响，通过动态光散射技术对PVA分子链在水、甲酸、水/甲酸三种溶剂体系下的存在状态进行分析，如图4-7（a）所示，可以发现水/甲酸溶剂体系下的PVA分子链的弛豫时间最长，其次为水溶剂体系，而甲酸溶剂体系下PVA分子链的弛豫时间最短，这是因为水/甲酸混合溶剂体系下，PVA分子链中的羟基与甲酸分子中的醛基发生缩醛化反应，且水环境中甲酸的离子化/去质子化作用使得交联后的分子链带有残余电荷，分子链间产生电荷排斥，因而弛豫过程受阻[33]，同时电荷排斥作用使得PVA分子链空间长度增大，其空间长度为2860nm。当溶剂体系为甲酸时，甲酸几乎不发生离子化/去质子化，而PVA与甲酸间的缩醛反应使得PVA分子链的空间长度在交联作用下减小至10.6nm。

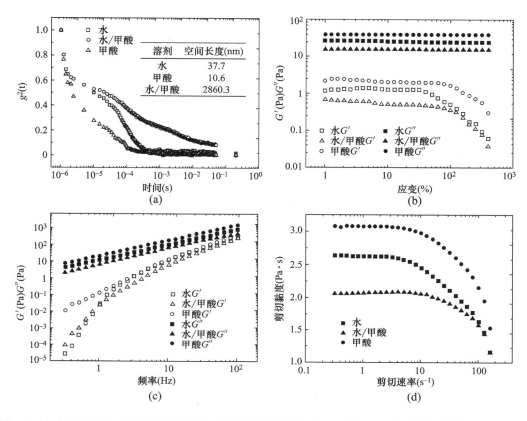

图 4-7　（a）不同 PVA 溶液的散射强度和分子链空间长度；（b）不同 PVA 溶液的储能模量 G' 和损耗模量 G'' 随应变的变化；（c）不同 PVA 溶液的储能模量 G' 和损耗模量 G'' 随应变频率的变化；（d）不同 PVA 溶液剪切黏度与剪切速率的关系图

　　PVA 与甲酸的缩醛反应以及甲酸的离子化 / 去质子化过程对纺丝液中 PVA 分子链的缠结程度与空间长度有重要影响，使得纺丝液呈现出不同的流变性质，采用动态应变振荡扫描仪对溶液的黏弹性进行分析，如图 4-7（b）和（c）所示。图 4-7（b）为 PVA 溶液在不同应变下的储能模量（G'）与损耗模量（G''）曲线，由储能模量曲线可以发现其具有明显的线性黏弹区域，该区域中储能模量与应变大小无关。而由损耗模量变化曲线可以看出 PVA 溶液的损耗模量随甲酸含量的增多呈上升趋势，纯甲酸溶剂体系下溶液的损耗模量约为水溶剂体系下溶液损耗模量的 2 倍，这是由于 PVA 分子链产生交联而导致。

　　图 4-7（c）为不同 PVA 溶液的振荡频率扫描曲线，可以看出 PVA 溶液的损耗模量远高于储能模量，尤其在低频率下更为明显，表明溶液在初始状态呈现出塑性而非弹性。当频率从 0.1Hz 增加到 100Hz 时，氢键的存在使得储能模量与损耗模量均呈上升趋势。在水溶剂体系下，PVA 分子链可与水分子间形成氢键，同时同一 PVA 分子链中的不同羟基或不同 PVA 分子链中的羟基也可形成氢键。当溶液中含有甲酸时，PVA 与甲酸间发生缩醛反应，且离子化 / 去质子化作用使得氢键逐渐断裂，因而其储能模量与损耗模量均较低。而当溶剂体系为甲酸时，PVA 与甲酸间的缩醛反应更加剧烈，使得溶液的储能模量与损耗模量均随频率增加而显著增大。

　　图 4-7（d）为 PVA 溶液的剪切流变测试曲线，由于聚合物分子链间的反应很难从

本质上改变溶液的黏度，而溶剂对于聚合物的溶解度参数可以明显地使溶液性质发生改变[34]。当剪切速率增大时，不同 PVA 溶液的黏度均减小，呈现出非牛顿流体的剪切变稀行为，尤其在混合溶剂体系下 PVA 溶液的黏度最低，这是因为 PVA 与甲酸间发生缩醛反应，且离子化 / 去质子化作用使得分子链带有残余电荷，导致分子链间的缠结程度因静电排斥作用而减弱，因而黏度较低。在甲酸溶剂体系下，由于不存在离子化 / 去质子化作用，具有高交联度的 PVA 分子链的缠结作用较强，因而溶液黏度较高。

　　不同溶剂体系下 PVA 分子链变化的示意图如图 4-8 所示，线段代表 PVA 分子链，圈代表不同溶剂体系下分子链的排斥体积。如图 4-8（a）所示，水是 PVA 的良溶剂，分子链的有效共轭长度几乎不变，但在氢键作用下其发生轻微聚集。甲酸相对于水而言是 PVA 的不良溶剂，因此，当甲酸含量增加时，PVA 与甲酸间的缩醛反应和离子化 / 去质子化作用使得聚合物分子链发生交联并带有残余电荷，分子链受静电排斥作用而相互排斥，因而排斥体积增大。在纯甲酸溶剂体系下，PVA 分子链难以充分伸展，且分子链因产生高度交联而缠结作用增强，因此其排斥体积较小。

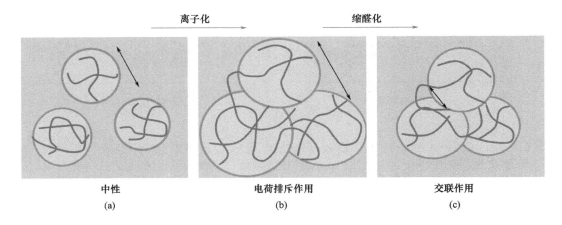

图 4-8　离子化和缩醛化过程中 PVA 分子链变化的示意图

　　图 4-9（a）~（c）为上述不同溶剂体系下所制备的 PVA 纳米纤维膜的 SEM 图，图 4-9（a）为以水作为溶剂时 PVA 纳米纤维膜的 SEM 图，可以看出纤维膜中只有少量直径小于 50nm 的纤维，这是因为 PVA/H₂O 溶液的电导率与表面张力较低，泰勒锥尖端只有少量荷电液滴产生。当溶剂为甲酸 /H₂O 时，纤维膜中覆盖有二维纳米蛛网，网中纤维直径约 22.4nm，远小于传统静电纺纤维，这是由于甲酸的存在使溶液射流电导率提高，泰勒锥尖端弯曲不稳定性增强，因而荷电微小液滴的产生概率增大，同时甲酸的离子化 / 去质子化作用使得荷电液滴在混合溶剂体系下快速相分离[35-36]。当溶剂为甲酸时，所制备纤维膜的纳米蛛网覆盖率增加，网中纤维直径低于混合溶剂体系下纳米蛛网中纤维的直径，约为 13nm，这是因为溶液中不良溶剂含量增多，提高了荷电液滴相分离成网的概率。图 4-9（d）为三种纤维膜的拉伸应力—应变曲线，可以看出随着溶剂体系中甲酸含量增多，纤维膜的拉伸强度逐渐增大，甲酸溶剂体系下纳米蛛网膜的拉伸强度由 4.85MPa 增加至 10.69MPa，高于水体系下所制备的纳米蛛网膜，但其断裂伸长率降低至 31.11%，这是由于 PVA 与甲酸间的缩醛反应减缓了射流与液滴中甲酸的

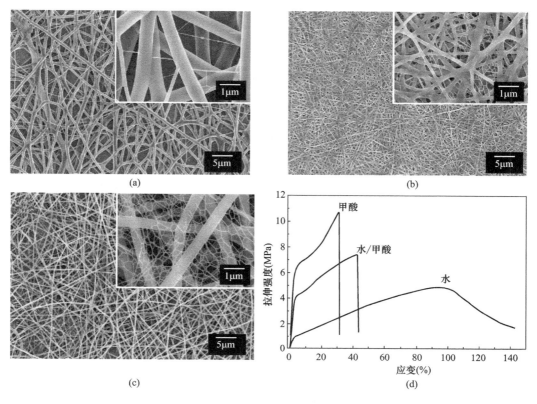

图 4-9　不同溶剂体系下制备的 PVA 纳米蛛网膜的 FE-SEM 图:(a)水;(b)水 / 甲酸(wt/wt)=1/1,(c)甲酸;(d)三种纤维膜的拉伸应力—应变曲线图

挥发,使得纤维间粘连结构增多而导致的。

　　不同溶剂体系下制备的 PVA 纤维膜的傅里叶变换红外(FT-IR)图谱如图 4-10(a)所示,溶剂为甲酸时所制备的 PVA 纳米蛛网膜因 C—O 和 C—O—C 的伸缩振动,分别在 1030cm^{-1} 和 1175cm^{-1} 处产生吸收特征峰[37],而 1726cm^{-1} 处的特征峰是由于甲酸分子中羧基伸缩振动而致,表明甲酸由于氢键作用并没有完全从 PVA 纳米纤维中挥发。图中 3315cm^{-1} 处的特征峰可能是由于 PVA 中残余水与甲酸中的—OH 伸缩振动而致,相比于曲线 a 与曲线 b,曲线 c 在 3315cm^{-1} 处的特征峰明显减弱,说明 PVA 与甲酸间发生了缩醛反应。

　　图 4-10(b)为 PVA 粉末与三种纤维膜的差示扫描量热(DSC)曲线,可以看出 PVA 粉末、PVA 纤维膜(溶剂为水)及 PVA 纳米蛛网膜(溶剂为水 / 甲酸)的熔点均约为 179℃,而溶剂为甲酸时制备的 PVA 纳米蛛网膜的 DSC 曲线中无熔融吸收峰,这是由于 PVA 分子链较高的交联度导致的。

　　水 / 甲酸溶剂体系下制备的 PVA 纳米蛛网膜具有较高的交联度,因而其在与水接触时无溶解或溶胀现象产生,图 4-11(a)为 PVA 纳米纤维膜与交联后 PVA 纳米蛛网膜与水接触的动态过程图片,可以看出水在 PVA 纳米纤维膜表面铺展,而在 PVA 纳米蛛网膜表面却保持球形状态存在。图 4-11(b)为 PVA 纳米蛛网膜在水中浸渍后的 FE-SEM 图,可以看出纤维直径稍有增加,表明其在水中溶胀的问题得到了有效改

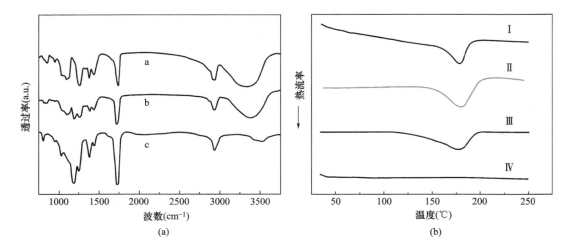

(a)

(b)

图 4-10 （a）不同溶剂体系下制备的 PVA 纳米蛛网膜的 FT-IR 红外图谱：a 为水，b 为水 / 甲酸，c 为甲酸；（b）不同材料的 DSC 图谱：I 为 PVA 粉末，II 为 PVA 纳米纤维膜（溶剂为水），III 为 PVA 纳米蛛网膜（溶剂为水 / 甲酸），IV 为 PVA 纳米蛛网膜（溶剂为甲酸）

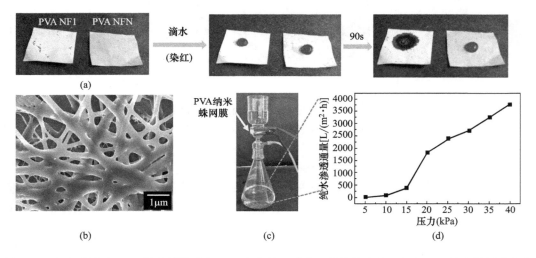

(a)

(b)　　　　　　　　　(c)　　　　　　　　　(d)

图 4-11 （a）水滴在 PVA 纳米纤维膜和 PVA 纳米蛛网膜表面的接触形态；（b）PVA 纳米蛛网膜在水中浸渍后的 SEM 图；（c）液体过滤装置的光学照片；（d）PVA 纳米蛛网膜的纯水渗透通量

善。以此纳米蛛网膜对含有粒径为 200nm 的 PS 纳米颗粒 / 水悬浊液进行液体过滤测试，图 4-11（c）为自制液体过滤装置示意图，该膜的小孔结构使其对 PS 纳米颗粒的拦截效率高达 99%，通过对其进行纯水通量测试发现，当驱动压力提高至 40kPa 时，其通量高达 3773L/（m²·h）。该纳米蛛网膜具有制备流程简单、孔径小、孔隙率高、孔道连通性好等优点，在液体过滤领域有巨大的应用潜力。

4.3.4　柔性 ZrO₂ 纳米纤维膜

静电纺纤维膜在液体过滤领域具有巨大的结构优势，但实际应用过程中过滤材料的工作环境极为复杂，如强酸、强碱及高温环境等，这就要求极端环境下液体过滤膜应具备较好的耐腐蚀性与耐高温性。无机材料因具有耐高温、耐腐蚀性好等优点，在极端环境下的液体过滤领域展现出巨大的应用潜力[38-39]，但传统无机材料脆性大、易断裂，限制了其实际应用，因此如何制备柔性无机静电纺纤维材料是该领域长期以来的研究重点和难点[40-41]。作者[42]以聚乙烯吡咯烷酮（PVP）作为聚合物模板，氧氯化锆为锆源，氧化钇（Y_2O_3）为稳定剂制备出杂化纳米纤维，经高温煅烧得到柔性氧化锆（ZrO_2）纳米纤维，并探索了其在液体过滤领域的应用。图 4-12（a）和（b）分别为柔性 ZrO_2 纳米纤维和脆性 ZrO_2 纳米纤维的制备流程示意图。

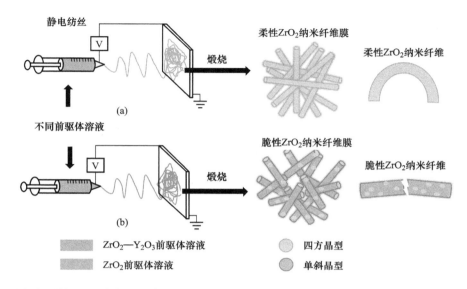

图 4-12　（a）柔性 ZrO_2 纳米纤维膜的制备流程示意图；（b）脆性 ZrO_2 纳米纤维膜的制备流程示意图

图 4-13（a）~（c）分别为钇掺杂型 ZrO_2 纳米纤维膜经 600℃、800℃、1000℃煅烧后所得 ZrO_2 纳米纤维膜的 SEM 图，图 4-13（d）为无 Y_2O_3 稳定剂 ZrO_2 纳米纤维膜经 800℃煅烧后所得纤维膜的 SEM 图，插图为相应纤维膜的光学照片，从图中可以看出随着煅烧温度升高，ZrO_2 纳米纤维的平均直径从 322nm 减小至 290nm。同时，经800℃煅烧后 ZrO_2 纳米纤维膜仍然保持柔性，但当煅烧温度继续升高至 1000℃后，纤维膜发生脆断，而无 Y_2O_3 稳定剂的杂化纳米纤维膜经 800℃煅烧后成粉末状，因此，稳定剂与煅烧温度对 ZrO_2 纳米纤维膜的柔性至关重要。

在 ZrO_2 纳米纤维膜的制备过程中，稳定剂与煅烧温度的变化导致纤维膜中 ZrO_2 的晶型结构发生改变。为了研究稳定剂与煅烧温度对 ZrO_2 纳米纤维膜柔性的影响，采用 X 射线衍射技术对无 Y_2O_3 稳定剂 ZrO_2 纳米纤维膜经 800℃煅烧后所得纤维膜（ZNF0）及 Y_2O_3 掺杂 ZrO_2 纳米纤维膜分别经 600℃、800℃、1000℃煅烧后所得纤维膜（ZNF1@600、ZNF1@800、ZNF1@1000）进行表征，图 4-14（a）为纤维膜的 XRD 图谱，从图中可以看出 ZNF1@600、ZNF1@800 与 ZNF1@1000 膜在衍射角 30.2° 处具有（111）特征峰，表明 ZrO_2 为四方晶型，而无 Y_2O_3 稳定剂的 ZNF0 膜同时存在单斜晶型和四方晶型，采用 Scherrer 公式[43]对纤维的晶粒尺寸进行计算，计算公式为：

$$D = \frac{0.89\lambda}{\beta\cos\theta} \tag{4-1}$$

109

式中：D 为平均晶粒尺寸（nm）；λ 为 X 射线波长（nm）；β 为半高宽（rad）；θ 为衍射角（°）。

图 4-13　经不同温度（a）600℃，（b）800℃，（c）1000℃煅烧后所得钇掺杂型 ZrO$_2$ 纳米纤维膜的 SEM 图，插图为相应纤维膜的光学照片；（d）经 800℃煅烧后所得纯 ZrO$_2$ 纳米纤维膜的 SEM 图，插图为相应纤维膜的光学照片

110

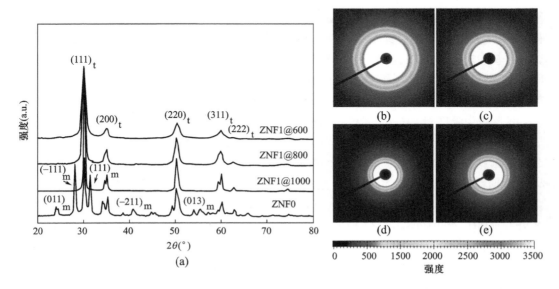

图 4-14　（a）经不同温度煅烧后所得钇掺杂型 ZrO$_2$ 纳米纤维膜和纯 ZrO$_2$ 纳米纤维膜的 XRD 图谱；经不同温度（b）600℃，（c）800℃，（d）1000℃煅烧后所得钇掺杂型 ZrO$_2$ 纳米纤维膜的 SAXS 图；（e）经 800℃煅烧后所得纯 ZrO$_2$ 纳米纤维膜的 SAXS 图

通过计算得出 ZNF1@600、ZNF1@800、ZNF1@1000 膜中四方晶型的晶粒尺寸分别为 13.0nm、17.1nm 和 33.4nm，表明晶粒尺寸随煅烧温度升高而逐渐变大，煅烧温度升高至 1000℃后纤维膜发生脆断，这是因为纤维内部晶粒尺寸较大，单纤维中存在明显裂纹缺陷。

进一步采用同步辐射 X 射线小角散射技术（SAXS）对不同煅烧温度所制备的 ZrO₂ 纳米纤维膜的孔隙结构进行分析，如图 4-14（b）~（d）所示，散射面积越大表明纤维内部孔隙越多，孔隙增多导致纤维微观缺陷越大，从而力学性能变差。当煅烧温度为 600℃时纤维膜的散射面积最大，纤维内部孔隙最多，而纤维却具有较好的柔性，主要是因为 600℃煅烧条件下纤维中聚合物组分没有完全分解，残余碳层的存在使得纤维仍然表现出柔性。而随着煅烧温度升高，纤维内部孔隙随晶粒尺寸增大而逐渐减小，因而散射面积逐渐减小。通过利用 Guinier 理论[44]计算含 Y₂O₃ 稳定剂和无 Y₂O₃ 稳定剂的 ZrO₂ 纳米纤维膜的散射尺寸与分布，Guinier 方程为：

$$I(q) = I(0) \exp(-q^2 R_g^2 / 3) \tag{4-2}$$

式中：$I(0)$ 为初始散射强度；q 为散射矢量（nm⁻¹）；R_g 为粒子回转半径（nm）。

对含 Y₂O₃ 稳定剂的 ZrO₂ 纳米纤维膜而言，当煅烧温度从 600℃升高到 1000℃时，相应纤维内部微观结构的回转半径分别为 32.22nm、23.71nm 和 27.83nm，而无稳定剂 ZrO₂ 纳米纤维内部微观结构的回转半径为 50.32nm，回转半径越大，纤维内部微观缺陷越多，因而力学性能越差。含 Y₂O₃ 稳定剂的 ZrO₂ 纳米纤维膜在 800℃煅烧条件下的内部微观缺陷结构最少，因而柔性最好，而 ZNF0 纤维膜内部的大量缺陷结构使其呈脆性。

图 4-15 为不同煅烧温度下所制备 ZrO₂ 纳米纤维膜的拉伸应力—应变曲线，可以看出 ZNF1@600 纤维膜的抗拉强度为 1.93MPa，这是由于杂化纳米纤维中聚合物组分不完全分解而含有残余碳导致的。当煅烧温度从 800℃升高到 1000℃时，由于纤维内部存在明显的裂纹缺陷，其拉伸强度从 1.68MPa 降低至 0.65MPa，因此，800℃煅烧条件下所制备的钇掺杂型 ZrO₂ 纳米纤维膜的拉伸强度最大。

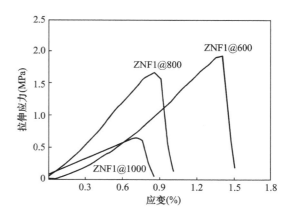

图 4-15　经不同温度煅烧后所得 ZrO₂ 纳米纤维膜的拉伸应力—应变曲线图

以 ZNF1@800 纤维膜作为过滤介质进行腐蚀性液体（含有 ZrO₂ 纳米颗粒的强酸、强碱溶液）过滤性能测试，图 4-16（a）为含有粒径 50nm ZrO₂ 纳米颗粒的强酸溶液（pH = 1）经纤维膜过滤前后的 UV-vis 图谱，滤液的透过率曲线与水几乎重合，纤维膜过滤效率达 99.9%，图 4-16（b）为过滤后纤维膜的 SEM 图，可以看出纳米颗粒受静电吸附与物理拦截作用而附着于纤维膜表面。图 4-16（c）为含有粒径 50nm ZrO₂ 纳米颗粒的强碱溶液（pH = 14）经 ZNF1@800 纤维膜过滤前后的 UV-vis 图谱，滤液的透过率曲线与水几乎重合，图 4-16（d）为过滤后纤维膜的 SEM 图，可以看出颗粒附着在纤维膜表面，表明该材料对颗粒的拦截主要为表面过滤。

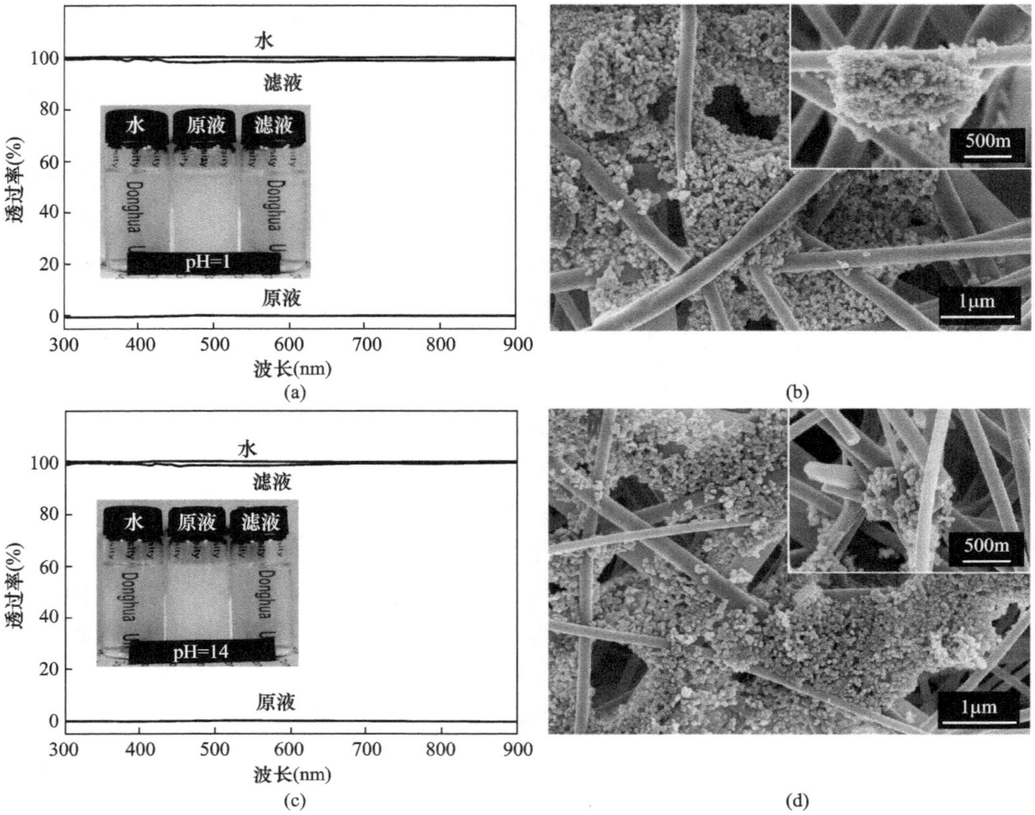

图 4-16 （a）含有纳米颗粒的酸性水溶液经 ZrO_2 纳米纤维膜过滤前后的 UV-vis 图谱，插图为水、原液及滤液的光学照片；（b）过滤后 ZrO_2 纳米纤维膜的 SEM 图；（c）含有纳米颗粒的碱性水溶液经 ZrO_2 纳米纤维膜过滤前后的 UV-vis 图谱，插图为水、原液及滤液的光学照片；（d）过滤后 ZrO_2 纳米纤维膜的 SEM 图

4.4 总结与展望

　　静电纺纤维膜材料具有纤维直径小、孔径小、孔隙率高及孔道连通性好等优点，在液体过滤领域具有广阔的应用前景。本章内容主要介绍了静电纺 PMIA 纳米纤维膜、PAN/ 纤维素纳米晶复合膜、PVA 纳米蛛网膜及柔性 ZrO_2 纳米纤维膜的制备方法及其液体过滤性能。随着静电纺纤维液体过滤材料研究的不断深入和发展，研究者们将会制备出各种具有不同功能的液体过滤膜材料，如精密多级结构静电纺纤维滤膜、刺激响应型静电纺纤维滤膜及高性能静电纺纤维滤膜等。

　　然而，目前静电纺纤维材料在实际应用过程中仍然面临着机械强度较低、力学稳定性较差等问题，且如何推动静电纺纤维滤膜从实验室走向工业化生产仍然面临着挑战。工业化生产中规模化、低成本化、自动化及程序化等实际问题要求研究者们不断开发新型静电纺丝技术，相信随着研究者们对液体过滤领域理解的不断深入及静电纺丝技术的不断发展，更多具有高性能、多功能的静电纺纤维滤膜将被开发出来并应用于人们的实际生产生活中。

参考文献

［1］PRASSE C，STALTER D，SCHULTE-OEHLMANN U，et al. Spoilt for choice：A critical review on the chemical and biological assessment of current wastewater treatment technologies［J］. Water Research，2015，87：237-270.

［2］THAVASI V，SINGH G，RAMAKRISHNA S. Electrospun nanofibers in energy and environmental applications［J］. Energy and Environmental Science，2008，1（2）：205-221.

［3］袁永强. 芳纶纳米纤维的制备及其在液体过滤中的应用［D］. 江苏：苏州大学，2016.

［4］康勇，罗茜. 液体过滤与过滤介质［M］. 北京：化学工业出版社，2008.

［5］BAUMANN E R. Filtration equipment for wastewater treatment［J］. Aiche Journal，1993，39（4）：731-732.

［6］CHEREMISINOFF N P. Liquid Filtration［M］. Holland：Elsevier，1998.

［7］列维奇，干策，敏恒. 物理—化学流体动力学［M］. 上海：上海科学技术出版社，1965.

［8］井出哲夫. 水处理工程理论与应用［M］. 张自杰. 北京：中国建筑工业出版社，1986.

［9］WISHART A J，GREGORY J. Filtration of aqueous suspensions through fibrous media［J］. Filtration & Separation，1981，18（3）：229-232.

［10］RAISTRICK J H. Saffil fibres-new media for high performance liquid filtration［J］. Filtration & Separation，13（6）：614.

［11］SPIELMAN L A，FITZPATRICK J A. Theory for particle collection under london and gravity forces［J］. Journal of Colloid & Interface Science，1973，42（3）：607-623.

［12］DOUGLASS E F，AVCI H，BOY R，et al. A review of cellulose and cellulose blends for preparation of bio-derived and conventional membranes，nanostructured thin films and composites［J］. Polymer Reviews，2018，58（1）：102-163.

［13］王湛. 膜分离技术基础［M］. 北京：化学工业出版社，2006.

［14］徐又一，徐志康. 高分子膜材料［M］. 北京：化学工业出版社，2005.

［15］丁启圣. 新型实用过滤技术［M］. 北京：冶金工业出版社，2005.

［16］胡慧萍，彭奇凡，彭全凡. 新型聚乙烯烧结膜微滤设备及其在硬质合金磨削液集中净化处理中的应用［J］. 稀有金属与硬质合金，2009，01：32-34.

［17］郝新敏，杨元，黄斌香. 聚四氟乙烯微孔膜及纤维［M］. 北京：化学工业出版社，2011.

［18］PURCHAS D. Handbook of Filter Media［M］. Holland：Elsevier，2002.

［19］SUJA P S，RESHMI C R，SAGITHA P，et al. Electrospun nanofibrous membranes for water purification［J］. Polymer Reviews，2017，57（3）：467-504.

［20］XUE J J，XIE J W，LIU W Y，et al. Electrospun nanofibers：New concepts，materials，and applications［J］. Accounts of Chemical Research，2017，50（8）：1976-1987.

［21］王曙中，王庆瑞，刘兆峰. 高科技纤维概论［M］. 上海：东华大学出版社，2014.

［22］LIN J Y，DING B，YANG J M，et al. Mechanical robust and thermal tolerant nanofibrous membrane for nanoparticles removal from aqueous solution［J］. Materials Letters，2012，69：82-85.

［23］MORTON W E，HEARLE J W S. Physical properties of textile fibres［J］. Physical Properties of Textile Fibres，1996，21：233-233.

［24］CAO X W，HUANG M L，DING B，et al. Robust polyacrylonitrile nanofibrous membrane reinforced with jute cellulose nanowhiskers for water purification［J］. Desalination，2013，316：

120-126.

[25] LIAO Y, LOH CH, TIAN M, et al. Progress in electrospun polymeric nanofibrous membranes for water treatment: fabrication, modification and applications [J]. Progress in Polymer Science, 2017.

[26] 张世超. 超细纳米蛛网材料的成型机理及高效空气过滤应用研究 [D]. 上海：东华大学，2017.

[27] MIT - UPPATHAM C, NITHITANAKUL M, SUPAPHOL P. Ultrafine electrospun polyamide - 6 fibers : effect of solution conditions on morphology and average fiber diameter [J]. Macromolecular Chemistry & Physics, 2004, 205 (17): 2327-2338.

[28] DONG B, WANG C, HE B L, et al. Preparation and tribological properties of poly (methyl methacrylate) /styrene/MWNTs copolymer nanocomposites [J]. Journal of Applied Polymer Science, 2008, 108 (3): 1675-1679.

[29] YU J H, FRIDRIKH S V, RUTLEDGE G C. Production of submicrometer diameter fibers by two-fluid electrospinning [J]. Advanced Materials, 2004, 16 (17): 1562-1566.

[30] ZHANG S C, CHEN K, YU J Y, et al. Model derivation and validation for 2D polymeric nanonets : Origin, evolution, and regulation [J]. Polymer, 2015, 74: 182-192.

[31] BAKER M I, WALSH S P, SCHWARTZ Z, et al. A review of polyvinyl alcohol and its uses in cartilage and orthopedic applications [J]. Journal of Biomedical Materials Research Part B-Applied Biomaterials, 2012, 100 (5): 1451-1457.

[32] WANG N, SI Y, YU J Y, et al. Nano-fiber/net structured PVA membrane: Effects of formic acid as solvent and crosslinking agent on solution properties and membrane morphological structures [J]. Materials & Design, 2017, 120: 135-143.

[33] TSUJIMOTO M, SHIBAYAMA M. Dynamic light scattering study on reentrant sol-gel transition of poly (vinyl alcohol) -congo red complex in aqueous media [J]. Macromolecules, 2002, 35 (4): 1342-1347.

[34] TRAIPHOL R, SANGUANSAT P, SRIKHIRIN T, et al. Spectroscopic study of photophysical change in collapsed coils of conjugated polymers: Effects of solvent and temperature [J]. Macromolecules, 2006, 39 (3): 1165-1172.

[35] GREINER A, WENDORFF J H. Electrospinning: A fascinating method for the preparation of ultrathin fibres [J]. Angewandte Chemie International Edition, 2007, 46 (30): 5670-5703.

[36] KIM H J, PANT H R, CHOI N J, et al. Composite electrospun fly ash/polyurethane fibers for absorption of volatile organic compounds from air [J]. Chemical Engineering Journal, 2013, 230: 244-250.

[37] MANSUR H S, SADAHIRA C M, SOUZA A N, et al. FTIR spectroscopy characterization of poly (vinyl alcohol) hydrogel with different hydrolysis degree and chemically crosslinked with glutaraldehyde [J]. Materials Science & Engineering C-Materials For Biological Applications, 2008, 28 (4): 539-548.

[38] PETER-VARBANETS M, ZURBRÜGG C, SWARTZ C, et al. Decentralized systems for potable water and the potential of membrane technology [J]. Water Research, 2009, 43 (2): 245-265.

[39] YIP N Y, TIRAFERRI A, PHILLIP W A, et al. High performance thin-film composite forward osmosis membrane [J]. Environmental Science & Technology, 2010, 44 (10): 3812-3818.

[40] ZHANG H B, EDIRISINGHE M J. Electrospinning zirconia fiber from a suspension [J]. Journal of the American Ceramic Society, 2006, 89 (6): 1870-1875.

[41] QIN D K, GU A J, LIANG G Z, et al. A facile method to prepare zirconia electrospun fibers with different morphologies and their novel composites based on cyanate ester resin [J]. RSC Advances, 2012, 2 (4): 1364-1372.

[42] CHEN Y C, MAO X, SHAN H R, et al. Free-standing zirconia nanofibrous membranes with robust flexibility for corrosive liquid filtration [J]. RSC Advances, 2014, 4 (6): 2756-2763.

［43］PATTERSON A L. The scherrer formula for x-ray particle size determination［J］. Physical Review, 1939, 56（10）: 978-982.

［44］GUINIER B A, TRANSL G F. Small-angle scattering of X-rays［M］. America: John Wiley & Sons, 1955.

第5章　油水分离用纳米纤维材料

静电纺纳米纤维具有直径小、比表面积大、连续性好及结构可调性好等特点，由其构成的多孔膜具有较高的孔隙率和良好的孔道连通性有利于液相介质的快速输运[1]。此外，由于纳米纤维良好的可修饰性，通过对其进行表面物理化学改性，可实现对膜材料表面润湿性的选择性调控，进而实现对不同油水混合物的分离[2]。本章将介绍静电纺纤维材料在油水分离领域的近期研究进展。

5.1　油水分离概述

油水混合体系指由油水两相以一定状态互相交织在一起形成的液态体系。油水分离即为采用特定方法、工艺和设备将油相和水相分开的过程。总体而言，油水分离可分为两大类：一是从石油及其制成的油品中除去水分，即油体水污染除水；另一类是从含油污水中除去油类，即水体油污染除油[3-5]。

通常情况下，油体水污染主要由以下四个方面原因造成：一是油液储存过程中，环境温度变化导致大气中水分子以溶解—析出的方式进入到油中，并在低温时段因溶解度降低而析出形成液态水；二是油液输送过程中，轮船的压舱水和油罐车的清洗水混入到油体中；三是油液的敞口式加注过程使得空气中的水分进入到油中；四是润滑或传动系统中水通过密封原件的磨损处进入到油液中从而造成油污染。油体水污染对油品质量造成了严重的危害，当燃油中水含量较高时，燃料无法充分燃烧导致产生大量尾气而加重空气污染，同时还会引起发动机组件锈蚀甚至滋生微生物从而造成喷油嘴堵塞，影响发动机正常工作，从而带来生产生活安全隐患，我国 GB 19147—2016《车用柴油》标准要求柴油含水量在 300mg/kg（300ppm）以下。航空燃油对含水量要求更高，由于飞机在飞行过程中航空燃油温度远低于冰点，油体中的水会析出，从而严重阻碍油液传输，极易造成发动机熄火，航空燃油要求水含量在 15ppm 以下[6]。

水体油污染是环境治理的重大难题之一，据调查报告显示，全球范围内每年约有 30 亿立方吨油进入到水体中形成含油废水[7]，其主要由以下四个方面原因导致[8-9]：一是石油工业，主要有油田所排出的矿层水、油井冲洗水；二是交通运输和机械加工工业，主要包括轮船压舱水、机械加工过程中的含油乳化废水以及冶金过程中的轧钢水等；三是煤炭干馏与焦油工业，主要有煤气厂与焦化厂的干馏废水与洗涤水等；四是动植物加工业，包括榨油厂、肉类加工厂以及动物毛脂的洗涤废水。含油废水的排放给环境带来了极为严重的危害，当水面油膜厚度大于 1μm 时将导致水体与空气间的气体交换过程被阻断，水体复氧过程受阻，造成水中浮游生物因缺氧而死亡。当长链烷烃、苯、甲苯进入到水体中，还将对人类的生命健康造成严重威胁。当含油废水进入土壤时，因土壤对油具有较强的吸附与截留作用，其表面易于形成油膜而阻断土壤中微生物的增殖，从而导致农作物减产。我国《污水综合排放标准》规定工业废水排放标准为10mg/L，因此当前对含油废水的处理日益受到重视，处理技术也在不断改进[10]。

5.1.1　油水混合物类型

根据油水两相的比例和存在状态，油水混合物主要分为含水污油（油包水型）和含油污水（水包油型）两大类。

（1）在油包水型油水混合物中，按水相在油相中的物理状态可分为自由水、分散水、乳化水和溶解水四种[11]，如图 5-1（a）所示。

①自由水：粒径 > 100μm，与油相存在明显的油 / 水界面，由于水的密度大于油，自由水一般沉降在油水混合物体系的下层，因而较容易分离。

②分散水：粒径为 10 ~ 100μm，其存在状态不稳定，水滴易于聚并而转变成自由水。

③乳化水：粒径为 0.1 ~ 10μm 的微小水滴，水相在机械作用或表面活性剂的作用下呈稳定的乳化弥散状态，分离难度高。

④溶解水：粒径 < 0.1μm，水相以分子状态分散于油相中形成稳定的均相体系，常规方法难以有效分离。

在油包水型油水混合物体系中，自由水与分散水的分离难度较低，由于油中的溶解水含量极少（< 50ppm），且在燃油系统中其具有微爆作用[12]，可加速燃油燃烧从而减少氮氧化物的生成，一般不用考虑去除，而乳化水危害大且分离难度较高，是当前燃油除水领域的难点。

（2）在水包油型油水混合物中，按油相在水相中的物理状态可分为浮油、分散油、乳化油和溶解油四种[13]，如图 5-1（b）所示。

①浮油：粒径 > 100μm，以连续相的油膜漂浮在水面上，进入水体的油大部分以浮油形式存在。

②分散油：粒径为 10 ~ 100μm 的微小油滴悬浮在水中，分散油不稳定，易聚并成较大的油粒从而转化成浮油，也可能在机械作用或表面活性剂作用下进一步转化成乳化油。

③乳化油：粒径 0.1 ~ 10μm 的极微小油滴，油水界面因乳化剂的影响而具有高度的稳定性，因而处理难度较高。

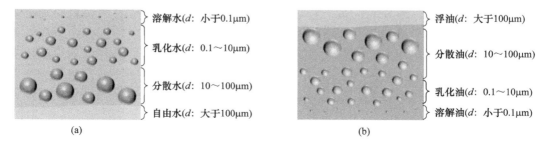

（a）　　　　　　　　　　　　　　　　　　（b）

图 5-1　（a）油包水型油水混合物；（b）水包油型油水混合物

④溶解油：粒径 < 0.1μm，油相以分子状态分散于水中，并与水形成均相体系，含量较少且难以用常规分离方法去除。

水包油型油水混合物体系中，浮油与乳化油来源广泛、危害大且分离难度较高，如何有效处理浮油与乳化油是含油污水处理领域的重点与难点[14-15]。

5.1.2　油水分离方法

目前，常用的油水分离方法主要有重力沉降法、离心法、气浮法、生物法、化学法、吸附法和膜分离法。

（1）重力沉降法。重力沉降法是利用油水两相的密度差异进行分离，具体指在重力作用下，由于油相与水相的密度不同，油相上升而水相下降，液滴相互之间发生聚并，从而实现油水分离。重力沉降法可用于去除废水中粒径 > 60μm 的油滴，目前常采用隔油池进行重力分离，该方法所用设备结构简单，可操作性强，但无法实现对溶解油和乳化油的有效分离[16]。

（2）离心法。离心法是指利用油水两相的比重差，通过离心设备的高速旋转使得油水混合物产生不同的离心力场，油相与水相因所受离心力不同而分离。该方法操作方便、分离精度较高，主要用于原油除水，但是能耗较高[17]。

（3）气浮法。气浮法是指通过向油水混合物中注入空气以产生微小气泡，使得水中悬浮的油滴黏附到气泡表面，其因密度小于水而漂浮到水面并形成油渣，从而实现油水分离[18]。

（4）生物法。生物法是指利用微生物的代谢作用，使水中呈溶解、胶体状态的有机污染物降解为稳定的无害物质。目前用于处理含油废水的主要为活性污泥法和生物滤池法，但处理耗时长且易造成二次污染，破坏原有生态体系的平衡。

（5）化学法。化学法主要是采用化学处理剂如集油剂和絮凝剂，其中最主要的是絮凝剂，通过向油水混合物体系中添加絮凝剂，其在水中水解后形成带正电荷胶团，与带负电荷的油滴产生电中和，使油滴聚集、粒径变大，从而实现油水分离。化学法可有效去除废水中的乳化油、溶解油以及部分难以生化降解的有机污染物，但是含油废水来源广泛、种类繁多，不同状态的混合物体系所需化学处理剂不同，无法在理论上进行预测，必须通过大量的前期实验来进行筛选[19]。

（6）吸附法。吸附法是指利用吸附剂的多孔结构和高比表面积将油吸附到材料内部，从而实现油水分离，因吸附材料吸油后易于收集且可原位清理溢油等特点而引起研究者们的广泛关注[20]。

（7）膜分离法。膜分离法是一种新型油水分离方法，它通过利用膜材料的选择透过性实现油水混合物体系中油相与水相的分离。膜分离法具有能耗低、分离效率高、操作过程无污染等特点，且可实现对油中自由水、分散水、乳化水、溶解水及水中浮油、分散油、乳化油、溶解油的有效分离，分离过程在常温下进行且无相变发生，在大规模油水分离领域具有广阔的应用前景[21]。不同油水分离方法的技术特点见表 5-1。

表 5-1　油水分离方法比较[22]

方法	油水混合物类型				分离原理	技术特点
	溶解态	乳化态	分散态	游离态		
重力沉降法	×	×	√	√	油与水的密度差	成本低、分离效率低，适合污水及污油的初处理
离心法	×	√	√	√	油与水的离心力差	分离效率较高，主要用于原油除水，成本高
气浮法	×	√	√	√	气泡带动乳粒上浮	分离速度较快、分离效率低，多用于含油污水处理，成本高
生物法/化学法	√	√	√	√	利用微生物或化学试剂实现对油的分解	分离效率高，多用于含油污水处理，易造成二次污染，受到国际环保组织限制，成本高
吸附法	√	√	√	√	利用吸附剂的多孔结构及高比表面积将油吸附到材料内部	操作简单，成本较高，吸附剂难以回收利用
膜分离法	√	√	√	√	利用多孔膜的孔结构及选择润湿性实现选择透过性分离	分离过程中不需加入化学试剂，无二次污染，自动化程度高，操作成本低、能耗低，适用范围广

5.2　浮油吸附用静电纺纳米纤维材料

通常情况下，水面浮油扩散面积较大，且对于黏度较低的油类由于其油层厚度薄，传统的机械撇油方法效率较低，采用吸油材料对浮油进行吸附处理已成为当前最有效的方法。目前，市场上的浮油吸附材料多为熔喷聚丙烯（PP）非织造布材料，然而由于纤维直径较粗，材料孔隙率较低，导致其长期以来存在吸油量较低、油水选择润湿性差的问题[23]。因此，设计制备具有高吸油倍率与高油水选择润湿性的浮油吸附材料具有重要的现实与经济意义。静电纺纤维材料因具有纤维直径小、比表面积大及孔隙率高等特点，在浮油吸附领域表现出巨大的结构优势。通过调控静电纺纤维材料的理化结构，制备具有高吸油倍率、高吸油速率以及良好油水选择润湿性的浮油吸附材料，有望在水面浮油治理领域发挥重要作用[24-25]。

5.2.1　多孔 PS 纳米纤维膜

聚苯乙烯（PS）是由苯乙烯单体经自由基缩聚反应合成的聚合物，包括普通聚苯乙烯、发泡聚苯乙烯、间规聚苯乙烯、无规聚苯乙烯等，分子链段中只有碳碳饱和链段和苯环侧基，呈现非极性或弱极性，因而具有良好的疏水亲油性[26]。在静电纺丝领域，

PS 作为可纺性与成纤性良好的聚合物被广泛用于超疏水材料的制备[27-32]。通过调控 PS 溶液的性质与纺丝加工参数，不采用任何后处理工艺，一步制备出纤维表面与内部均具有微纳多级结构的 PS 纤维[33]，掌握了多孔 PS 静电纺纤维的成型调控规律，并将其应用于油水分离领域，实现了对水面浮油的高效吸附。

图 5-2（a）～（f）为聚合物溶液浓度为 20wt% 时，不同混合溶剂四氢呋喃（THF）/DMF 组成比例下所得 PS 静电纺纤维的 SEM 图。当采用低沸点的 THF 作为溶剂时，PS 纤维表面存在大量的纳米级孔，且纤维内部为非实心状多孔结构，如图 5-2（a）所示，纤维表面与内部的孔呈非连通状。当在 THF 中添加沸点较高的 DMF 时，所得纤维表面呈褶皱状，且内部为非实心多孔结构，如图 5-2（c）和（d）所示。进一步增大混合溶剂体系中 DMF 的含量后，纤维表面多级结构特征减弱，而纤维内部的多孔结构变得愈加明显，截面由密实变得稀疏，如图 5-2（e）所示。当溶剂为 DMF 时，纤维内部孔结构呈连通状，如图 5-2（f）所示。纤维本体的多孔结构及其连通性对于确保纤维材料的吸油量具有重要意义。

图 5-2（g）为静电纺丝过程中纤维本体多孔结构的成形机理示意图，首先高分子带电溶液在高压静电场作用下发生高度极化，其在纺丝喷头末端形成细小带电射流，射流在经过短距离的稳定直线运动后，进入三维螺旋不稳定运动阶段，在该阶段射流被快速拉伸细化，最终细化后的射流固化形成纤维沉积在滚筒上[34]。泰勒锥顶端喷射出的聚合

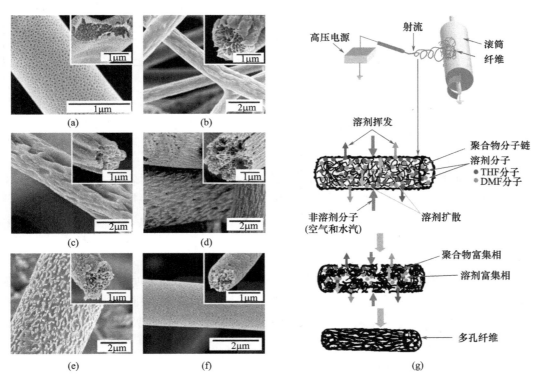

图 5-2　混合溶剂 THF/DMF（wt/wt）组成比例对静电纺 PS 纤维形貌结构的影响：（a）100/0；（b）80/20；（c）60/40；（d）40/60；（e）20/80；（f）0/100（聚合物分子量：M_w=208,000，溶液浓度：20wt%，纺丝电压：20kV，灌注速度：4mL/h，纤维接收距离：15cm，环境湿度：40%）；（g）静电纺丝过程中纤维多孔结构成形机理示意图

物射流中包含聚合物分子链和溶剂分子，其中溶剂会沿前进方向与周围介质（空气、水汽等）发生双扩散作用。射流表面溶剂的挥发使得射流从表面到内部形成溶剂浓度梯度差，导致射流内部溶剂逐渐由中心向外部扩散，同时聚合物射流周围介质体系中的非溶剂组分（如空气、水汽等）也由射流外部向内部扩散。此外，由于聚合物射流在电场力作用下做高速运动，溶剂的快速挥发和非溶剂的扩散使得溶液射流呈热力学不稳定状态，从而发生相分离，主要包括溶剂挥发致使聚合物射流温度降低而引起的热致相分离和非溶剂组分扩散引起的非溶剂诱导相分离，溶液的相分离行为使得射流形成了聚合物富集相和溶剂富集相，溶剂富集相经挥发干燥形成孔道而聚合物富集相发生固化形成多孔纤维[35-36]。

进一步对所得多孔 PS 纤维的孔结构进行了表征，图 5-3（a）为不同溶剂组成比例下 PS 纳米纤维膜的 N_2 吸附—脱附曲线，可以看出当纤维内部为实心结构时，其 N_2 吸附量较低，图 5-3（b）为由 Barret-Joyner-Halenda（BJH）模型计算得到的纤维膜孔径分布，可以看出当溶剂体系中高挥发性溶剂 THF 含量较多时，纤维的总孔体积较小，而当 DMF 含量增加到一定程度时，纤维膜中 10 ~ 30nm 的孔数量大幅增加，30nm 以上孔的数量较多且孔的尺寸变大，这是由于低挥发性溶剂 DMF 含量增加后，射流表面固化速率减慢，纺丝环境中非溶剂分子与射流内部溶剂分子的双扩散作用增强而导致。表 5-2 为相应纤维膜的比表面积、总孔体积和平均孔径。

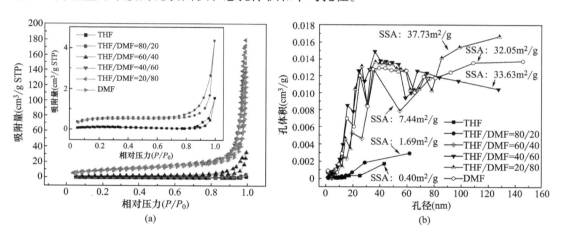

图 5-3 （a）不同混合溶剂 THF/DMF（wt/wt）组成比例下 PS 纳米纤维膜的 N_2 吸附—脱附等温线（聚合物分子量：Mw=208,000，溶液浓度：20wt%）；（b）由 BJH 法得到的纤维膜孔径分布

表 5-2 不同溶剂组成下所得 PS 纤维膜的比表面积、总孔体积和平均孔径值

样品	比表面积（m^2/g）	总孔体积（cm^3/g）	平均孔径（nm）
A	0.40	0.002	31.16
B	1.69	0.006	20.33
C	7.44	0.051	25.92
D	33.63	0.218	26.02
E	37.72	0.274	29.01
F	32.05	0.200	24.68

由于 PS 本身良好的亲油疏水性，如图 5-4（a）所示，水滴在 PS 纤维膜表面呈球状，其接触角大于 90°，而油滴在纤维膜表面迅速润湿铺展。此外，可发现油滴在 PS 纤维膜表面的铺展速度与润湿面积均高于 PP 非织造布，如图 5-4（b）所示。纤维膜的润湿性主要由聚合物本体特性与纤维膜表面结构特征共同决定，PS 和 PP 均为非极性聚合物，根据相似相溶原理可以发现两者均表现出疏水—亲油性[37]，但由于 PS 纤维表面的微纳多级粗糙结构增强了油的润湿性能，使得油滴在 PS 纤维膜表面铺展得更快且润湿面积更大。PS 纤维膜的小孔径增强了其毛细拒水压力，因而 PS 纤维膜相比 PP 非织造布表现出更优异的疏水性。图 5-4（c）为 PS 纳米纤维膜吸油过程的动态图片，其分别在 5min 和 30min 内实现了对机油和葵花籽油的完全吸附，吸附量分别达 84.41g/g 和 79.62g/g，约为 PP 非织造布的 4 倍，如图 5-4（d）所示。

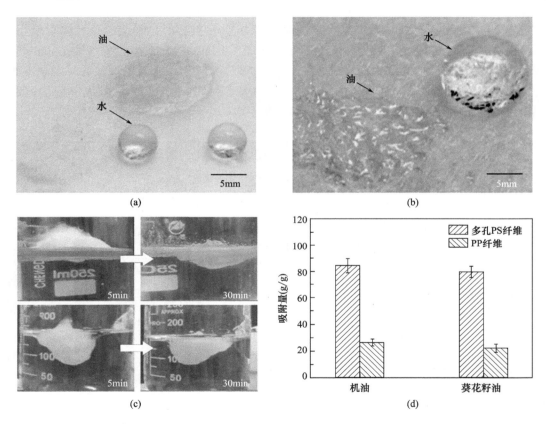

图 5-4 （a）PS 纤维膜的疏水—亲油性能展示；（b）PP 非织造布的疏水—亲油性能展示；
（c）不同时间下 PS 纳米纤维膜对机油（上图）和葵花籽油（下图）的吸附情况：
左图为 PS 纤维膜吸附 5min，右图为 PS 纤维膜吸附 30min；
（d）PS 纤维膜和 PP 非织造布对机油和葵花籽油的吸附量（吸附时间 1h）

随后对 PS 静电纺纤维膜的吸油机理和过程进行了分析，由于所得材料结构较为蓬松，纤维间形成了大量孔隙，PS 分子结构的非极性与纳米纤维表面的微纳多级结构的协同作用使材料具有较好的疏水—亲油性能，当油接触纤维表面后，其在毛细作用下迅速向纤维膜的孔隙中渗透，典型的毛细管压力方程[38]为：

$$P = \frac{2\gamma_{LV}\cos\theta}{r} \qquad (5-1)$$

式中：P 为纤维膜中孔结构所形成的毛细压力（Pa）；γ_{LV} 为液体表面张力（mN/m）；θ 为纤维表面液体的接触角（°）；r 为孔径（m）。

可以发现孔径越小，毛细压力越大，油在润湿过程中逐渐由大孔流向小孔直至填满材料孔隙。因此，可以推测 PS 纳米纤维材料的纤维直径、比表面积与孔结构等因素将直接影响其吸油性能。为研究上述结构因素对材料吸油性能的影响，分别构筑了具有不同微纳多级结构的 PS 静电纺纤维膜，图 5-5（a）为纤维直径较小、表面光滑而内部具有多孔结构的 PS 纤维膜（样品 S1）的 SEM 图，图 5-5（c）为纤维直径较大且表面粗糙的 PS 纤维膜（样品 S2）的 SEM 图，图 5-5（b）和（d）分别为其表面光学轮廓图，可以看出样品 S1 的表面粗糙度小于样品 S2，前者粗糙度为 9.26μm，而后者粗糙度高达 21.98μm。图 5-5（e）为 PS 纤维膜的 N_2 吸附—脱附曲线，样品 S1 的比表面积为 50.64m²/g，而样品 S2 的比表面积为 40.00m²/g，这是由于样品 S1 的纤维直径较小，因而相比于样品 S2 具有更大的比表面积。

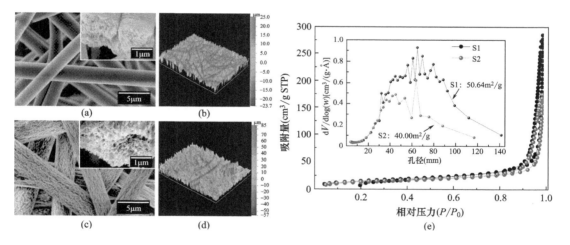

图 5-5　PS 纳米纤维膜的 SEM 图：（a）聚合物分子量：Mw=350,000，溶液浓度：20wt%，溶剂：THF/DMF（wt/wt）=1/4；（b）为样品（a）的光学轮廓图；（c）聚合物分子量：Mw=208,000，溶液浓度：30wt%，溶剂：THF/DMF（wt/wt）=1/3；（d）为样品（c）的光学轮廓图；（e）PS 纳米纤维膜的 N_2 吸附—脱附等温线［插图为由 BJH 法得到的纤维膜孔径分布，S1 为图 5-5 中样品（a），S2 为图 5-5 中样品（c）］

图 5-6（a）为具有不同微纳多级结构的 PS 纳米纤维膜与 PP 非织造布在 1h 内对机油、豆油和葵花籽油的吸附量。从图中可以看出，样品 S1（纤维表面光滑且内部多孔）对三种油均具有最高的吸附量，其主要原因是样品 S1 的纤维直径小，比表面积大，纤维本身的总孔体积较高。

图 5-6（b）为 PS 纤维膜和 PP 非织造布的吸油量随接触时间变化的关系图，可以发现 PS 纤维膜的吸油量随时间延长而增加，而 PP 非织造布的吸油量几乎不变，这是由于 PS 纤维膜具有微纳多级孔结构，油在毛细力的作用下逐渐由纤维表面向内部孔隙浸润，因而其吸油过程呈渐进动力学行为，而 PP 非织造布毡由于孔隙率低且纤维本身

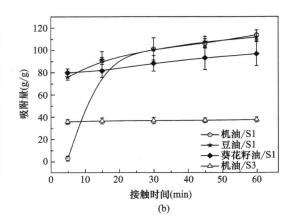

(a)　　　　　　　　　　　　　(b)

图5-6 （a）具有不同微纳多级结构的PS纳米纤维膜和PP非织造布对机油、豆油和葵花籽油的吸附量［吸附时间为1h，S1为图5-5中（a）样品，S2为图5-5中（b）样品，S3为PP非织造布］；（b）PS纳米纤维膜（样品S1）和PP非织造布（样品S3）的吸油量随时间的变化关系图

无孔结构，其吸油过程为瞬时饱和吸附，吸附时间短且吸附量低。由此看来，纤维的直径、孔结构、比表面积和孔体积是材料吸油性能的重要影响因素。

5.2.2　多孔PS/PU复合纳米纤维膜

在实际应用过程中，理想的吸油材料应具备以下特点：良好的选择润湿性；吸油倍率高；吸油速率快；较好的重复使用性能[39]。上述研究中所制备的多孔PS纳米纤维膜

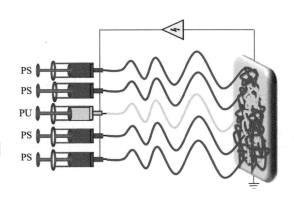

图5-7　多喷头混合纺丝装置示意图

虽然具有良好的选择润湿性、较高的吸油量与较快的吸油速率，但其机械性能较差，实际应用过程中面临着无法重复使用的问题，其主要原因是PS纤维膜结构较为蓬松，且纤维弹性差，材料经挤压后无法恢复其初始形态。为此，利用多喷头混合纺丝技术，在PS纤维膜中引入一定比例具有优异回弹性和力学性能的聚氨酯（PU）纤维作为力学增强体以提升其机械性能和重复使用性。多喷头混合纺丝装置示意图如图5-7所示，通过改变喷头比例来调控复合纤维膜中PS纤维和PU纤维的含量。

图5-8（a）和（b）分别为PS与PU射流比为4/1和3/1时所得静电纺纤维的SEM图，从纤维截面图中可以看出，PS纤维内部具有连通的多孔结构而PU纤维为致密实心结构。图5-8（c）为不同射流比下PS/PU复合膜的拉伸应力—应变曲线，可以看出PS纤维膜的断裂强度和断裂伸长率分别为0.26MPa和4.99%，其在拉伸过程中无塑性形变，经过屈服点后受力急剧下降直至纤维断裂，这是由于纤维膜较为蓬松，纤维间搭接点数量较少使其受力拉伸过程中易产生滑移。在混入一定比例PU纤维后，纤维膜的屈服应力提高且具有较大的塑性变形区域，这是因为PU纤维弹性较好且纤维之间紧密

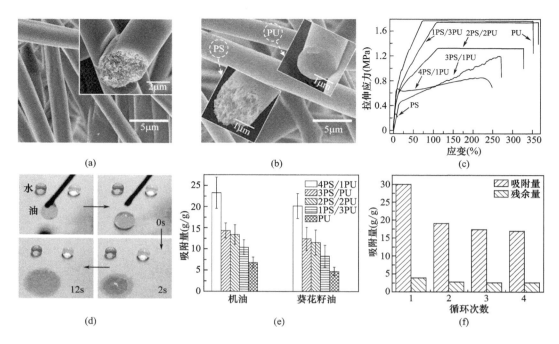

图 5-8　不同射流比例 PS/PU 复合膜的 SEM 图：（a）射流比例为 4/1；（b）射流比例为 3/1［PS 分子量：
M_w=305,000，浓度：20wt%，溶剂：THF/DMF（wt/wt）=1/4，核层 PU 纺丝液浓度为 50wt%］；
（c）不同射流比例 PS/PU 复合膜的拉伸应力—应变曲线图；（d）PS/PU 复合膜的
疏水亲油性能展示；（e）不同射流比例的 PS/PU 复合膜对机油和葵花籽油的吸附量；
（f）4PS/1PU 复合膜的重复使用性

搭接与黏结。当纤维膜中含有大量 PU 纤维时，拉伸曲线在屈服点后呈现大范围平行段
直至纤维膜断裂，这是由于拉伸过程中 PS 纤维已断裂且 PU 纤维间的黏结点被拉开而
仅有 PU 纤维承受拉伸应力所致。因此，通过多喷头混纺技术在 PS 纤维膜中混入一定
比例 PU 纤维可有效提升材料的力学性能。

为研究 PS/PU 复合膜的吸油性能，考察了水滴与油滴在其表面接触的动态过程，如
图 5-8（d）所示，水滴在材料表面呈球形稳定存在，而油滴在 12s 内迅速铺展开来，说
明 PS/PU 复合纤维膜具有良好的选择润湿性。图 5-8（e）为不同射流比的 PS/PU 复合膜
对机油和葵花籽油的吸附量，当射流比为 4/1 时，复合膜对机油和葵花籽油的吸附量分
别为 21.34g/g 和 19.63g/g，而当射流比为 1/3 时，其吸油量有所降低，分别为 10.4g/g 和
9.13g/g，纯 PU 纤维膜的吸油量最低，可以看出复合膜的吸油量随 PU 含量的增加而降低，
这是因为 PU 纤维为无孔结构，比表面积小，且纤维间相互粘连导致复合膜中黏结点数
量增加，使得纤维间孔隙减小，从而吸油量降低。图 5-8（f）为复合膜对机油的吸附量
和经挤压后膜中残余机油量随使用次数的变化情况，其初始吸油量为 30g/g，经机械挤压
后纤维膜内部仍有残留机油，残留量为 3.90g/g，这是因为吸附到纤维内部孔隙中的油无
法通过机械挤压作用释放出来。随着使用次数增加，纤维膜的吸油量和残余量逐渐减小，
这是由于复合膜部分孔隙在挤压作用下发生了不可回复形变，导致吸油空间减小。

通过多喷头混纺技术在 PS 纤维膜中引入 PU 纤维，虽然在一定程度上能够提高材
料的力学性能，但是 PU 纤维间的相互粘连与较高的堆积密度使得复合膜孔隙减小，从

125

而导致其吸油量降低。为此，通过核—壳静电纺丝技术将 PU 纤维引入到 PS 纤维内部作为力学增强体，在提升该材料力学性能的同时保持其具备较高的孔隙率，从而保证其吸油量[40]，核—壳静电纺丝装置图如图 5-9 所示。

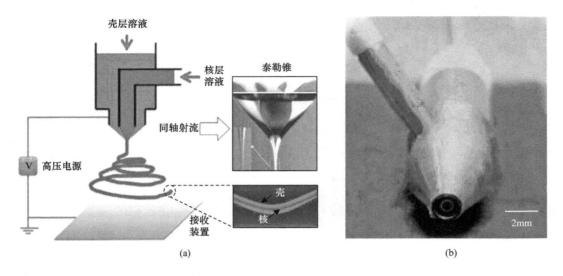

（a）   （b）

图 5-9 （a）核—壳静电纺丝装置示意图；（b）同轴静电纺丝喷头

通过研究纺丝电压对核—壳结构静电纺纤维形貌的影响，如图 5-10 中（a）所示，发现当纺丝电压为 20kV 时，纤维呈带状（平均宽度约 10μm）且表面光滑。而当纺丝电压增加到 25kV 时，纤维呈带状但表面覆盖有大量纳米级尺寸的孔，孔径 10 ~ 50nm，如图 5-10（b）和（c）所示，这是由于同轴射流所受拉伸作用增强，核层

图 5-10 不同纺丝电压下通过核—壳静电纺丝技术所制备纤维的 SEM 图：（a）纺丝电压为 20kV；（b）纺丝电压为 25kV；（c）为（b）的高倍 SEM 图；（d）为纺丝电压为 25kV 时所得纤维的 TEM 图

射流因 PU 弹性较好而可经受剧烈的拉伸作用，而壳层 PS 溶液射流无法经受强烈的拉伸作用，从而在相分离与固化过程中形成非连续多孔表面。图 5-10（d）为纺丝电压为 25kV 时所得纤维的透射电子显微镜（TEM）图，纤维中有一条阴影区域，表明纤维内部聚合物结构存在差异。

　　由于核层 PU 溶液浓度较高，PS 难以对其进行有效包覆，因此通过降低核层溶液浓度，可获得具有完整核—壳结构的 PS/PU 纤维。图 5-11（a）为核层溶液浓度为 75wt% 时所得纤维的 SEM 图，可见纤维直径明显减小，进一步降低核层溶液浓度至 50wt% 后纤维直径进一步减小，如图 5-11（b）所示。图 5-11（c）为核层聚合物溶液浓度为 50wt% 时所获纤维的 TEM 图，从图中可以看出纤维壳层与核层显示为不同的聚合物，箭头分别标出了 PS 壳层与 PU 核层的宽度。图 5-11（d）为核层溶液浓度为 50wt% 时所得纤维受力拉伸后的 SEM 图，可以发现壳层 PS 出现断裂并呈现出多孔结构而核层 PU 仍保持较好的连续性。

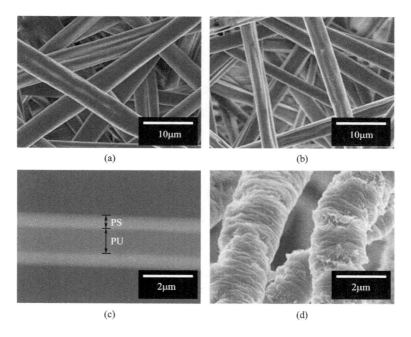

图 5-11　不同核层溶液浓度下通过核—壳静电纺丝技术所制备纤维的 SEM 图：（a）核层溶液浓度为 75wt%，（b）核层溶液浓度为 50wt%；（c）为（b）中纤维的 TEM 图片；（d）为（b）中纤维经拉伸后的 SEM 图

　　进一步通过调控壳层溶液的溶剂组成比例，可以发现当壳层溶剂为 THF/DMF = 1/3 时，复合纤维表面含有纳米级孔，这归因于高挥发性溶剂 THF 的存在使得射流表面溶剂挥发速率提高，如图 5-12（a）和（b）所示。而当壳层溶液中的溶剂为 DMF 时，壳层对核层的包覆性减弱，核—壳结构不明显，这是由于 DMF 具有低挥发性、高电导率与高介电常数[30]，其在高压静电场中的电荷携带能力较强，因而射流所受拉伸作用增强，破坏了壳层溶液对核层溶液的包覆作用，最终导致复合射流产生分裂，如图 5-12（c）和（d）所示。

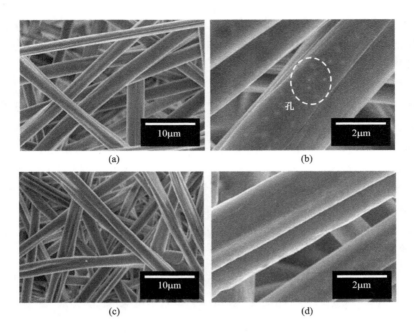

图 5-12 不同壳层溶液下通过核—壳静电纺丝技术所制备纤维的 SEM 图：（a）壳层溶液中溶剂组成
为 THF/DMF（wt/wt）=1/3；（b）为（a）的高倍 SEM 图；（c）壳层溶液中溶剂为 DMF；
（d）为（c）的高倍 SEM 图

　　图 5-13（a）和（b）分别为不同纺丝参数条件下，所得 PS/PU 纳米纤维膜的 N_2 吸附—脱附曲线及孔径分布图，从图中可以看出纤维膜中存在介孔和大孔，当壳层溶液中 THF 含量较高时，所得纤维膜的 N_2 吸附量比壳层溶液中溶剂为 DMF 时的高，且由图 5-13（b）可知前者的孔径尺寸范围与孔数量均高于后者，相应纤维膜的孔结构参数见表 5-3。

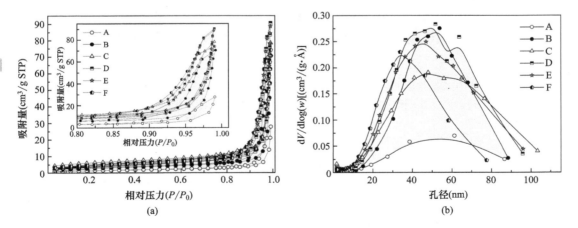

图 5-13 （a）PS/PU 纳米纤维膜的 N_2 吸附—脱附等温线；（b）由 BJH 法得到的
纤维膜孔径分布（样品 A ~ F 见表 5-3）

表 5-3　PS/PU 纳米纤维膜的加工参数及孔结构参数

样品	电压 （kV）	核层溶液浓度 （wt% PU）	壳层溶剂组成 DMF/THF（wt/wt）	比表面积 （m²/g）	孔体积 （cm³/g）	平均孔径 （nm）
A	20	100	1/4	6.10	0.043	29.27
B	25	100	1/4	10.99	0.109	37.91
C	25	75	1/4	15.02	0.120	34.37
D	25	50	1/4	19.57	0.139	24.47
E	25	50	1/3	18.43	0.138	28.25
F	20	50	1/0	15.72	0.114	27.79

　　图 5-14（a）为通过不同纺丝条件制备的 PS/PU 复合纤维膜的拉伸应力—应变曲线，与纯 PS 纤维膜相比复合膜的屈服点大幅提高，断裂强度为 PS 纤维膜的 4 ~ 6 倍，且断裂伸长率均在 50% 以上，为 PS 纤维膜的 10 ~ 50 倍。复合膜在拉伸过程中首先表现出胡克变形行为，这是由于纤维间产生了相对滑移，经过屈服点后纤维膜表现出塑性变

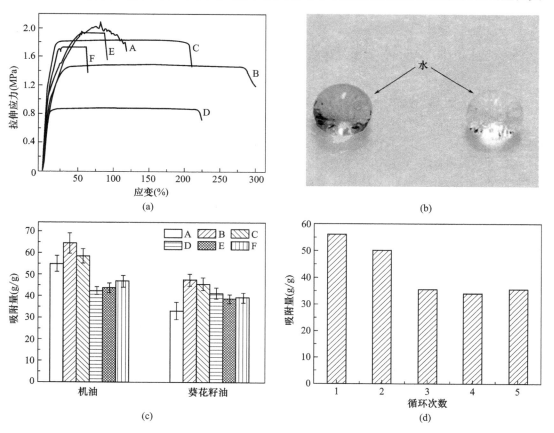

(a)

(b)

(c)

(d)

图 5-14　（a）PS/PU 复合纤维膜的拉伸应力—应变曲线图；（b）PS/PU 复合纤维膜的疏水性能展示（样品为表 5-3 中的 B）；（c）不同纺丝条件下获得的纤维膜对机油和葵花籽油的吸附量（样品编号 A、B、C、D、E、F 参见表 5-3 的说明）；（d）PS/PU 复合纤维膜对机油的吸附量随使用次数变化的关系图（样品为表 5-3 中的 B）

形行为，在恒应力作用下伸长不断增加直至断裂。表明通过引入 PU 作为纤维核层可以有效改善 PS 纳米纤维的力学性能。

进一步对所得 PS/PU 复合膜的选择润湿性进行了表征，如图 5-14（b）所示所得复合纤维膜具有稳定的疏水性能，这对于提高材料的吸附选择性至关重要。图 5-14（c）为不同纺丝条件下所制备的复合膜对机油和葵花籽油的吸附量，可以发现样品 A、B、C 的吸附量高于 D、E、F，这是由于纤维集合体结构差异而导致的，前者纺丝液中 PU 浓度较高，其收缩性大而 PS 收缩性较小，使得纤维堆积密度小，因而纤维集合体呈蓬松状，而后者纺丝液中 PU 浓度较低，单纤维中 PU 含量降低，其良好的弹性使得纤维堆积密度变大，从而纤维集合体因蓬松性变差而呈膜状，蓬松结构纤维集合体相比于纤维膜具有更高的吸油量。同时可以发现样品 A 与 B 的纤维尺寸差异不大，但后者吸油量高于前者，这是因为后者的比表面积与孔体积较大。因此，由高比表面积、高孔体积的纤维构成的蓬松结构纤维集合体具有更高的吸油量。图 5-14（d）为复合膜的吸油量随使用次数的变化情况，可以看出材料的初始吸油量为 56.06g/g，受挤压后相同吸附时间内其吸油量降至 50.07g/g，但随着使用次数增加其吸油量并没有大幅度下降，使用 5 次后纤维膜的吸油量为 35.54g/g，仍为非织造布吸油棉的 3 ~ 5 倍。

5.3 油品除水用纳米纤维材料

浮油吸附材料虽然具有较高的吸油量，可实现对海面大面积浮油的原位快速吸附，但对于油中含有的少量水分，却难以有效去除。目前，在常用的油品除水方法中，膜分离法因其操作简单、能耗低、无二次污染等优势，成为油水分离研究的重要方向[41-42]。

要实现对油多水少型混合物体系的分离，要求膜材料具有良好的疏水—亲油性[43]。疏水—亲油型油水分离膜一般指超疏水—超亲油分离膜，即膜材料表面与水的静态接触角大于 150°，滚动角小于 5° 且与油的静态接触角小于 5°，其必须具备以下两个条件：一是表面具有低表面能物质；二是表面具有微纳多级粗糙结构[44]。当前制备超疏水材料主要通过两种途径：一是在材料表面构筑微纳多级粗糙结构后修饰低表面能物质；二是在低表面能的材料表面构造微纳多级粗糙结构[45-48]。

5.3.1 多级结构醋酸纤维素（CA）基纳米纤维膜

在该研究中，以 CA 为原料，首先通过静电纺丝技术制备出 CA 纳米纤维膜，随后通过浸渍表面改性将具有低表面能的氟化苯并噁嗪单体（BAF-tfa）和疏水 SiO₂ 纳米颗粒（SNP）引入到纤维膜表面，在 190℃真空条件下使 BAF-tfa 单体在纤维表面发生原位熔融黏结—交联聚合反应，形成氟化聚苯并噁嗪（F-PBZ）功能层，其将 SiO₂ 纳米颗粒牢固黏结在纤维表面，使得纤维膜具有微纳多级粗糙结构[49]，如图 5-15 所示。该材料被命名为 FCA-x/SNP-y 纤维膜，其中 x 为 BAF-tfa 的浓度，y 为 SiO₂ 纳米颗粒的浓度。

通过调控 SiO₂ 纳米颗粒含量，可以发现纤维膜的静态水接触角（WCA）随颗粒含量增多而逐渐增大，且滞后角与滚动角逐渐减小。FCA-1/SNP 纳米纤维膜的场发射扫描电子显微镜（FE-SEM）图片与水接触角如图 5-16 所示，当颗粒含量为 1.0% 和 2.0% 时，

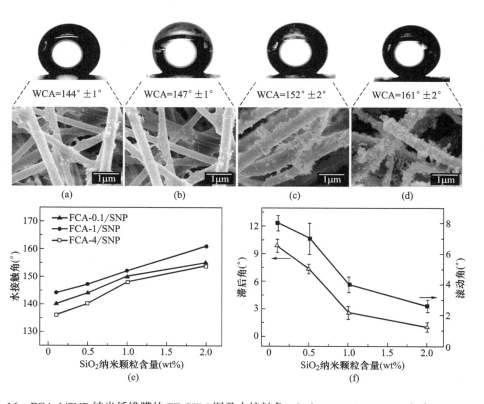

图 5-15　FCA/SNP 纳米纤维膜的制备流程示意图

图 5-16　FCA-1/SNP 纳米纤维膜的 FE-SEM 图及水接触角：（a）FCA-1/SNP-0.1；（b）FCA-1/SNP-0.5；（c）FCA-1/SNP-1；（d）FCA-1/SNP-2；（e）SiO₂ 纳米颗粒含量对表面改性 CA 纳米纤维膜水接触角的影响；（f）SiO₂ 纳米颗粒含量对表面改性 CA 纳米纤维膜滞后角与滚动角的影响

纤维膜的水接触角分别高达 152° 和 161° 而展现出超疏水性，这是因为 SiO_2 纳米颗粒含量增加使得纤维表面产生更多微纳米级乳突，从而大幅增大了所得纤维膜的表面粗糙度。

由于所得膜材料具有超疏水—超亲油特性，当油水混合物接触到膜表面时，油相在毛细亲油力驱动下，快速从纤维膜孔隙中渗透而水相被完全截留，从而实现油水分离。图 5-17 为 FCA-1/SNP-2 纤维膜的油水分离过程图片，图 5-17（a）表明实验采用的油水混合物为 200g 体积比为 1/1 的油（二氯甲烷）水混合体系，油水呈分相体系（下层为油相，上层为水相），FCA-1/SNP-2 纤维膜被固定在玻璃管与烧杯之间。测试时，将油水混合液从上方玻璃管倒入后，油迅速地从纤维膜上部渗流至下方烧杯中，而水仍然被截留在纤维膜上部的玻璃管内，整个分离过程仅靠重力驱动，且在 30s 内即实现了油相与水相的完全分离，如图 5-17（b）和（c）所示，该纤维膜在工业污油和水面漏油治理等领域具有广阔的应用前景。

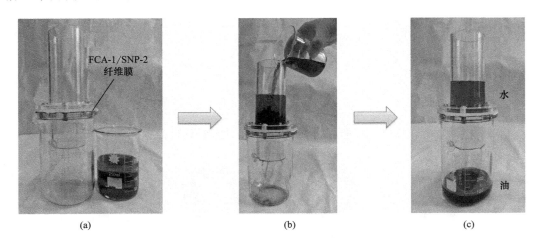

图 5-17　FCA-1/SNP-2 纳米纤维膜的油水分离图：（a）分离前；（b）分离时；（c）分离后

5.3.2　多级结构 PMIA 基纳米纤维膜

为实现静电纺纤维膜在水面油污、工业含油废水、油品除水等领域的实际应用，必须要解决其力学性能差、耐温性不好的问题。此外，作者以聚间苯二甲酰间苯二胺（PMIA）为纺丝原料，并在纺丝液中添加碳纳米管（CNTs），一步制备出了具有优异力学性能的纳米纤维膜，并进一步通过浸渍改性方法将自主合成的氟化苯并噁嗪（BAF-oda）单体与疏水性 SiO_2 纳米颗粒引入到纤维表面，在 200℃真空条件下实现 BAF-oda 单体在纤维表面的原位熔融黏结—交联聚合反应而形成疏水 F-PBZ 功能层，其可将 SiO_2 纳米颗粒牢固黏结在纤维表面，大幅提高了纤维膜的表面粗糙度，从而实现了材料由一般疏水性向超疏水性的转变[50]，如图 5-18（a）所示。该材料被命名为 FPMIA-x/SNPs-y 纤维膜，其中 x 为 BAF-oda 的浓度，y 为 SiO_2 纳米颗粒的浓度。图 5-18（b）为多级结构 PMIA 基纳米纤维膜的 SEM 图，可明显看出 SiO_2 纳米颗粒被牢固地黏结在纤维表面形成微纳多级粗糙结构。

图 5-18（c）为 PMIA/CNTs 原膜，FPMIA-1 纤维膜，FPMIA-1/SNPs-2 纤维膜和经过 300℃处理 10min 后 FPMIA-1/SNPs-2 纤维膜的拉伸应力—应变曲线，可以看出所有

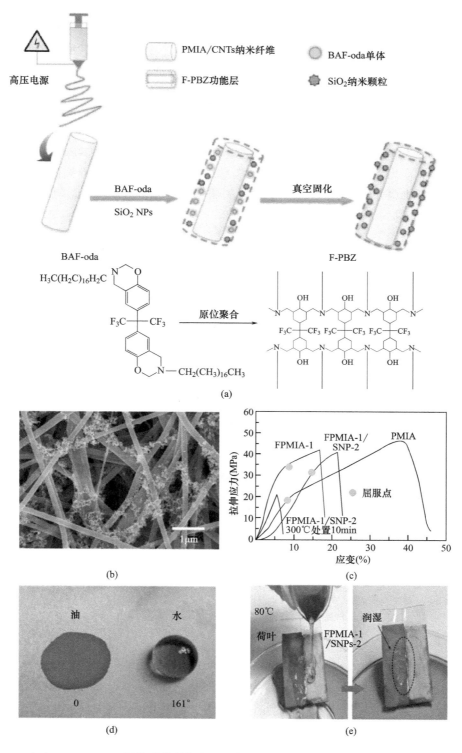

图 5-18 （a）FPMIA/SNPs 纤维膜的制备流程示意图；（b）FPMIA-1/SNPs-2 纤维膜的 SEM 图；（c）纤维膜的拉伸应力—应变曲线图：PMIA/CNTs，FPMIA-1，FPMIA-1/SNPs-2 和经过 300℃处理 10min 的 FPMIA-1/SNPs-2 纤维膜；（d）FPMIA-1/SNPs-2 纤维膜的润湿性能展示；（e）FPMIA-1/SNPs-2 纤维膜和荷叶在 80℃水下的表面润湿性对比

纤维膜的拉伸曲线均由两部分组成，第一部分为非线性弹性区域，其主要是由于纤维在拉伸力作用下发生取向所导致的，随着拉伸作用力的进一步增大，纤维膜进入第二部分线性弹性区域直至断裂，可见 PMIA/CNTs 原膜强度高达 46.7MPa，断裂伸长率达 46%，力学性能较好。而经 F-PBZ 改性后相应纤维膜的拉伸断裂强度稍有降低，其拉伸曲线中非线性区明显高于原膜，且线性区的断裂伸长率减小，这是因为经 F-PBZ 修饰后，纤维间产生粘连结构，使其在拉伸过程中难以发生取向，且纤维不易产生滑移，从而导致纤维膜断裂伸长率降低。而由于 SiO_2 纳米颗粒含量增加，FPMIA-1/SNPs-2 纤维间的粘连程度减小，其受力拉伸取向与相对滑移的概率增大，从而非线性区断裂伸长率增大。为了测试所得纤维膜力学性能的热稳定性，通过将 FPMIA-1/SNPs-2 纤维膜放置在 300℃烘箱中处理 10min 后，测试其断裂强度为 21MPa，但仍然优于大部分静电纺纤维膜，表明其具有良好的热力学稳定性。FPMIA-1/SNPs-2 纤维膜的表面润湿性如图 5-18（d）所示，其油接触角为 0，水接触角高达 161°，展现出超疏水—超亲油特性，在 80℃热水环境下，纤维膜仍然能够保持较高的超疏水性，如图 5-18（e）所示，表明其具备较好的热稳定性，而相同条件下荷叶的疏水性急剧下降，表明该纤维膜具有良好的耐热水性。

图 5-19 展示了所得纤维膜的油水分离性能，油水混合液经纤维膜分离后，水相被截留在膜材料上部，而油相则快速渗流，实现了对油水混合物的高效分离，分离通量高达 3311L/（$m^2 \cdot h$）。该材料因具有较好的力学性能与热稳定性，在极端环境下具有巨大的应用潜力。

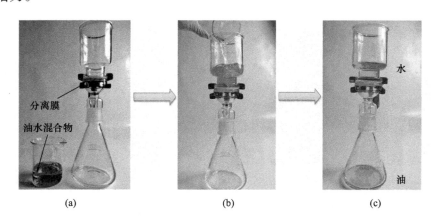

图 5-19　FPMIA-1/SNPs-2 纤维膜的油水分离图：（a）分离前；（b）分离时；（c）分离后

5.3.3　多级结构 SiO_2 基纳米纤维膜

上述多级结构纳米纤维膜材料均实现了对两相油水混合物的分离，但油中乳化水因具有粒径小、存在形式稳定等特征而难以有效去除，因此，对油中乳化水的处理仍是当前油水分离领域的难题[48]。为此，以 SiO_2 纳米纤维膜（SNF）为基体，利用氟化苯并噁嗪（BAF-CHO）/Al_2O_3 NPs 混合液对其进行浸渍改性处理，纤维表面的 BAF-CHO 单体在 200℃条件下发生原位开环聚合反应[51]，如图 5-20（a）所示，将该材料命名为 F-SNF/Al_2O_3 NPs 纤维膜。图 5-20（b）为原位聚合改性后纤维膜的 SEM 图，可以看出纤维间产生粘连结构且 Al_2O_3 纳米颗粒充分黏结在纤维表面，低表面能 F-PBZ 功能层与

Al$_2$O$_3$ 纳米颗粒的协同作用使得该纤维膜表现出超亲油—超疏水特性，其油接触角为 0，水接触角高达 161°，如图 5-20（c）所示。

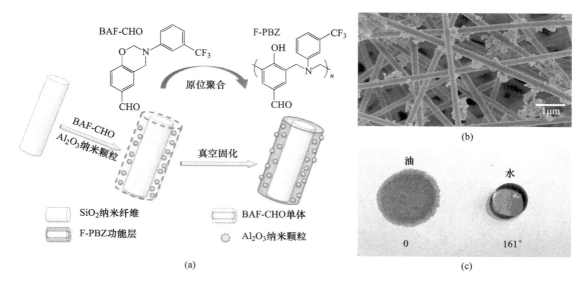

(a)

(b)

(c)

图 5-20　（a）F-SNF/Al$_2$O$_3$ NPs 纤维膜的制备流程示意图；（b）F-SNF/Al$_2$O$_3$ NPs 纳米纤维膜的 SEM 图；（c）F-SNF/Al$_2$O$_3$ NPs 纳米纤维膜的疏水亲油性能展示

与 F-SNF 纤维膜相比，F-SNF/Al$_2$O$_3$ NPs 纤维膜具有更加优异的疏水性能，如图 5-21（a）和（b）所示，将 3μL 水滴分别滴在 F-SNF 纤维膜与 F-SNF/Al$_2$O$_3$ NPs 纤维膜表面，从图中可以看出两者表面水滴的体积均随时间延长而逐渐变小，这是由于水滴蒸发而导致，同时 F-SNF 纤维膜表面的水滴逐渐渗入到膜内部，而 F-SNF/Al$_2$O$_3$ NPs 纤维膜表面无水滴渗入现象发生，表明 F-SNF/Al$_2$O$_3$ NPs 纤维膜具有优异的疏水性能。从图 5-21（c）和（d）中可以看出 F-SNF 纤维膜的接触线长基本保持不变，水接触角不断变小，而 F-SNF/Al$_2$O$_3$ NPs 纤维膜的接触线长（WCL）不断变小且水接触角始终保持在 150° 以上，表明 F-SNF/Al$_2$O$_3$ NPs 纤维膜具有优异的超疏水性。

为实现静电纺纤维膜对油水乳液的高效高通量分离，其必须具备小孔径、高孔隙率以及较好的孔道连通性。利用 N$_2$ 吸附法对纤维膜的孔结构进行分析，F-SNF 纤维膜与 F-SNF/Al$_2$O$_3$ NPs 纤维膜的 N$_2$ 吸附—脱附曲线及孔径分布如图 5-22 所示，从图 5-22（a）

135

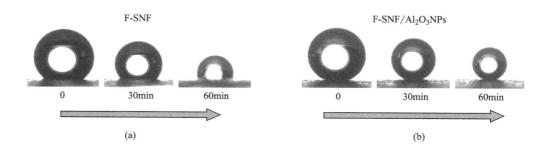

F-SNF

F-SNF/Al$_2$O$_3$NPs

0　　　　30min　　　　60min　　　　　　0　　　　30min　　　　60min

(a)　　　　　　　　　　　　　　　　　　(b)

图 5-21

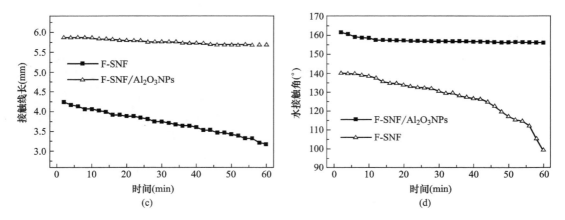

图 5-21 （a）F-SNF 纤维膜表面的水滴随时间变化的光学照片；（b）F-SNF/Al₂O₃ NPs 纤维膜表面的
水滴随时间变化的光学照片；（c）F-SNF 和 F-SNF/Al₂O₃ NPs 纤维膜的接触线长随时间的变化；
（d）F-SNF 和 F-SNF/Al₂O₃ NPs 纳米纤维膜水接触角随时间的变化

中可以看出，F-SNF/Al₂O₃ NPs 纤维膜的 N_2 吸附量远高于 F-SNF 纤维膜，且材料表现出介孔吸附特性，低压区吸附曲线较为平缓，这一阶段为介孔表面单层吸附，而随着压力逐渐升高，中压区吸附曲线平稳上升，这一阶段为多孔表面上的多层吸附，而高压区吸附曲线陡增，这一阶段为介孔表面的毛细凝聚过程，滞后环较为陡直，表明纤维膜中的介孔为通孔结构且孔尺寸较为均一[52]。针对材料的介孔结构特性，以 BJH 模型来计算材料的孔径分布，从图 5-22（b）中可以看出，F-SNF/Al₂O₃ NPs 纤维膜的孔大多分布在 2 ~ 80nm 且形成一个以 31nm 左右为中心的峰，而 F-SNF 纤维膜的孔径分布曲线较为平缓，说明材料中的介孔结构相对较少。

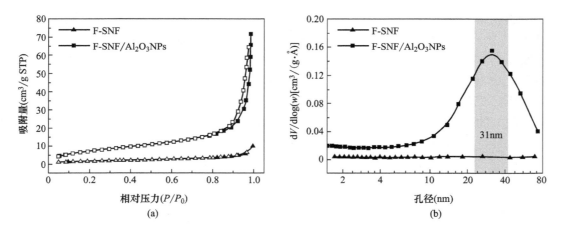

图 5-22 （a）F-SNF/Al₂O₃NPs 纳米纤维膜的 N_2 吸附—脱附等温线图；
（b）由 BJH 法得到的纤维膜孔径分布

基于 F-SNF/Al₂O₃ NPs 纤维膜的介孔结构与通孔结构特性，将其用于油包水乳液分离，浑浊的乳液经纤维膜分离后呈澄清透明状，如图 5-23（a）所示。从光学显微镜图中可以看出，分离前乳液中均匀分散着粒径 2 ~ 5μm 的乳化水，分离后在光学显微镜中已无法观测到乳粒的存在，如图 5-23（b）所示，表明 F-SNF/Al$_2$O$_3$ NPs 纤维膜对油包水乳液具有优异的分离性能，其分离通量高达 892L/（m^2·h）。

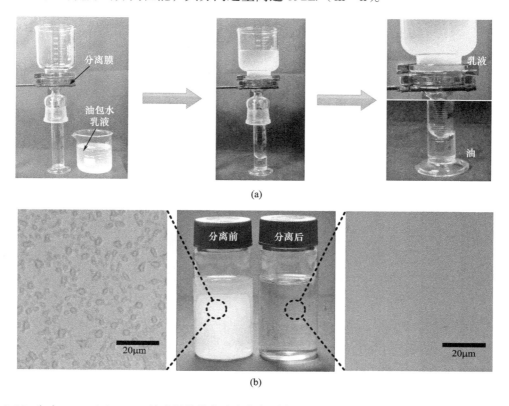

(a)

(b)

图 5-23　（a）F-SNF/Al$_2$O$_3$NPs 纳米纤维膜的油水分离图片；（b）乳液分离前（左）和分离后（右）的光学照片与显微镜图片对比

5.4　含油污水净化用纳米纤维材料

亲水—疏油型分离膜能够滤除水中的油组分，是含油污水处理常用的有效方法。根据制备方法和膜结构类型，目前，静电纺亲水—疏油型分离膜主要分为单层膜和多层复合膜两种类型。

5.4.1　单层结构超亲水—疏油型纳米纤维膜

受自然界生物自身疏油性能的启发（如鱼鳞、海草表皮等），研究人员通过对纤维表面进行亲水改性和构筑微/纳多级粗糙结构可以制备出超亲水—水下超疏油型静电纺纤维膜材料[53]。与高分子聚合物相比，陶瓷纳米纤维膜因具有较高的表面能，稳定的化学性能及良好的抗污性能而在油水分离领域展现出潜在的优势。如图 5-24 所示，以静电纺 SiO$_2$ 纳米纤维为基材，以醛化苯并噁嗪（BA-CHO）为原位聚合单体，并将 SiO$_2$ 纳米颗粒引入到纤维膜中以构筑出纳米级粗糙度[54]。首先通过对静电纺 SiO$_2$/PVA 杂化纤维进行煅烧制备出 SiO$_2$ 纳米纤维，然后将纤维膜浸入含有 1wt% 的 BA-CHO 和不同浓

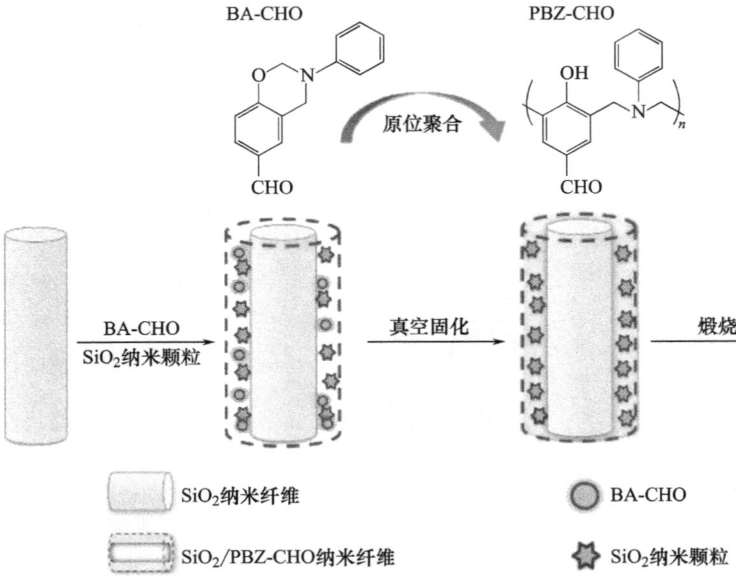

图 5-24　超润湿性 SiO_2 纳米纤维膜的制备流程示意图

度（0、0.01wt%、0.1wt%、0.5wt%、1wt% 和 2wt%）SiO_2 纳米颗粒的丙酮溶液中，随后在烘箱中烘干 30min。接着，在真空环境下 220℃加热 1h 使 BA-CHO 单体在纤维表面发生原位聚合反应，从而形成含有 SiO_2 纳米颗粒的聚苯并噁嗪（PBZ-CHO）层，最后将复合膜在 N_2 氛围下 850℃煅烧得到具有多级孔结构的 SiO_2 纳米颗粒 /SiO_2 纳米纤维膜。

　　添加不同含量 SiO_2 纳米颗粒的 SiO_2 纤维膜的 FE-SEM 图如图 5-25 所示，从图中可以看出，SiO_2 纳米颗粒主要附着在 SiO_2/PBZ-CHO 纤维表面，少量出现在纳米纤维间隙，并且随着颗粒含量增加，纤维表面粗糙度随之增加。当 SiO_2 纳米颗粒含量大于 2wt% 时，颗粒严重团聚并逐渐填充纤维膜的孔隙，反而使纤维膜粗糙度下降。

　　随后研究了 SiO_2 纳米颗粒含量对纤维膜润湿性的影响，根据 Wenzel 和 Cassie 模型，通过在表面构筑多级粗糙结构会使亲水界面变得更亲水，疏水界面变得更加疏水[55]。由于在水下纤维膜孔中滞留的空气会被水取代，所以这个理论对于水下疏油界面也是适用的。从图 5-26（a）中可以看到，随 SiO_2 纳米颗粒含量的增加，纤维膜的水下油接触角逐渐增加至 161°，达到水下超疏油效果。

　　为了进一步研究纤维膜的动态润湿行为，采用高速摄像系统来记录液滴的渗透与黏附过程。如图 5-26（b）上图所示，当 3μL 的水滴接触纤维膜时，水滴迅速渗透纤维膜，并且其接触角约为 0，整个润湿过程仅用时 120ms，表明其具有超亲水性。同时，纤维膜也展现出了较好的水下抗油黏附性能，图 5-26（b）下图展示了 3μL 的油滴（二氯甲烷）接触和离开纤维膜表面时的光学照片，通过挤压油滴使其充分接触纤维膜表面并产生明显变形，然后再将油滴提起，可以看出油滴离开纤维膜表面时几乎无变形现象发生，证明了该材料极低的水下油黏附性。

　　为测试纤维膜对水包油乳液的分离能力，配制了含表面活性剂（Tween 80）的水包油型模拟乳液。如图 5-27（a）所示，将复合膜水平放置在一个玻璃直管和锥形瓶接口

图 5-25　添加不同含量 SiO_2 纳米颗粒的 SiO_2 纤维膜的 FE-SEM 图:(a)0;(b)0.01wt%;
(c)0.1wt%;(d)0.5wt%;(e)1wt%;(f)2wt%

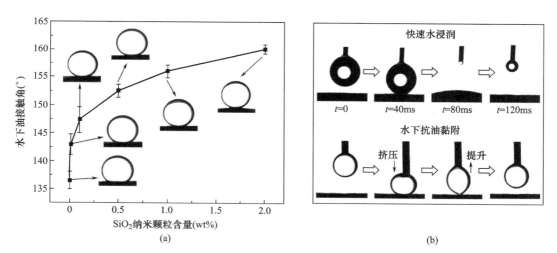

图 5-26　(a)添加 0,0.01wt%,0.1wt%,0.5wt%,1wt% 和 2wt% 浓度 SiO_2 纳米颗粒的纤维膜的水
下油接触角;(b)纤维膜的水浸润高速摄像照片(上)和动态水下抗油黏附性能展示(下)

处,然后将 200mL 水包油乳液倒入玻璃管内,可以看出水迅速从纤维膜上部渗透至下方的锥形瓶中,同时乳液接触纤维膜后发生反乳化使得油滴被拦截在纤维膜上部,且整个分离过程均在自身重力驱动下进行而不需要任何外部驱动压力。从滤液的显微镜图片中可以看到几乎没有乳化油滴的存在,表明纤维膜对乳液具有较高的分离效率。同时,纤维膜对水包油乳液的分离通量高达(2237±180)L/(m²·h),该通量比传统分离膜高出一个数量级。循环使用性能是膜材料油水分离性能的重要评价指标之一,图 5-27(b)

为纤维膜经 10 次循环后的分离通量，可以看出 10 次循环后纤维膜的分离通量基本保持稳定，表明其具有良好的循环使用性能。此外，得益于无机材料的耐高温特性，纤维膜展现出优异的热稳定性，其水下油接触角在 600℃热处理 10min 后几乎没有变化，表明该纤维膜具有在高温极端条件下应用的潜力［图 5-27（c）］。

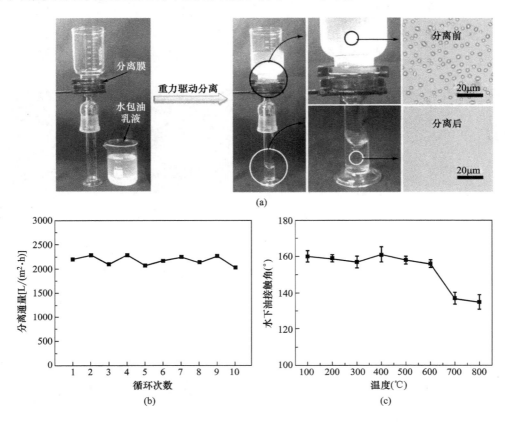

图 5-27 （a）仅靠重力作用下使用复合膜分离水包油乳液的过程示意图；（b）纤维膜的循环使用性能；（c）不同温度处理后纤维膜水下油接触角的稳定性能

　　随后通过将 NiFe$_2$O$_4$ 纳米颗粒引入 SiO$_2$ 纳米纤维（SNF）膜中制备出磁性纳米纤维膜，赋予了分离膜材料多功能性[56]。磁性纳米纤维膜的制备过程如图 5-28（a）所示，首先通过对 SiO$_2$/PVA 杂化纳米纤维膜进行高温煅烧得到静电纺 SiO$_2$ 纳米纤维膜，接着将其浸渍于含有 FeCl$_3$、NiCl$_2$（Fe/Ni 的摩尔比为 2/1）和明胶（质量分数为 2wt%）的混合水溶液中，随后将纤维膜放入烘箱中干燥，继而采用 400W 功率的微波炉对其进行微波交联处理，使得纤维表面形成含有金属盐的交联明胶层，最后将纤维膜在 N$_2$ 氛围中 750℃煅烧得到磁性 NiFe$_2$O$_4$@SNF 膜。

　　图 5-28（b）~（d）为 SNF、明胶 /SNF、NiFe$_2$O$_4$@SNF 的 FE-SEM 图，可以看出平均直径为 215nm 的 SiO$_2$ 纤维在平面内随机取向，并且紧密堆积使得 SNF 膜呈现出二维的非织造布形式［图 5-28（b）］。经明胶溶液处理后，纤维间出现明显的粘连现象且纤维直径增加至 248nm［图 5-28（c）］，这是因为微波处理后明胶发生交联，从而形成了互粘网络结构。煅烧后纤维搭接处的粘连现象消失，同时纤维表面原位生长出 NiFe$_2$O$_4$

纳米颗粒[57][图 5-28（d）]，这是由于明胶分子链上的氨基和羧基能够与金属离子产生螯合作用[58]。在浸渍过程中，明胶不仅是 Fe^{3+} 和 Ni^{2+} 的良载体，还扮演了固定剂的角色，使 Fe^{3+} 和 Ni^{2+} 均匀分布于纤维表面[59]。而在煅烧过程中，金属盐离子在明胶中的均匀分布为磁性颗粒的成核—生长创造了有利条件，一方面有利于控制晶体的生长速率，使得晶粒尺寸均一化；另一方面有助于明胶分解后磁性颗粒在纤维表面的均匀分布[60]。

为了进一步观察磁性纳米颗粒的形貌，采用 TEM 和高分辨率透射电子显微镜（HRTEM）对其进行表征。图 5-28（e）为纤维的 TEM 图片，可以清晰地看到 $NiFe_2O_4$ 纳米颗粒均匀镶嵌在纤维表面，使得纤维的表面粗糙度明显提升。图 5-28（f）为图 5-28（e）中标注区域的 HRTEM 图片，可以发现纳米颗粒上具有明显的晶格条纹，其晶格间距为 0.24nm，对比标准卡片可得该晶面为 $NiFe_2O_4$ 晶体立方晶系的（311）晶面[57, 61]。随后利用能量色散 X 射线光谱仪（EDX）对纤维膜的元素组成进行半定量分

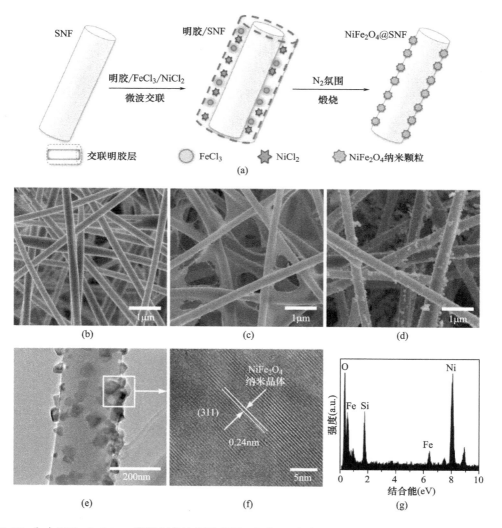

图 5-28 （a）$NiFe_2O_4@SNF$ 膜的制备流程示意图；（b）~（d）SNF、明胶 /SNF 和 $NiFe_2O_4@SNF$ 膜的 FE-SEM 图；（e）$NiFe_2O_4@SNF$ 膜的 TEM 图；（f）为（e）中标注区域的 HRTEM 图；（g）$NiFe_2O_4@SNF$ 膜的 EDX 能谱

析，如图 5-28（g）所示，纤维上存在 Si、O、Fe、Ni 四种元素，且通过计算得到纤维上 NiFe$_2$O$_4$ 纳米颗粒的含量约为 31.6wt%。

图 5-29（a）为纤维膜的磁响应性能展示图，用镊子夹住长 3cm、宽 3mm 的纤维膜的一端，并将其置于磁铁正下方保持不动，随后左移纤维膜，发现纤维膜另一端向磁铁方向发生柔性弯曲，当右移纤维膜时其另一端向磁铁方向发生 180° 弯曲。将镊子松开后，被释放的纤维膜牢牢地吸附于磁铁上，由此可见，NiFe$_2$O$_4$@SNF 膜具有良好的磁性。图 5-29（b）为纤维膜的磁滞回线，由图可知，这是一条非线性的磁滞回线，在 -1000 ~ 1000 Oe 范围内[57]，磁化强度随着外加磁场强度的增大而增大；在此区间外，磁化强度基本不变，已达到饱和值，为典型的铁磁性物质磁滞曲线；并且两条磁化曲线几乎重合，只存在一个非常小的闭环，因此是具有微弱磁滞现象的可逆磁滞回线。此外，由于纤维膜中磁性颗粒含量较高（31.6wt%），使其饱和磁化强度达到了 13.7emu/g。据此推算，所制备的 NiFe$_2$O$_4$ 颗粒的比饱和磁化强度为 43.4emu/g，其与通过奈尔晶格方法计算得到的理论值 50emu/g 十分接近[57]。

随后研究了 NiFe$_2$O$_4$@SiO$_2$ 纳米纤维膜的选择润湿性，由于纤维膜表面含有大量高表面能的羟基，使其在空气中表现出超双亲性，其水接触角和油接触角均约为 0[62]，同时纤维膜一旦浸入水中就表现出疏油性能，其水下油接触角为 145°［图 5-29（c）］，

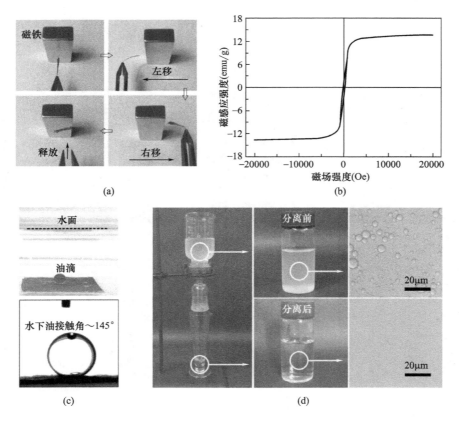

图 5-29 （a）NiFe$_2$O$_4$@SNF 膜的磁响应性能展示图；（b）NiFe$_2$O$_4$@SNF 膜的磁滞回线；
（c）水中 NiFe$_2$O$_4$@SNF 膜表面的油滴（上）和水下油滴接触形态（下）；
（d）乳液分离前后的光学照片与显微镜图片对比

表明该材料具有良好的选择润湿特性。纤维膜的高孔隙率与连通孔道结构为液体输运提供了大量的微孔通道，为其在油水乳液高通量分离方面提供了有利条件。图 5–29（d）展示了纤维膜对含表面活性剂的水包油乳液的重力驱动分离过程，从图中可以看出水迅速地穿过纤维膜流入锥形量筒，而油则被截留在纤维膜上部，通过光学显微镜对锥形量筒中的滤液进行观察，发现滤液中没有乳化油粒，说明纤维膜对小粒径（1 ~ 10μm）的油粒具有较高的分离效率，且纤维膜的分离通量高达（1580 ± 106）L/（m² · h），明显高于其他外力驱动下的分离膜材料[63]。因此，该磁性纳米纤维膜材料提高了分离膜材料在油水分离领域的可操控性，就节能和环保方面而言，该纤维膜在油水分离领域具有极大的应用优势。

5.4.2　多层结构超亲水—疏油型纳米纤维膜

由于常规静电纺纤维膜的孔径多处于微米级别，其无法实现对水中纳米级微小油滴的有效分离。为此，通过在纤维膜表面进一步构筑孔径小且具有高油 / 水选择润湿性的分离层可提高该材料的分离精度。如图 5–30 所示，首先以 PAN/ 聚乙二醇（PEG）纤维膜（PG 纳米纤维膜）为基底，通过原位交联的方法在其表面构筑出聚乙烯醇二丙烯酸酯（PEGDA）/PEO 分离层，得到 x-PEGDA@PG 复合纳米纤维膜[64]，根据复合膜中的 PAN 含量将其记作 x-PEGDA@PG-a（awt% 为 PAN 含量）。PEGDA@PG-8 和交联后 x-PEGDA@PG-8 纳米纤维膜的 FE-SEM 图如图 5–31（a）和（b）所示，PEGDA@PG-8 纳米纤维间产生粘连（平均直径 313nm），这是由于溶剂不完全挥发而导致的，从图 5–31（b）中可以看出纤维直径增加至 377nm 且大多纤维间孔隙被填满，表明纤维膜中的 PEGDA 发生了原位交联反应。

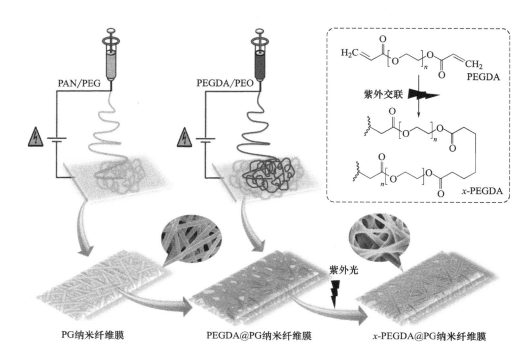

图 5–30　x-PEGDA@PG 纳米纤维膜的制备流程示意图

纳米纤维膜的孔径、孔径分布和孔隙率是影响油水分离性能的重要因素[65]。图 5–31（c）是采用毛细管流动法测得的 x-PEGDA@PG-8、x-PEGDA@PG-10 和 x-PEGDA@PG-12 的孔径分布图，从图中可以看出，所有纤维膜的孔径均在 1.5 ~ 2.4μm，且随着 PAN 含量的减小，纤维膜的平均孔径略有减小，小孔径可以更好地拦截乳液中的油滴从而有利于提高其油水分离效率。为了探讨纤维膜的动态润湿行为，采用高速摄像机来记录液滴的吸附、浸润过程，如图 5–31（d）所示。当水滴（3μL）接触到 x-PEGDA@PG-8 复合膜时，其在 1s 内迅速浸润纤维膜，反之，当油滴（3μL）接触经水浸润后的 x-PEGDA@PG-8 复合膜时，纤维膜显示出疏油性，其油接触角为 108° 且持续 60s 后几乎没有降低，这是由于交联后的 x-PEGDA 层不仅具有超亲水性还具有一定的持水性，水充分附着在纤维膜间隙中从而使得分离层具有良好的抗油污性能。

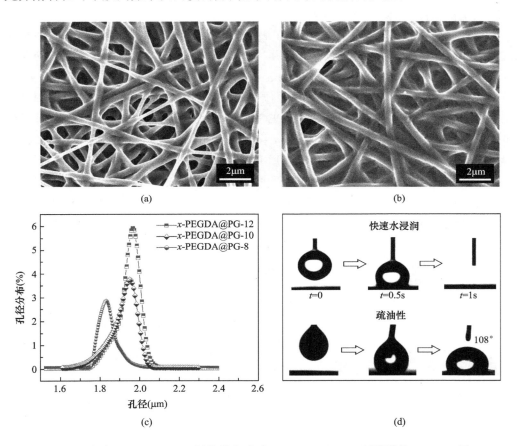

图 5–31　（a）PEGDA@PG-8 纤维膜和（b）x-PEGDA@PG-8 纤维膜的 FE-SEM 图；
（c）由毛细流动法测得的 x-PEGDA@PG-8、x-PEGDA@PG-10 和 x-PEGDA@PG-12 纤维膜的孔径分布图；（d）x-PEGDA@PG-8 纤维膜的水浸润高速摄像照片及预浸润后在空气中的油接触角

图 5–32（a）为所制备复合膜的油水分离性能，可以看出对于油水混合物而言，所有类型的复合膜均具有较高的分离效率，滤液的总有机碳（TOC）含量均低于 26ppm，这是由于混合物中油滴粒径相对较大，被拦截在 x-PEGDA@PG 纤维膜上。对于水包油乳液而言，滤液中的 TOC 含量都在 60ppm 左右，这是因为乳液中存在着部分极小粒径

的乳化油粒。随后，在没有基材、以涤纶织物为基材和以 PP 非织造布为基材三种测试条件下，对 *x*-PEGDA@PG-8、*x*-PEGDA@PG-10 和 *x*-PEGDA@PG-12 的分离通量进行测试，其分离通量远远超过了商用超滤膜[66]，如图 5-32（b）所示。

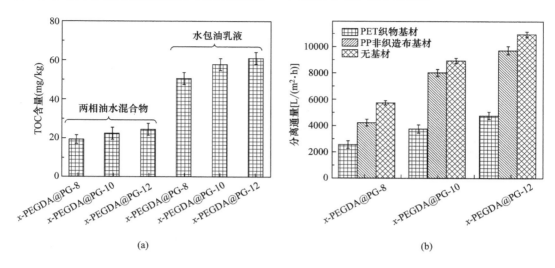

(a)

(b)

图 5-32　（a）*x*-PEGDA@PG-8、*x*-PEGDA@PG-10 和 *x*-PEGDA@PG-12 纤维膜对两相油水混合物和水包油乳液分离后滤液中的 TOC 含量；（b）*x*-PEGDA@PG-8、*x*-PEGDA@PG-10 和 *x*-PEGDA@PG-12 纤维膜对两相油水混合物的分离通量

上述纤维膜较小的孔径和亲水疏油性实现了高效油水分离，但由于其疏油角较小（油接触角仅为 108°），使其抗油污染性能不佳，循环使用性能较差，根据 Cassie 模型，增加固体表面粗糙度可以提高其水下油接触角，从而提升其抗油污染性能[55]。因此，将静电纺丝和静电喷雾方法相结合，制备出一种具有微/纳多级粗糙表面的超亲水—水下超疏油型静电纺纤维膜[67]，其制备流程如图 5-33（a）所示，首先通过传统静电纺丝方法制备出 PAN 纳米纤维膜（PAN 的浓度为 12wt%），并以其为基底层通过静电喷雾法来构筑 PAN/SiO$_2$ 纳米颗粒多级结构功能层（PAN 浓度为 3wt%）。为便于区分样品，将 SiO$_2$ NPs 含量为 1wt%、2wt%、4wt% 和 6wt% 的喷涂液所对应的复合纳米纤维膜分别标记为 SiO$_2$/NFM-1、SiO$_2$/NFM-2、SiO$_2$/NFM-4 和 SiO$_2$/NFM-6。

图 5-33（b）为 PAN 纳米纤维基底膜的 SEM 图，膜中纤维平均直径为 354nm，纳米纤维的高长径比和相互贯穿的网络结构赋予了纤维膜稳定的连通网孔结构和高孔隙率（>80%），这有利于液体介质的输运[68-69]。图 5-33（c）为 SiO$_2$ 纳米颗粒含量为 4wt% 时复合膜的 SEM 图，从图中可以看出 PAN 微球表面具有纳米级粗糙度，这些纳米结构的产生主要是因为溶剂挥发过程中聚合物液滴逐渐收缩，使 SiO$_2$ 纳米颗粒逐渐暴露出来，同时聚合物微球由许多直径约 30nm 的纳米纤维相连接。从图 5-33（d）复合膜的截面 SEM 图可以看出，由于微球中存在残余溶剂，使其牢固黏附在纳米纤维膜表面，因此构筑出厚度约几微米的微纳多级结构分离层。

纤维膜的微纳多级结构是提高其选择润湿性的重要因素，由于极性腈基和亲水性 SiO$_2$ 纳米颗粒的协同作用，纤维膜在空气中对水和油（1,2-二氯乙烷）展现出超双亲性［图 5-34（a）］，接触角几乎为 0，而当纤维膜浸入水中后表现出疏油性，这是由于

145

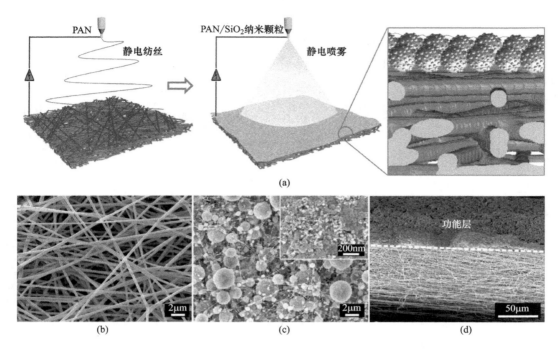

图 5-33 （a）微球层 / 纳米纤维复合膜的制备流程示意图；（b）PAN 纳米纤维膜基材的 SEM 图；（c）SiO₂ 纳米颗粒含量为 4wt% 时复合膜的 SEM 图，插图为其高倍 SEM 图；（d）复合膜截面的 SEM 图

渗透到纤维膜中的水覆盖在膜表面形成了稳定的疏油界面从而避免乳化油滴与纤维膜接触。为了研究复合膜表面微 / 纳多级结构对其选择润湿性的影响，将 Cassie 润湿理论用于分析复合膜材料的水下疏油性能，油—水—固三相体系下纤维膜的水下油接触角公式如下[70-71]：

$$\cos\theta^* = f_s\cos + f_s - 1 \tag{5-2}$$

式中：f_s 为固体与液体接触面积占复合界面的比例；θ 为平滑膜的水下油接触角（°）；θ^* 是复合膜的水下油接触角（°）。

图 5-34（b）为添加不同含量 SiO₂ 纳米颗粒的复合膜的水下油接触角和滚动角，可以看出复合膜的水下油接触角随 SiO₂ 含量的增加而逐渐提高，且油滚动角明显下降，SiO₂/NFM-4 的水下油接触角高达 163° 且油滚动角低至 3.6°。为了进一步研究纤维膜在水下对油滴的抗黏附性能，采用加液—减液法对不同 SiO₂ 含量复合膜的水下油接触滞后角（OCAH）进行测试[72-73]，如图 5-34（c）所示，随着 SiO₂ 纳米颗粒含量增加，复合膜水下油接触滞后角显著减小，其中 SiO₂/NFM-4 的油接触滞后角低至 3.7°，这表明油滴无法渗入纤维膜且可以在其粗糙表面滚动聚结。通过对油滴在膜表面的黏附力进行理论估算[74-75]，可以看出水下油滴与纤维膜的黏附力可以低至 0.3μN，表明油滴和纤维膜之间的黏附力极低，甚至优于自然界超疏液表面[71, 76]。

图 5-34（d）上图为空气中水在 SiO₂/NFM-4 膜表面的动态润湿行为，当水滴（3μL）接触到纤维膜表面时，其在 1.5s 内迅速铺展，表明复合膜具有超亲水性。图 5-34（d）下图记录了油滴（3μL）在水中接触和离开 SiO₂/NFM-4 膜表面的动态过程。为确保油滴和纤维膜充分接触，将油滴挤压到纤维膜的表面使其发生明显变形；随后将油滴缓慢提

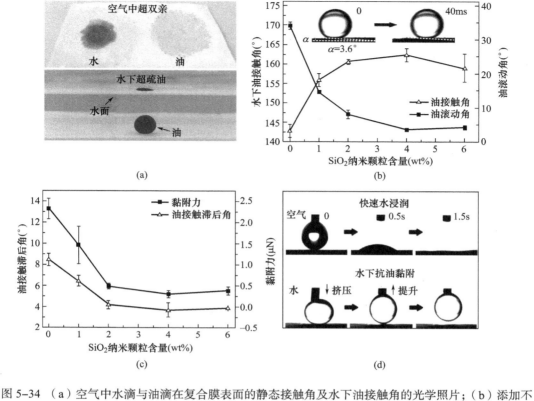

图 5-34 （a）空气中水滴与油滴在复合膜表面的静态接触角及水下油接触角的光学照片；（b）添加不同含量 SiO$_2$ 纳米颗粒的纤维膜的水下油接触角和滚动角，插图是油滴在复合膜表面滚动的光学照片；（c）添加不同含量 SiO$_2$ 纳米颗粒的纤维膜的水下油滞后角及黏附力；（d）SiO$_2$/NFM-4 复合膜的水浸润高速摄像照片（上）和动态水下抗油黏附性能展示（下）

起并记录其离开膜表面时的形貌，可以发现当油滴逐渐远离膜表面时没有发生明显的变形，说明复合膜具有优异的水下抗油黏附性能。

随后进一步研究了复合膜对水包油乳液的分离性能，并采用 TOC 分析仪测量相应滤液中的油含量。图 5-35（a）所示为不同 SiO$_2$ 含量的复合膜对模拟乳液的分离效率（TOC 值）和分离通量，结果表明所有纤维膜对不含表面活性剂的乳液（SFE）都展现出极高的分离效率和分离通量，且多级粗糙结构分离层的构筑使复合膜的分离效率进一步增加，其中乳液经 SiO$_2$/NFM-4 分离后的 TOC 含量＜ 3mg/L，分离效率＞ 99.9%。对于含表面活性剂的乳液（SSE），由于原乳液中表面活性剂十二烷基硫酸钠（SDS）的含量较高（100mg/L），所以相应滤液中 TOC 含量也较高。尽管如此，乳液经 SiO$_2$/NFM-4 分离后的 TOC 值仍然低于 50mg/L，这说明其具有较高的分离效率，SiO$_2$/NFM-6 的分离效率稍有降低的原因可能是 SiO$_2$ 纳米颗粒的团聚使得复合膜孔径稍有增大[77]。图 5-35（b）和（c）为 SiO$_2$/NFM-4 过滤前后 SFE 和 SSE 的光学显微镜图片和光学照片，两种乳液光学照片都显示分离后浑浊的乳液变得透明，光学显微镜图片也说明水中许多微米级油滴在分离后被完全去除，进一步证明了复合膜具有较高的分离效率。此外，还测试了复合膜对乳液的分离通量，可以发现尽管在基底纤维膜的表面构筑了分离层，但复合膜的分离通量并没有很大程度地降低，这主要归功于其高孔隙率和连通孔结构[62,78]。所得纤维膜中 SiO_2/NFM-4 在重力作用下（～1kPa）对 SFE 和 SSE 的分离通量分别高达（6290±50）L/（m^2·h）和（1120±80）L/（m^2·h）。

  随后通过考察 SiO_2/NFM-4 对不同乳液的分离性能，如图 5-35（d）所示，可以看出复合膜对 SFE 和 SSE 均具有较高的分离效率，相应滤液中的 TOC 含量都低于 55mg/L，表明该材料具有较高的分离效率。复合膜对由石油醚、十六烷和柴油配制的 SFE 和 SSE 的通量分别为 6456L/（m^2·h）、2585L/（m^2·h）、2371L/（m^2·h）和 926L/（m^2·h）、1046L/（m^2·h）、1100L/（m^2·h）。图 5-35（e）为 SiO_2/NFM-4 的循环使用性能，经 10 次循环后复合膜的分离通量没有明显降低，表明其具有优异的循环使用性能。

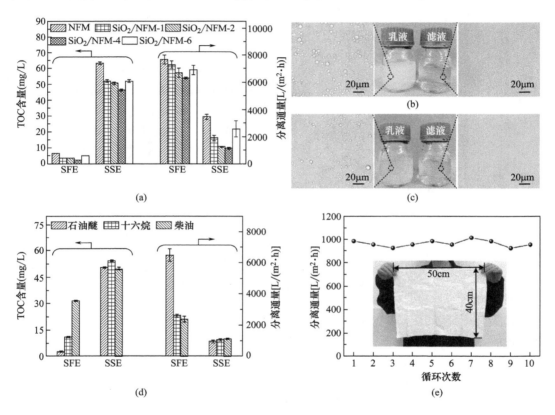

图 5-35　（a）不同 SiO_2 纳米颗粒含量的复合纤维膜对水包油乳液的分离通量和分离后滤液中的 TOC 含量（以正己烷/水乳液为例）；（b）~（c）无表面活性剂乳液和含表面活性剂乳液经复合纤维膜分离前后的光学照片与显微镜图片；（d）复合纤维膜对不同水包油乳液的分离性能；（e）复合纤维膜的循环使用性能，插图是纤维膜的光学照片（尺寸：50cm×40cm）

  为了进一步降低纤维膜孔径，并使其保持较高的选择润湿性，近期作者[79]通过调控纺丝溶液性质，基于高分子量低黏度聚合物溶液体系，使得荷电流体在静电拉伸力作用下同步实现液滴雾化成球与射流鞭动成纤，从而在普通静电纺纤维膜表面一步构筑出具有微球/串珠纳米纤维粘连多级结构的超薄纳米纤维皮层，在降低纤维膜孔径的同时赋予了其超亲水—水下超疏油特性。如图 5-36（a）所示，首先制备出普通静电纺 PAN（14wt%）纳米纤维膜并将其作为基材，继而在普通静电纺 PAN 纤维膜表面构筑出超薄纳米纤维皮层（5wt% PAN）[图 5-36（b）]。复合纳米纤维膜表面由聚合物微球与串珠

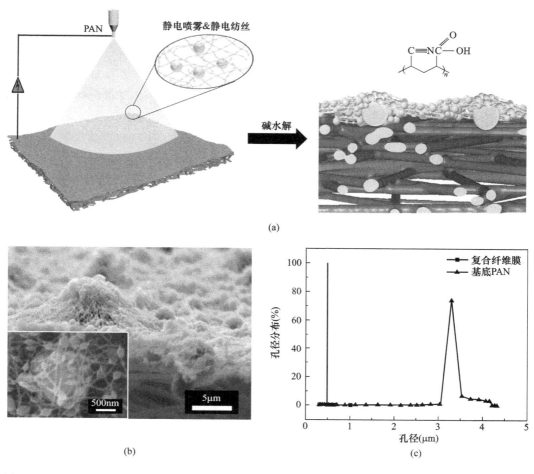

图5-36 （a）PAN纳米纤维复合膜的制备流程示意图；（b）复合膜截面的SEM图，插图为功能层的高倍SEM图；（c）由毛细流动法测得的基底PAN纳米纤维膜和复合膜的孔径分布图（皮层为水解30min）

纳米纤维粘连而成，具有类荷叶表面乳突的微/纳多级结构，且分离层的构筑使纤维膜的孔径从3.30μm降至0.49μm［图5-36（c）］。

纤维膜对油/水介质的选择润湿性是影响其油水分离性能的关键因素之一，通过研究复合膜的选择润湿性，发现其具有超亲水—水下超疏油特性，但它的水下抗油黏附性能较差。因此，为提高复合膜的抗油污性能，对其进行碱水解处理，图5-37（a）是不同水解时间下复合膜的水下油前进角和后退角。由图可知，随着水解时间的增加，水下油前进角和后退角分别增加至163°和161°，滞后角大小从10°显著降低到2°，表明其具有优异的水下超疏油性能。然而，相应平滑膜的水下油接触角最高仅为133°，进一步证实了纤维膜表面粗糙度的增加有利于改善复合膜的水下疏油性能[80]。图5-37（b）为水解后复合膜的水下油接触角，其与水下油前进角和后退角相似，在水解30min后达到平衡，且复合膜对油的理论黏附力值也随着水解时间的延长而显著降低，最终黏附力约为0.2μN，表明水解处理后复合膜具有优异的抗油黏附性能[75]。图5-37（b）中的插图记录了油滴（3μL）在水中接触和离开复合膜表面的动态过程，将油滴挤压至膜表面

149

直至其出现明显变形，然后再将油滴缓慢提起，当油滴完全离开纤维膜时无明显变形发生，相应滚动角约为 3°，表明复合膜具有优异的水下抗油黏附性能。

为了分析纳米纤维皮层的水下超疏油机理，结合不同水解时间皮层和相应平滑膜的水下油接触角建立了纤维膜润湿图[80]。如图 5-37（c）所示，θ^* 是复合膜经不同时间水解处理后的水下油接触角，θ 是平滑膜在相应水解时间下的水下油接触角，一般而言，如果未水解平滑膜的水下油接触角 $\theta < 90°$，根据 Wenzel 理论：$\cos\theta^* = r\cos\theta$（$r$ 指表面粗糙度），则相应复合膜的水下油接触角 θ^* 应小于 θ，所以应该满足图中的第 I 区域（纳米纤维膜的 $r > 1$）。然而测得未水解的纳米纤维皮层的 $\theta^* > 145°$，位于第 IV 部分。这种不正常现象是由于过渡态 $[\cos\theta^* = -1 + f_s(1 + \cos\theta)]$ 的影响，以往研究表明，Wenzel 态与 Cassie 态之间存在一个转变[80-81]，这就是前面提到的高接触角和差的抗油污性能可以共同存在的原因[82]。水解处理后 θ 和 θ^* 都大于 90°，所有的点都位于 III 区，这表明处于稳定的 Cassie 状态。此外，III 区和 IV 区的所有数据点都呈现线性关系。这个结果符合 Cassie 方程且计算出的 f_s 约为 0.12。图 5-37（d）阐述了纳米纤维皮层的水下超疏油原理示意图，其原理可分为三种：一是聚合物基体表面的羧基或羧酸根具有较高的亲水性，使得膜表面形成了稳定的水化层，从而阻止了油滴与复合膜的直接接触；二是复合膜表面的串珠纳米纤维相互搭接形成了多级结构网络屏障，进一步减少

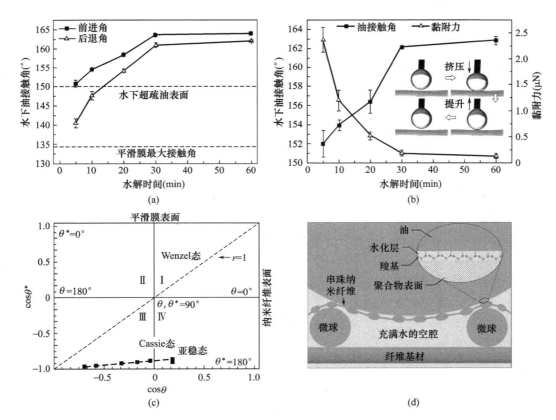

图 5-37 （a）经不同时间碱水解处理后纳米纤维复合膜的水下油接触角（前进角和后退角）；（b）经不同时间碱水解处理后纳米纤维复合膜的水下油接触角及黏附力，插图是复合膜在水中的抗油黏附性能展示；（c）$\cos\theta^*$ 和 $\cos\theta$ 的关系图；（d）纳米纤维复合膜的水下超疏油原理示意图

了油和复合膜表面的接触面积；三是纳米纤维网络屏障下的聚合物微球构筑出大量充满水的空腔，从而进一步阻止油浸入复合膜表面[82]。

图 5-38（a）展示了复合膜对水和油的动态润湿行为，在空气中当水滴（3μL）接触到膜表面时，水滴快速铺展并在 1.2s 内浸入纤维膜，接触角约为 0，表明其具有超亲水性。然而，在水下当 3μL 的油滴（植物油）置于皮层表面，其在长时间（＞24h）内无浸润现象发生，表明复合膜稳定的水下抗油污性能[73]。通过进一步测试纤维膜对不同种类油的水下油接触角和临界耐油压，如图 5-38（b）所示，发现复合膜对不同种类油的水下油接触角均大于 160°，且相应的耐油压超过 22kPa，表明其具有优异的耐油性能[77,83]。为了进一步评价复合膜的水下抗油污性能，如图 5-38（c）所示，将植物油在水下快速注射到膜表面，可以发现油射流立即从复合膜表面弹起且没有任何黏附。并且当在空气中被油污染的预浸润复合膜浸入水中时，已铺展的油层在极短的时间内便完全离开复合膜表面［图 5-38（d）］，表明其具有稳定的自清洁性能，其原因是膜表面被密封的水即使在空气中也能像垫子一样来阻止油和纤维膜的直接接触。

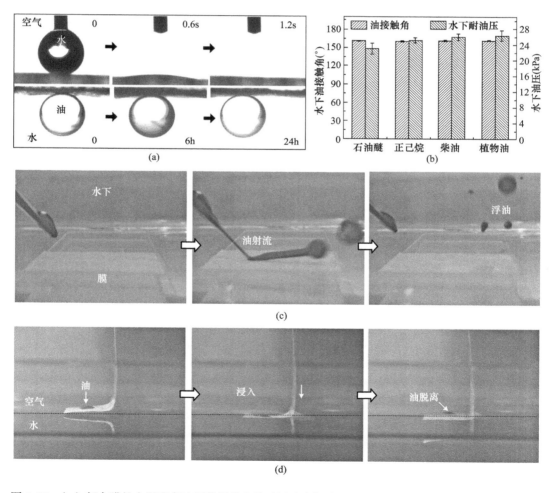

图 5-38　（a）复合膜的水浸润高速摄像照片和抗油污稳定性能展示；（b）复合膜对不同种类油的水下油接触角和相应的耐油压；（c）和（d）为复合膜优异抗油污性能的实时记录照片

151

图 5-39（a）展示了复合膜对不同种类 SFE 的分离性能，可以看出乳液经复合膜分离后的 TOC 含量都＜ 20mg/L，尤其对石油醚和正己烷配制的乳液而言，相应滤液的 TOC 值＜ 3mg/L，分离效率＞ 99.93%。复合膜对石油醚、正己烷、柴油和植物油配制的 SFE 的分离通量分别为 3712L/（m²·h）、5152L/（m²·h）、2877L/（m²·h）和 1984L/（m²·h）。分离通量的变化可能是由于不同油所配制成乳液的黏度不同，所有的分离过程均在重力驱动（～ 1kPa）下完成。尽管如此，复合膜的分离通量仍比传统超滤膜高出一个数量级[84]。

含表面活性剂乳液因乳液粒径小、稳定性好而难以分离[85]，而复合膜对不同种类含表面活性剂的水包油乳液均表现出优异的分离性能。如图 5-39（b）所示，当外部驱动压力为 5kPa 时，渗透通量从 711L/（m²·h）明显增加到 2264L/（m²·h）。同时，滤液中的 TOC 含量（包括残余的 SDS）仅从 26mg/L 增加到 28mg/L，说明其具有稳定的分离效率。然而，进一步增加驱动压力后，分离通量下降且滤液中的 TOC 含量升高，这种现象是由于在过大的驱动压力下，一些极小的乳化油滴被挤压到纤维膜内并堵塞了膜内的孔道[86]。图 5-39（c）描述了复合膜对 SFE 和 SSE 的分离过程示意图，对 SFE 分离而言，油滴首先被具有亚微米孔径的皮层拦截，接着由于膜优异的抗油污性能，油滴在膜表面自由滚动并聚结。随后，根据斯托克斯定律，聚结的油滴因粒径变大而上浮并离开复合膜表面且反乳化形成浮油[87]，这种机理可以很好地解释复合膜的高分离通

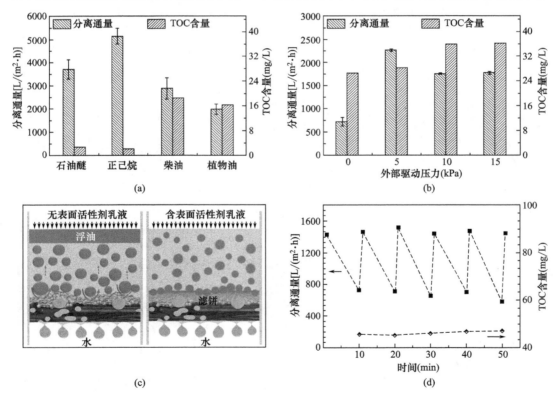

图 5-39 （a）重力驱动下复合膜对多种水包油乳液的分离性能；（b）不同外力驱动下复合膜对含表面活性剂乳液的分离性能；（c）复合膜对无表面活性剂乳液和含表面活性剂乳液的分离原理示意图；（d）复合膜的循环使用性能

量。然而，SSE 中含有表面活性剂，从而使得分离过程中油滴难以聚结，在分离膜表面形成一层滤饼（凝胶层），凝胶层严重堵塞了膜表面的孔并减小了膜表面的有效过滤面积，使其分离通量迅速降低[88]。

此外，通过对 SDS/ 正己烷 / 水乳液的循环分离测试来评价复合膜的重复使用性能，如图 5-39（d）所示，分别记录每个循环分离开始和结束时的通量，每次循环（10min）后将复合膜用流动的超纯水简单清洗几次，然后直接用于下一个循环的测试，整个测试过程持续 50min。结果表明每个循环内渗透通量随着时间的增加而逐渐降低，这是由于膜表面形成了滤饼，但用水简单冲洗后通量又完全恢复，且在循环测试过程中分离效率没有明显改变，表明复合膜优异的抗污性能使其具有稳定的循环使用性能。

5.5　油水分离用静电纺纳米纤维气凝胶材料

作为一种新型的三维多孔材料，气凝胶在很多领域都受到了广泛的关注。气凝胶因其孔隙率高、比表面积大、孔道曲折度高等特点，有望进一步提高分离通量，因而在油水分离领域具有应用优势[89]。气凝胶的表面润湿性和孔结构是影响其油水分离性能的两个重要因素，其中表面润湿性影响乳化液滴的聚结和拦截，孔结构决定了其中一相通过气凝胶的渗透速率。

作者[62]在纳米纤维气凝胶的构筑方面做了一系列工作，如图 5-40（a）所示，提出了一种利用冷冻干燥法和纤维间原位黏结作用来制备超弹超疏水气凝胶的新方法。首先将静电纺 PAN 纳米纤维、SiO₂ 纳米纤维、SiO₂ 纳米颗粒和氟化苯并噁嗪（BAF-a）

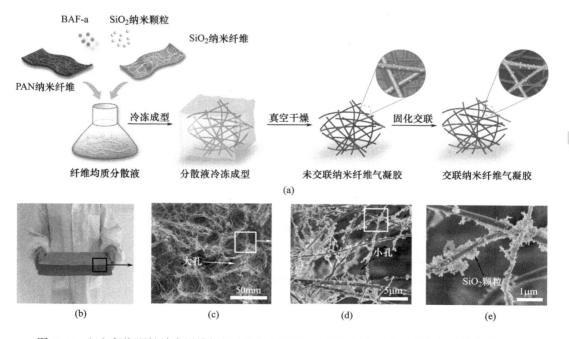

图 5-40　（a）超润湿性纳米纤维气凝胶的制备流程示意图；（b）纳米纤维气凝胶的光学照片；（c）~（e）不同放大倍数下纳米纤维气凝胶微观结构的 SEM 图

153

均匀混合制成均质纳米纤维分散液，然后将分散液进行冷冻成型和真空干燥制成纳米纤维气凝胶，再将气凝胶经过热交联得到超弹纳米纤维气凝胶。其中，SiO$_2$ 纳米纤维的刚性在气凝胶中起到支撑作用，BAF-a 可将 SiO$_2$ 纳米颗粒黏附在纤维表面并赋予了气凝胶低表面能，SiO$_2$ 纳米颗粒在气凝胶中构筑了微纳多级结构。所有制备流程均可在 24h 内完成，同时也可制备出大尺寸气凝胶 [图 5-40（b）][63]。图 5-40（c）~（e）是纳米纤维气凝胶在不同放大倍数下的 SEM 图，该纳米纤维气凝胶具有多级结构，其大孔的孔径在 10 ~ 50μm [图 5-40（c）]，这些大孔又由很多尺寸在 1 ~ 5μm 的小孔相互连接组成 [图 5-40（d）]。纳米纤维气凝胶不同于其他多孔气凝胶，它是由相互黏结的、直径比传统聚合物海绵（10 ~ 30μm）小约 50 倍的纳米纤维组成，且由单纤维的高倍 SEM 图可以看出 SiO$_2$ 纳米颗粒均匀分布在纤维表面，表明纳米颗粒的引入赋予了气凝胶纳米级粗糙度 [图 5-40（e）]。

图 5-41（a）表明所制备的纳米纤维气凝胶具有超疏水—超亲油性。为了进一步观察纳米纤维气凝胶对水的动态润湿行为，用高速摄像系统来记录液滴的黏附和渗透过程，图 5-41（b）上图是水滴（3μL）接触并离开气凝胶表面时的动态图像，可以看出水滴离开气凝胶表面时几乎没有变形，表明气凝胶极低的水黏附力。同时气凝胶还展现出了优异的亲油性，如图 5-41（b）下图所示，当 3μL 的油滴（石油醚）接触气凝胶表面时，油滴在 6ms 内快速铺展且接触角约为 0，渗透速率要远高于普通膜材料。

为了测试纳米纤维气凝胶的油水分离性能，以石油醚和水为两相介质，span 80 为表面活性剂，配制了稳定的油包水型乳液，乳液中水滴尺寸多在 2 ~ 10μm。如图 5-41（c）所示，将直径为 40mm、厚度为 5mm 的圆柱形气凝胶夹在两个竖直玻璃管之间，

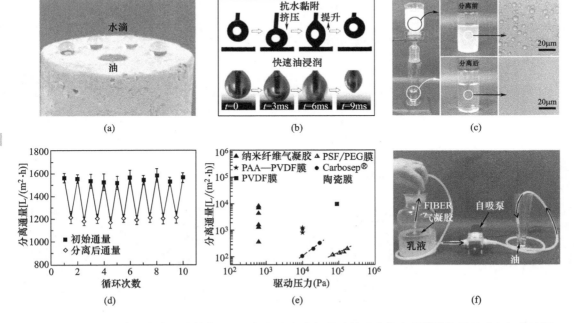

图 5-41 （a）气凝胶的亲水疏油性能展示；（b）空气中气凝胶的动态抗水黏附性能展示（上）和油浸润高速摄像照片（下）；（c）分离前后油包水乳液的光学照片和显微镜图片对比；（d）气凝胶的循环使用性能；（e）不同材料的分离通量对比；（f）连续化油包水乳液分离装置

将乳液倒入玻璃管内使其在自身重力作用下进行分离，油快速渗流通过气凝胶，同时乳液一旦接触气凝胶就发生反乳化，水被截留在气凝胶上部。从滤液的光学显微镜图片可以看到乳化水滴已完全被去除，并采用卡尔费休水分仪对滤液中的水含量进行了定量测试，结果显示滤液中的水含量仅有 50ppm，分离效率高达 99.995%。图 5-41（d）为纳米纤维气凝胶的循环使用性能，由于气凝胶具有良好的结构稳定性，在 10 次循环分离乳液后初始通量保持基本不变，表明纳米纤维气凝胶在长期使用过程中具有优异的抗污性能。从图 5-41（e）可以看出与传统的超滤膜（驱动压力超过 10^5 Pa）相比，气凝胶只在重力作用下就可实现对乳液的快速分离，具有能耗低的优点[90-93]。此外，纳米纤维气凝胶的机械稳定性使其能够通过自吸泵从油/水乳液中连续收集纯油，如图 5-41（f）所示，这种新颖的技术使油水乳液分离过程更加简单快速，从而使纳米纤维气凝胶具有更大的实际应用价值。

5.6 总结与展望

本章主要讨论了静电纺纳米纤维材料在油水分离中的应用研究，静电纺丝技术作为一种制备纳米纤维材料简单有效的方法，因具有单纤维结构（直径、表面能）和孔结构可控、纤维润湿性可调等优势在油水分离领域受到了广泛的关注。基于这些优点，科研人员已开发出多种静电纺纳米纤维油水分离材料，包括高吸油倍率和高分离性能的纤维膜或气凝胶，这对于其在含油污水处理和油品纯化方面的实际应用是至关重要的。

尽管静电纺纳米纤维材料在油水分离方面已取得很大的进展，但仍然面临许多挑战。首先，为了实现纳米纤维材料的超润湿性，需要在纳米纤维表面构筑合适的多级粗糙结构，然而所制备的功能层在外部因素影响下很容易被破坏，这将会从根本上缩短油水分离材料的使用寿命。其次，与商业化的油水分离材料相比，当前所制备的静电纺纳米纤维材料在使用过程中仍存在机械性能差的不足，限制了其实际应用。最后，当前研究主要集中在具有不同润湿性的多种分离材料的设计与制备方面，由于用纳米纤维材料进行油水分离的过程是一个多相流分离过程，它涉及微流体力学、界面化学和工程科学等，然而目前很少有相关理论研究能够深入系统地揭示此过程中的基本原理。因此，静电纺纳米纤维材料在油水分离中的应用研究仍然在不断探索，并且相信未来几十年里静电纺丝技术在下一代油水分离材料的设计和制备方面必将取得重大突破。

参考文献

[1] MENG D P, WU J T. Adsorption and separation materials produced by electrospinning [J]. Progress in Chemistry, 2016, 28 (5): 657-664.

[2] WANG X F, YU J Y, SUN G, et al. Electrospun nanofibrous materials: a versatile medium for effective oil/water separation [J]. Materials Today, 2016, 19 (7): 403-414.

[3] 沈钟，王果庭. 胶体与表面化学 [M]. 北京：化学工业出版社，1997.

［4］孙必旺. 基于聚结分离和膜分离技术的油水分离试验研究［D］. 北京：北京化工大学，2008.

［5］秦福涛. 超疏水分离膜的制备与油水分离应用研究［D］. 辽宁：大连理工大学，2009.

［6］陈宇朕. 油—水聚结分离技术的理论与实验研究［D］. 北京：北京化工大学，2006.

［7］刘宇程，周左龙，陈菊，等. 石油类污染物对土壤、地下水环境影响模拟分析［J］. 油气田环境保护，2013，23（4）：32-33.

［8］李金有，冯艳萍. 含油污水的分类及处理方法［J］. 中国环境管理干部学院学报，1999，1：30-32.

［9］梁洪敏. 我国城市污水处理面临的问题及解决对策研究［J］. 山东工业技术，2016，7：34-34.

［10］张翼，于婷，毕永慧，等. 含油废水处理方法研究进展［J］. 化工进展，2008，27（8）：1155-1161.

［11］KOTA A K, KWON G, CHOI W, et al. Hygro-responsive membranes for effective oil-water separation［J］. Nature Communications, 2012, 3: 1025.

［12］李天祥，程久生. 油水乳状液单滴的燃烧与微爆［J］. 工程热物理学报，1982，3：270-276.

［13］GE J L, ZONG D D, JIN Q, et al. Biomimetic and superwettable nanofibrous skins for highly efficient separation of oil-in-water emulsions［J］. Advanced Functional Materials, 2018, 28（10）: 1705051.

［14］ZHANG J P, SEEGER S. Polyester materials with superwetting silicone nanofilaments for oil/water separation and selective oil absorption［J］. Advanced Functional Materials, 2011, 21（24）: 4699-4704.

［15］SI Y, FU Q X, WANG X Q, et al. Superelastic and superhydrophobic nanofiber-assembled cellular aerogels for effective separation of oil/water emulsions［J］. ACS Nano, 2015, 9（4）: 3791-3799.

［16］ZHANG H R, LIANG Y T, YAN X H, et al. Simulation on water and sand separation from crude oil in settling tanks based on the particle model［J］. Journal of Petroleum Science and Engineering, 2017, 156: 366-372.

［17］WANG S, WANG D, YANG Y, et al. Phase-isolation of upward oil-water flow using centrifugal method［J］. Flow Measurement Instrumentation, 2015, 46: 33-43.

［18］OLIVEIRA H A, AZEVEDO A C, ETCHEPARE R, et al. Separation of emulsified crude oil in saline water by flotation with micro- and nanobubbles generated by a multiphase pump［J］. Water Science and Technology, 2017, 76（10）: 2710-2718.

［19］ZOLFAGHARI R, FAKHRU' L-RAZI A, ABDULLAH L C, et al. Demulsification techniques of water-in-oil and oil-in-water emulsions in petroleum industry［J］. Separation and Purification Technology, 2016, 170: 377-407.

［20］LU J, XU D, WEI J, et al. Superoleophilic and flexible thermoplastic polymer nanofiber aerogels for removal of oils and organic solvents［J］. ACS Applied Materials & Interfaces, 2017, 9（30）: 25533-25541.

［21］GAO X F, XU L P, XUE Z X, et al. Dual-scaled porous nitrocellulose membranes with underwater superoleophobicity for highly efficient oil/water separation［J］. Advanced Materials, 2014, 26（11）: 1771-1775.

［22］胡晓林，刘红兵. 几种油水分离技术介绍［J］. 热力发电，2008，37（3）：91-92.

［23］陆晶晶，周美华. 吸油材料的发展［J］. 上海化工，2001，28（21）：126-130.

［24］LI H Y, LI Y, YANG W M, et al. Needleless melt-electrospinning of biodegradable poly（lactic acid）ultrafine fibers for the removal of oil fromwater［J］. Polymers, 2017, 9（2）: 3.

［25］MA Z W, KOTAKI M, RAMARKRISHNA S. Surface modified nonwoven polysulphone（PSU）fiber mesh by electrospinning: A novel affinity membrane［J］. Journal of Membrane Science, 2006, 272（1-2）: 179-187.

［26］PETHRICK R A. Polymer structure characterization: From nano to macro organization in small

156

molecules and polymers [M]. England: Royal Society of Chemistry, 2014.

[27] JIANG L, ZHAO Y, ZHAI J. A lotus-leaf-like superhydrophobic surface: a porous microsphere/nanofiber composite film prepared by electrohydrodynamics [J]. Angewandte Chemie International Edition, 2004, 43 (33): 4338-4341.

[28] MIYAUCHI Y, DING B, SHIRATORI S. Fabrication of a silver-ragwort-leaf-like super-hydrophobic micro/nanoporous fibrous mat surface by electrospinning [J]. Nanotechnology, 2006, 17 (17): 5151-5156.

[29] KOOMBHONGSE S, LIU W, RENEKER D H. Flat polymer ribbons and other shapes by electrospinning [J]. Journal of Polymer Science B Polymer Physics, 2001, 39 (21): 2598-2606.

[30] Megelski S, Stephens J S, Chase D B, et al. Micro- and nanostructured surface morphology on electrospun polymer fibers [J]. Macromolecules, 2002, 35 (22): 8456-8466.

[31] SHIN C, CHASE G G, RENEKER D H. Recycled expanded polystyrene nanofibers applied in filter media [J]. Colloids & Surfaces A: Physicochemical & Engineering Aspects, 2005, 262 (1): 211-215.

[32] MCCANN J T, MARQUEZ M, XIA Y. Highly porous fibers by electrospinning into a cryogenic liquid [J]. Journal of the American Chemical Society, 2006, 128 (5): 1436-1437.

[33] LIN J Y, DING B, YANG J M, et al. Subtle regulation of the micro-and nanostructures of electrospun polystyrene fibers and their application in oil absorption [J]. Nanoscale, 2012, 4 (1): 176-182.

[34] RENEKER D H, YARIN A L. Electrospinning jets and polymer nanofibers [J]. Polymer, 2008, 49 (10): 2387-2425.

[35] WITTE P V D, DIJKSTRA P J, BERG J W A V D, et al. Phase separation processes in polymer solutions in relation to membrane formation [J]. Journal of Membrane Science, 1996, 117 (1-2): 1-31.

[36] RAVVE A. Principles of polymer chemistry [M]. America: Cornell University Press, 1953.

[37] BERNETT M K, ZISMAN W A. Relation of wettability by aqueous solutions to the surface constitution of low-energy solids [J]. Journal of Physical Chemistry, 1959, 63 (8): 1241-1246.

[38] UNSAL E, SCHWARTZ P, DANE J H. Role of capillarity in penetration into and flow through fibrous barrier materials [J]. Journal of Applied Polymer Science, 2005, 95 (4): 841-846.

[39] GERHARDT K E, GERWING P D, HUANG X D, et al. Handbook of oil spill science and technology [M]. America: John Wiley & Sons, 2014.

[40] LIN J Y, SHANG Y W, DING B, et al. Nanoporous polystyrene fibers for oil spill cleanup [J]. Marine Pollution Bulletin, 2012, 64 (2): 347-352.

[41] XU Z, WANG L, YU C M, et al. In situ separation of chemical reaction systems based on a special wettable PTFE membrane [J]. Advanced Functional Materials, 2018, 28 (5): 1703970.

[42] SHI Z, ZHANG W B, ZHANG F, et al. Ultrafast separation of emulsified oil/water mixtures by ultrathin free-standing single-walled carbon nanotube network films [J]. Advanced Materials, 2013, 25 (17): 2422-2427.

[43] 尚延伟. 超疏水 / 超亲油静电纺纤维膜的制备及油水分离的研究 [D]. 上海: 东华大学, 2013.

[44] GUIX M, OROZCO J, GARCIA M, et al. Superhydrophobic alkanethiol-coated microsubmarines for effective removal of oil [J]. ACS Nano, 2012, 6 (5): 4445-4451.

[45] NOSONOVSKY M, BHUSHAN B. Biomimetic superhydrophobic surfaces: Multiscale approach [J]. Nano Letters, 2007, 7 (9): 2633-2637.

[46] PATANKAR N A. Mimicking the lotus effect: Influence of double roughness structures and slender pillars [J]. Langmuir, 2004, 20 (19): 8209-8213.

[47] FENG L, ZHANG Z Y, MAI Z H, et al. A super-hydrophobic and super-oleophilic coating mesh

film for the separation of oil and water [J]. Angewandte Chemie International Edition, 2004, 43 (15): 2012-2014.

[48] ZHANG W B, SHI Z, ZHANG F, et al. Superhydrophobic and superoleophilic PVDF membranes for effective separation of water-in-oil emulsions with high flux [J]. Advanced Materials, 2013, 25 (14): 2071-2076.

[49] SHANG Y, SI Y, RAZA A, et al. An in situ polymerization approach for the synthesis of superhydrophobic and superoleophilic nanofibrous membranes for oil-water separation [J]. Nanoscale, 2012, 4 (24): 7847-7854.

[50] TANG X M, SI Y, GE J L, et al. In situ polymerized superhydrophobic and superoleophilic nanofibrous membranes for gravity driven oil-water separation [J]. Nanoscale, 2013, 5 (23): 11657-11664.

[51] HUANG M L, SI Y, TANG X M, et al. Gravity driven separation of emulsified oil-water mixtures utilizing in situ polymerized superhydrophobic and superoleophilic nanofibrous membranes [J]. Journal of Materials Chemistry A, 2013, 1 (45): 14071-14074.

[52] LEVKIN P A, SVEC F, FRECHET J M. Porous polymer coatings: a versatile approach to superhydrophobic surfaces [J]. Advanced Functional Materials, 2009, 19 (12): 1993-1998.

[53] SU B, TIAN Y, JIANG L. Bioinspired interfaces with superwettability: from materials to chemistry [J]. Journal of the American Chemical Society, 2016, 138 (6): 1727-1748.

[54] YANG S, SI Y, FU Q X, et al. Superwetting hierarchical porous silica nanofibrous membranes for oil/water microemulsion separation [J]. Nanoscale, 2014, 6 (21): 12445-12449.

[55] LIU M, WANG S, JIANG L. Nature-inspired superwettability systems [J]. Nature Reviews Materials, 2017, 2 (7): 17036.

[56] SI Y, YAN C, HONG F, et al. A general strategy for fabricating flexible magnetic silica nanofibrous membranes with multifunctionality [J]. Chemical Communications, 2015, 51 (63): 12521-12524.

[57] MAENSIRI S, MASINGBOON C, BOONCHOM B, et al. A simple route to synthesize nickel ferrite ($NiFe_2O_4$) nanoparticles using egg white [J]. Scripta Materialia, 2007, 56 (9): 797-800.

[58] ALI S, KHATRI Z, OH K W, et al. Zein/cellulose acetate hybrid nanofibers: Electrospinning and characterization [J]. Macromolecular Research, 2014, 22 (9): 971-977.

[59] CHEN Y, YE R, LIU J. Understanding of dispersion and aggregation of suspensions of zein nanoparticles in aqueous alcohol solutions after thermal treatment [J]. Industrial Crops and Products, 2013, 50: 764-770.

[60] LI L P, LI G S, SMITH R L, et al. Microstructural evolution and magnetic properties of $NiFe_2O_4$ nanocrystals dispersed in amorphous silica [J]. Chemistry of Materials, 2000, 12 (12): 3705-3714.

[61] GABAL M A, AL-LUHAIBI R S, AL ANGARI Y M. Mn-Zn nano-crystalline ferrites synthesized from spent Zn-C batteries using novel gelatin method [J]. Journal of Hazardous Materials, 2013, 246: 227-233.

[62] SI Y, FU Q, WANG X, et al. Superelastic and superhydrophobic nanofiber-assembled cellular aerogels for effective separation of oil/water emulsions [J]. ACS Nano, 2015, 9 (4): 3791-3799.

[63] SI Y, YU J, TANG X, et al. Ultralight nanofibre-assembled cellular aerogels with superelasticity and multifunctionality [J]. Nature Communications, 2014, 5: 5802.

[64] RAZA A, DING B, ZAINAB G, et al. In situ cross-linked superwetting nanofibrous membranes for ultrafast oil-water separation [J]. Journal of Materials Chemistry A, 2014, 2 (26): 10137-10145.

[65] SI Y, REN T, LI Y, et al. Fabrication of magnetic polybenzoxazine-based carbon nanofibers with Fe_3O_4 inclusions with a hierarchical porous structure for water treatment [J]. Carbon, 2012, 50 (14):

5176-5185.

［66］RAZA A. 选择润湿性静电纺纳米纤维膜的制备及其在油 / 水分离中的应用研究［D］. 上海：东华大学，2014.

［67］GE J，ZHANG J，WANG F，et al. Superhydrophilic and underwater superoleophobic nanofibrous membrane with hierarchical structured skin for effective oil-in-water emulsion separation［J］. Journal of Materials Chemistry A，2017，5（2）：497-502.

［68］LI D，XIA Y N，Electrospinning of nanofibers: Reinventing the wheel［J］. Advanced Materials，2004，16（14）：1151-1170.

［69］WANG X，DING B，SUN G，et al. Electro-spinning/netting: A strategy for the fabrication of three-dimensional polymer nano-fiber/nets［J］. Progress in Materials Science，2013，58（8）：1173-1243.

［70］ZHANG P，WANG S，WANG S，et al. Superwetting surfaces under different media: effects of surface topography on wettability［J］. Small，2015，11（16）：1939-1946.

［71］ZHANG W，SHI Z，ZHANG F，et al. Superhydrophobic and superoleophilic PVDF membranes for effective separation of water-in-oil emulsions with high flux［J］. Advanced Materials，2013，25（14）：2071-2076.

［72］YANG S，SI Y，FU Q，et al. Superwetting hierarchical porous silica nanofibrous membranes for oil/water microemulsion separation［J］. Nanoscale，2014，6（21）：12445-12449.

［73］GAO S，SUN J，LIU P，et al. A robust polyionized hydrogel with an unprecedented underwater anti-crude-oil-adhesion property［J］. Advanced Materials，2016，28（26）：5307-5314.

［74］WONG T-S，KANG S H，TANG S K Y，et al. Bioinspired self-repairing slippery surfaces with pressure-stable omniphobicity［J］. Nature，2011，477（7365）：443-447.

［75］EXTRAND C W. Designing for optimum liquid repellency［J］. Langmuir，2006，22（4）：1711-1714.

［76］LIU L，CHEN C，YANG S，et al. Fabrication of superhydrophilic-underwater superoleophobic inorganic anti-corrosive membranes for high-efficiency oil/water separation［J］. Physical Chemistry Chemical Physics，2016，18（2）：1317-1325.

［77］GAO S J，SHI Z，ZHANG W B，et al. Photoinduced superwetting single-walled carbon nanotube/TiO_2 ultrathin network films for ultrafast separation of oil-in-water emulsions［J］. ACS Nano，2014，8（6）：6344-6352.

［78］KOTA A K，KWON G，CHOI W，et al. Hygro-responsive membranes for effective oil-water separation［J］. Nature Communications，2012，3：1025.

［79］GE J，ZONG D，JIN Q，et al. Biomimetic and superwettable nanofibrous skins for highly efficient separation of oil-in-water emulsions［J］. Advanced Functional Materials，2018，28（10）：1705051.

［80］TUTEJA A，CHOI W，MA M，et al. Designing superoleophobic surfaces［J］. Science，2007，318（5856）：1618-1622.

［81］GIACOMELLO A，MELONI S，CHINAPPI M，et al. Cassie-Baxter and Wenzel states on a nanostructured surface: phase diagram，metastabilities，and transition mechanism by atomistic free energy calculations［J］. Langmuir，2012，28（29）：10764-10772.

［82］SU C L，LI Y P，DAI Y Z，et al. Fabrication of three-dimensional superhydrophobic membranes with high porosity via simultaneous electrospraying and electrospinning［J］. Materials Letters，2016，170：67-71.

［83］HU L，GAO S，DING X，et al. Photothermal-responsive single-walled carbon nanotube-based ultrathin membranes for on/off switchable separation of oil-in-water nanoemulsions［J］. ACS Nano，2015，9（5）：4835-4842.

［84］ZHANG W，ZHU Y，LIU X，et al. Salt-induced fabrication of superhydrophilic and underwater superoleophobic PAA-g-PVDF membranes for effective separation of oil-in-water emulsions [J]. Angewandte Chemie International Edition, 2014, 53 (3): 856-860.

[85] TUMMONS E N, CHEW J W, FANE A G, et al. Ultrafiltration of saline oil-in-water emulsions stabilized by an anionic surfactant: Effect of surfactant concentration and divalent counterions [J]. Journal of Membrane Science, 2017, 537: 384-395.

[86] BENET E, BADRAN A, PELLEGRINO J, et al. The porous media's effect on the permeation of elastic (soft) particles [J]. Journal of Membrane Science, 2017, 535: 10-19.

[87] MIYAGAWA Y, KATSUKI K, MATSUNO R, et al. Effect of oil droplet size on activation energy for coalescence of oil droplets in an O/W emulsion [J]. Bioscience Biotechnology and Biochemistry, 2015, 79 (10): 1695-1697.

[88] CAO D-Q, IRITANI E, KATAGIRI N. Properties of filter cake formed during dead-end microfiltration of O/W emulsion [J]. Journal of Chemical Engineering of Japan, 2013, 46 (9): 593-600.

[89] 丁彬, 斯阳, 洪菲菲, 等. 静电纺三维纳米纤维体型材料的制备及应用 [J]. 科学通报, 2015, 21: 1992-2002.

[90] CHAKRABARTY B, GHOSHAL A K, PURKAIT M K. Ultrafiltration of stable oil-in-water emulsion by polysulfone membrane [J]. Journal of Membrane Science, 2008, 325 (1): 427-437.

[91] LOBO A, CAMBIELLA Á, BENITO J M, et al. Ultrafiltration of oil-in-water emulsions with ceramic membranes: Influence of pH and crossflow velocity [J]. Journal of Membrane Science, 2006, 278: 328-334.

[92] TAO M, XUE L, LIU F, et al. An intelligent superwetting PVDF membrane showing switchable transport performance for oil/water separation [J]. Advanced Materials, 2014, 26 (18): 2943-2948.

[93] ZHANG W, ZHU Y, LIU X, et al. Salt - induced fabrication of superhydrophilic and underwater superoleophobic PAA - g - PVDF membranes for effective separation of oil - in - water emulsions [J]. Angewandte Chemie International Edition, 2014, 53 (3): 856-860.

第6章 自清洁用超疏水纳米纤维材料

静电纺纳米纤维直径细、比表面积大、结构调控性强，通过对纺丝溶液性质及纺丝过程进行调控可获得具有粗糙表面的纤维材料。若选择疏水聚合物或者对纤维膜进行后处理疏水改性，可以有效降低纤维膜的表面能，从而构筑出具有超疏水表面润湿特性的材料，使得静电纺纤维膜在自清洁领域展现出了良好的应用前景。本章主要介绍了作者近期在自清洁用纳米纤维膜方面的研究进展。

6.1 自清洁材料

随着生活水平的发展，人们对生活环境质量的要求不断提高，拥有自清洁功能的材料受到了广泛的关注。自清洁特性是指材料在环境污染物（雾霾、粉尘、废气等）的侵蚀下能保证自身美观与功能的特性，其中超疏水自清洁表面是指在重力、雨水或风力等的作用下，材料表面的污染物能够黏附到水滴上而自动脱落。自清洁表面的发展源于人们对大自然的观察，一些植物叶片的表面具有超疏水的自清洁能力，如荷叶的出淤泥而不染，即当落在荷叶表面的水珠滑落下来时，荷叶上的灰尘、淤泥则黏附在水珠的表面并随之滚落。一般来说，材料表面水接触角 ≥ 150°、滚动角 < 10° 时就具备了优异的自清洁能力[1]。

6.2 自清洁原理

1997 年，德国波恩大学生物学家 NeinhuiS 和 Barthfott 借助显微镜对荷叶表面进行观察研究后发现，荷叶的自清洁能力源于表面独特的微纳米结构以及乳突表面所覆盖的蜡质晶体[2-3]，这种微—纳米级的粗糙结构与蜡质晶体可以大幅度提高水滴在其表面的接触角，使得水滴极易滚落。除了荷叶的自清洁现象之外，银泽菊叶、水稻叶、蝉翼等表面都具有超疏水现象[2, 4-5]。

通过对超疏水现象的观察，采用杨氏方程来对超疏水现象进行解释[6]。

$$\cos\theta = (\gamma_{sv} - \gamma_{sl}) / \gamma_{lv} \tag{6-1}$$

方程中 γ_{sv}、γ_{sl}、γ_{lv} 分别为理想表面上液滴平衡时固—气、固—液、液—气间的表面张力（N/m），θ 为水与固体表面的接触角，若 $\theta < 90°$，固体表面为亲水；若 $\theta > 90°$，固体表面为疏水；若 $\theta > 150°$ 固体表面为超疏水[7]。然而，现实中的固体表面并非理想表面，因此，Wenzel 引入了粗糙因子 r（固体的真实面积与其表观面积之比）对杨氏方程进行了修正，以更加真实地反映固体表面的润湿现象，这就是 Wenzel 方程[8]。

$$\cos \theta_\mathrm{n} = r \cos \theta \qquad (6\text{-}2)$$

式中：$r > 1$；θ_n 为实际接触角（°）；θ 为杨氏接触角（°）。根据 Wenzel 方程可知，在增加粗糙度后亲水表面将更亲水，疏水表面则更疏水。

Cassie 在假设表面的微小孔隙不允许水滴渗入前提下，提出水滴与粗糙面的接触由两部分组成，一部分是液滴与固体表面突起部分直接接触（接触面积为 f_s），另一部分是与孔隙中的空气垫接触（接触面积为 f_v），空气与水的接触角为 180°，据此推导出方程[9]：

$$\cos \theta_\mathrm{n} = f \cos \theta + f - 1 \qquad (6\text{-}3)$$

式中：θ_n 为实际接触角（°）；θ 为杨氏接触角（°）；表面系数 $f = f_\mathrm{s} / (f_\mathrm{s} + f_\mathrm{v})$。根据 Cassie 方程，提高液滴与孔隙中空气垫的接触面积，将会增强固体表面的超疏水性能[10]。

接触角是衡量固体表面疏水性能最为常用的标准，但是若要对疏水效果完整描述还应考虑其动态过程，用滚动角来衡量[11]。

$$\sin \alpha \propto \cos \theta_\mathrm{a} - \cos \theta_\mathrm{r} \qquad (6\text{-}4)$$

式中：α 为滚动角（°）；θ_a、θ_r 分别为前进角、后退角（°）。

因此，根据自清洁原理，可以得出制备超疏水自清洁表面的方法大致可分为两类：一类是在低表面势能材料上构筑粗糙结构；另一类是用低表面势能材料修饰粗糙表面。具体方法包括：模板法、等离子体处理法、一步浸泡法、腐蚀法、气相沉积法、微机械加工法和静电纺丝法等[12-16]。其中，静电纺丝法因简单有效、适用广泛、能够实现低成本大规模制备超疏水自清洁材料而受到广泛关注。

6.3 一步法构筑超疏水纤维材料

在此研究中，选择疏水的聚苯乙烯（PS）为纺丝原料，并利用静电纺丝技术一步制备出具有超疏水性质的纤维膜。通过调节溶剂的配比，赋予纤维表面不同的粗糙程度，使其具有较高的疏水角与极低的滚动角。

6.3.1 PS 纤维膜

银泽菊叶表面具有超疏水特性，利用扫描电子显微镜（SEM）观察银泽菊叶表面微观结构可以发现其表面具有沟槽结构［图 6-1（a）］。作者受其启发采用 PS（$Mw = 208000$）为纺丝原料，四氢呋喃（THF）、N，N– 二甲基甲酰胺（DMF）为溶剂，控制聚合物浓度为 30wt%，以静电纺丝技术制备了不同 THF/DMF 混合溶剂比（4/0，3/1，2/2，1/3，0/4）的 PS 纳米纤维膜。

图 6-1（b）~（f）为不同 THF/DMF 比例下 PS 纳米纤维膜的 SEM 图。由于聚合物浓度较高（30wt%），不同的溶剂配比下纤维的直径都处于微米级，但随着 DMF 比例增加，纤维直径从 14.8μm 降低到 2.8μm。如图 6-1（b）所示，溶剂为单一 THF 时，PS 纤维成扁平带状同时表面具有多孔结构。图 6-2（a）的原子力显微镜 AFM 图也说明了 THF 溶剂制备的 PS 纤维表面相对光滑并带有一些纳米级的孔结构。当 THF/DMF 比例为 3/1 时［图 6-1（c）］，纤维表面同时出现微米级与纳米级孔结构，图 6-2（b）的 AFM 图片也说

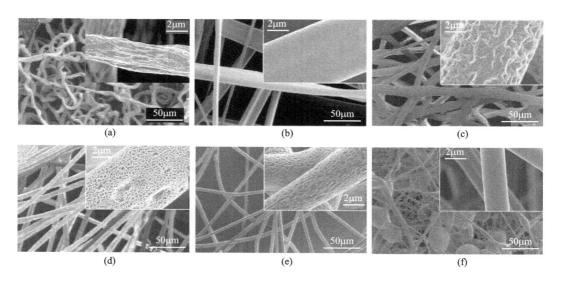

图 6-1　(a) 不同放大倍数的银泽菊叶 SEM 图；不同 THF/DMF 比例下 PS 纤维膜的 SEM 图：(b) 4/0；(c) 3/1；(d) 2/2；(e) 1/3；(f) 0/4

明了纤维表面具有微米级褶皱与纳米级小孔。THF/DMF 比例为 2/2 时，PS 纤维表面具有卵型的微孔 [图 6-1 (d)]，高倍率下可以看到微米级卵型孔与纳米孔同时存在。

　　上述多级结构的产生都可以用纺丝过程中的相分离现象解释[17]：射流从针头中喷射而出，溶剂迅速挥发使得射流表面温度降低。此时，射流处于热力学不稳定状态并产生聚合物富集相与溶剂富集相，发生了相分离，随后聚合物富集相快速固化成为基体，溶剂富集相产生孔。如图 6-1 (e) 所示，THF/DMF 为 1/3 时，纤维表面出现了大量细长岛屿状的沟槽（长度 1.43μm，宽度 158nm），同时也伴随着卵型微孔的消失。从溶剂比为 2/2、1/3 的 PS 纤维 AFM 图 [6-2 (c) ~ (d)] 可以看出纤维表面存在多层的微纳复合结构。但使用 DMF 为单一溶剂时 [图 6-1 (f)]，纤维表面的多孔结构消失，随之带来的是微球（24μm）与纤维的复合结构，同时 AFM 图 [图 6-2 (e)] 也证实了 PS 纤维具有较为光滑的表面。综上，通过调节溶剂 THF/DMF 的配比可以有效调控 PS 纤维的表面结构。

　　图 6-3 (a) 展示了不同 THF/DMF 比例下 PS 纤维膜的水接触角（WCA）。以 THF 作为单一溶剂时，PS 纤维膜的 WCA 为 143.8°，无超疏水特性。当 THF/DMF 为 3/1 时，PS 纤维膜的 WCA 达到了 150°，高于银泽菊叶的 WCA（147°）。这是由于纤维表面的微纳多级结构增加了粗糙度，使得纤维膜疏水性得以提升[18-20]。当 THF/DMF 比例分别达到 2/2 和 1/3 时，PS 纤维膜的 WCA 达到了 157.8° 和 159.5°，由此说明了在 PS 纤维表面构筑微纳粗糙结构可以使其获得稳定的超疏水性质。但以 DMF 为单一溶剂时，制备出的纤维膜表面粗糙度下降，WCA 为 150.8°，但仍高于以 THF 为溶剂时纤维膜的 WCA（143.8°），这是因为纤维膜中微球的存在增加了粗糙度，使其疏水性能得到一定程度的提升。图 6-3 (b) 展示了不同 THF/DMF 比例下 12mg 水滴在 PS 纤维膜上的水滚动角（WSA）。随着 PS 纤维膜疏水性的提升，WSA 逐渐降低。当 THF/DMF 比例为 1/3 时，WSA 达到最低（8°）。

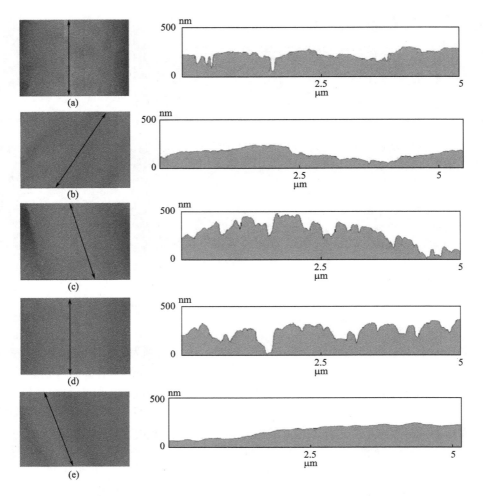

图 6-2　不同 THF/DMF 比例下 PS 纤维的 AFM 表面形貌图片与纤维轴向横断面的形貌图：
（a）4/0；（b）3/1；（c）2/2；（d）1/3；（e）0/4

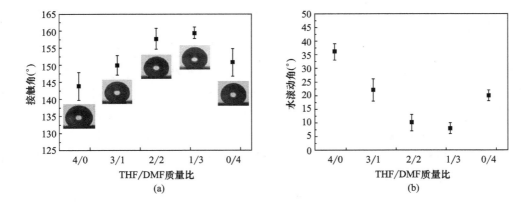

图 6-3　不同 THF/DMF 比例下 PS 纤维膜的（a）WCA；（b）WSA

6.3.2 PS/SiO₂ 纤维膜

通过向纺丝原液中引入不同浓度 SiO₂ 颗粒提高纳米粗糙度，是提升材料超疏水性能的重要途径。采用 PS 为纺丝原料，DMF 为溶剂，以静电纺丝技术制备了不同 SiO₂颗粒含量（0，7.7wt%，14.3wt%）的 PS 纤维膜。

图 6–4（a）～（c）展示了不同 SiO₂ 颗粒含量 PS 纳米纤维膜的 SEM 图，从集合体结构可以看出掺杂 SiO₂ 颗粒的 PS 纤维膜与普通电纺纤维膜一致，都是由纤维无规堆积形成的多孔膜。如图 6–4（a）所示，PS 纤维从形貌上可以分成具有光滑表面的细纤维与具有褶皱表面的粗纤维两类，这是由于在电场力作用下，纺丝液在被拉伸弯曲的过程中出现了对称不稳定性，从而产生了不同形貌结构[21]。褶皱的形成是由于射流中心的溶剂从内向外扩散，造成了壳层与皮层的收缩不匹配[22]。如图 6–4（b）～（c）所示，PS 纤维形貌规整，表面带有凸起，同时 SiO₂ 颗粒分布在纤维的表面。SiO₂ 颗粒的加入使得纺丝原液的黏度增加，减弱了射流在电场力作用下拉伸弯曲的不稳定性，使得纤维形貌规整。SiO₂ 颗粒以团簇（50nm ～ 1.2μm）的形式固定在 PS 纤维的沟槽中［如图 6–4（b）、（c）白圈所示］，其在增强 PS 表面的粗糙程度的同时增加了纤维膜的比表面积，带来了疏水性能的提升。

通过对比图 6–4（b）与图 6–4（c）可以发现，随着 SiO₂ 颗粒掺杂量的增加，纤维表面附着的 SiO₂ 颗粒也随之增加。图 6–5 为不同 SiO₂ 颗粒含量的 PS 纤维的 AFM 图片，由图片可知随着 SiO₂ 颗粒含量的增加，纤维表面的突出物增加，从而提升了纤维的表面粗糙度。这主要是由于高沸点（153℃）的 DMF 挥发速率较低[23]，射流内部的DMF 需要较长时间向外扩散挥发，从而保证了在相分离过程中 SiO₂ 颗粒有足够的时间从内部向表面进行迁移，在纤维表面形成纳米级的凸起。

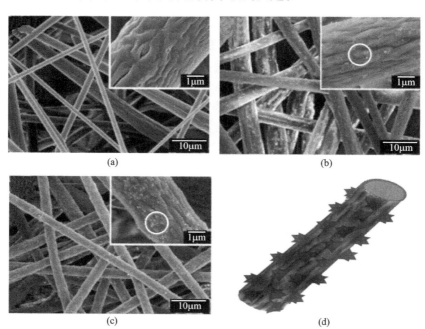

图 6–4 不同 SiO₂ 颗粒含量 PS 纤维膜的 SEM 图：（a）0；（b）7.7wt%；（c）14.3wt%；
（d）具有类荷叶、银泽菊叶表面形貌的纤维示意图

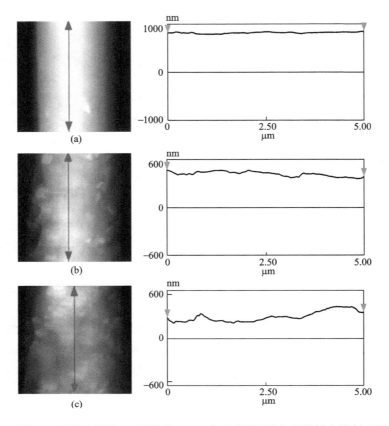

图 6-5　不同 SiO_2 颗粒含量的 PS 纤维的 AFM 表面形貌图片与纤维轴向横断面的形貌图：
（a）0；（b）7.7wt%；（c）14.3wt%

如图 6-6（a）所示，未加入 SiO_2 颗粒的 PS 纤维膜的 WCA 为 147.6°，这是由于 PS 本身的低表面能与纤维上的褶皱结构使其具有疏水特性，但仍未达到超疏水的状态[24]。随着 SiO_2 颗粒含量增加至 7.7wt% 与 14.3wt% 时，PS 纤维膜的 WCA 分别为 153.3° 与 157.2°，说明了 SiO_2 颗粒的引入增加了粗糙度，从而提升了纤维膜的疏水性能。如图 6-6（b）所示随着 PS 纤维膜疏水性的提升，WSA 逐渐降低，当 SiO_2 颗粒含

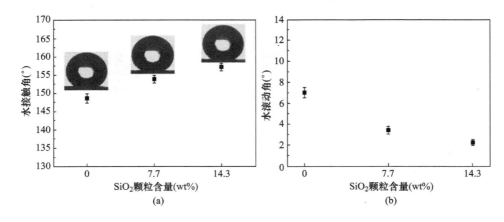

图 6-6　不同 SiO_2 颗粒含量的 PS 纤维膜的（a）WCA；（b）WSA

量为 14.3wt% 时,WSA 达到最低的 2.2°。

通过改变纺丝溶液中溶剂组成来调控 SiO_2 颗粒在 PS 纤维中的分布,制备具有超疏水性的 PS 纤维膜。图 6-7 为不同 THF/DMF 比例的 PS 纳米纤维横截面的 SEM 图。如图 6-7(a)所示,以高挥发性 THF 为溶剂制备的 PS 纤维为扁平带状结构且表面分布着致密的纳米孔,这是由于在射流拉伸固化过程中,射流表面的 THF 迅速挥发形成 PS 薄层,同时在大气压作用下环境中的非溶剂(空气、水蒸气)向射流内部扩散所致[23, 25]。与图 6-7(a)所示的扁平形 PS 纤维不同,以 DMF 为溶剂制备的纤维呈圆柱形并且表层光滑、内部多孔〔图 6-7(c)〕。这是因为与 THF(沸点 66℃)相比,DMF(沸点 153℃)挥发速率较慢,缓慢的挥发速率使得射流仍保持流体状态并且在电场力作用下完全拉伸[26],且相分离形成光滑的表层。此外,射流内部的 DMF 扩散速度较为缓慢,为非溶剂向内扩散并引发 PS 溶液相分离提供了足够的时间,因此在纤维内部形成了多孔结构。

图 6-7(d)~(f)显示了不同 THF/DMF 混合比例下掺杂 7.7wt% SiO_2 纳米颗粒的 PS 纤维的横截面场发射扫描电子显微镜(FE-SEM)图,发现随着 DMF 含量的增加,PS 纤维的横截面从扁平状变成圆形。当溶剂仅为 THF 时,SiO_2 纳米颗粒会嵌入纤维内部〔图 6-7(d)〕。随着混合溶剂中 DMF 比例的增加,SiO_2 颗粒开始从纤维内部往外部迁移,当混合溶剂比例为 2/2 的情况下,纤维表面上出现少量 SiO_2 纳米颗粒〔图 6-7(e)〕,当溶剂仅为 DMF 时,纤维表面出现大量 SiO_2 纳米颗粒并形成凸起〔图 6-7(f)〕,说明了 DMF 比例的增加更有利于 SiO_2 颗粒从内部向表面迁移。

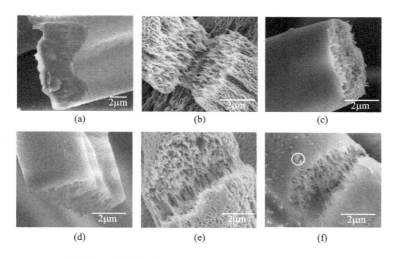

图 6-7 不同 THF/DMF 比例的 PS 纤维横截面 FE-SEM 图:(a)4/0;(b)2/2;(c)0/4;不同 THF/DMF
    比例下掺杂 7.7wt% SiO_2 纳米颗粒的 PS 纳米纤维膜截面 FE-SEM 图:(d)4/0;(e)2/2;(f)0/4

进一步使用 X 射线光电子能谱(XPS)分析样品表面,图 6-8 为不同 THF/DMF 比例的纤维膜 XPS 图。随着溶剂组成的改变,复合 PS 纤维膜表面上的硅信号增加。如图 6-8(a)所示,以 THF 为单一溶剂制备的含 7.7wt% SiO_2 纳米颗粒的 PS 纳米纤维膜表面显示出 C/O/Si 摩尔比为 98.94/0.73/0.33;如图 6-8(c)所示,以 DMF 为单一溶剂制备的含 7.7wt% SiO_2 纳米颗粒的 PS 纳米纤维膜表面显示出 C/O/Si 摩尔比为 94.27/4.98/0.75。XPS 分析也表明 DMF 比例的增加有利于 SiO_2 颗粒向表面迁移。

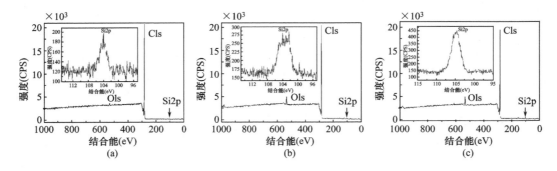

图 6-8　不同 THF/DMF 比例的纤维膜 XPS 图：（a）4/0；（b）2/2；（c）0/4

图 6-9 为 SiO₂ 颗粒在 PS 纤维中的分布演变机制示意图，当以高挥发性 THF 为溶剂时，聚合物射流会迅速固化，非溶剂很难充分进入到射流内部无法引发相分离，因此 SiO₂ 颗粒嵌于纤维内部[27]。通过引入高沸点的 DMF 来降低溶剂的蒸气压会使射流固化速度减慢，非溶剂相可充分进入射流的内部，进而诱导射流内部发生微相分离形成多孔结构，同时固化时间的延长使得 SiO₂ 颗粒有足够的时间随着溶剂的挥发移动到纤维的表面。

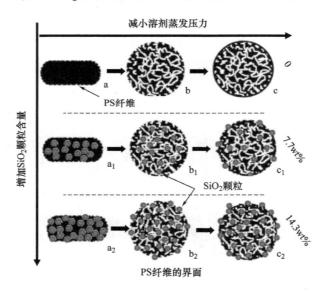

图 6-9　溶剂蒸发压力与 SiO₂ 添加量对 SiO₂ 颗粒在纤维中分布示意图

图 6-10（a）是掺杂不同含量 SiO₂ 颗粒的 PS 纤维膜 BET（Brunauer-Emmett-Teller）N₂ 吸附—脱附曲线。样品的 N₂ 吸附—脱附等温线在相对压力（0.05 ~ 0.8）下缓慢增加，表明材料表面存在介孔结构。当相对压力超过 0.8 时，样品的 N₂ 吸附量急剧增加，表明材料表面存在大孔结构。同时，材料的比表面积会随着样品中 SiO₂ 颗粒含量的增加而增加。进一步通过密度泛函理论（DFT）分析样品的 N₂ 吸附等温线获得其孔尺寸分布［图 6-10（a）插图］，从图中可以看出，材料的孔径主要分布在 10 ~ 110nm，且随着 SiO₂ 颗粒含量的增加，孔体积增加。图 6-10（b）为材料 WCA 随 SiO₂ 颗粒含量变化图，如图 6-10 所示，未加入 SiO₂ 颗粒的 PS 纤维膜的 WCA 为 147.6°，随着 SiO₂ 颗粒含量增加至 7.7wt% 与 14.3wt% 时，PS 纤维膜的 WCA 分别为 153.3° 与 157.2°，说明

SiO₂ 颗粒引入增加了纤维膜的表面粗糙度，从而提升了其疏水性能。

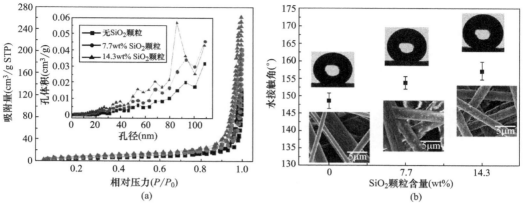

图 6-10　掺杂不同 SiO₂ 颗粒的 PS 纳米纤维膜：（a）N₂ 吸附—脱附曲线，插图为 DFT 孔分布图；
（b）水接触角，插图为纤维膜的 SEM 图

6.4　表面改性构筑超疏水纳米纤维材料

由于可纺疏水性聚合物种类有限，采用低表面能物质对静电纺纤维膜进行改性处理，是制备超疏水表面的重要途径。本节主要介绍利用正癸基三甲氧基硅烷（DTMS）与聚氟硅烷（FAS）对静电纺纤维膜进行表面改性，使其获得具有超疏水特性。

6.4.1　DTMS 改性纳米纤维膜

本研究中，采用醋酸纤维素（CA）（分子量 40000）为纺丝原料，丙酮、$N, N-$ 二甲基乙酰胺（DMAc）为溶剂，DTMS、正硅酸四乙酯（TEOS）为改性剂，制备 CA 平滑膜作为对比组，以摩尔比 TEOS/DTMS/C_2H_5OH/H_2O/HCl = 0.5/0.1/20/11/0.008 的比例制备溶胶—凝胶（Ⅰ），溶胶—凝胶（Ⅱ）为不添加 DTMS 的对照组。

图 6-11 中（a）和（d）为 CA 平滑膜，（b）~（f）为 CA 纤维膜，可以直观地看出纤维膜具有纤维堆积而成的无规网状结构。从图 6-11（b）可以看出无涂层改性的 8wt% CA 纤维直径分布较大且平均直径为 183nm，同时，由于纺丝浓度低形成了微球 / 纤维共存的结构，这种结构是材料具有超疏水特性的重要因素之一[18]。图 6-11（e）为涂层改性的 8wt% CA 纤维膜的 FE-SEM 图，可以看出材料中的微球 / 纤维共存结构并没有因为涂层改性而破坏。图 6-11（c）和（f）分别展示了未处理与溶胶—凝胶（Ⅰ）处理后 10wt% CA 纤维膜的 SEM 图。可以看出随着聚合物浓度的增加，纤维膜中珠粒消失且纤维平均直径也增加到 344nm，经过溶胶—凝胶（Ⅰ）处理后，纤维膜的形貌与结构未发生改变，但直径增加到了 504nm，与此同时，纤维间的粘连程度也有显著的提升[28-29]。

XPS 分析可以用于检测纤维膜表面溶胶—凝胶（Ⅰ）层的存在。图 6-12（a）和（b）分别对应图 6-11（c）和（f），如图 6-12（a）所示，未经表面改性的 10wt% CA 纤维膜表面的 O/C 摩尔比为 2.54/1，经过溶胶—凝胶（Ⅰ）处理后，纤维膜表面的

图6–11 （a）无涂层改性的CA平滑膜的FE-SEM图；（b）无涂层改性的8wt% CA纤维膜的FE-SEM图；（c）无涂层改性的10wt% CA纤维膜的FE-SEM图；（d）溶胶—凝胶（Ⅰ）涂层改性的CA平滑膜的FE-SEM图；（e）溶胶—凝胶（Ⅰ）涂层改性的8wt% CA纤维膜的FE-SEM图；（f）溶胶—凝胶（Ⅰ）层改性的10wt% CA纤维膜的FE-SEM图

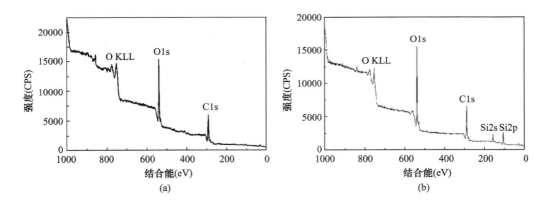

图6–12 （a）10wt% CA纤维膜的XPS图；（b）溶胶—凝胶（Ⅰ）涂层改性的10wt% CA纤维膜的XPS图

O/C/Si 摩尔比为 2.16/1/0.71。根据溶胶—凝胶（Ⅰ）处理液中各组分的比重（TEOS/DTMS=5/1），计算得到的 C 和 Si 的摩尔比为 1/0.75，与 XPS 测得的纤维膜表面的 C/Si 摩尔比（1/0.71）相近，表明溶胶—凝胶（Ⅰ）成功固定在了纤维膜表面。

材料的疏水性可以用 WCA 与 WSA 进行衡量。图 6-13（a）为 CA 平滑膜的 WCA（62°），说明 CA 平滑膜具有亲水的特性[21]。经过溶胶—凝胶（Ⅰ）处理后，CA 平滑膜 WCA 变成了 103°[图 6-13（b）]，说明溶胶—凝胶（Ⅰ）表面改性使得材料由亲水向疏水转变，这主要是由于 DTMS 中含有 CH 基团，具有低表面能特性，但经过改性后的 CA 平滑膜还是没有达到超疏水的特性。图 6-13（c）为 CA（10wt%）纤维膜的 WCA，可以看到 WCA 为 0，这是由于 CA 表面的大量羟基使得水被纤维膜吸收[30]。DTMS 和 TEOS 在 CA 纤维膜表面发生水解缩聚反应从而构筑了疏水层。如图 6-13（d）和（e）所示，纤维膜的 WCA 分别达到了 156°与 153°，这是由于纤维膜表面较平滑膜表面更为粗糙，使得疏水角有了显著提升。图 6-13（f）为溶胶—凝胶（Ⅱ）涂层改性的 CA（10wt%）纤维膜的 WCA，由于 CA 表面仅存在 TEOS 水解形成的亲水 SiO_2 层，同时静电纺纤维膜具有一定粗糙度使得材料的 WCA 为 0，这进一步证明了 DTMS 中的 CH 基团是提升材料疏水性的关键。

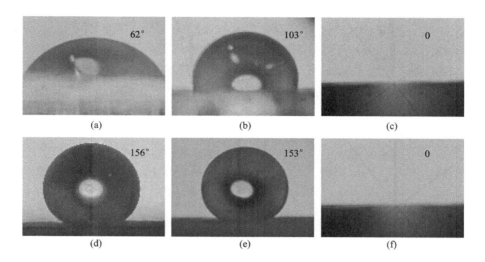

图 6-13　（a）CA 平滑膜的水接触角；（b）溶胶—凝胶（Ⅰ）改性的 CA 平滑膜的 WCA；（c）CA（10wt%）纤维膜的 WCA；（d）溶胶—凝胶（Ⅰ）涂层改性的 CA（8wt%）纤维膜的 WCA；（e）溶胶—凝胶（Ⅰ）涂层改性的 CA（10wt%）纤维膜的 WCA；（f）溶胶—凝胶（Ⅱ）涂层改性的 CA（10wt%）纤维膜的 WCA

　　除了材料的表面能之外，材料本身的粗糙度也影响材料的疏水性，为此进一步利用 AFM 表征材料表面的粗糙程度。图 6-14 为 CA 平滑膜与纤维膜的 AFM 图，由图可知，平滑膜表面光滑平整，粗糙度分别为 94nm 与 61nm，纤维膜表面粗糙度分别为 249nm 与 357nm，远远高于平滑膜的粗糙程度，这也证明了图 6-13 中改性后 CA 平滑膜的 WCA 小于纤维膜的 WCA。

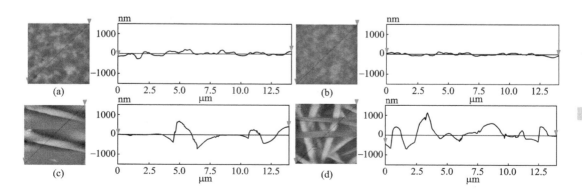

图 6-14　10wt% CA 平滑膜的 AFM 图：（a）未经处理原膜，（b）DTMS 涂层改性；10wt% CA 纤维膜的 AFM 图：（c）未经处理原膜，（d）DTMS 涂层改性

6.4.2　FAS 改性纳米纤维膜

采用 CA（$Mw = 40000$）为纺丝原料，丙酮、DMAc 为溶剂，聚丙烯酸（PAA）、TiO₂ 胶体、FAS 为改性剂。首先配制 10wt% 的 CA 溶液，在湿度为 65%，温度 25℃ 的条件下进行纺丝。然后，利用层层自组装技术（LBL）[21, 31-32]将带有正电荷的 TiO₂[33]与负电荷的 PAA 通过浸渍的方法，一层层固定在 CA 表面，制备了具有不同 LBL 层数的 CA 纤维膜。最后将纤维膜浸渍在 3wt% 的 FAS 溶液中 6h，并在 80℃ 下烘干 24h〔图 6-15（a）〕，获得 FAS 改性的 CA 纤维膜。

图 6-15（b）和（c）为浸渍不同层数的 CA 纤维膜的 SEM 图，在 TiO₂/PAA 浸渍处理后，LBL 浸渍改性 5 层和 10 层的纤维膜保留了原有的形态〔图 6-15（b）和（c）〕，平均直径分别为 488nm 与 642nm，均高于未处理的 352nm。与此同时，纤维膜厚度也随着浸渍层数的增加而增加，从 5 层的 68nm 增加到 10 层的 145nm，由此计算出单层的厚度约为 14nm。从相应的高倍插图中可以看出纤维的表面已被完全包覆，谷粒状的 TiO₂ 颗粒与纤维之间形成了新的结构，并且由于颗粒间的团聚，纤维膜中 TiO₂ 颗粒尺寸远大于处理液中 TiO₂ 颗粒（7nm）[28]。如图 6-15（d）和（e）所示，经过 20 层、30 层处理的纤维膜改变了原本的形貌，由于 TiO₂/PAA 存在于纤维表面、纤维与纤维之间[29]，处理后的纤维膜展现出了类似平滑膜的结构。

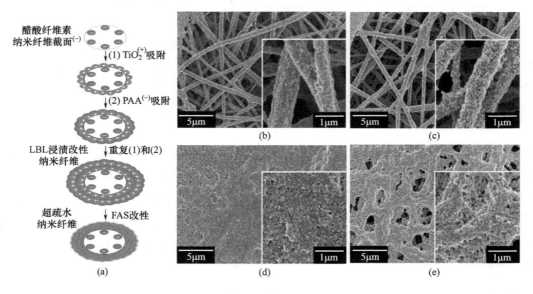

图 6-15　（a）通过 LBL 浸渍与 FAS 表面改性获得超疏水表面的示意图；CA 纤维膜浸渍不同层数的 TiO₂/PAA：（b）5；（c）10；（d）20；（e）30

图 6-16 为浸渍不同层数的 CA 纤维膜的 AFM 图片与相应的截面示意图。由图 6-16（a）所示，未经过 LBL 处理的 CA 纤维膜表面粗糙程度最高，粗糙度为 392nm。经过 5 层、10 层处理后粗糙度分别降低至 281nm 与 353nm〔图 6-16（b）和（c）〕。进一步增加处理层数，纤维膜粗糙度进一步降低〔图 6-16（d）和（e）〕。然而，与纤维膜粗糙度的降低相反，TiO₂ 颗粒引入使得单纤维的表面粗糙度从未处理的 88nm 增加到 244nm（20 层 TiO₂/PAA 处理）。

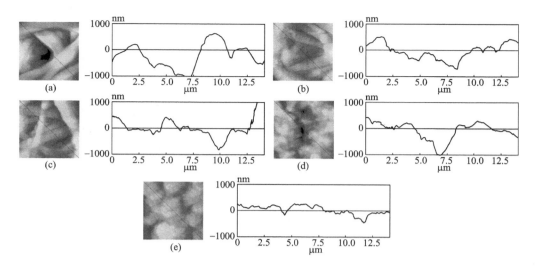

图 6-16　浸渍不同 TiO_2/PAA 层数的 FAS 改性 CA 纤维膜 AFM 图片与相应的截面示意图：
（a）0；（b）5；（c）10；（d）20；（e）30

图 6-17 为 FAS 改性的 CA 纤维膜的 WCA 与 WSA，经过 5 层与 10 层 TiO_2/PAA 处理后的纤维膜 WCA 分别为 154° 与 162°，具有超疏水特性。但经过 20 层、30 层 TiO_2/PAA 处理后纤维膜 WCA 下降，未展现出超疏水的特性，这是由于 LBL 处理后纤维膜表面的粗糙度发生了改变。粗糙度同样影响着纤维膜的 WSA，随着粗糙度的增加，纤维膜的 WSA 下降，10 层 TiO_2/PAA 处理后的纤维膜的 WSA 仅为 2°。

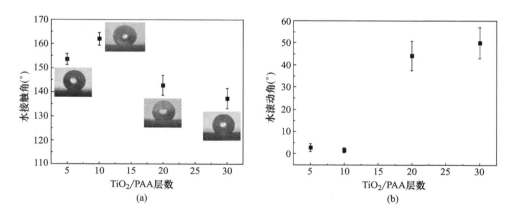

图 6-17　浸渍不同 TiO_2/PAA 层数的 FAS 改性 CA 纤维膜的（a）WCA 和（b）WSA

低表面能的物质可以赋予材料更好的疏水性能，利用 XPS 分析样品表面的元素组成作为衡量表面润湿性的依据。如图 6-18（a）所示，浸渍 10 层 TiO_2/PAA 的 CA 纤维膜表面的 O/C 摩尔比为 1/0.65。经过 FAS 改性之后，图谱中出现了 F 的特征峰且纤维膜表面的 F/O/C 摩尔比为 1.70/1/0.82［图 6-18（b）］。随着处理层数达到 30 层，纤维膜表面的 F/O/C 摩尔比变为 1.82/1/1.07［图 6-18（c）］，与未经过 LBL 表面处理的 FAS 改性 CA 纤维膜表面 F/O/C 摩尔比（0.48/4/0.66）相比，表面 F 含量提升了 3 ~ 4 倍，说明 LBL 处理更有利于后续的 FAS 改性。

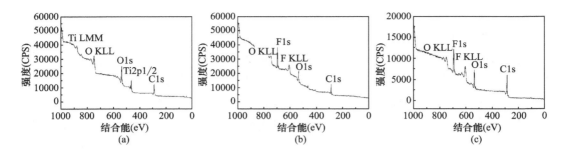

图 6-18 （a）浸渍 10 层 TiO$_2$/PAA 的 CA 纤维膜 XPS 图；浸渍不同 TiO$_2$/PAA 层数的 FAS 改性 CA 纤维膜 XPS 图：（b）10；（c）30

材料本身的力学性能及耐受性影响其使用性能，CA 纤维膜强力较差会对其实际服役性能造成影响，为此选择具有高强度、耐酸碱、耐高温特性的聚间苯二甲酰间苯二胺（PMIA）[34-35] 为原料，DMAc 为溶剂，FAS 为改性剂，制备超疏水自清洁材料。首先将 PMIA 溶解于 DMAc 中分别配制 8wt%，10wt%，12wt% 三个浓度的纺丝原液，在湿度 45%、温度 24℃的环境下进行纺丝得到的纤维膜，随后将纤维膜在 80℃条件下烘干 2h 后浸渍于 2wt% FAS 溶液中，再经常温干燥得到 FAS 改性 PMIA 纤维膜。

图 6-19（a）~（c）为不同浓度 PMIA 纳米纤维膜的 SEM 图，随着 PMIA 浓度的增加，PMIA 纤维的直径从 200nm 增加到了 900nm，这是由于纺丝液浓度的提升使得射流稳定性提升[23, 36-37]。同时从 SEM 图中箭头所指位置可以看出，纤维与纤维相互黏结在一起，这是由于溶剂的不完全挥发造成的。图 6-19（d）为 FAS 改性 8wt% PMIA 纤

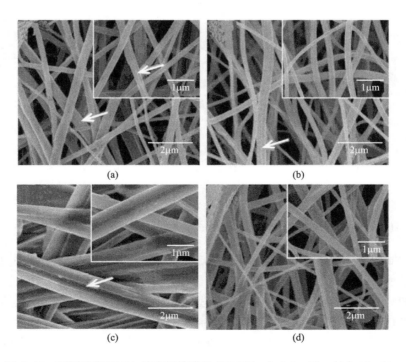

图 6-19 不同浓度 PMIA 纳米纤维膜的 SEM 图：（a）8wt%；（b）10wt%；（c）12wt%；（d）FAS 改性 8wt% PMIA 纳米纤维膜 SEM 图

维膜的 SEM 图，经过 FAS 浸渍改性后的 PMIA 形貌上没有发生变化，这是由于 FAS 分子包覆在 PMIA 纤维上形成了一层疏水层，并没有对纤维堆积结构造成影响。

PMIA 静电纺纤维膜的比表面积与纤维直径有关，通过 BET 测试发现，随着纤维直径的下降，氮气吸附量从 2.73m^2/g 增加到了 20.25m^2/g［图 6-20（a）］，这说明了随着 PMIA 浓度的增加，纤维膜的比表面积降低。如图 6-20（a）和（c）所示，FAS 改性 PMIA 纤维膜的 WCA 与油接触角（OCA）都随着 PMIA 浓度的增加而降低，最大的 WCA 与 OCA 分别为 134.59° 与 132.51° 展现出了水油双疏的特性，同时比表面积的增加带来了 WCA 与 OCA 的增加[38]。经过 FAS 改性之后，PMIA 纤维膜展现出了疏水特性，同时 PMIA 纤维膜的 WSA 也随着疏水性增加而降低，具有了表面水滴滚动带走污渍的自清洁功能。

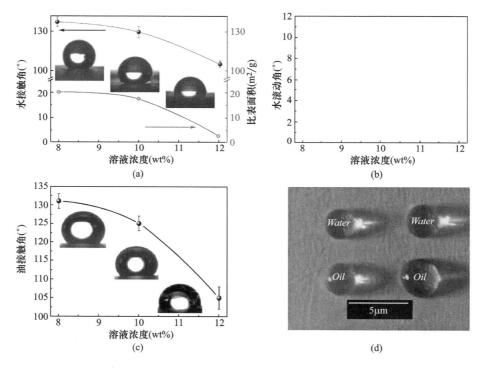

图 6-20　不同浓度 FAS@PMIA 的（a）WCA；（b）WSA；（c）OCA；
（d）不同水 / 油液滴置于 FAS@PMIA 纤维膜表面的图

图 6-21（a）说明了随着时间的增加，纤维本身的亲水特性使静电纺纤维膜发生芯吸作用，材料不再具有双疏的特性。前期研究表明 FAS 分子可以耐受 450℃ 的温度，PMIA 纤维膜在 420℃ 时才发生热分解[39-40]。因此，对 FAS 改性的 PMIA 进行高温处理，材料仍可保持良好的疏水疏油特性，如图 6-21（b）所示，在 300℃ 之前 FAS 改性 PMIA 纤维膜的 WCA 与 OCA 并未发生显著变化。

无机材料相对于有机材料来说具有更好的热稳定性与化学稳定性[41-42]，采用聚乙烯醇（PVA）为模板，TEOS 为硅源，通过静电纺丝制备出了不同 PVA 浓度（5wt%，7wt%，9wt%）的 PVA/SiO_2 杂化纤维膜（PVA/S1，PVA/S2，PVA/S3），随后 800℃ 煅烧 2h 获得纯 SiO_2 纤维膜（S1，S2，S3）。最后，把制备好的杂化膜浸渍于 3wt% FAS

功能静电纺纤维材料

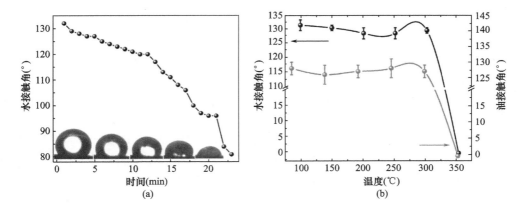

图 6-21 （a）FAS 改性后的 PMIA 纤维膜 WCA 随时间的变化；
（b）不同温度下 FAS 改性后 PMIA 纤维膜表面的 WCA 与 OCA

溶液中 24h，获得 FAS 改性的 SiO_2 纤维膜（FS1，FS2，FS3，FS4）。

图 6-22（a）~（c）为不同浓度 PVA/SiO_2 杂化纤维膜的 SEM 图，当溶液浓度为 5wt% 时，PVA/SiO_2 杂化纤维的平均直径为 248nm，并伴随着大量的细小珠粒，珠粒的产生是由于纺丝液黏度低所致[43]，随着 PVA 浓度增加，纤维的直径增加同时珠粒减小 [图 6-22（b）和（c）]。经过 800℃煅烧之后串珠结构还存在于纤维膜 S1 中 [图 6-22（d）]，且纤维直径从 248nm 减小到 186nm，纤维膜 S2、S3 的直径也相应减小到了 355nm 和 441nm，这是由于高温下有机组分分解造成的。

图 6-22 不同浓度 PVA/SiO_2 杂化纤维膜的 SEM 图：（a）5wt%；（b）7wt%；（c）9wt%；
不同浓度 PVA/SiO_2 杂化纤维膜煅烧后的 SEM 图：（d）5wt%；（e）7wt%；（f）9wt%

未经疏水处理的 SiO_2 纤维膜具有亲水特性，WCA 为 0。通过 FAS 改性可以使 SiO_2 纤维膜从亲水转变为疏水。图 6-23（a）为 FAS 改性 SiO_2 纤维膜的 WCA，FS1、FS2、FS3、FS4 的平均 WCA 分别为 154°、147°、141°、129°，FS1 具有最高的 WCA 展现出了超疏水的特性。如图 6-23（b）所示，纤维膜的 WSA 随着疏水性的降低而增加，最低 WSA 为 7°。为了进一步研究高温处理后 FAS 改性 SiO_2 纤维膜的表面润湿特性，选择性能最好的 FS1 继续研究，由图 6-23（c）可知，处理温度低于 350℃时，纤维膜所具有的 WCA 无显著变化。但是，当处理温度继续上升时，WCA 开始下降，450℃时为 132°，500℃时纤维膜失去了疏水特性，WCA 为 0。从傅里叶变换红外光谱学（FT-IR）图谱可知，100℃处理时，还具有 $1100cm^{-1}$、$790cm^{-1}$、$470cm^{-1}$ 三处代表 Si—O—Si 的吸收峰，新的吸收峰出现在 $2900cm^{-1}$ 处，表明存在 FAS 的—CH—[44]。但在 $1145cm^{-1}$ 处 FAS 的 C—F 吸收峰被 $1100cm^{-1}$ 处强峰所掩盖。当纤维膜经过 450℃高温热处理后，其 FT-IR 谱图［图 6-23（d）中（3）］与图 6-23（d）中（1）相似，说明与 100℃处理后有相近的表面润湿性。然而，当处理温度达到 500℃时 $2900cm^{-1}$ 处的吸收峰消失，说明了 FAS 长链在该温度下完全热解，因此纤维膜从疏水变为了亲水，这也解释了 WCA 变为 0 的原因。

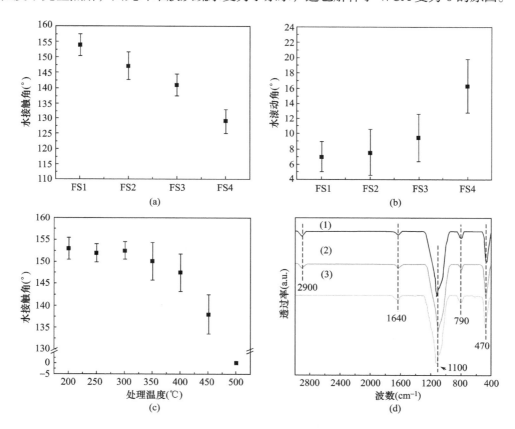

图 6-23　FAS 改性 SiO_2 纤维膜表面的（a）WCA 和（b）WSA；（c）不同高温处理后 FS1 的 WCA；
（d）FS1 经不同高温处理后的 FT-IR 图：（1）100℃，（2）450℃，（3）500℃

为了进一步提升 SiO_2 纤维膜的疏水性能，在前驱体溶液中分别加入 0、0.16g、0.32g、0.64g 的 SiO_2 颗粒进行纺丝，随后 800℃煅烧获得了具有 SiO_2 纤维与 SiO_2 颗粒的双组分纤维膜，图 6-24 为掺杂 SiO_2 颗粒的 SiO_2 纤维膜的制备过程示意图。

图 6-25 为不同掺杂量的 $SiO_2@SiO_2$ 颗粒纤维膜的 FE-SEM 图。如图 6-25（a）所示，对于无 SiO_2 颗粒掺杂的纤维膜，由于本身 PVA 模板浓度低的原因，纤维膜中存在着串

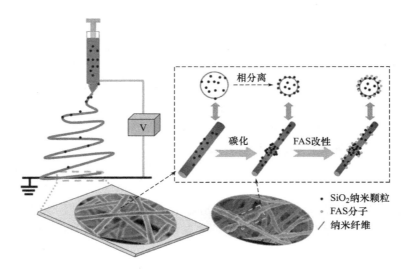

图 6-24 静电纺制备具有自清洁性能 SiO$_2$ 纤维膜的过程示意图

珠结构，纤维表面光洁无颗粒存在。随着 SiO$_2$ 颗粒添加量的增加，SiO$_2$@SiO$_2$ 颗粒纤维的表面逐渐出现颗粒状凸起，但纤维膜整体形貌并未受到影响［图 6-25（b）~（d）］。

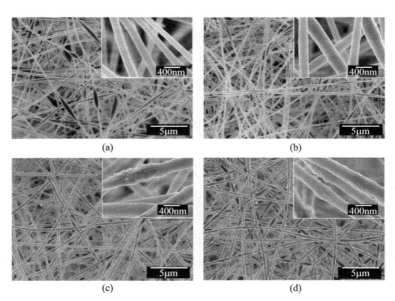

图 6-25 不同掺杂量的 SiO$_2$@SiO$_2$ 颗粒纤维膜的 FE-SEM 图：
（a）0；（b）9.7wt%；（c）19.4wt%；（d）38.8wt%

对不同掺杂量的 SiO$_2$@SiO$_2$ 颗粒纤维膜进行表面粗糙度测试，发现无掺杂的 SiO$_2$ 纤维膜的粗糙度为 2.00μm，随着 SiO$_2$ 颗粒掺杂量的增加粗糙度分别增加为 2.03μm，3.32μm，4.39μm。这与 FE-SEM 图观察的结果一致。通过 SiO$_2$ 颗粒与 SiO$_2$ 纤维膜的结合构筑了具有类荷叶结构的纤维膜。

如图 6-26（a）所示，PVA 中官能团的特征吸收峰分别为：—OH 3400cm^{-1}，—CH$_2$ 2900cm^{-1}，C=O 1740cm^{-1}，O=C—OR 1450cm^{-1}，—CH$_2$ 1340cm^{-1} 和 C—O—C 1340cm^{-1}。

其中（2）为杂化纤维膜的 FT-IR 谱图，除了 PVA 本身具有的特征峰外，还存在 1100cm⁻¹，790cm⁻¹ 和 470cm⁻¹ 处 Si—O—Si 的特征峰与 929cm⁻¹ 处 Si—OH 的特征峰，说明了纤维存在 SiO₂[44-45]。经过 800℃煅烧之后，FT-IR 谱图中只存在 100cm⁻¹，790cm⁻¹ 和 470cm⁻¹ 处 Si—O—Si 的特征峰与 929cm⁻¹ 处 Si—OH 的特征峰，说明纤维只是由单一的 SiO₂ 组成。图 6-26（b）为不同 SiO₂ 颗粒掺杂量对纤维膜 WCA 的影响，随着 SiO₂ 颗粒掺杂量的增加，SiO₂ 纤维膜的 WCA 从 140° 增加到了 155°，实现了疏水向超疏水的转变。

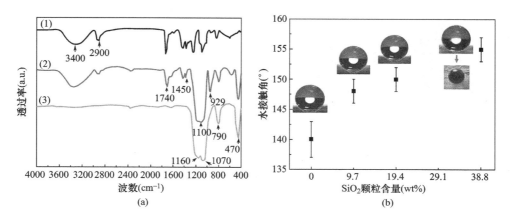

图 6-26　（a）三种纤维膜的 FT-IR 图：（1）PVA；（2）PVA/TEOS/SiO₂ 纳米颗粒；（3）SiO₂/SiO₂ 纳米颗粒；（b）SiO₂ 纳米颗粒添加量对 SiO₂ 纤维膜 WCA 的影响

6.5　总结与展望

本章主要介绍了作者在静电纺纳米纤维自清洁材料方面的研究工作，静电纺纳米纤维材料因纤维直径细、比表面积大、易于功能化改性等特点在自清洁材料制备方面具有独特的优势，通过在低表面能材料表面构筑粗糙结构或在粗糙纤维表面修饰低表面能物质两种途径获得了具有高疏水角与低滚动角的超疏水静电纺纳米纤维自清洁材料。

尽管静电纺纳米纤维在超疏水自清洁领域表现出巨大的应用潜力，但仍然存在一些亟待解决的问题，例如，疏水的稳定性与耐久性还有待加强，材料强度还待提高等。首先，选择或合成高性能疏水原材料并结合新型制备工艺开发耐污性能稳定的超疏水自清洁材料将是未来发展的主要方向之一。其次，通过单纤维—集合体多层次结构设计制备高强度静电纺纳米纤维膜并实现其规模化制造是自清洁材料未来发展的另一主要方向。相信在科研人员的不断攻坚探索下，在不久的将来，具有优异使用性能与耐久性能的新一代静电纺纳米纤维自清洁材料将会服务于人类社会的方方面面。

参考文献

[1] 金美花. 超疏水性纳米界面材料的制备及研究 [D]. 吉林：吉林大学，2004.

［2］BARTHLOTT W，NEINHUIS C. Purity of the sacred lotus，or escape from contamination in biological surfaces［J］. Planta，1997，202（1）：1-8.

［3］NEINHUIS C，BARTHLOTT W. Characterization and distribution of water-repellent，self-cleaning plant surfaces［J］. Annals of Botany，1997，79（6）：667-677.

［4］PATANKAR N A. Transition between superhydrophobic states on rough surfaces［J］. Langmuir，2004，20（17）：7097-7102.

［5］WATSON G S，WATSON J A. Natural nano-structures on insects-possible functions of ordered arrays characterized by atomic force microscopy［J］. Applied Surface Science，2004，235（2）：139-144.

［6］MUNETOSHI S，JEONGHWAN S，NAOYA Y，et al. Direct observation of internal fluidity in a water droplet during sliding on hydrophobic surfaces［J］. Langmuir，2006，22（11）：4906-4909.

［7］SONG J，SAKAI M，YOSHIDA N，et al. Dynamic hydrophobicity of water droplets on the line-patterned hydrophobic surfaces［J］. Surface Science，2006，600（13）：2711-2717.

［8］WENZEL R N. Surface roughness and contact angle［J］. Journal of Physical & Colloid Chemistry，1949，53（9）：1466-1467.

［9］ZHANG P，WANG S，WANG S，et al. Superwetting surfaces under different media: effects of surface topography on wettability［J］. Small，2015，11（16）：1939-1946.

［10］王庆军，陈庆民. 超疏水膜表面构造及构造控制研究进展［J］. 北京：高分子通报，2005，02：63-69.

［11］MARMUR A. The lotus effect: superhydrophobicity and metastability［J］. Langmuir，2004，20（9）：3517.

［12］FENG L，LI S，LI H，et al. Super-hydrophobic surface of aligned polyacrylonitrile nanofibers［J］. Angewandte Chemie International Edition，2010，41（7）：1221-1223.

［13］QIAN B，SHEN Z. Fabrication of superhydrophobic surfaces by dislocation-selective chemical etching on aluminum，copper，and zinc substrates［J］. Langmuir，2005，21（20）：9007-9009.

［14］TEARE D O H，SPANOS C G，RIDLEY P，et al. Pulsed plasma deposition of super-hydrophobic nanospheres［J］. Chemistry of Materials，2002，14（11）：4566-4571.

［15］TADANAGA K，MORINAGA J，ATSUNORI MATSUDA A，et al. Superhydrophobic superhydrophilic micropatterning on flowerlike alumina coating film by the sol-gel method［J］. Chemistry of Materials，2000，12（3）：590-592.

［16］WU W，WANG X，LIU X，et al. Spray-coated fluorine-free superhydrophobic coatings with easy repairability and applicability［J］. ACS Applied Materials & Interfaces，2009，1（8）：1656-1661.

［17］SILKE M，Jean S S，AND D B C，et al. Micro- and nanostructured surface morphology on electrospun polymer fibers［J］. Macromolecules，2002，35（22）：8456-8466.

［18］JIANG L，ZHAO Y，ZHAI J. A lotus-leaf-like superhydrophobic surface: a porous microsphere/nanofiber composite film prepared by electrohydrodynamics［J］. Angewandte Chemie International Edition，2004，43（33）：4338-4341.

［19］SINGH A，LEE S A，ALLCOCK H R. Poly［bis（2，2，2-trifluoroethoxy）phosphazene］superhydrophobic nanofibers［J］. Langmuir，2005，21（25）：11604-11607.

［20］KAZIM A，EREN S，CLEVA O Y，et al. Tunable，superhydrophobically stable polymeric surfaces by electrospinning［J］. Angewandte Chemie International Edition，2004，43（39）：5210.

［21］ZHANG M，SHENG J，YIN X，et al. Polyvinyl butyral modified polyvinylidene fluoride breathable-waterproof nanofibrous membranes with enhanced mechanical performance［J］. Macromolecular Materials and Engineering，2016，302（8），1600272.

［22］WANG L，PAI C L，BOYCE M C，et al. Wrinkled surface topographies of electrospun polymer fibers［J］. Applied Physics Letters，2009，94（15）：2598.

［23］LIN J，DING B，YU J. Direct fabrication of highly nanoporous polystyrene fibers via electrospinning

［ J ］. ACS Applied Materials & Interfaces，2010，2（2）: 521.

［24］MIYAUCHI Y，DING B，SHIRATORI S. Fabrication of a silver-ragwort-leaf-like super-hydrophobic micro/nanoporous fibrous mat surface by electrospinning［ J ］. Nanotechnology，2006，17（17）: 5151-5156.

［25］KOOMBHONGSE S，LIU W，RENEKER D H. Flat polymer ribbons and other shapes by electrospinning［ J ］. Journal of Polymer Science Part B: Polymer Physics，2001，39（21）: 2598-2606.

［26］JI Y，LI B，GE S，et al. Structure and nanomechanical characterization of electrospun PS/clay nanocomposite fibers［ J ］. Langmuir，2006，22（3）: 1321-1328.

［27］MEETING P，BURCHARD W，ROSS-MURPHY S. Physical networks : polymers and gels［ M ］. Elsevier Applied Science，1990.

［28］DING B，KIM J，KIMURA E，et al. Layer-by-layer structured films of TiO_2 nanoparticles and poly（acrylic acid）on electrospun nanofibres［ J ］. Nanotechnology，2004，15（8）: 913.

［29］DING B，GONG J，KIM J，et al. Polyoxometalate nanotubes from layer-by-layer coating and thermal removal of electrospun nanofibres［ J ］. Nanotechnology，2005，16（6）: 785.

［30］DING B，FUJIMOTO K，SHIRATORI S. Preparation and characterization of self-assembled polyelectrolyte multilayered films on electrospun nanofibers［ J ］. Thin Solid Films，2005，491（1）: 23-28.

［31］张思亭，张笑一. 分子自组装技术及表征方法［ J ］. 贵州师范大学学报（自然科学版），2008，26（1）: 106-112.

［32］李建波，许群. 层层自组装技术的发展与应用［ J ］. 世界科技研究与发展，2007，29（3）: 31-38.

［33］MATSUMOTO H，KOYAMA Y，TANIOKA A. Preparation and characterization of novel weak amphoteric charged membrane containing cysteine residues［ J ］. Journal of Colloid & Interface Science，2001，239（2）: 467-474.

［34］KAKIDA H，CHATANI Y，TADOKORO H. Crystal structure of poly（m - phenylene isophthalamide）［ J ］. Journal of Polymer Science Part B Polymer Physics，1976，14（3）: 427-435.

［35］LIU W，GRAHAM M，EVANS E A，et al. Poly（meta-phenylene isophthalamide）nanofibers: Coating and post processing［ J ］. Journal of Materials Research，2002，17（12）: 3206-3212.

［36］KIM Y B，CHO D，PARK W H. Enhancement of mechanical properties of TiO_2 nanofibers by reinforcement with polysulfone fibers［ J ］. Materials Letters，2010，64（2）: 189-191.

［37］ZHAO Y，ZHOU Y，WU X，et al. A facile method for electrospinning of Ag nanoparticles/poly（vinyl alcohol）/carboxymethyl-chitosan nanofibers［ J ］. Applied Surface Science，2012，258（22）: 8867-8873.

［38］HUANG F，WEI Q，CAI Y，et al. Surface structures and contact angles of electrospun poly（vinylidene fluoride）nanofiber membranes［ J ］. International Journal of Polymer Analysis & Characterization，2008，13（4）: 292-301.

［39］GUO M，DING B，LI X，et al. Amphiphobic nanofibrous silica mats with flexible and high-heat-resistant properties［ J ］. Journal of Physical Chemistry C，2010，114（2）: 916-921.

［40］LIN J，DING B，YANG J，et al. Mechanical robust and thermal tolerant nanofibrous membrane for nanoparticles removal from aqueous solution［ J ］. Materials Letters，2012，69（1）: 82-85.

［41］DING B，OGAWA T，KIM J，et al. Fabrication of a super-hydrophobic nanofibrous zinc oxide film surface by electrospinning［ J ］. Thin Solid Films，2008，516（9）: 2495-2501.

［42］TANG H，WANG H，HE J. Superhydrophobic titania membranes of different adhesive forces fabricated by electrospinning［ J ］. Journal of Physical Chemistry C，2009，113（32）: 14220-14224.

[43] FONG H, CHUN I, RENEKER D H. Beaded nanofibers formed during electrospinning [J]. Polymer, 1999, 40 (16): 4585-4592.

[44] NAKAGAWA T, SOGA M. A new method for fabricating water repellent silica films having high heat-resistance using the sol-gel method [J]. Journal of Non-Crystalline Solids, 1999, 260 (3): 167-174.

[45] WANG J, RAZA A, SI Y, et al. Synthesis of superamphiphobic breathable membranes utilizing SiO_2 nanoparticles decorated fluorinated polyurethane nanofibers [J]. Nanoscale, 2012, 4 (23): 7549.

第7章 防水透湿用纳米纤维材料

静电纺纳米纤维无规堆积形成的纤维膜具有三维连通孔道结构,有利于水蒸气的快速输运。此外,静电纺纳米纤维原料范围广、纤维表面可修饰性强,通过选择疏水聚合物或者对纤维进行疏水改性等,可以有效提升纤维膜的防水性能。因此,通过对纤维膜的孔结构和表面润湿性进行精准调控可实现其在防水透湿领域的应用。本章主要介绍防水透湿用静电纺纳米纤维膜的近期研究进展。

7.1 防水透湿织物

具有防水透湿功能的织物不仅能抵御雨雪,还能有效排出人体产生的湿汽,避免产生黏湿、闷热等不适感,在防寒服、冲锋衣、特种军服、户外鞋靴以及医用防护等领域具有广泛的应用。现有研究结果表明,当织物的耐水压在 50 ~ 100kPa、透湿量在 5000 ~ 10000g/（$m^2 \cdot d$）时,可满足徒步、露营、垂钓等低强度户外运动中的防雨排汗需求;当其耐水压 ≥ 100kPa、透湿量 ≥ 10000g/（$m^2 \cdot d$）时,可有效满足登山、滑雪、野外作战等剧烈运动中的防护及舒适性需求[1-2]。目前,具有防水透湿功能的织物主要有三类[3-4]:高密织物、涂层织物和层压织物。其中,高密织物的孔径大、孔隙率高,因此,其透湿量可达 10000g/（$m^2 \cdot d$）以上,但耐水压普遍较低（ ≤ 5kPa）[5];涂层织物因其孔隙被涂层材料封闭,从而具有较高的耐水压（ ≥ 150kPa）,但其透湿量普遍低于 1200g/（$m^2 \cdot d$）[6];层压织物的核心材料是兼具防水性和透湿性的功能膜,在力学性能满足层压复合工艺的基础上,有望解决高密织物和涂层织物存在的耐水压和透湿量难以同步提升的问题,已逐渐成为防水透湿织物的主流发展方向[7]。

如今市场上的防水透湿膜产品主要有两种:亲水型无孔膜和疏水型微孔膜。亲水型无孔膜通常以热塑性聚氨酯为原料通过流延/压延方法制成,制造工艺简单、成本低廉,同时该膜的无孔结构使其具有较高的耐水压（ ≥ 150kPa）,且其较好的力学性能（拉伸强度 ≥ 30MPa）可满足复合加工与实际使用过程中的强度要求。然而该膜主要依赖水分子与亲水基团间的"吸附—扩散—解吸"作用进行湿汽传递,其透湿量普遍低于 3000g/（$m^2 \cdot d$）且遇水易发生形变,严重影响服装的舒适性与美观性,无法满足高档防水透湿织物的材料需求[8-9]。疏水型微孔膜内部具有大量的连通孔道,可有效传递湿汽从而克服无孔膜透湿量偏低的缺陷,同时,较小的孔径及疏水性的孔道结构使其具有较高的耐水压[10],如美国 Gore 公司以聚四氟乙烯（PTFE）为原料制备的氟化微孔膜[11-12]（图 7-1）,其耐水压大于 100kPa、透湿量为 8000g/（$m^2 \cdot d$）、拉伸强度为 25MPa,是目前公认最先进的防水透湿膜产品,可满足中高档防水透湿织物的性能及加工要求。但是 PTFE 分子极性极低,导致此类功能膜难以与织物黏合的缺陷。为了改善其黏结性

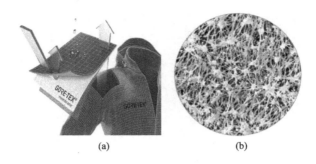

图 7-1 （a）Gore-Tex 面料组成[11]及其（b）PTFE 功能膜的 SEM 图[12]

能，人们也采取表面化学接枝、火焰、等离子射流、电晕处理等方法[13]，但是这些方法均对薄膜的孔结构造成破坏，从而影响其防水透湿性能，同时该膜的双向拉伸制备技术难度高，加工成本高，且技术受到国外公司的垄断。作为一种新型制备纳米纤维的方法，静电纺丝法具有操作简单、适用范围广、易于功能化改性等技术特点，获得的纤维膜具有纤维直径细、孔径小、孔隙率高、孔结构可调与孔道连通性好等结构优势，因此，引入静电纺丝技术，并结合表面润湿性调控技术，有望制备出具有防护性能高、舒适性好的防水透湿膜。

7.2 织物防水透湿机理

7.2.1 防水机理

防水性是指织物能够抵抗外部环境的雨、雪、露、霜等液态水透过的能力[14-15]。简单来说，液态水透过膜的方式主要分为两种：一种是水与膜材料接触后使膜材料润湿；另一种是在外力作用下，水从膜材料的孔隙进入膜的另一侧。

当外界的水与膜接触后，由于毛细管效应的作用，液态水将通过膜的孔隙传输到功能膜的表面及内部使得膜被润湿，这与功能膜表面的物理粗糙度和化学能密切相关，是一种自发的过程。通常把水的接触角小于 90° 的固体表面称为亲水表面，此时润湿自发进行，如图 7-2（a）所示；水接触角大于 90° 称为疏水表面，液体不能润湿界面，此时液体不能进入毛细孔[16]，如图 7-2（b）所示。防水作用与润湿作用恰恰相反，防水作用是使水不能润湿织物，仍然使之保持水珠状态在织物上滚动。所以，从润湿性的角度出发，织物若要具有防水性，其水接触角必须大于或等于 90°，且疏水角（θ）越大，

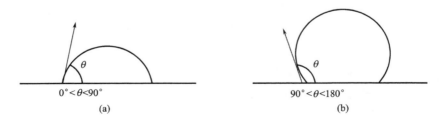

图 7-2 水在不同光滑固体表面的浸润情况：（a）亲水表面；（b）疏水表面

其防水性越好。实际生活中理想的光滑表面并不存在，织物的表面形貌十分复杂，存在着缝隙。因此，材料润湿性除了取决于液体、固体的表面能之外，还受到材料表面粗糙度的影响。为此，引入粗糙因子 r：

$$r\cos\theta = \cos\theta_n \qquad (7-1)$$

式中：θ_n 为粗糙表面接触角，即表观接触角（°）；θ 为本征接触角（°）；粗糙因子 r 定义为固体和液体接触面之间的真实表面积与几何光滑表面积的比值，因为通常 $r>1$，所以当 $\theta>90°$，$\theta_n>\theta$，即原本防水性好的织物，表面粗糙度越高，则防水性更好。

　　第二种情况是在一定的外界压力条件下，液态水直接通过功能膜的孔隙进到膜的内部 [图7-3（a）]，这不仅与功能膜的表面能和表面粗糙度均有着密切的关系，还与外加压力、水滴的动能、孔径大小以及膜的孔隙率有关[3]。对纤维膜来讲，耐水压符合杨—拉普拉斯方程[17]：

$$\Delta P = \frac{2\gamma_{LG}\cos\theta_{adv}}{r} \qquad (7-2)$$

式中：ΔP 为接触角大于90°时，进入毛细管内的水受到液气界面张力形成的向外的附加张力（N）；γ_{LG} 为液体与气体界面的表面张力（mN/m）；θ_{adv} 为毛细管内壁与液体的前进接触角（°）；r 为毛细管当量半径（μm）。

　　一般来说，纤维膜厚度的增加会导致纤维膜自身的孔径降低，从而提升了耐水压[18]。从图7-3（b）可以看出，实际耐水压与理论计算的耐水压值有一定偏差，但上述杨—拉普拉斯方程是基于规则的圆柱状毛细管模型提出的，而静电纺纤维的无规堆积使得纤维膜孔道形状呈现不规则特性，为此需对上述方程进行修正。由于耐水压的变化是由纤维膜的表面润湿特性和最大孔径（d_{max}）的协同作用导致，因此，通过将耐水压和 $\cos\theta_{adv}/d_{max}$ 进行拟合 [图7-3（c）]，根据拟合方程计算出斜率并将其作为孔道修正因子 B[19]引入到杨—拉普拉斯方程中，修正后的杨—拉普拉斯方程如下：

$$\Delta P = B\frac{2\gamma_{LG}\cos\theta_{adv}}{r} \qquad (7-3)$$

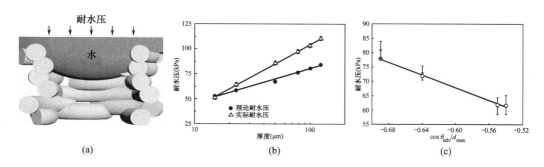

图7-3　（a）防水示意图；（b）不同厚度纤维膜的理论耐水压与实际耐水压曲线；
（c）接触角、最大孔径与耐水压的关系曲线

7.2.2　透湿机理

　　防水透湿织物具有优良的透湿性、透气性，人体散发的汗液、汗气能够以水蒸气的

形式传递到外界，不会积聚或冷凝在体表和织物之间，这样就不会使人产生黏湿和闷热的感觉。静电纺防水透湿膜传质机制属于微孔扩散机制：利用纤维膜孔径（0.2～5μm）、轻雾（20～200μm）、水蒸气分子（直径在 0.0004μm）的尺寸差别，使得水蒸气可以在浓度梯度的驱动下通过这些微孔向低湿侧扩散［图7-4（a）］。图7-4（b）可以看出，孔隙率增加带来了透湿率的增加，这可以通过 Fick 扩散定律来解释，透湿率与由孔隙率决定的扩散系数呈正相关[20]。进一步研究发现，纤维膜孔径也对透湿率具有一定影响[21-22]，如图7-4（c）所示，通过模拟计算可以得到透湿率（WVT，kg/（m²·d）与纤维膜平均孔径（d_{mean}，μm）、孔隙率（P）之间的经验方程[18]：

$$WVT = 1.5\ln P + 0.1\ln(d_{mean}) + 0.3 \qquad (7-4)$$

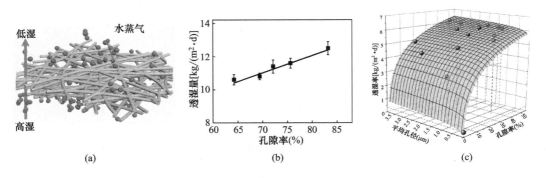

| (a) | (b) | (c) |

图7-4 （a）透湿示意图；（b）孔隙率对纤维膜透湿率和透气率的影响；（c）孔隙率与孔径对纤维膜透湿率的影响

7.3 PVDF 基防水透湿纳米纤维材料

聚偏氟乙烯（PVDF）是一种疏水性材料，且与 PTFE 相比具有更好的可加工性能，科研人员将其应用于防水透湿领域，通过静电纺丝技术制备出具有粗糙表面的纤维膜，同时通过后处理的方式，调控纤维膜的孔径与孔隙率并增加纤维间的粘连点，提升了材料的综合性能。

7.3.1 PVDF 纳米纤维膜

采用 PVDF（$Mw = 300000$）为聚合物原料，N，N- 二甲基乙酰胺（DMAc）和丙酮作为溶剂进行静电纺丝[23]。通过调节聚合物浓度，制备 18wt%、20wt%、22wt%、24wt% 四个浓度 PVDF 纤维膜。对比性能发现，溶液浓度为 20wt% 时，PVDF 纤维膜具有最佳性能，耐水压为 71kPa，透湿量为 11.7kg/（m²·d），强度为 8.5MPa。

在此基础上，选择聚合物浓度为 20wt%，溶剂 DMAc/ 丙酮质量比分别为 1/9、3/7、5/5、7/3 和 9/1，并在相同纺丝参数下进行纺丝，观察不同混合溶剂比例下所得纤维膜的微观形貌结构，如图7-5所示。

由图7-5可知，随着溶剂中丙酮含量的增多，纤维直径明显增大，由 175nm 增加到 615nm。这是由于丙酮沸点低、易挥发，使得纺丝过程中射流固化速度加快，形成直径较大的纤维。从扫描电子显微镜（SEM）图中可以看到，不同于图 7-5（a）~（d）中纤维的无规堆积，图 7-5（e）中纤维直径小且存在粘连结构。进一步研究溶液性质，可以发现不同 DMAc/丙酮纺丝液的电导率和黏度基本不变，但是溶液的表面张力随着 DMAc 含量的增加而逐渐增大，其不但决定了泰勒锥处尖端射流的形成模式，还对射流在高压电场中的运动和分裂有影响，最终决定静电纺纤维的结构与形貌。在静电纺丝过程中，带电聚合物溶液表面的静电斥力必须大于表面张力，静电纺丝过程方可顺利进行[24]，并且由于射流轴向的 Rayleigh 不稳定性[25]，表面张力具有使射流转变成球形液滴的作用，不利于纤维连续成型，这也解释了图 7-5（e）所示的纤维形貌。

随后，对纤维膜的孔径与孔隙率进行了测试，测试结果如图 7-6（a）和（b）所示。当 DMAc/丙酮质量比为 7/3 时，纤维膜的孔径最小，纤维膜的孔隙率则随着丙酮含量的降低而逐步降低。理论上，纤维直径越细，纤维间的孔径越小，虽然 DMAc/丙酮质量比为 9/1 时，纤维直径最细，但这时纤维膜内纤维长度较短且纤维量较少，反而形成了大孔结构，如图 7-5（e）所示，导致纤维膜孔径反而增大。同时，随着丙酮含量的减小，纺丝射流相分离速率减慢，纤维直径变细，纤维间堆积变得致密，故而纤维膜孔隙率降低。当 DMAc/丙酮质量比为 9/1 时，纤维中存在大量的粘连结构，膜内形成的孔反而比较少，造成孔隙率进一步下降。

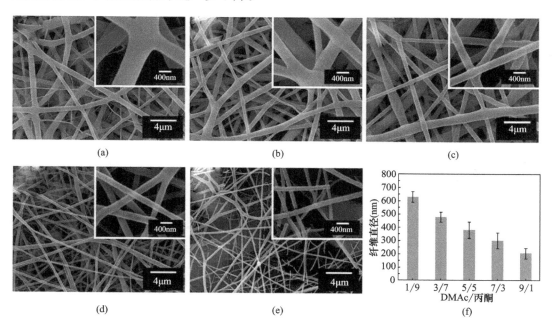

图 7-5 不同 DMAc/丙酮比例下 PVDF 纤维膜的 SEM 图：（a）1/9，（b）3/7，（c）5/5，（d）7/3，（e）9/1；（f）不同 DMAc/丙酮比例下纤维平均直径

由图 7-6（c）和（d）可知，随着丙酮含量的增加，纤维膜的耐水压呈现先增后减的规律，透湿率呈现逐渐降低的变化规律。由杨—拉普拉斯方程可知，纤维膜的防水性与材料本身的疏水性及孔径有关，孔径越大，纤维膜的防水性就越差。由图 7-6（a）可知，当 DMAc/丙酮质量比为 7/3 时，纤维膜具有最小的孔径，所以这时纤维膜耐水压最大，达到 80kPa。同时，实验结果证明影响透湿量的主要因素为材料的厚度和透湿

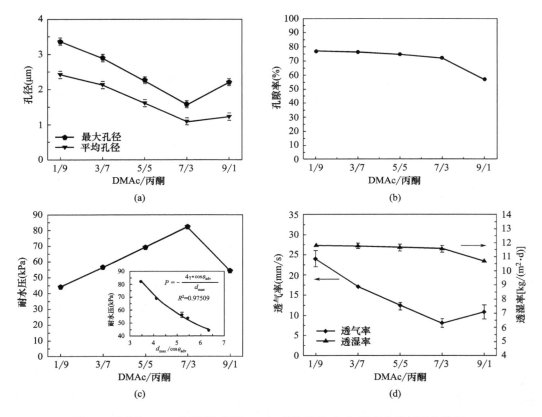

图 7-6 不同 DMAc/ 丙酮比例下 PVDF 纤维膜的（a）最大孔径与平均孔径；
（b）孔隙率；（c）耐水压；（d）透湿率与透气率

条件（测试温度，材料两侧湿度差），但在这两个条件相同的情况下，材料的透湿量也会受到孔隙率的影响[26-27]，其随着孔隙率的增大而增大。由于不同 DMAc/ 丙酮比例的PVDF 纤维膜的孔隙率变化不大，因此透湿率变化不大，均在（11.5±3）kg/（m²·d），均达到了户外服装高透湿的标准。

　　为了进一步提高纤维膜的综合性能，在纺丝液中加入了少量 NaCl。由图 7-7（a）和（b）可知，NaCl 的引入进一步降低了纤维膜的孔径，这是因为 NaCl 的加入使得电导率增大，增加射流表面的电荷密度，导致射流鞭动不稳定，降低了纤维直径，所以纤维膜的孔径减小。纤维膜的孔隙率则是随着 NaCl 添加量的增加而逐步增大并且最终趋于稳定。由图 7-7（c）所示，随着 NaCl 的加入，纤维膜耐水压增大，且当加入量为 0.003wt% 时，纤维膜耐水压达到最大的 110kPa、透湿量为 11.7kg/（m²·d）。对比图 7-7（b）和（d）可知，纤维膜透湿量随纤维膜孔隙率发生改变，但均已满足户外服饰对高透湿的要求。

7.3.2 PVDF/PVB 纳米纤维膜

　　PVDF 功能膜具有较高的透湿率，但是断裂伸长小于 20%，因而不能承受加工与使用过程中的形变[28]。在 PVDF 纺丝液中引入聚乙烯醇缩丁醛（PVB）进行纺丝，然后对 PVDF/PVB 复合纤维膜热处理产生粘连结构，使纤维膜获得良好的力学性能。同时，粘连结构降低了纤维膜的最大孔径，使纤维膜具有良好的防水性。

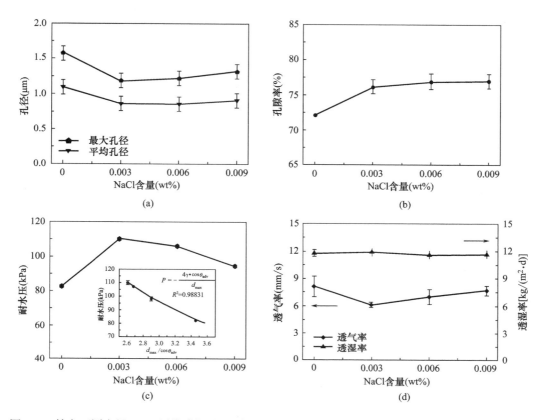

图 7-7　掺杂不同含量 NaCl 纤维膜的（a）孔径；（b）孔隙率；（c）防水性能；（d）透湿率与透气率

通过调节 PVDF/PVB 的质量比（5/5、6/4、7/3、8/2、9/1、10/0），在相同纺丝参数下进行纺丝，随后放置于 120℃烘箱中加热 30min。利用 SEM 对不同聚合物混合比例下的纤维膜进行观察，其结果如图 7-8 所示。

图 7-8 中纤维膜显示出两个特征：一是纤维直径变粗，从 233nm 增加到 516nm 且随着 PVB 含量的增加纤维直径分布更不均匀；二是纤维间的粘连程度逐渐增加，纤维间相互缠结形成粘连的网状结构。纤维间的物理粘连是因为热塑性 PVB 玻璃化转变温度（T_g）为 75℃左右，当温度高于 T_g 时，聚合物软化所致。当 PVDF/PVB 的比例为 8/2 时，纤维间的粘连增加且纤维膜网状结构仍保持良好。但是当 PVB 含量增加到 50wt% 时，纤维膜的网状结构明显被破坏，存在较大面积的片状粘连结构，如图 7-8（c）所示。以上 SEM 图表明 PVDF/PVB 比例的变化会导致纳米纤维膜的形貌变化。纤维膜中 PVB 比例的变化不仅能使纤维膜实现从非粘连结构向粘连结构的转变，还能影响纤维膜孔径大小和孔隙率，如图 7-8（d）所示，随着 PVB 含量的增加，PVDF/PVB 纤维膜的孔径和孔隙率呈降低趋势，PVDF/PVB 为 9/1 时纤维膜的孔隙率为 65%，但是当 PVDF/PVB 为 5/5 时纤维间的粘连使得孔隙率降低至 45% 且纤维间多孔结构受到破坏，这是因为 PVB 受热熔融会使纤维变得粘连，PVB 比例上升则粘连程度增加，孔隙率降低。上述结论表明：调控 PVDF/PVB 的比例能有效控制纤维膜的孔结构，从而控制液态水、湿汽的透过性[29-30]。

透湿率和透气率是评估纤维膜热舒适性的重要指标，具有高透湿率和低透气率的纤维膜将有利于其服用性能的提升。纤维膜的孔隙率和孔径影响湿汽与空气的传输[31-32]，

189

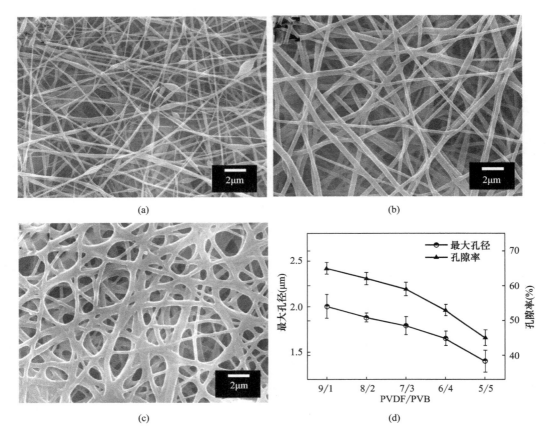

图 7-8　不同 PVDF/PVB 比例的纤维膜的 SEM 图：（a）10/0，（b）8/2，（c）5/5；
（d）不同 PVDF/PVB 比例纤维膜的孔径与孔隙率

纤维膜的高孔隙率会增大湿气透过量，同时有利于空气的对流[33]。如图 7-9（a）所示，当 PVB 含量从 10wt% 增加到 50wt% 时，纤维膜孔隙率从 65% 降到了 45%，透湿率从 11.2kg/（m²·d）降低到 9.7kg/（m²·d），这是由于纤维间粘连的通孔结构仍然能使足够多的湿气通过。对于防风性而言，透气率从 17.3mm/s 降到 7mm/s，这是由于逐渐增加的粘连结构使得 PVDF/PVB 纤维膜的孔隙率降低，从而大幅增加空气阻力。对于防水透湿膜来说，其防水性能主要用静水压测试表征，如图 7-9（b）所示，由于 PVB 中的羟基会使复合纤维膜有一定的亲水性，随着 PVDF/PVB 比例从 9/1 到 5/5，纤维膜的耐水压从 57kPa 降到 21kPa。

图 7-9（c）为纤维膜的应力—应变曲线，展示了加热后不同比例 PVDF/PVB 纤维膜的力学性能以及对应的拉伸强度和断裂伸长的偏差。对于 PVDF 纳米纤维膜而言，断裂强度为 2.1MPa，断裂伸长率仅有 4.8%。当 PVB 含量从 10wt% 增加到 50wt% 时，纤维之间出现明显的粘连且纤维直径逐渐变大，拉伸强度也从 6.3MPa 增加到 14.8MPa，同时杨氏模量从 125MPa 大幅增加至 268MPa，纤维直径的增加以及纤维间粘连结构的形成使得纤维在拉伸时能够承载更多的负荷[34-35]。此外，顶破强力是衡量纤维膜实际使用过程中力学性能优劣的另一重要指标，如图 7-9（d）所示，随着 PVB 含量从 0 增加到 50wt%，顶破强力从 9.3N 增加到 33.4N，这是由于纤维直径增加同时纤维间形成粘连结构所致。

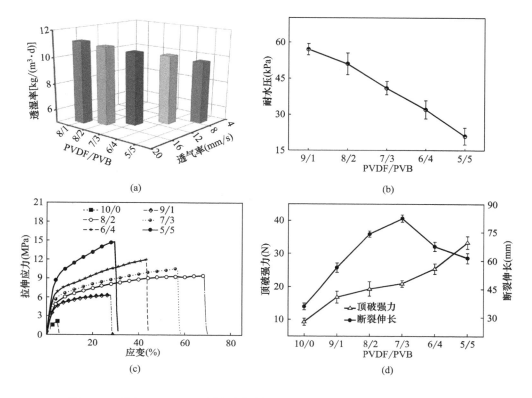

图 7-9　不同 PVDF/PVB 比例纤维膜的（a）透湿率与透气率；（b）耐水压；
（c）拉伸应力—应变曲线；（d）顶破强力与断裂伸长

除了 PVDF/PVB 的比例之外，热处理温度同样影响纤维膜的物理粘连[36]，选择未经热处理、120℃、140℃和 160℃来研究热处理温度对纤维膜性能影响。如图 7-10（a）所示，纤维膜经过 140℃热处理后，纤维间的物理粘连使其拉伸强度增加到 10.5MPa，这是因为纤维间的接触点增多，粘连程度逐渐增大，纤维变得不易滑移。纤维膜从未经热处理到 120℃处理后，PVB 受热熔融使纤维间产生粘连，纤维膜的拉伸强度和断裂伸长率均增加。但是，当热处理温度从 120℃上升到 160℃时，断裂伸长率从 67.5% 降到 44.5%，这主要是因为当温度超过 120℃时，纤维间产生大量的物理粘连结构使得纤维膜柔韧性降低。

从防水透湿性能方面考虑，以 PVDF/PVB 比例为 8/2 的纤维膜为研究对象，研究热处理温度对纤维膜的水蒸气透过率、空气透过率以及耐水压均有显著的影响［图 7-10（b）］。从图中可以看出，热处理温度升高产生的粘连结构增加，导致纤维膜孔径减小、孔隙率降低，材料透湿率和透气率降低的同时耐水压逐渐增加。综上，热处理温度为 140℃时，PVDF/PVB 纤维膜呈现出最佳的综合性能，断裂强度为 10.5MPa，断裂伸长率为 64.5%，透湿率为 10.6kg/（m²·d），透气率为 9.8mm/s，耐水压为 58kPa。

图 7-10（c）是 PVDF/PVB 比例 8/2 的纤维膜经 140℃热处理后的防水透湿性能展示图。通过在固定大小的烧杯中装入 3.5wt% 浓度的 HCl 溶液，杯口用所制备的经热处理后的 PVDF-8/PVB-2 纳米纤维膜封口，并在纤维膜上滴上甲基橙溶液，之后将烧杯放在铁架台上对烧杯进行加热，观察甲基橙颜色的变化。如图 7-10（c）所示，对上述装

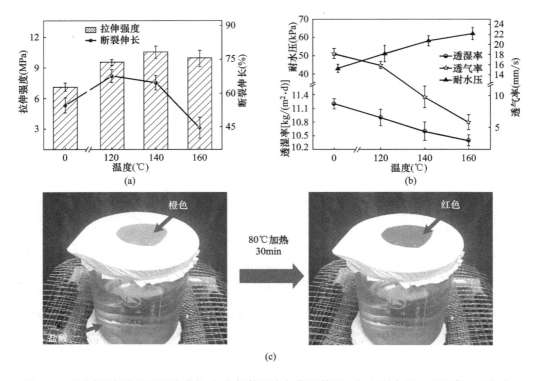

图7-10 不同温度处理后纤维膜的（a）拉伸强度与断裂伸长，（b）耐水压、透湿率、透气率；（c）防水透湿膜性能展示

置80℃加热30min，发现甲基橙的颜色从橙色变为红色，这表明杯里的溶液变成蒸汽透过杯口的PVDF/PVB纤维膜，而且甲基橙水溶液一直保持在纤维膜表面，在加热过程中并没有沿着纤维膜铺展或渗透，这进一步表明了纤维膜具有优异的防水性能。

7.4 PU基防水透湿纳米纤维材料

聚氨酯（PU）是一类分子链中含有较多氨基甲酸酯基团（—NHCOO—）的聚合物材料[37]。从分子结构看，PU是一种软段和硬段相间的嵌段聚合物，其中硬链段具有结晶性，赋予了材料良好的强度，软链段赋予材料易拉伸和回缩的性能[38-39]。软硬链段相间存在赋予了PU许多独特的性能，使得它具有较高的弹性、拉伸强度、撕裂强度、耐磨损性和吸收冲击的性能。因此，以PU为原料将有望制备透气性良好且力学性能优异的静电纺纳米纤维防水透湿膜。

7.4.1 PU纳米纤维膜

采用PU（型号2280A10，$Mw = 180000$）为聚合物原料，$N, N-$二甲基甲酰胺（DMF）为溶剂，分别配制质量分数为4wt%、5.5wt%、7wt% PU溶液，在相同条件下纺丝。纤维膜的SEM图如图7-11（a）~（c）所示，当PU的浓度为4wt%时，纤维较细，平均直径为456nm，由于溶液的黏度过低，纤维轴向上有明显的串珠结构[40-41]。

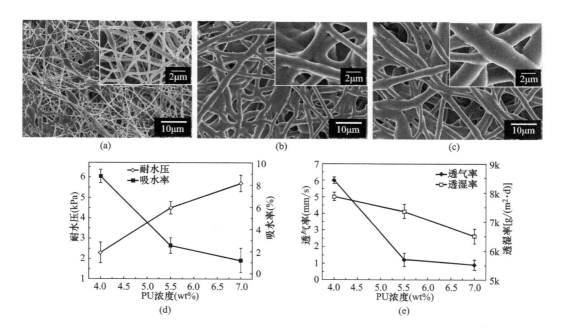

图 7-11　不同浓度 PU 纳米纤维膜 SEM 图：（a）4wt%，（b）5.5wt%，（c）7wt%；（d）不同浓度 PU
纤维膜的耐水压和吸水率；（e）不同浓度 PU 纤维膜的透气率和透湿率

随着溶液浓度增大到 7wt%，纤维直径变粗，平均直径达到 2282nm，纤维上的串珠结构
消失的同时纤维之间粘连程度增大，这是因为纺丝过程中纤维沉积到接收器上时，溶剂
的不完全挥发导致的。

　　如图 7-11（d）所示，通过对三种不同溶液浓度的纤维膜分析，发现其防水性随溶
液浓度的增大而提高，当溶液浓度为 7wt% 时，耐水压达到了 5.7kPa。纤维膜的透气性
取决于其孔隙率[42]，随着溶液浓度增大，纤维直径变粗，纤维膜的孔隙率是降低的。
如图 7-11(e) 所示，溶液浓度增大，透气率和透湿率都均降低。当溶液浓度为 4wt% 时，
透气率为 5.99L/（m²·s），透湿率为 7868g/（m²·d），透气性能相对于传统的防水透湿
膜有明显提高。

　　当 PU 浓度为 4wt% 时，透湿率达到 7868kg/（m²·d）以上，具有优异的透湿性能；
透气率小于 10L/（m²·s），也具有很好的防风性能；其拉伸强度达到 12.91MPa，远远
超出传统的 PU 纤维膜，纤维膜在经过热压复合后仍然具有优异的力学性能，因此在防
水透湿层压织物中具有很大的应用价值。

7.4.2　PU/FPU 纳米纤维膜

　　通过调节 PU 浓度，可制备出高透湿的纤维膜。但 PU 本身具有亲水性，因此制备
的纤维膜耐水压较低，防水性能弱。为了改变 PU 纤维膜表面润湿特性，采用三步法自
主合成含氟聚氨酯（FPU）[图 7-12（a）]，通过在 PU 溶液中引入 FPU 进行改性，可
有效提高其疏水性。

　　FPU 分子链中有全氟烷链段，具有较低的表面能（18.8mJ/m²）。如图 7-12（b）所
示，当不加入 FPU 时，PU 纳米纤维膜对水的接触角是 108°，对油的接触角是 15°，提

高 FPU 含量，水的接触角也随之增大到 159°，油的接触角增大到 145°，PU 纤维膜展现出良好的双疏特性，不仅是因为 FPU 中低表面能的全氟烷链段降低了纳米纤维膜的整体表面能，同时 FPU 的含量增加会提高纤维膜表面的粗糙程度。如图 7-12（c）所示，对不同 FPU 含量的复合纤维膜测试后，发现随着 FPU 含量的增加，复合纤维膜的防水性显著提高。纯 PU 纤维膜的耐水压是 2.3kPa，当 FPU 含量为 0.5wt% 时，纤维膜的耐水压提高到 39.3kPa。同时，随着 FPU 含量增加，复合纳米纤维膜的吸水率也逐渐降低。控制 PU 浓度为 4wt%，FPU 浓度为 0.5wt% 时，制备出的复合纤维膜防水、透湿以及力学性较好。耐水压、透湿率及透气率分别达到 39kPa、3840g/（m²·d）和 8.46L/（m²·s），断裂强度超过 10MPa，防水性能远远超越传统的防水透湿膜，但还未达到新型防水透湿功能面料的要求。

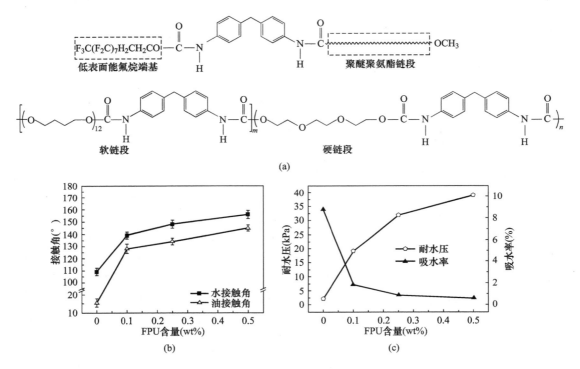

图 7-12　（a）FPU 分子结构式；掺杂不同含量 FPU 纤维膜的
（b）水和油的接触角；（c）耐水压与吸水率

　　通过改变纺丝环境与调控纺丝参数对纤维膜的孔结构调节，可进一步提升 PU/FPU 纤维膜的防水透湿性能。以 PU5377A 为聚合物原料，DMF 为溶剂，纺丝溶液 PU 质量分数固定为 20wt%，FPU 质量分数固定为 2wt%，在不同湿度下（30%、40%、50%、60%、70%）纺丝，制备了 FM-1、FM-2、FM-3、FM-4、FM-5 PU/FPU 纤维膜，同时，为了研究多孔结构对静电纺纤维膜渗透性的实际影响，制作 PU/FPU 无孔平滑膜作为对比。由于静电纺纳米纤维膜是由纤维无规堆积形成[43]，其结构与平滑膜存在明显区别。如图 7-13（a）~（f）所示，平滑膜为无孔结构，而静电纺纤维膜具有纤维层层堆积的多孔结构。

　　在 FM-1 中，可以清楚发现纤维之间存在互相粘连的结构［图（b）白色虚线框］，

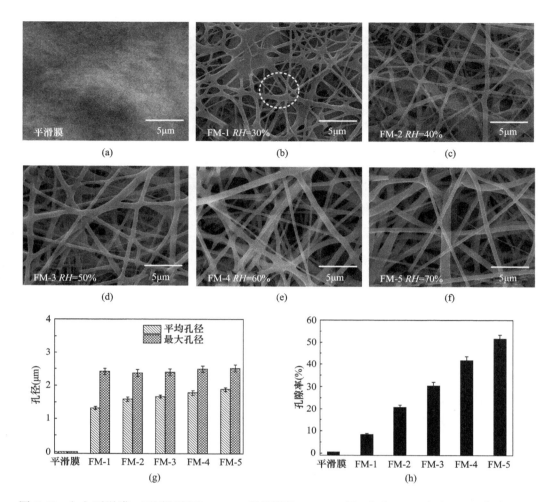

图 7-13　（a）平滑膜；不同湿度下 PU/FPU 纤维膜的 FE-SEM 图：（b）30%，（c）40%，（d）50%，
（e）60%，（f）70%；平滑膜和不同湿度下 PU/FPU 纤维膜的（g）孔径，（h）孔隙率

这种结构的产生主要和溶剂 DMF 残留有关[44-45]。如图 7-13（b）~（f）所示，由于聚
合物溶液在高湿环境中更加容易固化，所以，随着湿度的增加，纤维膜中的粘连结构逐
渐减少，同时纤维平均直径也从 386nm 增加到 698nm。如图 7-13（g）所示，纤维膜
的平均孔径随着湿度的增加从 1.3μm 增加到了 1.9μm，而最大孔径没有发生明显的变化
（2.5μm），这与二维平面中纤维的随机积累有着密切的关系[46-47]。如图 7-13（h）所示，
不同湿度下纤维膜的孔隙率分别为 8.2%、20.5%、30.1%、41.6% 和 51.5%。这是由于粘
连结构的减少以及纤维直径的增加，使得堆积密度减少，同时产生蓬松结构提高了孔隙
率[48-49]。

　　聚合物本体的表面能与孔结构共同影响表面润湿性，通过水接触测量可以发现，
由于引入低表面能的 FPU，PU/FPU 平滑膜的水接触角为 117°，纤维膜的水接触角为
135° ~ 149°，随着纺丝湿度的增加而增加。

　　图 7-14 是 PU/FPU 纤维膜的防水透湿性能展示。在固定大小的烧杯中装入水，杯
口用所制备的 PU/FPU 平滑膜封口，之后将烧杯放在铁架台上对烧杯进行加热，无水蒸

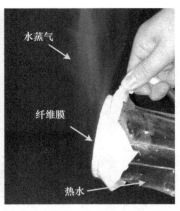

图 7-14 防水透湿性能展示图

气产生。把平滑膜换成纤维膜进行封口，并倾斜烧杯，发现水蒸气能透过纤维膜但液态水无法通过。

在静电纺丝过程中，假设纺丝液完全绝缘，静电斥力就不能克服表面张力进而形成射流。如果在溶液中添加一些盐，增加溶液的电导率，就可以提高纺丝过程中的电场拉伸力，使得纺丝过程得以进行，并使纤维直径变细且更加均匀，以此调控防水透湿膜的孔隙尺寸与分布，可有效提高其防水透湿性能[50-51]。为此，采用 PU9370A 为纺丝原料，以 DMAc 为溶剂，氯化锂（LiCl）为掺杂剂配制溶液。纺丝溶液中 PU 质量分数固定为14wt%，FPU 质量分数固定为 1.75wt%，LiCl 质量分数分别为 0、0.002wt%、0.004wt%、0.006wt% 和 0.008wt%，在相同条件下纺丝。

纤维的 SEM 图如图 7-15（a）~（e）所示，当不添加 LiCl 时，纤维上出现串珠结构，这是因为溶液黏度较小时，纺出纤维中容易形成珠粒。随着 LiCl 含量增加，珠粒尺寸逐渐变小直至消失，纤维直径由 641nm 减小到 413nm，当 LiCl 含量为 0.008wt% 时，再次出现珠粒。这是因为增大 LiCl 含量，提高了溶液电导率 [图 7-15（f）]，而溶液的黏度和表面张力无明显变化，这样就增大纺丝过程中静电斥力使得射流鞭动激烈，所以珠粒尺寸减小然后消失，但是，当溶液的电导率高到一定程度时，会导致射流鞭动不稳定从而很容易发生断裂，珠粒结构就会再次出现[52-53]。上述研究表明，LiCl 影响纤维直径以及珠粒形成，进而改变纤维膜的孔隙率、平均 / 最大孔隙尺寸。

如图 7-16（a）所示，当 LiCl 含量从 0 增加到 0.006wt% 时，PU/FPU 纤维膜的最大孔径从 5.86μm 下降到 1.76μm，但当 LiCl 含量进一步增加到 0.008wt% 时，纤维膜最大孔径有所增加，达到 2.48μm。此外，随着 LiCl 含量从 0 增至 0.008wt%，纤维膜的孔隙率从 47.9% 逐渐增加到 56%，而孔隙率的增加在一定程度上有利于水蒸气的传输，进而提升纤维膜的透湿性能[54]。FPU 作为一种低表面能的物质，可以有效提高 PU/FPU 纤维膜的疏水性。利用 FPU 调节优化多孔结构和表面疏水性能，使得 PU/FPU/LiCl 体系纤维膜具有更高的防水性。如图 7-16（b）所示，在不添加 FPU 的情况下，所制备的平滑膜 θ_{adv} 为 82.5°，FPU 的加入使得 PU/FPU 的平滑膜的 θ_{adv} 达到 119° 左右。这充分表明了 FPU 对纤维膜表面能影响巨大。此外，静电纺纤维膜表面的粗糙度可进一步提升材料对外部液态水渗透时的阻力[55-56]，其 θ_{adv} 进一步提高到 133° 左右。

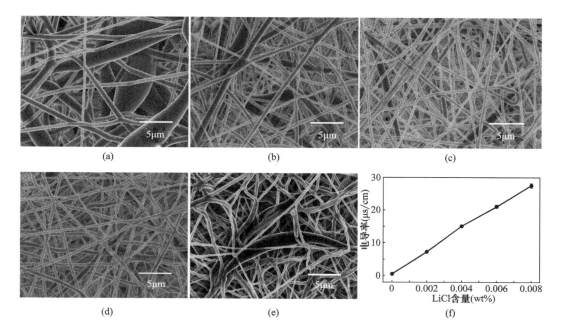

图 7-15　掺杂不同含量 LiCl 纤维膜的 SEM 图:(a) 0wt%,(b) 0.002wt%,(c) 0.004wt%,
(d) 0.006wt%,(e) 0.008wt%;(f) 掺杂不同含量 LiCl 纺丝溶液的电导率

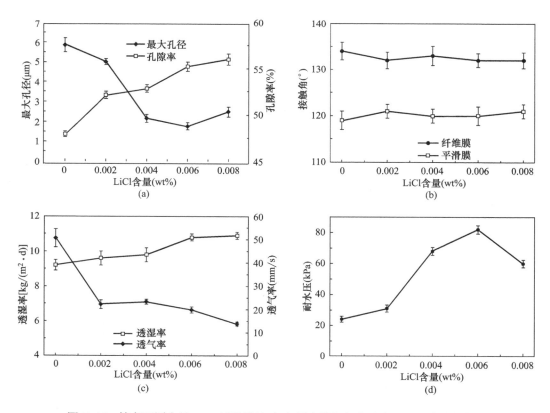

图 7-16　掺杂不同含量 LiCl 纤维膜的 (a) 最大孔径与孔隙率;(b) 水接触角;
(c) 透湿率与透气率;(d) 耐水压

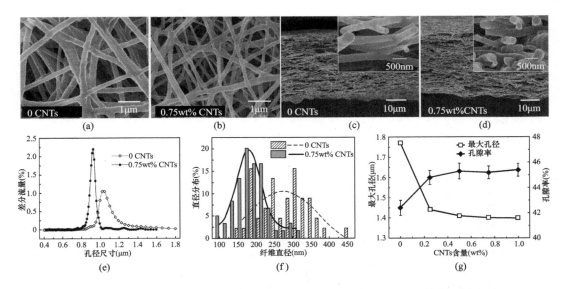

图 7-17　掺杂不同含量 CNTs 纤维膜的 SEM 图：（a）0，（b）0.75wt%；掺杂不同含量 CNTs
纤维膜的 SEM 截面图：（c）0，（d）0.75wt%；掺杂不同含量 CNTs 纤维膜的
（e）孔径分布，（f）直径分布，（g）孔径与孔隙率的变化情况

　　PU/FPU/LiCl 纤维膜中的连通孔道，有利于水蒸气的快速传输。如图 7-16（c）所示，纤维膜的透湿率随着 LiCl 浓度的增加从 9.2kg/（m² · d）逐渐增加到 10.9kg/（m² · d），说明了水蒸气的透过传输能力加强，其主要原因是纤维膜的孔隙率逐渐增大，提供了更多水蒸气扩散通道[57]。同时，不掺杂 LiCl 的 PU/FPU 纤维膜耐水压仅为 23.8kPa，耐水性能较差，随着 LiCl 含量从 0.002wt% 逐渐增加到 0.006wt%，纤维膜耐水压从 30.7kPa 增加到 82.1kPa。然而，当 LiCl 含量进一步增加为 0.008wt% 时，纤维膜最大孔径增大，导致耐水压急剧降低至 60.3kPa。上述研究说明调节 LiCl 含量可有效提升纤维的耐水性能。

　　碳纳米管（CNTs）经常作为纳米填充物制备复合纤维来提高基体纤维的力学、电学等性能，通过在纺丝液中加入 CNTs 改变纺丝溶液的导电率，调控纤维结构，可以制得纤维直径均匀，孔隙率高的纤维膜[58-59]。以 PU2280A10（M_w 为 180000）为聚合物原料，DMF 与四氢呋喃（THF）为混合溶剂，CNTs（平均直径为 8nm、长度在 1 ~ 30nm、质量分数 > 95%）为掺杂剂配制纺丝液。通过实验确定最佳聚合物浓度为 1.5wt%，随后向溶液中加入 CNTs，CNTs 相对于聚合物质量分数控制为 0.25wt%、0.5wt%、0.75wt%、1.0wt%，随后在相同条件下分别进行纺丝。

　　CNTs 掺杂量分别为 0 和 0.75wt% 的溶液纺出纤维膜形貌如图 7-17（a）~（d）所示，可以看出含 0.75wt% CNTs 的纤维更细，而且直径分布范围更窄［图 7-17（f）］，这是由于 CNTs 能够增加溶液的电导率，纺丝过程中射流拉伸程度更大，形成更细更均匀的纤维。同时，溶液电导率增加使得纺丝过程中纤维之间堆砌得更为紧密[60-61]。在图 7-17（e）中，对比含量为 0 和 0.75wt% CNTs 纤维膜的孔径分布，发现不掺杂 CNTs 的纤维膜孔径在 0.40 ~ 1.77μm，而掺杂 0.75wt% 的纤维膜孔径在 0.58 ~ 1.40μm。进一步分析，发现随着 CNTs 含量的逐渐增加，纤维膜的最大孔径逐渐减小，但孔隙率逐渐增加［图 7-17（g）］。

如图 7-18（a）、（b）所示，随着 CNTs 含量的增加，纤维膜的耐水压逐渐增大，这是由于 CNTs 的引入使得纤维膜的孔径减小，同时纤维表面粗糙程度增大，纤维膜的水接触角提高到 155°，水对纤维表面的润湿性能变弱。与此同时，纤维膜孔隙率增加带来了透湿率的提升，掺杂 1.0wt% CNTs 纤维膜耐水压达到 109kPa，透湿量超过 9kg/（$m^2 \cdot d$）。

根据顶破强力和拉伸断裂强度对 PU/FPU/CNTs 复合纤维膜的力学性能进行考量。如图 7-18（c）、（d）所示，随 CNTs 含量的增加，顶破强力先增加，随后减小，在 0.75wt% 时候达到最大值 47.6kPa。因为 CNTs 本身的增强作用使得前期顶破强度增大，随后，浓度超过 0.75wt% 时，纤维中的 CNTs 发生团聚，在受外力作用下产生应力集中而提前破坏。同时，顶破形变随着 CNTs 含量的增加而减小，使得纤维膜在水压力作用下尺寸稳定性能更好。拉伸断裂强度也是随着 CNTs 含量的增加，先增大后减小，含 0.75wt% CNTs 的纤维膜的断裂强度最大（12.5MPa）。通过调节 CNTs 的含量，有效提升了纤维膜的力学性能，增强了实际使用过程中的寿命。

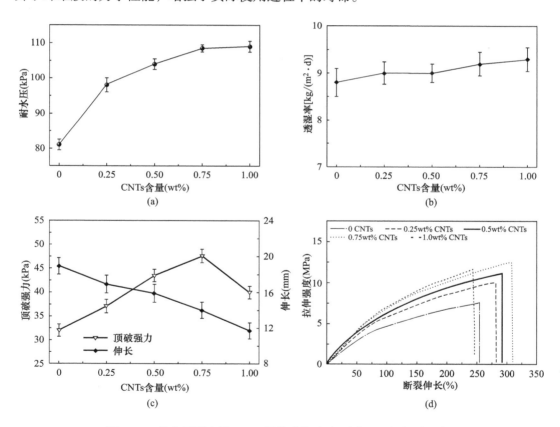

图 7-18　掺杂不同含量 CNTs 纤维膜的（a）耐水压；（b）透湿率；
（c）顶破强力与伸长；（d）拉伸断裂曲线

八碳 FPU 虽然对纤维膜表面润湿性的改善起关键作用，但联合国环境规划署在《斯德哥尔摩公约》中将长链氟碳化合物列为持久性有机污染物，其原因为"长链氟碳化合物降解生成的全氟羧酸和全氟磺酰化物极难自然分解、远距离迁移能力强、污染范围广，并且其在生物体内极易积累，对肝脏、神经、生殖和内分泌系统具有较强的毒性和致癌性"[62]。因此，以短链替代长链氟碳化合物作为低表面能改性组分，可在提高纤维膜防水性的同时满足无毒环保的需求，有望成为制备环境友好型防水透湿膜的有效途径。

为此，选择赖氨酸三异氰酸酯、多苯基多亚甲基多异氰酸酯作为硬段，多元醇/胺（丙三醇、亚精胺）及二异氰酸酯（二苯基甲烷二异氰酸酯、六亚甲基二异氰酸酯）作为连接基团，以全氟己基乙基醇作为氟碳链段引入组分，通过逐步聚合反应合成具有氟碳侧链的预聚体。随后，以聚乙二醇和聚四氢呋喃醚二醇作为软段与上述含氟预聚体共聚形成六碳含氟聚氨酯（C6FPU）主链，合成一系列具有短链氟碳基团的 FPU，其分子结构举例如图 7-19（a）所示。如图 7-19（b）所示，以 PU9370AU 为聚合物原料，DMAc 为溶剂，C6FPU 为疏水剂，配制 C6FPU 质量分数为 0、1wt%、2wt%、3wt% 的 PU/C6FPU 纺丝液，在相同条件下进行纺丝，获得了 C6FPU 改性的防水透湿纤维膜。

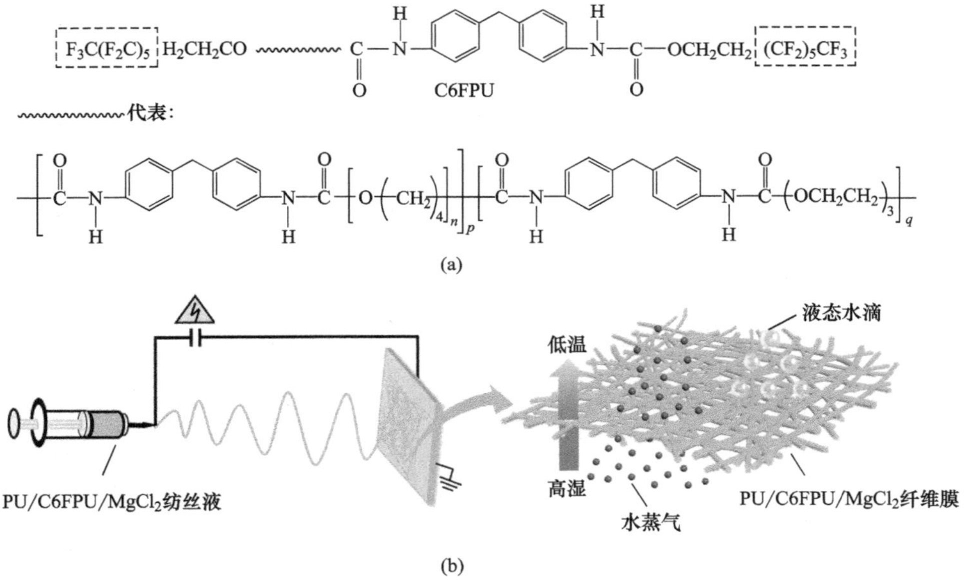

图 7-19　（a）C6FPU 结构式；（b）PU/C6FPU/MgCl₂ 纤维膜的制备过程与防水透湿模拟图

如图 7-20（a）所示，随着 C6FPU 含量的增加，纤维间的粘连点减少，纤维膜的最大孔径从 3.50μm 增加到了 7.16μm，孔隙率也从原先的 40.7% 增加到了 48.8%。就表面润湿性而言，C6FPU 含量的增加对其影响更为直接，如图 7-20（b）所示，在未添加 C6FPU 的情况下，纤维膜的水接触角为 105°，随着 C6FPU 含量增加到 1wt%，纤维膜的水接触角增加到 135°。进一步增加 C6FPU 含量，纤维膜的水接触角还会有一定的提升但不明显，这主要是由于在氟碳比相近的情况下，材料表面粗糙程度是影响水接触角大小的主要原因[63-65]。如图 7-20（c）所示，利用 XPS 对纤维膜表面（深度 10nm 左右）元素构成进行表征，发现所有的 PU/C6FPU 纤维膜在 685 ~ 695 eV 处都出现了氟原子的特征峰，说明氟原子分布在了纤维表面，直接影响了纤维膜表面的润湿性。表面润湿性与孔结构的改变影响了纤维膜的耐水压与透湿量，如图 7-20（d）所示，纤维膜的耐

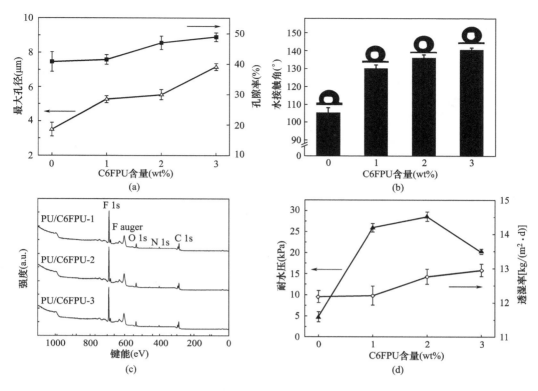

图 7-20　掺杂不同含量 C6FPU 纤维膜的（a）孔径与孔隙率；（b）水接触角；
（c）XPS 光谱；（d）耐水压与透湿率

水压随着 C6FPU 含量的增加而先增加后减少，透湿率逐渐增大。

　　为了进一步提升纤维膜防水透湿性能，在纺丝溶液中分别加入 0.004wt%、0.008wt%、0.012wt%、0.016wt% 的 MgCl₂ 对纤维膜的结构进行调控。如图 7-21（a）、（b）所示，随着 MgCl₂ 含量的增加，纤维直径减小，使得纤维膜孔径大小分布更加集中。但当 MgCl₂ 含量达到 0.012wt% 时，纤维直径增加导致了孔径的增大；孔隙率则从 30.1% 缓慢下降到 25.7%，当 MgCl₂ 含量达到 0.016wt% 时，纤维膜的孔隙率增加到了 29.2%。孔径与孔隙

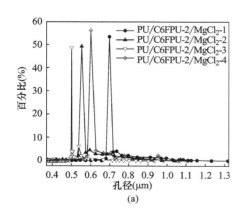
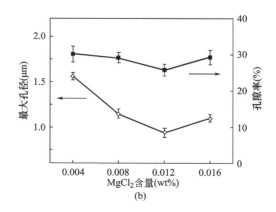

图 7-21

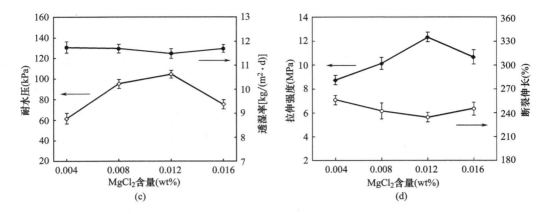

图 7-21　掺杂不同含量 MgCl₂ 纤维膜的（a）孔径分布图；（b）最大孔径与孔隙率；
（c）耐水压与透湿率；（d）拉伸强度与断裂伸长

率的变化影响了纤维膜的防水透湿性能，从图 7-21（c）可知 MgCl₂ 含量达到 0.012wt%
时，纤维膜的耐水压达到最大的 103kPa，透湿率并没有随 MgCl₂ 含量的改变而发生明显
变化 $[11.5 \sim 11.7 kg/(m^2 \cdot d)]$，说明了纤维膜本身具有出色的透湿性能。如图 7-21（d）所
示，随着 MgCl₂ 含量的增加，纤维膜的拉伸强度提升，断裂伸长有所下降，这是由于纺
丝溶液电导率的增加使得纤维取向性提高所致，MgCl₂ 含量达到 0.012wt% 时，纤维膜获
得了最佳的拉伸强度（12.4MPa）和相对较高的断裂伸长（234.6%）。

7.5　PAN 基防水透湿纳米纤维材料

目前，静电纺纤维膜存在力学性能差、耐水压与透湿率难以同步提升的应用瓶颈问
题，在调控结构的同时进行后处理可有效提升纤维膜的力学性能与防水透湿性能。聚丙
烯腈（PAN）具有可纺性好、纤维结构易调控的优势，通过后处理改性，有望实现防水
透湿性能与力学性能的同步提升，同时扩宽了静电纺防水透湿膜的原料种类。

7.5.1　PAN/FPU 纳米纤维膜

以 PAN（$Mw = 90000$）为聚合物原料，DMAc 为溶剂，FPU 为疏水剂配制 PAN 质
量分数为 6wt%、8wt%、10wt%、12wt% 的 PAN/FPU 混合纺丝液（其中 PAN|FPU 质量
比例为 10/1）进行纺丝。

如图 7-22 所示，PAN 静电纺纤维膜的结构与 PU 纤维膜类似，都具有随机取向的
非织造布结构。其中 6wt% 的 PAN 纤维膜［图 7-22（a）］具有串珠结构，这是由于纺
丝液黏度低，聚合物在纺丝过程中无法得到充分的拉伸引起的[66-68]。当 PAN 质量分数
继续增加时，纺丝液的黏度提升，使得纤维直径增加，同时堆积密度逐渐降低，纤维
膜变得蓬松。高性能防水透湿功能膜要求材料兼具疏水的表面和相对较小的孔径[69]。
FPU 的引入可改变 PAN 纤维膜的表面润湿性，同时也对孔结构有着关键性的影响。从
图 7-23（a）可以看出，纯 PAN 纳米纤维膜的最大孔径最小（1.6μm），随着 FPU 含量

图 7-22　不同聚合物浓度纤维膜的 SEM 图：（a）6wt%；（b）8wt%；（c）10wt%；（d）12wt%

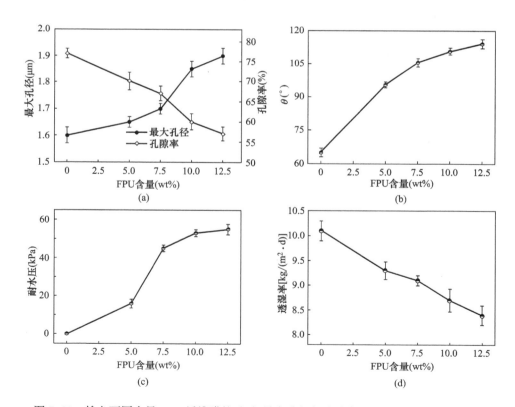

图 7-23　掺杂不同含量 FPU 纤维膜的（a）最大孔径与孔隙率；（b）平滑膜水接触角；
（c）纤维膜耐水压；（d）纤维膜透湿率

的增加，纤维膜的最大孔径增加至 1.9μm。这是由于纤维的平均直径逐渐增大造成的。同时，随着 FPU 含量的增加，纤维膜的孔隙率逐渐从 77% 降低到 57%。平滑膜的水接触角（θ）可以直观反映水对孔壁的浸润情况，如图 7-23（b）所示，随着 FPU 含量的增加，PAN/FPU 平滑膜的水接触角由 65° 增加到 114°，这也证实了 FPU 的引入可显著改变纤维膜的表面润湿性。

纤维膜孔结构与润湿性的改变导致了纤维膜防水性和透湿性的变化。如图 7-23（c）所示，随着 FPU 浓度从 5wt% 增加到 12.5wt%，其耐水压从 16kPa 增加到 57kPa，表明 FPU 的引入能有效提高其防水性能。虽然 FPU 浓度的增大使得纤维膜最大孔径和平滑膜的水接触角均增加，但 $\cos\theta/d_{max}$ 的比值整体呈增长的趋势，因此，纤维膜的耐水压逐渐增大。如图 7-23（d）所示，随着 FPU 含量的增加，纤维膜的透湿量从 10.1kg/（$m^2\cdot d$）降低到 8.4kg/（$m^2\cdot d$），这主要是纤维膜孔隙率减小导致的，纤维膜的孔隙率越小，水蒸气在膜中的扩散性能就越差，纤维膜的透湿量就越小。

随后，分别将四块 PAN-8/FPU-10 纤维膜在烘箱中以 100℃、120℃、140℃、160℃ 处理 1h，纤维膜热处理后 SEM 图如图 7-24（a）~（c）所示，当处理温度为 100℃ 时

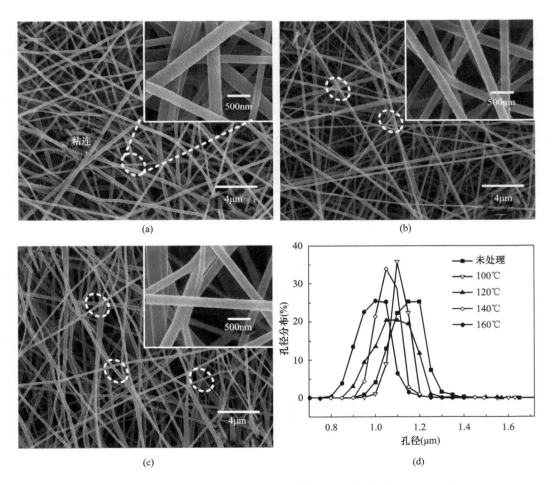

图 7-24　不同温度处理后 PU-8/FPU-10 纤维膜的 SEM 图：（a）100℃，（b）140℃，（c）160℃；（d）孔径分布图

［图 7-24（a）］，纤维膜结构形貌没有发生明显变化。随着处理温度的升高，PAN 纤维发生部分熔融软化产生熔接，纤维之间开始粘连，并且粘连程度越来越高。同时，热处理中，纤维会被拉伸变形，直径减小，并且处理温度越高，纤维细化程度越大，因此引起孔径分布的变化。如图 7-24（d）所示，热处理温度越高，纤维膜中孔径分布越窄，最大孔径尺寸也是逐渐变小，同时孔隙率逐渐增大，从而影响其防水透湿性能。

纤维膜的防水透湿性能如图 7-25（a）、（b）所示，随着热处理温度升高，最大孔径变小，纤维膜耐水压增加，同时纤维膜孔隙率由 60% 增大到 75%，所以其透湿率提高。如图 7-25（c）、（d）所示，热处理温度升高，粘连程度增大，纤维膜的断裂强度增大，当热处理温度达到 140℃时，纤维膜断裂强度达到 9.4MPa，但进一步提高热处理温度至 160℃时，纤维膜断裂强度下降到 8.09MPa，这是由于过高的温度使得纤维大分子链段松弛而降低了其力学性能[70]。

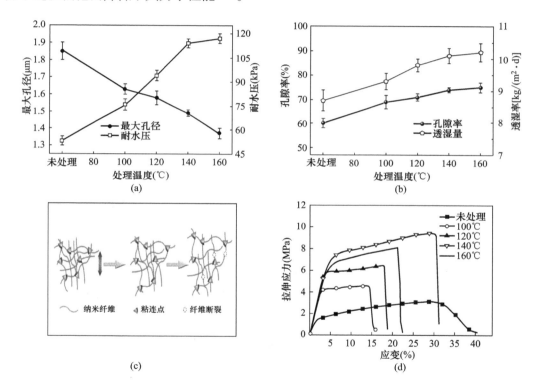

图 7-25 不同处理温度下 PU-8/FPU-10 纤维膜的（a）最大孔径与耐水压；（b）孔隙率与透湿率；
（c）受力情况下纤维膜的断裂过程；（d）应力—应变曲线

为了进一步提高纤维膜的力学性能，在 PAN/FPU（FPAN）纤维中引入黏合剂 PVB 与交联剂封闭型异氰酸酯（BIP）作为熔接—交联部分。这是由于 PVB 具有较低的软化温度（60～70℃），在加热时会发生一定程度的熔融，从而能使相邻纤维间发生熔接；如图 7-26（b）所示，PVB 分子链上含有的羟基基团，能与 BIP 受热解封后产生的异氰酸根基团发生原位交联反应生成氨基甲酸酯基团，进而增加纤维膜熔接点间的强度和弹性。图 7-26（a）为热诱导熔接—交联 FPAN/PVB/BIP 复合纳米纤维膜的制备过程。

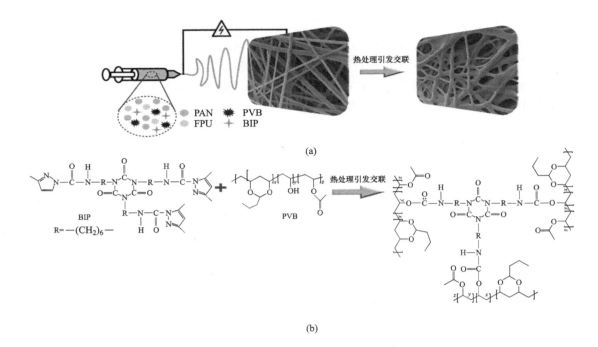

图 7-26 （a）FPAN/PVB/BIP 纤维膜的制备过程；（b）BIP/PVB 交联反应

固定 PVB 占 PAN 含量的 50wt%，考察交联剂 BIP 相对于 PVB 的占比（0、10wt%、20wt%、30wt% 和 40wt%）对纤维膜形貌和孔结构的影响，如图 7-27 所示，从图 7-27 中 SEM 图可以看出，随着 BIP 含量的增加，纤维的平均直径从 241nm 增加到 634nm，这一方面是由于纺丝溶液的黏度增加[71-72]，另一方面是由于随着 BIP 含量

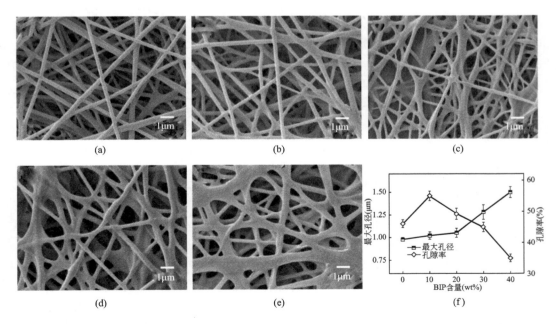

图 7-27 掺杂不同含量 BIP 纤维膜的 SEM 图：（a）0，（b）10wt%，（c）20wt%，
（d）30wt%，（e）40wt%；（f）掺杂不同含量 BIP 纤维膜的孔径与孔隙率

的增加，相邻纤维间发生融合交联，也使得纤维膜中的纤维逐渐变粗。为进一步验证 BIP 含量对纤维膜微观孔结构的影响，研究了 FPAN/PVB-50/BIP 系列纤维膜的 d_{max} 和孔隙率的变化趋势［图 7-27（f）］，随着 BIP 含量从 0 增加到 10wt%，纤维膜孔隙率先从 46% 增加到 59%，但随着 BIP 含量继续增加，孔隙率逐渐减小到 32%，同时由于纤维膜直径的增加和纤维间的融合交联，纤维膜的 d_{max} 从 0.98μm 增加到 1.5μm。

在对纤维膜结构进行表征的基础上，进一步研究纤维膜的防水透湿性能。从图 7-28（a）中耐水压的变化趋势可以知道，BIP 含量的增加使得耐水压从 98.9kPa 提高到 110kPa。根据杨—拉普拉斯方程，纤维膜的耐水压正比于平滑膜的接触角 θ，并反比例于纤维膜的 d_{max}。当 BIP 含量从 0 增加到 30wt% 时，虽然 FPAN/PVB-50/BIP 纳米纤维膜的 d_{max} 从 0.98μm 增加到 1.28μm，但是相关平滑膜的 θ 也在增加，造成的综合结果是耐水压的上升，然而当 BIP 的含量增加到 40wt% 时，平滑膜的接触角从 120° 略微降低到 117°，同时纤维膜的 d_{max} 持续增大到 1.5μm，因此，导致纤维膜的耐水压也随 BIP 含量增加而降低到 89kPa。从图 7-28（b）可以看出，当 BIP 含量增加到 10wt% 时，透湿率从 9.8kg/（m²·d）增加到 10.6kg/（m²·d），这是由于孔隙率的增加导致的。进一步增加 BIP 的含量至 40wt%，纤维膜的孔隙率从 59% 降到 32%，导致透湿率从 10.6kg/（m²·d）减小到 9.2kg/（m²·d）。

BIP 含量的变化会影响其与 PVB 化学交联的程度，进而会对纤维膜的力学性能产

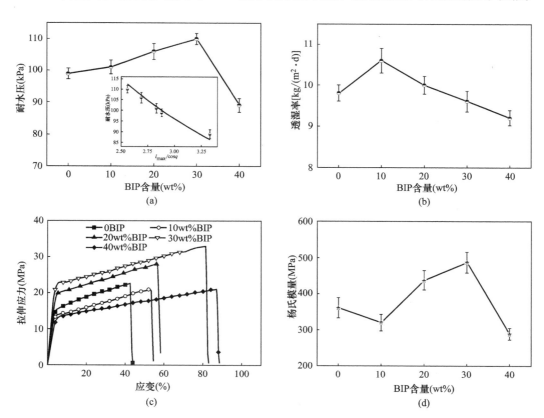

图 7-28　掺杂不同含量 BIP 纤维膜的（a）耐水压，插图为最大孔径与接触角对耐水压的影响；
（b）透湿率；（c）应力—应变曲线；（d）杨氏模量

生影响。从图 7-28（c）的应力—应变曲线可以看出，不含 BIP 组分的 FPAN/PVB-50 纳米纤维膜的断裂强度为 22.5MPa，添加少量的 BIP（10wt%）后纤维膜的拉伸强度降到 20.5MPa，这是由于此时的 BIP 含量不足以与 PVB 产生化学交联。当 BIP 含量增加到 30wt% 时，纤维膜的断裂强度增加到 32.8MPa，说明纤维膜中充分发生了物理熔接与化学交联。但由于 BIP 分子量较小，掺杂过多，会使单纤维的强度变低，当 BIP 含量增加到 40wt% 时，纤维膜的断裂强度下降（19.8MPa）。综合 BIP 含量对 FPAN/PVB-50/BIP 纳米纤维膜力学性能、防水性能和透湿性能的影响，当 BIP 含量为 30wt% 时，纤维膜具有较强的断裂强度（32.8MPa）、较高的断裂伸长率（81.5%）、较高的耐水压（110kPa）和较好的透湿率 [9.6kg/（m²·d）]，在防护服装等领域具有广泛的应用前景。

上述使用的疏水剂为溶剂型 FPU，使用过程中存在不环保的问题，因此，选择相比于溶剂型 FPU 更安全可靠的含氟水性聚氨酯（WFPU）可有效解决上述问题。WFPU 不但具有优良的防水防油性能，还具有较好的柔软、耐磨、耐污等特性。WFPU 在工业上的应用十分广泛，已经在柔软底、工业产品、木制品的涂饰上发挥巨大作用，WFPU 已逐步取代溶剂型 FPU，成为 PU 工业的重要发展方向。

为此，利用静电纺丝技术制备 PAN 纳米纤维膜。通过改进 FPU 合成方法，以封端剂引入基团的方法合成 WFPU。随后将 PAN 纳米纤维膜浸渍于 WFPU 乳液中获得 WFPU 改性 PAN 纳米纤维膜 [图 7-29（b）]，其具有优异的防水透湿性能，在防水透湿织物方面具有巨大的潜在应用。

图 7-30 为 5wt% WFPU 处理前后 PAN 纤维膜的 SEM 图，由图可知随着 PAN 浓度从 6wt% 增加到 8wt%，溶液黏度变大，PAN 纤维直径变粗并且纤维中串珠结构消失。同时随着 PAN 浓度的增加，能明显看到纤维直径上的褶皱逐渐增加，这是由于电场中

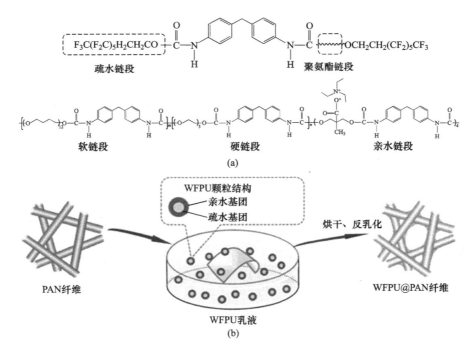

图 7-29 （a）WFPU 的化学结构式；（b）WFPU 浸渍 PAN 纤维膜示意图

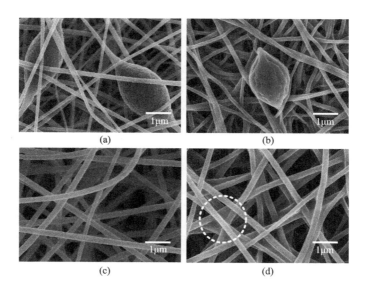

图 7-30　（a）6wt%，（b）8wt%PAN 纤维膜 SEM 图；经过 5%WFPU 处理后
（c）6wt%，（d）8wt %PAN 纤维膜 SEM 图

的射流会受到电荷阻力，同时在相分离过程中溶剂快速挥发，使得射流表面塌陷。改性后的纤维膜相对于原膜纤维直径有所增加 ［图 7-30（c）、（d）］，这主要是由于改性过程中 PAN 分子链上的氰基基团（—C ≡ N）与 WFPU 分子链上的氨基（—NH$_2$）之间形成氢键作用，使得 WFPU 包覆在 PAN 纤维表明所致[73-74]。同时相邻纤维间存在明显的粘连结构，并随着 PAN 浓度的增加而增多。粘连结构主要是由于在改性过程中 WFPU 浸入到 PAN 纤维膜中，凝结在纤维孔隙间，而溶剂 DMF 是 WFPU 硬段和软段的良溶剂，使得一部分 PU 溶解形成粘连结构。

　　如图 7-31（a）所示，随着 PAN 浓度的增加，纯 PAN 纤维膜的最大孔径从 1.3μm 逐渐增加到 6.1μm。WFPU-5@PAN 纤维膜随着 PAN 浓度的增加，最大孔径由 1.1μm 增加到 4.3μm，但与纯 PAN 纤维膜相比，其最大孔径有了明显的下降，表明 WFPU 的加入减小了纤维膜的最大孔径，这主要是由于 WFPU 的加入，使得相邻纤维间产生粘连结构所致。不同浓度 PAN 纤维膜及采用 5wt% WFPU 改性后的纤维膜表面润湿性能如图 7-31（b）所示，PAN 纤维膜 θ_{adv} 为 0，当采用 5wt% WFPU 乳液改性纤维膜后，氟会迁移到纤维表面从而降了了纤维的表面能，使得纤维膜从亲水变为疏水。随着 PAN 浓度的增加，纤维表面的褶皱结构逐渐增加，提高了纤维表面的粗糙度使得其疏水性增加，接触角从 147° 增加到 159°，达到超疏水的效果。此外，纤维膜的孔隙越多，水分子在通过孔道时的作用面积越大，减小水分子在透过过程中遇到的阻力，从而增加透湿量，如图 7-31（c）所示，随着 WFPU 浓度的增加，纤维直径变粗、孔径尺寸增大，更多的 WFPU 被纤维膜吸附使得纤维膜的孔隙率减小，透湿量降低，当 WFPU 的浓度从 1wt% 增加至 9wt% 时，相应的 WFPU@PAN 纤维膜的耐水压由 8kPa 增加到 80kPa ［图 7-31(d)］，这是由于更多的 WFPU 包覆于 PAN 纤维表面，降低了纤维膜整体的表面能。

　　图 7-32 为 WFPU@PAN 纤维膜的防水透湿性能实际展示图，从图 7-32（a）中看到水蒸气可以自由通过纤维膜的表面，而液态水滴一直存在于膜的表面。图 7-32（b）

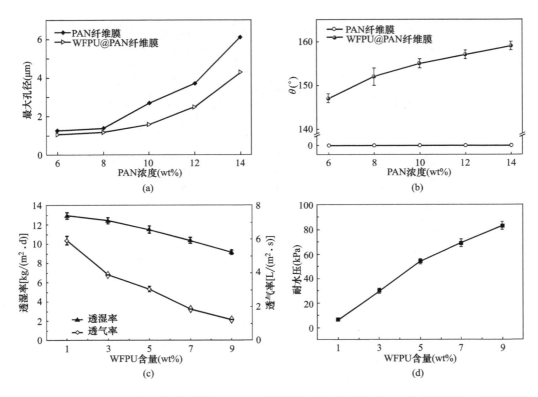

图 7-31 5wt% WFPU 处理前后不同浓度 PAN 纤维膜的（a）最大孔径，（b）水接触角；不同浓度 WFPU 处理 PAN 纤维膜的（c）透湿率、透气率，（d）耐水压

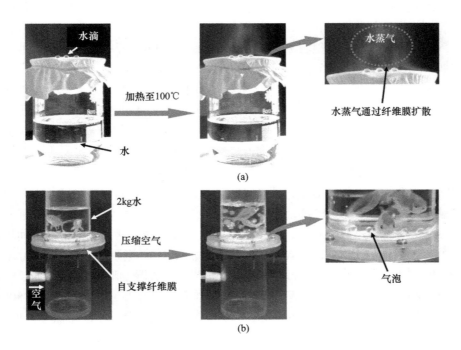

图 7-32 WFPU@PAN 纤维膜防水透湿性能展示

展示了压缩空气通过膜，使金鱼在密闭空间中自由活动，说明了纤维膜完全阻隔了液态水，同时允许空气自由通过。综上，WFPU@PAN 纤维膜具有优异的防水透湿性能。

7.5.2　PDMS@PAN 纳米纤维膜

含氟聚合物降解产生的全氟辛烷磺酰基化合物具有生物累积性和远距离迁移性，对人体健康和生态环境存在着潜在危害。因此，开发无氟环保型的膜材料是防水透湿膜的重要发展方向。有机硅疏水剂作为无氟环境友好型的改性剂常被用于疏水界面的修饰。

在该研究中，以具有高孔隙率的静电纺 PAN 纳米纤维膜作为基材，以聚二甲基硅氧烷（PDMS）作为无氟疏水剂对 PAN 纳米纤维膜进行改性，通过加热处理诱导 PDMS 单体发生原位固化交联，不仅在纤维膜表面形成疏水功能层，还构筑了稳定的粘连结构，PDMS@PAN 无氟防水透湿膜的制备示意图如图 7-33 所示。

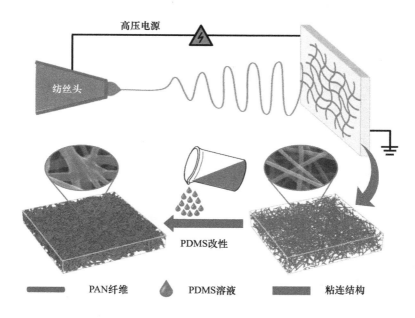

图 7-33　PDMS@PAN 纳米纤维膜的制备流程示意图

PDMS 预聚物与交联剂以质量比 10/1 的比例混合，溶解在正己烷溶液中搅拌 20min，然后脱除气泡得到澄清透明的 PDMS/ 正己烷处理液。将一系列具有不同 PDMS 含量（2wt%、4wt%、6wt% 和 8wt%）的处理液对 PAN 纳米纤维膜进行刮涂改性，随后将处理后的纤维膜放置在真空烘箱中固化。将最终制备得到的无氟防水透湿膜用 PDMS-x@PAN 表示，其中 x 代表 PDMS 的固含量（$x$wt%）。

从不同浓度 PDMS 改性后 PAN@PDMS 纳米纤维膜的 SEM 图［图 7-34（a）~（c）］中可以看出，随着 PDMS 浓度的增加，纤维膜中相邻纤维间的粘连点增多，同时粘连网络结构也显著增多。纤维直径略有增加，从未处理原膜中的 213nm 增加到 260nm 左右。然而，纤维膜的厚度随 PDMS 浓度增加而降低，从未处理原膜的 35μm 降低至 PAN@PDMS-8 纤维膜的 13μm 左右，结果表明 PDMS 的涂层不仅发生在纤维膜表面，而且完全填充整个膜的内部，图 7-34（d）~（f）的截面 SEM 图也可以证明该结论，

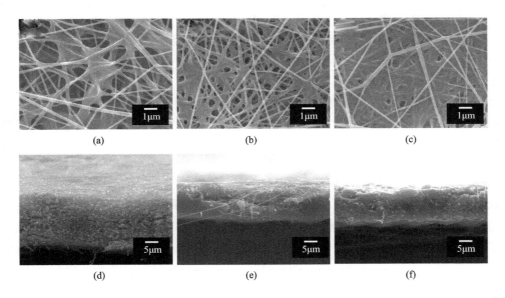

图 7-34　不同浓度 PDMS 处理后纤维膜的 SEM 表面图：（a）4wt%，（b）6wt%，（c）8wt% ；不同浓度 PDMS 处理后纤维膜的 SEM 截面图：（d）4wt%，（e）6wt%，（f）8wt%

纤维膜中相邻纤维彼此黏结，改性后的纤维膜结构致密。

　　如图 7-35（a）所示，未处理 PAN 纤维膜的 d_{max} 为 1.51μm，随着 PDMS 含量的增加，纤维膜的 d_{max} 逐渐减小，这是由于 PDMS 的涂层改性使得纤维膜中出现了粘连结构，填充纤维膜中相邻纤维间的孔洞而导致的。水接触角也随着 PDMS 浓度的增加而增加，从原膜的 32° 增加到 PDMS-6@PAN 的 133°，继续增加 PDMS 含量，纤维膜向实心膜转变，纤维膜表面的粗糙度下降，与水滴接触时的空气层减少，水接触角减小[76-77]。

　　由于 PDMS 的涂层改性使得纤维膜产生了大量的粘连结构，从而导致纤维膜中孔隙的减少。随着 PDMS 浓度的增加，纤维膜的孔隙率大幅降低，当 PDMS 浓度为 8wt% 时，纤维膜的孔隙率降低至 19.7%。而纤维膜的孔隙越低，水蒸气和空气分子透过量越少[79-80]。此外，纤维膜的透湿率和透气率也出现不同程度的降低，当 PDMS 的浓度为 8wt% 时，透湿率降至 10.9kg/（m² · d），透气率也明显减小至 16mm/s［图 7-35（b）］。

　　纤维膜的吸水率和耐水压是评价其防水性能的关键指标。从图 7-35（c）可以看出，未处理原膜因表面亲水而具有较高的吸水率（83%）。随着 PDMS 的引入，纤维膜的表面润湿性向疏水性转变，吸水率大幅降低，最终纤维膜的吸水率保持在 0.4% ~ 0.6% 范围内，这一结果与纤维膜表面的润湿性变化相符。耐水压是膜液—气界面处的临界压力，可防止纤维膜孔道被水润湿渗透以达到防水的目的[78]，未处理 PAN 纳米纤维膜的防水性最差，涂层处理后 PDMS@PAN 纤维膜的耐水压随着 PDMS 浓度增加而提升，当 PDMS 的浓度为 4wt% 时，改性膜的耐水压增加至 80.9kPa，然而当进一步增加 PDMS 的含量，纤维膜的耐水压出现下降的趋势，PDMS-6@PAN 和 PDMS-8@PAN 纳米纤维膜的耐水压分别为 72.9kPa 和 61.5kPa。

　　如图 7-35（d）所示，未处理 PAN 原膜的断裂强度为 6.7MPa、断裂伸长率为 60.9%。从纤维膜力学性能的变化趋势可以看出，随着 PDMS 的含量增加，纤维膜的断裂强度和伸长率均随之增加，当 PDMS 浓度增加至 4wt% 时，断裂强度增加至

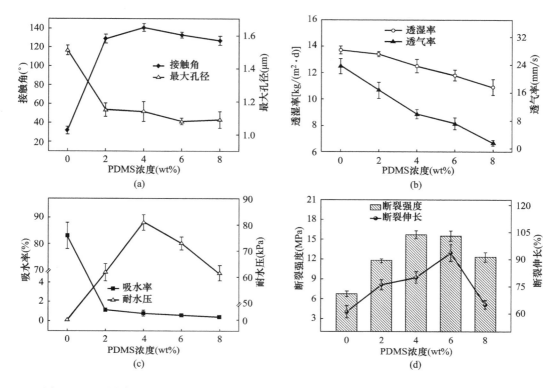

图 7-35　不同浓度 PDMS 处理后纤维膜的（a）水接触角与最大孔径；（b）透湿透气性能；
（c）防水性能；（d）断裂强度与断裂伸长

15.7MPa，约为未处理 PAN 原膜的 2 倍，伸长率也提高到 80.0%。继续增加 PDMS 浓度至 6wt%，纤维膜的断裂强度几乎保持不变（15.5MPa），断裂伸长率继续增加至 93.5%，这是由于有机硅的弹性与相邻纳米纤维间较强的束缚力共同作用导致的。当 PDMS 的浓度继续增加至 8wt% 时，PDMS-8@PAN 纤维膜的拉伸性能变差，强度降低至 12.3MPa，伸长率也减小到 65.0%，这是由于 PDMS 含量过高时纤维膜向实心膜转变，同时，PDMS 薄膜的力学强度较差所致。

如图 7-36 所示，在 20% 的湿度和室温条件下，将 PDMS-4@PAN 纳米纤维膜包覆在装满水的烧杯上，在 100℃ 下加热 30min 后，经亚甲基蓝染料染色后的蓝色水滴仍然在纤维膜的表面，而不是铺展或消失，该结果表明 PDMS 改性后的纤维膜具有一定的

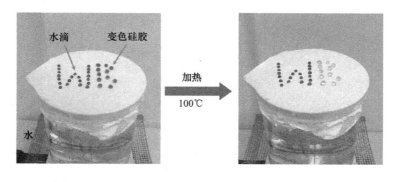

图 7-36　PDMS-4@PAN 纳米纤维防水透湿性能展示

防水性。同时，变色硅胶的颜色从蓝色变为粉红色（20% 的湿度环境中变色硅胶不会自动变色），这表明在 30min 的时间内有大量的水蒸气产生，并透过纤维膜使得硅胶遇湿汽变色，充分说明环保型 PDMS@PAN 无氟防水透湿纳米纤维膜具有广阔的应用前景。

7.5.3　ASO@PAN 纳米纤维膜

利用 PDMS 对静电纺纤维膜进行无氟疏水改性，制备的环保型防水透湿功能膜虽然具有较好的防水透湿性能，但是当 PDMS 含量过高时，纤维膜的多孔结构受到破坏而向实心膜转变，使得纤维膜的粗糙结构减少进而影响其防水性。因此，将 PAN 纤维膜浸泡在具有不同浓度的氨基硅油（ASO）/ 正己烷溶液中（溶液浓度为：0.05wt%、0.5wt%、1wt% 和 2wt%）。随后，将 ASO 改性后的纳米纤维膜（ASO@PAN 纳米纤维膜）烘干，再用一系列不同浓度的 SiO$_2$ 纳米颗粒（SNP）/ 丙酮溶液（溶液浓度为 0.05wt%、0.1wt%、0.2wt% 和 4wt%）刮涂纤维膜。最后，将经过浸泡和刮涂的纤维膜放入 100℃ 的烘箱中干燥 30min，制备得到 ASO/SNP@PAN 复合纳米纤维膜。

从图 7-37（a）~（d）可以看出，ASO@PAN 纳米纤维膜具有随机排列的空间结构，当 ASO 的含量为 0.05wt% 时，纤维膜的形貌与未处理的纤维膜相比出现了较多的黏结点。随着 ASO 含量的增加，相邻纤维间的黏结点逐渐增多，纤维膜的粘连程度也随之增加。当 ASO 含量为 2wt% 时，纤维膜中出现大面积的粘连结构，并有向实心膜转变的趋势。从图 7-37（e）可以看出，ASO 改性提升了纤维膜的力学性能，这主要是由于 ASO 使得纤

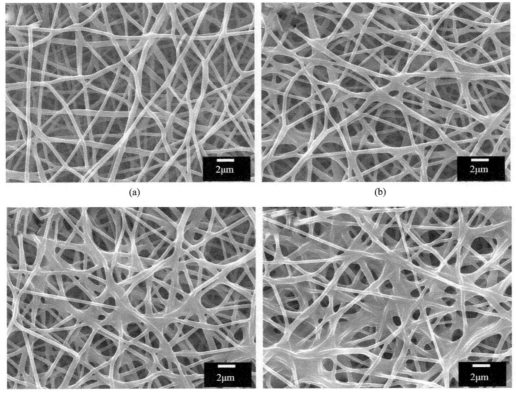

(a)　　　　(b)　　　　(c)　　　　(d)

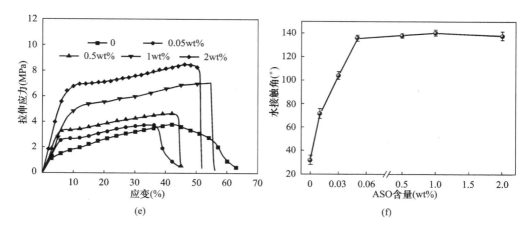

图 7-37　不同含量 ASO 改性后纤维膜的 SEM 图：（a）0.05wt%，（b）0.5wt%，（c）1wt%，
（d）2wt%；不同含量 ASO 改性后纤维膜的（e）应力—应变曲线，（f）水接触角

维平均直径增加，同时粘连结构增多导致。随着 ASO 含量的增加，纤维膜的断裂强度从
3.8MPa 提高到了 8.5MPa。纤维膜的断裂伸长率随 ASO 浓度的增加而先增加后降低，当
ASO 的含量为 1wt%，ASO-1@PAN 纤维膜具有最大的断裂伸长率（54.5%），进一步增加
ASO 含量到 2wt% 时，ASO-2@PAN 纤维膜的断裂伸长率降低至 47.4%，这是因为 ASO-
2@PAN 纤维膜过多的粘连结构抑制了拉伸过程中纤维间的滑移，使得其断裂伸长率较低。

与此同时，ASO 的低表面能也赋予了处理后纤维膜的疏水性，如图 7-37（f）所示，
未处理 PAN 纳米纤维膜表现出亲水性，其水接触角为 32°，经 0.05wt% 的 ASO 处理后，
纤维膜的表面润湿特性立即从亲水向疏水改变，水接触角变为 136°。当 ASO 的含量增
加到 1wt% 时，纤维膜的水接触角提升至 141°，继续增加 ASO 浓度到 2wt% 时，其水
接触角反而下降到了 138°，这是因为纤维膜中的粘连区域增多，从而降低了纤维膜的
表面粗糙度，使得接触角下降[81-82]。

增加纤维膜表面粗糙度可增加膜表面空气层从而提高膜表面的疏水性[83-84]。采用引
入 SiO₂ 纳米颗粒构建多级粗糙结构，进一步提高纤维膜疏水性能的同时也因堵孔作用使
得孔径减小。从图 7-38（a）～（d）可以看出，经涂覆 SiO₂ 纳米颗粒之后，纤维膜中的
纤维上都会发现一些纳米或者微米级的突起，这是单分散或者团聚的纳米颗粒导致的。
随着纳米颗粒含量的增加，可以清楚地观察到颗粒不仅出现在纤维表面，也存在于相邻
粘连纤维间的微孔中，有效降低了纤维膜孔径。因此，在低表面能物质 ASO 与 SiO₂ 纳
米颗粒的协同作用下，可获得具有多级粗糙和粘连结构的 ASO/SNP@PAN 纳米纤维膜。

SiO₂ 纳米颗粒涂层在改变纤维膜表面形貌和润湿特性的同时，也对膜的孔结构产
生了显著的影响。图 7-39（a）展示了纤维膜的最大孔径和平均孔径：随着纳米颗粒含
量的增加，纤维膜中的孔洞被越来越多的颗粒所覆盖，因此，经颗粒修饰后纤维膜的
最大孔径从 1.64μm 减小到 1.30μm，平均孔径也相应地从 1.37μm 减小到 1.09μm。从图
7-39（b）可以看出，随 SiO₂ 纳米颗粒含量的增加，纤维膜的孔隙率从 83.2% 下降到
了 64.2%，这是由于纳米颗粒填充了纳米纤维膜中的孔洞，使得孔隙率下降。同时，孔
隙率的减少表明纤维膜中的静止空气也随之减少，导致热量主要通过纳米纤维传递，因
此，随着 SiO₂ 纳米颗粒浓度的增加，纤维膜的导热率从 0.0016 W/（m·K）增加到 0.0035

W/（m·K），表明该膜材料非常适合在极端户外条件下使用[2, 85]。

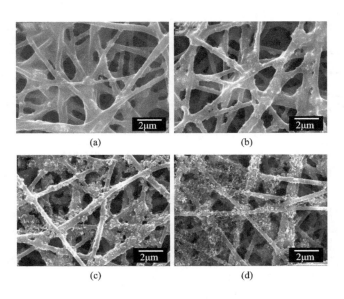

图 7-38　不同浓度处理后纤维膜的 SEM 图：（a）0.05wt%；（b）0.1wt%；（c）0.2wt%；
（d）0.4wt% SiO₂

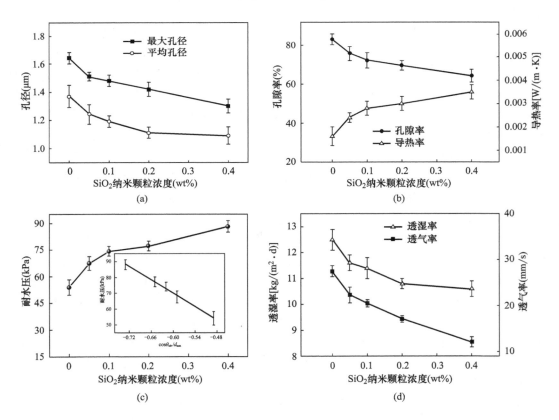

图 7-39　不同浓度 SiO₂ 处理后纤维膜的（a）孔径；（b）孔隙率与导热率；（c）耐水压，插图为
$\cos\theta_{adv}/d_{max}$ 对耐水压的影响；（d）透湿率与透气率

　　图 7-39（c）是 SiO$_2$ 纳米颗粒含量对耐水压的影响。随着 SiO$_2$ 纳米颗粒含量的增加，耐水压从 54kPa 提升 88.2kPa，这种逐渐增加的趋势表明 SiO$_2$ 纳米颗粒的引入改变了纤维膜表面的润湿特性和孔径。润湿特性与孔结构的协同作用可由插图中耐水压和 $\cos\theta_{adv}/d_{max}$ 之间的线性拟合方程表达。同时，随着纳米颗粒浓度的增加造成孔隙率降低，纤维膜的透湿率从 12.5kg/（m^2·d）降至 10.6kg/（m^2·d），透气率也从 27.5mm/s 降至 12.1mm/s。

　　ASO 和 SiO$_2$ 纳米颗粒的协同作用赋予了 PAN 纳米纤维膜优异的超疏水特性，但是通常纳米纤维/纳米颗粒复合材料中的颗粒因其不能牢固黏结于纤维膜上，使其在遭受变形或磨损时易脱落而影响超疏水的耐久性[86-87]。因此，在保持较高超疏水性的同时具有较好的耐久性仍然是一个重大的挑战。选取 ASO-1/SiO$_2$-0.1@PAN 作为研究对象，通过耐磨性和耐酸碱性实验来评估其耐久性。从图 7-40（a）可以清晰地看出，在测试了 10、20、30 和 40 次磨损实验后，纤维膜 θ_{adv} 分别为 154°、154°、152° 和 150°，接触角的数值略有降低，但仍保持超疏水性。当磨损实验达到 50 次之后，纤维膜出现由超疏水向疏水转变的趋势，这是由于 50 次磨损之后，SiO$_2$ 纳米颗粒在纤维膜的表面部分脱落，纤维膜的粗糙度降低所致［图 7-40（b）］。

　　如图 7-40（c）所示，将 ASO-1/SiO$_2$-0.1@PAN 浸泡在 pH 为 0、2、4、6、8、10

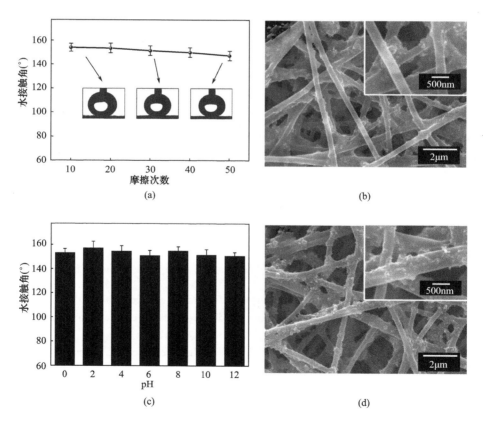

图 7-40　（a）循环摩擦后 ASO-1/SiO$_2$-0.1@PAN 纤维膜的水接触角变化情况；（b）50 次摩擦循环后 ASO-1/SiO$_2$-0.1@PAN 纤维膜的 SEM 图；（c）不同 pH 溶液处理后 ASO-1/SiO$_2$-0.1@PAN 纤维膜的水接触角变化情况；（d）经 pH=12 的强碱处理后 ASO-1/SiO$_2$-0.1@PAN 纤维膜的 SEM 图

和 12 的处理溶液中 12h 后烘干，其表面仍然保持超疏水性，θ_{adv} 在 151°~153°。这是由于改性后的纤维膜即置于强酸或强碱条件下，其表面形貌结构仍不会发生改变。从图 7-40（d）的 SEM 图可以看出，经 pH=12 的强碱性溶液浸泡之后，ASO-1/SiO$_2$-0.1@PAN 纤维膜的形貌与未经强碱处理的结构相似。上述实验结果表明 ASO/SNP 修饰的 PAN 纳米纤维膜表现出优异的超疏水耐久性，具有广阔的应用潜力[88-89]。

7.6 总结与展望

新型材料的发掘与制备工艺的完善使得防水透湿织物性能不断提升，在满足日常户外运动穿着的同时，人们对其环保性与智能化、功能化的要求不断提升。因此，需要科研人员进一步开发新型防水透湿织物，并朝着环保、智能和多功能方向发展。

在环保方面，由于地球污染越来越严重，环保建设越来越被重视，因此，开发生态环保的防水透湿织物是防水透湿织物发展的必然趋势。目前，无论是干法还是湿法制备的防水透湿织物，其制备过程中都需要用到有机溶剂，而有机溶剂不仅具有毒性，而且回收困难，会对环境造成污染，后期治理污染需要更多的人力物力财力。因此，选择水性环保聚合物为原料制备高性能防水透湿织物是防水透湿材料发展的必然趋势。在智能化方面，现阶段的防水透湿织物无法对外界环境（温度、湿度等）进行智能响应，严重影响多变环境下织物的穿着舒适性。因此，发展智能型防水透湿织物以应对外界不断变换的环境，是未来发展防水透湿织物的重要方向。例如，开发温敏型聚氨酯防水透湿织物，其透湿量随环境温度的变化而变化，使得防水透湿织物能够根据环境温度智能化地调节其性能，以大幅提升环境骤变情况下的穿着舒适度。在多功能化方面，通过引入新材料、新技术等使防水透湿织物在兼具防水透湿性能的同时还具有其他应用功能，是未来防水透湿织物发展的另一重要趋势。例如，可以制备出具有阻燃、抗静电、抗菌和防生化功能的防水透湿织物，使其不仅能应用在户外服装领域，还可满足高温隔热、精密加工、生物医用等特殊领域对高性能防护服装的应用需求。

参考文献

［1］MUKHOPADHYAY A，MIDHA V K. A review on designing the waterproof breathable fabrics part ii：construction and suitability of breathable fabrics for different uses［J］. Journal of Industrial Textiles，2008，38（1）：17-41.

［2］SUMIN L，KIMURA D，LEE K H，et al. The effect of laundering on the thermal and water transfer properties of mass-produced laminated nanofiber web for use in wear［J］. Textile Research Journal，2010，80（2）：99-105.

［3］KIM E Y，LEE J H，LEE D J，et al. Synthesis and properties of highly hydrophilic waterborne polyurethane-ureas containing various hardener content for waterproof breathable fabrics［J］. Journal of Applied Polymer Science，2013，129（4）：1745-1751.

［4］MUKHOPADHYAY A，MIDHA V K. A review on designing the waterproof breathable fabrics part i：

fundamental principles and designing aspects of breathable fabrics［J］. Journal of Industrial Textiles，2008，37（3）: 225-262.

［5］于磊，黄机质，王会，等. 高密防水透湿织物防水性能及影响因素［J］. 上海纺织科技，2014，10: 56-59.

［6］HUANG F，WEI Q，LIU Y，et al. Surface functionalization of silk fabric by PTFE sputter coating［J］. Journal of Materials Science，2007，42（19）: 8025-8028.

［7］ROTHER M，BARMETTLER J，REICHMUTH A，et al. Self-sealing and puncture resistant breathable membranes for water-evaporation applications［J］. Advanced Materials，2015，27（42）: 6620-6624.

［8］LOMAX G R. Breathable polyurethane membranes for textile and related industries［J］. Journal of Materials Chemistry，2007，17（27）: 2775-2784.

［9］CHANGCHENG Z，ZHONGDONG L，ZHAOJUN W，et al. Preparation of TPU-polyester coated fabrics with high adhesive performance［J］. Advanced Materials Research，2013，631: 82-85.

［10］MENG X L，WAN L S，XU Z K. Insights into the static and advancing water contact angles on surfaces anisotropised with aligned fibers: Experiments and modeling［J］. Colloids and Surfaces a-Physicochemical and Engineering Aspects，2011，389（3）: 213-221.

［11］Gore-tex 官网. http://www.gore-tex.com.cn/.

［12］DAMTIE M M，KIM B，CHOI J S. Membrane distillation for industrial waste water treatment: studying the effects of membrane parameters on the wetting performance［J］. Chemosphere，2018，206: 793-801.

［13］张建春，黄机质，郝新敏. 织物防水透湿原理与层压织物生产技术［M］. 北京: 中国纺织出版社，2003.

［14］鲍丽华. 防水透湿层压织物的性能研究与开发［D］. 北京: 北京服装学院，2010.

［15］李显波. 防水透湿织物生产技术［M］. 北京: 化学工业出版社，2006.

［16］LIANG W Y，HE L，WANG F X，et al. A 3-D model for thermodynamic analysis of hierarchical structured superhydrophobic surfaces［J］. Colloids and Surfaces a-Physicochemical and Engineering Aspects，2017，523: 98-105.

［17］SAKAI M，SONG J H，YOSHIDA N，et al. Direct observation of internal fluidity in a water droplet during sliding on hydrophobic surfaces［J］. Langmuir，2006，22（11）: 4906-4909.

［18］LI Y，YANG F，YU J，et al. Hydrophobic fibrous membranes with tunable porous structure for equilibrium of breathable and waterproof performance［J］. Advanced Materials Interfaces，2016，3（19）: 1600516.

［19］SHENG J，ZHANG M，XU Y，et al. Tailoring water-resistant and breathable performance of polyacrylonitrile nanofibrous membranes modified by polydimethylsiloxane［J］. ACS Applied Materials & Interfaces，2016，8（40）: 27218-27226.

［20］王振峰. 材料传输工程基础［M］. 北京: 冶金工业出版社，2008.

［21］YANG F，LI Y，YU X，et al. Hydrophobic polyvinylidene fluoride fibrous membranes with simultaneously water/windproof and breathable performance［J］. RSC Advances，2016，6（90）: 87820-87827.

［22］ZHANG D，CHANG J. Patterning of electrospun fibers using electroconductive templates［J］. Advanced Materials，2007，19（21）: 3664-3667.

［23］SHIN Y M，HOHMAN M M，BRENNER M P，et al. Experimental characterization of electrospinning: the electrically forced jet and instabilities［J］. Polymer，2001，42（25）: 09955-09967.

［24］NA H N，ZHAO Y H，LIU X W，et al. Structure and properties of electrospun poly（vinylidene fluoride）/polycarbonate membranes after hot-press［J］. Journal of Applied Polymer Science，2011，

122（2）：774-781.

［25］EICHHORN S J，SAMPSON W W. Statistical geometry of pores and statistics of porous nanofibrous assemblies［J］. Journal of the Royal Society Interface，2005，2（4）：309-318.

［26］ZHU F，XIN Q，FENG Q，et al. Novel poly（vinylidene fluoride）/thermoplastic polyester elastomer composite membrane prepared by the electrospinning of nanofibers onto a dense membrane substrate for protective textiles［J］. Journal of Applied Polymer Science，2015，132：42170.

［27］GUGLIUZZA A，DRIOLI E. A review on membrane engineering for innovation in wearable fabrics and protective textiles［J］. Journal of Membrane Science，2013，446：350-375.

［28］SI Y，YU J Y，TANG X M，et al. Ultralight nanofibre-assembled cellular aerogels with superelasticity and multifunctionality［J］. Nature Communications，2014，5：5802.

［29］TRUONG Y B，O'BRYAN Y，MCKELVIE I D，et al. Application of electrospun gas diffusion nanofibre-membranes in the determination of dissolved carbon dioxide［J］. Macromolecular Materials and Engineering，2013，298（5）：590-596.

［30］TURAGA U，SINGH V，BEHRENS R，et al. Breathability of standalone poly（vinyl alcohol）nanofiber webs［J］. Industrial & Engineering Chemistry Research，2014，53（17）：6951-6958.

［31］OBAID M，GHOURI Z K，FADALI O A，et al. Amorphous SiO_2 NP-incorporated poly（vinylidene fluoride）electrospun nanofiber membrane for high flux forward osmosis desalination［J］. ACS Applied Materials & Interfaces，2016，8（7）：4561-4574.

［32］SADRJAHANI M，RAVANDI S A H. Microstructure of heat-treated PAN nanofibers［J］. Fibers and Polymers，2013，14（8）：1276-1282.

［33］WU S S，ZHENG G Q，GUAN X Y，et al. Mechanically strengthened polyamide 66 nanofibers bundles via compositing with polyvinyl alcohol［J］. Macromolecular Materials and Engineering，2016，301（2）：212-219.

［34］ARRIBAS P，KHAYET M，GARCIA-PAYO M C，et al. Self-sustained electro-spun polysulfone nano-fibrous membranes and their surface modification by interfacial polymerization for micro- and ultra-filtration［J］. Separation and Purification Technology，2014，138：118-129.

［35］PEDICINI A，FARRIS R J. Mechanical behavior of electrospun polyurethane［J］. Polymer，2003，44（22）：6857-6862.

［36］MILLER C E，EDELMAN P G，RATNER B D，et al. Near-infrared spectroscopic analyses of poly（ether urethane urea）block copolymers phase-separation［J］. Applied Spectroscopy，1990，44（4）：581-586.

［37］MURGASOVA R，BRANTLEY E L，HERCULES D M. Characterization of polyester-polyurethane soft and hard blocks by a combination of MALDI，SEC，and chemical degradation［J］. Macromolecules，2002，35（22）：8338-8345.

［38］ZHANG D，CHANG J. Patterning of electrospun fibers using electroconductive templates［J］. Advanced Materials，2007，19（21）：3664-3667.

［39］LIN J，DING B，YU J. Direct fabrication of highly nanoporous polystyrene fibers via electrospinning［J］. ACS Applied Materials & Interfaces，2010，2（2）：521.

［40］郝新敏. 国外防水透湿多功能织物加工原理及现状［J］. 中国个体防护装备，1995，2：22-24.

［41］ZHANG L，LI Y，YU J，et al. Fluorinated polyurethane macroporous membranes with waterproof，breathable and mechanical performance improved by lithium chloride［J］. RSC Advances，2015，5（97）：79807-79814.

［42］DEMIR M M，YILGOR I，YILGOR E，et al. Electrospinning of polyurethane fibers［J］. Polymer，2002，43（11）：3303-3309.

［43］JI H H，JEONG E H，HAN S L，et al. Electrospinning of polyurethane/organically modified montmorillonite nanocomposites［J］. Journal of Polymer Science Part B：Polymer Physics，2005，

43（22）：3171-3177.

[44] LUO C J, STRIDE E, EDIRISINGHE M. Mapping the influence of solubility and dielectric constant on electrospinning polycaprolactone solutions [J]. Macromolecules, 2012, 45（11）：4669-4680.

[45] FASHANDI H, KARIMI M. Pore formation in polystyrene fiber by superimposing temperature and relative humidity of electrospinning atmosphere [J]. Polymer, 2012, 53（25）：5832-5849.

[46] FONG H, CHUN I, RENEKER D H. Beaded nanofibers formed during electrospinning [J]. Polymer, 1999, 40（16）：4585-4592.

[47] ZHANG C, YUANA X, HAN Y, et al. Study on morphology of electrospun poly（vinyl alcohol）mats [J]. European Polymer Journal, 2005, 41（3）：423-432.

[48] BONINO C A, EFIMENKO K, JEONG S I, et al. Three-dimensional electrospun alginate nanofiber mats via tailored charge repulsions [J]. Small, 2012, 8（12）：1928-1936.

[49] CAI Y, GEVELBER M. The effect of relative humidity and evaporation rate on electrospinning：fiber diameter and measurement for control implications [J]. Journal of Materials Science, 2013, 48（22）：7812-7826.

[50] LI J, HE A, ZHENG J, et al. Gelatin and gelatin-hyaluronic acid nanofibrous membranes produced by electrospinning of their aqueous solutions [J]. Biomacromolecules, 2006, 7（7）：2243-2247.

[51] SON W K, JI H Y, LEE T S, et al. The effects of solution properties and polyelectrolyte on electrospinning of ultrafine poly（ethylene oxide）fibers [J]. Polymer, 2004, 45（9）：2959-2966.

[52] MANABE K, NISHIZAWA S, SHIRATORI S. Porous surface structure fabricated by breath figures that suppresses pseudomonas aeruginosa biofilm formation [J]. ACS Applied Materials & Interfaces, 2013, 5（22）：11900.

[53] ROCKWOOD D N, PREDA R C, YÜCEL T, et al. Materials fabrication from *Bombyx mori* silk fibroin [J]. Nature Protocols, 2011, 6（10）：1612.

[54] QU Y, ERICSON P G, QUAN Q, et al. Long-term isolation and stability explain high genetic diversity in the Eastern Himalaya [J]. Molecular Ecology, 2014, 23（3）：705-720.

[55] RAZA A, DING B, ZAINAB G, et al. In situ cross-linked superwetting nanofibrous membranes for ultrafast oil–water separation [J]. Journal of Materials Chemistry A, 2014, 2（26）：10137-10145.

[56] KO F, GOGOTSI Y, ALI A, et al. Electrospinning of continuous carbon nanotube - filled nanofiber yarns [J]. Advanced Materials, 2003, 15（14）：1161-1165.

[57] COLEMAN J N, KHAN U, BLAU W J, et al. Small but strong：A review of the mechanical properties of carbon nanotube-polymer composites [J]. Carbon, 2006, 44（9）：1624-1652.

[58] ZHU Q Y, YANG J, XIE M H. Effects of zeta potential and fiber diameter on the coupled heat and liquid moisture transfer in porous polymer materials. Journal of Fiber Bioengineering and Informatics [J]. 2010, 3, 16-21.

[59] LOWERY J L, DATTA N, RUTLEDGE G C. Effect of fiber diameter, pore size and seeding method on growth of human dermal fibroblasts in electrospun poly（epsilon-caprolactone）fibrous mats [J]. Biomaterials, 2010, 31（3）：491-504.

[60] NG C A, HUNGERB H K. Bioaccumulation of perfluorinated alkyl acids：observations and models [J]. Environmental Science & Technology, 2014, 48（9）：4637-4648.

[61] ANTON D. Surface-fluorinated coatings [J]. Advanced Materials, 1998, 10（15）：1197–1205.

[62] WANG Z, MACOSKO C W, BATES F S. Fluorine-enriched melt-blown fibers from polymer blends of poly（butylene terephthalate）and a fluorinated multiblock copolyester [J]. ACS Applied Materials & Interfaces, 2015, 8（1）：3006-3012.

[63] WU W, ZHU Q, QING F, et al. Water repellency on a fluorine-containing polyurethane surface：toward understanding the surface self-cleaning effect [J]. Langmuir, 2009, 25（1）：17.

[64] GONG J, LI X D, DING B, et al. Preparation and characterization of $H_4SiMo_{12}O_{40}$/poly（vinyl

alcohol) fiber mats produced by an electrospinning method [J]. Journal of Applied Polymer Science, 2003, 89 (6): 1573–1578.

[65] WANG R, LIU Y, LI B, et al. Electrospun nanofibrous membranes for high flux microfiltration [J]. Journal of Membrane Science, 2012, 392 (2): 167-174.

[66] WANG N, SI Y, WANG N, et al. Multilevel structured polyacrylonitrile/silica nanofibrous membranes for high-performance air filtration [J]. Separation & Purification Technology, 2014, 126 (15): 44-51.

[67] WANG J, LI Y, TIAN H, et al. Waterproof and breathable membranes of waterborne fluorinated polyurethane modified electrospun polyacrylonitrile fibers [J]. RSC Advances, 2014, 4 (105): 61068-61076.

[68] LI L, HASHAIKEH R, ARAFAT H A. Development of eco-efficient micro-porous membranes via electrospinning and annealing of poly (lactic acid) [J]. Journal of Membrane Science, 2013, 436 (4): 57-67.

[69] RAMASWAMY S, CLARKE L I, GORGA R E. Morphological, mechanical, and electrical properties as a function of thermal bonding in electrospun nanocomposites [J]. Polymer, 2011, 52 (14): 3183-3189.

[70] WANG N, YANG Y, ALDEYAB S S, et al. Ultra-light 3D nanofibre-nets binary structured nylon 6-polyacrylonitrile membranes for efficient filtration of fine particulate matter [J]. Journal of Materials Chemistry A, 2015, 3 (47): 23946-23954.

[71] PAN W, YANG S L, LI G, et al. Electrical and structural analysis of conductive polyaniline/ polyacrylonitrile composites [J]. European Polymer Journal, 2005, 41 (9): 2127-2133.

[72] LIU Y, XIN J H, CHOI C H. Cotton fabrics with single-faced superhydrophobicity [J]. Langmuir, 2012, 28 (50): 17426-17434.

[73] TUTEJA A, CHOI W, MA M, et al. Designing superoleophobic surfaces [J]. Science, 2007, 318 (5856): 1618-1622.

[74] TUTEJA A, CHOI W, MABRY J M, et al. Robust Omniphobic Surfaces [J]. Proceedings of the National Academy of Sciences of the United States of America, 2008, 105 (47): 18200.

[75] SAFFARINI R B, MANSOOR B, THOMAS R, et al. Effect of temperature-dependent microstructure evolution on pore wetting in PTFE membranes under membrane distillation conditions [J]. Journal of Membrane Science, 2013, 429 (4): 282-294.

[76] LIN J, TIAN F, SHANG Y, et al. Facile control of intra-fiber porosity and inter-fiber voids in electrospun fibers for selective adsorption [J]. Nanoscale, 2012, 4 (17): 5316-5320.

[77] VASWANI S, KOSKINEN J, HESS D W. Surface modification of paper and cellulose by plasma-assisted deposition of fluorocarbon films [J]. Surface & Coatings Technology, 2005, 195 (2-3): 121-129.

[78] SI Y, GUO Z, LIU W. A robust epoxy resins@stearic acid-Mg (OH)$_2$ micro-nanosheet superhydrophobic omnipotent protective coating for real life applications [J]. ACS Applied Materials & Interfaces, 2016, 8 (25): 16511.

[79] SI Y, FU Q, WANG X, et al. Superelastic and superhydrophobic nanofiber-assembled cellular aerogels for effective separation of oil/water emulsions [J]. ACS Nano, 2015, 9 (4): 3791.

[80] SI Y, WANG X, YAN C, et al. Ultralight biomass-derived carbonaceous nanofibrous aerogels with superelasticity and high pressure-sensitivity [J]. Advanced Materials, 2016, 28 (43): 9655-9655.

[81] SABETZADEH N, BAHRAMBEYGI H, RABBI A, et al. Thermal conductivity of polyacrylonitrile nanofibre web in various nanofibre diameters and surface densities [J]. IET Micro & Nano Letters, 2012, 7 (7): 662-666.

[82] ZHANG H, MA Y, TAN J, et al. Robust, self-healing, superhydrophobic coatings highlighted

by a novel branched thiol-ene fluorinated siloxane nanocomposites［J］. Composites Science & Technology，2016，137：78-86.

［83］CHEN S，LI X，LI Y，et al. Intumescent flame-retardant and self-healing superhydrophobic coatings on cotton fabric［J］. ACS Nano，2015，9（4）：4070-4076.

［84］LI Y，GE B，MEN X，et al. A facile and fast approach to mechanically stable and rapid self-healing waterproof fabrics［J］. Composites Science & Technology，2016，125：55-61.

［85］YONG L，ZHANG Z，BO G，et al. One-pot，template-free synthesis of robust superhydrophobic polymer monolith with adjustable hierarchical porous structure［J］. Green Chemistry，2016，18（19）：5266-5272.

第8章 吸附与催化用纳米纤维材料

8.1 吸附用纳米纤维材料

在现代生活中，吸附材料和人们的生产生活息息相关，目前已经广泛应用于食品轻工、化工石油和环境保护等领域。例如，利用人造沸石和活性炭吸附材料，通过常温变压吸附法分离氧气和氮气[1-2]；利用介孔或表面改性的吸附材料用于各种微量气体[3]、药物[4]等的分离提纯、各类废水废气的吸附处理[5]等。静电纺丝作为一种能够制备连续有机纤维、无机纤维或有机/无机复合纤维的加工方法，能够大幅度细化纤维直径，制备出各种具有高比表面积的吸附用纳米纤维。高比表面积赋予了材料更多的活性位点，对于提高材料的吸附性能具有重要意义。本章节主要介绍了吸附用纳米纤维膜的近期研究与进展。

8.1.1 吸附原理

吸附是物质从一相转移到另一相的传质过程，是指在固—气相、固—液相、液—气相等体系中，溶于一相中的溶质溶度在界面发生改变的现象。具有吸附能力的物质叫作吸附剂（常为固体），被吸附的物质称为吸附质。不同的吸附剂和吸附质之间有着不同的吸附相互作用，例如，London 色散力、偶极子相互作用、静电力和电荷转移相互作用（如氢键）等[6]。根据吸附剂表面与吸附质分子间作用力的不同，吸附可分为物理吸附和化学吸附。

物理吸附[7-8]是指界面产生的相互作用力为范德华力（色散力、偶极力等），物理吸附是吸附质的运动和静电作用引起的，吸附剂和吸附质之间没有任何的化学作用，这种物理吸附作用力较弱、选择性很差、轻微加热后吸附质就会脱附。物理吸附过程相当于流体中的成分在吸附剂表面凝聚，可以是单分子层，也可以是多分子层，其过程速度快且可逆。化学吸附[7-8]是指在界面发生化学反应，吸附剂和吸附质之间以化学键结合的吸附过程。化学吸附由于需要有化学键的变化，所以一般选择性较强、反应速度较慢且只能形成单分子层，化学吸附过程一般不可逆，如需将吸附的物质脱附则需要在较高的温度下进行化学反应。物理吸附与化学吸附理化指标对比见表 8-1。

表 8-1 物理吸附与化学吸附对比[6]

理化指标	物理吸附	化学吸附
吸附作用力	范德华力	化学键
吸附热	接近液化热	接近化学反应热

续表

理化指标	物理吸附	化学吸附
选择性	低	高
吸附层	单或多分子层	单分子层
吸附速率	快，活化能小	慢，活化能大
可逆性	可逆	不可逆
发生吸附温度	低于吸附质临界温度	远高于吸附质沸点

8.1.2 有机多孔纳米纤维膜

有机多孔纳米纤维膜具有比表面积大、力学性能好、易于成型加工及表面功能化改性等优点，因而在吸附领域具有广泛的应用。以多孔聚丙烯腈（PAN）纳米纤维膜为基底，通过聚乙烯亚胺（PEI）接枝改性制备了对 CO_2 等气体具有优异吸附性能的纳米纤维膜材料[9-11]。

如图 8-1 所示，PEI 接枝多孔 PAN 纳米纤维膜（HPPAN—PEI NFM）的制备主要基于两个关键过程[12]：一是通过水萃取法制备苦瓜皮状多孔 PAN 纳米纤维膜；二是在多孔 PAN 纳米纤维膜上接枝 PEI 以增强吸附性能和吸附选择性。首先通过静电纺丝法制备 PAN/ 聚乙烯吡咯烷酮（PVP）纳米纤维膜，然后将其置于 100℃水中以去除 PVP，最终得到多孔 PAN（PPAN）纳米纤维膜。为了使 PEI 接枝到多孔 PAN 纳米纤维表面，通过在碱性条件下使多孔 PAN 纤维膜水解，制得表面具有丰富羟基的纳米纤维膜，随后在 90℃水浴条件下将其浸渍于 PEI 溶液中进行化学反应，得到表面具有苦瓜皮状结构的 HPPAN—PEI 纳米纤维膜。

HPPAN—PEI 纳米纤维膜具有独特的多级粗糙结构，其表面呈现出类苦瓜皮状多孔

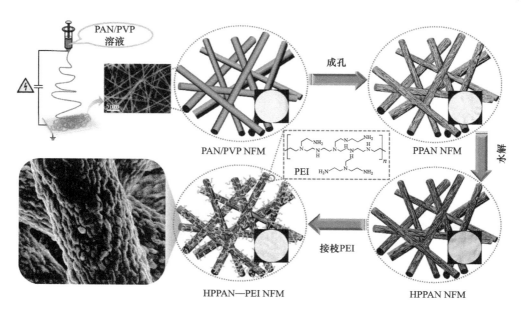

图 8-1　HPPAN—PEI 纳米纤维膜的制备示意图

形态 [图 8-2（a）]，这种多孔结构有利于 PEI 的接枝和吸附性能的提高[13-14]。图 8-2（b）为 HPPAN—PEI 纳米纤维膜截面的场发射扫描电子显微镜（FE-SEM）图片，表明经 PEI 接枝改性后的多孔 PAN 纳米纤维膜内部仍保持均匀的多孔结构，没有明显的核壳结构，说明 PEI 是通过化学反应接枝在多孔 PAN 纳米纤维膜表面而不是物理涂覆。此外，最终得到的 HPPAN—PEI 纳米纤维膜具有良好的柔性，为其循环使用提供了保障。

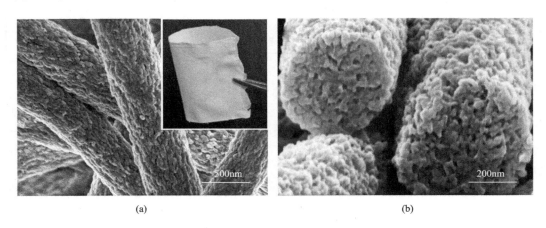

(a)　　　　　　　　　　　　　　　(b)

图 8-2　HPPAN-PEI 纳米纤维膜的（a）表面和（b）截面的 FE-SEM 图，
插图为 HPPAN—PEI 纳米纤维膜的光学照片

纤维膜的多级孔结构是影响吸附性能的一个重要因素，因此测试了温度为 77K（1K=-272.15℃）时 HPPAN—PEI 纳米纤维膜的 N_2 吸附—脱附等温线。如图 8-3 所示，纤维膜的吸附—脱附曲线呈现Ⅳ型等温线，其 Brunauer-Emmett-Teller（BET）比表面积和 Barrett-Joyner-Halenda（BJH）吸附累积孔体积分别为 16.79 m^2/g 和 0.0768 cm^3/g，且孔径主要集中在 20 ~ 24nm。此外，多孔 PAN 纳米纤维膜经 PEI 接枝改性后，其比表面积和孔体积都有一定程度的减小，这是由于 PEI 均匀负载在纤维上，使纤维平均直径从 461nm 增长到 489nm。

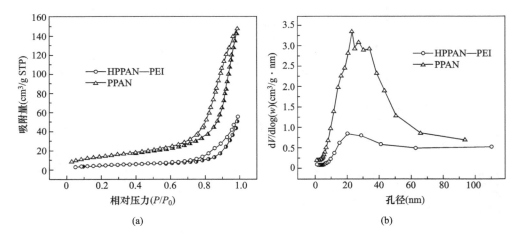

(a)　　　　　　　　　　　　　　　(b)

图 8-3　（a）HPPAN—PEI 和 PPAN 纳米纤维膜的 N_2 吸附—脱附等温线；
（b）HPPAN—PEI 和 PPAN 纳米纤维膜的 BJH 孔径分布曲线

以 CO_2 为目标物测试 HPPAN—PEI 纳米纤维膜的吸附性能，首先采用热重分析法（TGA）研究了该膜对 CO_2 的吸附—脱附行为。如图 8-4（a）所示，在 40℃环境下引入 CO_2 气体，观察其 70min 内的吸附行为，在 105℃以 N_2 为解析剂脱附 CO_2，该纤维膜对 CO_2 的吸附性能随吸附温度的升高逐渐减小，在 25℃达到最高吸附量 1.50mmol/g。这主要是由于随着温度的增长，PEI 上的氨基和 CO_2 分子间的化学反应减弱，同时纤维和 CO_2 的相互影响也减弱[15]。虽然较高温度使 CO_2 的结合常数减小，但增加了 CO_2 与氨基的接触可能性[16]，因此 60℃和 80℃环境下材料的吸附性能接近，且都大于 1mmol/g。

以 CO_2/N_2 混合气体为目标物测试 HPPAN—PEI 纳米纤维膜的选择吸附性能，如图 8-4（b）所示。纤维膜对 CO_2 和 N_2 的吸附量分别为 1.23mmol/g、0.046mmol/g，从图 8-4（b）插图中的选择性吸附模拟曲线可以看出，纤维膜对 CO_2 的吸附量与对 N_2 吸附量的比值，即其吸附动力学选择性达到 27，证明该纤维膜对于 CO_2/N_2 混合气体具有高选择吸附性。此外，吸附时间约 8min 时，动力学选择性高达 46，证明该纤维膜在较短时间内可获得较高的选择吸附性，这对实际应用中的选择性吸附分离具有重要意义。

通过热重分析仪（TGA）测试了 HPPAN—PEI 纳米纤维膜的循环使用性能 [图 8-4（c）和（d）]，结果表明 20 次循环使用后，纤维膜的最大吸附量仍保持在 92%，这主要

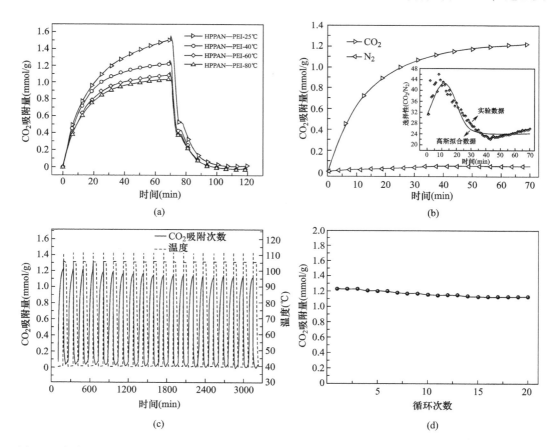

图 8-4 （a）不同吸附温度下 HPPAN—PEI 纳米纤维膜的 CO_2 吸附—脱附曲线；（b）40℃的 N_2 环境下 HPPAN—PEI 纳米纤维膜选择性吸附 CO_2，插图为吸附过程中 CO_2/N_2 选择性数据和高斯拟合曲线；（c）HPPAN—PEI 纳米纤维膜的 CO_2 吸附—脱附循环；（d）CO_2 吸附量随循环次数的变化曲线

是由于 PEI 的接枝提升了纤维膜的热稳定性（初始热分解温度为290℃），且氨基分子较强的活性对 CO_2 分子具有很好的化学吸附稳定性[17]。

8.1.3　碳基复合纳米纤维膜

多孔碳纳米纤维材料具有的超高比表面积、多级孔结构使其可广泛应用于吸附分离领域，但其机械强力不足且较脆，限制了其应用性能的进一步提升。通过静电纺丝技术将氨基化改性的碳纳米管（NC）与碳纳米纤维（CNFs）原位复合，制备出具有良好柔性和吸附性能的 NC@CNFs[18]。

NC@CNFs 的设计基于以下三个要素：一是前驱体必须转化成一维碳纳米纤维；二是 NC 和纳米纤维必须高度缠结组装成三维结构；三是 NC@CNFs 必须具有优良的柔性。制备流程如图 8-5 所示，将 NC 分散于 $N, N-$ 二甲基甲酰胺（DMF）溶液中，随后加入 PAN 得到纺丝液，通过静电纺丝制备出 PAN/NC 复合纳米纤维膜，经干燥后在空气中 280℃预氧化 1h，随后在 800℃ N_2 氛围中煅烧 2h 得到具有良好的柔韧性的 NC@CNFs，其中升温速率为 2℃/min。

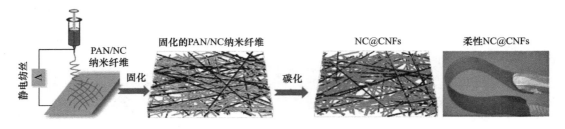

图 8-5　NC@CNFs 的制备过程示意图和柔性展示

NC@CNFs 相比于纯碳纳米纤维膜，拥有更好的柔性和强度。碳纳米纤维在受力弯曲时，应力集中在弯曲区，导致裂纹在纤维上迅速扩展[19]，最终导致碳纳米纤维断裂。然而在 NC@CNFs 受力弯曲时，纤维中均匀分散的碳纳米管作为缓冲物质阻止了裂纹的扩展[20]，使得该纤维膜在弯曲时没有出现明显的大裂纹，从而使其可回复到原始状态，NC@CNFs 的柔性原理如图 8-6 所示。

随后探讨了碳纳米管的长度和添加量对 NC@CNFs 孔结构和吸附性能的影响。分别以 20μm 和 50μm 长度的碳纳米管制备得到 NC-20@CNFs 和 NC-50@CNFs，当碳

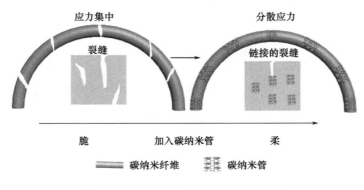

图 8-6　NC@CNFs 的柔性原理示意图

纳米管含量为 1wt% ~ 2wt% 时（碳纳米管含量 *x*wt% 的样品命名为 NC@CNFs-*x*），NC-20@CNFs 的平均纤维直径为 338 ~ 371nm，而 NC-50@CNFs 的平均纤维直径为 411 ~ 440nm，当碳纳米管添加量超过 2wt% 时溶液不可纺。通过拉曼光谱研究碳化后碳纤维纳米结构的演变，发现随碳纳米管含量的增加，其石墨化程度变高，由傅里叶变换红外光谱（FT-IR）分析发现 N—H 的伸缩振动峰和弯曲振动峰[21]，证明了表面氨基的存在。

图 8-7（a）和（c）展示了 NC@CNF 的 N_2 吸附—脱附等温线，表现为典型的Ⅳ型曲线，其在相对压力 P/P_0 < 0.1 时出现拐点，在高压区展现出弱回滞环，这说明了纤维膜同时存在介孔和微孔[22]。通过二维局部泛函理论（2D-NLDFT）计算孔径分布[23]，如图 8-7（b）和（d）所示，表明纤维上的孔主要分布在 0.3 ~ 5nm，这进一步确定了介孔 / 微孔的存在。NC@CNF 的结构参数详见表 8-2，随着碳纳米管含量逐渐增加到 2wt%，NC-50@CNFs 和 NC-20@CNFs 的比表面积逐渐增加到 390m^2/g 和 427m^2/g。此外，纤维的介孔和微孔体积也随着碳纳米管含量增加而增加，其中 NC-50@CNFs-2 和 NC-20@CNFs-2 的介孔体积分别是 0.06cm^3/g 和 0.16cm^3/g，微孔体积分别是 0.33cm^3/g 和 0.04cm^3/g。由上述分析可知，碳纳米管的加入使得碳纳米纤维的比表面积和孔体积明显提升，虽然 NC-50@CNFs 的比表面积略小于 NC-20@CNFs，但是其微孔体积远大于 NC-20@CNFs。

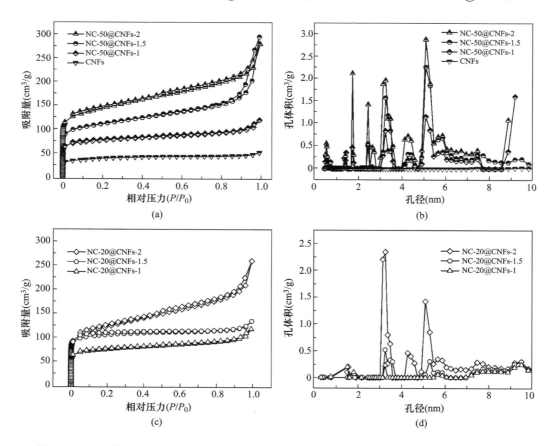

图 8-7　CNF 和 NC-50@CNF 的（a）N_2 吸附—脱附等温线和（b）2D-NLDFT 孔分布曲线；NC-20@CNF 的（c）N_2 吸附—脱附等温线和（d）2D-NLDFT 孔分布曲线

表 8-2　NC@CNF 的结构参数

样品	BET 比表面积（m²/g）	孔总体积（cm³/g）	微孔体积（cm³/g）	介孔体积（cm³/g）
CNFs	67	—	—	—
NC-20@CNFs-1	310	0.20	0.08	—
NC-20@CNFs-1.5	387	0.25	0.12	0.02
NC-20@CNFs-2	427	0.43	0.16	0.04
NC-50@CNFs-1	280	0.19	0.16	0.15
NC-50@CNFs-1.5	330	0.21	0.12	0.18
NC-50@CNFs-2	390	0.40	0.06	0.33

随后，对样品的 CO_2 的吸附量进行了测试，如图 8-8（a）所示，由于 NC-50@CNFs 具有更大的微孔体积，使得在相同条件下 NC-50@CNFs 比 NC-20@CNFs 拥有更高的 CO_2 吸附量，并且随着碳纳米管含量的增加，吸附量也同样增加。从图 8-8（b）可以看出，随温度的增加，纤维膜对 CO_2 的吸附量仅略微下降，说明了材料对 CO_2 的吸附为稳固的化学吸附。

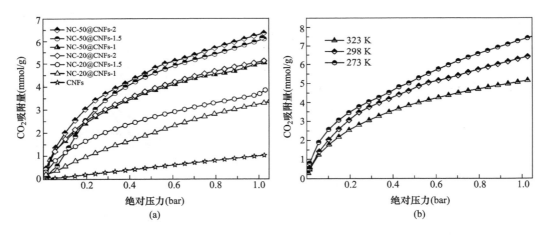

图 8-8　（a）CNFs、NC-20@CNFs 和 NC-50@CNFs 在 298K 时的 CO_2 吸附等温线；
（b）NC-50@CNFs 在不同温度下的 CO_2 吸附曲线（1bar=100kPa）

此外，通过结合静电纺丝和原位聚合法制备出具有多级孔结构和磁性的碳纳米纤维，并将其应用于染料吸附[24]。制备流程如图 8-9 所示，首先使用双酚 -A、多聚甲醛和苯胺通过 Manich 反应合成出双酚 A 型苯并噁嗪（BA-a），并将其与乙酰丙酮铁 [Fe（acac）₃] 溶解于 DMF 和四氢呋喃（THF）的混合溶液中，然后加入聚乙烯醇缩丁醛（PVB）进行纺丝得到 BA-a/PVB/Fe（acac）₃ 杂化纤维膜。随后将杂化纳米纤维膜在真空环境下 250℃煅烧使 PVB 逐渐分解、BA-a 聚合成聚苯并噁嗪（PBZ），得到 PBZ 纳米纤维膜。通过将 PBZ 纳米纤维膜放入到 30wt% 的 KOH 水溶液中活化 1h，随后将干燥后的纤维膜在 N_2 环境下碳化得到 Fe_3O_4 掺杂的磁性碳纳米纤维膜（A-Fe@CNFs）。

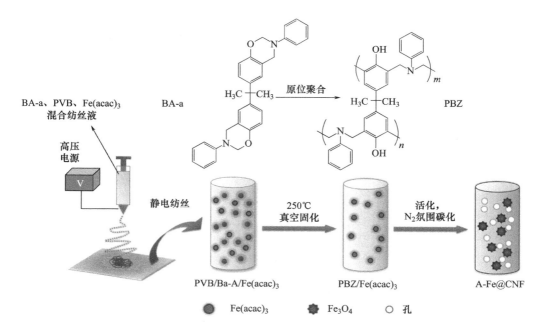

图 8–9 静电纺丝与原位聚合法相结合制备 A-Fe@CNF 的示意图

随后，研究了 BA-a/PVB 的重量比对 A-Fe@CNFs 形貌结构和性能的影响，通过控制 BA-a/PVB 重量比为 1/3、1/1、3/1 分别制得 A-Fe@CNF-1、A-Fe@CNF-2 和 A-Fe@CNF-3。如图 8–10 所示，A-Fe@CNF-1 和 A-Fe@CNF-2 呈现典型低长径比的纳米棒结构，而 A-Fe@CNF-3 呈弯曲结构且随机取向。由于 BA-a 单体在 PVB 纤维中均匀分布，当 BA-a 含量较低时，单体间相互距离较远，导致最终聚合得到的 PBZ 纤维具有较多的结构缺陷，这些缺陷在活化时转变成大的裂缝和裂纹，并最终形成低长径比的纳米棒结构。当纤维中 BA-a 含量较高时，可以得到具有致密交联结构的 PBZ 纤维，碳化后得到的 A-Fe@CNF-3 呈纳米纤维形态，相较于碳化前的纳米纤维，其平均直径从 660nm 降低至 130nm。

图 8–10 （a）A-Fe@CNF-1，（b）A-Fe@CNF-2 和（c）A-Fe@CNF-3 的 FE-SEM 图

活化前和活化后样品的比表面积和孔体积见表 8–3，所有样品的介孔体积分数都高于 70%，证明了纤维中主要是介孔结构。活化后碳纳米纤维的比表面积和孔体积都高于未活化的 Fe@CNFs 和传统 PAN 基碳纳米纤维，并且随着 BA-a 含量的增加，纤维的比

表面积和孔体积逐渐增大，其比表面积和孔体积分别可达 $1885m^2/g$ 和 $2.3cm^3/g$，这是由于 BA-a 含量较高时，PBZ 纤维的结构更加完整、致密，使具有更高的活化程度，且在碳化过程中可保持尺寸稳定性，最终产生更多的孔结构。

表 8-3　多级孔结构 Fe_3O_4@CNFs 的结构参数

样品	BET 比表面积（m^2/g）	孔总体积（cm^3/g）	微孔体积（cm^3/g）	介孔体积（cm^3/g）
Fe@CNFs-1	513	0.617	0.104	0.513
Fe@CNFs-2	405	0.510	0.101	0.409
Fe@CNFs-3	629	0.911	0.101	0.810
A-Fe@CNFs-1	1037	1.03	0.273	0.755
A-Fe@CNFs-2	1207	1.43	0.074	1.36
A-Fe@CNFs-3	1885	2.30	0.183	2.12

为测试 A-Fe@CNF 的染料吸附性能，以亚甲基蓝和罗丹明 B 为目标物进行吸附性能测试，如图 8-11 所示，所有的样品均可在 10 ~ 15min 内完全吸附溶液中的亚甲基蓝，还可在 15 ~ 25min 内实现对溶液中罗丹明 B 的完全吸附，并且 A-Fe@CNFs-3 表现出最快的吸附速率，这是由于其介孔体积较大有利于吸附性能的提升。从图 8-11 插图可以看出，由于 A-Fe@CNF 具有良好的磁性，因此在材料吸附完成后可通过磁铁快速收集。

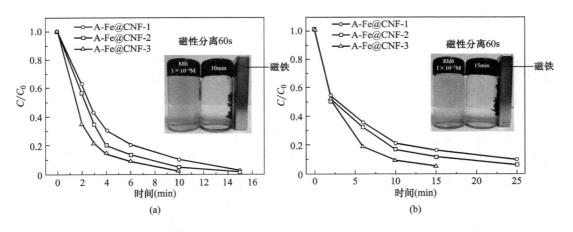

图 8-11　A-Fe@CNF 用于吸附（a）亚甲基蓝和（b）罗丹明 B 溶液的吸附速率曲线
（插图是吸附和磁性回收展示）

8.1.4　多孔陶瓷基纳米纤维膜

相较于有机吸附材料和碳吸附材料，介孔陶瓷材料在拥有高吸附性能的同时，具有耐高温、耐腐蚀、化学稳定性好和热稳定性好等优点，然而，现有的介孔陶瓷多为颗粒状或颗粒状负载材料，其脆性大、力学性能差等缺陷严重限制了其实际使用性能。通过引入高分子黏合剂或在聚合物模板上生长纳米颗粒可以解决这一问题，但是，聚合物的存在会损失陶瓷材料所特有的耐高温、耐腐蚀等性能[25-26]。因此，开发柔性多孔陶瓷纤维材料具有重要意义。

不同于传统纳米颗粒 / 纳米纤维制备方法，结合静电纺丝和原位生长技术，以 SiO_2 纳米纤维作为模板材料，醋酸锆［$Zr(Ac)_4$］为锆源，并使用壳聚糖（CS）溶液作为分散介质，制备了表面均匀包覆 $Zr(Ac)_4$/CS 的 SiO_2 纳米纤维膜，随后在 N_2 氛围高温煅烧，在 SiO_2 纤维表面原位生长 ZrO_2 纳米颗粒，得到 ZrO_2/SiO_2 复合纳米纤维膜[27]。如图 8-12 所示，在整个制备流程中，纤维膜始终保持良好的柔性，并且在 SiO_2 纳米纤维表面构建了多级结构以增加比表面积和孔隙［图 8-12（g）］。为研究 ZrO_2 含量对多级结构和吸附性能的影响，通过调控 $Zr(Ac)_4$ 的浓度（0.5wt% ~ 8wt%）制备了不同颗粒含量的 ZrO_2/SiO_2 纳米纤维膜。

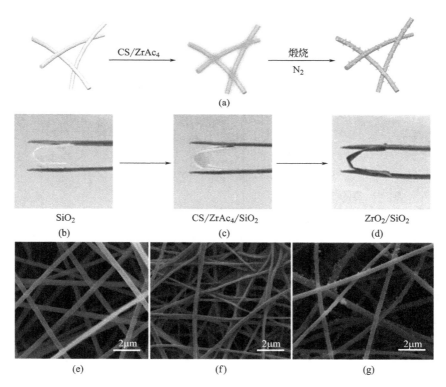

图 8-12 （a）ZrO_2/SiO_2 纳米纤维制备过程示意图；SiO_2、CS/$Zr(Ac)_4$/SiO_2 和 ZrO_2/SiO_2 纳米纤维膜的实物及柔性展示：（b）~（d）及其 FE-SEM 图：（e）~（g）

对不同颗粒含量的纳米纤维膜的比表面积和孔结构进行了分析，如图 8-13（a）所示，N_2 吸附—脱附等温线为Ⅳ型，说明其吸附行为包括单层吸附、多层吸附和毛细凝聚，表明了纤维膜中的孔是介孔[24, 28]。并且在高压区 $P/P_0 > 0.9$，其吸附滞后回线较狭窄，说明纤维膜的介孔为开孔结构，因此，毛细蒸发和氮气压缩不会产生明显的相互干扰[29]。由 BET 模型计算得到 SiO_2 纤维、ZrO_2/SiO_2-0.5、ZrO_2/SiO_2-1、ZrO_2/SiO_2-2、ZrO_2/SiO_2-4 和 ZrO_2/SiO_2-8 比表面积分别为 $5.26m^2/g$、$7.12m^2/g$、$9.35m^2/g$、$14.57m^2/g$、$16.79m^2/g$ 和 $17.35m^2/g$。随着 ZrO_2 纳米颗粒含量增加，纤维的比表面积逐渐增大。

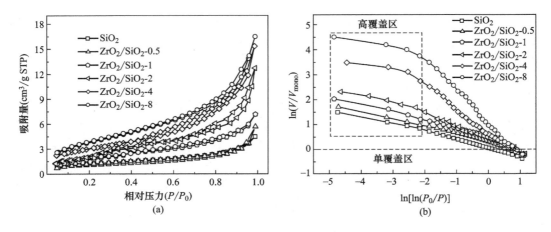

图 8-13　不同颗粒含量的纳米纤维膜（a）吸附—脱附等温线和
（b）$\ln(V/V_{mono})$ 对 $\ln[\ln(P_0/P)]$ 曲线

随后通过 Frenkel-Halsey-Hill（FHH）方程[30]和 BJH 定量分析了纤维表面的孔结构和粗糙结构，如图 8-13（b）所示。基于对多层吸附 FHH 理论模型的一种改进形式（式 8-1）[31]，通过 N_2 吸附曲线计算分形维数 D 值：

$$\ln(V/V_{mono})=A\ln[\ln(P_0/P)]+B \qquad (8-1)$$

式中：V 是在平衡压力 P 下的吸附量（cm^3/g）；V_{mono} 是单层覆盖吸附量（cm^3/g）；P_0 是饱和压力（Pa）；B 为常数。使用 $\ln(V/V_{mono})$ 与 $\ln[\ln(P_0/P)]$ 在高覆盖区的斜率 A 值来计算 D 值：$A=D-3$。分形维数 D 常被用来研究分形表面和多孔结构，D 值为 2 和 3 分别对应平滑表面和完全无规结构。

ZrO_2/SiO_2 纳米纤维膜的分形维数分别为 2.71、2.72、2.74、2.78 和 2.80，证明了纤维表面的颗粒能明显提升纤维膜的粗糙度，ZrO_2/SiO_2-4 纤维膜的孔体积（$0.064cm^3/g$）是 SiO_2 纳米纤维膜（$0.014cm^3/g$）的 4 倍。由 BJH 法分析可知，该膜是典型的多分散孔结构，孔径分布为 10 ~ 80nm。

以磷酸盐作为吸附目标物，分析了 ZrO_2/SiO_2 纳米纤维膜在不同温度下的吸附性能，如图 8-14（a）所示，随着温度从 25℃提升到 60℃，吸附量由 43.2mg/g 提升到 47.7mg/g，

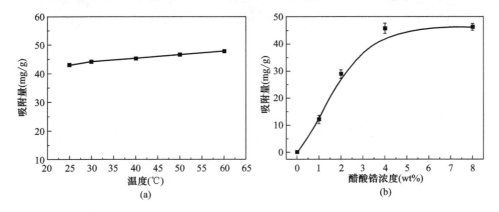

图 8-14　（a）不同温度下和（b）不同 ZrO_2 颗粒负载量的 ZrO_2/SiO_2
纳米纤维膜对磷酸盐离子的吸附性能

这主要是由于磷酸盐在较高温度下活性较高，会增加其与活性位点的接触次数，但是这种提升很小，因此，可认为该材料在不同温度下的吸附性能趋于稳定。随后，测试了不同颗粒负载量的纳米纤维膜吸附性能的变化，如图 8-14（b）所示，吸附量随着负载量的增加明显提升，这是由于负载量增加提升了纤维的比表面积，从而增加了活性位点，但是 Zr（AC）$_4$ 添加量大于 4wt% 以后，吸附量不再提升，这归因于 4wt% ～ 8wt% 的添加量，纤维膜比表面积提升不明显。

上述表面负载方法所制备的多级粗糙结构吸附材料中仍存在微量的碳起到黏结作用，并非纯陶瓷柔性纳米纤维膜，因而制备出一种掺杂 SnO$_2$ 的柔性多孔 SiO$_2$/SnO$_2$ 纳米纤维膜，制备流程如图 8-15（a）所示。以 PVB 作为聚合物模板，将结晶相 SnO$_2$（SnCl$_4$ 为原料）嵌入到无定型 SiO$_2$ 内以调节孔径分布，制备出了具有高比表面积和多级孔结构的柔性 SiO$_2$/SnO$_2$ 纳米纤维膜[32]。从 SEM 图可以看出，制备出的纤维膜和单纤维都可以弯曲，具有良好的柔性，如图 8-15（b）和（c）所示。

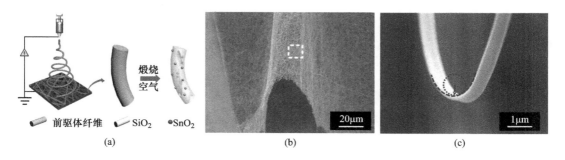

图 8-15　（a）多孔 SiO$_2$/SnO$_2$ 纳米纤维膜制备过程的示意图；（b）SiO$_2$/SnO$_2$ 纳米
纤维膜弯曲的 SEM 图；（c）单纤维弯曲 SEM 图

通过调控 Si 和 Sn 的摩尔比（10/0、9/1、8/2、6/4），制备出一系列 SiO$_2$/SnO$_2$ 纳米纤维膜（SiO$_2$/SnO$_2$-0、SiO$_2$/SnO$_2$-1、SiO$_2$/SnO$_2$-2、SiO$_2$/SnO$_2$-3），随着 Sn 含量的增加，纤维直径逐渐减小，这是由于纺丝液的导电性增加、黏度降低使得射流在飞行过程中得到更充分的拉伸[33-34]。通过 X 射线衍射仪（XRD）测试发现 SiO$_2$/SnO$_2$ 比例从 10/0 逐渐减少到 8/2 时，纤维膜仍然为非结晶态，而当比值减小到 6/4 时，出现了 SnO$_2$ 四方相结晶。如图 8-16（a）所示，SnO$_2$ 纳米晶粒均匀地分散在纤维的表面及内部，使得 SiO$_2$/SnO$_2$ 纤维具有多级粗糙结构，其高分辨率透射电子显微镜（HRTEM）图片［图 8-16（b）］显示 SnO$_2$ 晶粒随机地嵌入 SiO$_2$ 无定形结构中，（110）晶面中的晶格尺寸仅为 0.33nm。能量色散 X 射线光谱（EDS）图像［图 8-16（d）～（f）］显示纤维中含有 Si、Sn 和 O 元素，表明纤维是由 SiO$_2$ 和 SnO$_2$ 组成。

随着 SnO$_2$ 含量的增加，纤维的形态和晶体结构发生变化，纤维膜的机械性能也受到了显著的影响。如图 8-17（a）所示，随着 SnO$_2$ 含量的提升，拉伸强度从 0.89MPa 显著地提升到了 4.15MPa，这表明 SnO$_2$ 纳米晶体能够显著地增大 SiO$_2$/SnO$_2$ 纳米纤维膜的强度，这种现象可归因于 SiO$_2$/SnO$_2$ 纳米纤维膜中纤维直径的降低、纤维接触面积的增加及内部原子结构的形变。而继续增加 SiO$_2$/SnO$_2$ 比例至 6/4 将导致强度降低至 2.48MPa，这主要是因为纤维内部过多的 SnO$_2$ 纳米晶粒聚集，造成内部缺陷增多并引

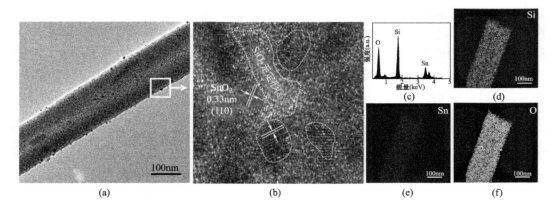

图 8-16 （a）SiO$_2$/SnO$_2$ 摩尔比为 6/4 时纳米单纤维的 TEM 图片；（b）和（c）为（a）中选定区的 HRTEM 图片和 EDS 能谱；（d）~（f）SiO$_2$/SnO$_2$ 摩尔比为 8/2 的纳米单纤维 Si、Sn、O 的 EDS 图像

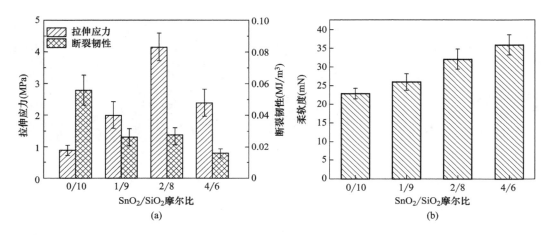

图 8-17 不同 SiO$_2$/SnO$_2$ 摩尔比纤维膜的（a）拉伸应力、断裂韧性和（b）柔软度

发应力集中，导致强度的下降[35]。随着 SiO$_2$/SnO$_2$ 比例从 10/0 逐渐降低到 6/4，膜的断裂韧性（通过计算断裂能来衡量）从 0.056MJ/m^3 逐渐降低至 0.016MJ/m^3，这可能是由于膜在拉伸过程中，纤维间的相对滑动减少，导致断裂伸长率急剧下降。

与此同时，随着 SiO$_2$/SnO$_2$ 比例的降低，纤维膜的柔软度从 22mN 逐渐增加至 36mN [图 8-17（b）]，这主要是归因于膜中纤维间的相对滑动受阻从而使纤维柔性变差[36]。通常陶瓷内部具有多级孔结构和晶粒缺陷，它们将成为应力集中点并加速纳米纤维裂纹的延伸，最终导致纳米纤维在受到外部弯曲应力时发生断裂。然而，我们制备的柔韧 SiO$_2$/SnO$_2$ 纳米纤维膜在外力作用下可发生大幅度的弯折而不断裂，当外力卸载后可快速回复至原有状态。

考虑到吸附性能高度依赖于纤维的比表面积和孔结构，通过 N$_2$ 吸附—脱附法系统地研究了 SnO$_2$ 的含量对 SiO$_2$/SnO$_2$ 纳米纤维膜多孔结构的影响。如图 8-18（a）所示，吸附曲线为典型的 I 型吸附曲线，N$_2$ 分子以单层吸附的方式被快速地吸附在纤维孔隙内部，并具有毛细冷凝现象。大部分被吸附的 N$_2$ 集中在 $P/P_0 < 0.1$ 的区域，在 P/P_0 轴的中部存在吸附平衡曲线，这表明 SiO$_2$/SnO$_2$ 纳米纤维膜中存在大量的微孔[37]，而在 $P/$

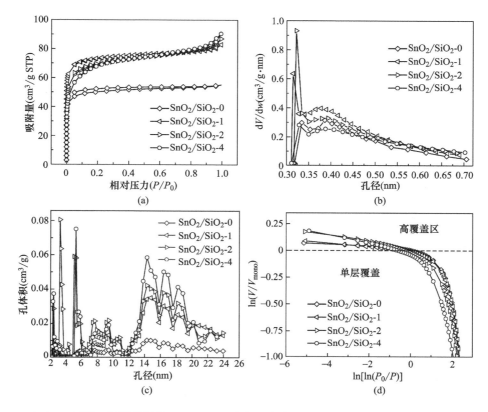

图 8-18 （a）N_2 吸附—脱附等温线；SiO_2/SnO_2 纳米纤维膜（b）HK 模型下和（c）NLDFT 模型下的孔径分布曲线；（d）由（a）图构建出的 $\ln (V/V_{mono})$ 对 $\ln (\ln (P_0/P))$ 曲线

$P_0 > 0.1$ 的区域并没有出现迟滞曲线，这表明在纤维中的微孔是呈现狭缝状，这种现象可能是由于煅烧过程中 PVB 分解产生的气体被挤压而出，进而导致纤维内无法形成完整的孔结构[38]。当 SiO_2/SnO_2 的摩尔比逐渐从 10/0 降低到 6/4 时，N_2 的吸附量逐渐增加，这表明 SnO_2 的含量对纤维膜的多级孔结构具有显著影响。

此外，使用 Horvath-Kawazoe（HK）模型和 NLDFT 计算法进一步分析了纤维膜的微孔和介孔分布[39]。如图 8-18（b）所示，膜的微孔主要集中在 0.3 ~ 0.7nm，将 $P/P_0 = 0.99$ 位置的纤维膜总孔体积和 HK 模型计算出的累计孔体积相结合，得到 SiO_2/SnO_2-0、SnO_2/SiO_2-1、SnO_2/SiO_2-2、SnO_2/SiO_2-3 的微孔孔体积分数分别为 78.2%、75.2%、58.1% 和 51.8%，呈减少趋势，该现象可能是由结晶态的 SnO_2 和非晶态的 SiO_2 热膨胀系数不同所引起的[40]。如图 8-18（c）所示，根据用 NLDFT 模型计算出的介孔分布显示，SnO_2/SiO_2 纳米纤维膜的介孔主要分布在 2 ~ 20nm，SnO_2/SiO_2-2 以及 SnO_2/SiO_2-4 在 2 ~ 6nm 内的介孔数量远大于 SnO_2/SiO_2-0 和 SnO_2/SiO_2-1。图 8-18（d）显示了 SiO_2/SnO_2 纳米纤维膜的 FHH 图，其中位于高覆盖区域的直线斜率几乎相同，所计算出的分形维数（D_f）分别为 2.99、2.98、2.97 和 2.96，这进一步证明了 SiO_2/SnO_2 纳米纤维具有由少量介孔和大量微孔组成的多孔结构[41-42]。

在此基础上，进一步对 SiO_2/SnO_2 纳米纤维的柔性机理进行了分析，如图 8-19 所示。研究表明，纳米纤维膜中的纤维相互贯穿形成网络结构，当压缩应力（弯曲应力）

237

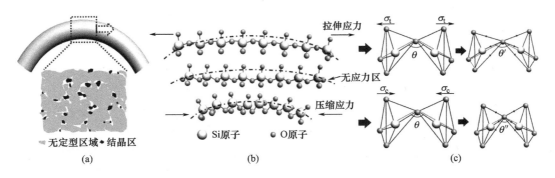

图 8-19　(a) SiO$_2$/SnO$_2$ 纤维的弯曲示意图，放大部分是纤维内的结构示意图；
(b) 图 (a) 中选定区域在弯曲张力下 Si—O 键变形行为的示意图；
(c) SiO$_2$ 四面体顶部受拉伸应力和底部受压缩应力的变化示意图

附加在纤维膜时，纤维将产生相对滑移并伴有单纤维弯曲现象[43]。而陶瓷纳米纤维具有柔性的关键在于无定形原子排列结构[44-45]，在硅氧四面体组成的网络中，原子排列结构相对灵活可动，Si—O—Si 键角分布在 120°～180°（主要为 144°），O—Si—O 键角均值为 109.7°[46-47]。因此，在弯曲应力作用下，SiO$_2$/SnO$_2$ 纳米纤维膜中的 SiO$_2$ 非结晶区的形变可分为 3 个区域：一是由于纤维轴上层非结晶区硅氧四面体受到了拉伸应力，Si—O—Si 的键角因拉伸作用而增大；二是纤维轴中部的硅氧四面体因没有受到拉伸应力，无明显变化；三是在纤维轴下层硅氧四面体受到挤压，Si—O—Si 键角减小，Si—O、O—O、Si—Si 键长减小。因此，SiO$_2$/SnO$_2$ 纳米纤维中键角和键长的变化使其可发生弯曲形变，从而说明纤维具有优异的柔性。

为研究 SiO$_2$/SnO$_2$ 纳米纤维膜的吸附性能，使用不同电荷和分子大小的染料作为吸附对象。如图 8-20（a）所示，纤维膜对亚甲基蓝（MB）、碱性红 2（BR2）、中性红（NR）、碱性品红（BF）、罗丹明 B（RhB）和甲基橙（MO）染料的平衡吸附量分别是 78.6mg/g、21.0mg/g、16.4mg/g、5.4mg/g 和 4.7mg/g，MO 几乎没有被吸附，其中，MB、BR2、RhB、NR 和 BF 带正电荷，MO 带负电荷，其分子大小顺序为：MB ＜ BR2 ＜ BF ＜ RhB[48]。大体积的分子将吸附于 SiO$_2$/SnO$_2$ 纳米纤维膜表面的活性位点上，导致活性位点数量降低并最终使纤维膜的吸附量降低。虽然 NR 和 MB 具有相似的分子大小，但 NR 分子上的带电基团少于 MB，导致纤维和染料分子之间的静电作用力较小，因此，纤维膜对 NR 的吸附量低于 MB。此外，MO 分子体积很小，能够进入孔隙，但纤维膜对它的吸附量却很低，这可能是因为 SiO$_2$/SnO$_2$ 纳米纤维膜和 MO 之间存在静电斥力，阻碍了纤维膜对 MO 的吸附[48-49]。

根据 SiO$_2$/SnO$_2$ 纳米纤维膜对不同分子的选择吸附性能，可将其用在分子过滤领域。为了验证 SiO$_2$/SnO$_2$ 纳米纤维膜是否在实际应用中具有分离不同有机物的能力，我们将不同电负性和分子体积的目标物混合，然后进行分离实验。实验结果如图 8-20（b）～（f）所示，纤维膜对 MB/MO、MB/RhB、MB/BF、MB/BR2 和 MB/NR 的吸附分离效率分别达到 99.2%、99.49%、97.66%、99.75% 和 99.61%。由此可见，SiO$_2$/SnO$_2$ 纳米纤维膜具有优异的选择吸附性能，可以用作良好的分子过滤材料。

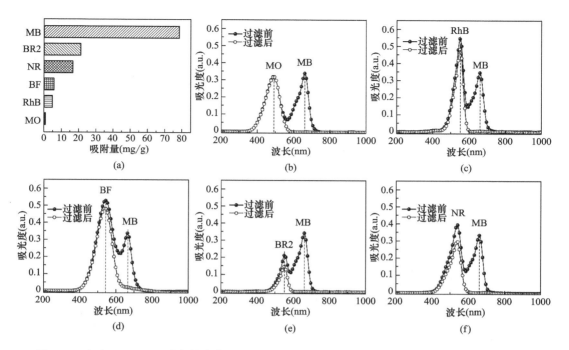

图 8-20 （a）SiO₂/SnO₂ 纳米纤维膜对六种水溶性染料吸附性能；（b）MB/MO，（c）MB/RhB，（d）MB/BF，（e）MB/BR2 和（f）MB/NR 在筛选分离前后的紫外—可见光谱图

8.2　催化用无机纳米纤维材料

目前，工业的发展速度不断加快、农业的运作方式不断转变以及城市化的进程日益加快，大量污染物排放到江河湖泊，水中难分解的有机污染物急剧增加，由此造成了严重的经济损失，破坏了生态平衡甚至威胁人类身体健康，因此，水污染的治理是一个亟需解决的问题[50-51]。在众多的水净化技术中，催化净化技术因其具有对污染物降解彻底、高效稳定等优点，已成为一种有效的污染物治理手段[52-54]，本节主要研究柔性 SiO₂ 基纳米纤维催化材料和 TiO₂ 基纳米纤维光催化材料。

8.2.1　柔性 SiO₂ 基纳米纤维催化材料

静电纺 SiO₂ 纳米纤维具有耐热性好、化学性质稳定和抗腐蚀性好的特点，是一种良好的催化剂载体材料[55-57]。MnO₂ 作为一种过渡金属氧化物，是一种优良的催化剂，可在 H₂O₂ 作用下催化降解有机污染物，这种氧化方法称为类 Fenton 氧化法，具有催化活性高、酸碱适应性好、无污染、成本低的特点[58-59]。

将静电纺丝技术与水热合成法结合制备 MnO₂@SiO₂ 纳米纤维膜，其制备流程如下：将柔性 SiO₂ 纳米纤维膜放入含有 100mL KMnO₄ 和 MnSO₄ 混合物（摩尔比为 1/1）的聚四氟乙烯反应釜中，在 140℃条件下反应 12h，经水洗、烘干，最终得到 MnO₂@SiO₂ 纤维膜[60]。通过调控 KMnO₄ 的含量（0.1mmol、0.2mmol、0.5mmol 和 1.0mmol），研究了反应物浓度对纤维膜形貌结构及性能的影响，并用 $MnO_2@SiO_2$-x（x 为 $KMnO_4$ 的量）表示最终得到的催化剂材料。

$MnO_2@SiO_2$ 纤维膜的 SEM 图如图 8-21 所示，图 8-21（a）为纯 SiO_2 纳米纤维，其平均直径为 252nm。从 $MnO_2@SiO_2$-0.1 纤维膜 SEM 图 [图 8-21（b）] 可以看出，在 SiO_2 纤维表面生长出长度为 200nm ~ 2μm、直径为 15 ~ 40nm 的 MnO_2 纳米线。随着反应物浓度增加至 0.2mmol，MnO_2 纳米线的数量增加，如图 8-21（c），当反应物的浓度增加到 0.5mmol 时，在 SiO_2 纤维表面形成了花状纳米结构 MnO_2 [图 8-21（d）][61-62]。当反应物的浓度继续增加到 1.0mmol 时，SiO_2 纤维表面生长了一层致密的 MnO_2 纳米片 [图 8-21（e）]，这可能是由于在氧化还原的过程中 $KMnO_4$ 和 $MnSO_4$ 先聚集成无规的球，然后球沿纤维表面生长成二维的纳米片。与传统脆性陶瓷纤维相比，这种方法制备的陶瓷纤维膜表现出良好的柔性，如图 8-21（f）和（g），且将纤维膜对折压缩 100 次后仍未断裂，表明其在大形变下仍具有优异的柔性。

图 8-21 纤维膜 SEM 图：（a）SiO_2，（b）$MnO_2@SiO_2$-0.1，（c）$MnO_2@SiO_2$-0.2，（d）$MnO_2@SiO_2$-0.5，（e）$MnO_2@SiO_2$-1；（f）和（g）为 SiO_2 纤维膜和 $MnO_2@SiO_2$-1 纤维膜的柔性展示

$MnO_2@SiO_2$ 纳米纤维膜的催化性能与晶体结构密切相关，复合催化剂的 XRD 结果如图 8-22 所示，纯 SiO_2 纳米纤维是无定形的，合成的 MnO_2 纳米颗粒的衍射峰与 α-MnO_2 的标准卡片（JPPDS no.44-0141）一致，而 $MnO_2@SiO_2$ 纳米纤维膜的晶型与 MnO_2 纳米颗粒一致。

纤维表面的多级结构可以增大材料的比表面积和孔隙率，从而大幅提高纤维膜的催化性能。从图 8-23（a）N_2 吸附—脱附等温线可以看出，纤维膜表现为典型的Ⅳ型吸附等温线，其吸附过程主要包括单层吸附、多层吸附、毛细管凝聚等。随反应物浓度的增大，纤维膜的比表面积从 3.76m^2/g 增加到 46.25m^2/g，表明纳米结构的 MnO_2 对增大纤维膜比表面积具有重要作用。此外，还用 FHH 模型对纤维膜的表面粗糙结构进行了定量分析，如图 8-23（b）所示，由高覆盖区斜率可计算出 $MnO_2@SiO_2$ 纳米纤维膜的分形维数依次为 2.72、2.74、2.75、2.82、2.85，分形维数越大，粗糙度越大。因此，复合纤维膜的表面粗糙度随反应物浓度的增大而增大。此外，$MnO_2@SiO_2$-1.0 纤维膜的 BJH 孔体积比纯 SiO_2 纳米纤维膜高 7 倍。$MnO_2@SiO_2$ 纳米纤维膜的高比表面积和多级孔结构为污染物吸附、催化反应提供了丰富的活性位点，有利于催化性能的提升。

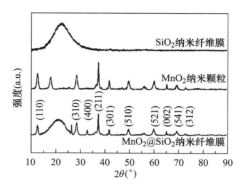

图 8-22　SiO_2 纳米纤维膜、MnO_2 纳米颗粒、$MnO_2@SiO_2$ 纳米纤维膜的 XRD 谱图

从图 8-24 的应力—应变曲线可以得出，随反应物浓度的增加，纤维膜的断裂强度由 6.2MPa 降低至 3.5MPa，柔软度值由 11.2mN 增加至 64.5mN（柔软度值越小，纤维膜越柔）。这可能是在拉伸过程中纤维表面的 MnO_2 阻碍了纤维的滑移，从而导致断裂强度下降、柔性降低。

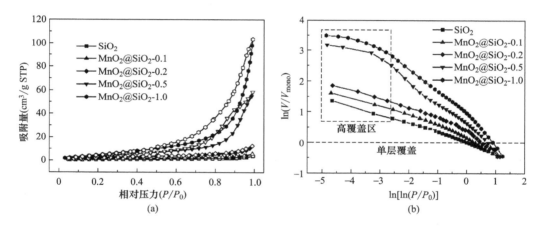

图 8-23　（a）不同 MnO_2 含量的纳米纤维膜的 N_2 吸附—脱附等温线；
（b）$\ln(V/V_{mono})$ 对 $\ln[\ln(P/P_0)]$ 的曲线

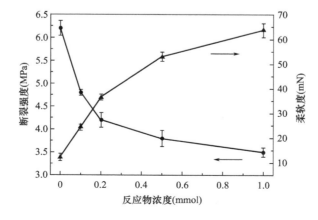

图 8-24　不同 MnO_2 含量的纳米纤维膜的断裂强度和柔软度

为了测试所制备复合纤维膜的催化性能，首先研究了 H_2O_2 的含量对纤维膜催化降解性能的影响，如图 8-25（a）所示。由于 H_2O_2 可降解亚甲基蓝，首先测试了 H_2O_2 对亚甲基蓝的降解性能，结果表明随着 H_2O_2 含量的增加，亚甲基蓝的降解速率先是逐渐增大，在 H_2O_2 的体积达到 15 mL 时趋于稳定，最终仅 6% 的亚甲基蓝被降解。在纯 SiO_2 纤维膜及 H_2O_2 作用下，仅有 9% 的亚甲基蓝被降解，而在 H_2O_2 作用下，$MnO_2@SiO_2$-0.5 纤维膜降解的亚甲基蓝达 90%。图 8-25（b）反映了 pH 对降解率的影响，当 pH 达到 10 时，降解率达 96%，继续增大 pH，降解率反而下降，这是由于 H_2O_2 的分解效率先是随 pH（0~10）的增大而增大，达到最大分解效率时，继续增大 pH，分解效率反而降低。H_2O_2 的快速分解可产生自由基，从而使有机分子氧化降解，大幅提高催化降解性能。

图 8-25（c）为不同 $MnO_2@SiO_2$ 纤维膜对亚甲基蓝的催化降解性能，随 SiO_2 含量的增大，降解率逐渐增大，当含量为 0.5mmol 时，$MnO_2@SiO_2$-0.5 纤维膜降解率最大（93%），继续增大 MnO_2 的含量，$MnO_2@SiO_2$ 纤维膜的降解率基本保持不变。随后，利用 Langmuir-Hinshelwood 准一级反应动力学模型（8-2）和准二级反应动力学模型[63]（8-3）进一步分析了 $MnO_2@SiO_2$ 纤维膜的降解动力学行为：

$$\ln\frac{C_0}{C_t}=k_1t \qquad (8-2)$$

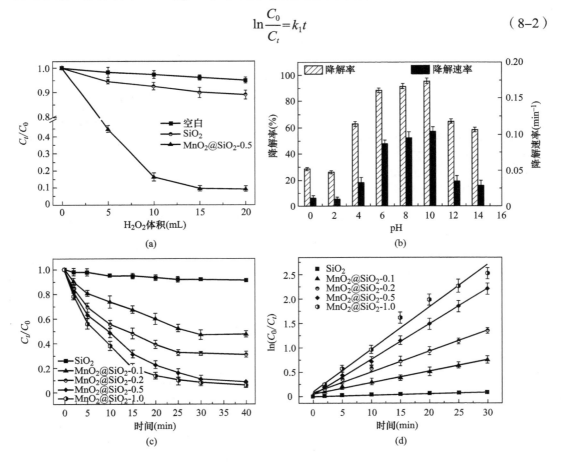

图 8-25 （a）H_2O_2 含量，（b）pH 对 $MnO_2@SiO_2$-0.5 纳米纤维膜催化性能的影响；不同 $MnO_2@SiO_2$ 纳米纤维膜（c）催化降解亚甲基蓝的曲线，（d）动力学线性拟合曲线

$$\frac{1}{C_t} - \frac{1}{C_0} = k_2 t \qquad (8-3)$$

式中：C_0 和 C_t 是溶液的初始浓度和 t 时间的浓度（mg/L）；k_1 和 k_2 为相应的降解速率（$\min^{-1}$）；t 为降解时间（min）。

根据准一级反应动力学模型计算可得，SiO_2、$MnO_2@SiO_2$-0.1、$MnO_2@SiO_2$-0.2、$MnO_2@SiO_2$-0.5、$MnO_2@SiO_2$-1.0 纤维膜的降解速率分别为 $0.0027\min^{-1}$，$0.0236\min^{-1}$，$0.0427\min^{-1}$，$0.0723\min^{-1}$，$0.0865\min^{-1}$，根据准二级动力学模型计算可得，降解速率分别为 $0.000274L/(mg \cdot min)$，$0.00354L/(mg \cdot min)$，$0.00751L/(mg \cdot min)$，$0.0294L/(mg \cdot min)$，$0.0383L/(mg \cdot min)$。比较两种拟合曲线，发现准一级反应动力学模型与降解亚甲基蓝的过程的相关系数更高，适应性更好，拟合曲线如图 8-25（d）所示。$MnO_2@SiO_2$ 的催化性能与纤维膜的比表面积及孔结构有关，随着比表面积和孔体积的增大，$MnO_2@SiO_2$ 催化剂的降解速率逐渐增大。

重复使用性是评价材料实际应用价值的重要指标。图 8-26（a）为 $MnO_2@SiO_2$-1.0 纤维膜 5 次循环使用的催化性能，可以看出随循环次数的增加，降解率略有降低，但 40min 内纤维膜仍可降解 89% 的亚甲基蓝，因此，纤维膜具有良好的循环性能。同时，5 次循环催化后复合纤维膜仍能保持良好的结构完整性，如图 8-26（b）。传统颗粒复合催化剂在使用过程中易脱落，导致循环催化性能差，而 MnO_2 纳米片与 SiO_2 纳米纤维之间结合牢固，多次循环使用后，SiO_2 纤维表面的 MnO_2 纳米片基本没有减少，具有良好的结构稳定性。

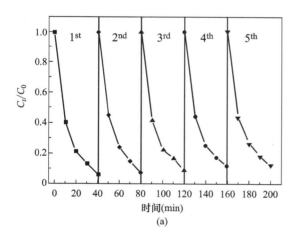

(a)

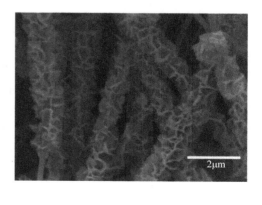

(b)

图 8-26　$MnO_2@SiO_2$-1.0 纳米纤维膜（a）循环催化性能；（b）5 次催化循环后的 SEM 图

8.2.2　柔性 TiO_2 基纳米纤维光催化材料

8.2.2.1　光催化原理

光催化剂是指在光照条件下，自身不发生任何变化，却可以促进化学反应的物质。光催化反应就是在光的辐照下，催化剂被活化而具有一定催化效果的现象。

半导体光催化降解有机物的实质是其在光照条件下产生电子—空穴对，利用光生载流子与有机污染物发生氧化还原反应，将污染物降解成 CO_2 和 H_2O。光催化原理如图

8-27 所示[64]，当受到大于或等于半导体禁带能量的光激发时，电子就会从价带跃迁至导带，产生电子—空穴对。半导体的吸收波长 λ（nm）与带隙宽度 E_g（eV）的关系为：

$$\lambda = \frac{1240}{E_g} \tag{8-4}$$

光生电子可以迁移到半导体表面，还原半导体表面吸附的电子受体，在富氧溶液中电子受体一般为溶解氧（图 8-27 过程 C）。光生空穴可以氧化被吸附的电子供体（图 8-27 过程 D）。同时电子—空穴对也会发生复合，一方面可以在表面发生电子—空穴的复合（图 8-27 过程 A）；另一方面可以在半导体内部复合（图 8-27 过程 B）。迁移到表面的电子和空穴与表面所吸附的水或者氧气发生反应，生成具有强氧化性的自由基如 $\cdot OH$ 和 $\cdot O^{2-}$，可以将水中有机物氧化分解为无污染的小分子物质。

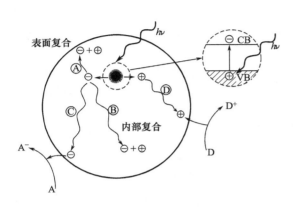

图 8-27　光催化原理示意图[64]

TiO$_2$ 作为一种常见的半导体光催化材料，具有成本低、无毒、化学稳定性好的特点，主要有锐钛矿型、金红石型和板钛矿型三种晶型，这三种晶型结构都是由相互连接的八面体组成，每个 Ti^{4+} 被 6 个 O^{2-} 构成的八面体包围，不同晶型间的差别在于八面体连接方式的不同[65]。板钛矿型 TiO$_2$ 很不稳定，在自然界中很少存在，用作光催化的主要为锐钛矿型和金红石型 TiO$_2$，金红石型最稳定，锐钛矿型在低温条件下比较稳定，高温下可转变成金红石型。

TiO$_2$ 材料属于 n 型半导体，禁带宽度较宽，其中锐钛矿型为 3.2eV，金红石型为 3.0eV，当受到波长小于或等于 387.5nm 的光照射时，价带中的电子就会被激发跃迁至导带，形成带负电的电子，同时价带上形成带正电的空穴，电子—空穴对的产生使 TiO$_2$ 材料在光催化、太阳能电池、自清洁、抗菌等方面具有广阔的应用[66-68]。

目前，TiO$_2$ 光催化剂大多以颗粒形式存在，其虽具有较高的催化活性，但在实际应用过程中难以回收再利用[69-70]。将 TiO$_2$ 纳米颗粒负载于基材（聚合物、陶瓷、碳等）上可使材料易于分离回收，但在实际使用过程中存在颗粒脱落的问题，且纳米颗粒易被黏结剂包裹，导致催化性能大幅降低[71-74]。因此，制备具有催化性能高、循环性能好的 TiO$_2$ 光催化材料具有重要意义。

8.2.2.2　掺杂型 TiO$_2$ 纳米纤维膜

过去的几十年中，很多研究集中在如何提高 TiO$_2$ 的催化性能，最近研究者发现，少量的 Zr 掺杂可以提高锐钛矿相 TiO$_2$ 的稳定性和活性，从而提升光催化性能[75-76]。结合静电纺丝和溶胶—凝胶技术，以 PVP 为聚合物模板，钛酸异丙酯（TIP）为钛源，Zr（Ac）$_4$ 为锆源，制备出柔性 Zr 掺杂 TiO$_2$（TZ）纳米纤维[77]，其中 Zr 占 Ti 和 Zr 总量的摩尔比分别为 5%、10%、20%，命名为 TZ-5、TZ-10、TZ-20。

图 8-28（a）为纯 TiO$_2$ 的 FE-SEM 图，纤维膜中有大量断裂的纤维，从单纤维的高倍 FE-SEM 图中可以明显地看到纤维表面有很多缺陷，因此，纤维膜呈现脆性。当掺

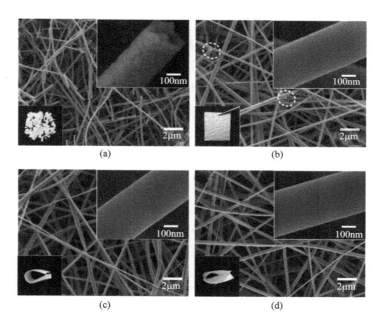

图 8-28　不同 Zr 掺杂量的 TiO₂ 纤维膜 FE-SEM 图：（a）TiO₂；（b）TZ-5；
（c）TZ-10；（d）TZ-20（插图为相应的光学照片和高倍电镜图）

杂 5% Zr 时，TiO₂ 纳米纤维表面的裂纹和缺陷明显减少，纤维膜具有自支撑性，如图
8-28（b）所示，继续增加 Zr 掺杂量，纤维表面变得光滑，长径比增大（＞1000），如
图 8-28（c）和（d）所示。TZ-10 和 TZ-20 纳米纤维膜在弯曲 200 次后表面无裂纹产生，
表明 Zr 掺杂可以使纤维表面裂纹减少，提高 TiO₂ 纤维膜的柔性。

图 8-29 为 TiO₂ 和 TZ 纤维膜的 XRD 谱图，所有的衍射峰与锐钛矿型 TiO₂ 标准卡
片（JCPDS no. 21-1272）一致，没有 Zr 化合物的衍射峰出现，这说明 TiO₂ 纤维中 Zr
均匀分布且 Zr 的含量低于 XRD 检测的最低值[78]。随 Zr⁴⁺ 离子掺杂浓度的提高，TZ

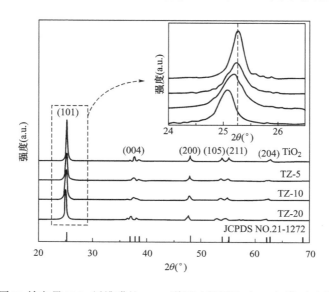

图 8-29　不同 Zr 掺杂量 TiO₂ 纤维膜的 XRD 谱图（插图为（101）晶面对应峰的放大图）

纤维膜的（101）衍射峰逐渐向小角度偏移，说明 Zr^{4+} 进入 TiO_2 的晶格中替代了部分 Ti^{4+}[79-80]。此外，通过 Scherrer 公式计算了 TiO_2 和 TZ 纤维的晶粒尺寸，其中 TiO_2 纳米纤维的晶粒尺寸为 29.1nm，TZ-5、TZ-10 和 TZ-20 纳米纤维的晶粒尺寸分别为 21.8nm、17.5nm 和 22.4nm，说明 Zr 掺杂抑制了 TiO_2 晶粒的生长[81-82]。同时，TZ-10 纳米纤维在 800℃煅烧后，依然展现出锐钛矿晶型和小的晶粒尺寸（26.6nm），表明 Zr 掺杂可以提高 TiO_2 纳米纤维锐钛矿晶型的热稳定性。因此，选择合适的 Zr 掺杂量对于控制 TiO_2 纳米纤维的晶粒尺寸至关重要。

图 8-30（a）为 TZ 纤维膜的拉伸应力—应变曲线，随着 Zr 掺杂量的增加，纤维中晶粒尺寸和孔径的减小，纤维膜的拉伸断裂强度从 0.75MPa 增加到 1.32MPa。然而继续增加 Zr 掺杂量到 20%，拉伸断裂强度反而下降，这是由于过多的 Zr 掺杂将减少晶界的数量，导致 TiO_2 晶粒粗化[83]。此外，从拉伸应力—应变曲线中可以看出，所有的纤维膜在拉伸作用初期都表现出了线性弹性行为，当应力达到最大屈服值后并没有发生脆性断裂，最终的断裂伸长率达到了 2%，超过了室温下传统陶瓷材料的断裂伸长率（0.1% ～ 0.2%）[84]。这主要是因为在外部应力施加初期，随机取向的纤维开始沿应力方向伸直，纤维间整体上仍保持紧密搭接的状态，导致纤维膜产生微小的拉伸形变而没有立即发生脆性断裂，随着拉伸应力的逐渐增大，这些具有高长径比的纳米纤维将沿着应力方向发生滑移直到完全分离，使得断裂伸长率进一步增大。从图 8-30（b）可以看出，不同样品的杨氏模量分别为 59.0MPa、120.7MPa 和 92.9MPa，与拉伸断裂强度的变化趋势一致，而随 Zr 含量的增加，纤维膜的柔性略有降低，这是由于纤维直径的增

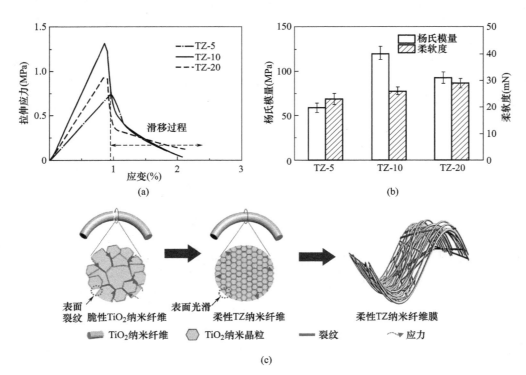

图 8-30　不同 TZ 纤维膜的（a）拉伸应力—应变曲线，（b）杨氏模量和柔软度；
（c）TZ 纤维膜的柔性机制示意图

大导致的[85]。

图 8-30（c）为 TZ 纤维膜的柔性机制示意图，单纤维的柔性会直接影响纤维膜的柔性，对于纯 TiO₂ 纳米纤维，煅烧过程中晶粒的过度生长导致纤维表面产生了很多缺陷，当纤维受到外力作用时，应力会在这些缺陷位置集中，从而导致纤维的断裂。对于 TZ 纤维，Zr 的掺杂抑制了 TiO₂ 晶粒生长，减少了纤维表面缺陷，同时，小的晶粒尺寸使晶界的数量增加，从而起到应力分散的作用，抑制了纤维表面裂纹的扩展[86-87]。此外，根据 Hall-Petch 理论可以得出，具有超细晶粒的多晶纳米纤维在弯曲形变过程中具有"晶界滑移"效应，提升了纳米单纤维的机械强度和塑性形变能力[87-88]，因此，TZ 纳米单纤维可以在极端形变条件下展现出优异的柔性。TZ 纤维膜具有连续的、相互交织的网状结构，为外部应力的耗散提供了良好的传输路径，从而赋予了 TZ 纤维膜优异的柔韧性。

催化剂的吸光性与其催化性能密切相关，图 8-31（a）为 TZ 纳米纤维膜的漫反射光谱，所有样品主要吸收 400nm 以下的紫外光，这与纯 TiO₂ 的吸光性能一致。与纯 TiO₂ 纳米纤维相比，TZ 纳米纤维和 P25 的吸光性更强，这主要与其比表面积和孔体积较大有关。此外，光催化剂的带隙宽度可通过式（8-5）计算[89]：

$$\alpha h v = A (h v - E_g)^2 \tag{8-5}$$

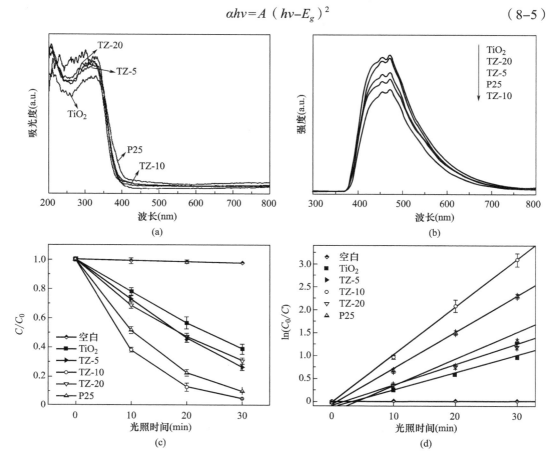

图 8-31　不同 Zr 掺杂量 TiO₂ 纤维膜和 P25 的（a）UV-Vis 谱图；（b）PL 谱图；
（c）光催化降解亚甲基蓝曲线；（d）动力学线性拟合曲线

247

式中：α 为吸收系数（cm^{-1}）；A 为常数；h 为普朗克常数（$6.626\times10^{-34}J\cdot S$）；$\nu$ 为光的频率（Hz）；E_g 为带隙能量（eV）。

计算得到纯 TiO_2 的禁带宽度约为 3.13eV，而 TZ-5、TZ-10 和 TZ-20 纤维膜的禁带宽度分别为 3.14eV、3.17eV 和 3.19eV，禁带宽度的微小变化可能是由于 Zr^{4+} 的掺入，改变了 TiO_2 的能带结构。对于 P25 来说，其禁带宽度为 3.04eV，小于 TiO_2 和 TZ 纳米纤维的禁带宽度，这与 P25 的混晶结构有关。禁带宽度的增大使光催化剂的氧化还原能力增强，从而使其光催化活性增强。

光致发光光谱（PL）可以用来说明光照后电子—空穴的复合能力，如图 8-31（b）所示，TZ 纤维膜比 TiO_2 纤维膜表现出更低的发射强度，说明 Zr 掺杂可以抑制光生电子—空穴对复合，其中 TZ-10 纤维膜的发射强度最低，表明其光生电子—空穴对复合概率最低。这主要是由于纤维表面的羟基易与空穴结合并产生羟基自由基，提高了光生载流子的分离效率；Ti^{4+} 被 Zr^{4+} 替代产生晶格畸变，导致结构缺陷如空位，这些缺陷作为俘获中心，抑制了光生电子—空穴对的复合[78, 90]。

在紫外光的照射下，通过降解亚甲基蓝溶液来评价 TiO_2 和 TZ 纤维膜的光催化性能，其中商用 P25 颗粒作为对照。由图 8-31(c)可知，亚甲基蓝的自降解性能（<5%）可以被忽略，在光照 30min 后，TiO_2、TZ-5、TZ-10 和 TZ-20 纤维膜对亚甲基蓝的降解率分别为 61.4%、73.5%、95.4% 和 69.3%，而且 TZ-10 的活性高于 P25（90.0%）的活性。为了进一步分析所制备光催化剂的光催化效率，用准一级动力学模型进行了动力学分析[91]，根据图 8-31（d）可以得出 TiO_2、TZ-5、TZ-10 和 TZ-20 纳米纤维和 P25 纳米颗粒的准一级反应速率分别为 $0.038min^{-1}$、$0.058min^{-1}$、$0.104min^{-1}$、$0.045min^{-1}$ 和 $0.078min^{-1}$，表明 TZ-10 纤维膜具有最高的催化活性。

TZ 纤维膜的良好光催化活性可归因于以下几个方面：一是 TZ 纤维膜的高比表面积和介孔结构促进了催化剂对紫外光的吸收，并且提供了更多的表面活性位点；二是 Zr 离子的掺杂抑制了煅烧过程中 TiO_2 晶粒的生长，小的晶粒尺寸使光生电子—空穴对的传输路径缩短；三是 Zr 掺杂使纤维表面保留了更多的羟基，可以有效捕捉光生空穴，产生强氧化性的羟基自由基；四是表面羟基和适当数量的氧空位抑制了电子—空穴的复合，最终提升 TZ 纤维膜的光催化性能。

光催化剂的循环性和稳定性在实际应用过程中至关重要，为了研究纤维膜的循环稳定性，选用 TZ-10 纤维膜和 P25 纳米颗粒进行了 5 次循环测试。从图 8-32（a）可以得出 5 次循环后 P25 对亚甲基蓝的降解率由 90% 降低至 76.4%，循环性能较差，而 TZ-10 纳米纤维膜依然保持了高的催化性能（92.1%），具有优异的循环使用性能。此外，循环使用后纤维膜依然保持了良好的结构完整性［图 8-32（b）］，易于分离回收，而 P25 纳米颗粒在催化体系中呈悬浮分散状态，只能通过离心法分离。因此，柔性 TZ-10 纤维膜具有优异的光催化活性和循环稳定性，可广泛用于光催化环境治理领域。

8.2.2.3　多级结构 TiO_2 纳米纤维膜

在介孔 TiO_2 纳米纤维膜（TiNFs）表面构筑多级结构可提高材料的比表面积、孔隙率，从而使其催化性能大幅提升[92-95]。通过将静电纺丝技术和原位聚合方法结合，制备出具有多级结构 TiO_2 纳米颗粒改性的柔性 TiNFs（TiNFNPs）[96]。图 8-33（a）为 TiNFNPs 的制备流程：以 PVP 为聚合物模板，乙醇为溶剂，钛酸四丁酯为钛源，引入

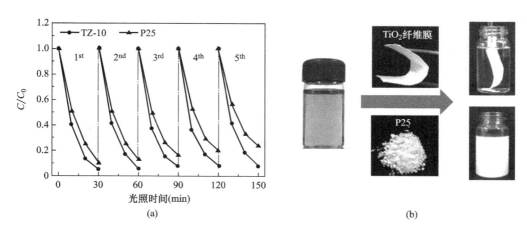

(a)　　　　　　　　　　　　　　(b)

图 8-32　（a）TZ-10 纤维膜和 P25 光催化降解亚甲基蓝的循环性能；
（b）5 次催化循环后 TZ-10 纤维膜和 P25 的光学照片

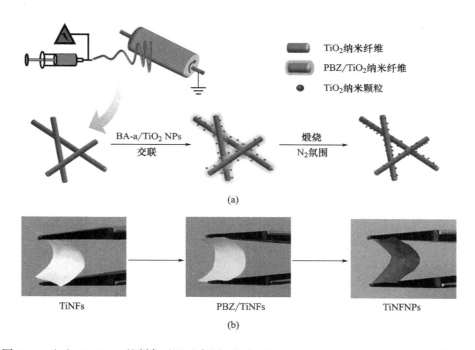

图 8-33　（a）TiNFNPs 的制备过程示意图；（b）TiNFs，PBZ/TiNFs，TiNFNPs 的光学照片

掺杂剂六水合硝酸钇，通过静电纺丝及高温煅烧获得柔性 TiNFs。然后，利用浸渍改性
的方法将苯并噁嗪单体（BA-a）与 TiO$_2$ 纳米颗粒引入到纤维表面，通过 BA-a 原位聚合
将 TiO$_2$ 纳米颗粒黏结在 TiNF 表面并形成聚苯并噁嗪（PBZ）纳米涂层，得到 PBZ/TiO$_2$
纳米纤维，其中改性液中 TiO$_2$ 纳米颗粒的浓度为 0.1wt%、0.5wt%、1.0wt%、1.5wt%、
2.0wt%，最后，将固化后的纤维膜在 N$_2$ 氛围中煅烧，得到 TiNFNPs-x（x 为改性液
中 TiO$_2$ 纳米颗粒的浓度）。图 8-33（b）为三种纤维膜的柔性展示，可以看出 TiNFs、
PBZ/TiNFs、TiNFNPs 三种纤维膜均表现出良好的柔性。

图 8-34（a）是静电纺 TiNFs 的 FE-SEM 图，纤维表面比较光滑，直径约为

249

290nm。从图 8–34（b）~（f）可以看出，随着改性溶液中 TiO₂ 纳米颗粒浓度的增加，附着在纤维表面的 TiO₂ 纳米颗粒也逐渐增加，且没有出现团聚的现象，当 TiO₂ 纳米颗粒的浓度达到 2% 时，纤维上附着的纳米颗粒不再增加，说明负载量已经达到饱和状态。为了进一步研究 TiO₂ 纳米颗粒在纤维表面的分布状态及晶体结构，对 TiNFNPs-2.0 纤维膜进行了 TEM 表征，从图 8–35（a）可以看出 TiO₂ 纳米颗粒在纤维表面均匀分散，纤维的表面粗糙度显著增加，从图 8–35（b）HRTEM 图可以看出 TiO₂ 的晶格条纹清晰，表明 TiO₂ 的结晶性好，晶面间距为 0.35nm，与锐钛矿的（101）晶面间距一致。

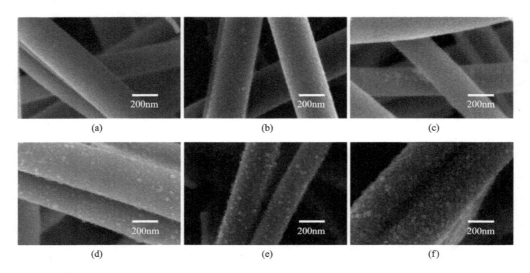

图 8–34　不同含量 TiO₂ 颗粒修饰 TiNFNPs 的 FE-SEM 图：（a）TiNFs；（b）TiNFNPs-0.1；（c）TiNFNPs-0.5；（d）TiNFNPs-1.0；（e）TiNFNPs-1.5；（f）TiNFNPs-2.0

图 8–35　TiNFNPs-2.0 的（a）TEM 图，（b）为（a）中标注区域的 HRTEM 图

TiO₂ 纳米颗粒赋予了 TiNFs 多级粗糙结构，增加了纤维膜的孔隙率和比表面积，这将有助于提高纤维膜的光催化活性。图 8–36 为样品的 N₂ 吸附—脱附等温线，根据国际理论和应用化学联合会（IUPAC）划分方法，曲线均为 Ⅳ 型吸附等温线，表明了纤维膜中存在介孔结构，且 $P/P_0 > 0.9$ 区域窄的滞后圈表明纤维中的介孔是通孔[8]。当改性液中不含 TiO₂ 纳米颗粒时，制得的纳米纤维表面会包覆纳米碳层，这种复合纳米纤维膜（TiNF/C）的比表面积（24.36m²/g）略高于 TiNFs（19.03m²/g）。随着改性液中 TiO₂ 纳米颗粒的增加，TiNFNPs 的比表面积逐渐增大，当 TiO₂ 纳米颗粒的浓度为 2wt% 时，

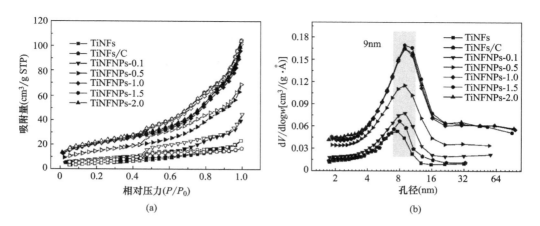

图 8-36　不同 TiO$_2$ 颗粒含量的 TiNFNPs 的（a）N$_2$ 吸附—脱附等温线；
（b）用 BJH 法测得的对应纤维膜孔径分布图

TiNFNPs-2.0 的比表面积高达 78.38m^2/g。此外，通过 BJH 法分析了纳米纤维膜的孔径分布，发现其为典型的多分散介孔结构，孔径主要分布在 2 ~ 30nm，在 9nm 附近出现了最高峰，表明多数孔径在 9nm 左右。

随后，以亚甲基蓝为目标降解物，探索了样品的光催化性能，如图 8-37 所示。TiNFs 完全降解亚甲基蓝需要 150min，TiNFs/C 的光催化性能略有提升，可能是由于比表面积的增大。经 TiO$_2$ 纳米颗粒改性后，纤维膜的催化性能大幅提升，TiNFNPs-0.1 可在 100min 内完全降解亚甲基蓝，这是由于 TiO$_2$ 纳米颗粒的加入不仅增大了纤维膜的比表面积，同时引入的 TiO$_2$ 纳米颗粒也可催化降解亚甲基蓝。随 TiO$_2$ 纳米颗粒含量的增加，纤维膜的光催化活性增加，TiNFNPs-2.0 纤维膜可在 30min 内完全降解亚甲基蓝。

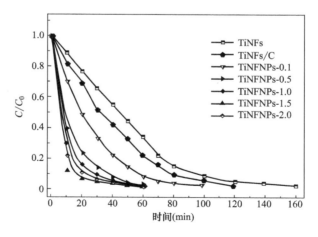

图 8-37　不同 TiO$_2$ 颗粒含量 TiNFNPs 的光催化降解亚甲基蓝的曲线

为了研究纤维膜的循环稳定性能，选用 TiNFNPs-2 纤维膜进行了 4 次循环催化测试。如图 8-38（a）所示，4 次循环催化后，纤维膜对亚甲基蓝的降解率依然可以保持 87.6%，这说明所制备的 TiNFNPs 具有良好的循环性能。同时，4 次循环催化后纤维膜的微观结构基本没有变化，这主要是由于纳米碳层使 TiO$_2$ 纳米颗粒均匀牢固地附着在纤维表面。纤维膜良好的力学性能和结构稳定性，使其在使用完后可以直接从溶液中取出，而不用经过耗时的沉降回收过程，如图 8-38（b）所示。

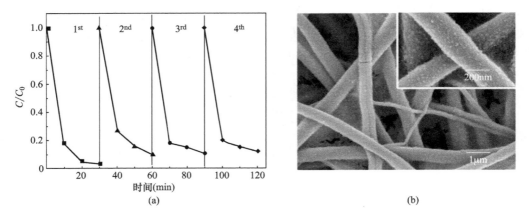

(a)　　　　　　　　　　　　　　　(b)

图 8-38 （a）TiNFNPs-2 光催化降解亚甲基蓝的循环性能；（b）4 次循环催化后 TiNFNPs-2 的 SEM 图

8.2.2.4　p-n 异质结型纳米纤维膜

复合半导体具有两种或多种不同能级的价带和导带，在光激发下电子和空穴分别迁移至 TiO_2 的导带和与其复合半导体的价带，从而使光生电子—空穴对有效分离，有利于光催化性能的提升[65]。

柔性 p-n 异质结型纳米纤维膜[97]的制备流程如图 8-39 所示，首先以 PVP 为聚合物模板，Zr（Ac）$_4$ 为锆源，六水硝酸钇为稳定剂，并加入 TiO_2 纳米颗粒，通过静电纺丝及高温煅烧制备出钇稳定锆（YSZ）—TiO_2 纳米纤维。随后，将制备好的 YSZ—TiO_2 纳米纤维放入 pH 为 11（氨水调节 pH）的 $AgNO_3$ 溶液中，紫外光照射 1h，得到灰色的 Ag_2O 负载的 YSZ—TiO_2（AZT）纳米纤维。其中 $AgNO_3$ 与 YSZ—TiO_2 纤维膜的质量比分别为 0.1/1、0.3/1、0.5/1，分别命名为 AZT-1、AZT-3、AZT-5。

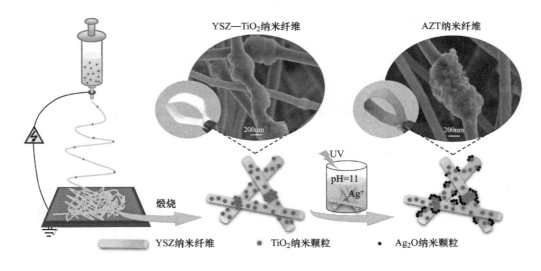

图 8-39　AZT 纳米纤维膜的制备过程示意图

从 XRD 谱图（图 8-40）可以看出，YSZ—TiO$_2$ 纳米纤维膜同时表现出 ZrO$_2$ 的四方晶相和 TiO$_2$ 的锐钛矿相，而 AZT 纳米纤维膜在 38.4° 附近出现明显的衍射峰，与六方晶型 Ag$_2$O 的标准卡片（JCPDS no. 72-2108）一致。为了进一步研究 AgNO$_3$ 含量对晶体结构的影响，通过 Scherrer 公式计算了 Ag$_2$O 晶粒尺寸，AZT-1、AZT-3、AZT-5 纳米纤维膜中 Ag$_2$O 的晶粒尺寸分别为 24.4nm、23.1nm、26.7nm，表明随 AgNO$_3$ 含量的增加，晶粒尺寸略微增加。

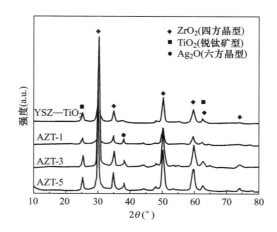

图 8-40　YSZ—TiO$_2$、AZT-1、AZT-3、AZT-5 纳米纤维膜的 XRD 谱图

选取亚甲基蓝为目标降解物研究了样品的光催化性能，如图 8-41（a）所示。仅在紫外光照射下时，亚甲基蓝溶液的浓度基本不会发生变化。ZrO$_2$ 的禁带（5.0 eV）较宽，因此，YSZ 纳米纤维膜也基本没有催化降解性能。当 YSZ 纳米纤维膜表面负载 TiO$_2$ 纳米颗粒后，其光催化性能有了明显的提升，在 YSZ—TiO$_2$ 纳米纤维表面沉积 Ag$_2$O 后，AZT 纳米纤维膜的光催化性能进一步提升，这是由于纤维膜中 Ag$_2$O/TiO$_2$ 形成了 p-n 异质结。AZT-3 纳米纤维膜可在 35min 内使 95% 的亚甲基蓝降解，其光催化活性超过了 P25 纳米颗粒。通过准一级动力学方程计算得出，AZT-3 纤维膜的降解速率常数为

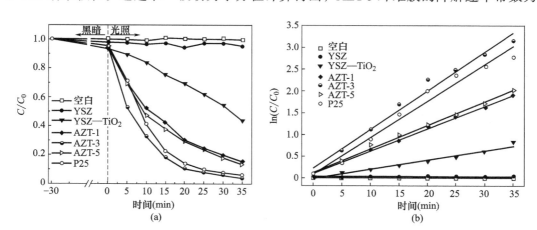

图 8-41　YSZ、YSZ—TiO$_2$、AZT-1、AZT-3、AZT-5 纳米纤维膜和 P25 的
（a）光催化降解亚甲基蓝的曲线；（b）动力学线性拟合曲线

$0.089min^{-1}$，高于 P25 的降解速率常数 $0.084min^{-1}$，如图 8-41（b）所示。

为了解释 AZT 纤维膜的光催化机制，对不同纤维膜的漫反射光谱进行了分析，如图 8-42（a）所示。所有样品在波长 200nm 附近均有明显的吸收峰，YSZ—TiO_2 纤维膜在 400nm 处的吸收峰是 TiO_2 的吸收峰，而 AZT 纤维膜的吸收峰蓝移至 360nm，这是由于 Ag_2O 纳米颗粒的加入引起的。此外，从图 8-42（b）可以看出，AZT-3 纤维膜的禁带宽度最小（2.89eV），在纯 TiO_2（3.2eV）和 Ag_2O（1.2eV）禁带宽度之间。随后利用 PL 谱图研究了光催化剂中光生电子和空穴的分离能力，如图 8-42（c）所示，具有 Ag_2O/TiO_2 p-n 异质结的 AZT 纳米纤维膜比 YSZ 和 YSZ-TiO_2 纳米纤维膜表现出更低的发射强度，这主要是 p-n 异质结在极大程度上抑制了光生电子—空穴的复合。AZT 纤维膜光催化降解亚甲基蓝的机制如图 8-42（d）所示，在紫外光照射下，Ag_2O 的光生电子向 TiO_2 导带迁移，同时空穴从 TiO_2 的价带迁移到 Ag_2O 的价带上，光生电子和空穴分别迁移到 TiO_2 和 Ag_2O 表面，与氧分子和水分子反应生成 $\cdot O^{2-}$、$\cdot OH$，这些自由基与催化剂表面的有机物发生氧化还原反应，将其降解成 CO_2、H_2O 和其他无污染的小分子物质。

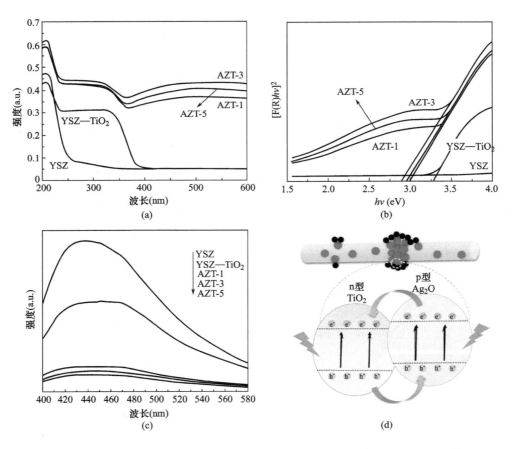

图 8-42　YSZ、YSZ—TiO_2、AZT-1、AZT-3、AZT-5 纳米纤维膜的（a）UV-Vis 谱图，（b）Kubelka-Munk 转换光谱图，（c）PL 谱图；（d）AZT 纤维膜光催化原理图

8.3　总结与展望

通过静电纺丝制备了氨基化改性的有机纳米纤维吸附膜、介孔碳纳米纤维吸附膜和介孔陶瓷纳米纤维吸附膜，实现了对气体、有机分子及离子盐等物质的高效吸附。静电纺纳米纤维吸附材料因具有高比表面积、多级介孔结构及良好的柔性，而在吸附领域受到研究人员的广泛关注。但静电纺吸附材料的力学性能不足，限制了其应用领域。因此，进一步开发高强静电纺吸附材料，推进其在更多特殊领域如饮用水净化、人体血液透析、药物提纯等的应用是实现静电纺吸附材料迅速发展的重要方向。

同时，以静电纺 SiO_2 纳米纤维膜为催化剂载体，结合水热合成法制备出了不同形貌结构的柔性 $MnO_2@SiO_2$ 纳米纤维膜催化材料，其比表面积大、孔隙率高、孔道连通性好的特点，使其具有优异的催化性能，但在实际应用过程中，静电纺 SiO_2 纳米纤维膜的力学性能还有待进一步提升。在光催化应用方面，静电纺柔性 TiO_2 纳米纤维与 P25 颗粒具有同等催化效果时，更利于分离回收。但由于 TiO_2 的禁带较宽，只能靠紫外光来激发，而辐射到地球表面的紫外光仅占太阳光谱的 4% 左右，因此，需加深对可见光敏感的光催化剂的研究。此外，TiO_2 纳米纤维虽具有较好的柔性，但是其拉伸强度较差，因此需提升 TiO_2 纳米纤维的力学强度。

参考文献

[1] 宋伟杰. 变压吸附空分制氧吸附剂的研制 [D]. 辽宁：大连理工大学，2001.
[2] 王玉新，苏伟，周亚平. 不同结构活性炭对 CO_2、CH_4、N_2 及 O_2 的吸附分离性能 [J]. 化工进展，2009，28（2）：206-209.
[3] KAYE S S, DAILLY A, YAGHI O M, et al. Impact of preparation and handling on the hydrogen storage properties of Zn₄O（1, 4-benzenedicarboxylate）₃（MOF-5）[J]. Journal of the American Chemical Society，2007，129（46）：14176.
[4] 史作清，施荣富. 吸附分离树脂在医药工业中的应用 [M]. 北京：化学工业出版社，2008.
[5] 彭国文. 新型功能化吸附剂的制备及其吸附铀的试验研究 [D]. 湖南：中南大学，2014.
[6] 金彦任，黄振兴. 吸附与孔径分布 [M]. 北京：国防工业出版社，2015.
[7] 近藤精一，石川达雄，安部郁夫. 吸附科学 [M]. 李国希，译. 北京：化学工业出版社，2006.
[8] 陈永. 多孔材料制备与表征 [M]. 安徽：中国科学技术大学出版社，2010.
[9] LI W L, WU J W, LEE S S, et al. Surface tunable magnetic nano-sorbents for carbon dioxide sorption and separation [J]. Chemical Engineering Joural，2017，313：1160-1167.
[10] SEVILLA M, FUERTES A B. Sustainable porous carbons with a superior performance for CO_2 capture [J]. Energy Environmental Science，2011，4（5）：1765-1771.
[11] SEVILLA M, VALLE-VIGON P, FUERTES A B. N-doped polypyrrole-based porous carbons for CO_2 capture [J]. Advanced Functional Materials，2011，21（14）：2781-2787.
[12] ZHANG Y F, GUAN J M, WANG X F, et al. Balsam-pear-skin-like porous polyacrylonitrile nanofibrous membranes grafted with polyethyleneimine for postcombustion CO_2 capture [J]. ACS Applied Materials & Interfaces，2017，9（46）：41087-41098.

255

[13] WANG X F, DING B, YU J Y, et al. Engineering biomimetic superhydrophobic surfaces of electrospun nanomaterials [J]. Nano Today, 2011, 6（5）: 510-530.

[14] WANG X F, DING B, YU J Y, et al. A highly sensitive humidity sensor based on a nanofibrous membrane coated quartz crystal microbalance [J]. Nanotechnology, 2010, 21: 055502.

[15] WANG X F, AKHMEDOV N G, DUAN Y H, et al. Amino acid-functionalized ionic liquid solid sorbents for post-combustion carbon capture [J]. ACS Applied Materials & Interfaces, 2013, 5（17）: 8670-8677.

[16] WANG H B, JESSOP P G, LIU G J. Support-free porous polyamine particles for CO_2 capture [J]. ACS Macro Letters, 2012, 1（8）: 944-948.

[17] JIANG B B, WANG X F, GRAY M L, et al. Development of amino acid and amino acid-complex based solid sorbents for CO_2 capture [J]. Applied Energy, 2013, 109: 112-118.

[18] NOUSHEEN I, XIANFENG W, JIANYONG Y, et al. Robust and flexible carbon nanofibers doped with amine functionalized carbon nanotubes for efficient CO_2 capture [J]. Advanced Sustainable Systems, 2017, 1: 1600028.

[19] IQBAL N, WANG X F, BABAR A A, et al. Highly flexible $NiCo_2O_4$/CNTs doped carbon nanofibers for CO_2 adsorption and supercapacitor electrodes [J]. Journal of Colloid and Interface Science, 2016, 476: 87-93.

[20] GE J L, FAN G, SI Y, et al. Elastic and hierarchical porous carbon nanofibrous membranes incorporated with $NiFe_2O_4$ nanocrystals for highly efficient capacitive energy storage [J]. Nanoscale, 2016, 8（4）: 2195-2204.

[21] KHATRI R A, CHUANG S S C, SOONG Y, et al. Thermal and chemical stability of regenerable solid amine sorbent for CO_2 capture [J]. Energy & Fuels, 2006, 20（4）: 1514-1520.

[22] REN T, SI Y, YANG J M, et al. Polyacrylonitrile/polybenzoxazine-based Fe_3O_4@carbon nanofibers: hierarchical porous structure and magnetic adsorption property [J]. Journal of Materials Chemistry, 2012, 22（31）: 15919-15927.

[23] 肖慎修, 王崇愚, 陈天朗. 密度泛函理论的离散变分方法在化学和材料物理学中的应用 [M]. 北京: 科学出版社, 1998.

[24] SI Y, REN T, LI Y, et al. Fabrication of magnetic polybenzoxazine-based carbon nanofibers with Fe_3O_4 inclusions with a hierarchical porous structure for water treatment [J]. Carbon, 2012, 50（14）: 5176-5185.

[25] WANG S H, SUN L G, ZHANG B, et al. Preparation of monodispersed silica spheres and electrospinning of poly（vinyl alcohol）/silica composite nanofibers [J]. Polymer Composites, 2011, 32（3）: 347-352.

[26] DIRICAN M, YANILMAZ M, FU K, et al. Carbon-confined PVA-derived silicon/silica/carbon nanofiber composites as anode for lithium-ion batteries [J]. Journal of the Electrochemical Society, 2014, 161（14）: 2197-2203.

[27] WANG X Q, DOUG L, LI Z L, et al. Flexible hierarchical ZrO_2 nanoparticle-embedded SiO_2 nanofibrous membrane as a versatile tool for efficient removal of phosphate [J]. ACS Applied Materials & Interfaces, 2016, 8（50）: 34668-34676.

[28] XU R, JIA M, ZHANG Y L, et al. Sorption of malachite green on vinyl-modified mesoporous poly（acrylic acid）/SiO_2 composite nanofiber membranes [J]. Microporous and Mesoporous Materials, 2012, 149（1）: 111-118.

[29] WANG H, DUAN Y K, ZHONG W W. ZrO_2 nanofiber as a versatile tool for protein analysis [J]. ACS Applied Materials & Interfaces, 2015, 7（48）: 26414-26420.

[30] SARKAR A, BISWAS S K, PRAMANIK P. Design of a new nanostructure comprising mesoporous ZrO_2 shell and magnetite core（Fe_3O_4@mZrO_2）and study of its phosphate ion separation efficiency

[J]. Journal of Materials Chemistry, 2010, 20 (21): 4417-4424.

[31] WANG X Q, SI Y, MAO X, et al. Colorimetric sensor strips for formaldehyde assay utilizing fluoral-p decorated polyacrylonitrile nanofibrous membranes [J]. Analyst, 2013, 138 (17): 5129-5136.

[32] SHAN H R, WANG X Q, SHI F H, et al. Hierarchical porous structured SiO$_2$/SnO$_2$ nanofibrous membrane with superb flexibility for molecular filtration [J]. ACS Applied Materials & Interfaces, 2017, 9 (22): 18966-18976.

[33] LI Y, ZHU Z G, YU J Y, et al. Carbon nanotubes enhanced fluorinated polyurethane macroporous membranes for waterproof and breathable application [J]. ACS Applied Materials & Interfaces, 2015, 7 (24): 13538-13546.

[34] GONG J, LI X D, DING B, et al. Preparation and characterization of H$_4$SiMo$_{12}$O$_{40}$/poly (vinyl alcohol) fiber mats produced by an electrospinning method [J]. Journal of Applied Polymer Science, 2003, 89 (6): 1573-1578.

[35] FAN C, LI C, INOUE A, et al. Deformation behavior of Zr-based bulk nanocrystalline amorphous alloys [J]. Physical Review B, 2000, 61 (6): 3761-3763.

[36] HONG F, YAN C, SI Y, et al. Nickel ferrite nanoparticles anchored onto silica nanofibers for designing magnetic and flexible nanofibrous membranes [J]. ACS Applied Materials & Interfaces, 2015, 7 (36): 20200.

[37] BALGIS R, OGI T, ARIF A F, et al. Morphology control of hierarchical porous carbon particles from phenolic resin and polystyrene latex template via aerosol process [J]. Carbon, 2015, 84 (1): 281-289.

[38] GE J, QU Y, CAO L, et al. Polybenzoxazine-based highly porous carbon nanofibrous membranes hybridized by tin oxide nanoclusters: Durable mechanical elasticity and capacitive performance [J]. Journal of Materials Chemistry A, 2016, 4 (20): 7795-7804.

[39] JAGIELLO J, OLIVIER J P. A simple two-dimensional NLDFT model of gas adsorption in finite carbon pores. application to pore structure analysis [J]. Journal of Physical Chemistry C, 2009, 113 (45): 19382-19385.

[40] PETERSON I M, TIEN T Y. Effect of the grain-boundary thermal-expansion coefficient on the fracture-toughness in silicon-nitride [J]. Journal of the American Ceramic Society, 1995, 78 (9): 2345-2352.

[41] PERISSINOTTO A P, AWANO C M, DONATTI D A, et al. Mass and surface fractal in supercritical dried silica aerogels prepared with additions of sodium dodecyl sulfate [J]. Langmuir, 2015, 31 (1): 562-568.

[42] WATT-SMITH M J, EDLER K J, RIGBY S P. An experimental study of gas adsorption on fractal surfaces [J]. Langmuir, 2005, 21 (6): 2281-2292.

[43] GUO M, DING B, LI X H, et al. Amphiphobic nanofibrous silica mats with flexible and high-heat-resistant properties [J]. Journal of Physical Chemistry C, 2010, 114 (2): 916-921.

[44] SMITH D A, HOLMBERG V C, KORGEL B A. Flexible germanium nanowires: ideal strength, room temperature plasticity, and bendable semiconductor fabric [J]. ACS Nano, 2010, 4 (4): 2356-2362.

[45] LUO J H, WANG J W, BITZEK E, et al. Size-dependent brittle-to-ductile transition in silica glass nanofibers [J]. Nano Letters, 2016, 16 (1): 105-113.

[46] LICHTENSTEIN L, BUCHNER C, YANG B, et al. The atomic structure of a metal-supported vitreous thin silica film [J]. Angewandte Chemie-International Edition, 2012, 51 (2): 404-407.

[47] YUE Y H, ZHENG K, ZHANG L, et al. Origin of high elastic strain in amorphous silica nanowires [J]. Science China-Materials, 2015, 58 (4): 274-280.

［48］YAN A X, YAO S, LI Y G, et al. Incorporating polyoxometalates into a porous MOF greatly improves its selective adsorption of cationic dyes ［J］. Chemistry-A European Journal, 2014, 20 （23）: 6927-6933.

［49］FU G X, SU Z L, JIANG X S, et al. Photo-crosslinked nanofibers of poly （ether amine）（PEA） for the ultrafast separation of dyes through molecular filtration［J］. Polymer Chemistry, 2014, 5（6）: 2027-2034.

［50］ALLEGRE C, MOULIN P, MAISSEU M, et al. Treatment and reuse of reactive dyeing effluents ［J］. Journal of Membrane Science, 2006, 269 （1-2）: 15-34.

［51］GADD G M. Biosorption : critical review of scientific rationale, environmental importance and significance for pollution treatment ［J］. Journal of Chemical Technology and Biotechnology, 2009, 84 （1）: 13-28.

［52］魏令勇, 郭绍辉, 阎光绪. 高级氧化法提高难降解有机污水生物降解性能的研究进展 ［J］. 水处理技术, 2011, 01: 14-19.

［53］PIGNATELLO J J, OLIVEROS E, MACKAY A. Advanced oxidation processes for organic contaminant destruction based on the Fenton reaction and related chemistry ［J］. Critical Reviews in Environmental Science and Technology, 2006, 36 （1）: 1-84.

［54］WEI M, GAO L, LI J, et al. Activation of peroxymonosulfate by graphitic carbon nitride loaded on activated carbon for organic pollutants degradation ［J］. Journal of Hazardous Materials, 2016, 316: 60-68.

［55］HU J Q, MENG X M, JIANG Y, et al. Fabrication of germanium-filled silica nanotubes and aligned silica nanofibers ［J］. Advanced Materials, 2003, 15: 70.

［56］YANG Y, SUZUKI M, OWA S, et al. Control of mesoporous silica nanostructures and pore-architectures using a thickener and a gelator ［J］. Journal of the American Chemical Society, 2007, 129 （3）: 581-587.

［57］WANG J F, ZHANG J P, ASOO B Y, et al. Structure-selective synthesis of mesostructured/mesoporous silica nanofibers ［J］. Journal of the American Chemical Society, 2003, 125 （46）: 13966-13967.

［58］FEI J, CUI Y, YAN X, et al. Controlled preparation of MnO_2 hierarchical hollow nanostructures and their application in water treatment ［J］. Advanced Materials, 2008, 20 （3）: 452-456.

［59］FUKUSHIMA M, TATSUMI K, MORIMOTO K. The fate of aniline after a photo-fenton reaction in an aqueous system containing iron （III）, humic acid, and hydrogen peroxide ［J］. Environmental Science & Technology, 2000, 34 （10）: 2006-2013.

［60］WANG X, DOU L, YANG L, et al. Hierarchical structured $MnO_2@SiO_2$ nanofibrous membranes with superb flexibility and enhanced catalytic performance ［J］. Journal of Hazardous Materials, 2017, 324: 203-212.

［61］MISNON I I, ABD AZIZ R, ZAIN N K M, et al. High performance MnO_2 nanoflower electrode and the relationship between solvated ion size and specific capacitance in highly conductive electrolytes ［J］. Materials Research Bulletin, 2014, 57: 221-230.

［62］BABU K J, ZAHOOR A, NAHM K S, et al. The influences of shape and structure of MnO_2 nanomaterials over the non-enzymatic sensing ability of hydrogen peroxide ［J］. Journal of Nanoparticle Research, 2014, 16: 2250.

［63］ZHANG Z, SHAO C, LI X, et al. Electrospun nanofibers of p-type NiO/n-type ZnO heterojunctions with enhanced photocatalytic activity ［J］. ACS Applied Materials & Interfaces, 2010, 2 （10）: 2915-2923.

［64］LINSEBIGLER A L, LU G, YATES J T. Photocatalysis on TiO_2 surfaces : principles, mechanisms, and selected results ［J］. Chemical Reviews, 1995, 95 （3）: 735-758.

［65］朱永法，姚文清，宗瑞隆. 光催化：环境净化与绿色能源应用探索［M］. 北京：化学工业出版
社，2015.

［66］BONANNI S, AIT-MANSOUR K, HARBICH W, et al. Effect of the TiO_2 reduction state on the
catalytic CO oxidation on deposited size-selected Pt clusters［J］. Journal of the American Chemical
Society, 2012, 134（7）: 3445-3450.

［67］SANG L, ZHAO Y, BURDA C. TiO_2 nanoparticles as functional building blocks［J］. Chemical
Reviews, 2014, 114（19）: 9283-9318.

［68］MOHAMED O S. Photocatalytic oxidation of selected fluorenols on TiO_2 semiconductor
［J］. Journal of Photochemistry and Photobiology a-Chemistry, 2002, 152（1-3）: 229-232.

［69］CHEN X, WANG X, FU X. Hierarchical macro/mesoporous TiO_2/SiO_2 and TiO_2/ZrO_2
nanocomposites for environmental photocatalysis［J］. Energy & Environmental Science, 2009, 2
（8）: 872-877.

［70］FU C, GONG Y, WU Y, et al. Photocatalytic enhancement of TiO_2 by B and Zr co-doping and
modulation of microstructure［J］. Applied Surface Science, 2016, 379: 83-90.

［71］IM J S, KIM I M, LEE Y S. Preparation of PAN-based electrospun nanofiber webs containing TiO_2
for photocatalytic degradation［J］. Materials Letters, 2008, 62（21-22）: 3652-3655.

［72］SU C, TONG Y, ZHANG M, et al. TiO_2 nanoparticles immobilized on polyacrylonitrile nanofibers
mats: a flexible and recyclable photocatalyst for phenol degradation［J］. RSC Advances, 2013, 3
（20）: 7503-7512.

［73］XUE H, JIANG Y, YUAN K, et al. Floating photocatalyst of B-N-TiO_2/expanded
perlite: a sol-gel synthesis with optimized mesoporous and high photocatalytic activity
［J］. Scientific Reports, 2016, 6: 29902.

［74］MA Z, CHEN W, HU Z, et al. Luffa-sponge-like glass-TiO_2 composite fibers as efficient
photocatalysts for environmental remediation［J］. ACS Applied Materials & Interfaces, 2013, 5
（15）: 7527-7536.

［75］JUMA A, ACIK I O, OLUWABI A T, et al. Zirconium doped TiO_2 thin films deposited by chemical
spray pyrolysis［J］. Applied Surface Science, 2016, 387: 539-545.

［76］STRINI A, SANSON A, MERCADELLI E, et al. In-situ anatase phase stabilization of titania
photocatalyst by sintering in presence of Zr^{4+} organic salts［J］. Applied Surface Science, 2015,
347: 883-890.

［77］SONG J, WANG X, YAN J, et al. Soft Zr-doped TiO_2 nanofibrous membranes with enhanced
photocatalytic activity for water purification［J］. Scientific Reports, 2017, 7: 1636.

［78］SCHILLER R, WEISS C K, LANDFESTER K. Phase stability and photocatalytic activity of Zr-
doped anatase synthesized inminiemulsion［J］. Nanotechnology, 2010, 21: 405603.

［79］WANG J, YU Y, LI S, et al. Doping behavior of Zr^{4+} ions in Zr^{4+}-doped TiO_2 nanoparticles［J］.
Journal of Physical Chemistry C, 2013, 117（51）: 27120-27126.

［80］CHANG S M, DOONG R A. Characterization of Zr-doped TiO_2 nanocrystals prepared by a
nonhydrolytic sol-gel method at high temperatures［J］. Journal of Physical Chemistry B, 2006, 110
（42）: 20808-20814.

［81］ZHANG P, YU Y, WANG E, et al. Structure of nitrogen and zirconium Co-doped titania with
enhanced visible-light photocatalytic activity［J］. ACS Applied Materials & Interfaces, 2014, 6（7）:
4622-4629.

［82］HUANG Q, MA W, YAN X, et al. Photocatalytic decomposition of gaseous HCHO by $Zr_xTi_{1-x}O_2$ catalysts under UV-vis light irradiation with an energy-saving lamp［J］. Journal of Molecular
Catalysis a-Chemical, 2013, 366: 261-265.

［83］LI W, WANG Y, JI B, et al. Flexible Pd/CeO_2-TiO_2 nanofibrous membrane with high efficiency ultrafine particulate filtration and improved CO catalytic oxidation performance [J]. RSC Advances, 2015, 5 (72): 58120-58127.

[84] HAN X D, ZHANG Y F, ZHENG K, et al. Low-temperature in situ large strain plasticity of ceramic SiC nanowires and its atomic-scale mechanism [J]. Nano Letters, 2007, 7 (2): 452-457.

[85] MAO X, BAI Y, YU J, et al. Flexible and highly temperature resistant polynanocrystalline zirconia nanofibrous membranes designed for air filtration [J]. Journal of the American Ceramic Society, 2016, 99 (8): 2760-2768.

[86] WU Z X, ZHANG Y W, JHON M H, et al. Anatomy of nanomaterial deformation : Grain boundary sliding, plasticity and cavitation in nanocrystalline Ni [J]. Acta Materialia, 2013, 61 (15): 5807-5820.

[87] MEYERS M A, MISHRA A, BENSON D J. Mechanical properties of nanocrystalline materials [J]. Progress in Materials Science, 2006, 51 (4): 427-556.

[88] HUANG S, WU H, ZHOU M, et al. A flexible and transparent ceramic nanobelt network for soft electronics [J]. NPG Asia Materials, 2014, 6: e86.

[89] ZHANG Z, SHAO C, LI X, et al. Hierarchical assembly of ultrathin hexagonal SnS$_2$ nanosheets onto electrospun TiO$_2$ nanofibers : enhanced photocatalytic activity based on photoinduced interfacial charge transfer [J]. Nanoscale, 2013, 5 (2): 606-618.

[90] GOSWAMI P, GANGULI J N. Tuning the band gap of mesoporous Zr-doped TiO$_2$ for effective degradation of pesticide quinalphos [J]. Dalton Transactions, 2013, 42 (40): 14480-14490.

[91] ZHU L, TAN C F, GAO M, et al. Design of a metal oxide-organic framework (MoOF) foam microreactor : solar-induced direct pollutant degradation and hydrogen generation [J]. Advanced Materials, 2015, 27 (47): 7713-7719.

[92] LI J, CHEN X, AI N, et al. Silver nanoparticle doped TiO$_2$ nanofiber dye sensitized solar cells [J]. Chemical Physics Letters, 2011, 514 (1-3): 141-145.

[93] LI Y, LEE D-K, KIM J Y, et al. Highly durable and flexible dye-sensitized solar cells fabricated on plastic substrates : PVDF-nanofiber-reinforced TiO$_2$ photoelectrodes [J]. Energy & Environmental Science, 2012, 5 (10): 8950-8957.

[94] LOU Z, LI F, DENG J, et al. Branch-like hierarchical heterostructure (alpha-Fe$_2$O$_3$/TiO$_2$): A novel sensing material for trimethylamine gas sensor [J]. ACS Applied Materials & Interfaces, 2013, 5 (23): 12310-12316.

[95] NAM S H, SHIM H S, KIM Y S, et al. Ag or Au nanoparticle-embedded one-dimensional composite TiO$_2$ nanofibers prepared via electrospinning for use in lithium-ion batteries [J]. ACS Applied Materials & Interfaces, 2010, 2 (7): 2046-2052.

[96] ZHANG R, WANG X, SONG J, et al. In situ synthesis of flexible hierarchical TiO$_2$ nanofibrous membranes with enhanced photocatalytic activity [J]. Journal of Materials Chemistry A, 2015, 3 (44): 22136-22144.

[97] BAI Y, MAO X, SONG J, et al. Self-standing Ag$_2$O@YSZ-TiO$_2$ p-n nanoheterojunction composite nanofibrous membranes with superior photocatalytic activity [J]. 2017, 5: 13-18.

第9章 生物医用与生化分离用纳米纤维材料

静电纺纳米纤维材料具有比表面积大、孔隙率高、孔径小、孔道连通性好等优点，在过滤、防水透湿、吸附分离等诸多领域已显示出广阔的应用前景[1-4]。纳米纤维膜可模拟细胞外基质的结构与生物功能，为细胞的黏附、增殖及生长提供理想的模板，因而，静电纺纳米纤维材料是一种理想的组织工程支架材料。同时，静电纺纳米纤维材料还具有原料范围广、结构可调性强、易表面功能化改性等特性，可用于设计制备高效抗菌、生化分离材料[5-6]。

9.1 静电纺纳米纤维组织工程支架材料

组织工程是指用工程学和生命科学的原理和方法探究哺乳类动物组织的结构与功能的关系，再生新的生物组织代用品，以修复或替代病变或缺损的组织，维持、改善、增进其组织功能的技术[7-8]。组织工程支架为细胞提供生存的三维空间，使细胞能在按照预制设计的三维支架上生长，完成正常生命活动。因此，组织工程支架材料需满足以下条件：具有良好的生物相容性和可降解性，低毒或无毒；易于加工成三维多孔支架；具有一定的力学强度以支撑新生组织的生长；具有相互贯通且均匀分布的孔结构，为细胞的生长及繁殖提供合适的三维空间，并有利于细胞的均匀分布及新生组织形成网络结构；具有较大的比表面积，为细胞的生长提供适宜的生长条件，有利于细胞获得足够的营养物质，进行气体交换，排除废料[9]。通过静电纺丝技术制备出的纳米纤维材料可仿生天然细胞外基质的结构与性能，目前已广泛应用于血管、心脏、神经、骨等组织工程的研究领域。

9.1.1 二维纳米纤维膜组织支架

聚乳酸—羟基乙酸共聚物（PLGA）由于其可加工性强且具有良好的生物相容性和可降解性，被广泛应用于纳米纤维组织工程支架中[10]。然而，PLGA 静电纺纳米纤维组织工程支架表面疏水，抑制了细胞的黏附和增殖且力学性能无法满足应用需求。为了解决这一问题，通过在纺丝液中加入柞蚕丝素蛋白（TSF）和氧化石墨烯（GO）制备出了静电纺 PLGA/TSF/GO 纳米纤维膜[11]。复合纤维膜中柞蚕丝素蛋白可促进细胞的黏附[12-13]，GO 不仅可减小纤维直径，大幅提升材料的力学性能，而且可改善纤维膜亲水性[14-15]。

图 9-1（a）为 PLGA/TSF/GO 纳米纤维膜的 SEM 图，纤维表面光滑，平均直径为（130±39）nm，TEM 图［图 9-1（b）］表明纤维具有核壳结构，壳层为层状 GO，核层由 PLGA 和柞蚕丝素蛋白组成。纤维膜的拉伸应力—应变曲线如图 9-1（c）所示，与 PLGA 纳米纤维膜相比，PLGA/TSF/GO 纳米纤维膜的断裂伸长率从 151.2% 增加到 280.2%，杨氏模量提高了 2.8 倍，断裂强度提高了 2.3 倍，这主要是由于 GO 与 PLGA 之间形成了稳定的氢键[16]。此外，添加 GO 和柞蚕丝素蛋白后，纤维膜的接触角从 108.3°±6.9° 下降到了 56.1°±4.2°，显著改善了纤维膜的亲水性，从而可促进细胞的黏附和增殖，亲水性的改善也会影响纤维膜对蛋白的吸附性能，进而促进细胞的生长。如图 9-1（d）所示，以胎牛血清蛋白为例[17]，PLGA 的蛋白吸附量低，仅略高于玻璃片，亲水性改善后纤维膜对蛋白的吸附量扩大了一倍，同时 GO 的添加在增大材料孔隙率的同时也有利于蛋白吸附量的提升[18]。

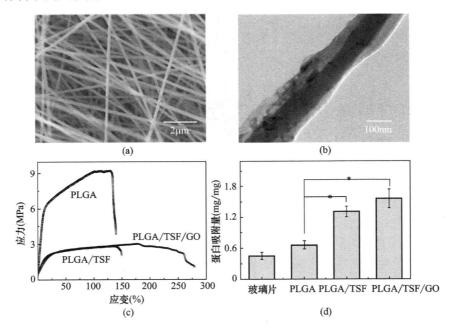

图 9-1　PLGA/TSF/GO 纳米纤维的（a）SEM 图与（b）TEM 图；相关组织工程支架的
（c）应力—应变曲线与（d）胎牛血清蛋白吸附量

通过细胞的黏附、生长以及增殖评估纳米纤维膜的生物相容性，如图 9-2 所示，与 PLGA 纳米纤维组织工程支架相比，PLGA/TSF/GO 支架上的细胞数量更多，这主要是因为柞蚕丝素蛋白中的生物因子精氨酸—甘氨酸—天冬氨酸三肽链刺激了细胞的黏附与增殖[19]，同时，亲水性的改善及 GO 的添加提高了蛋白吸附量，这将有利于细胞的生长。

此外，经 PLGA/TSF/GO 纳米纤维组织工程支架培养后的细胞伪足更长（图 9-3），满足了其在支架表面迁移和物质交换的需求。因此，含有柞蚕丝素蛋白组分的静电纺纳米纤维膜组织工程支架可模拟细胞外基质，为细胞的生长提供空间结构和生物营养物质。

柞蚕丝素蛋白中精氨酸—甘氨酸—天冬氨酸三肽链与整合素受体反应，可诱导细胞分化和矿化[20]，因此，可利用制备得到的 PLGA/TSF/GO 纳米纤维支架培养间充质干细胞并将其诱导分化成为骨细胞。以表面抗原 CD29 和表面抗原 CD44 作为小鼠间充质

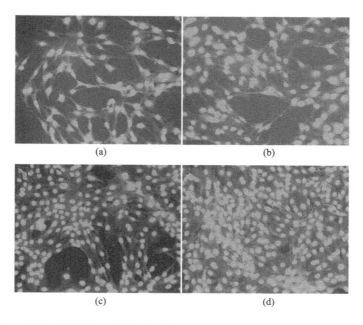

图 9-2 不同组织工程支架上培养 7 天的间充质干细胞经 4′,6- 二脒基 -2- 苯基吲哚染色后的荧光显
微镜图片:(a)玻璃片;(b)PLGA;(c)PLGA/TSF;(d)PLGA/TSF/GO

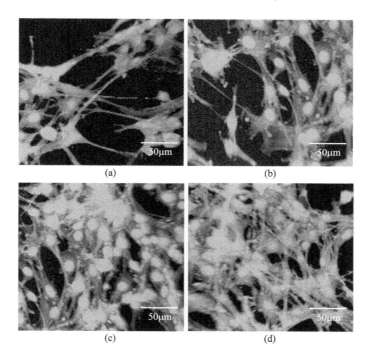

图 9-3 不同组织工程支架培养细胞的共聚焦荧光显微镜图片:(a)玻璃片;
(b)PLGA;(c)PLGA/TSF;(d)PLGA/TSF/GO

干细胞的标记物,以碱性磷酸酶(ALP)作为成骨细胞的特异性标志物,通过检测标志
物含量的变化可确定细胞的分化程度[21]。间充质干细胞培养 10 天后,培养在 PLGA

组织工程支架上细胞 CD29 和 CD44 的含量明显减少，表明成骨细胞处于分化过程，而培养在 PLGA/TSF/GO 复合组织工程支架上细胞表面的抗原表达量最少，表明随着亲水性和生物相容性的增加，间充质干细胞分化成成骨细胞的程度增加。ALP 对成骨细胞的矿化起主要作用，其在骨形成的初期表达量巨大[22]，如图 9-4 所示，培养 7 天后的细胞 ALP 活性较低，仍有处于增殖期的间充质干细胞，培养 14 天后 ALP 活性显著增加，PLGA/TSF/GO 和 PLGA/TSF 上细胞的基因表达量分别是 PLGA 上细胞的 1.8 倍和 1.5 倍，表明柞蚕丝素蛋白和 GO 的添加可显著加速成骨细胞的分化和形成。

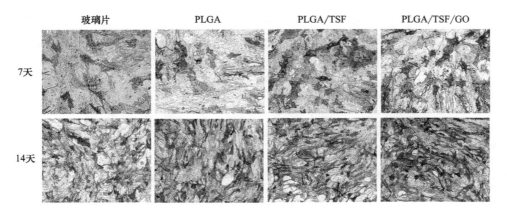

图 9-4　不同组织工程支架上培养间充质干细胞（7 或 14 天）经 ALP 染色后的图片

9.1.2　三维编织结构纳米纤维组织支架

除具备生物相容性好、比表面积大及孔隙率高等特点外，三维组织工程支架还必须具有良好的机械强度，但静电纺纳米纤维膜的力学性能较差，限制了其在生物支架材料方面的广泛应用。将纳米纤维加捻成连续的纱线可有效提升材料的力学性能，同时平行排列的纳米纱线加捻后可作为经纱和纬纱并按照不同的织物结构形成机织物，该织物可以模拟天然骨的细胞外基质[23]。

与普通静电纺丝装置不同的是，静电纺 PLGA/TSF 纳米纱线的装置（图 9-5）包括金属漏斗收集器、2 个呈对称分布的喷丝头和络纱机。纺丝液在针头处形成射流后

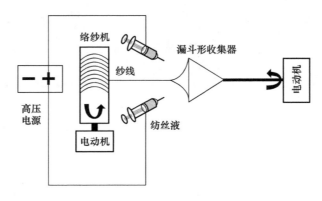

图 9-5　静电纺纳米纱线示意图

在电场中受到拉伸，溶剂挥发、固化，最终沉积在漏斗收集器上，收集器旋转形成的气流对纳米纤维束取向加捻最终卷绕在络纱机的辊筒上，得到连续的加捻纳米纱线[24-25]。再经过机织工艺得到经纱密度为 300 根 /10cm，纬纱密度为 500 根 /10cm，厚度为（2.0±0.1）mm 的三维织物[26]，其结构示意图如图 9-6（a）所示。从织物的实物图［图 9-6（b）］可以看出，经纱和纬纱相互交织互锁形成统一的整体，且平行排列的纱线与胶原纤维的排列相似。纱线的微观结构表明，纳米纤维沿着纤维轴向平行紧密堆积，柞蚕丝素蛋白纳米纤维的平均直径约为 500nm［图 9-6（c）］，通过加捻得到的纱线直径为 85μm。图 9-6（d）为组织工程支架的应力—应变曲线，PLA/TSF 三维编织织物拉伸断裂强度高达 180.36MPa，断裂伸长率为 20.4%，杨氏模量为 417.65MPa，高于相同原料的纳米纤维非织造布[27]。

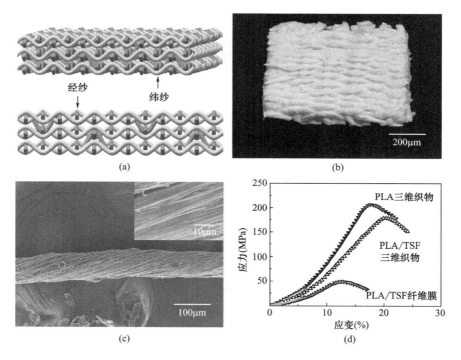

图 9-6　PLA/TSF 纳米纤维膜的（a）3D 结构示意图，（b）实物图；（c）纳米纱线的 SEM 图；（d）相关组织工程支架的应力—应变曲线

　　细胞的矿化是成骨细胞分化成熟的标志，将成骨细胞在 PLA 和 PLA/TSF 三维机织组织工程支架上培养 14 天后观察其细胞外基质矿化情况（图 9-7）。经过 PLA/TSF 组织工程支架培养后，矿物质含量丰富，细胞矿化后的钙磷比为 1.58±0.09，仅略低于天然羟基磷灰石的钙磷比（1.67）[28]。

　　为了评估骨的体外再生性，将矿化后的 PLA/TSF 组织工程支架移植入骨损伤的兔股骨髁部。图 9-8 为损伤部位修复过程的微计算机断层扫描技术（Micro-CT）图片，从图中可以看到，与空白培养基上的断裂部位相比，PLA/TSF 组织工程支架诱导形成了密集的矿化组织，矿物质含量和密度都有所增加，经过 12 周的培养后，破损部位的矿物质密度可达（732±56）mg/cm³，接近于股骨髁上小梁骨的密度（800mg/cm³）[29]，

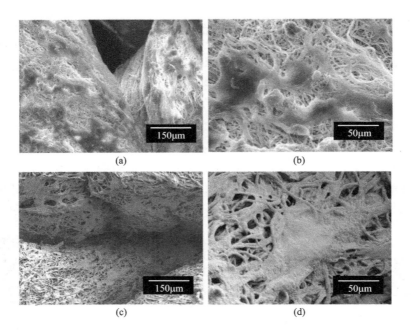

图 9-7　不同放大倍数的各纤维支架上矿物质表达的 SEM 图：（a）和（b）经 PLA 纳米纤维膜组织工程支架培养；（c）和（d）经 PLA/TSF 纳米纤维膜组织工程支架培养

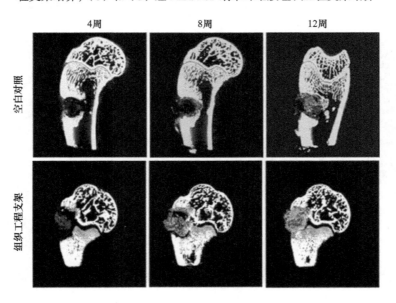

图 9-8　损伤兔股骨踝经 PLA/TSF 组织工程支架修复过程中的 Micro-CT 图

表明 PLA/TSF 复合组织工程支架可显著提高骨愈合速度。

9.2　静电纺纳米纤维抗菌材料

抗菌材料是指本身拥有抑制或杀灭细菌、真菌或病毒等微生物的功能材料，需具备较大的比表面积、优异的力学稳定性以及引入和释放抗菌剂的能力[30]。目前，抗菌材料的种类有抗菌塑料、抗菌纤维以及抗菌陶瓷等，其中纳米纤维类抗菌材料因其比表面积大、孔隙率高、稳定性好，可提供丰富的抗菌活性位点且加工过程对抗菌剂的损伤小，具有巨大的应用前景[31-32]。

9.2.1　CS/PVA 复合抗菌纳米纤维膜

有机累托石（OREC）层间距离大且易分离、比表面积较普通蒙脱土大，在航空航天、生物医用及环境催化领域都有广泛的应用。壳聚糖（CS）是一种无毒、可生物降解且具有优异广谱抗菌性的天然多糖类物质，CS 分子链上—NH$_2$ 在酸性溶液中易质子化形成—NH$_3^+$，使其展现出良好的抗菌性能[33-34]。将比表面积大的 OREC 及抗菌性能优异的 CS 相结合，通过混纺制备出不同 OREC 含量的 CS/ 聚乙烯醇（PVA）纳米纤维膜[35]。图 9-9（a）为质量比为 40/60 的 CS/PVA 纳米纤维 SEM 图，纤维中分布着较多的珠粒，加入 OREC 后纤维膜中珠粒含量减少，纤维直径减小［图 9-9（b）］，这是由于 OREC 所带的电荷增加了溶液电导率。图 9-9（c）为纳米纤维膜的傅里叶红外变换光谱（FT-IR）图，从图中可以看出 PVA/OREC 和 CS/PVA/OREC 纤维膜没有 3643cm^{-1} 处 OREC 的特征峰[36]，说明 OREC 中的—OH 与 PVA 中的—OH 或 CS 中的—NH$_2$ 形成了氢键。以大肠杆菌的标准菌株作为实验用菌测试纳米纤维膜的抗菌性能，结果如图 9-9（d）所示，含有 CS 组分的纳米纤维膜都有一定的抗菌性能，且 OREC 的添加可显著增强纤维膜的抗菌性能，CS/PVA/OREC 纤维膜对大肠杆菌的抗菌率可达 60%。

267

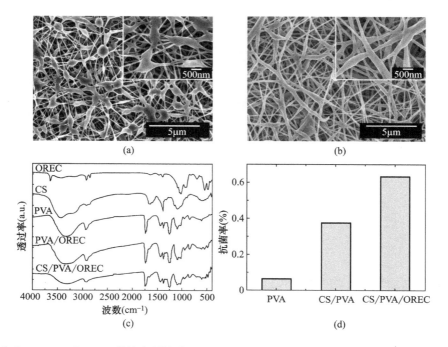

图 9-9　（a）CS/PVA 为 40/60 的纳米纤维膜的 SEM 图；（b）OREC 为 1wt% 的 CS/PVA/OREC 纳米纤维膜的 SEM 图；相关抗菌纳米纤维膜的（c）FT-IR 图谱及其（d）抗菌性能

9.2.2　LBL 修饰纤维素基抗菌纳米纤维膜

层层自组装技术（LBL）是指系统在无外界干扰情况下，体系中的分子自发形成高度有序结构的方法[37]。结合静电纺丝法与自组装技术，将分子有序地组装到静电纺纳米纤维膜表面，可对纤维膜进行功能化改性，实现纤维膜在不同领域的应用。将带正电的 CS/OREC 与带负电的海藻酸钠（ALG）交替沉积在带负电的纤维素纳米纤维膜表面制备出不同沉积层数的纳米纤维膜[38]，随着 CS/OREC 和 ALG 沉积层数的增多，纤维膜厚度增加且纤维表面变粗糙。（CS/ALG）$_x$、（CS-OREC/ALG）$_x$ 表示经过 x 层双分子层 LBL 改性后的纳米纤维膜，当双分子层逐渐增加到 10 层时，纤维直径约为 600nm。图 9-10（c）所示为不同材料的 X 射线衍射（XRD）图谱，其中 OREC 在 2.4° 处有一衍射峰，根据布拉格方程［式（9-1）］[39]可计算出 OREC 的晶面间距约为 3.68nm，而（CS-OREC/ALG）$_{10.5}$ 纳米纤维膜中 OREC 的晶面间距扩大至 4.95nm，说明 CS 进入到 OREC 的夹层中。

$$2d\sin\theta=n\lambda \qquad (9-1)$$

式中：d 为晶面间距（nm）；θ 为入射 X 射线与相应晶面之间的夹角（°）；λ 为波长（nm）；n 为反射级数。

以大肠杆菌的标准菌株作为实验用菌，测试了 CS/ALG 和（CS-OREC/ALG）$_{10.5}$ 纳米纤维膜的抗菌性能，细菌分散液中初始活菌数为 107 个 /mL。从图 9-10（d）可以看出所有纳米纤维膜均具有一定的抗菌性能，经 LBL 修饰改性后，最外层为 CS 时材料的抗菌性能较最外层为 ALG 时有所提高，加入 OREC 后可进一步提高纤维膜的抗菌性能，

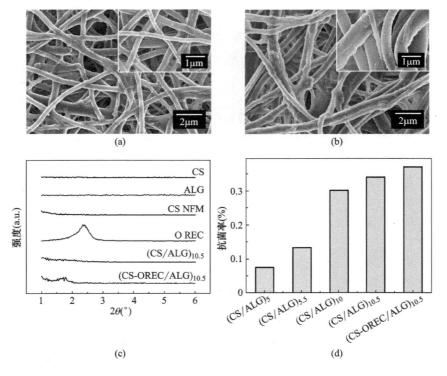

图 9-10　（a）（CS/ALG）$_{10.5}$ 和（b）（CS-OREC/ALG）$_{10.5}$ 纳米纤维膜的 SEM 图；相关抗菌纳米纤维膜的（c）XRD 图谱及其（d）抗菌性能

这可能是由于高孔隙率的 OREC 可有效增加纤维表面的抗菌活性位点[40]。

9.2.3　日光驱动可充能抗菌纳米纤维膜

新兴传染病如埃博拉病毒的出现引起了人们对于个体防护领域的高度关注，尤其是医务工作者在治疗患者期间，感染率是正常情况下的 100 倍，普通的防护措施对病原体的拦截捕获并不能完全消除感染的风险，且容易引起交叉感染[41]。为解决这一问题，研究人员将具有优异抗菌性能的抗菌剂引入个体防护设备中以彻底杀灭细菌，然而，普通抗菌剂的不可再生性限制了其广泛应用[42]。因此，制备可充放的抗菌材料是实现抗菌剂长期高效应用的关键。

以苯甲酰苯甲酸（BA）、二苯甲酮四羧酸二酐（BD）、天然多酚物质绿原酸（CA）以及由 BD 和 CA 反应得到的 BDCA 为光敏型抗菌剂，通过酯化反应将不同组分的光敏型抗菌剂接枝到静电纺乙烯—乙烯醇的共聚物（EVOH）纳米纤维膜上，得到日光驱动可充能的环保型抗菌纳米纤维膜（RNMs），包括 BA-RNM、BD-RNM、CA-RNM 及 BDCA-RNM ［图 9-11（a）］。该材料可在日光下产生活性氧（ROS），并储存部分活性以在弱光或夜晚条件下保持其抗菌能力，从而更高效地实现从传染源到防护点的个体保护[43-44]。接枝改性后纤维直径为 200 ~ 250nm，且由于纤维表面溶胀，纤维之间产生了明显的粘连结构 ［图 9-11（b）］。图 9-11（c）展示了 RNMs 的抗菌过程示意图，当病原体靠近或被纤维膜拦截后，接枝在纤维表面的光敏材料可在光照和有氧环境中源源不断地产生 ROS，包括羟自由基（·OH）、超氧离子自由基（·O^{2-}）和过氧化氢（H_2O_2）[45]，这些活性氧具有很强的化学活性，能在较短时间内破坏病原体的 DNA、RNA、蛋白质或脂质，最终彻底杀灭病菌[46]。

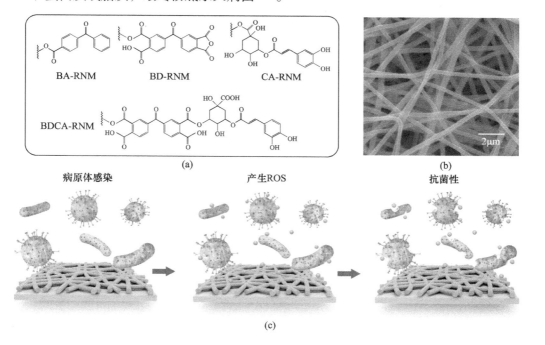

图 9-11　（a）BA-RNM，BD-RNM，CA-RNM 和 BDCA-RNM 的化学结构式；（b）BDCA-RNM 的 SEM 图；（c）RNM 通过释放 ROS 实现抗菌功能示意图

抗菌纤维膜的光敏及光储能机制如图 9-12 所示，纤维膜吸收光子后发生系间跃迁从激发单重态跨越为激发三重态 ^{3}RNM*，受激后的 ^{3}RNM* 从 EVOH 中提取氢原子形成醌自由基（RNMH·），RNMH· 与其附近的氧气反应生成 ROS，纤维膜恢复初始状态，从而实现材料的抗菌及循环使用。若 RNMH· 没有被消耗，则发生结构重排形成 L-RNMH*，重排后的 L-RNMH* 从 EVOH 中提取第二个氢原子，形成光吸收瞬态 LAT-RNM，将活性存储起来，完成光储能机制[47-49]，LAT-RNM 在黑暗环境下和氧气反应产生 ROS，从而实现在无光环境下杀菌。

图 9-13（a）和（b）所示为抗菌纤维膜在光照和黑暗的交替循环过程中 OH· 和

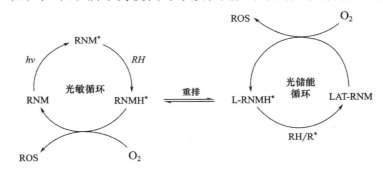

图 9-12　RNMs 光敏机制和 ROS 光储能机制

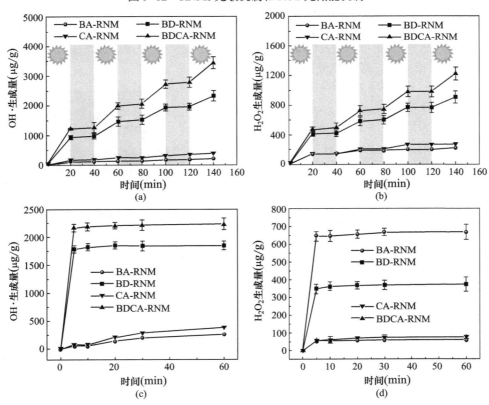

图 9-13　RNMs 在光照和黑暗的交替循环过程中（a）OH· 和（b）H$_2$O$_2$ 的生成量；
RNMs 在黑暗环境中（c）OH· 和（d）H$_2$O$_2$ 的释放量随时间的变化关系

H_2O_2 生成量，在黑暗环境中 ROS 的生成量保持不变，重新受到光照后 ROS 又可继续释放，生成量不受黑暗环境的影响。BD-RNM 和 BDCA-RNM 的 ROS 生成量优于 BA-RNM 和 CA-RNM，其中 BDCA-RNM 产生 OH · 和 H_2O_2 的量最多，分别可达 49.96μg/（g · min）和 15.26μg/（g · min）。将纤维膜置于日光下辐射 1h 后测试其在黑暗中释放 OH · 和 H_2O_2 的量以表征材料的光储能性能［图 9–13（c）和（d）］，黑暗中纤维膜在开始的前 5min 内释放了 90% 的 ROS，之后 OH · 和 H_2O_2 的生成量增加缓慢趋于稳定。与日光下 ROS 生成趋势类似，在黑暗环境中 BDCA-RNM 释放 OH · 和 H_2O_2 的量也最多，分别为 2332μg/g 和 670μg/g，对应的充能速率分别为 38.86μg/（g · min）和 11.16μg/（g · min）。

以大肠杆菌（E.coli）和李斯特菌（L.innocua）的标准菌株作为抗菌材料的实验用菌，测试了 BDCA-RNM 的抗菌性能及循环使用性能（图 9–14）。如图 9–14（a）所示，日光照射下，BDCA-RNM 的抗菌性能随着细菌与抗菌材料接触时间的增加而提升，且抗菌性能优异，杀灭对数值为 6，在 30min 内对 L.innocua 的灭菌率和 60min 内对 E.coli 的灭菌率均可达 99.9999%。传统光抗菌材料需要 5 ～ 10h 达到的杀菌效果，BDCA-RNM 只需几分钟即可完成。如图 9–14（b）所示，光照 1h 后将纤维膜置于黑暗环境中，

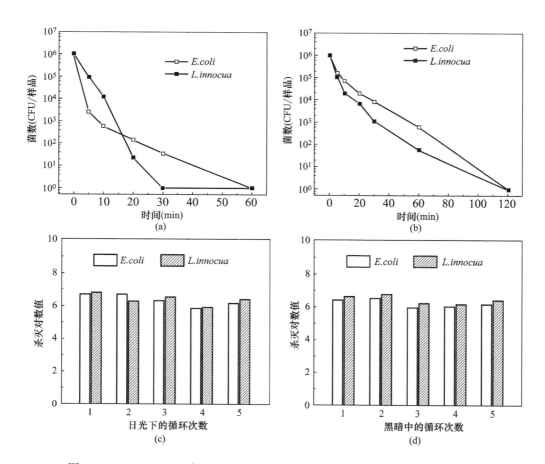

图 9–14　BDCA-RNM 在（a）日光和（b）黑暗中的抗菌性能；BDCA-RNM 在
（c）日光下和（d）黑暗中的循环使用性能

120min 后 BDCA-RNM 对 E.coli 和 L.innocua 的杀灭对数值也可达到 6，抗菌性能几乎是光照环境下的一半。同时，BDCA-RNM 具有良好的重复使用性［图 9-14（c）和（d）］，无论在日光还是黑暗环境中重复使用 5 次后，其细菌杀灭对数值仍可保持在 6 左右。此外，RNMs 还具有一定的抗病毒性，可以杀死病毒或使其失活，导致病毒蛋白外壳变性，5min 内对 T7 噬菌体的杀灭效率即可达 99.999%。考虑到医务人员的实际工作环境，日光驱动可充能抗菌纳米纤维膜在个体防护领域有着巨大的应用潜力，可使防护材料不受外界环境的限制而始终具有抗菌功能。

9.3　静电纺纳米纤维蛋白吸附材料

蛋白质是构成细胞的基本有机物，是细胞和生物体生命活动中不可或缺的物质基础。对蛋白质进行高精度、高效率的分离纯化是生物医药领域持续关注的核心问题之一。蛋白分离纯化的主要方法有离心法、沉淀法、过滤法、膜分离法及吸附分离法等[50-52]，其中吸附分离法因操作流程简便、分离精度高且易批量化等特点，已成为规模化分离蛋白质最常用的方法。然而，目前广泛使用的凝胶颗粒型层析材料中普遍存在传质效率低、阻力压降大、处理通量小等不足，导致在蛋白分离过程能耗大、成本高，降低了工业化应用的可行性[53]。静电纺纳米纤维作为一种新兴的纤维材料，具有比表面积大、孔道连通性好、孔隙率高等特点，在新一代高效率、高精度、高通量蛋白分离纯化材料制备领域展现出巨大的前景。离子交换型材料是当前静电纺纳米纤维基蛋白质层析介质的主要方向之一，其基本原理是功能基团解离后与溶液中的离子进行可逆的离子交换[54-55]。根据解离基团的酸碱性不同，可分为阴离子交换型蛋白分离材料和阳离子交换型蛋白分离材料。

9.3.1　阳离子交换型蛋白吸附分离膜
9.3.1.1　改性再生纤维素纳米纤维蛋白吸附分离膜

纤维素表面羟基含量丰富，易于接枝功能化改性，已经被广泛应用于高精度蛋白质的分离纯化领域[56]。将醋酸纤维素（CA）纳米纤维膜水解后通过浸渍接枝改性将马来酸酐（MA）接枝在其表面，得到羧基化改性纤维素纳米纤维膜（CMA）[57]。图 9-15（a）为 CA 纳米纤维膜的 FE-SEM 图，从图中可以看出，纤维膜表面光滑，其水接触角约为 60°，纤维直径约为 248nm。从图 9-15（b）可以看出，醋酸纤维素水解脱去乙酰基后得到纤维素纳米纤维膜，其纤维间存在黏结点，且纤维膜变为超亲水材料，这是由于纤维素分子链上的羟基数量增加。从图 9-15（c）可以看出，经 MA 羧基化改性后的纤维素纳米纤维间的交联作用更加显著，单根纤维屈曲程度更加明显，同时纤维直径略有增加至 272nm。图 9-15（d）为相关纤维膜的 FT-IR 图谱，3409cm^{-1}、1731cm^{-1}、1340cm^{-1} 分别是羟基、羰基和醚键的特征峰，纤维素纳米纤维膜的羟基峰强明显高于醋酸纤维素，而 CMA 纤维膜的羟基峰减弱，羰基和醚键峰增强，这主要是因为纤维素表面的羟基与 MA 上的羧酸基团发生酯化反应，使羰基和醚键的数量增加，羟基的数量减少。

图 9-16（a）为不同 MA 浓度改性的纤维膜对正电性溶菌酶（LSZ）的吸附曲线，

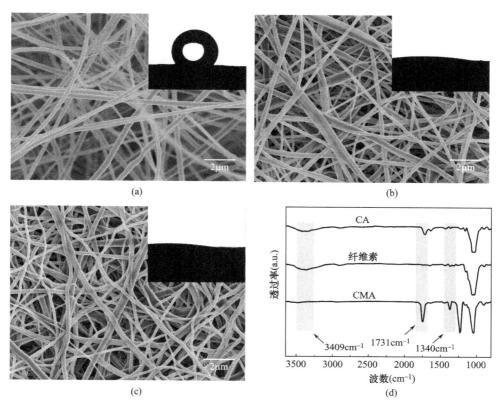

图 9-15　（a）醋酸纤维素（b）纤维素及（c）CMA 纳米纤维膜的 FE-SEM 图，
插图为其水接触角照片；（d）相关纳米纤维膜的 FT-IR 图谱

随着改性液中 MA 浓度的增加，纤维膜对蛋白的饱和吸附量也不断增加，当 MA 的质量分数为 3wt% 时，CMA 纳米纤维膜达到最大饱和吸附量 160mg/g。蛋白质与离子交换材料之间的作用力为静电力，而溶液的 pH 影响蛋白质上所带的电荷，进一步影响其饱和吸附量，因此，蛋白质溶液的 pH 是影响 CMA 的饱和吸附量的重要因素。图 9-16（b）为蛋白质溶液的 pH 对 LSZ 吸附量影响的曲线，当 pH 小于 6 时，CMA 的饱和吸附量稳定在 157 ~ 171mg/g 区，随着 LSZ 溶液的 pH 继续增加，纤维膜的饱和吸附量明显下降，在 pH = 8 时，纤维膜几乎无法吸附蛋白。这是由于 LSZ 的等电点（PI）为 10.8，当溶液的 pH 逐渐增加至 10.8 时，LSZ 的正电性减弱使其与 CMA 间的静电力减小，从而导致蛋白质的饱和吸附量下降。图 9-16（c）为 LSZ 的初始浓度对纤维膜吸附性能的影响曲线，随着 LSZ 初始浓度的增加，CMA 的静态饱和吸附量逐渐增加，当 LSZ 的初始浓度为 1mg/mL 时，纤维膜的吸附量达到最大。图 9-16（d）为 CMA 对 LSZ 的动力学吸附性能，随着吸附时间的增加，纤维膜的蛋白吸附量迅速增加，到 12h 后达到吸附平衡状态。

蛋白质的吸附分离是指其在流动过程中与纤维膜固定相发生离子交换，在重力驱动下（750Pa），CMA 的动态吸附效率及吸附平衡量如图 9-17（a）所示。CMA 纤维膜对前 2mL LSZ 的吸附分离效率几乎为 100%，随后吸附量降低，当 LSZ 溶液透过量为 12mL 时动态吸附量达到饱和（118mg/g）。对饱和吸附的纤维膜进行脱附，得到可再次

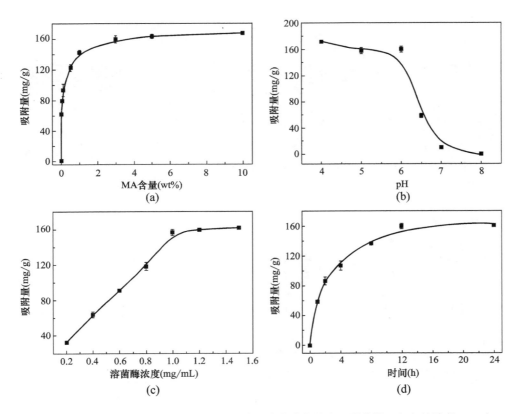

图 9-16 （a）不同 MA 含量改性的纤维膜对溶菌酶的饱和吸附曲线；（b）溶液的 pH 对
溶菌酶饱和吸附量的影响；（c）纤维膜在不同初始浓度条件下的吸附曲线；
（d）不同时间条件下溶菌酶吸附动力曲线

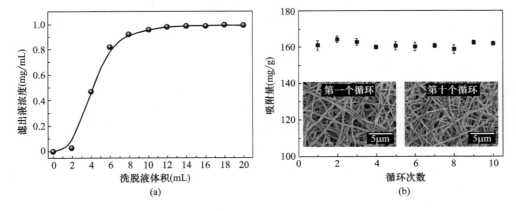

图 9-17　CMA 纳米纤维膜（a）对溶菌酶的穿透吸附曲线与（b）循环使用性能

使用的纤维膜并对其循环使用性能进行了测试。如图 9-17（b）所示，在第 10 个吸附—
脱附循环时纤维膜的饱和吸附量仍稳定在 160mg/g 左右，且纤维膜的形貌结构未发生明
显变化，这是由于 CMA 纤维间具有稳定的黏结结构，因而在循环使用过程中其多级孔
结构没有发生改变。与目前商业用纯化蛋白质的再生纤维素纤维膜相比，CMA 纳米纤
维膜具有动态吸附量大、压降低及节能可再生的优点，具有非常广阔的应用前景。

274

9.3.1.2　改性 PVA 纳米纤维蛋白吸附分离膜

PVA 具有亲水性好、易于功能化改性、生物相容性优良且毒性小等优点，通过静电纺丝技术制备了 PVA/MA 复合纳米纤维膜，纤维平均直径为 300nm。将所得的纤维膜在 100℃下加热 1h，PVA 分子链上的羟基与 MA 分子链上的羧酸基团在多聚磷酸的催化作用下发生酯化反应，交联后纤维间形成了均匀分布的稳定黏结点，大幅提升了材料的结构稳定性，具体制备过程如图 9-18 所示[58]。

羧酸化后的 PVA 纳米纤维膜比表面积大、孔道连通性好，为蛋白吸附提供了丰富的活性位点。当 PVA 与 MA 的摩尔比为 7/3 时，PVA/MA 纤维膜对 LSZ 的吸附量达到最大为 177mg/g，饱和吸附平衡时间仅需 4h，且在重力驱动下（阻力压降为 750Pa）动态饱和吸附量可达 159mg/g。图 9-19（a）为纤维膜对不同蛋白的选择吸附性能，其中正电性蛋白包括 LSZ（PI 为 10.8）、菠萝蛋白酶（PI 为 9.5）、木瓜蛋白酶（PI 为 8.75），

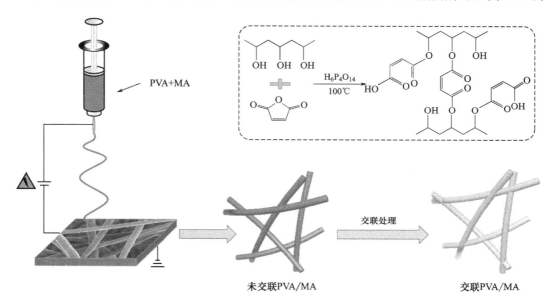

图 9-18　PVA/MA 纳米纤维膜的原位交联和羧酸化示意图

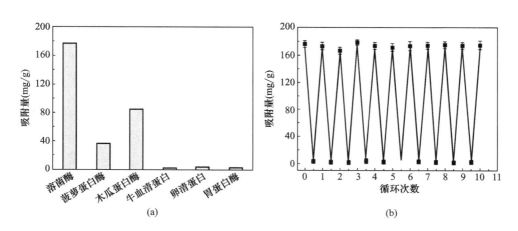

图 9-19　PVA/MA 纳米纤维膜的（a）选择吸附性能；（b）循环使用性能

负电性蛋白包括牛血清蛋白（PI 为 4.8）、卵清蛋白（PI 为 4.7）、胃蛋白酶（PI 为 1）。PVA/MA 纤维膜为阳离子交换材料，其在水溶液中电离形成羧基（带负电），可与溶液中带正电的蛋白产生静电吸引力，从而使蛋白吸附于纤维膜表面；而不同的带正电荷蛋白由于分子尺寸和等电点不同导致其与纤维膜间的静电作用力存在强弱差异，因而，纤维膜对不同的正电性蛋白的吸附性能不同。结果表明 PVA/MA 仅能吸附带正电的 LSZ、菠萝蛋白酶、木瓜蛋白酶，吸附量分别为 177mg/g、34mg/g 和 85mg/g。此外，图 9-19（b）显示 10 次循环吸附—脱附后纤维膜的饱和吸附量几乎保持稳定不变，表明 PVA/MA 纤维膜具有良好的循环使用性能。

9.3.1.3 改性 EVOH 纳米纤维蛋白吸附分离膜

EVOH 具有良好的化学稳定性，其亲水但不溶于水的特性有利于减少蛋白的非特异性吸附，同时 EVOH 表面具有丰富的羟基官能团可用于后续的接枝改性。柠檬酸（CCA）分子链上含有三个羧基官能团，其相对较长的碳链减少了吸附官能团与蛋白质之间的位阻，提升了活性吸附位点的有效性。将静电纺 EVOH 纳米纤维膜浸渍到 CCA 和多聚磷酸（PPA）的溶液中进行表面接枝改性，构筑了具有高效蛋白吸附性能的 CCA 接枝改性 EVOH 纳米纤维膜（EVOH—CCA NFM）[59]，具体制备过程如图 9-20 所示。

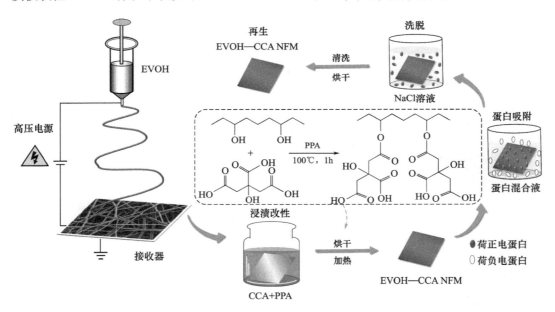

图 9-20　EVOH-CCA 纳米纤维膜的制备及其蛋白吸附分离应用过程示意图

通过比较 EVOH—CCA 纳米纤维膜、EVOH—CCA 平滑膜与 EVOH/CCA 混纺纳米纤维膜对蛋白的吸附量，分析了吸附材料的结构对蛋白质吸附性能的影响，如图 9-21 所示。其中接枝改性的 EVOH—CCA 纳米纤维膜对 LSZ 的蛋白吸附量最大，为 284mg/g，这是由于纳米纤维的比表面积大、孔隙率高，且接枝改性的纳米纤维直径小于混纺后纤维的直径，使得纤维表面活性吸附位点多，可以吸附溶液中更多的蛋白质。另外，EVOH—CCA 纳米纤维膜浸渍接枝改性的方法简单、易于操作，结合多喷头静电纺丝装置，可以获得大尺寸（65cm×60cm）的 EVOH—CCA 纳米纤维膜（图 9-21 的插图），有望实现工业化的大规模生产。

9.3.2 阴离子交换型蛋白吸附分离膜

无机材料具有优异的耐酸碱腐蚀、耐辐射性能[60]，将其用于蛋白吸附分离可有效解决有机材料和有机/无机复合材料在循环使用过程中出现的溶胀、被腐蚀问题。通过将添加 SiO_2 纳米颗粒的 PAN 纺丝液进行静电纺丝得到 $SiO_2@PAN$ 复合纳米纤维膜，随后在 N_2 氛围中高温煅烧，煅烧过程中，有机物分解产生的气体使碳纳米纤维活化且表面原位氮掺杂，得到弱阴离子交换型氮掺杂 SiO_2/碳纳米纤维（$SiO_2@CNF$）[61]。$SiO_2@PAN$

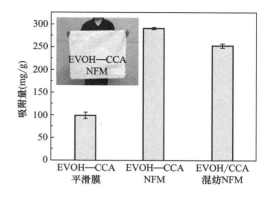

图 9-21 不同种类纤维膜的蛋白吸附性能比较，插图为 65cm × 60cm 的 EVOH—CCA 纳米纤维膜

纳米纤维膜和 $SiO_2@CNF$ 膜的微观结构如图 9-22（a）和（b）所示，煅烧前纳米纤维直径为（373 ± 45）nm，纤维表面分布着 SiO_2 纳米颗粒，煅烧后纳米纤维直径降低至（274 ± 40）nm。$SiO_2@CNF$ 的 TEM 和高分辨率透射电子显微镜（HRTEM）如图 9-22（c）和（d）所示，无定形 SiO_2 纳米颗粒分散在碳纳米纤维的表面和内部。

图 9-23（a）为 $SiO_2@CNF$ 的形状记忆性能展示，纤维膜受到外界应力产生弯曲形变，曲率半径小于 100μm，当应力卸载后纤维膜仍可恢复至初始形状且纤维膜内没有产生裂纹。同时，纤维膜的润湿性与 SiO_2 纳米颗粒的添加量密切相关，随着 SiO_2 纳米颗

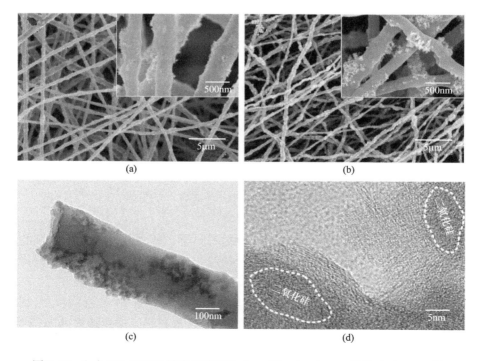

图 9-22 （a）$SiO_2@PAN$ 纳米纤维膜的 SEM 图；$SiO_2@CNF$ 膜的（b）SEM 图，（c）TEM 图和（d）HRTEM 图

粒含量的增加，纤维膜的水接触角从 $36.8° \pm 0.5°$ 减小至 $20.6° \pm 0.6°$ ［图 9–23（b）］，纤维膜亲水性增强主要是由于两方面的原因：首先，SiO_2 纳米颗粒和纤维膜上有丰富的亲水性基团（—OH、—NH$_2$）；其次，根据 Cassie 模型可知，纤维表面的多级粗糙尺度有利于纤维膜亲水性的进一步提高。图 9–23（c）展示了纤维膜在 3kPa 驱动压力下的水通量，当纳米颗粒的含量为 20% 时，纤维膜的通量达到最大（15202 ± 1927）L/（m$^2 \cdot$ h），比商业用亲和吸附膜的通量高一个数量级。SiO_2@CNF 由于表面含有正电性的氨基官能团，因此，可吸附负电性蛋白，其对牛血清蛋白[62]的最大吸附量达（30 ± 0.9）mg/g。综上所述，静电纺 SiO_2/ 碳纳米纤维膜在阴离子交换型蛋白吸附分离领域具有广泛的应用前景。

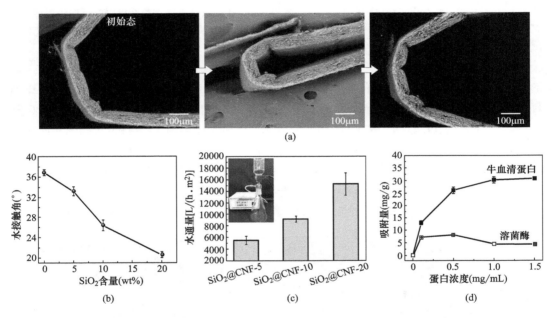

图 9–23 （a）SiO_2@CNF 弯曲和回复过程中的 FE-SEM 图及其（b）水接触角，（c）水通量，（d）对牛血清蛋白和溶菌酶的吸附平衡曲线

278

9.4 总结与展望

生物医用与生化分离纳米纤维材料涉及材料科学、医学科学等多个领域的综合研究，尤其是对于基础科学的探索和深入细致研究。本章分别写了静电纺纳米纤维材料在组织工程支架、抗菌材料及蛋白吸附分离方面的应用。在组织工程支架方面，作者利用共混纺丝法制备了含有生物功能物质柞蚕丝蛋白的静电纺纳米纤维材料，有利于细胞的生长繁殖，且可促进成骨细胞的分化及矿化；在抗菌材料方面，通过共混纺丝、LBL 修饰及浸渍接枝的方法制备了抗菌静电纺纳米纤维材料，具有优异的抗菌性能；在蛋白分离纯化方面，通过对静电纺纳米纤维膜的功能改性实现了其对蛋白质的特异性吸附分离，且分离精度高，材料循环使用性能好。

　　对于组织工程支架方面的进一步研究，不仅可以对现有材料的结构和性能进行优化和改善，还可在材料构建过程中，利用计算机技术辅助构建模型明确其三维立体构型与细胞黏附及生长之间的关系，以反馈调节结构设计时的各项参数。在抗菌材料方面，开发整理工艺简单、物理化学性质稳定、抗菌性持久、安全性高及生物相容性好的材料是促进抗菌材料生产及应用的研究重点，且抗菌材料作用机理还不清晰，需加大基础理论研究，为工业化生产提供更多的理论支持。在生化分离蛋白纯化方面，目前，静电纺纤维基蛋白质吸附分离材料主要包括离子交换型、亲和型、疏水型，进一步开发纳米纤维表界面功能化改性方法，拓展纳米纤维基蛋白质层析材料种类，以满足实际应用对材料的多功能化需求是其研究发展的重要方向；此外，当前纳米纤维基蛋白质层析材料普遍存在力学性能较差的不足，仍需进一步提升材料的力学性能以满足实际应用的要求。

参考文献

[1] BHARDWAJ N，KUNDU S C. Electrospinning：A fascinating fiber fabrication technique [J]. Biotechnology Advances，2010，28（3）：325-347.

[2] MENDES A C，STEPHANSEN K，CHRONAKIS I S. Electrospinning of food proteins and polysaccharides [J]. Food Hydrocolloids，2017，68：53-68.

[3] MOKHENA T C，JACOBS V，LUYT A S. A review on electrospun bio-based polymers for water treatment [J]. Express Polymer Letters，2015，9（10）：839-80.

[4] 丁彬，俞建勇. 静电纺丝与纳米纤维 [M]. 北京：中国纺织出版社，2011.

[5] ALI A，AHMED S. A review on chitosan and its nanocomposites in drug delivery [J]. International Journal of Biological Macromolecules，2018，109：273-86.

[6] FU Q，DUAN C，YAN Z，et al. Nanofiber-based hydrogels：controllable synthesis and multifunctional applications [J]. Macromolecular Rapid Communications，2018，39（10）：1800058.

[7] WANG X F，DING B，SUN G，et al. Electro-spinning/netting：A strategy for the fabrication of three-dimensional polymer nano-fiber/nets [J]. Progress in Materials Science，2013，58（8）：1173-243.

[8] FU Q，DUAN C，YAN Z，et al. Electrospun nanofibrous composite materials：a versatile platform for high efficiency protein adsorption and separation [J]. Composites Communications，2018，8：92-100.

[9] SCHIFFMAN J D，SCHAUER C L. A review：Electrospinning of biopolymer nanofibers and their applications [J]. Polymer Reviews，2008，48（2）：317-52.

[10] LI D W，SUN H Z，JIANG L M，et al. Enhanced biocompatibility of PLGA nanofibers with gelatin/nano-hydroxyapatite bone biomimetics incorporation [J]. ACS Applied Materials & Interfaces，2014，6（12）：9402-9410.

[11] SHAO W，HE J，SANG F，et al. Enhanced bone formation in electrospun poly（L-lactic-co-glycolic acid）-tussah silk fibroin ultrafine nanofiber scaffolds incorporated with graphene oxide [J]. Materials Science & Engineering：C，2016，62：823-834.

[12] KASOJU N，BORA U. Silk fibroin in tissue engineering [J]. Advanced Healthcare Materials，2012，1（4）：393-412.

[13] 吴惠英. 再生丝素蛋白纤维及其在生物医用材料中的研究进展 [J]. 丝绸，2017，54（3）：6-12.

[14] KUMAR S，CHATTERJEE K. Comprehensive review on the use of graphene-based substrates for

regenerative medicine and biomedical devices [J]. ACS Applied Materials & Interfaces, 2016, 8 (40): 26431-26457.

[15] 闫思圻, 陈淑花, 宫蕾, 等. 石墨烯/氧化石墨烯的功能化及其载药性能研究 [J]. 化工新型材料, 2017, 2: 4-6.

[16] LUO Y, SHEN H, FANG Y X, et al. Enhanced proliferation and osteogenic differentiation of mesenchymal stem cells on graphene oxide-incorporated electrospun poly (lactic-co-glycolic acid) nanofibrous mats [J]. ACS Applied Materials & Interfaces, 2015, 7 (11): 6331-6339.

[17] 杜晓丹, 方玉, 王春仁, 等. 牛血清白蛋白作为生物医用材料产品体液免疫评价阳性对照物的研究 [J]. 中国医疗设备, 2017, 32 (5): 32-34.

[18] CHAUDHURI B, BHADRA D, MORONI L, et al. Myoblast differentiation of human mesenchymal stem cells on graphene oxide and electrospun graphene oxide-polymer composite fibrous meshes: importance of graphene oxide conductivity and dielectric constant on their biocompatibility [J]. Biofabrication, 2015, 7 (1): 015009.

[19] GAO Y, SHAO W, QIAN W, et al. Biomineralized poly (L-lactic-co-glycolic acid) -tussah silk fibroin nanofiber fabric with hierarchical architecture as a scaffold for bone tissue engineering [J]. Materials Science & Engineering: C, 2018, 84: 195-207.

[20] HE J X, TAN W L, HAN Q M, et al. Fabrication of silk fibroin/cellulose whiskers-chitosan composite porous scaffolds by layer-by-layer assembly for application in bone tissue engineering [J]. Journal of Materials Science, 2016, 51 (9): 4399-4410.

[21] WANG Y Z, KIM H J, VUNJAK N G, et al. Stem cell-based tissue engineering with silk biomaterials [J]. Biomaterials, 2006, 27 (36): 6064-6082.

[22] FAROKHI M, MOTTAGHITALAB F, SAMANI S, et al. Silk fibroin/hydroxyapatite composites for bone tissue engineering [J]. Biotechnology Advances, 2018, 36 (1): 68-91.

[23] BAO M, LOU X X, ZHOU Q H, et al. Electrospun biomimetic fibrous scaffold from shape memory polymer of PDLLA-co-TMC for bone tissue engineering [J]. ACS Applied Materials & Interfaces, 2014, 6 (4): 2611-2621.

[24] HE J, QIN Y, CUI S, et al. Structure and properties of novel electrospun tussah silk fibroin/poly (lactic acid) composite nanofibers [J]. Journal of Materials Science, 2011, 46 (9): 2938-2946.

[25] HE J, ZHOU Y, QI K, et al. Continuous twisted nanofiber yarns fabricated by double conjugate electrospinning [J]. Fibers and Polymers, 2013, 14 (11): 1857-1863.

[26] SHAO W, HE J, HAN Q, et al. A biomimetic multilayer nanofiber fabric fabricated by electrospinning and textile technology from polylactic acid and tussah silk fibroin as a scaffold for bone tissue engineering [J]. Materials Science & Engineering: C, 2016, 67: 599-610.

[27] DING Z Z, FAN Z H, HUANG X W, et al. Silk-hydroxyapatite nanoscale scaffolds with programmable growth factor delivery for bone repair [J]. ACS Applied Materials & Interfaces, 2016, 8 (37): 24463-24470.

[28] LIU H Y, CHENG J, CHEN F J, et al. Biomimetic and cell-mediatedmineralization of hydroxyapatite by carrageenan functionalized graphene oxide [J]. ACS Applied Materials & Interfaces, 2014, 6 (5): 3132-3140.

[29] BHATTACHARJEE P, KUNDU B, NASKAR D, et al. Silk scaffolds in bone tissue engineering: an overview [J]. Acta Biomaterialia, 2017, 63: 11-17.

[30] WANG Z Z, DONG K, LIU Z, et al. Activation of biologically relevant levels of reactive oxygen species by Au/g-C$_3$N$_4$ hybrid nanozyme for bacteria killing and wound disinfection [J]. Biomaterials, 2017, 113: 145-157.

[31] MA H Y, HSIAO B S, CHU B, Functionalized electrospun nanofibrous microfiltration membranes for removal of bacteria and viruses [J]. Journal of Membrane Science, 2014, 452: 446-452.

［32］HUANG W J, LI X Y, XUE Y, et al. Antibacterial multilayer films fabricated by LBL immobilizing lysozyme and HTCC on nanofibrous mats ［J］. International Journal of Biological Macromolecules, 2013, 53: 26-31.

［33］SKOTAK M, LEONOV A P, LARSEN G, et al. Biocompatible and biodegradable ultrafine fibrillar scaffold materials for tissue engineering by facile grafting of L-lactide onto chitosan ［J］. Biomacromolecules, 2008, 9 (7): 1902-1908.

［34］ASKARI M, REZAEI B, SHOUSHTARI A M, et al. Fabrication of high performance chitosan/polyvinyl alcohol nanofibrous mat with controlled morphology and optimised diameter ［J］. Canadian Journal of Chemical Engineering, 2014, 92 (6): 1008-1015.

［35］DENG H, LI X, DING B, et al. Fabrication of polymer/layered silicate intercalated nanofibrous mats and their bacterial inhibition activity ［J］. Carbohydrate Polymers, 2011, 83 (2): 973-978.

［36］DENG H B, LIN P H, XIN S J, et al. Quaternized chitosan-layered silicate intercalated composites based nanofibrous mats and their antibacterial activity ［J］. Carbohydrate Polymers, 2012, 89 (2): 307-313.

［37］DENG H B, ZHOU X, WANG X Y, et al. Layer-by-layer structured polysaccharides film-coated cellulose nanofibrous mats for cell culture ［J］. Carbohydrate Polymers, 2010, 80 (2): 474-479.

［38］DENG H, WANG X, LIU P, et al. Enhanced bacterial inhibition activity of layer-by-layer structured polysaccharide film-coated cellulose nanofibrous mats via addition of layered silicate ［J］. Carbohydrate Polymers, 2011, 83 (1): 239-245.

［39］DENG H B, ZHOU X, SI Y, et al. Fabrication of polymer/layered silicate intercalated nanofibrous mats and their bacterial inhibition activity ［J］. Carbohydrate Polymers, 2011, 83 (2): 973-978.

［40］HUANG S Q, YU Z M, QI C S, et al. Chitosan/organic rectorite nanocomposites rapidly synthesized by microwave irradiation : effects of chitosan molecular weight ［J］. RSC Advances, 2015, 5 (104): 85272-85279.

［41］SHAHID UL I, SHAHID M, MOHAMMAD F. Green chemistry approaches to develop antimicrobial textiles based on sustainable biopolymers-a review ［J］. Industrial & Engineering Chemistry Research, 2013, 52 (15): 5245-5260.

［42］ABDEL M S, EID B M, IBRAHIM N A. Biosynthesized silver nanoparticles for antibacterial treatment of cellulosic fabrics using O_2-plasma ［J］. AATCC Journal of Research, 2014, 1 (1): 6-12.

［43］SI Y, ZHANG Z, WU W, et al. Daylight-driven rechargeable antibacterial and antiviral nanofibrous membranes for bioprotective applications ［J］. Science Advances, 2018, 4 (3): eaar5931.

［44］SUN J F, LI P, GUO L, et al. Catalytic, metal-free sulfonylcyanation of alkenes via visible light organophotoredox catalysis ［J］. Chemical Communications, 2018, 54 (25): 3162-3165.

［45］SUN G. Creating novel functions on textiles by applying organic chemistry ［J］. AATCC Review, 2017, 17 (3): 38-47.

［46］LIU Y, LI L, LI X L, et al. Antibacterial modification of microcrystalline cellulose by grafting copolymerization ［J］. Bioresources, 2016, 11 (1): 519-529.

［47］SHANMUGAM S, XU J T, BOYER C. Photoinduced oxygen reduction for dark polymerization ［J］. Macromolecules, 2017, 50 (5): 1832-1846.

［48］GRUEN H, GOERNER H. Photoreduction of 2-methyl-1-nitro-9, 10-anthraquinone in the presence of 1-phenylethanol ［J］. Photochemical & Photobiological Sciences, 2008, 7 (11): 1344-1352.

［49］LIU N, SUN G. Production of reactive oxygen species by photoactive anthraquinone compounds and their applications in wastewater treatment ［J］. Industrial & Engineering Chemistry Research, 2011, 50 (9): 5326-5333.

［50］ZHU J, SUN G. Facile fabrication of hydrophilic nanofibrous membranes with an immobilized metal-chelate affinity complex for selective protein separation ［J］. ACS Applied Materials & Interfaces,

2014, 6（2）: 925-932.

[51] XU X H, BAI B, WANG H L, et al. Synthesis of human hair fiber-impregnated chitosan beads functionalized with citric acid for the adsorption of lysozyme [J]. RSC Advances, 2017, 7（11）: 6636-6647.

[52] FAN G, GE J L, KIM H Y, et al. Hierarchical porous carbon nanofibrous membranes with an enhanced shape memory property for effective adsorption of proteins [J]. RSC Advances, 2015, 5（79）: 64318-64325.

[53] REZAEI A, NASIRPOUR A, FATHI M. Application of cellulosic nanofibers in food science using electrospinning and its potential risk [J]. Comprehensive Reviews in Food Science and Food Safety, 2015, 14（3）: 269-284.

[54] HARDICK O, DODS S, STEVENS B, et al. Nanofiber adsorbents for high productivity downstream processing [J]. Biotechnology and Bioengineering, 2013, 110（4）: 1119-1128.

[55] WANG H Y, SUN Y, ZHANG S L, et al. Fabrication of high-capacity cation-exchangers for protein chromatography by atom transfer radical polymerization [J]. Biochemical Engineering Journal, 2016, 113: 19-29.

[56] RAJESH S, SCHNEIDERMAN S, CRANDALL C, et al. Synthesis of cellulose-graft-polypropionic acid nanofiber cation-exchange membrane adsorbers for high-efficiency separations [J]. ACS Applied Materials & Interfaces, 2017, 9（46）: 41055-41065.

[57] MA J, WANG X, FU Q, et al. Highly carbonylated cellulose nanofibrous membranes utilizing maleic anhydride grafting for efficient lysozyme adsorption [J]. ACS Applied Materials & Interfaces, 2015, 7（28）: 15658-15666.

[58] WANG X, FU Q, WANG X, et al. In situ cross-linked and highly carboxylated poly（vinyl alcohol）nanofibrous membranes for efficient adsorption of proteins [J]. Journal of Materials Chemistry B, 2015, 3（36）: 7281-7290.

[59] FU Q, WANG X, SI Y, et al. Scalable fabrication of electrospun nanofibrous membranes functionalized with citric acid for high-performance protein adsorption [J]. ACS Applied Materials & Interfaces, 2016, 8（18）: 11819-11829.

[60] PETER K T, VARGO J D, RUPASINGHE T P, et al. Synthesis, optimization, and performance demonstration of electrospun carbon nanofiber-carbon nanotube composite sorbents for point-of-use water treatment [J]. ACS Applied Materials & Interfaces, 2016, 8（18）: 11431-11440.

[61] FAN G, GE J, KIM H-Y, et al. Hierarchical porous carbon nanofibrous membranes with an enhanced shape memory property for effective adsorption of proteins [J]. RSC Advances, 2015, 5（79）: 64318-64325.

[62] YI S X, DAI F Y, MA Y, et al. Ultrafine silk-derived nanofibrous membranes exhibiting effective lysozyme adsorption [J]. ACS Sustainable Chemistry & Engineering, 2017, 5（10）: 8777-8784.

第 10 章　传感用纳米纤维材料

传感器是指能够感应到规定的被测量物并按照一定规律转换成输出信号的器件或装置。根据工作原理的不同，传感器可分为振频式传感器、电阻式传感器、安培式传感器和光电式传感器等[1]。

静电纺纳米纤维膜具有三维立体通孔结构，有利于目标检测物在纤维膜内部快速扩散，同时，纳米纤维比表面积大、易于功能化改性，可为目标检测物的吸附及反应提供丰富的活性位点[2-5]，从而大幅提升传感器的灵敏度、响应速率和检测极限。因此，静电纺纤维膜在高性能传感领域有着巨大的应用前景[6-7]。

10.1　石英晶体微天平传感器

石英晶体微天平（QCM）是一种应用广泛的振频式传感器，能感应敏感元件表面纳克级质量的变化，被称为"纳米秤"[8]。当石英晶体表面沉积物质后，其质量的变化会引起振荡频率发生相应的改变，且频率与压电石英晶体质量成正比。石英晶体的谐振频率和晶体电极表面质量变化之间的关系可由 Sauerbrey 方程表示：

$$\Delta f = -2 f_0^2 \frac{\Delta m}{A \left(\mu_q \rho_q \right)^{\frac{1}{2}}} \tag{10-1}$$

式中：Δf 为石英晶体表面沉积物质后其振动频率的变化量（Hz）；f_0 为晶体的基本频率（Hz）；Δm 为沉积的物质质量（g）；A 为被沉积物所覆盖的面积（cm^2）；μ_q 为石英晶体的剪切模量（Pa）；ρ_q 为石英晶体的密度（g/cm^3）[9, 10]。

在 QCM 电极表面修饰一层可与目标检测物特异性反应的传感功能物质即可制备得到传感材料，当传感膜材料放于含有被测物的测试环境中时，被测物与 QCM 电极表面传感功能物质反应并吸附在其表面，这些物质的吸附会引起 QCM 电极振荡频率的变化，再通过式（10-1）计算出被测物的含量。

10.1.1　QCM 基气体检测用纳米纤维

10.1.1.1　氨气检测

通过将静电纺聚丙烯酸（PAA）/聚乙烯醇（PVA）复合纳米纤维膜沉积到 QCM 电极表面，制备了高灵敏度的氨气传感器[11]，其制备流程如图 10-1 所示。将沉积好纤维膜的 QCM 电极置于真空环境中常温干燥 30min，随后将其放进 QCM 的传感单元中用于检测氨气。

QCM 传感器检测系统示意图如图 10-2 所示。该测试系统主要由 Stanford QCM200

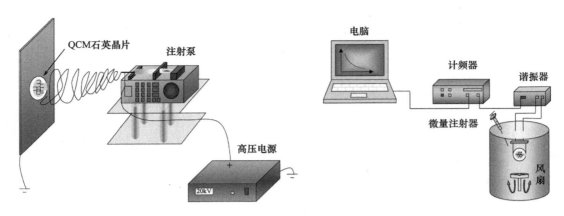

图 10-1　静电纺纳米纤维膜沉积到 QCM　　　图 10-2　QCM 传感器检测系统
　　　　　电极表面过程示意图

测试系统（QCM 电极、振荡器、频率计数器）、PC 机、温湿度计、检测槽和高纯氮气瓶等组成，检测槽通过两个阀门分别与氮气瓶、外界环境相通。将组装有传感材料的 QCM 电极放在容积为 9.42L 的圆筒状测试槽内，整个检测单元被放进恒温恒湿的密闭容器中。QCM 的频率平衡后，每隔一定的时间将不同浓度被检测物的标准液注射进测试槽内，检测槽底部放置有匀速转动的风扇，其产生的气流可加速悬挂在微量注射器针尖的被测物液滴的挥发，同时保持测试槽内各处的气体浓度相等。气体与 QCM 电极表面的传感功能材料产生作用，使谐振器的频率产生变化，待频率稳定后记录下该频率 f 值。此外，可以向槽内通入高纯氮气使气体解吸附。

　　PAA 是一种阴离子聚电解质，能与氨气发生可逆亲核加成反应[12]，因此，氨气可吸附于 QCM 电极表面的 PVA/PAA 复合纳米纤维膜上，使 QCM 谐振频率发生变化，从而实现对氨气的检测，通过 Sauerbrey 公式还可计算出吸附的氨气质量。图 10-3 为传感器对氨气的实时响应曲线，随着复合纳米纤维膜中 PAA 含量的增加，传感器的灵敏度也相应增大。当复合纤维膜中 PAA 的含量分别达到 11%、18%、25%、33% 时，传感器对 50ppm（1ppm=1mg/kg）氨气的响应频率分别为 40Hz、150Hz、240Hz、380Hz。与平滑膜相比，纳米纤维传感膜修饰的 QCM 传感器具有更高的检测灵敏度，但是 PAA/PVA 纳米纤维基 QCM 传感器的检测极限也仅能达到 ppm 数量级。为了进一步提高 QCM 传感器对氨气的检测灵敏度，以低沸点的乙醇作为溶剂，制备了纯 PAA 静电纺纳米纤维膜[13]，PAA 纳米纤维基 QCM 传感器的灵敏度大幅提升，其检测极限可低至 130ppb（1ppb=0.001ppm=0.001mg/kg，下同）。

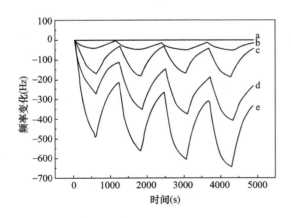

图 10-3　不同 PVA/PAA 比例的纤维膜修饰 QCM
　　　　　传感器对甲醛气体的实时响应
　　a—0 PAA　b—11wt% PAA　c—18wt% PAA
　　d—25wt% PAA　e—33wt% PAA

10.1.1.2　湿度检测

　　通过静电纺丝将 PA6 纳米蛛网沉积在

QCM 电极表面，然后将功能材料聚乙烯亚胺（PEI）滴铸在纤维膜表面，制备得到高灵敏度湿度传感器[14-15]。滴涂改性的方法有效解决了 PEI 可纺性差的问题，也避免了混纺方法导致功能材料被包埋在纤维内部的缺陷，同时滴涂改性不会改变纤维的表观形貌，保留了纤维膜比表面积大的优势，可最大限度地提高传感材料的利用率，增强 QCM 传感器的传感性能。

图 10-4 为修饰前后纳米蛛网的 SEM 图，纳米蛛网以超细纤维为支架，网中纤维的平均直径约为 20nm，比普通静电纺纤维的直径低一个数量级。纳米蛛网材料的超高比表面积、丰富的多孔结构，极大地提升了气体在纤维膜的扩散速率和气体与纤维传感膜的接触机率，有利于传感器性能的提升[16]。

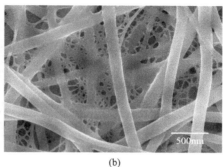

图 10-4 （a）PA6 纳米纤维膜的 SEM 图，插图为高倍 SEM 图；（b）PEI-PA6 纳米纤维膜的 SEM 图

PEI/PA6 纳米蛛网 QCM 传感器检测湿度的原理是基于 PEI 分子中的胺基对水分子的吸附作用。图 10-5（a）为 PEI 加载量对 QCM 传感器响应性能的影响，当 PEI 加载量分别为 0、2000Hz、4000Hz 时，PEI/PA6 修饰的 QCM 传感器对 95% 相对湿度的响应频率分别为 0、1878Hz、3232Hz，随着纳米蛛网表面 PEI 负载量的增多，传感器对湿度的响应增大，这是由于 PEI 加载量的增加为水分子的吸附提供了更多的有效位点。传感器的重复使用性是衡量传感器性能的重要指标，在不同相对湿度下，传感器在 30 天内的频率响应变化小于 6%，如图 10-5（b）所示，因此，PEI/PA6 纤维膜修饰的 QCM 传感器具有良好的重现性和稳定性。

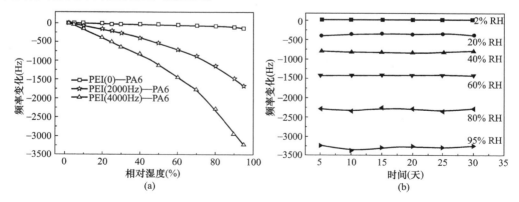

图 10-5 （a）不同纤维膜修饰后的 QCM 传感器响应性能与 PEI 加载量的关系；
（b）QCM 传感器的稳定性能

10.1.1.3 甲醛检测

甲醛是一种广泛应用于化工、医药、建筑、农药、纺织等领域的基本化工原料，含甲醛的材料在使用过程中会逐渐释放出游离的甲醛，对人类健康和环境造成严重的危害。因此，开发选择性好、响应时间短、高灵敏度且可在线实时检测甲醛浓度的传感器就具有重要意义[17]。

将具有高比表面积的多孔聚苯乙烯（PS）静电纺纳米纤维与QCM传感技术相结合，开发了高灵敏甲醛传感器。聚合物浓度是影响纤维膜形貌及孔结构的重要因素之一，以不同浓度PS溶液进行静电纺丝制备出PS纳米纤维膜，并通过PEI改性获得了PEI—PS纳米纤维膜，其SEM图如图10-6所示。从高倍SEM图可以看出，纤维膜内随机分布有珠粒和纤维，珠粒表面有不同大小的孔，珠粒的形成主要是由于纺丝液浓度低、黏度小，使其在电场中拉伸时，高聚物分子链间的缠结度小，不能有效抵抗电场力拉伸作用而发生断裂[18]。由于溶剂快速挥发引起的相分离作用，每个珠粒呈现为多孔结构，多孔结构的形成不仅增加了纤维膜的比表面积，还有利于气体分子在纤维膜内的扩散，进而可大幅提升传感器的性能。随着PS浓度从7wt%增加至13wt%，纤维平均直径从266nm增加至500nm，纤维膜的比表面积从11.67m²/g增大至42.25m²/g。虽然纤维直径的增加会使纤维膜比表面积减小，但是多孔纤维的多级孔结构可增大纤维膜的比表面积，因此，多孔结构是影响PS纤维膜比表面积的主导因素。图10-6（d）~（f）为不同浓度的PS纤维膜经PEI修饰后的SEM图，经PEI修饰后，纤维膜保持了原来的带有珠串纤维的三维立体结构。PEI修饰后纤维间略微粘连，粘连结构可以提高纤维膜与QCM电极的结合力。因此，作为传感材料的PEI已成功吸附于多孔纤维表面且未改变纤维膜的三维立体多孔形貌，并且基于PS多孔纤维载体具有良好的连通性和超高的比表面积，可有效提升传感器的灵敏度。

286

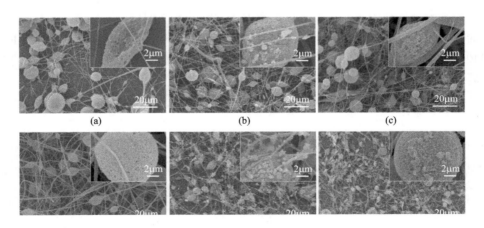

图10-6　不同PS浓度的PS多孔纤维膜SEM图：（a）7wt%，（b）10wt%，（c）13wt%；
不同PS浓度的PEI—PS复合纤维膜SEM图：（d）7wt%，（e）10wt%，（f）13wt%

由于PEI分子中的伯胺基可与甲醛分子发生可逆亲核加成反应，因而所制备的PEI—PS纳米纤维膜修饰的QCM传感器可实现对甲醛气体的检测。图10-7（a）和（b）

为不同 PS 浓度纺丝液制备的 QCM 传感器对甲醛气体的响应曲线，随着 PS 浓度的增加，基于 PEI—PS 复合纳米纤维膜的 QCM 传感器对甲醛的响应性能大幅提升，这与 PEI—PS 复合纳米纤维膜的比表面积变化规律一致。当 PS 浓度为 13wt% 时，PEI—PS 复合纤维修饰的 QCM 传感器对甲醛气体的检测性能最优，其对 3ppm 的低浓度甲醛气体的频移量可达 15Hz。同时，随着 PEI 加载量的增加，传感器对甲醛的频率响应随之增加，PEI 加载量越高频移量越大，当 PEI 的加载量为 6000Hz 时，传感器对 140ppm 甲醛气体的响应频率变化值最大（75Hz），如图 10-7（c）所示。

　　传感器的选择性是评价其实际使用性能的重要指标之一，在相同条件下测试了 PEI—PS 复合纤维膜修饰的 QCM 传感器对 30ppm 有机挥发性气体（VOCs）的响应性能，包括苯、甲苯、丙酮、乙醇、氯仿、三氯甲烷，如图 10-7（d）所示。结果表明，传感器对甲醛的响应频移量可达 16Hz，而对 VOCs 的频移量均低于 2Hz，说明传感器对甲醛气体具有良好的选择性，不容易受环境中其他干扰气体的影响，具有实际应用的潜力。通过调控 PS 纳米纤维膜的形貌结构及 PEI 加载量，PEI—PS 复合多孔纤维膜修饰的 QCM 传感器实现了对 3 ppm 低浓度甲醛气体的选择性检测。

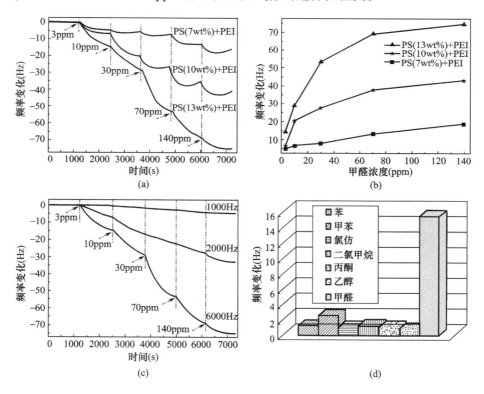

图 10-7　（a）不同 PS 浓度纺丝液制备的 QCM 传感器对甲醛气体的实时响应；（b）QCM 传感器响应与甲醛浓度的关系；（c）不同 PEI 加载量的 PEI—PS 复合纤维膜修饰的 QCM 传感器响应与甲醛浓度的关系；（d）PEI—PS 复合纤维膜修饰的 QCM 传感器选择性测试

　　为了进一步提高甲醛气体传感器的检测极限，通过将多孔 TiO_2 纳米纤维引入 QCM 甲醛传感器的设计中，制备了 PEI—TiO_2 复合纳米纤维基 QCM 传感器。制备流程如下：首先以 PS 为聚合物模板，通过静电纺丝技术制备 PS/TiO_2 杂化纳米纤维；然后，将杂化纳米纤维膜在高温下煅烧，去除有机组分，获得多孔 TiO_2 纳米纤维膜；最后，将 TiO_2 纳米纤维分散到乙二醇中获得均匀的 TiO_2 分散液并滴铸于 QMC 电极表面，待其干燥后将 PEI 溶液滴铸到 TiO_2 纳米纤维表面，构建 PEI—TiO_2 复合纳米多孔纤维膜修饰的 QCM 传感器系统[19]。

TiO_2 纳米纤维由尺寸均一的纳米粒子堆积而成，纤维内部呈现明显的多孔结构，其平均直径约 457nm。经过乙二醇分散后，纤维直径未发生明显的改变，而纤维表面分布着纳米颗粒［图 10-8（a）］，这是由于在搅拌过程中，TiO_2 纳米纤维内部的纳米粒子会随着搅拌引起的涡流从纤维内脱离而堆积到纤维表面所致。TiO_2 纳米纤维的多级孔结构增大了纤维膜的比表面积（$68.72m^2/g$），从而可有效提升传感器的检测灵敏度和响应速度。经 PEI 修饰后，纤维膜保留了原有的三维立体结构且纤维间产生了明显的粘连结构［图 10-8（b）］，因而 PEI 的修饰不仅起到了固定 TiO_2 纳米粒子的作用，还增加了纤维膜与 QCM 电极间的结合牢度，有利于传感膜吸附气体引起的振动的传递，提高传感器的响应速度。

随着 PEI 加载量的增加，PEI—TiO_2 复合纳米纤维膜修饰的 QCM 传感器对甲醛气体的响应频率变化量逐渐增加，如图 10-8（c）所示。当 PEI 加载量为 6600Hz 时，传感器对 1ppm 甲醛气体的响应频移量为 0.8Hz，是加载 2700Hz PEI 时的 3 倍，这主要是由于 PEI 负载量的增加使 TiO_2 纳米纤维表面的吸附活性位点增加。同时，PEI—TiO_2 复合纳米纤维膜修饰的 QCM 传感器对甲醛气体具有优异的选择性，如图 10-8（d）所示。此外，TiO_2 纳米纤维刚性大，使振动在 QCM 电极上快速传递且能耗低，而纳米纤维膜

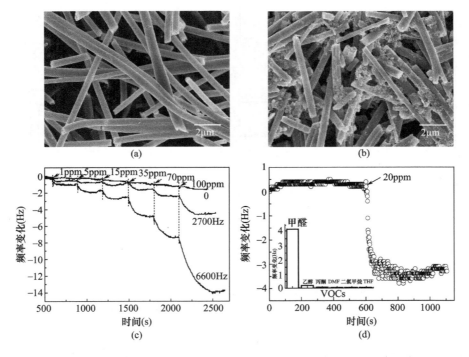

图 10-8 （a）TiO_2 纳米纤维及（b）PEI—TiO_2 复合纳米纤维的 SEM 图；（c）不同 PEI 加载量的 PEI—TiO_2 复合纳米纤维膜修饰的 QCM 传感器对甲醛气体的实时响应；（d）QCM 传感器对 20ppm 甲醛气体的响应性能，插图为传感器对不同 VOCs 的响应性能

的高比表面积和多孔结构也为气体的吸附、扩散提供了有利条件，因此，PEI—TiO$_2$ 复合纳米纤维膜修饰的 QCM 传感器响应速度快，响应时间约为 70s[20]。

二维纳米蛛网具有的超大比表面积、超高孔隙率和多级孔道结构可为气体分子的吸附、扩散、反应提供了丰富的活性位点。在纳米蛛网成型机理研究的基础上，通过静电喷网技术将 PA6 纳米蛛网直接沉积到 QCM 电极表面，随后将稀释的 PEI 溶液滴铸到喷覆有 PA6 纳米蛛网的 QCM 电极表面，完成表面修饰并最终获得基于 PEI 修饰的 PA6（PEI—PA6）纳米蛛网纤维 QCM 传感器[21]。

纳米蛛网材料以普通纳米纤维为支架，通过改变支架纤维直径也可进一步提升纳米蛛网材料的比表面积。当纺丝电压从 20kV 增加至 30kV 时，支架纤维直径从 260nm 降低至 130nm。经 PEI 表面修饰后，纤维膜的形貌并未发生改变，但纤维直径有所增加，如图 10-9 所示，纺丝电压为 20kV 和 30kV 时，PEI—PA6 纳米蛛网材料中支架纤维直径分别为 280nm 和 155nm，表明 PEI 的沉积厚度约为 20nm。同时，表面修饰后纤维间产生了明显的黏结结构，虽然该结构会影响纤维膜的比表面积，但增大了纤维传感膜与 QCM 电极间的结合力，有利于振动的传递和传感器的快速响应。

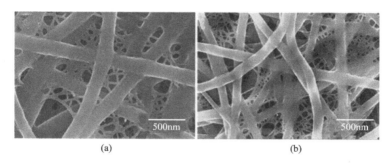

图 10-9　纺丝电压不同时，PEI—PA6 纳米蛛网的 SEM 图：（a）20kV；（b）30kV

与平滑膜修饰的 QCM 传感器相比，基于纳米蛛网的 QCM 传感器具有更好的响应性能［图 10-10（a）］，平滑膜修饰的 QCM 传感器对于 1ppm 甲醛的最大响应频移量为 1.4Hz，而当纺丝电压分别为 20kV 和 30kV 时，PEI—PA6 纳米蛛网膜修饰的 QCM 传感器响应最大频移量分别为 2.4Hz 和 4.0Hz，随着甲醛浓度的增加，QCM 传感器的响应最大频移量也逐渐增加，PEI—PA6（30kV）纳米蛛网膜具有最佳传感性能。这主要是因为其不但具有二维网状结构，同时其较细的支架纤维也使其具有更高的比表面积，从而更有利于甲醛气体的吸附、扩散与反应。

世界卫生组织规定的室内甲醛气体的最低浓度为 80ppb，利用 PEI—PA6 纳米蛛网修饰的 QCM 甲醛传感器对痕量甲醛气体进行了检测。由于现有微量注射器（最高可精确至 0.5μL）难以满足 ppb 级甲醛气体的生成，因此，采用湿度补偿法进行 ppb 级别甲醛气体的生成：利用微量注射器将稀释的甲醛水溶液注射产生甲醛水蒸气并记录响应频移量，随后将甲醛溶液中等量的水注射产生水蒸气并记录响应频移量，两者差值即为甲醛气体引起的频率变化。如图 10-10（b）所示，PEI—PA6 纳米蛛网修饰的 QCM 甲醛传感器的检测极限可低至 50ppb，响应时间约为 100s。基于纳米蛛网的 QCM 甲醛传感器灵敏度高、选择性好、响应速度快，在室内甲醛气体检测领域具有广泛的应用前景。

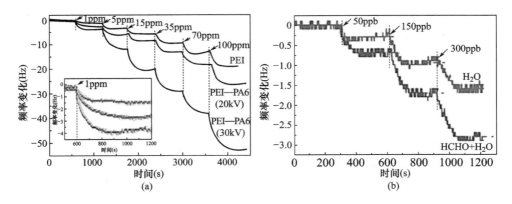

图 10-10 （a）不同纤维膜修饰的 QCM 传感器对甲醛气体的实时响应，插图为低浓度区的放大图；
（b）通过湿度补偿法测试 QCM 传感器对低浓度甲醛气体的响应

10.1.1.4 三甲胺检测

基于三甲胺与 PAA 间的静电吸附作用，将 PAA 纳米蛛网沉积在 QCM 电极表面，制备出能检测环境中低浓度三甲胺气体的传感器[22]。通过向 PAA 溶液中加入 NaCl 可调节纺丝溶液的电导率，使纳米蛛网的覆盖率增大，进而提高纳米纤维材料的比表面积和孔隙率，最终实现灵敏度的提升。图 10-11 为添加不同 NaCl 制备的 PAA 纳米蛛网基 QCM 传感器对三甲胺气体的实时检测曲线，其对 1ppm、10ppm、20ppm、50ppm、100ppm 的三甲胺气体的响应频移量可分别为 30Hz、174Hz、274Hz、507Hz、726Hz。同时，PAA 纳米蛛网修饰的 QCM 传感器对三甲胺气体的响应速度快，180s 即可检测到环境中三甲胺浓度的变化，因而可应用于环境中胺类气体的检测。

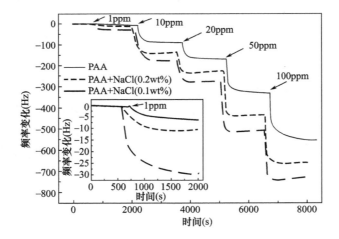

图 10-11 不同 NaCl 加入量的 PAA 纳米蛛网纤维膜修饰的 QCM 传感器对三甲胺气体的实时检测性能，
插图为低浓度区的放大图

10.1.1.5 氯化氢检测

基于在 PA6 纳米蛛网气体传感器方面的研究基础，将 PA6 纳米蛛网膜沉积到 QCM 电极表面，然后将聚苯胺（PANI）溶液滴铸在 PA6 纳米蛛网膜表面，通过 PANI 中的

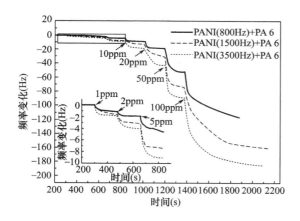

图 10-12　QCM 传感器对氯化氢的响应性与 PANI
加载量的关系，插图为低浓度区的放大图

亚胺氮与氯化氢的质子化反应，构建了
可检测环境中氯化氢气体的纳米蛛网纤
维基 QCM 传感器[23]。随着 PANI 的加
载量逐渐增加，传感器对氯化氢气体的
响应性能逐渐提升，如图 10-12 所示，
这主要是由于 PANI 负载量的提升使纳
米蛛网膜表面的吸附位点增加，从而使
检测灵敏度提升。PA6—PANI 纳米蛛网
膜修饰的 QCM 传感器可实现对环境中
痕量氯化氢气体的实时检测，检测极限
可达 7ppb，同时传感器的响应速度快，
响应时间仅为 50s。此外，利用 PANI 在
酸性和碱性气氛中结构的可逆变化还可
实现传感器的重复利用。

10.1.2　QCM 基重金属离子检测用纳米纤维

废液中的重金属离子不能被微生物降解，只能发生分散或富集，并可通过食物链累
积在生物体内破坏生物的代谢活动，造成一系列的危害[24]。因此，如何快速高效地检
测到水体中重金属离子的含量是环境保护领域的一个重要环节。将静电纺纳米纤维膜修
饰到 QCM 电极表面，随后通过真空溅射、分子自组装技术对其进行改性，制备出灵敏
度高且可重复使用的铜离子[25]和铬离子[26]液相传感器[27-28]。

通过真空溅射技术在沉积有 PS 静电纺纳米纤维膜的 QCM 电极表面修饰金纳米
层，随后利用纳米金与含硫、氮等官能团的反应将传感物质［如 3- 硫基丙酸（MPA）、
PEI］接枝于纳米金表层，这些传感物质可与环境中的重金属离子发生螯合作用形成不
稳定的环状螯合物，因而可实现对溶液中重金属离子的检测，其制备过程如图 10-13
所示[29]。

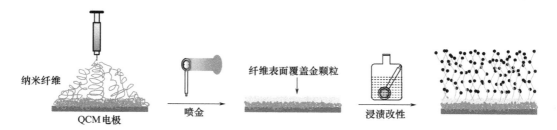

图 10-13　纤维膜修饰 QCM 电极及其改性过程示意图

图 10-14（a）为 MPA—PS 纳米纤维修饰的 QCM 传感器对溶液中不同浓度 Cu^{2+} 的
实时检测曲线，随着 PS 纳米纤维负载量从 521Hz 增加至 978Hz，传感器对 1ppm Cu^{2+}
的响应频移量从 1.8Hz 增大至 8.8Hz；随着 PS 纳米纤维膜的比表面积从 15.62m²/g 增大
至 43.31m²/g，传感器对 1ppm Cu^{2+} 的响应频移量从 2.2Hz 增大至 8.8Hz。最终 MPA—

291

PS 纳米纤维修饰的 QCM 传感器可实现对溶液中 660ppb 的 Cu²⁺ 的检测，响应时间仅为 2~3s。

此外，通过以 PEI 为传感物质，构建了 PEI—PS 纳米纤维膜修饰的 QCM 传感器，实现对溶液中痕量 Cr³⁺ 的实时在线检测，如图 10-14（b）所示。随着溶液中 Cr³⁺ 浓度的增加，传感器的响应频率变化值逐渐增大；随着 PS 纳米纤维和 PEI 负载量的增加，传感器对 Cr³⁺ 的响应频率变化量逐渐增加，且 PS 纳米纤维和 PEI 加载量与相应的频移量间具有良好的线性关系，最终 PEI—PS 纳米纤维膜修饰的 QCM 传感器灵敏度达 0.41Hz/ppb，最低检测可达 5ppb，因而可实现对污染水体中痕量 Cr³⁺ 的高灵敏检测。为 PEI—QCM 传感器对溶液中不同浓度的 Cr³⁺ 的实时检测情况。与 MPA—QCM 一样，Cr³⁺ 检测传感器反应时间短，加载了 980Hz 的纤维膜的 QCM 传感器对浓度为 200ppb 的 Cr³⁺ 检测灵敏度为 427Hz/ppm。

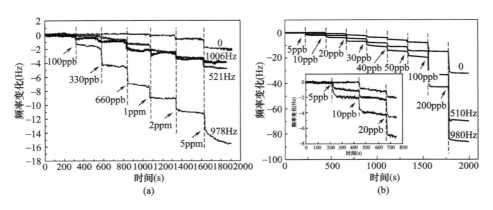

图 10-14 （a）不同 MPA—PS 纤维膜加载量的 QCM 传感器对 Cu²⁺ 的实时检测；（b）不同 PEI—PS 纳米纤维加载量的 QCM 传感器对 Cr³⁺ 的实时检测，插图为低浓度区的放大曲线

10.1.3 QCM 基氯霉素检测用纳米纤维

静电纺纳米纤维膜修饰后的 QCM 基传感器还可用于免疫系统检测[30]，基于前文 10.1.1.5 中 MPA-PS 纳米纤维膜的制备，利用 1-（3- 二甲氨基丙基）-3- 乙基碳二亚胺盐酸盐（EDC）和 N- 羟基琥珀酰亚胺（NHS）对覆盖纳米金层的 MPA—PS 纳米纤维 QCM 电极进行活化处理，随后将传感材料 anti—CAP（一种典型的 IgG 免疫球蛋白抗体）固定于 MPA—PS 纳米纤维表面，利用氯霉素和 anti—CAP 之间抗原抗体的特异性结合制备了高灵敏度的免疫传感器[31]。

如图 10-15（a）所示，随着活化时间的延长，传感器对氯霉素的响应频率变化量先增大后趋于稳定，活化 1h 后 MPA 中的羧基基本活化完成。图 10-15（b）为不同纤维膜加载量的 QCM 免疫传感器对 CAP 的实时检测曲线，1092Hz 的 PS 纤维加载量的 QCM 对 200ppb 的 CAP 频率变化量为 6.5Hz。最终 anti—CAP—MPA—PS 纳米纤维传感器对氯霉素的检测极限可达 5ppb，响应时间仅 2~3s，且对抗生素类药物具有优异的选择性。

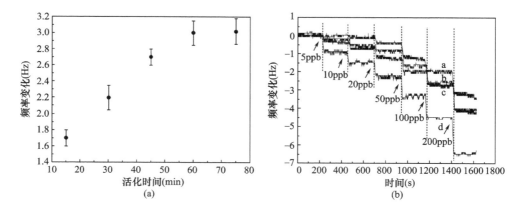

图 10-15 （a）活化时间对传感器灵敏度的影响；（b）不同纤维膜加载量的 QCM 传感器对 CAP 的
实时检测：a 表示未负载 PS 纤维膜；b 表示 PS 纤维膜的负载量为 1108Hz，比表面积为 16m²/g；
c 表示 PS 纤维膜的负载量为 595Hz，比表面积为 43m²/g；
d 表示 PS 纤维膜的负载量为 1092Hz，比表面积为 43m²/g

10.2　颜色传感器

　　纳米纤维基 QCM 传感器可实现对目标物质的高灵敏在线监测，但监测过程较复杂，需借助监测仪器[32]。比色传感器以其操作简单、价格低廉、体积小、选择性好、无需借助昂贵仪器而直接通过裸眼观察就可达到物质识别目的等一系列优点，成为了最有发展前景的检测技术之一[33-34]。

10.2.1　气体检测用比色传感材料

　　利用纳米蛛网材料的超高比表面积，开发了基于 PA6 纳米蛛网纤维的颜色传感膜，并成功应用于甲醛气体的检测。通过浸渍改性方法将甲基黄与硫酸羟胺固定于 PA6 纳米蛛网表面，当传感膜暴露于含有甲醛气体的环境时，纤维膜上附着的硫酸羟胺与甲醛首先反应生成硫酸，硫酸与甲基黄作用并使甲基黄的颜色从黄色变为红色[35]，且随着甲醛浓度的增加，纤维膜的颜色会逐渐加深。经硫酸羟胺和甲基黄修饰后的 PA6 纳米蛛网膜基本保持原有形貌，只是由于经过含甲基黄的处理液浸渍，纤维的直径有所增加，如图 10-16 所示。

　　图 10-17（a）为颜色传感膜对不同浓度甲醛气体响应的紫外—可见光谱图，随着甲醛浓度的增加，550nm 波长处的特征峰的强度逐渐减弱，但反射光强度变化值与甲醛浓度呈非线性关系，即随着浓度的增加，反射光强度先线性递减后趋于平稳。通常，人的肉眼对颜色变化的识别分析能力有限，特别是对于单色光强度的变化。因此，为了进一步定量分析传感膜的颜色变化，可以通过将反射光谱转换成 RGB 值并将实际测试的颜色传感膜与标准颜色做对比，即可获得所检测甲醛的浓度。图 10-17（b）为转化的 RGB 值与甲醛浓度的关系，制备的颜色传感膜的 RGB 参数分别为 194（R），160（G）和 53（B），传感膜呈黄色；随着甲醛浓度的增加，参数 G 和 B 均减小，而参数 R 增加，

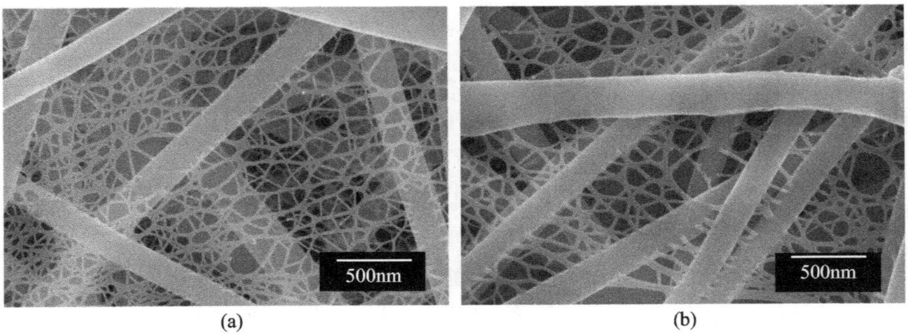

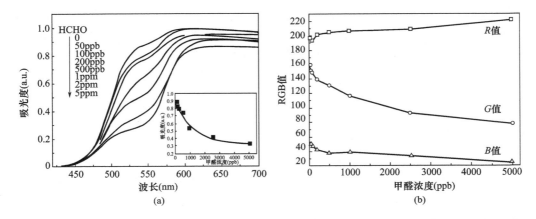

图 10-16 （a）PA6 纳米蛛网的 SEM 图；（b）硫酸羟胺和甲基黄修饰后的 PA6 纳米蛛网的 SEM 图

图 10-17 （a）PA6 纳米蛛网纤维颜色传感膜与不同浓度甲醛气体反应后的光谱图，插图为吸光度与甲醛浓度的关系曲线；（b）传感膜颜色的 RGB 值与甲醛浓度的关系曲线

传感膜的颜色逐渐变红。

　　纳米蛛网纤维传感膜的优异性能主要归因于蛛网的超细直径使得该材料具有超高的比表面积，从而能够为气体吸附提供更多的活性位点。此外，蛛网结构的存在大幅提高了纤维膜的连通性，利于气体在纤维膜内的扩散，进而提升了传感性能[32]。

10.2.2 重金属离子检测用比色传感材料

　　随着近代工业的迅猛发展，全球范围的重金属离子污染日趋严重[36]，对环境中的重金属离子进行检测是治理重金属污染的重要环节。传统重金属离子检测技术存在样品预处理工艺复杂、仪器昂贵需专人操作、检测过程耗时等不足，因此，开发方便快捷且能够快速准确检测重金属离子的方法变得尤为重要[37]。比色分析法作为一种常用的微量物质分析方法，有望很好地满足以上要求，该法将样品试纸的色度与标准比色卡对照，从而读出样品溶液中的待测物质的浓度[38-39]。基于静电纺纳米纤维膜具有的较高比表面积、丰富的孔结构、可控的堆积密度等优点，制备出了可实现裸眼检测的重金属离子（铅离子和汞离子）颜色传感器。

10.2.2.1 铅离子检测

　　以氯金酸为金源，采用柠檬酸钠还原法成功制备出了平均直径为 15.2nm 的金纳米颗粒（Au NPs），并成功将牛血清蛋白（BSA）标记于 Au NPs 表面制成了非团聚型纳米金探针（BAu）。以 PA6/硝化纤维素（NC）复合纳米蛛网膜材料为模板并将 BAu 探针固定于纳米蛛网表面，以二巯基乙醇为遮蔽剂，构筑了高灵敏 Pb^{2+} 颜色传感膜[40]。传感测试表明，纳米蛛网膜可在有效提升纳米金探针固定量的同时，促进了 Pb^{2+} 在纤维膜中的质能传递作用，使得该比色体系对铅的裸眼检测极限为 0.2μM，已能满足现有儿童血铅的检测标准。

图 10-18 为传感膜材料在不同反应时间下与 Pb^{2+} 反应后的光谱图，随着时间增加，传感膜材料的粉色逐渐变淡，最终在 60min 时趋于完全褪色。这主要是基于 Au NPs 在硫代硫酸钠中发生的浸取反应，Au NPs 在溶液中消蚀，颗粒的尺寸逐渐变小，Au NPs 的酒红色变淡，而溶液中的 Pb^{2+} 起到加速浸取反应的效果，因此，随着浸取溶液中 Pb^{2+} 浓度的增加，传感膜材料逐渐褪回最初的白色。此外，BAu 修饰 PA6/NC 纳米蛛网传感材料还有优异的选择性、蛋白质及盐离子耐受度，为其实际应用提供了良好保障。

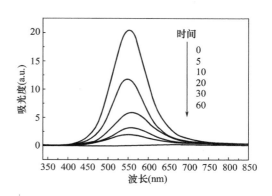

图 10-18　BAu 修饰 PA6/NC 比色材料在不同反应时间下与 Pb^{2+} 反应后的光谱图

上述纳米金检测体系中需使用挥发性大、有刺激性气味的 2-巯基乙醇作为离子遮蔽剂，为此，进一步开发了基于多元醇酯化双炔复合纳米纤维膜的新型 Pb^{2+} 比色体系，将双炔单体的囊泡结构组装于聚丙烯腈（PAN）纳米纤维膜表面构建高灵敏度且可裸眼检测溶液中 Pb^{2+} 的比色传感器[41]。聚双炔是一类含有双炔结构的物质，双炔分子主链上的大 π 共轭结构使其具备优异的电学及光学性质。当两个双炔链排列符合条件时，就会在紫外线或射线的作用下发生聚合生成蓝色的聚双炔，经外界刺激时，聚双炔会再次发生颜色变化。双炔分子另一重要的性质为功能可设计性，在双炔分子中引入不同的功能性基团，聚双炔的显色能力会发生改变。

图 10-19 为颜色传感膜材料的制备过程示意图及相关反应方程式：以 10，12-二十五碳二炔酸（PCDA）、五甘醇（5EG）为原料，通过酯化反应在双炔酸结构中引入了五甘醇端基，制备出了可识别 Pb^{2+} 的双炔单体（PCDA—5EG），随后选取 PAN 为纳米纤维模板材料，将双炔单体掺入聚合物纺丝原液中均匀分散，通过静电纺丝技术得到含有双炔单体的纳米纤维膜并利用紫外光辐照的方法，获得含有聚双炔（PDA）的 PCDA/PDA—5EG@PAN 纳米纤维。基于纳米纤维膜所具有的三维立体结构且孔隙率高、结构可控性好、比表面积大等特点，实现了对 Pb^{2+} 的高灵敏、选择性、裸眼可视化检测。

引入了红蓝相转变系数（CR）作为新的比色响应参数，用来表征比色材料的铅致颜色响应。定义最初的蓝相百分比为 PB_0：

$$PB_0 = \frac{A_{蓝}}{A_{蓝} + A_{红}} \times 100\% \qquad (10-2)$$

式中：A 为比色材料在对应蓝相 645nm 的吸收峰面积（$A_{蓝}$）或红相 550nm 处的吸收峰面积（$A_{红}$）。PB_f 定义为温度 f 下的蓝相百分比，则该温度下用来表示从蓝相到红相转

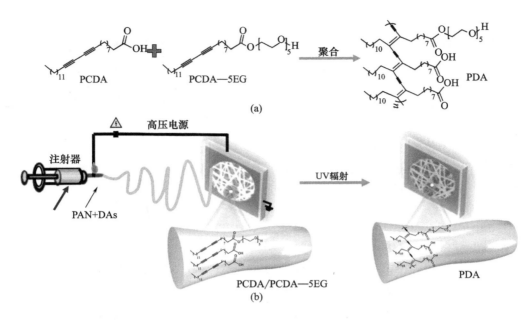

(a)

(b)

图 10-19 （a）PCDA 与 PCDA—5EG 紫外光照聚合过程图；（b）PCDA/PDA—5EG@PAN
纳米纤维组装体制备流程示意图

变程度的 CR：

$$CR（\%）=\frac{PB_0-PB_f}{PB_0}\times100\%\qquad（10-3）$$

利用 CR 值，可对某一温度下比色材料色变程度进行定量表征。

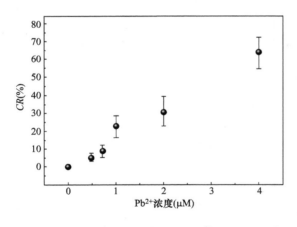

图 10-20 比色材料对不同浓度的 Pb^{2+} 响应的 CR 值

图 10-20 所示为比色材料对不同浓度的 Pb^{2+} 响应的 CR 值，将 PCDA/PDA—5EG@PAN 纳米纤维膜比色材料与不同浓度的 Pb^{2+} 溶液进行反应，反应时间为 30min。随着 Pb^{2+} 浓度的增加，比色材料发生了典型的由蓝到红的转变。在 0.48 到 4μM 的范围内 CR 值与 Pb^{2+} 浓度呈线性相关，线性拟合曲线为 $y=0.47x+15.99$，拟合相关系数 R^2 为 0.97。基于这条相关曲线，可以定量分析未知铅溶液的浓度。且比色材料对 Pb^{2+} 的裸眼检测极限为 0.4μM（$CR=5.1\%$）。

在上述实验结论的基础上，进一步将 SiO_2 纳米颗粒引入到 PCDA 传感膜的结构构筑中，通过提升膜材料的粗糙度与比表面积，以实现传感膜检测性能的有效提升。首先以 PCDA、甘氨酸（Gly）等为原料，通过酯化反应将甘氨酸结构接枝双炔单体合成了一种新的 PCDA—Gly。随后以 PDA—Gly、PAN、SiO_2 纳米颗粒（SiO_2 NPs）为原料制备具有高比表面积的 PDA—Gly/PAN/SiO_2 NPs 复合膜，使得颜色传感器对 Pb^{2+} 具有更强选择性和更高的灵敏度，裸眼检测极限进一步降低[42]。图 10-21（a）~（c）为不同 SiO_2 纳米颗粒添加量的 PDA—Gly/PAN/SiO_2 NPs 纳米纤维复合膜的 SEM 图，相应的复合膜被命名为 $Strip_x$（x 代表的是聚合物混合溶液中 SiO_2 纳米颗粒的含量）。从图中可以看出，在未添加 SiO_2 纳米颗粒的纤维膜中，光滑均匀的纤维随机分布且直径为（133 ± 24）nm。向纺丝液中加入了 SiO_2 纳米颗粒后，原本光滑均匀的纤维变得粗糙，这种粗糙结构是以两种形式存在于纤维表面的，一种是由包裹于纤维内部的 SiO_2 纳米颗粒形成的，另一种是由覆盖于纤维表面的 SiO_2 纳米颗粒形成的。随着 SiO_2 纳米颗粒添加量增加，纤维平均直径降低，分布范围为 53 ~ 108nm，且纤维中的 SiO_2 纳米颗粒出现了团聚现象，复合膜材料也由亲水变为了疏水。

图 10-21（d）为 $Strip_0$，$Strip_{0.5}$ 和 $Strip_{1.0}$ 所对应的 CR 值与 Pb^{2+} 浓度的关系曲线，从图中可以看出，0.24μM 的 Pb^{2+} 不会导致 $Strip_0$ 裸眼可见的颜色变化（$CR = 2.95\%$），但 0.48μM 的 Pb^{2+}（$CR = 8.61\%$）可以使比色材料发生裸眼可见的颜色变化。随着 SiO_2 纳米颗粒的加入，颜色传感器的灵敏度提升，当 $Strip_{0.5}$ 与 0 ~ 3μM Pb^{2+} 溶液反应时，颜色从浅蓝色到红色变化，且裸眼检测极限为 0.24μM，CR 值就可达到 22.05%，远大于人类视觉系统分辨能力的限值。然而，对于 $Strip_{1.0}$ 而言，即使 Pb^{2+} 的浓度提高到 3μM，比色材料的颜色也没有发生明显的变化（$CR = 8.39\%$），这是由于 SiO_2 纳米颗粒含量的增加使比色膜疏水性提高，$Strip_{1.0}$ 比色材料与 Pb^{2+} 之间的相互作用减弱，导致其颜色变化小于 $Strip_{0.5}$。

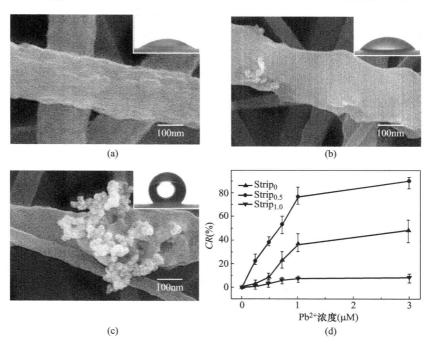

图 10-21　（a）$Strip_0$，（b）$Strip_{0.5}$ 和（c）$Strip_{1.0}$ 的 SEM 图，插图为其水接触角测量图；
（d）$Strip_0$，$Strip_{0.5}$，$Strip_{1.0}$ 所对应的 CR 值与 Pb^{2+} 浓度的关系曲线

在上述 Pb^{2+} 颜色传感材料研究的基础上，以纤维素（DCA）纳米纤维膜为模板，将均苯四甲酸酐（PMDA）接枝在纤维膜表面，吸附与比色过程的实现只需将膜材料夹持于自制简易过滤装置中，经简单的过滤后取出纤维膜，经 Na_2S 溶液滴加显色，同时实现了对 Pb^{2+} 传感检测—吸附处理一体化的功能纤维膜[43]。纤维膜的裸眼检测极限

可达 0.048μM，平衡吸附量为 360.8mg/g。PMDA 可与 DCA 表面的羟基发生酯化反应，PMDA 的酸酐键可水解为羧酸根，这种带有负电荷的羧酸官能团可与污水中的 Pb^{2+} 结合，进而大幅提升纤维素的吸附性能。

图 10-22（a）为过滤不同 pH 的 Pb^{2+} 溶液时，纤维膜在 560nm 处的吸收强度，酸度对于吸附移除过程影响很大，不但会影响金属离子的溶解性，同时，相反电荷离子的浓度还会影响金属离子与吸附比色材料上所带官能团间的络合作用与离子化作用。如图 10-22 所示，除了 pH 为 2 的 Pb^{2+} 溶液以外，其他试样在 560nm 处都出现了吸收峰，证实其他 pH 条件下 DCA—PMDA 纤维膜上形成了硫化铅沉淀。试样的吸收强度逐渐增加并在 pH 为 6 处达到最大值，这是由于当纤维膜表面具有相同的吸附位点时，随着 pH 的增大，溶液中电离的 H_3O^+ 逐渐减少，因而 Pb^{2+} 对于纤维膜表面活性位点的竞争作用被削弱。DCA—PMDA 纤维膜对于不同浓度 Pb^{2+} 的比色响应性如图 10-22（b）所示，当 Pb^{2+} 浓度为 0.048μM 时，比色材料的颜色即可由白变为深黄棕色且整个变化历程裸眼清晰可见。随着浓度的升高，DCA—PMDA 纤维膜在 560nm 处的吸收强度逐渐增加，这也意味着比色材料表面所形成的硫化铅沉淀量在增加。同时，比色材料在 0.24 ~ 5μM 产生的吸收强度与 Pb^{2+} 浓度呈现出良好的线性关系，线性关系曲线为 $y=0.165x+0.019$，R^2 为 0.989。

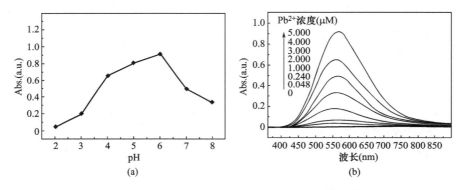

图 10-22 （a）过滤不同 pH 的 Pb^{2+} 溶液时，纤维膜在 560nm 处的吸收强度；
（b）与不同浓度 Pb^{2+} 溶液反应后纤维膜的光谱图

10.2.2.2　汞离子检测

PANI 分子链中含有苯式结构与醌式结构，苯、醌单元比例与其氧化还原状态相关，且在一定条件下可相互转化。PANI 存在三种基本氧化还原状态，当 PANI 分子主链中重复单元间不存在共轭结构时，颜色为白色，为完全还原态（LB）；当 PANI 分子链中为全共轭结构时，颜色为紫色，为完全氧化态（PB）；当分子链呈准平面结构，最为稳定，颜色为蓝色，为本征态（EB）；其中 PANI-EB 可进行质子酸掺杂形成掺杂态 PANI（ES），颜色变为绿色。重金属离子所具有的氧化性可使 PANI 的氧化还原状态发生改变，显示出不同的颜色，从而可实现对重金属离子的检测[44]。如图 10-23 所示，通过静电纺丝制备出 PANI-EB/PVB/PA6 复合纳米纤维膜（PANI-EBNF），随后通过水合肼将 PANI-EB 还原成 PANI-LB 制备得到还原性的 PANI-LBNF 颜色传感膜[45]。当 PANI-LBNF 颜色传感膜与含 Hg^{2+} 的溶液接触时，纤维膜被氧化而发生颜色变化，随着 Hg^{2+} 浓度的增加，纤维膜逐渐由白色变为绿色，最终显示为蓝色。

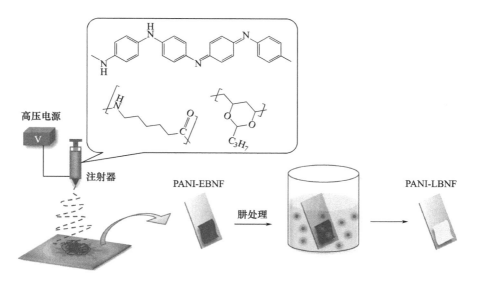

图 10-23　PANI-LBNF 纳米纤维膜的 Hg²⁺ 比色材料构建过程示意图

图 10-24 所示为 PANI-LBNF 颜色传感条对不同浓度 Hg²⁺ 的光学参数值及样本间的色彩差异值。为了更好地说明该比色材料对于不同浓度的 Hg²⁺ 均可产生裸眼可视的颜色变化。将所得到的吸收光谱信息，引入到 CIE L*a*b* 颜色空间中。CIE L*a*b* 颜色空间是当前最通用的测量物体颜色的表征方法之一，广泛应用于颜色的识别。用 L*，a*，b* 这三个值即可表示任何实物样品的颜色[46]。通过将光谱信息读取转化，获得不同浓度检测样本的 L*，a*，b* 值 [图 10-24（a）]。随着 Hg²⁺ 浓度的增加，a* 值逐渐增加，L* 和 b* 逐渐减小，这与比色材料由白色向蓝色的转换有关。根据所读取的各个样本的 L*，a*，b* 值，对不同检测样本间的色差进行了量化分析。所采用的计算准则为欧几里德距离（dC）比较法。计算式为：

$$dC_2 = (L_1^* - L_2^*)^2 + (a_1^* - a_2^*)^2 + (b_1^* - b_2^*)^2 \qquad (10-4)$$

当 dC 大于 1 时，则被认为该色差可被裸眼识别。依据该公式计算相邻样本间的色差值 dC_1（C_x VS. C_0）以及检测样本相对空白样本产生的色差值 dC_2（C_x VS. C_{x-1}）。由图 10-24（b）可以看出，所有浓度点所产生的色差值都大于 1，进一步说明比色材料产生的颜色变化可通过裸眼可视化识别。

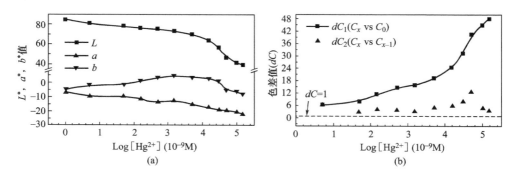

图 10-24　PANI-LBNF 颜色传感条检测不同浓度 Hg²⁺ 的（a）光学参数值；（b）样本间的色彩差异值

10.2.3 维生素 C 检测用比色传感材料

维生素 C 作为一种人体必需营养物质，对机体疾病预防和治疗有着至关重要的作用，但人体不能通过自身新陈代谢合成维生素 C，只能通过饮食或药物摄入。因此，实现日常食品药物中维生素 C 含量的准确测定对保持身体健康、饮食营养、医疗保健等具有十分重要的意义[47]。通过以聚酰胺 66（PA66）为模板材料，制备了具有纳米蛛网结构的 PANI/PA66 复合纳米纤维膜，维生素 C 具有的较强还原性可使氧化态 PANI 还原，从而使 PANI 发生颜色变化实现对维生素 C 的可视化检测。当溶液中维生素 C 浓度从 0 增加到 50ppb 时，PANI/PA66 纤维膜的颜色由红棕色变为深棕色，这是由于维生素 C 氧化过程中释放的电子较少，氧化态 PANI 仅发生少部分还原；当维生素 C 浓度从 50ppb 增加到 1ppm 时，PANI 分子主链上的醌环链段转变为苯环，传感膜由棕色变化为蓝紫色；当维生素 C 的浓度增加至 4ppm 时，氧化态 PANI 被还原为本征态 PANI，传感膜颜色由蓝紫色转变为蓝色；随着维生素 C 的浓度继续增加至 400ppm，氧化态 PANI 被维生素 C 还原为还原态 PANI，纤维膜颜色转变为白绿色。同时，通过纤维膜 R、G、B 值的分析（图 10-25），可实现纤维膜对不同浓度维生素 C 的定量检测。PANI/PA66 纳米蛛网膜的高比表面积使传感膜实现了对溶液中维生素 C 的高灵敏可视化检测，裸眼检测极限可达 50ppb，同时，传感膜还具有良好的选择性和重复使用性[48]。

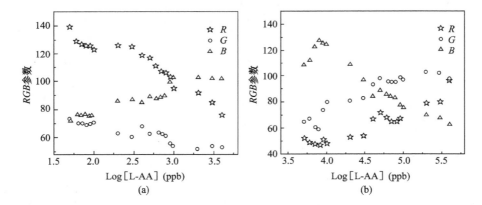

图 10-25　PANI/PA66 颜色传感膜与（a）50ppb ~ 3ppm 和（b）4 ~ 400ppm 浓度区间的维生素 C 反应后纤维膜 RGB 值变化趋势图

10.3　压力传感器

压力传感器是能感应压力信号，并按照一定的规律将压力信号转换成可用输出电信号的器件或装置，它是工业控制、临床医疗、航空航天及军事等领域中应用最广泛的传感器之一[49]。

10.3.1　超弹纳米纤维气凝胶压力传感器

碳基气凝胶因具有导电性好、化学稳定性佳、比表面积大等特点而在传感和电子设备等领域具有潜在应用前景[50-52]。现有的纳米碳基气凝胶主要有富勒烯气凝胶、石墨烯气凝胶、碳纳米管气凝胶和碳纳米带泡沫[53-57]。但是，这些碳源主要来自于不可再生的化石能源，制备过程使用有毒试剂且设备复杂、技术要求高、生产率低下[58-59]。因此，亟需开发可宏量制备、力学性能优异、制备成本低、方法简单环保的碳基气凝胶。

作者以生物质材料魔芋葡甘聚糖（KGM）作为碳源，柔性 SiO_2 纳米纤维为骨架，利用三维网络重构的方法将自然界中资源丰富的 KGM 制备成密度可调、形状大小可变的超弹 SiO_2/C 复合气凝胶（CNFAs）。其制备流程如图 10-26（a）所示，首先结合静电纺丝和溶胶—凝胶法制备出平均直径为 218nm 的 SiO_2 纳米纤维，然后将 SiO_2 纳米纤维（占 KGM 的 20wt%）分散到水中形成均质纳米纤维浆液，随后再将 KGM 粉末和 NaOH（占 KGM 的 1wt%）加入纤维浆液中并进一步搅拌得到分散液，经过真空烘箱脱气后将分散液冷冻成型，随后再通过真空干燥过程制备得到 KGM/SiO_2 纳米纤维复合气凝胶（KNFAs）。为了提高气凝胶的力学性能，将上述 KNFAs 在 90℃加热进行脱乙酰化处理，然后再经过 850℃碳化形成由 SiO_2/C 核—壳结构纳米纤维组成的 CNFAs，最终气凝胶的含碳量为 40wt%。

KGM 分子链由摩尔比为 1/1.6 的葡萄糖（G 单元）和甘露糖（M 单元）按 β-1，4 键连接而成[60]。每条糖链上的 C6 位置连接乙酰基，并且大约每 19 个糖单元有 1 个乙酰基[61]。KGM 分子在热 NaOH 作用下可使分子链上的乙酰基转化为羟基，从而通过强氢键作用使气凝胶具有稳定的黏结结构[62]。并且在随后的碳化过程中，KGM 逐渐分解形成稳定的石墨结构，赋予 CNFAs 弹性回复性。此外，碳化过程会引起气凝胶发生明显的体积收缩，然而，SiO_2 纳米纤维因具有良好的热稳定性，避免了气凝胶产生塌陷，研究发现 SiO_2 纳米纤维含量为 20wt% 时能使 CNFAs 结构保持稳定。

由于冷冻成型的过程伴随着冰晶生长，这也使得纳米纤维构成了高度有序的蜂巢结构，有效提升了材料的结构稳定性。图 10-26（b）~（d）展示了 CNFAs 在两个不

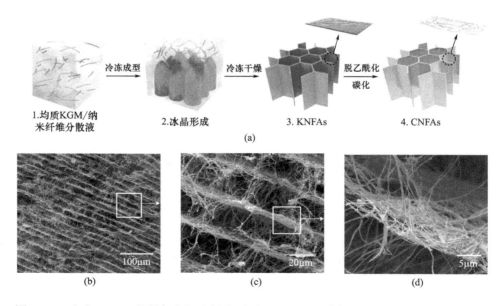

图 10-26　（a）CNFAs 的制备流程示意图；（b）~（d）不同放大倍数下 CNFAs 的 SEM 图

同尺度上三个层级的 SEM 图：胞腔（10 ~ 30μm），纤维腔壁（1 ~ 2μm）和纳米纤维（50 ~ 300nm）。由于纤维上 KGM 的碳化，CNFAs 比 KNFAs 具有更低的黏合性和更高的孔隙率。CNFAs 蜂巢结构的形成机理是：在冷冻成型过程中，溶剂凝固形成冰晶，冰晶生长的前端排挤纳米纤维使纤维聚集在两个冰柱间，纤维间紧密堆叠、相互缠绕，形成三维网络结构，同时，分散液中析出的 KGM 逐渐在纤维表面沉积，均匀包裹在 SiO_2 纳米纤维表面[64-65]，最终经过真空干燥使冰晶直接升华，纤维即形成蜂窝状胞腔结构。

CNFAs 的蜂窝状胞腔结构使其展现出了优异的形状记忆功能和机械稳定性，解决了普通陶瓷气凝胶脆性大、弹性差等缺陷。与蜂窝状结构材料相似，CNFAs 的压缩应力—应变（σ—ε）曲线具有三段明显的形变区域[55-66][图 10-27（a）]：$\varepsilon < 20\%$ 范围的线弹性形变区，该区域的弹性模量为 2.3kPa，主要由纤维腔壁的弹性弯曲引起；$20\% < \varepsilon < 60\%$ 的平台区，记录了纤维腔壁的弹性屈曲；$\varepsilon > 60\%$ 的塑性形变区，在此区域内压缩应力急剧增加，在应变为 80% 时应力最大达到 10.6kPa，优于具有同等密度的其他生物质衍生气凝胶[67]。图 10-27（b）展示了纳米纤维腔壁在压缩过程中发生的反转变化，纤维腔壁在扭曲和反转过程中可以很大程度上吸收压应力，这对于 CNFAs 的弹性回复起着重要作用。

为了进一步说明 CNFAs 具有优异的机械性能，在应变为 50% 条件下对其进行 1000 次压缩循环测试［图 10-27（c）］，从图中可以看出 CNFAs 在 1000 次循环后应变仅为 4.3%，展现出优异的服役性能和耐久性。同时，图 10-27（d）表明 CNFAs 在 1000 次

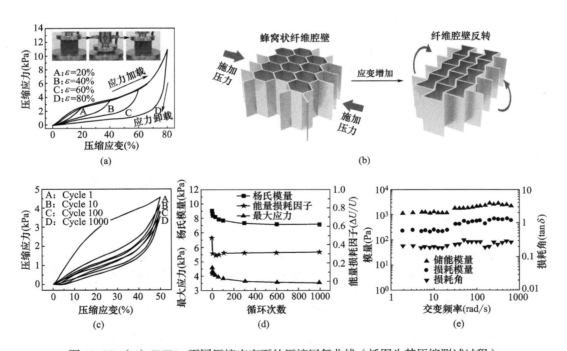

图 10-27 （a）CNFAs 不同压缩应变下的压缩回复曲线（插图为其压缩测试过程）；
（b）气凝胶零泊松比原理示意图；（c）CNFAs 压缩应变 50% 条件下 1000 次循环疲劳测试曲线；
（d）杨氏模量、能量损耗因子和最大应力随压缩循环次数的变化曲线；
（e）CNFAs 在不同交变频率下的储能模量、损耗模量和损耗角

压缩循环测试后，其杨氏模量、能量损耗因子和最大应力仍然保留初始的 75%。此外，CNFAs 良好的结构稳定性也使得其具有稳定的压缩回弹性。如图 10-27（e）所示，当交变频率在 1 ～ 100Hz 变化时，CNFAs 的储能模量、损耗模量及损耗角几乎都保持稳定。同时，气凝胶形变回复速度快，应变最高可达 600%/s，明显高于传统碳气凝胶（< 250%/s），因此，其在受力形变后可快速回复到原来的形状[68-69]。

由于纤维表面包覆了纳米碳层，CNFAs 体现出了优异的导电性。高连续性的碳纳米纤维网络和连通的纤维胞腔结构赋予了 CNFAs 理想的导电传输路径，因而机械性能优良的蜂巢结构材料对微小应力表现出高灵敏的响应性。图 10-28（a）为 CNFAs 和其他生物质气凝胶的电导率（κ）—密度（ρ）曲线，体积密度为 5.2mg/cm^3 的 CNFAs 的 κ 为 0.21 S/cm，优于其他生物质碳气凝胶[70-74]，并且 κ 和 ρ 之间的关系为：$\kappa \approx \rho^{1.4}$。图 10-28（b）为加载和卸载应力时材料的比电阻（R_t/R_0）随 ε（最大 ε 分别为 20%、40%、60% 和 80%）的变化，当施加的 ε 较大时，由于气凝胶中纤维框架堆积更密实，导电通路路程更短，因而气凝胶的 R_t/R_0 变小；当应变减小时，R_t/R_0 又可回复至其初始值。当压缩应变为 80% 时，比电阻线性减少，表明气凝胶在较大压缩应变下胞壁相互接触速度减缓[75]。

CNFAs 优异的压缩回弹性和良好的导电性赋予了材料对微小压力的灵敏感应性能。如图 10-28（c）所示，一颗质量为 105mg 的豌豆（压力约 10Pa）在 CNFAs 传感芯片

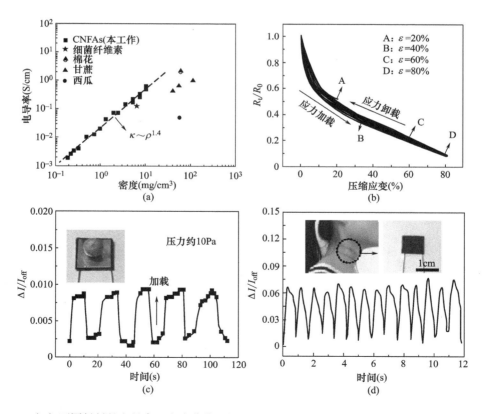

图 10-28　（a）不同材料的电导率—密度曲线；（b）比电阻—压缩应变曲线；（c）CNFAs 对豌豆加载和卸载的响应性能；（d）气凝胶用于监测人颈部脉搏的测试

上重复加载和卸载，在豌豆加载和卸载过程中，可以观察到感应电流呈周期性增大和减小，表明此压力传感器对微小的压力具有很高的灵敏度。为了进一步证明CNFAs在压力传感方面的应用性能，将气凝胶用绷带贴在人体颈部动脉处［图10-28（d）插图］，测试了气凝胶对动脉脉搏跳动的响应性能，图10-28（d）为人体脉搏跳动72次/min条件下，响应电流变化率随时间的变化，证明CNFAs传感器可检测到脉搏的微小改变，其在实时检测人体脉搏领域有着巨大的潜在应用[76]。

10.3.2　超弹纳米纤维水凝胶压力传感器

作为一种质地柔软且高含水性材料，水凝胶因具有良好的刺激响应性、抗污染性以及环境友好性而广泛应用于传感与检测、驱动器及组织工程等多个领域[77-80]。然而现有水凝胶材料因凝胶网络吸水溶胀后形变通常不可回复，导致力学性能较差。因此，亟需开发吸水性高、力学性能好的水凝胶材料。

作者以SiO_2纳米纤维为构筑基元，海藻酸钠为凝胶聚合物，通过三维网络重构和金属离子交联，得到了具有稳定交联网络结构的纳米纤维水凝胶（NFHs）。其制备流程图如图10-29（a）所示，首先采用溶胶—凝胶静电纺丝技术制备柔性SiO_2纳米纤维，纤维平均直径为206nm，然后将其与海藻酸钠共同加入水中制备均质海藻酸钠/SiO_2纳米纤维分散液，海藻酸钠与纤维表面的硅羟基以强氢键结合从而包裹在纤维表面，使相互缠结的SiO_2纳米纤维因斥力作用而分散开来。经过真空脱气后，将分散液置于干冰/丙酮浴中进行冷冻成型，随后再经过真空干燥得到海藻酸钠/SiO_2纳米纤维复合气凝胶（NFAs）。为了进一步使纳米纤维网络结构产生弹性黏结，将NFAs浸入Al^{3+}的水溶

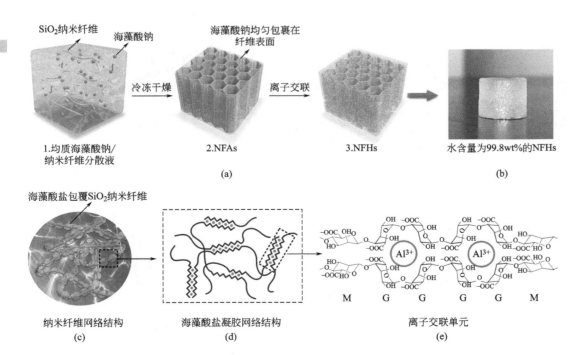

图10-29　（a）NFHs的制备流程示意图；（b）含水量为99.8%NFH的光学照片；（c）～（e）海藻酸钠/SiO_2复合纳米纤维、海藻酸盐凝胶以及离子交联单元形成的三级水合纳米纤维网络

液中使海藻酸钠产生离子交联从而得到 NFHs［图 10-29（b）］[81]，其最高水含量达到 99.8wt%，相应固含量仅为 0.2wt%，水含量远远高于以往报道的水凝胶材料[82]。

NFHs 中的纳米纤维网络结构由包覆有海藻酸钠的 SiO$_2$ 纳米纤维组成［图 10-29（c）］。其中海藻酸盐的分子链由古洛糖醛酸钠（G 单元）和其立体异构体甘露糖醛酸钠（M 单元）按 β-1，4 糖苷键连接而成[83-84]，在水环境中海藻酸钠链上的 G 单元可以被多价金属离子进行离子交联（如 Al^{3+}），从而在水中形成凝胶网络[85]，如图 10-29（d）和（e）所示。经铝离子交联后形成不溶于水的海藻酸铝凝胶，从而使纤维水凝胶具有良好的机械性能和弹性。然而离子交联过程中，由于毛细吸水力作用会引起海藻酸铝凝胶体积收缩，而机械性能稳定的 SiO$_2$ 纳米纤维可以避免收缩。实验发现 30wt%（相对于固含量）的 SiO$_2$ 纳米纤维即可保证 NFHs 体积不收缩。所制备的 NFHs 在微观尺度上具有高度有序的蜂窝状胞腔结构，图 10-30（a）～（c）展示了 NFHs 在不同放大倍数的 SEM 图：胞腔（10 ～ 30μm），纤维腔壁（1 ～ 2μm）和纳米纤维（100 ～ 200nm）。

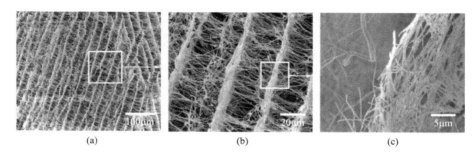

图 10-30　NFHs 在不同放大倍数下的纤维多级孔结构 SEM 图

NFHs 独特的蜂窝状胞腔结构使材料具有优异的形状记忆功能，解决了现有水凝胶材料脆性大、弹性差等问题。在水环境下 NFHs 表现出稳定的机械性能，能承受很大程度的压缩而不出现裂痕。图 10-31（a）为 NFHs 在不同压缩应变下的 σ—ε 曲线，其展现了胞腔网络结构的三段明显形变区域[55-66]：$\varepsilon < 12\%$ 为线弹性或虎克弹性区，$12\% < \varepsilon < 60\%$ 为平台区，以及 $\varepsilon > 60\%$ 为塑性形变区，此区域应力急剧增加。当 $\varepsilon > 80\%$ 时比应力最大为 1.13kPa/cm^3，显著优于具有相同水含量的其他水凝胶材料。为了进一步证明 NFHs 具有优异的力学性能，在应变为 50% 条件下对其进行 1000 次压缩循环测试［图 10-31（b）］，结果表明 100 次循环后 NFHs 的塑性形变仅为 4.6%，1000 次循环后塑性形变仅为 9.5%，展现出了优异的服役性能和耐久性。

图 10-31（c）为 NFHs 和其他水凝胶的电导率（κ）—固含量（η）曲线，测试得到 η 为 1wt% 时 NFHs 的 κ 为 1.85 S/cm，优于具有相同水含量的其他水凝胶，且其 κ 与 $\eta^{0.65}$ 成正比[86-90]。图 10-31（d）为材料电流与压缩应变的函数关系，最大应变分别为 20%、40%、60% 和 80%，当施加的应变增大时，由于 NFHs 中纤维框架堆积更密实，导电通路路程更短，使 NFHs 的电流增大；当应变减小时，电流又可回复至其初始值，由于纳米纤维腔壁的弯曲和反转，该曲线可分为斜率不同的两个阶段[51]。从图中可以看出加载应变分别为 20%、40%、60% 和 80% 时，电流分别增加了 27%、62%、134% 和 370%，并且通过将 NFHs 与一个 6V 的电路相连接，产生的电导率能点亮一个发光

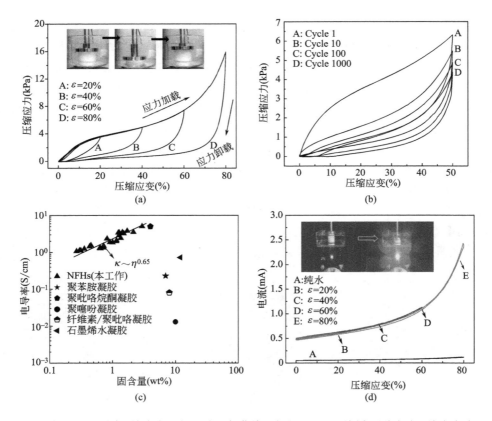

图 10-31 （a）NFHs 不同压缩应变下的压缩回复曲线；（b）NFHs 压缩循环测试（压缩应变为 50%）；（c）不同材料的电导率—固含量曲线；（d）NFHs 和纯水的电流—压缩应变曲线，插图表示随着压缩应变的增加灯泡变亮

二极管（LED），且 LED 的亮度随着水凝胶的压缩和回复而变化［图 10-31（d）插图］。

10.4　总结与展望

　　静电纺纳米纤维因比表面积大、易于功能化改性等优点在传感器领域具有巨大的应用潜力，本章主要介绍了静电纺纳米纤维在 QCM 传感、颜色比色传感、压力传感方面的应用研究。首先，通过对 QCM 电极表面修饰功能化纳米纤维制备了高灵敏 QCM 传感器；随后，以静电纺纳米纤维膜为模板固定传感显色功能物质制备了可实现裸眼检测的颜色传感器；最后，通过三维网络重构的方法将静电纺纳米纤维制备成了具有胞腔结构的超弹高灵敏气凝胶和水凝胶压力传感器。

　　尽管静电纺纳米纤维材料在传感方面已取得了很大的进展，但仍面临许多挑战。首先，在 QCM 传感检测方面，虽然目前已将多孔结构、纳米蛛网结构的纤维膜应用于传感器，并显著提高了其检测灵敏度。但随着人们对生活质量以及传感检测灵敏度要求的不断提高，未来需基于静电纺纳米纤维结构可调性好的优势，开发具有螺旋、中空结构等比表面积高的纳米纤维传感材料以进一步提升 QCM 的检测灵敏性。在颜色传感方面，目前所制备的静电纺纳米纤维传感比色条热稳定性差、适配的聚合物种类有限。因此，未来的研究重点将是探索新型的、具有高摩尔吸光系数且稳定性好的显色物质，以拓展可用于构建比色传感膜的聚合物纳米纤维材料的种类范围。在纳米纤维气凝胶及水凝胶压力传感方面，目前所制备的压力传感材料均是以 SiO_2 纳米纤维为构筑基元，原料范围还需进一步拓展。此外，SiO_2 基纳米纤维气凝胶虽然具有优异的压缩回弹性，但是其拉伸、剪切性能仍需进一步优化提升。

参考文献

［1］刘虎威. 静电纺丝传感界面［J］. 分析化学，2018（4）：156-157.

［2］CAO F，HUANG Y，WANG F，et al. A high-performance electrochemical sensor for biologically meaningful L-cysteine based on a new nanostructured L-cysteine electrocatalyst［J］. Analytica Chimica Acta，2018，10（19）：103-110.

［3］BAI S，FU H，ZHAO Y，et al. On the construction of hollow nanofibers of ZnO-SnO₂ heterojunctions to enhance the NO₂ sensing properties［J］. Sensors and Actuators B-Chemical，2018，266：692-702.

［4］FOROUSHANI F T，TAVANAI H，RANJBAR M，et al. Fabrication of tungsten oxide nanofibers via electrospinning for gasochromic hydrogen detection［J］. Sensors and Actuators B-Chemical，2018，268：319-327.

［5］ZHANG J，LU H，YAN C，et al. Fabrication of conductive graphene oxide-WO₃ composite nanofibers by electrospinning and their enhanced acetone gas sensing properties［J］. Sensors and Actuators B-Chemical，2018，264：128-138.

［6］GAO W，HARATIPOUR P，KAHKHA M R R，et al. Ultrasound-electrospinning-assisted fabrication and sensing evaluation of a novel membrane as ultrasensitive sensor for copper（Ⅱ）ions detection in aqueous environment［J］. Ultrasonics Sonochemistry，2018，44：152-161.

［7］PARSAEE Z. Electrospun nanofibers decorated with bio-sonochemically synthesized gold nanoparticles as an ultrasensitive probe in amalgam-based mercury（Ⅱ）detection system［J］. Ultrasonics Sonochemistry，2018，44：24-35.

［8］GRIFFIN J M，FORSE A C，TSAI W Y，et al. In situ NMR and electrochemical quartz crystal microbalance techniques reveal the structure of the electrical double layer in supercapacitors［J］. Nature Materials，2015，14（8）：812-818.

［9］REVIAKINE I，JOHANNSMANN D，RICHTER R P. Hearing what you cannot see and visualizing what you hear：interpreting quartz crystal microbalance data from solvated interfaces［J］. Analytical Chemistry，2011，83（23）：8838-8848.

［10］EREN T，ATAR N，YOLA M L，et al. A sensitive molecularly imprinted polymer based quartz crystal microbalance nanosensor for selective determination of lovastatin in red yeast rice［J］. Food Chemistry，2015，185：430-436.

［11］DING B，KIM J H，MIYAZAKI Y，et al. Electrospun nanofibrous membranes coated quartz crystal microbalance as gas sensor for NH₃ detection［J］. Sensors and Actuators B-Chemical，2004，101（3）：373-380.

［12］WANG J W，CHEN C Y，KUO Y M. Chitosan-poly（acrylic acid）nanofiber networks prepared by the doping induction of succinic acid and its ammonia-response studies［J］. Polymers for Advanced Technologies，2008，19（9）：1343-1452.

［13］DING B，YAMAZAKI M，SHIRATORI S. Electrospun fibrous polyacrylic acid membrane-based gas sensors [J]. Sensors and Actuators B-Chemical, 2005, 106 (1): 477-483.

[14] WANG X F, DING B, YU J Y, et al. Quartz crystal microbalance-based nanofibrous membranes for humidity detection: theoretical model and experimental verification [J]. International Journal of Nonlinear Sciences and Numerical Simulation, 2010, 11 (7): 509-515.

[15] WANG X, DING B, YU J, et al. Highly sensitive humidity sensors based on electro-spinning/netting a polyamide 6 nano-fiber/net modified by polyethyleneimine [J]. Journal of Materials Chemistry, 2011, 21 (40): 16231-16238.

[16] DING B, LI C R, MIYAUCHI Y, et al. Formation of novel 2D polymer nanowebs via electrospinning [J]. Nanotechnology, 2006, 17 (15): 3685-3691.

[17] 王先锋. 静电纺纤维膜的结构调控及其在甲醛传感器中的应用研究 [D]. 上海：东华大学, 2012.

[18] LIN J Y, DING B, YU J Y, et al. Direct fabrication of highly nanoporous polystyrene fibers via electrospinning [J]. ACS Applied Materials & Interfaces, 2010, 2 (2): 521-528.

[19] WANG X, CUI F, LIN J, et al. Functionalized nanoporous TiO_2 fibers on quartz crystal microbalance platform for formaldehyde sensor [J]. Sensors and Actuators B-Chemical, 2012, 171: 658-665.

[20] BUVAILO A I, XING Y J, HINES J, et al. TiO_2/LiCl-based nanostructured thin film for humidity sensor applications [J]. ACS Applied Materials & Interfaces, 2011, 3 (2): 528-533.

[21] DING B, WANG X, YU J, et al. Polyamide 6 composite nano-fiber/net functionalized by polyethyleneimine on quartz crystal microbalance for highly sensitive formaldehyde sensors [J]. Journal of Materials Chemistry, 2011, 21 (34): 12784-12792.

[22] WANG X, DING B, YU J, et al. Electro-netting: Fabrication of two-dimensional nano-nets for highly sensitive trimethylamine sensing [J]. Nanoscale, 2011, 3 (3): 911-915.

[23] WANG X, WANG J, SI Y, et al. Nanofiber-net-binary structured membranes for highly sensitive detection of trace HCl gas [J]. Nanoscale, 2012, 4 (23): 7585-7592.

[24] MIRMOHSENI A, OLADEGARAGOZE A. Detection and determination of Cr-VI in solution using polyaniline modified quartz crystal electrode [J]. Journal of Applied Polymer Science, 2002, 85 (13): 2772-2780.

[25] SUN M, DING B, YU J, et al. Self-assembled monolayer of 3-mercaptopropionic acid on electrospun polystyrene membranes for Cu^{2+} detection [J]. Sensors and Actuators B-Chemical, 2012, 161 (1): 322-328.

[26] SUN M, DING B, YU J. Sensitive metal ion sensors based on fibrous polystyrene membranes modified by polyethyleneimine [J]. RSC Advances, 2012, 2 (4): 1373-1378.

[27] 孙敏. QCM 基静电纺纳米纤维传感器检测液体中微量有害物质的研究 [D]. 上海：东华大学, 2012.

[28] ETORKI A M, HILLMAN A R, RYDER K S, et al. Quartz crystal microbalance determination of trace metal ions in solution [J]. Journal of Electroanalytical Chemistry, 2007, 599 (2): 275-287.

[29] DING B, LI C R, FUJITA S, et al. Layer-by-layer self-assembled tubular films containing polyoxometalate on electrospun nanotibers [J]. Colloids and Surfaces A-Physicochemical and Engineering Aspects, 2006, 284: 257-262.

[30] ART J F, VANDER S A, DUPONT C C. Immobilization of aluminum hydroxide particles on quartz crystal microbalance sensors to elucidate antigen-adjuvant interaction mechanisms in vaccines [J]. Analytical Chemistry, 2018, 90 (2): 1168-1176.

[31] SUN M, DING B, LIN J, et al. Three-dimensional sensing membrane functionalized quartz crystal microbalance biosensor for chloramphenicol detection in real time [J]. Sensors and Actuators B-Chemical, 2011, 160 (1): 428-434.

［32］DING B，WANG X F，YU J Y，et al. Polyamide 6 composite nano-fiber/net functionalized by polyethyleneimine on quartz crystal microbalance for highly sensitive formaldehyde sensors［J］. Journal of Materials Chemistry，2011，21（34）：12784-12792.

［33］WANG X，SI Y，MAO X，et al. Colorimetric sensor strips for formaldehyde assay utilizing fluoral-p decorated polyacrylonitrile nanofibrous membranes［J］. Analyst，2013，138（17）：5129-5136.

［34］李彦. 静电纺纳米纤维基铅离子比色传感膜的结构设计与性能优化研究［D］. 上海：东华大学，2015.

［35］WANG X，SI Y，WANG J，et al. A facile and highly sensitive colorimetric sensor for the detection of formaldehyde based on electro-spinning/netting nano-fiber/nets［J］. Sensors and Actuators B-Chemical，2012，163（1）：186-193.

［36］FERHAN A R，GUO L H，ZHOU X D，et al. Solid-phase colorimetric sensor based on gold nanoparticle-loaded polymer brushes：lead detection as a case study［J］. Analytical Chemistry，2013，85（8）：4094-4099.

［37］ARAGAY G，PONS J，MERKOCI A. Recent trends in macro-，micro-，and nanomaterial-based tools and strategies for heavy-metal detection［J］. Chemical Reviews，2011，111（5）：3433-3458.

［38］LEE Y F，DENG T W，CHIU W J，et al. Visual detection of copper（II）ions in blood samples by controlling the leaching of protein-capped gold nanoparticles［J］. Analyst，2012，137（8）：1800-1806.

［39］QI L，SHANG Y，WU F Y. Colorimetric detection of lead（II）based on silver nanoparticles capped with iminodiacetic acid［J］. Microchimica Acta，2012，178（1-2）：221-227.

［40］LI Y，SI Y，WANG X，et al. Colorimetric sensor strips for lead（II）assay utilizing nanogold probes immobilized polyamide-6/nitrocellulose nano-fibers/nets［J］. Biosensors & Bioelectronics，2013，48：244-250.

［41］LI Y，WANG L，YIN X，et al. Colorimetric strips for visual lead ion recognition utilizing polydiacetylene embedded nanofibers［J］. Journal of Materials Chemistry A，2014，2（43）：18304-18312.

［42］LI Y，WANG L，WEN Y，et al. Constitution of a visual detection system for lead（II）on polydiacetylene-glycine embedded nanofibrous membranes［J］. Journal of Materials Chemistry A，2015，3（18）：9722-9730.

［43］LI Y，WEN Y，WANG L，et al. Simultaneous visual detection and removal of lead（II）ions with pyromellitic dianhydride-grafted cellulose nanofibrous membranes［J］. Journal of Materials Chemistry A，2015，3（35）：18180-18189.

［44］KHUSPE G D，BANDGAR D K，SEN S，et al. Fussy nanofibrous network of polyaniline（PANI）for NH_3 detection［J］. Synthetic Metals，2012，162（21-22）：1822-1827.

［45］SI Y，WANG X，LI Y，et al. Optimized colorimetric sensor strip for mercury（II）assay using hierarchical nanostructured conjugated polymers［J］. Journal of Materials Chemistry A，2014，2(3)：645-652.

［46］DING B，SI Y，WANG X，et al. Label-free ultrasensitive colorimetric detection of copper（II）ions utilizing polyaniline/polyamide-6 nano-fiber/net sensor strips［J］. Journal of Materials Chemistry，2011，21（35）：13345-13353.

［47］NOJAVAN S，KHALILIAN F，KIAIE F M，et al. Extraction and quantitative determination of ascorbic acid during different maturity stages of Rosa canina L. fruit［J］. Journal of Food Composition and Analysis，2008，21（4）：300-305.

［48］WEN Y，LI Y，SI Y，et al. Ready-to-use strip for L-ascorbic acid visual detection based on polyaniline/polyamide 66 nano-fibers/nets membranes［J］. Talanta，2015，144：1146-1154.

［49］盛伟光. $BiFeO_3$ 纳米纤维压电式压力传感器的研究［D］. 北京：北方工业大学，2016.

［50］ZHENG X，LEE H，WEISGRABER T H，et al. Ultralight，ultrastiff mechanical metamaterials ［J］. Science，2014，344（6190）：1373-1377.

［51］ZHU C，HAN Y J，DUOSS E B，et al. Highly compressible 3D periodic graphene aerogel microlattices［J］. Nature Communications，2015，6：6962.

［52］LANGNER M，AGARWAL S，BAUDLER A，et al. Large multipurpose exceptionally conductive polymer sponges obtained by efficient wet - chemical metallization［J］. Advanced Functional Materials，2015，25（39）：6182-6188.

［53］MECKLENBURG M，SCHUCHARDT A，MISHRA Y K，et al. Aerographite：ultra lightweight，flexible nanowall，carbon microtube material with outstanding mechanical performance［J］. Advanced Materials，2012，24（26）：3486-3490.

［54］PENG Q，LI Y，HE X，et al. Graphene nanoribbon aerogels unzipped from carbon nanotube sponges［J］. Advanced Materials，2014，26（20）：3241-3247.

［55］QIU L，LIU J Z，CHANG S L，et al. Biomimetic superelastic graphene-based cellular monoliths ［J］. Nature Communications，2012，3：1241.

［56］SUN H，XU Z，GAO C. Multifunctional，ultra-flyweight，synergistically assembled carbon aerogels［J］. Advanced Materials，2013，25（18）：2554-2560.

［57］LI B，JIANG B，FAUTH D J，et al. Innovative nano-layered solid sorbents for CO_2 capture［J］. Chemical Communications，2011，47（6）：1719-1721.

［58］YO K，YANG Y，YUE H，et al. Gold nanoparticle-enhanced and size-dependent generation of reactive oxygen species from protoporphyrin［J］. ACS Nano，2012，6（3）：1939-1947.

［59］WU Z Y，LIANG H W，CHEN L F，et al. Bacterial cellulose：a robust platform for design of three dimensional carbon-based functional nanomaterials［J］. Accounts of Chemical Research，2015，49（1）：96-105.

［60］SHULAN Y，LIN M S，CHEN H L. Partial hydrolysis enhances the inhibitory effects of konjac glucomannan from Amorphophallus konjac C. Koch on DNA damage induced by fecal water in Caco-2 cells［J］. Food Chemistry，2010，119（2）：614-618.

［61］WANG S，WU X，WANG Y，et al. Dissolution behavior of deacetylated konjac glucomannan in aqueous potassium thiocyanate solution at low temperature［J］. RSC Advances，2014，4（42）：21918-21923.

［62］LI Z，SU Y，XIE B，et al. A novel biocompatible double network hydrogel consisting of konjac glucomannan with high mechanical strength and ability to be freely shaped［J］. Journal of Materials Chemistry B，2015，3（9）：1769-1778.

［63］SI Y，WANG X，YAN C，et al. Ultralight biomass-derived carbonaceous nanofibrous aerogels with superelasticity and high pressure-sensitivity［J］. Advanced Materials，2016，28（43）：9512-9518.

［64］SI Y，YU J，TANG X，et al. Ultralight nanofibre-assembled cellular aerogels with superelasticity and multifunctionality［J］. Nature Communications，2014，5：5802.

［65］DEVILLE F. Casting of porous ceramics：a review of current achievements and issues［J］. Advanced Engineering Materials，2010，10（3）：155-169.

［66］KIM K H，OH Y，ISLAM M F. Graphene coating makes carbon nanotube aerogels superelastic and resistant to fatigue［J］. Nature Nanotechnology，2012，7（9）：562.

［67］WHITE R J，BRUN N，BUDARIN V L，et al. Always look on the "light" side of life：sustainable carbon aerogels［J］. Chemsuschem，2014，7（3）：670-689.

［68］LIANG H W，GUAN Q F，CHEN L F，et al. Macroscopic-scale template synthesis of robust carbonaceous nanofiber hydrogels and aerogels and their applications［J］. Angewandte Chemie International Edition，2012，51（21）：5101-5105.

［69］WICKLEIN B，KOCJAN A，SALAZAR A G，et al. Thermally insulating and fire-retardant lightweight anisotropic foams based on nanocellulose and graphene oxide［J］. Nature Nanotechnology，2015，10（3）：277.

［70］CHENG P，LI T，YU H，et al. Biomass derived carbon fiber aerogel as a binder free electrode for high rate supercapacitors［J］. Journal of Physical Chemistry C，2016，120（4）：2079-2086.

［71］LI Y Q，SAMAD Y A，POLYCHRONOPOULOU K，et al. Carbon aerogel from winter melon for highly efficient and recyclable oils and organic solvents absorption［J］. ACS Sustainable Chemistry & Engineering，2014，2（6）：1492-1497.

［72］LI Y Q，SAMAD Y A，POLYCHRONOPOULOU K，et al. Lightweight and highly conductive aerogel-like carbon from sugarcane with superior mechanical and emi shielding properties［J］. ACS Sustainable Chemistry & Engineering，2015，3（7）：1419-1427.

［73］WU X L，WEN T，GUO H L，et al. Biomass derived sponge like carbonaceous hydrogels and aerogels for supercapacitors［J］. ACS Nano，2013，7（4）：3589-3597.

［74］WU Z Y，LI C，LIANG H W，et al. Ultralight，flexible，and fire - resistant carbon nanofiber aerogels from bacterial cellulose［J］. Angewandte Chemie International Edition，2013，52（10）：2925-2929.

［75］ZHANG Q，XU X，LIN D，et al. Hyperbolically patterned 3D graphene metamaterial with negative poisson's ratio and superelasticity［J］. Advanced Materials，2016，28（11）：2229-2237.

［76］SI Y，WANG X，YAN C，et al. Ultralight biomass derived carbonaceous nanofibrous aerogels with superelasticity and high pressure sensitivity［J］. Advanced Materials，2016，28（43）：9512-9518.

［77］KOUWER P H J，KOEPF M，SAGE V A A L，et al. Responsive biomimetic networks from polyisocyanopeptide hydrogels［J］. Nature，2013，493（7434）：651.

［78］KAMATA H，AKAGI Y，KAYASUGAKARIYA Y，et al."Nonswellable" hydrogel without mechanical hysteresis［J］. Science，2014，343（6173）：873.

［79］HONG S，SYCKS D，CHAN H F，et al. 3D printing of highly stretchable and tough hydrogels into complex，cellularized structures［J］. Advanced Materials，2015，27（27）：4035-4040.

［80］BURDICK J A，MURPHY W L. Moving from static to dynamic complexity in hydrogel design［J］. Nature Communications，2012，3：1269.

［81］SI Y，WANG L，WANG X，et al. Ultrahigh water content，superelastic，and shape-memory nanofiber-assembled hydrogels exhibiting pressure-responsive conductivity［J］. Advanced Materials，2017，29（24）：1700339.

［82］WANG Q，MYNAR J L，YOSHIDA M，et al. High water content mouldable hydrogels by mixing clay and a dendritic molecular binder［J］. Nature，2010，463（7279）：339-343.

［83］SUN J Y，ZHAO X，ILLEPERUMA W R K，et al. Highly stretchable and tough hydrogels［J］. Nature，2012，489（7414）：133.

［84］LEE K Y，MOONEY D J. Alginate：properties and biomedical applications［J］. Progress in Polymer Science，2012，37（1）：106.

［85］CHANG Y W，HE P，MARQUEZ S M，et al. Uniform yeast cell assembly via microfluidics［J］. Biomicrofluidics，2012，6（2）：241180-241189.

［86］SHI Z，GAO H，FENG J，et al. In situ synthesis of robust conductive cellulose/polypyrrole composite aerogels and their potential application in nerve regeneration［J］. Angewandte Chemie International Edition，2014，53（21）：5380-5384.

［87］PAN L，YU G，ZHAI D，et al. Hierarchical nanostructured conducting polymer hydrogel with high electrochemical activity［J］. Proceedings of the National Academy of Sciences of the United States of America，2012，109（24）：9287.

［88］KISHI R，HIROKI K，TOMINAGA T，et al. Electro conductive double network hydrogels［J］.

Journal of Polymer Science Part B Polymer Physics, 2012, 50 (11): 790-796.

[89] DISPENZA C, PRESTI C L, BELFIORE C, et al. Electrically conductive hydrogel composites made of polyaniline nanoparticles and poly (N -vinyl-2-pyrrolidone) [J]. Polymer, 2006, 47 (4): 961-971.

[90] ZHOU H, YAO W, LI G, et al. Graphene/poly (3, 4-ethylenedioxythiophene) hydrogel with excellent mechanical performance and high conductivity [J]. Carbon, 2013, 59 (4): 495-502.

第 11 章 能量存储与转换用纳米纤维材料

随着现代化工业进程的快速发展和全球人口的急剧增加，地球能源急剧消耗，对于太阳能、风能、潮汐能、地热能等新型清洁能源的开发和利用迫在眉睫，而对这些能源利用的关键是能量存储与转换技术[1-3]。此外，科学技术的不断革新，便携式电子器件（如智能手机、植入式医疗设备）及电动汽车等不断发展，这些设备对电能存储与转换装置提出了更高的供能要求[4-5]。目前发展最快的四种能量存储与转换装置为锂离子电池、超级电容器、染料敏化太阳能电池和纳米发电机，其中锂离子电池、超级电容器作为电化学能量存储装置通过电能与化学能的相互转换进行电能的存储与释放，太阳能电池、纳米发电机分别将太阳能和机械能转换为电能[6-8]。

纳米纤维作为一维纳米材料，在光、热、电、磁等方面表现出诸多新奇特性，如热电效应、敏感效应、压电效应、线栅偏振效应等[9-10]，利用这些效应产生的功能特性设计下一代纳米结构器件，是纳米功能材料研究的重要发展趋势。静电纺丝法作为一种简便、高效制备纳米纤维的方法，受到研究者的广泛关注，通过调节聚合物种类及分子量、溶剂的组成成分、掺杂剂的种类及纺丝参数等可调控纳米纤维的直径、孔结构及纤维聚集体的堆积状态，使其具备优异的电化学性能，广泛应用于锂离子电池隔膜、超级电容器电极材料、染料敏化太阳能电池电极材料及纳米发电机中。

11.1 锂离子电池隔膜

11.1.1 锂离子电池隔膜概述

锂离子电池具有能量密度高、循环寿命长、自放电少、可快速充放电及无记忆效应等优点，已被广泛应用于便携式电子设备、航空航天、电动汽车等领域[11]。锂离子电池的工作原理如图 11–1 所示[12]，其实质是锂离子（Li^+）在正负极之间嵌入和脱出的过程，充电时，Li^+ 从正极（一般为石墨）脱出，在电解液中穿过隔膜嵌入负极，此时负极处于富锂态，正极处于贫锂态；放电时，Li^+ 从负极脱出，在电解液中穿过隔膜嵌入正极，此时正极处于富锂态，负极处于贫锂态。与此同时，同等数量的电子经外电路传递以保持电荷的平衡。

有"第三电极"之称的隔膜，在锂离子电池中具有重要的作用：第一，使正负极分开，避免正负极相互接触而发生内部短路的现象；第二，可以允许锂离子通过，但隔膜不参与电池反应。隔膜的性能决定着电池的界面结构和内阻，进而影响电池的放电容量、倍率性能、循环性能和安全性能。理想的隔膜材料一般具备以下几个条件：良好的

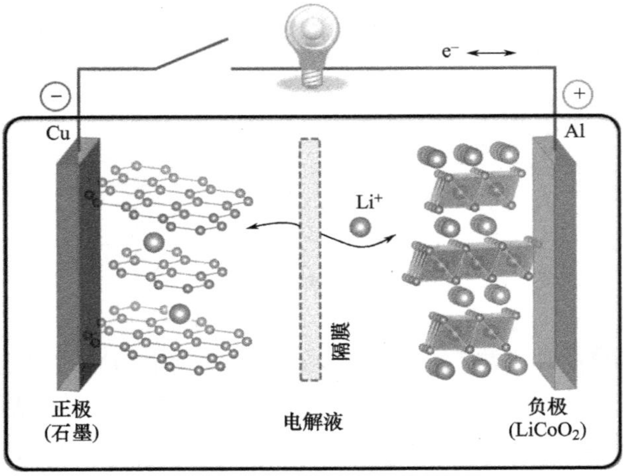

图 11-1　锂离子电池工作原理示意图[12]

机械强度，以在电池组装卷绕过程中保持尺寸稳定；稳定的化学性质，不与电极材料、电解液发生反应；电解液浸润性好，提高离子电导率；热稳定性好，耐高温，具有热熔断隔离性；孔径必须小于电池组分中的颗粒尺寸，以有效阻止颗粒、胶体等在正极和负极之间移动；孔隙率高，方便离子传输。

目前，商品化锂离子电池隔膜主要为聚乙烯（PE）膜，聚丙烯（PP）膜及 PE/PP 复合膜，这些隔膜虽然具有较高的力学性能和热熔断隔离性[13]，但是普遍存在孔隙率低、电解液润湿性差、热稳定性差的问题，限制了其在高能量锂离子电池中的应用。静电纺纳米纤维膜具有孔隙率高、孔径分布均匀、结构可调性强等优点，可作为浸润性好、离子电导率高的锂离子电池隔膜，有望提升电池的放电容量、倍率性能及循环性能，受到科研人员的广泛关注。

11.1.2　多级结构纳米纤维膜

SiO_2 纳米颗粒的耐热性好，与电解液的亲和性好[14]，将 SiO_2 纳米颗粒引入到静电纺纳米纤维膜中，构筑出纳米颗粒与纤维组成的多级结构，有望改善纤维膜的离子电导率、界面阻抗及热稳定性，同时，纳米颗粒的引入可减小纤维膜的孔径，阻止锂枝晶或电极颗粒的扩散传输，从而降低电池微短路发生的概率，有利于提升隔膜的倍率性能、循环性能和安全性能。

聚醚酰亚胺（PEI）是一种可溶性非晶态聚合物，具有优异的绝缘性、化学稳定性、热稳定性和阻燃性，分子结构中的羰基（C＝O）和醚氧键（—O—）可增强 PEI 隔膜与强极性电解质的亲和性[15]。在该研究中，作者以等质量的 PEI 和聚氨酯（PU）为原料，以 N, N- 二甲基甲酰胺（DMF）为溶剂，通过静电纺丝制备 PEI—PU 纳米纤维膜。将一定量的 SiO_2 纳米颗粒分散在丙酮中，加入黏结剂偏氟乙烯和六氟丙烯的共聚物（PVDF—HFP）配制成 SiO_2 悬浮液，涂覆在制备好的静电纺纤维膜上，得到 SiO_2/PEI—PU 复合纳米纤维膜[16]。

从图 11-2（a）PEI—PU 纤维膜的 FE-SEM 图可以看出，PEI—PU 纳米纤维的直径

314

大约为 544nm，具有连通多孔结构，但孔径较大，平均孔径为 1.8μm［图 11-2（c）］，这可能导致锂离子电池的自放电和微短路现象。如图 11-2（b）所示，浸渍改性后，残留的丙酮溶剂对 PU 的溶胀作用使得 PEI 和 PU 纤维之间出现了很多黏结点，同时 SiO$_2$ 纳米颗粒填充到 SiO$_2$/PEI—PU 复合纤维膜的孔中，使纤维膜的孔径下降至 0.58μm，孔径分布比较均一，如图 11-2（c）所示。从图 11-2（d）可以看出，SiO$_2$/PEI—PU 复合纤维膜的断裂强度为 15.65MPa，高于 PEI—PU 纤维膜的断裂强度（8.74MPa），这可能是由于 SiO$_2$ 纳米颗粒涂层后，纤维膜中的黏结结构增多导致的。SiO$_2$/PEI—PU 复合纤维膜孔径小、力学性能优异，有望成为一种理想的高性能锂离子电池隔膜材料。

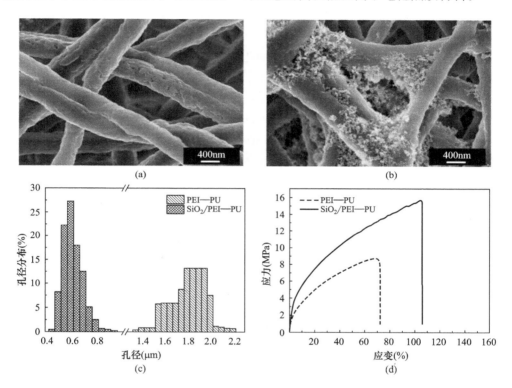

图 11-2　（a）PEI—PU 纤维膜的 FE-SEM 图；（b）SiO$_2$/PEI—PU 纤维膜的 FE-SEM 图；（c）PEI—PU 和 SiO$_2$/PEI—PU 纤维膜的孔径分布图；（d）PEI—PU 和 SiO$_2$/PEI—PU 纤维膜的应力—应变曲线

图 11-3（a）为被电解液浸润过的 Celgard 隔膜和静电纺丝纳米纤维膜在 25℃时的交流阻抗谱图。Celgard 隔膜、PEI—PU 和 SiO$_2$/PEI—PU 复合纤维膜的 Nyquist 曲线与实轴的交点（即本体阻抗）分别为 2.2Ω、1.7Ω、0.75Ω，通过本体阻抗计算离子电导率的公式为：

$$\sigma = \frac{d}{R_b \times S} \tag{11-1}$$

式中：σ 为离子电导率（S/cm）；d 为膜厚（cm）；S 为测试电极的有效面积（cm^2）；R_b 为隔膜的本体阻抗（Ω）。

由阻抗数据及式（11-1）计算可得，SiO$_2$/PEI—PU 复合纤维膜的离子电导率为 2.33mS/cm，比 PEI—PU 复合纤维膜（1.47mS/cm）和 Celgard 隔膜（0.45mS/cm）的

电导率高。虽然 SiO₂ 纳米颗粒涂覆之后降低了孔隙率和电解液的吸液率，但是 SiO₂/PEI—PU 复合纤维膜的离子电导率仍较高，这可能是由于 SiO₂ 纳米颗粒和电解液极性基团之间的路易斯酸碱相互作用[17]。此外，可利用 MacMullin 数来表征隔膜对离子电导率的影响[18]，其计算公式为：

$$N_m = \frac{\sigma_0}{\sigma_{eff}} \tag{11-2}$$

式中：N_m 为 MacMullin 数；σ_0 为电解液的离子电导率；σ_{eff} 为电解液浸润的隔膜的离子电导率。

根据式（11-2）可得 SiO₂/PEI—PU 复合纤维膜的 MacMullin 数为 2.62，这比 PEI—PU 复合纤维膜（5.93）和 Celgard 隔膜（19.38）低，表明 SiO₂/PEI—PU 复合纤维膜对电池性能的恶化作用小。复合纤维膜连通的孔结构、较高的孔隙率和电解液吸液率，从而增加了离子的传输通道使其具有更高的离子电导率和更低的 MacMullin 数。

通过线性扫描伏安曲线研究了 Celgard 隔膜、PEI—PU 和 SiO₂/PEI—PU 复合纤维膜的阳极稳定性，如图 11-3（b）所示，Celgard 隔膜的初始氧化电压为 4.7V，PEI—PU 和 SiO₂/PEI—PU 复合纤维膜的氧化电压分别为 4.83V 和 4.87V。PEI 和 PU 的羧基和电解液的碳酸酯基之间良好的亲和性，使得 SiO₂/PEI—PU 复合纤维膜的阳极稳定性高[19]。此外，阳极稳定性的提高也可能是由于 SiO₂ 纳米颗粒的稳定作用，SiO₂ 纳米颗粒不仅可以吸收一些杂质如 H₂O、HF、O₂ 等，还可以减少电解液和电极之间的副反应[20]。

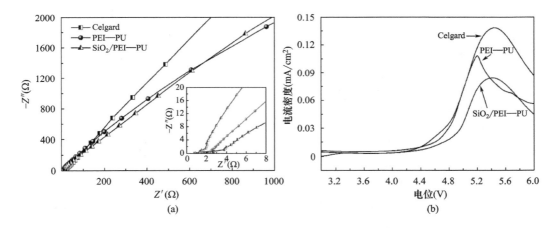

图 11-3　Celgard 隔膜、PEI—PU 与 SiO₂/PEI—PU 复合纤维膜的（a）交流阻抗谱图（插图为高频区的放大图）；（b）电化学稳定窗口

隔膜的阻燃性能对于锂离子电池的安全性至关重要，因此，进一步研究了三种隔膜的阻燃性能，如图 11-4 所示，当 Celgard 隔膜被点燃后立刻燃烧起来，而 PEI—PU 和 SiO₂/PEI—PU 复合纤维膜由于引入了阻燃性 PEI 和 SiO₂ 纳米颗粒，表现出优异的阻燃性能，可有效提高锂离子电池的安全性。

为了进一步研究 SiO₂/PEI—PU 复合纤维膜的潜在应用，以高负载量的 LiFePO₄ 为正极（8mg/cm²），对组装成的 Li/LiFePO₄ 纽扣电池的电化学性能进行了测试。从图 11-5（a）可得，SiO₂/PEI—PU 复合隔膜的电池具有最高的初始放电容量（164.68mAh/g），达到了

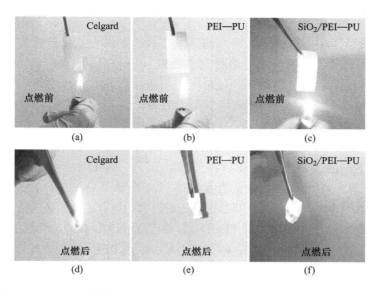

图 11-4　Celgard 隔膜、PEI—PU 及 SiO₂/PEI—PU 复合纤维膜的燃烧行为

LiFePO₄ 电极理论容量（170mAh/g）的 96.87%。这是由于不同隔膜的离子电导率不同使电极活性材料的利用率不同，从而导致电池的放电容量存在差异[21]。同时，SiO₂/PEI—PU 复合隔膜在 0.1C 和 0.2C 下具有最高的放电容量，并且随放电电流密度的增加，三种纤维膜的放电容量差距变大。此外，当倍率回到 0.2C 时，三种纤维膜的电池放电容量又回到了初始 0.2C 时的放电容量，表明隔膜经过高倍率的充放电后没有发生明显变化。

SiO₂/PEI—PU 复合隔膜组装电池的循环性能如图 11-5（b）所示，即使是在高负载活性电极的状态下，SiO₂/PEI—PU 复合隔膜组装电池仍表现出稳定的充放电行为，在 0.2C 倍率下，50 次循环后的放电容量为 163.25mAh/g，库伦效率为 99.7%。然而，Celgard 隔膜组装的电池放电容量随循环次数的增加而逐渐衰减（50 次循环后放电容量为 151.22mAh/g），库伦效率为 98.7%。循环稳定性的差异可能是由于隔膜的离子电导率不同引起的，同时，复合隔膜中的 SiO₂ 纳米颗粒可以捕获电解液中的微量杂质（H₂O、HF、O₂），减少了电极和电解液间的副反应。

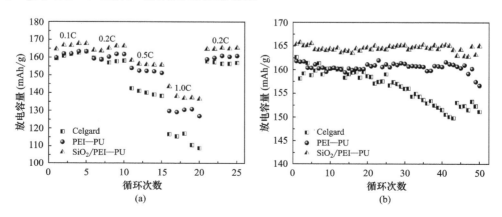

图 11-5　Celgard 隔膜、PEI—PU 与 SiO₂/PEI—PU 隔膜组装的 Li/LiFePO₄ 电池的
（a）倍率性能；（b）循环性能

11.1.3　紧密堆积纳米纤维膜

静电纺纤维膜因层层堆积，纤维之间缺乏有效的黏结，从而导致其力学性能较差，且纤维膜较大的孔径无法有效阻止电极材料颗粒和锂枝晶的迁移，同时，较宽的孔径分布易导致锂离子输运密度不均一，使电极材料极化严重，从而引发电池内部微短路，存在严重的安全问题。聚乙二醇双丙烯酸酯（PEGDA）化学稳定性好、低毒、来源广，常作为亲水改性剂，由其改性后的纤维膜由于堆积密度的增大，使纤维膜的力学性能增强、孔径减小、孔径分布变窄，而且可提升电解液的浸润性[22-25]。

在本研究中，通过静电纺丝和自由基聚合反应，制备出 x-PEGDA 改性的 PEI—PVDF 紧密堆积纳米纤维膜[26]，制备流程如图 11-6 所示，将 PEI 和 PVDF 聚合物共混，质量比为 1/3，以 DMAc 为溶剂，制备出 PEI—PVDF 复合纳米纤维膜。随后在无水乙醇中加入偶氮二异丁腈（AIBN）和 PEGDA，两者重量比为 1/10，配制成浓度为 15wt% 的改性溶液，通过浸渍改性的方法，将 PEGDA 引入到 PEI—PVDF 复合纳米纤维膜上，在 80℃下 PEGDA 将发生自由基聚合反应，最终得到 PEI—PVDF/x-PEGDA 纤维膜。

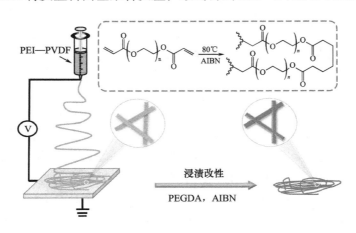

图 11-6　PEI—PVDF/x-PEGDA 纤维膜的制备过程示意图

PEI—PVDF 和 PEI—PVDF/ x-PEGDA 纤维膜的形貌结构如图 11-7 所示，纤维相互贯穿无规堆积成多孔结构纤维膜。从图 11-7（a）和（b）可以看出 PEI—PVDF 纤维的平均直径为 553nm，同时在纤维表面可以观察到纳米突起和褶皱，这可能是由于喷头末端带电液滴的溶剂快速挥发相分离，使射流在电场力的作用下出现弯曲，由自旋而引起的轴向对称不稳定而导致的[27-28]。从图 11-7（c）和（d）可以看出，x-PEGDA 改性后的 PEI—PVDF 纤维直径增加至 817nm，纤维之间出现了明显的黏结点，纤维膜的堆积密度由 0.33 增加至 0.45，纤维膜的孔径变小，孔径分布也更均一，这也证明了纤维膜中 PEGDA 自由基聚合反应的发生。

通过 FT-IR 谱图来分析 PEI—PVDF 纤维表面是否形成了 x-PEGDA，如图 11-8 所示，1778cm⁻¹、1724cm⁻¹、1235cm⁻¹ 处为 PEI 的特征峰[29-30]，1414cm⁻¹、1183cm⁻¹、849cm⁻¹、744cm⁻¹ 处为 PVDF 的特征峰[17]，证明纳米纤维膜是由 PEI 和 PVDF 组成。从图 11-8 插图可知，1635cm⁻¹ 和 1620cm⁻¹ 处的吸收峰是 PEGDA 中 C=C 的特征峰，在 80℃热处理后 C=C 的特征峰逐渐减弱甚至消失，证明发生了 PEGDA 自由基聚合反应[24, 31]。同

(a)　　　　　　　　　　　　　(b)

(c)　　　　　　　　　　　　　(d)

图 11-7　（a）和（b）为 PEI—PVDF 纤维膜不同放大倍数的 FE-SEM 图；（c）和（d）为 PEI—PVDF/
x-PEGDA 纤维膜不同放大倍数的 FE-SEM 图

时，热处理后 $1105 cm^{-1}$ 处吸收峰的增强和 $1414 cm^{-1}$、$1183 cm^{-1}$、$849 cm^{-1}$ 和 $744 cm^{-1}$ 处吸收峰的减弱，也证明了 x-PEGDA 的生成。此外，x-PEGDA 引入之后，$1724 cm^{-1}$ 和 $1105 cm^{-1}$ 处的吸收峰向低波长位移，表明 x-PEGDA 和 PEI 及 PVDF 之间存在分子水平的作用力，三者之间相容性较好。从图 11-9 可以看出，PEI—PVDF/x-PEGDA 纤维膜的拉伸断裂强度为 12.1MPa，约为 PEI—PVDF 纤维膜（6.6MPa）的 2 倍，这是由于 PEGDA 交联后起到黏结剂的作用，在纤维之间形成了黏结结构使纤维间的相互作用增强，从而提升了复合纤维膜的力学性能。

从图 11-10（a）～（c）可以看出，PEGDA 的引入改变了 PEI—PVDF 纤维膜的表面润湿性，使其由疏水性变为亲水性。进一步研究了隔膜的电解液浸润性［图 11-10

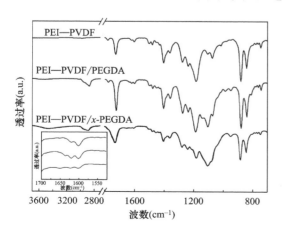

图 11-8　不同组分纤维膜的 FT-IR 谱图，插图
为波长为 1550 ～ 1700cm⁻¹ 的放大图

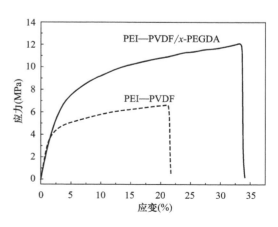

图 11-9　PEI—PVDF 和 PEI—PVDF/x-PEGDA
纤维膜的应力—应变曲线

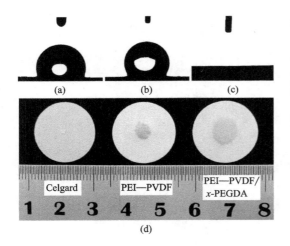

图 11-10 （a）Celgard，（b）PEI—PVDF 及（c）
PEI—PVDF/x-PEGDA 纤维膜的水接触角照片；
（d）上述隔膜的电解液浸润展示图

（d）]，在 Celgard 隔膜表面的电解液形成了一个小液滴，而在 PEI—PVDF 和 PEI—PVDF/x-PEGDA 纤维膜表面迅速铺展开。PEI—PVDF/x-PEGDA 纤维膜表面电解液的铺展范围更大，说明其具有更好的电解液浸润性，这可能是由于 x-PEGDA 中的丙烯酸酯基团和电解液中的碳酸酯类溶剂的亲和性较好，有利于电解液浸润。

图 11-11（a）为三种隔膜的交流阻抗谱图，其中 PEI—PVDF/x-PEGDA 隔膜的离子电导率为 1.38mS/cm，高于 Celgard 隔膜（0.45mS/cm）、PEI—PVDF 隔膜（1.03mS/cm）的离子电导率。PEI—PVDF 隔膜和 PEI—PVDF/x-PEGDA 隔膜的 MacMullin 数分别为 8.5 和 6.3，均低于 Celgard 隔膜（19.4），说明 PEI—PVDF/x-PEGDA 隔膜对电池性能的消极作用更小。三

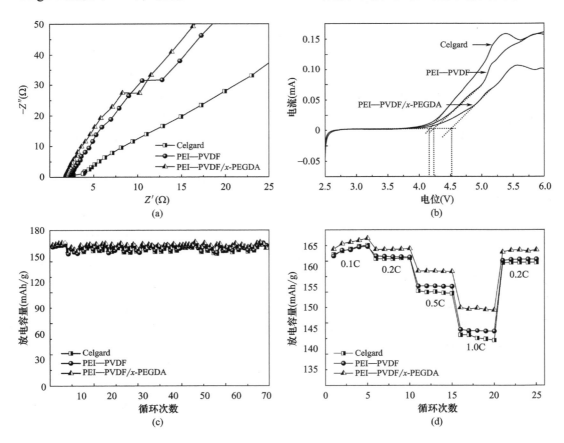

图 11-11 Celgard、PEI—PVDF 与 PEI—PVDF/x-PEGDA 隔膜组装的 Li/LiFePO₄ 电池的（a）高频区的交流阻抗谱图；（b）电化学稳定窗口；（c）循环性能；（d）倍率性能

种隔膜的电化学稳定窗口如图 11–11（b）所示，PEI—PVDF/x-PEGDA 隔膜的分解电压为 4.52V，高于 Celgard 隔膜（4.15V）和 PEI—PVDF 隔膜（4.23V）的分解电压，说明 PEI—PVDF/x-PEGDA 隔膜的电化学稳定性较好。

随后以 PEI—PVDF/x-PEGDA 为隔膜材料，以 $LiFePO_4$ 为正极组装了 $Li/LiFePO_4$ 纽扣电池，并进行了电化学性能测试。在 0.2C 倍率下，PEI—PVDF/x-PEGDA 隔膜组装的电池的循环性能与 Celgard 隔膜相当，70 次循环后放电容量为 160.3mAh/g，达到初始放电容量的 95.9%。从图 11–11（b）可以看出，PEI—PVDF/x-PEGDA 隔膜组装的电池在 0.1C 和 0.2C 倍率下具有更高的放电容量，随放电倍率的增加，放电容量逐渐降低，尤其是在 1.0C 下，放电容量的差异更明显，而当倍率重新回到 0.2C 时，三种隔膜的放电容量都又回到了初始 0.2C 的放电容量。电池的倍率放电性能除了受电极材料自身性质影响，还受电池内阻的影响，隔膜的电导率是决定其电池内阻之间差异的主要因素，由于 PEI—PVDF/x-PEGDA 隔膜具有更高的离子电导率，因此，电池表现出较好的倍率性能。

11.1.4　三明治结构纳米纤维膜

间位芳纶（PMIA）的热稳定性较好（400℃），分子链具有较强的刚性，将 PMIA 与 PVDF 结合有望解决静电纺 PVDF 纳米纤维膜热稳定性和力学性能差的问题。为此，采用静电纺丝法制备了三明治结构的 PVDF/PMIA/PVDF（V/M/V）纳米纤维膜，并通过调节纺丝液的性质和静电纺丝参数对纤维间的黏结结构进行调控，实现了其在锂离子电池隔膜中的应用[32]。

图 11–12（a）为 PVDF 纳米纤维膜的 FE-SEM 图，可以看出，纤维膜的平均直径为 367nm，并可观察到明显的黏结点［图 11–12（a）圆圈］，这可能是由于 DMAc 溶剂的不完全挥发导致的。PMIA 纤维膜的 FE-SEM 图如图 11–12（b）所示，可以看出纤维表面比较光滑，直径分布比较均匀，平均直径约为 100nm。PMIA 纤维膜由两层 PVDF 纤维膜包裹，具有三明治结构，PMIA 和 PVDF 纤维膜在接触界面相互贯穿且黏结互连，这是因为在复合纤维膜的制备过程中，由于电场强度分布不匀，PMIA 纤维易沉积在 PVDF 纤维膜的空隙中，从而使两者相互贯穿[33]，而溶剂的不完全挥发使得 PVDF 和 PMIA 纤维相互黏结，及纳米级直径为纤维提供更多的接触位点，增加了黏结点的数量。黏结结构对提高复合纤维膜的力学强度具有重要作用，相关静电纺纤维膜的力学性能见表 11–1，其中 V/M/V 复合纤维膜的断裂强度为 13.96MPa，断裂伸长率为 25.92%，均比纯 PVDF 纳米纤维膜的力学性能高。

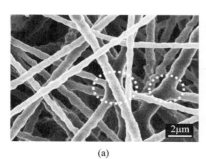

(a)　　　　　　　　　　　　(b)

图 11–12　（a）PVDF，（b）PMIA 纳米纤维膜的 FE-SEM 图

表 11-1　PVDF，V/M/V，PMIA 纳米纤维膜的力学性能

样品	断裂伸长率（%）	断裂强度（MPa）
PVDF	18.01 ± 0.82	9.97 ± 0.45
V/M/V	25.92 ± 1.05	13.96 ± 0.62
PMIA	35.51 ± 1.25	35.96 ± 1.06

隔膜的热稳定性对于锂离子电池的安全性极其重要，通过差示扫描量热法（DSC）考察了 Celgard、PVDF 纳米纤维膜、PMIA 纳米纤维膜及 V/M/V 复合隔膜的热稳定性，如图 11-13（a）所示。Celgard 隔膜在 135℃和 165℃处的吸热峰分别为 PE 和 PP 的熔融温度，其中较低熔点的 PE 在温度达到 135℃时，隔膜熔融变为闭孔。PVDF 基纳米纤维隔膜在 172℃处的吸热峰为 PVDF 的熔点，而 PMIA 直到 260℃都没有出现任何吸热峰，因此，在 V/M/V 隔膜中，PVDF 可在 172℃时使隔膜熔融变为闭孔。图 11-13（b）为 PVDF、PMIA 和 V/M/V 复合隔膜加热前后的孔径分布，可以发现上述纤维膜的孔径范围在 0.5 ~ 3.2μm，其中 V/M/V 复合隔膜加热后孔径降低了 6.4%，而 PMIA 隔膜的孔径基本没有变化，这也说明加热后 V/M/V 复合隔膜的 PVDF 层发生了热闭孔现象，相互连通的孔道闭合可阻止锂离子的传输，降低离子电导率，使电池在发生爆炸之前停止工作。

隔膜的热收缩性是评价锂离子电池安全性的另一重要参数。图 11-13（c）和（d）分别为四种隔膜在 180℃真空烘箱中加热前后的图片，Celgard 隔膜加热后收缩最明显，颜色由白色逐渐变为透明，PVDF 的收缩率在 25% 左右，而 PMIA 和 V/M/V 复合隔膜没有发现明显的收缩，这表明耐热性好的 PMIA 的加入使 V/M/V 复合纤维膜具有良好的热稳定性。此外，180℃加热后，V/M/V 复合纤维膜的形貌如图 11-13（e）所示，也可以看出 PVDF 层的熔化使隔膜发生闭孔，而整个隔膜的完整性没有遭到破坏。因此，在高倍率充放电的情况下，复合隔膜的热稳定性可防止隔膜的热收缩，这有利于提升锂离子电池的安全性。

图 11-14（a）为 20℃时用交流阻抗法测得的 Celgard 隔膜和静电纺丝隔膜的 Nyquist 曲线，根据公式（11-1）计算可得，V/M/V 复合隔膜的离子电导率为 0.81mS/cm，

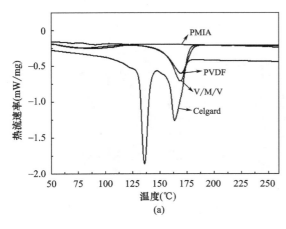
(a)

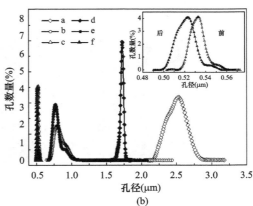
(b)

322

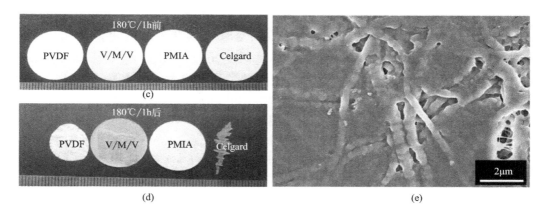

图 11-13 （a）四种隔膜的 DSC 曲线；（b）孔径分布图：a 和 d 为 PVDF，b 和 e 为 V/M/V，c 和 f 为 PMIA 纳米纤维膜加热前后的孔径分布（插图为 0.48 ~ 0.58μm 孔径范围放大图）；四种隔膜在 180℃ 加热 1h 前（c）后（d）的照片；（e）V/M/V 复合纳米纤维膜加热后的 FE-SEM 图

高于 PVDF 隔膜（0.61mS/cm）和 Celgard 隔膜（0.35mS/cm），但是低于 PMIA 隔膜（1.06mS/cm）。V/M/V 复合隔膜相对高的离子电导率归因于高的孔隙率、相互连通的孔结构和 PMIA 的引入，表明了锂离子迁移速率的增加，有利于电池倍率性能的提升。图 11-14（b）为 Celgard 隔膜和静电纺纳米纤维膜的线性扫描伏安曲线，该曲线上电流不可逆迅速增大相对应的电位即代表该隔膜发生氧化分解的电位。从图中可以看出，V/M/V 复合隔膜的分解电压高达 5.15V，该值高于 PMIA 隔膜（5.10V）和 Celgard 隔膜（5.0V），但较 PVDF 隔膜（5.2V）低。这表明 PMIA 的加入提高了孔隙率和离子电导率，并没有给复合纤维膜的电化学稳定性带来影响，5.15 V 的氧化分解电压可以满足高电位

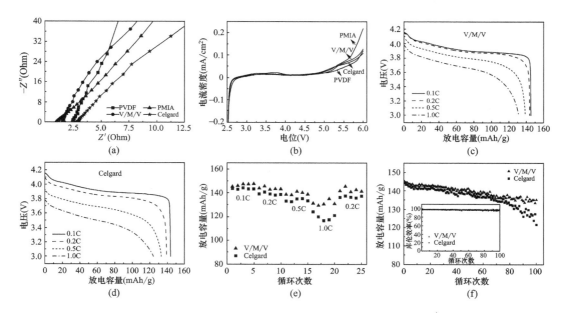

图 11-14 （a）四种隔膜的高频区交流阻抗谱图；（b）四种隔膜的电化学稳定窗口；（c）V/M/V 隔膜，（d）Celgard 隔膜组装的 Li/LiCoO$_2$ 电池在不同倍率下的放电曲线；V/M/V 隔膜和 Celgard 隔膜的（e）倍率性能，（f）循环性能（插图为库伦效率—循环次数曲线）

正极材料对隔膜的性能需求。

从图 11-14（c）~（e）可以看出，V/M/V 复合隔膜和 Celgard 隔膜的放电容量随倍率的增加而降低，且在不同倍率下 5 次循环过程中 V/M/V 复合隔膜的放电容量均高于 Celgard 隔膜，尤其在 1.0C 倍率下，两者间放电容量的差距变得更大。当倍率回到 0.2C 时，V/M/V 复合隔膜和 Celgard 隔膜的放电容量分别为 142.86mAh/g 和 137.52mAh/g，重新回到初始 0.2C 时的放电容量。因此，V/M/V 隔膜具有良好的倍率性能且适合大电流充放电。图 11-14（f）为隔膜组装的 Li/LiCoO$_2$ 纽扣电池的循环性能，可以看出，随循环次数的增加，放电容量逐渐降低，100 次循环后 V/M/V 复合隔膜组装电池的放电容量为 135.3mAh/g，较 Celgard 隔膜组装电池的放电容量（121.85mAh/g）高 11%，100 次循环后容量保持率为 93.1%，而 Celgard 隔膜组装的电池容量保持率仅为 84.34%，此外，两种隔膜组装的电池的库伦效率均接近于 100%。

11.2 柔性超级电容器

11.2.1 超级电容器概述

超级电容器作为一种新型的储能器件，由电解液、隔膜及电极组成，兼具传统电容器和二次电池的优点，具有功率密度高、充放电速率快、循环寿命长等特点，广泛应用于国防、汽车、通信、电子等领域。按储能机理可分为双电层电容器、赝电容器和既有赝电容又有双电层电容的混合型电容器[34-40]。双电层电容器主要是由电解质和电极材料形成的双电层效应来存储电荷[40]，其电极材料以碳材料为主；赝电容器主要是由电活性离子在电极表面的欠电位沉积或氧化还原反应进行电荷存储，其电极材料主要为金属氧化物和金属硫化物[41-43]。

随着高性能可穿戴电子设备的快速发展，作为供能装置的柔性超级电容器的需求也不断增加。超级电容器的核心是电极材料，电极材料的孔体积、比表面积、内阻及杂原子氧化还原反应将影响超级电容器的电容性能。现有的商用电极材料以活性炭为主，需要载体和黏结剂对其进行组装，且所得电极无法弯折，难以用于制备柔性超级电容器。科研人员为了制备柔性电极，开发了碳纤维[44-45]、碳气凝胶[46]、石墨烯[47-49]等电极材料，在这些碳基纳米材料中，静电纺碳纳米纤维因具有长径比大、导电性好及比表面积大的优点，受到广泛关注。目前，主要通过两种方法来提升电极材料的电化学性能：一是提高碳纳米纤维的比表面积及孔体积；二是在纳米纤维中引入金属氧化物增加赝电容性能来提高电容器的电化学性能。

11.2.2 PAN 基碳纳米纤维膜
11.2.2.1 多孔结构碳纳米纤维膜

在该研究中，作者以聚丙烯腈（PAN）为碳源，乙酰丙酮铁［Fe（acac）$_3$］为铁源，乙酰丙酮镍［Ni（acac）$_2$］为镍源，DMF 为溶剂，调节掺杂盐和碳源的比例，通过静电纺丝得到前驱体纤维，随后依次经过 280℃预氧化、850℃时 N$_2$ 氛围碳化，得到 NiFe$_2$O$_4$ 掺杂的多孔结构碳纳米纤维[50]。

所得碳纳米纤维的形貌结构如图 11-15（a）~（d）所示，可以看出碳化后纤维膜中的单纤维均匀分布，无聚集现象，不同盐掺杂量（0、1wt%、5wt%、10wt%）的碳纳米纤维的平均直径分别为 292nm、241nm、221nm 和 198nm。碳纤维依然保持了前驱体纤维长径比大、连续性好的优点，只有当盐含量达到 10wt% 时，碳化后的纤维中出现了大量孔和断裂点，如图 11-15（d）所示。

碳纤维膜的力学性能是影响其实际应用的一个重要因素。为此，首先考察了所得碳纳米纤维膜的力学性能，发现在相同碳化条件下，随 NiFe$_2$O$_4$ 掺杂量的提升，碳纤维膜由脆性变为柔性，继续增大掺杂量，纤维膜可弯折性变差。图 11-16（a）为盐含量为 5wt% 的碳纤维膜柔性展示图，可以看出纤维膜在外力作用下可弯曲折叠，当外力去除后又回到初始状态而没有产生裂纹。从图 11-16（b）可以看出，纤维膜具有层状堆积结构，厚度约为 20μm。纤维膜对折后的电镜图［图 11-16（c）和（d）］可以看出纤维

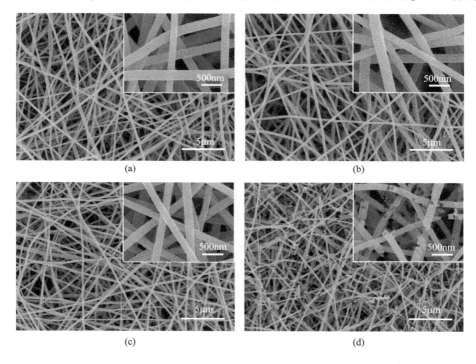

(a)　　　　　　　　　　　　　　　(b)

(c)　　　　　　　　　　　　　　　(d)

图 11-15　不同盐掺杂量的碳纳米纤维膜的 FE-SEM 图：
（a）0；（b）1wt%；（c）5wt%；（d）10wt%

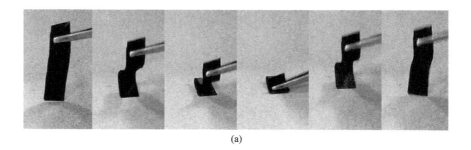

(a)

图 11-16

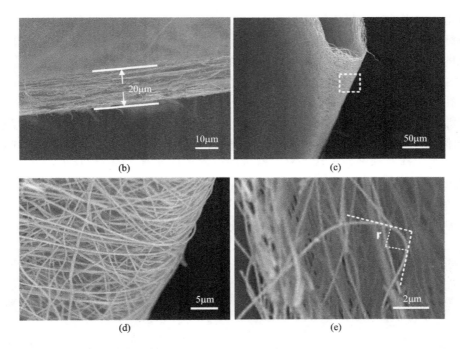

图 11-16 （a）碳纤维膜的弹性性能展示图；（b）碳纤维膜横截面的 FE-SEM 图；（c）折叠碳纤维膜的 FE-SEM 图；（d）为（c）中标注区的高倍 SEM 图；（e）单根碳纤维弯曲的 FE-SEM 图

膜的弯曲半径小于 12μm 且没有裂纹产生，图 11-16（e）展示了单根碳纤维可以承受弯曲半径小于 2μm 的变形，说明碳纤维膜具有良好的力学性能，可承受大的弯曲变形。

图 11-17 为碳纤维的柔性机制示意图，由于纤维膜中纤维相互穿插搭接形成了均匀

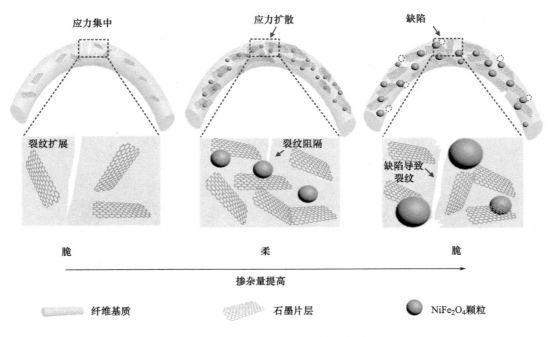

图 11-17　碳纤维柔性机制示意图

的网状结构，当纤维膜受到外部应力作用时，应力会最终分散到单纤维上导致纤维弯曲变形。对于纯碳纤维而言，应力迅速在弯曲部位聚集，导致纤维本体产生裂纹并迅速扩展，最终纤维发生脆断；对于掺杂型碳纤维，$NiFe_2O_4$ 颗粒和纤维中的石墨化片层均匀分散在纤维基质中，可以起到应力分散的作用[51-52]。此外，$NiFe_2O_4$ 颗粒均匀分散在纤维基质中，可以阻止或改变应力传递的方向，从而阻止了纤维的断裂，而随着盐掺杂量的增加，$NiFe_2O_4$ 颗粒变大，纤维中出现很多缺陷，易导致裂纹的产生，使纤维膜的力学性能下降。

通过 N_2 吸附—脱附法对所得碳纤维膜的孔结构进行定量分析，如图 11-18（a）所示，纯碳纤维的吸附表现为典型的 I 型吸附等温线，吸附主要发生在低压区（$P/P_0 <$ 0.1），在中压区吸附量达到饱和，说明纯碳纤维中主要存在的是微孔。对于 $NiFe_2O_4$ 掺杂的碳纤维来说，随压力的增加，吸附量也逐渐增加，说明纤维中同时存在微孔和介孔[53]，因此，$NiFe_2O_4$ 掺杂可增大碳纤维的孔径。随后用非定域密度泛函理论（NLDFT）来分析碳纤维的孔体积和孔径分布[54-55]，从图 11-18（b）可以看出纯碳纤维的孔体积较小，主要分布在微孔区（孔径 < 2nm），而 $NiFe_2O_4$ 掺杂的碳纤维的孔径分布在 1 ~ 25nm，表现出微孔和介孔结构。纯碳纤维的孔体积仅为 $0.19cm^3/g$，平均孔径为 2.1nm，随 $NiFe_2O_4$ 掺杂量的提高，孔体积逐渐增大，当掺杂量达到 10wt% 时，孔体积增加至 $0.37cm^3/g$，平均孔径增大到 3.3nm，而掺杂量为 5wt% 时，碳纤维的比表面积最大，为 $493m^2/g$，相应的孔体积为 $0.31cm^3/g$。

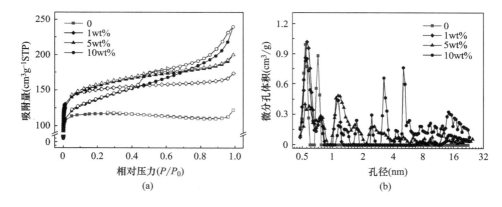

图 11-18　不同盐掺杂量碳纤维膜的（a）N_2 吸附—脱附等温线；（b）NLDFT 模型的孔径分布曲线

图 11-19（a）和（b）展示了纯碳纤维和 $NiFe_2O_4$ 掺杂碳纤维的循环伏安（CV）曲线，纯碳纤维组装的超级电容器表现出一个近似矩形的形状，这是双电层电容器的行为，而 $NiFe_2O_4$ 掺杂碳纤维的 CV 曲线具有一个氧化还原峰但仍保持着类矩形的形状，其中氧化还原峰对应于 $NiFe_2O_4$ 的赝电容行为，因此 $NiFe_2O_4$ 掺杂的碳纤维同时具有双电层电容和赝电容的特性。图 11-19（c）为不同扫描速率下两种电容器的比电容，可以发现掺杂碳纤维的比电容明显增大，扫描速率为 10mV/s 时，纯碳纤维的比电容为 98F/g，掺杂碳纤维的比电容达 343F/g，这主要是归因于 $NiFe_2O_4$ 的赝电容行为和掺杂碳纤维较高的比表面积和孔体积。图 11-19（d）为相应的电化学阻抗谱，Nyquist 曲线与实轴（Z'）的交点为等效串联电阻，其主要包括电解质的离子电阻、碳纳米纤维的内阻及碳纳米纤

维与集流体之间的接触内阻，从高频区的曲线可以看出纯碳纤维和掺杂碳纤维的等效串联电阻分别为 0.73Ω 和 0.35Ω。等效串联电阻的降低是由于纤维碳化后离子电导率的提升，合适的盐掺杂可以促进 PAN 的碳化，从而提高离子电导率，但过量的盐会导致纤维中 $NiFe_2O_4$ 掺杂量过高，造成纤维发生断裂，最终导致纤维膜的电导率下降。图 11-19（e）和（f）分别为纯碳纤维和掺杂碳纤维的充放电曲线，可以看出所有的曲线均显示出较好的对称性，具有理想的电容性能。此外，电容器的循环稳定性在实际应用过程中起重要作用，图 11-20 展示了 $NiFe_2O_4$ 掺杂碳纤维超级电容器的循环性能，可以发现电容器具有稳定的循环性能，10000 次循环充放电后，电容保持量高达 97.4%。

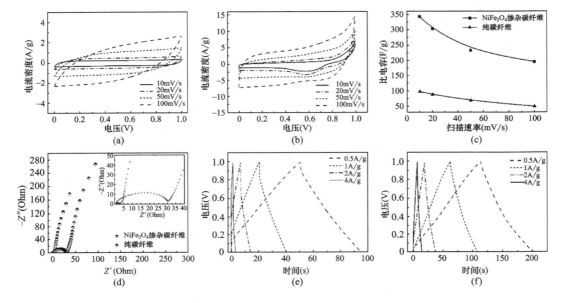

图 11-19 （a）纯碳纤维的循环伏安曲线；（b）$NiFe_2O_4$ 掺杂碳纤维的循环伏安曲线；（c）碳纤维的比电容与扫描速率的关系图；（d）碳纤维的 Nyquist 图（插图为高频部分的放大图）；（e）纯碳纤维在不同电流密度下的充放电曲线；（f）$NiFe_2O_4$ 掺杂碳纤维在不同电流密度下的充放电曲线

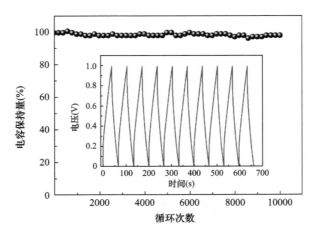

图 11-20 $NiFe_2O_4$ 掺杂碳纤维超级电容器在电流密度为 1A/g 下的循环性能
（插图为 10 个循环的恒流充放电曲线）

11.2.2.2　多级结构碳纳米纤维膜

在此研究中，作者将适量 PAN 与 Fe（acac）$_3$ 混合于 DMF 中，首先通过静电纺丝、预氧化和碳化过程，制备出 Fe$_3$O$_4$@CNF 纳米纤维膜，随后通过静电雾化方法将 KMnO$_4$ 沉积到 Fe$_3$O$_4$@CNF 纳米纤维膜表面，经过氧化还原过程得到 Fe$_3$O$_4$@CNF$_{Mn}$ 多级结构纳米纤维膜[56]。

从图 11-21（a）和（b）可以看出，Fe$_3$O$_4$@CNF 膜表面较光滑，纤维平均直径约为 390nm，而在 Fe$_3$O$_4$@CNF$_{Mn}$ 膜表面可观察到明显的 MnO$_2$ 纳米颗粒。从图 11-21（c）TEM 图可以看出纤维表面和内部均有纳米颗粒，插图展示了纤维表面的 MnO$_2$ 纳米颗粒，由于纤维膜表面 MnO$_2$ 纳米颗粒沉积较多，Fe$_3$O$_4$ 与 MnO$_2$ 的 TEM 图重合，但从图 11-21（d）HRTEM 图可以证明 Fe$_3$O$_4$@CNF$_{Mn}$ 膜中存在 Fe$_3$O$_4$ 纳米颗粒，晶格间距为 0.26nm。

图 11-21　（a）Fe$_3$O$_4$@CNF 膜的 FE-SEM 图；（b）Fe$_3$O$_4$@CNF$_{Mn}$ 膜的 FE-SEM 图；
（c）Fe$_3$O$_4$@CNF$_{Mn}$ 膜的 TEM 图；（d）Fe$_3$O$_4$@CNF$_{Mn}$ 膜的 HRTEM 图

用 N$_2$ 吸附—脱附曲线来分析 Fe$_3$O$_4$@CNF 和 Fe$_3$O$_4$@CNF$_{Mn}$ 膜的孔结构和比表面积，如图 11-22（a）所示，两种纤维膜在高压区都有一个较弱的滞后圈，说明纤维膜中同时存在微孔和介孔。此外，用 NLDFT 理论分析了孔径分布，如图 11-22（b）所示，两种纤维的孔径分布趋势基本一致，同时也证明了存在微孔和介孔。Fe$_3$O$_4$@CNF 膜的比表面积为 162m^2/g，孔体积为 0.268cm^3/g，而 Fe$_3$O$_4$@CNF$_{Mn}$ 膜的比表面积为 148m^2/g，孔体积为 0.254cm^3/g，表明 MnO$_2$ 颗粒沉积到纤维表面后使其比表面积和孔体积略有下降。

拉曼光谱用来分析 Fe$_3$O$_4$@CNF 和 Fe$_3$O$_4$@CNF$_{Mn}$ 膜的石墨化程度［图 11-22（c）］，1344cm^{-1} 处的 D 峰表示碳的缺陷和无序程度，1580cm^{-1} 处的 G 峰为碳 sp^2 原子对的拉伸振动代表有序石墨结构。从图 11-22（d）两种纤维膜的 X 射线衍射（XRD）图可以看到明显的碳［（002）晶面和（100）晶面］、Fe$_3$O$_4$［（001）晶面和（311）晶面］和

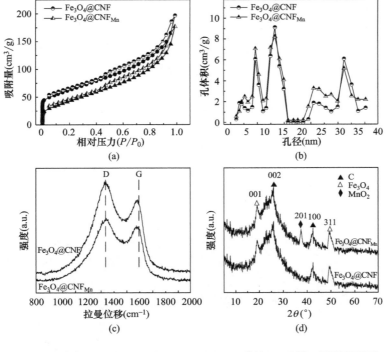

图 11-22 （a）Fe₃O₄@CNF 和 Fe₃O₄@CNF_Mn 膜的 N₂ 吸附—脱附等温线；
（b）2D-NLDFT 模型的孔径分布曲线；（c）拉曼光谱图；（d）XRD 谱图

MnO_2［（201）晶面］结构。

　　$Fe_3O_4@CNF_{Mn}$ 膜的循环伏安曲线如图 11-23（a）所示，曲线为对称性好的类矩形，图 11-23（b）的恒流充放电曲线也表现为较好的对称性，表明纤维膜具有良好的电容性能。从图 11-23（c）可以看出，比电容随电流密度的增加而降低，$Fe_3O_4@CNF_{Mn}$ 膜在电流密度为 1A/g 时，比电容达 306F/g，而 $Fe_3O_4@CNF$ 膜在相同电流密度下的比电容仅为 120F/g，这是由于 MnO_2 纳米颗粒的存在增加了电解液的吸液率，从而提高了纤维膜的离子电导率和比电容。进一步对 $Fe_3O_4@CNF$ 膜的电化学阻抗谱（EIS）图［图 11-23（d）］进行了分析，等效串联电阻为高频区的半圆与实轴的交点，半圆半径代表电荷转移电阻可以看出半圆的直径较小，电荷转移电阻也较小。图 11-23（e）为比电容随循环次数的变化，可以看出前 300 次比电容基本没有发生变化，2000 次循环后比电容略有下降，电容保持量为 85%，比电容的下降可能是由于 MnO_2 的脱落、析氧反应及结构变形导致的。

　　为了测试所得碳纳米纤维膜的实际应用性能，制备了柔性超级电容器。超级电容器的组装示意图如图 11-24（a）所示，中间为凝胶电解质，两侧分别加一层 $Fe_3O_4@$$CNF_{Mn}$ 膜，最外面加一层聚对苯二甲酸乙二醇酯（PET）作为保护层，可以看出组装的超级电容器具有良好的柔性［图 11-24（b）］。从图 11-24（c）可以看出，180° 弯曲后电容器的伏安曲线基本没有变化，比电容没有明显变化。能量密度和功率密度是影响电容器电化学性能的两个重要参数。可根据式（11-3）和式（11-4）计算：

$$E = \frac{1}{2}CV^2 \qquad\qquad (11-3)$$

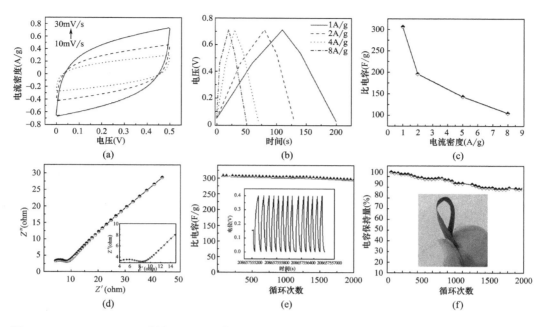

图 11-23　Fe₃O₄@CNF$_{Mn}$ 膜的（a）循环伏安曲线；（b）在不同电流密度下的充放电曲线；（c）比电容
与电流密度的关系图；（d）Nyquist 图（插图为高频部分的放大图）；（e）循环性能（插图为 15 个循环
的恒流充放电曲线）；（f）电容保持量（插图为 Fe₃O₄@CNF$_{Mn}$ 电极的柔性展示图）

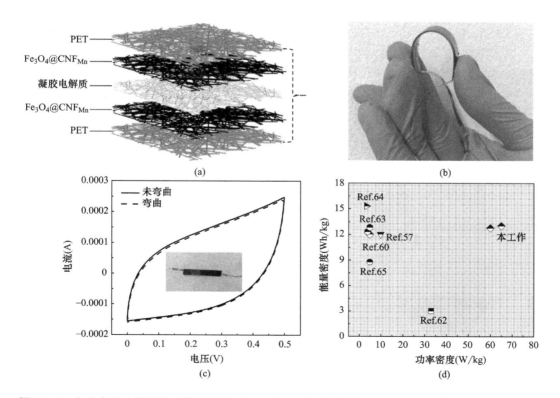

图 11-24　（a）超级电容器的组装示意图；（b）超级电容器柔性展示图；（c）弯曲与未弯曲的电容器
循环伏安曲线；（d）不同电容器的功率密度和能量密度对比图

$$P=\frac{E}{\Delta t} \qquad (11-4)$$

式中：E 为能量密度（Wh/kg）；C 为比电容（F/g）；V 为窗口电压（V）；P 为功率密度（W/kg）；Δt 为放电时间（s）。如图 11-24（d）所示，$Fe_3O_4@CNF_{Mn}$ 纤维超级电容器的功率密度和能量密度分别为 65W/kg 和 13Wh/kg，该值高于很多文献中电容器的功率密度和能量密度值[42, 57-65]。这是由于纤维膜相对高的比表面积和微孔介孔数量，提供了更多的离子传输通道，提高了 $Fe_3O_4@CNF_{Mn}$ 膜的电导率和能量密度。

11.2.3　PBZ 基碳纳米纤维膜

由于以传统的 PAN 为碳源时，需采用预氧化过程来提高前驱体纤维的热稳定性，以防止碳化过程中纤维发生过量裂解[66]，但该过程较为复杂、能耗高且易产生有毒气体。近年来，由苯并噁嗪单体开环聚合所得的聚苯并噁嗪（PBZ）作为一种新型的酚醛树脂，其在固化时无体积收缩、无副产物生成、玻璃化温度高和碳含量高，可作为一种理想的碳源[67]。此外，由于酚醛树脂基活性炭具有高的孔隙率，因此，选用 PBZ 为碳源制备碳纳米纤维，有望提升碳纤维的比表面积和孔体积[68-69]。

11.2.3.1　SnO_2 掺杂多孔结构碳纳米纤维膜

氧化锡（SnO_2）作为一种宽禁带 n 型半导体，具有廉价、无污染的特性，广泛应用在气体传感器、电极材料、光催化剂等领域[70-72]。作者以 PBZ 为碳源，结合静电纺丝和原位聚合方法制备出高比表面积的多孔 SnO_2/CNF 膜[63]，制备过程如图 11-25 所示，首先以苯并噁嗪（BA-a）作为 PBZ 单体，以聚乙烯醇缩丁醛（PVB）为聚合物模板，DMF 为溶剂，取等质量的 PVB 和 BA-a 配制成浓度为 10wt% 的纺丝液，并加入适量 $SnCl_2$，通过静电纺丝得到前驱体纤维，然后对所得纤维膜进行热固化处理使 BA-a 原位

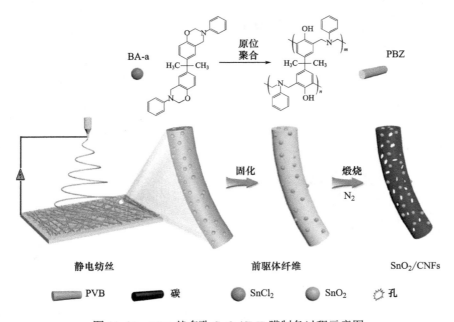

图 11-25　PBZ 基多孔 SnO_2/CNF 膜制备过程示意图

聚合成 PBZ，最后将固化后的纤维膜在 N_2 中进行碳化制备出 SnO_2/CNF 多孔结构纳米纤维膜，碳化温度分别为 650℃、750℃、850℃、950℃。

首先通过 TEM 和 XRD 图分析了所得 SnO_2/CNF 膜（碳化温度 850℃）的微观结构，从图 11-26（a）可以看出 SnO_2 纳米颗粒均匀分散在碳纤维的内部和表面，粒径范围在 20 ~ 40nm。图 11-26（b）为碳纤维表面的 SnO_2 颗粒的 HRTEM 图，可观察到清晰的晶格条纹，晶格之间的间距为 0.33nm，这可能是 SnO_2 的（110）晶面。同时，从图 11-26（c）所示碳纤维内部的 SnO_2 颗粒的 HRTEM 图可以看到少量间距为 0.28nm 的晶格条纹，这可能是 Sn 的（101）晶面。图 11-26（d）的 XRD 谱图也证明了 SnO_2 和 Sn 同时存在，其中，26.6°（110）、33.9°（101）、37.9°（200）、51.8°（211）、54.7°（220）、61.9°（310）、64.7°（112）处的衍射峰与 SnO_2 的标准卡片（JCPDS no. 41-1445）相对应，而 30.6°（200）、32.0°（101）、43.7°（220）、44.9°（211）处的衍射峰与 Sn 的标准卡片（JCPDS no. 04-0673）对应，少量 Sn 单质的存在可能是由于 SnO_2 在碳化过程中被还原导致的。

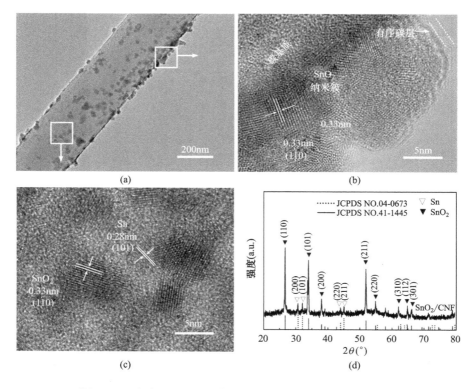

图 11-26　（a）SnO_2/CNF 膜的 TEM 图；（b）和（c）分别为（a）中标注区域的 HRTEM 图；（d）XRD 谱图

采用 N_2 吸附—脱附法来分析 SnO_2/CNF 膜的孔结构，图 11-27（a）表明所有的吸附等温线均表现为典型的 I 型等温线，N_2 吸附主要发生在低压区（$P/P_0 < 0.1$），在中压区出现了一个吸附饱和平台，说明碳纤维主要是微孔结构。此外，可以发现随碳化温度的增加，N_2 的吸附量明显增加，相应的 BET（Brunauer-Emmett-Teller）比表面积分别为 238m^2/g、430m^2/g、795m^2/g 和 1415m^2/g，可见碳化温度对碳纤维的孔结构具有重

要的影响。为了进一步分析纤维膜中的孔结构，用 HK（Horvath-Kawazoe）模型分析了纤维膜的孔径分布［图 11-27（b）］，所有碳纤维的孔径主要分布在 0.3 ~ 0.7nm，随碳化温度的升高，孔体积逐渐增大，这可能是随碳化温度的升高，聚合物分解产生的气体含量增多导致的。

碳纤维膜的力学性能（如拉伸断裂强度及柔软度）在实际应用过程中起关键作用，为此研究了碳化温度对膜材料力学性能的影响，图 11-28（a）为不同煅烧温度下碳纤维膜的断裂强度和柔软度。从图中可以看出随碳化温度的升高，纤维膜的断裂强度逐渐降低，这可能是由于碳纤维直径的减小和纤维膜中缺陷的增多。此外，可以看出随碳化温度升高，纤维膜的柔软度值呈现明显下降趋势，纤维膜柔性提升。图 11-28（b）为碳纤维膜从宏观到微观的可弯折性能展示，可以看出，厚度约为 20μm 的纤维膜经过180° 弯折后，仍能恢复到初始状态且没有裂纹产生，纤维膜表现出良好的柔性。这是由于纤维的长径比较大，在纤维膜中相互交织，当受到外界作用力时，力会沿纤维方向分散，碳纤维中均匀分散的 SnO_2 纳米颗粒可有效分散应力，阻止裂纹的扩展[51, 73]。

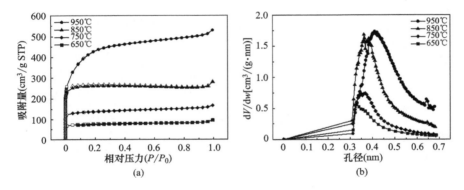

图 11-27　不同煅烧温度的 SnO_2/CNF 膜的（a）N_2 吸附—脱附等温线；（b）HK 模型的孔径分布曲线

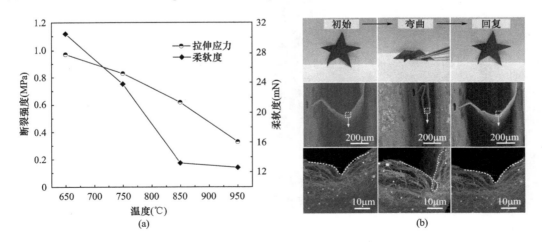

图 11-28　（a）不同煅烧温度的 SnO_2/CNF 膜的断裂强度和柔软度；（b）复合碳纤维膜的柔性展示图

进一步研究了柔性 SnO_2/CNF 膜的电化学性能（图 11-29），图 11-29（a）的循环伏安曲线表现为具有氧化还原峰的类矩形状，这是由碳组分和 SnO_2 组分导致的双电层电容和赝电容特性[74-75]。图 11-29（b）为 SnO₂/CNF 膜的 Nyquist 图，可以看出其具有较低的内部等效串联阻抗（0.39Ω），低频区几乎与实轴垂直的 Nyquist 图，表明了纤维膜的理想电容特性[76-77]，这种性能是由于 SnO₂ 纳米颗粒和碳基质之间紧密接触降低了内部阻抗，且碳纤维的多孔结构提高了离子在电解质和电极之间的传输速度。不同电流密度下的恒流充放电曲线如图 11-29（c）所示，可以看出曲线呈三角形，具有较好的对称性，表明纤维膜具有较理想的电容性能。从图 11-29（d）可以得出，不同电流密度下 SnO₂/CNF 膜的比电容在 110 ~ 118F/g，该值高于 SnO₂/CNF 纳米颗粒的比电容。图 11-29（e）是电流密度为 2A/g 时的循环性能，超级电容器表现出稳定的循环使用性能，10000 次循环后比电容的保持量仍为 99%。从图 11-29（f）可以得到在 1000 次弯曲循环后（弯曲角度大于 90°）SnO₂/CNF 基电极仍能保持 94.6% 的初始电容。超级电容器具有稳定电化学性能的原因：一是纳米纤维的长径比大，孔数量多，使得离子在纳米纤维中快速传递；二是纤维中 SnO₂ 纳米颗粒和碳基质之间的异质结构使纤维膜在循环弯曲变形下保持了结构稳定性。

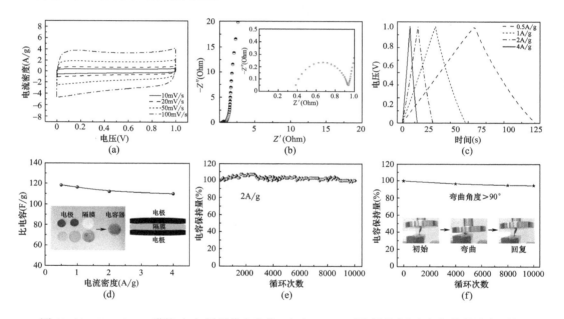

图 11-29　SnO₂/CNF 膜的（a）循环伏安曲线；（b）Nyquist 图（插图为高频部分的放大图）；（c）不同电流密度下的恒流充放电曲线；（d）比电容与电流密度的关系图（插图为组装电容器的示意图）；（e）电流密度为 2A/g 下的循环性能；（f）弯曲角度大于 90° 时的循环性能（插图为压缩展示图）

11.2.3.2　核壳结构碳纳米纤维膜

炭黑（CB）作为一种无定形碳，具有颗粒直径小、比表面积大、导电性好、热稳定性好的优点，可提升材料的尺寸稳定性、热稳定性及耐紫外线照射的能力，从而被广泛应用于复合材料领域[78]。通过将其与碳纤维结合，不仅可以提升材料的电化学性能，还能起到应力分散的作用，从而提高材料的力学性能。氧化物半导体材料力学性能差、能量密度低和充放电倍率低的不足限制了其在可穿戴电子器件领域的应用，而导电聚物一方面可以提升材料的电化学性能，另一方面可以增强力学性能[79]。为此，在前期研究基础上以 PBZ 为碳源，CB 为掺杂剂，通过静电纺丝及碳化过程制备出 CB@CNF 纳米纤维膜，然后通过静电雾化将导电聚合物聚苯胺（PANI）沉积到 CB@CNF 纳米纤维膜表面，获得 CB@CNF/PANI 核壳结构纤维膜，从而制备出高性能超级电容器[80]。

图 11-30 为 CB@CNF/PANI 复合纤维膜的形貌结构，从图 11-30（a）可以看出碳化后的 CB@CNF 纤维膜呈现网状黏结结构，纤维平均直径在 430nm 左右，图 11-30（b）为 CB@CNF/PANI 复合纤维膜的 FE-SEM 图，PANI 在纤维表面无规沉积，可分散应力以抑制裂纹的扩展，从而提升纤维膜的力学性能。从图 11-30（c）可以看出，纤维具有核壳结构，PANI 包裹在 CB@CNF 外部，由于 PANI 的亲水性，将提升复合纤维膜的电解液吸液率，从而增强纤维膜的离子电导率，图 11-30（d）的选区电子衍射图说明 CB@CNF/PANI 复合纤维膜为半晶体结构。

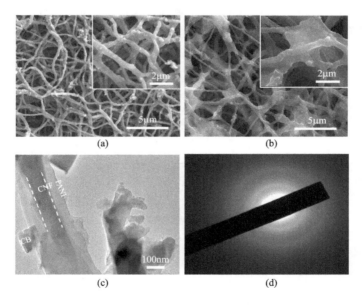

图 11-30 （a）CB@CNF 膜的 FE-SEM 图；（b）CB@CNF/PANI 膜的 FE-SEM 图；
（c）CB@CNF/PANI 膜的 TEM 图；（d）CB@CNF/PANI 膜的选区电子衍射图

从图 11-31（a）和（b）可得纤维膜中同时存在微孔和介孔，CB@CNF/PANI 膜相比于 CB@CNF 膜具有更多的微孔和介孔，其孔体积和 BET 比表面积分别为 0.194cm³/g 和 333m²/g。通过拉曼光谱对 PANI 沉积前后纤维膜的结构变化进行分析 [图 11-31（c）]，CB@CNF 膜只有碳的特征峰，1330cm⁻¹ 和 1585cm⁻¹ 处的峰分别对应于 D 峰（无序碳基质）和 G 峰（有序石墨结构）[81]，I_D/I_G 代表石墨化程度，其值越小表示石墨化程度越高，其中 CB@CNF 膜的 I_D/I_G 值为 1.05，CB@CNF/PANI 膜的 I_D/I_G 值为 1.02。此外，CB@CNF/PANI 膜 1167cm⁻¹、1333cm⁻¹、1454cm⁻¹ 和 1590cm⁻¹ 处的峰为 C—N⁺、C—N 和 C=C 的特征峰，这证明了 PANI 的存在。图 11-31（d）为两种纤维的 XRD 谱图，15.3°（011）处的峰对应于 PANI 的半结晶峰，26°（002）和 43°（100）处的衍射峰对应于有序石墨片和无定型碳的峰，这与拉曼光谱的结果一致。

进一步通过循环伏安曲线和恒流充放电曲线来分析两种纤维膜的电化学性能，

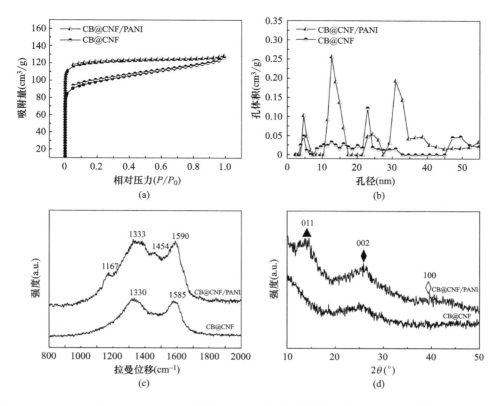

图 11-31　CB@CNF 和 CB@CNF/PANI 膜的（a）N_2 吸附—脱附等温线；（b）DFT 模型的孔径分布曲线；（c）拉曼光谱图；（d）XRD 谱图

CB@CNF/PANI 膜的循环伏安曲线如图 11-32（a）所示，PANI 的引入使电解液吸液率和离子电导率提升，从而使 CB@CNF/PANI 膜的比电容高于 CB@CNF 膜，从图 11-32（b）恒流充放电曲线也可以看出，曲线表现为较好的对称性，进一步证实了材料具有理想的电容性能。由图 11-32（c）可以看出，随电流密度的增大，比电容逐渐下降，在电流密度为 0.5A/g 时，CB@CNF/PANI 膜的比电容高达 501.6F/g，图 11-32（d）表明 CB@CNF/PANI 膜具有较低的等效串联电阻。随后，对 CB@CNF/PANI 膜的循环充放电性能进行了测试［图 11-32（e）］，5000 次循环后，纤维膜仍具有高的比电容，电容保持量为 91%［图 11-32（f）］，该纤维膜组装的超级电容器可以点亮多个 LED 灯，CB@CNF/PANI 膜优异的循环性能可归因于其多级孔结构、高比表面积、高孔体积以及高离子电导率。

　　为了评价 CB@CNF/PANI 膜在柔性可穿戴器件领域的实际应用性能，研究了组装的超级电容器在不同弯曲角度下的比电容。CB@CNF/PANI 膜组装的超级电容器具有良好的柔性［图 11-33（a）］，其制备流程示意图如图 11-33（b）所示，中间为磷酸和聚乙烯醇组成的凝胶电解质，两侧均包覆一层 CB@CNF/PANI 膜，最外面为 PET 保护层，组装的电容器可点亮一排 LED 灯，如图 11-33（c）所示。图 11-33（d）表明在不同弯曲角度下样品的比电容均没有明显的变化，这说明纳米纤维膜具有足够的柔性可用于可穿戴器件领域。从图 11-33（e）可以看出，CB@CNF/PANI 膜基超级电容器具有高的功率

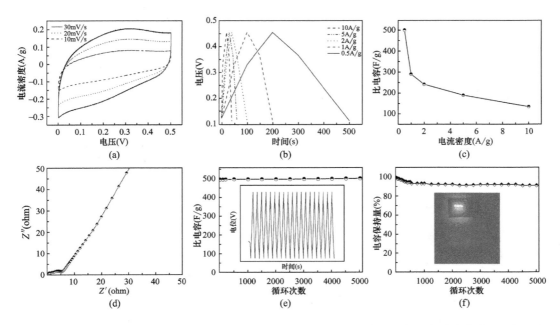

图 11-32　CB@CNF/PANI 膜的（a）循环伏安曲线；（b）不同电流密度的恒流充放电曲线；（c）比电容与电流密度的关系图；（d）Nyquist 图；（e）循环性能（插图为电流密度为 0.5A/g 时 19 个循环的恒流充放电曲线）；（f）电容保持量（插图为电容器点亮 LED 灯的展示图）

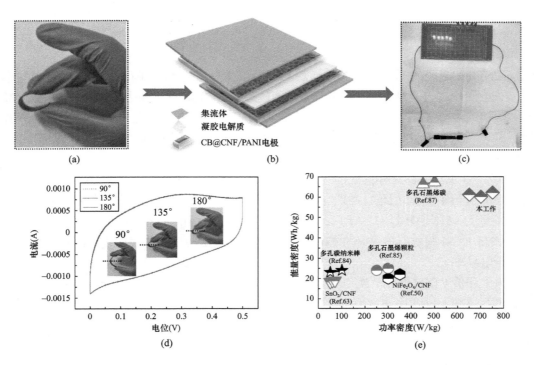

图 11-33　（a）柔性超级电容器展示图；（b）超级电容器的组装示意图；（c）超级电容器点亮灯泡的展示图；（d）500 次弯曲循环后扫描速度为 20mV/s 时电容器的循环伏安曲线；（e）不同电容器的功率与能量密度对比

密度（748W/kg）和能量密度（62Wh/kg），优于文献中报道的电容器性能[50, 63, 82-88]。

11.3　染料敏化太阳能电池

11.3.1　染料敏化太阳能电池工作原理

1991 年，瑞士洛桑工业学院的 Gratzel 教授以过渡金属钌的络合物做染料，以半导体 TiO_2 多孔膜为光阳极，首次制备出具有高光电转换效率的染料敏化太阳能电池（DSSCs）[89]，其具有成本低、制备工艺简单、可宏量制备的优点，受到研究者的广泛关注。

染料敏化太阳能电池具有三明治结构，染料分子敏化的 TiO_2 作为光阳极、具有催化作用的对电极及包含 I^-/I_3^- 氧化还原对的电解质[90]。其工作原理如图 11–34 所示[89]：①入射光（hv）照射到电极上时，基态染料分子中的电子受激跃迁至激发态（D*）；②激发态染料分子快速将电子注入到 TiO_2 的导带中；③处于氧化态的染料分子（D^+）由电解质（I^-/I_3^-）中的电子供体（I^-）提供电子恢复到还原态，染料分子得以再生；④注入到 TiO_2 导带中的电子与氧化态的染料分子（D^+）发生复合反应；⑤注入到 TiO_2 导带中的电子富集到导电玻璃基质上，通过外电路流向对电极；⑥注入到 TiO_2 导带中的电子与电解质中的 I_3^- 发生复合反应；⑦电解液中的电子供体（I^-）提供电子后变为（I_3^-），扩散到对电极，在电极表面得到电子而还原。为了提高 DSSCs 的能量转换效率，应尽量避免内部复合反应的发生。

339

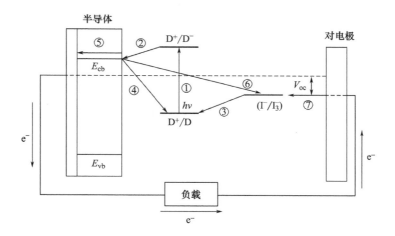

图 11–34　染料敏化太阳能电池工作原理[89]

11.3.2　染料敏化太阳能电池光阳极材料

光阳极材料作为 DSSCs 中的一个重要部分，通常由氧化物半导体组成，TiO_2 作为一种常见的半导体材料，被广泛应用于光阳极材料中[91-93]。一般通过两种方法来提升 DSSCs 的转换效率：一是增大 TiO_2 薄膜的比表面积，使其能吸附更多的染料分子；二是增大孔隙率，保证电解质溶液充分扩散和染料分子的再生。

11.3.2.1　多孔 TiO₂ 纳米纤维膜

研究表明将聚苯乙烯（PS）溶于四氢呋喃 /N，N- 二甲基甲酰胺（THF/DMF）双溶剂中可制备出高比表面积的多孔 PS 纳米纤维[94]，其中 THF/DMF 的比例是影响纤维孔径和纤维膜比表面积的重要因素。为此，以 PS 为聚合物模板制备了多孔 TiO₂ 纳米纤维[95]，首先将 FTO 导电玻璃浸渍到四氟化钛（TiF₄）溶液中，在 FTO 玻璃表面形成一层 TiO₂ 薄膜，然后将 PS（20wt%）溶于 THF/DMF 溶剂并加入 TiO₂ 纳米颗粒制成纺丝液，其中 THF/DMF 的质量比分别为 3/1、2/2 和 1/3，通过静电纺丝在 FTO 玻璃上沉积一层纳米纤维膜，最后煅烧去除 PS 以获得多孔 TiO₂ 纳米纤维膜。

图 11-35（a）为煅烧前 PS/TiO₂ 纳米纤维的 TEM 图，可以发现 TiO₂ 纳米颗粒均匀分散在 PS 基质中。煅烧去除 PS 后，纤维由直径为 30nm 的 TiO₂ 纳米颗粒组成，如图 11-35（b）和（c）。图 11-35（d）为煅烧后纤维的选区电子衍射光环，可以看出明显的多晶衍射环，表明 TiO₂ 为多晶结构。

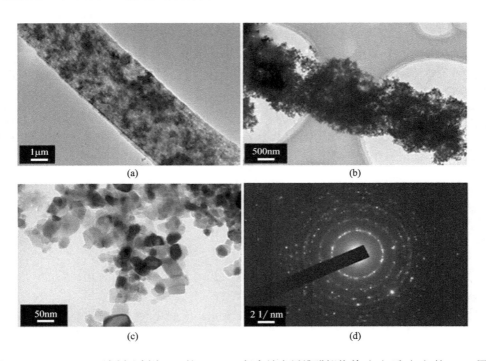

図 11-35　THF/DMF 溶剂比例为 1/3 的 PS/TiO₂ 复合纳米纤维膜煅烧前（a）后（b）的 TEM 图；（c）煅烧后相应的 HRTEM 图；（d）煅烧后相应的选区电子衍射图

通过 BET 和 BJH 法分析了样品的比表面积和孔结构，如图 11-36（a）所示，随着溶剂中 THF 含量的增加，PS/TiO₂ 复合纳米纤维膜煅烧前孔径和比表面积同时减小，当 THF/DMF 为 3/1 时，纤维膜的比表面积最小仅 18.98m²/g，孔体积为 0.118cm³/g ；当 THF/DMF 为 2/2 时，比表面积（42.01m²/g）和孔体积（0.261cm³/g）增加了约 2.2 倍；THF/DMF 为 1/3 时，纤维膜具有最大的比表面积（61.11m²/g）和孔体积（0.508cm³/g）。然而，如图 11-36（b）所示，煅烧后 THF/DMF 为 3/1 的纤维膜比表面积和孔体积最大，分别为 50.73m²/g 和 0.231cm³/g，当 THF/DMF 为 2/2 时，相应的比表面积为

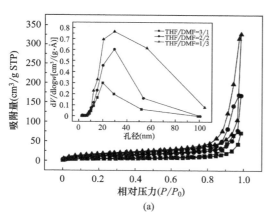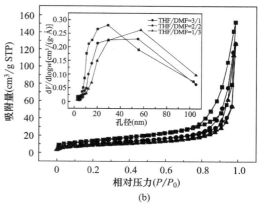

图 11-36　不同 THF/DMF 溶剂比例的 PS/TiO₂ 复合纳米纤维膜煅烧前（a）后（b）的 N₂ 吸附—脱附等温线（插图为用 BJH 法测得的对应纤维膜孔径分布图）

36.07m²/g，THF/DMF 为 1/3 时，比表面积下降至 31.01m²/g。由上述分析可知，多孔 TiO₂ 纳米纤维膜的比表面积随着混合溶剂中 THF 含量的增加而增大。

图 11-37 为三种样品的电流—电压（J—V）特性曲线，表 11-2 列出了 TiO₂ 光阳极的短路电流（I_{sc}）、开路电压（V_{oc}）、填充因子（FF）和光电转换效率（η）。结果表明，THF/DMF 为 2/2 时，纳米纤维膜的 η 为 4.02%，略高于 THF/DMF 为 3/1 和 1/3 时制备的 TiO₂ 膜，均表现出良好的光电转换性能。

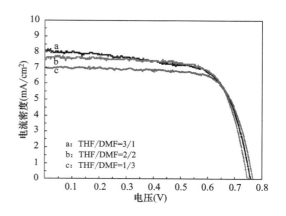

图 11-37　不同 THF/DMF 溶剂比例的 TiO₂ 纳米纤维膜组装的 DSSCs 电流密度—电压曲线

此外，通过热压预处理静电纺 PVAc/TiO₂ 纤维，随后经煅烧得到多芯结构 TiO₂ 纳米纤维[96]，如图 11-38 所示。图 11-38（a）和（b）为 4MPa 外力热压后的纤维膜表面和横截面，可以看到明显的多芯结构，这是由于热压过程使 PVAc 和 TiO₂ 相分离产生 PVAc 富集相和 TiO₂ 富集相，煅烧后 PVAc 富集相被去除，于是形成了多芯结构 TiO₂ 纳米纤维。

表 11-2　不同 THF/DMF 溶剂比例的 TiO₂ 光阳极的光电转换性质

样品	I_{sc}（mA/cm²）	V_{oc}（V）	FF	η（%）
THF/DMF = 3/1	8.2	0.74	0.65	3.97
THF/DMF = 2/2	7.7	0.73	0.72	4.02
THF/DMF = 1/3	7.0	0.75	0.73	3.83

图 11-39 为不同 TiO₂ 纤维膜电极的 J—V 曲线，纤维膜的比表面积随热压外力的增

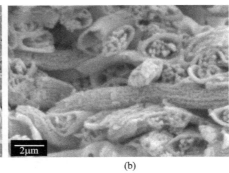

图 11-38 热压后 TiO_2 纳米纤维膜的 FE-SEM 图：（a）纤维膜表面；（b）纤维横截面

加而增大，光电转换性能随纤维膜厚度的增加而增大，因此，采用 8MPa 外力对厚度为 $9.21\mu m$ 的纤维膜进行热压，使材料表现出最大的光电转换效率（η 为 5.77%），相应的 V_{oc} 为 0.73V，I_{sc} 为 $16.09mA/cm^2$，FF 为 0.49。

11.3.2.2 TiO_2 介孔膜材料

由纳米颗粒黏结而成的介孔 TiO_2 膜，因具有较好的光电化学性质、稳定的化学性质、成本低等特点，在 DSSCs 的光阳极中具有广泛的应用前景[97-98]。通常需添加有机黏结剂以实现 TiO_2 纳米颗粒的黏结，并通过煅烧去除有机物组分，然而在煅烧过程中有机物的不完全分解可能会产生杂质，且有机黏结剂的去除还有可能会导致 TiO_2 膜产

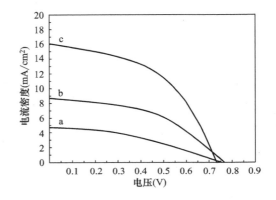

图 11-39 不同 TiO_2 纤维膜组装的 DSSCs 电流密度—电压曲线：（a）未热压，厚度为 $2.7\mu m$；（b）8MPa 外力热压，厚度为 $1.58\mu m$；（c）8MPa 外力热压，厚度为 $9.21\mu m$

生裂纹以及与基底之间的结合牢度差[99]，限制了其在 DSSCs 中的实际应用。因此，制备无黏结剂的 TiO_2 介孔膜显得尤为重要。

首先通过静电纺丝及高温煅烧获得 SiO_2 和 TiO_2 纳米纤维膜，然后通过流延法制备无黏结剂 TiO_2 介孔膜[100]，其制备流程如图 11-40 所示。在流延板上刮涂 TiO_2 纳米颗粒浆液后迅速覆盖一层柔性 SiO_2 纳米纤维膜得到 TiO_2NP/SiO_2NF；或者用 33wt% 的 TiO_2 纳米纤维与 TiO_2 纳米颗粒（TiO_2NP）混合成浆液，然后在流延板上刮涂获得无黏结剂 TiO_2 介孔膜（TiO_2NP/TiO_2NF）。

图 11-41（a）为制备的 TiO_2 纳米颗粒的 TEM 图，可以看出颗粒的平均粒径在 8nm 左右，从插图的选区电子衍射图可以看出 TiO_2 纳米颗粒为锐钛矿晶型。图 11-41（b）为三种膜的光学照片，可以看出不添加黏结剂的 TiO_2NP 膜表面有许多裂纹，从图 11-41（c）和（d）也可以证明不添加黏结剂的 TiO_2NP 膜中颗粒间黏结性较差，裂纹较多，这可能是由于干燥过程中颗粒的团聚[101]、颗粒中残余的应力[102]、膜中温度和湿度的不匀[103]以及范德华力和毛细管力导致颗粒排布的变化[104]等。TiO_2NP 浆液中含有 86% 的溶剂，在蒸发的过程中，毛细管力会随水的蒸发逐渐增大，在 TiO_2 膜凝固和

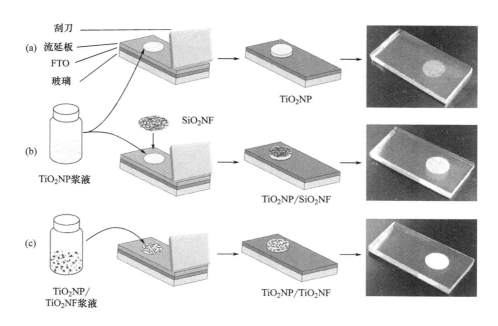

图 11-40 在 FTO/ 玻璃基底上制备膜的示意图：（a）TiO$_2$NP 膜；（b）TiO$_2$NP/SiO$_2$NF 膜；
（c）TiO$_2$NP/TiO$_2$NF 膜

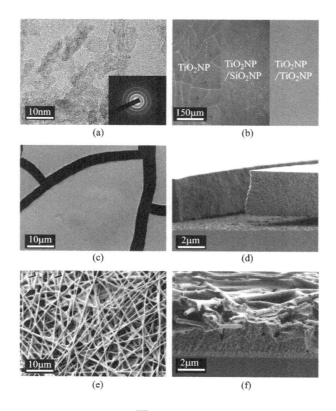

图 11-41

(g)　　　　　　　　　　　　　(h)

图 11-41　（a）不添加黏结剂的 TiO_2 颗粒 TEM 图（插图为选区电子衍射图）；（b）TiO_2NP，TiO_2NP/SiO_2NF 和 TiO_2NP/TiO_2NF 膜的光学照片；（c）和（d）室温下 TiO_2/NP 膜的上表面和横截面的 SEM 图；（e）和（f）480℃处理后 TiO_2NP/SiO_2NF 膜的上表面和横截面的 SEM 图；（g）和（h）480℃处理后 TiO_2NP/TiO_2NF 膜的上表面和横截面的 SEM 图

收缩过程中出现应力集中，当应力超过 TiO_2 膜的拉伸强度时就会产生裂纹[104-105]。在 TiO_2 膜表面覆盖一层 SiO_2 纳米纤维膜可以减小毛细管力，在水蒸发过程中使应力分散，因此 TiO_2NP/SiO_2NF 膜表面裂纹较少，纤维膜较完整，与基材之间的结合牢度较高，如图 11-41（b）所示。由于 SiO_2 纳米纤维膜没有完全覆盖 TiO_2 膜，TiO_2NP/SiO_2NF 膜表面仍有少量裂纹，如图 11-41（e）和（f）所示。通过在 TiO_2 浆液中添加 TiO_2 纳米纤维可进一步减少裂纹，纳米纤维在浆液中均匀分散，溶剂挥发过程中，TiO_2 纳米纤维作为支撑结构，使内部应力分散，获得的 TiO_2NP/TiO_2NF 介孔膜表面无裂纹，如图 11-41（g）和（h）所示。

利用 TiO_2NP/SiO_2NF 和 TiO_2NP/TiO_2NF 膜组装全固态染料敏化太阳能电池（QS—DSSCs），图 11-42 为其电流密度—电压曲线，插图为相应的光电转换效率（η）、短路电流密度（J_{sc}）、开路电压（V_{oc}）和填充因子（FF），TiO_2NP/SiO_2NF 膜组装的 QS—DSSCs 的光电转换效率 η 为 4.48%，J_{sc} 为 11.2mA/cm^2，V_{oc} 为 681 mV，FF 为 58.5%；TiO_2NP/TiO_2NF 膜组装的 QS—DSSCs 的 η 为 4.54%，J_{sc} 为 11.3mA/cm^2，V_{oc} 为 657mV，FF 为 61.3%，两种介孔膜的光电转换性能相似。

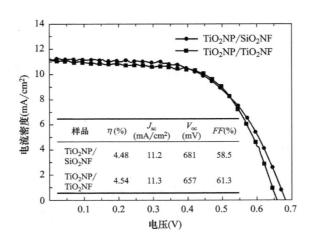

样品	η(%)	J_{sc} (mA/cm^2)	V_{oc} (mV)	FF(%)
$TiO_2NP/$ SiO_2NF	4.48	11.2	681	58.5
$TiO_2NP/$ TiO_2NF	4.54	11.3	657	61.3

图 11-42　TiO_2NP/SiO_2NF 和 TiO_2NP/TiO_2NF 膜组装的 QS—DSSCs
电流密度—电压曲线和太阳能电池参数

在室温黑暗条件下研究了两种 QS—DSSCs 的长期稳定性，如图 11-43 所示，随时间的增加，V_{oc} 和 FF 值略有增加，这是 DSSCs 在黑暗储存条件下的特性[106]，而两种 QS—DSSCs 的 J_{sc} 值随时间的增加均减小，TiO$_2$NP/SiO$_2$NF 膜组装的 QS—DSSCs 的光电转换效率在一个月后基本不变，而 TiO$_2$NP/TiO$_2$NF 膜组装的 QS—DSSCs 的转换效率下降了约 7%，两种 QS—DSSCs 的使用稳定性与商用 TiO$_2$ 纳米颗粒基的 DSSCs[107] 的稳定性相同，表现出良好的长期使用稳定性。

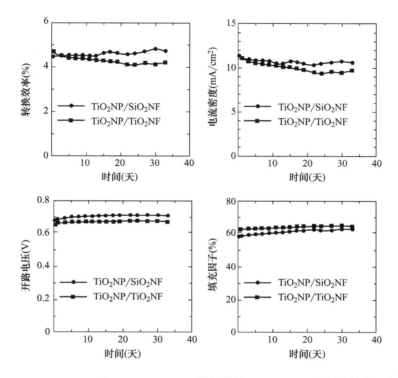

图 11-43 TiO$_2$NP/SiO$_2$NF 和 TiO$_2$NP/TiO$_2$NF 膜组装的 QS—DSSCs 的转换效率、电流密度、开路电压、填充因子与使用时间的关系

11.3.3 染料敏化太阳能电池对电极材料

DSSCs 对电极在收集外电路电子和催化电解质中 I$_3^-$ 还原等方面具有重要作用。铂（Pt）因具有稳定的化学性质和优异的电催化性能，被广泛应用于染料敏化太阳能电池的对电极中[108-109]，然而 Pt 的价格较贵、较稀缺，限制了其规模化制备。人们尝试采用碳材料[110]、导电聚合物[111-112]、金属氧化物[113]、金属氮化物[114]和金属硫化物[115]来替代 Pt 作为对电极材料。

理想的对电极材料应具有高离子电导率和电催化活性，多金属硫化物具有优异的电催化性能，CuInS$_2$ 的带隙宽度为 1.45eV，在可见光范围内具有高消光系数，是一种理想的对电极材料[116-117]，然而零维多金属硫化物纳米颗粒的离子电导率较低[118]，难以实现电导率和电催化性能的同步提升。与纳米颗粒相比，一维纳米纤维可在提升离子电导率的同时保证电催化性能，这对于提升染料敏化太阳能电池中对电极的光电催化活性具有重要意义[119]。

345

以 CuCl$_2$ 为铜源，InCl$_3$ 为铟源，CH$_4$N$_2$S 为硫源，PAN 为碳源，DMF 与氯仿为混合溶剂（比例为 9 : 1），并向纺丝液中加入少量（0.05wt%）的氧化石墨烯，通过静电纺丝及热处理工艺制备出石墨烯掺杂的 p-CuInS$_2$/C 纳米纤维膜（p-GN@CuInS$_2$/C）。并用同样的方法制备了无石墨烯掺杂的多孔 CuInS$_2$/C 纳米纤维膜（p-CuInS$_2$/C）及以 DMF 为溶剂的无孔 CuInS$_2$/C 纳米纤维膜（CuInS$_2$/C）作为对照[120]。

图 11-44 为 CuInS$_2$/C、p-CuInS$_2$/C、p-GN@CuInS$_2$/C 的 FE-SEM 图，从图 11-44（a）和（d）可以看出 CuInS$_2$/C 纤维表面相对粗糙，纤维直径在 107nm 左右，表面均匀分布着直径为 5 ~ 15nm 的 CuInS$_2$ 纳米颗粒。静电纺丝过程中，高挥发性的溶剂氯仿迅速从纺丝液中挥发，使溶液相分离，在纤维中产生孔，因此，p-CuInS$_2$/C 样品的表面更加粗糙，均匀分布着尺寸较大的 CuInS$_2$ 纳米颗粒，纤维直径在 150nm 左右，如图 11-44（b）和（e）所示。p-GN@CuInS$_2$/C 中纤维的取向较好，平均直径约 107nm，这可能是由于掺杂石墨烯后纺丝液电导率的增加导致直径变细，同时纤维表面仅分布着少量的 CuInS$_2$ 纳米颗粒，大部分 CuInS$_2$ 纳米颗粒被碳层包覆，如图 11-44（c）和（f）所示。

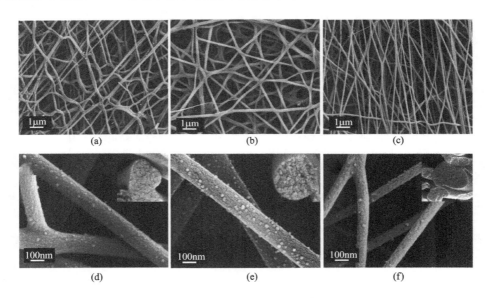

图 11-44　不同放大倍数的复合纳米纤维膜的 FE-SEM 图：（a）和（d）CuInS$_2$/C；
（b）和（e）p-CuInS$_2$/C；（c）和（f）p-GN@CuInS$_2$/C

用 XRD 分析了 CuInS$_2$/C、p-CuInS$_2$/C、p-GN@CuInS$_2$/C 三种纳米纤维膜的晶体结构，如图 11-45（a）所示。三种纤维膜的衍射峰与 CuInS$_2$ 标准卡片（JCPDS#27-0159）一致，27.9°、32.1° /32.4°、46.2° /46.5°、54.7° /55.1° 处的衍射峰分别对应于（112）、（004）/（200）、（204）/（220）、（116）/（312）晶面，且纤维膜的 XRD 图谱中均没有明显的碳特征峰，可能是由于碳化温度为 900℃ 时碳的结晶度较低。p-GN@CuInS$_2$/C 样品中被还原的氧化石墨烯的特征峰也没有出现，可能是由于石墨烯含量低。此外，CuInS$_2$/C、p-CuInS$_2$/C、p-GN@CuInS$_2$/C 的平均晶粒尺寸为 5.7nm、28.2nm、8.8nm，说明混合溶剂中的氯仿及掺杂的石墨烯影响了 CuInS$_2$ 的结晶行为。图 11-45（b）进一步用拉曼光谱证明了 CuInS$_2$ 和 CuInS$_2$/C 的晶体结构，305cm^{-1} 处的峰为黄铜矿结构

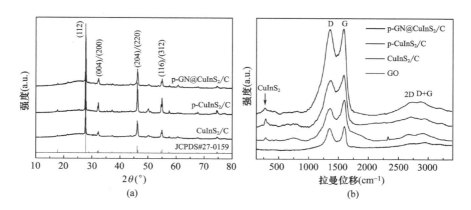

图 11-45　不同 $CuInS_2/C$ 复合纳米纤维的（a）XRD 图；（b）拉曼光谱图

$CuInS_2$ 的特征峰，$1360cm^{-1}$ 处的 D 峰代表碳的无序排列和缺陷，$1590cm^{-1}$ 处的 G 峰代表碳原子 sp^2 杂化面内的伸缩振动[121]，I_D/I_G 表示碳的无序程度，$CuInS_2/C$、$p-CuInS_2/C$、$p-GN@CuInS_2/C$ 的 I_D/I_G 值依次增加，表明纤维膜中碳的无序程度增大，这是由于不良溶剂氯仿降低了 PAN 的结晶性，导致碳化后无序程度增加，氧化石墨烯的掺杂进一步降低了有序碳的含量。此外，2D 与（D+G）处的峰[122]进一步说明 $p-GN@CuInS_2/C$ 中的氧化石墨烯在碳化过程中被还原。

　　图 11-46 为不同 $CuInS_2/C$ 复合纳米纤维的 N_2 吸附—脱附等温线，可以看出三条曲线均为典型的 IV 型吸附等温线，表明纤维中存在介孔结构，$CuInS_2/C$ 纤维膜的 BET 比表面积为 $303m^2/g$，孔体积为 $0.3cm^3/g$，而 $p-CuInS_2/C$ 纤维膜的比表面积和孔体积较大，分别为 $627m^2/g$ 和 $0.59cm^3/g$，这是由于溶剂诱导相分离使其产生多孔结构。$p-GN@CuInS_2/C$ 样品的比表面积增大至 $814m^2/g$，孔体积为 $0.71cm^3/g$，说明石墨烯的掺杂进一步增大了纤维膜的比表面积。高比表面积可以为 I^-/I_3^- 氧化还原对的反应提供更多的活性位点，大的孔体积有利于电解液的渗透，因此 $p-GN@CuInS_2/C$ 纤维中的微孔和介孔结构有望提升其光电催化活性。

　　分别以 $CuInS_2/C$、$p-CuInS_2/C$、$p-GN@CuInS_2/C$ 纳米纤维膜和 Pt 为对电极组装电池

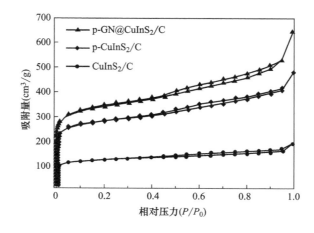

图 11-46　不同 $CuInS_2/C$ 复合纳米纤维的 N_2 吸附—脱附等温线

并测试了其电流密度—电压曲线（图 11–47），可以看出 CuInS$_2$/C、p-CuInS$_2$/C、p-GN@CuInS$_2$/C 纳米纤维膜和 Pt 对电极的 DSSCs 的 J_{sc} 依次为 14.0mA/cm^2、16.29mA/cm^2、17.53mA/cm^2、15.51mA/cm^2，光电转换效率 η 依次为 5.45%、6.48%、7.23%、6.34%。p-GN@CuInS$_2$/C 纳米纤维膜具有最高的光电转换效率，这是因为其孔隙率高、比表面积大，可吸附更多的电解质，从而使 CuInS$_2$ 纳米颗粒与电解质充分接触；同时，纤维中均匀分布着尺寸较小的 CuInS$_2$ 纳米颗粒，为 I$^-$/I$_3^-$ 氧化还原反应提供了更多的催化活性位点，而导电石墨烯的加入也提高了界面电荷转移效率。

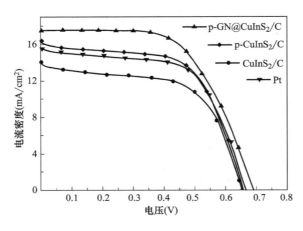

图 11–47　不同 CuInS$_2$/C复合纳米纤维膜和 Pt 四种对电极组装的 DSSCs 的电流密度—电压曲线

11.4　可穿戴摩擦纳米发电机

摩擦纳米发电机（TENG）能够利用摩擦起电和静电感应的耦合效应，将人体机械能转变成持续稳定的电能，是解决可穿戴电子产品持续绿色能源供给的有效途径之一[123]。目前，主要采用光刻蚀、等离子体刻蚀、电化学腐蚀等方法在材料表面构筑纳米棒、纳米孔、纳米凸起等粗糙结构来增加有效接触面积，提升 TENG 的电输出性能[124]，但是这些制备方法所用设备昂贵、工艺复杂、成本较高，限制了其进一步发展与应用。静电纺丝技术具有可纺原料范围广、多元技术结合性强及宏量制备可行性强等特点[125-126]，所得纳米纤维材料的纤维直径小、比表面积大、孔道连通性好且透气性优异，由其制备得到的 TENG 具有高输出特性和循环使用稳定性，在可穿戴电子设备领域极具应用潜力[127-128]。

11.4.1　高输出摩擦纳米发电机

TENG 典型的工作模式为垂直接触分离式，其由两层背面镀有电极的高聚物摩擦层组成[129-130]，在垂直外力作用下，聚合物发生周期性分离，从而在外电路产生交替电流。其制备流程如下。

（1）分别在碱刻蚀 PVDF/ 聚二甲基硅氧烷（PDMS）复合纤维膜和酸刻蚀十八烷基

异氰酸酯（18C）—PAN/ 聚酰胺 6（PA6）复合纤维膜背面附着铜电极。

（2）选用聚甲基丙烯酸甲酯（PMMA）作为硬支撑平板，硅胶板作为软支撑平板，首先将两层复合纤维膜固定在硅胶板上，其中具有弹性的硅胶板在挤压过程中起缓冲作用，促使两层纤维膜紧密接触，再将硅胶板固定在 PMMA 板上。

（3）在上下摩擦层中间固定弹性海绵形成一定工作距离，从而得到基于复合纳米纤维膜的 TENG（NM-TENG），其结构如图 11-48（a）所示。

图 11-48（b）是 NM-TENG 的工作原理图。第一步，由于接触摩擦，PVDF/PDMS 纳米纤维和 PAN/PA6 纳米纤维分别带有电量相等的负电荷和正电荷[131]，而在相应摩擦材料背面的金属电极上感应出相应的异种电荷。第二步，在外力挤压作用下，两层纳米纤维逐渐靠近，表面电荷逐渐被屏蔽，使电极中的感应电荷减少，两个电极间的电势差逐渐降低，电子通过外电路从下表面电极流入上表面电极。第三步，当 PVDF/PDMS 纳米纤维和 PAN/PA6 纳米纤维接触时，摩擦电荷几乎完全屏蔽，此时处于静电平衡状态。第四步，当形变释放，两层高聚物分离，电荷屏蔽作用减弱，而使电极中的感应电荷增加，两个电极间的电势差逐渐提高，电子通过外电路从上表面电极流入下表面电极，在周期性外力作用下，会输出交流电。NM-TENG 通过这样的工作机制可有效收集自然界广泛存在的机械能，为电子器件提供源源不断的绿色能源。

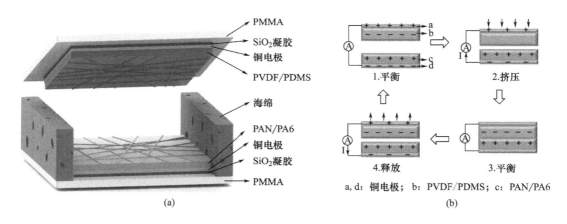

图 11-48　（a）NM-TENG 的结构示意图；（b）NM-TENG 的发电原理示意图

纳米纤维膜微 / 纳多级粗糙表面具有较大的有效摩擦起电面积，从而可以促进摩擦起电效应以提升设备的输出性能。图 11-49（a）是 PVDF/PDMS 复合纤维膜的制备流程和相应 SEM 图。PVDF 纳米纤维热稳定性好、孔结构可控且具有较强的疏水性和优良的摩擦电负性，但其机械性能较差，通过使用 PDMS 对其进行涂层改性可有效增强纤维膜的机械性能[132]，同时利用 NaOH 对复合纤维膜进行刻蚀处理可引入更多二级纳米结构，进一步提升有效接触面积。碱刻蚀 PVDF/PDMS 复合纤维膜构成的 TENG 与未处理纤维膜成的 TENG 相比具有更高的电输出性能。可能原因在于：一方面，经过 PDMS 表面涂覆的 PVDF 纤维膜表面依旧保留明显的纳米纤维粗糙结构，但是纤维间堆积变得致密，有效增加了摩擦层之间的接触面积；另一方面，经过 NaOH 处理后，PDMS 分子链中非极性键 Si—CH$_3$ 部分转化成极性键 Si—O，增加了纤维膜的负电荷密度，从而提高了 TENG 的电输出性能[133]。此外，酸刻蚀 18C-PAN/PA6 复合纤维膜是一种优良的摩擦电正性材料，其制备流程如图 11–49（b）所示，在 PAN 纳米纤维膜表面涂覆 PA6 溶液以提高膜的机械性能，然后用 HCl 溶液刻蚀以引入更多二级纳米结构，最后再用 18C 对其进行化学改性以提高表面疏水性来适应环境湿度变化。此外，PA6 分子链中含有酰胺键，在摩擦过程中更易获得正电荷[134-135]，因此，经过 PA6 涂覆后的纤维膜具有更高的电输出性能。

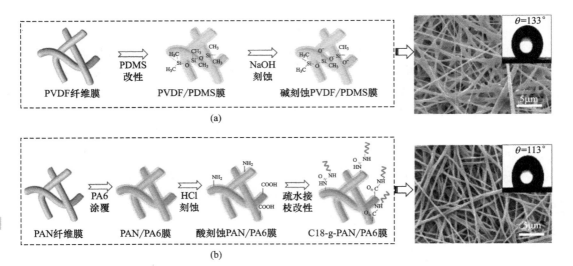

图 11–49 （a）电负性复合纤维膜的制备流程示意图及 SEM 图，插图为纤维膜水接触角的光学照片；（b）电正性复合纤维膜的制备流程示意图及 SEM 图，插图为纤维膜的水接触角的光学照片

功率密度和稳定性是衡量 TENG 性能的两个重要指标。如图 11–50（a）和（b）所示，随着电路中负载电阻的提高，电流逐渐降低，电压逐渐增加，当负载电阻达到 $0.5M\Omega$ 时，NM-TENG 的瞬时输出功率密度达到最大为 $14.8W/m^2$。为探究 NM-TENG 的稳定性，通过施加 5Hz 外力进行持续测试，结果如图 11–50（c）所示，NM-TENG 在连续工作 6000 次后，其短路电流基本保持不变，证明 NM-TENG 具有优良的电输出稳定性。

此外，还研究了 NM-TENG 在人类正常运动（例如，手掌击打，人行走或脚踏）时收集人体机械能的能力。如图 11–50（d）和（e）所示，NM-TENG 可有效收集人体的机械能，其中开路电压和短路电流可分别达到 540V 和 110μA，相应输出电量可达到 280nC。此外，为了量化 NM-TENG 的生物机械能量捕获能力，采用一个 47μF 的商业电容器来进行测试，在手掌击打条件下电容器在 4.7s 内充了 2.86μC 的电量［图 11–50（f）］，充电曲线显示 NM-TENG 可持续充电且充电速率较快[136]。

11.4.2 抗湿型摩擦纳米发电机

目前，针对静电纺 TENG 的研究主要集中在材料的筛选，但只凭材料本身性质难以达到理想高输出性能[134, 137]。研究表明，表面氨基修饰可有效提高材料表面电势，使其在接触摩擦过程中获得更多正电荷[138-139]；此外，在高湿条件下，氨基能够产生可移动离子，离子的转移能有效补偿由于部分电子逸散而造成的电荷损失[140]，从而保持

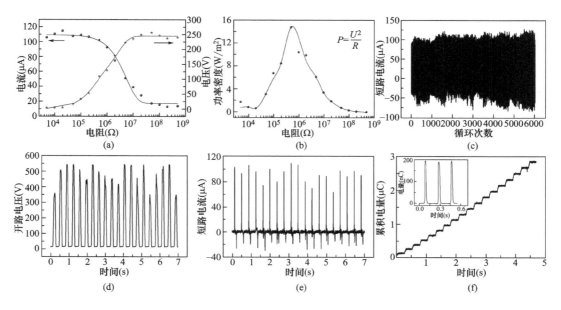

图 11-50 （a）NM-TENG 在不同负载下的电流—电压曲线；（b）NM-TENG 在不同负载下的功率密度曲线；（c）NM-TENG 的耐久性能；（d）在人体驱动下 NM-TENG 的开路电压；（e）在人体驱动下 NM-TENG 的短路电流；（f）在人体驱动下 NM-TENG 的累积电量

TENG 在不同湿度下的电输出能力。

作者制备了一种具有多层结构的抗湿型摩擦纳米发电机（HR-TENG），其制备流程如图 11-51 所示。首先将醋酸纤维素（CA）/PU 水解制备亲水性 CA/PU 纳米纤维膜，然后将其浸渍到聚丙烯酰胺（PAM）溶液中对其进行氨基化改性获得 CA/PU—NH$_2$ 纳米纤维膜。随后将 CA/PU—NH$_2$ 纳米纤维膜和 PVDF 纳米纤维膜分别附着于铜电极上，最后以 PMMA 为支撑平板，将两层纤维膜分别黏附在 PMMA 上[141]。

在摩擦电正性材料制备方面，CA 纳米纤维由于酯基的部分水解而携带了负电荷[142-143]，PAM 因氨基的质子化作用而携带正电荷，由于静电吸引作用，PAM 将沉

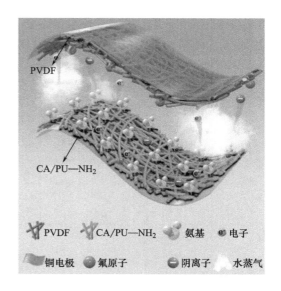

图 11-51　HR-TENG 的结构示意图

积在 CA 纳米纤维表面，从而实现对复合纳米纤维膜表面的氨基修饰，其改性流程示意图如图 11-52（a）所示。同时 PU 纳米纤维的引入可解决 CA 纳米纤维膜机械性能不足的缺陷，大幅提升复合纤维膜的力学性能。CA/PU 纤维膜经过 NaOH 水解后接触角从 118° 急剧下降到 51°，氨基改性后的 CA/PU-NH$_2$ 纤维膜的接触角由 51° 变为 67°。PVDF 纳米纤维作为电负性材料，均匀地分布在另一摩擦层表面，其纤维平均直径为 314nm，水接触角为 133°，如图 11-52（b）所示。

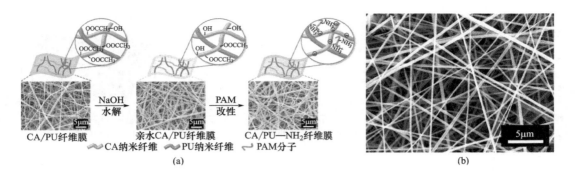

图 11-52 （a）CA/PU 复合纤维膜的制备流程示意图和相应 SEM 图；（b）PVDF 纤维膜的 SEM 图

高湿条件下，高聚物表面导电性增加，电荷易散失[144]。为探究环境湿度对 HR-TENG 电输出性能的影响，将环境湿度分别调整至 30%、50%、70% 和 90%，采用模态激振器、静电计和多功能数据采集卡进行电输出性能测试。测试结果如图 11-53（a）~（c）所示，在 90% 的高湿度条件下，PAM 改性后 TENG 的短路电量、开路电压及短路电流分别为 16nC、46V、3μA，而未改性的 TENG 短路电量、开路电压及短路电流分别为 5nC、13V、1μA。通常来说，PAM 分子链中含大量亲水基团，极易从空气中吸收水分，从而增大电导率促使电荷更快逸散，但是实验结果表明，即使在高湿条件下（RH=90%），HR-TENG 电输出性能明显优于未经表面氨基修饰的 TENG。HR-TENG 在高湿条件下的增强机制如图 11-53（d）所示：HR-TENG 高湿条件下产生可移动离子，可移动离子的转移补偿了由于部分转移电子逸散而造成的电荷损失[140, 144]，CA/PU-NH$_2$ 纤维膜吸收空气中的水分，在表面形成薄水层促使 PAM 发生水合作用产生质子化氨基和可移动氢氧根离子[140]。在外力作用下，CA/PU-NH$_2$ 纤维膜与 PVDF 纤维

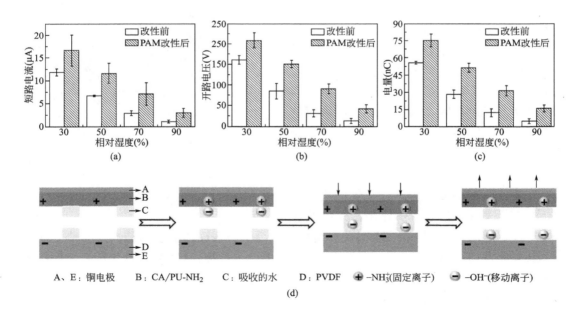

图 11-53 表面氨基修饰前后的 TENG 在不同湿度下的电输出性能：（a）短路电流，（b）开路电压和（c）电量；（d）HR-TENG 在高湿条件下可移动离子的转移机制

膜相互挤压，两层纤维膜表面吸附的水层相互接触形成水桥，促使可移动氢氧根离子从 CA/PU-NH₂ 纤维膜转移至 PVDF 纤维膜中，有效提高了两层纤维膜的电荷密度，进而提升 HR-TENG 的电输出性能[144]。

为了测试 HR-TENG 的功率密度，采用可变电阻箱接入 HR-TENG 两端，分别测试电阻箱 R（Ω）两端电压 U（V）和通过电阻箱的电流 I（A），其功率 P（W）[145]即为：

$$P = UI = \frac{U^2}{R} \qquad (11-5)$$

如图 11-54（a）和（b）所示，随着负载电阻的增加，电流逐渐降低，电压逐渐增加，当负载达到 10MΩ 时，HR-TENG 的瞬时输出功率达到最大，最大的功率密度为 1.296W/m²，此输出功率能足够驱动较小的电子设备。此外，通过施加 3Hz 外力进行持续测试探究了 HR-TENG 的稳定性，结果如图 11-54（c）所示，该 TENG 在连续工作 12000 次后，其电压输出值没有明显下降。因此，经表面氨基修饰的静电纺纤维 HR-TENG 具有优良的电输出稳定性，可满足实际使用需求。

为测试 HR-TENG 是否能有效收集人体机械能，采用手掌拍打驱动 HR-TENG，如图 11-54（d）～（f）所示，HR-TENG 可有效收集手掌运动的机械能，其短路电流、开路电压及短路电量分别可达 30μA、350V、135nC。

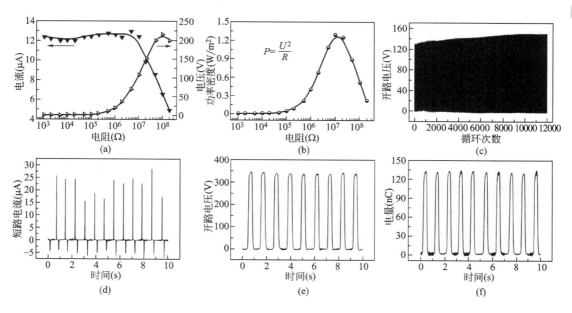

图 11-54　（a）HR-TENG 在不同负载下的电流—电压曲线；（b）HR-TENG 在不同负载下的功率密度曲线；（c）HR-TENG 的耐久性能（RH=55%）；（d）在手掌驱动下 HR-TENG 的短路电流；（e）在手掌驱动下 HR-TENG 的开路电压；（f）在手掌驱动下 HR-TENG 的电量

11.5　总结与展望

本章利用静电纺丝技术制备出了纳米纤维电池隔膜、电极材料，并实现了其在锂离子电池、超级电容器、染料敏化太阳能电池及纳米发电机等能量存储与转换领域的特效应用。

针对目前普通静电纺纳米纤维隔膜力学强度差、孔径大的问题，通过调控纤维膜结构并对其进行后处理（浸渍改性、热引发自由基聚合反应等），制备出具有优异力学性能和电化学性能的纳米纤维隔膜材料。尽管静电纺纳米纤维膜在锂离子电池隔膜应用方面已取得了很大的进展，但是依然面对很多挑战，例如，静电纺纳米纤维膜的结构与电学性能间的构效关系还需进一步探讨，隔膜与正负极材料的界面相容性有待深入研究，锂离子在纤维膜内的传导机制尚需深入分析。

超级电容器较锂离子电池具有更高的功率密度、更快的充放电速度及更长的循环使用寿命，碳纳米纤维电极材料的电容性能与材料比表面积、孔体积及材料本身的结构性质有关。通过将碳纳米纤维与金属氧化物或导电聚合物复合（如在碳纤维中掺入 $NiFe_2O_4$、Fe_3O_4 等）制备出柔性多孔结构碳纳米纤维，结合静电雾化技术构筑出具有多级结构和核壳结构的碳纳米纤维，上述方法制备的碳纳米纤维膜均表现出良好的电容特性。今后的研究重点将集中在以下三个方面：提高碳纳米纤维的力学强度；通过调控金属氧化物的晶粒尺寸和晶体结构来精确控制碳纳米纤维中孔径大小；选取更适合的活性物质来提高电极材料的电容值等。

针对染料敏化太阳能电池光电转换效率低的问题，通过相分离法、热压技术、流延法等制备出高光电转换效率的多孔无机纳米纤维电极材料，并将其用于染料敏化太阳能电池中。未来的研究将集中于以下两个方面：一方面需要深入研究电极材料微观结构与光电性质的关系，优化 TiO_2 的能级结构，从而减少电子空穴的内部复合概率，提高光电传输效率；另一方面，需进一步研究光生电子的注入、传输机理，这将有助于优化电池性能，制备出高光电转换效率的染料敏化太阳能电池。

针对摩擦纳米发电机中摩擦材料易吸湿、力学性能不足等问题，采用静电纺丝技术制备出优异电正性和电负性的纳米纤维膜，并通过后处理工艺（酸碱刻蚀、氨基化改性等）提高了纤维膜的疏水性能、力学性能、摩擦电学性能，制备了高输出、高抗湿型可穿戴电子器件。静电纺纳米纤维膜还具有优异的透气性能，具备研发可呼吸式 TENG 的巨大潜力，更加符合人体对可穿戴器件的舒适性需求，未来的研究工作将集中于可呼吸式 TENG 的研发与应用。

参考文献

[1] CAVALIERE S, SUBIANTO S, SAVYCH I, et al. Electrospinning: designed architectures for energy conversion and storage devices [J]. Energy & Environmental Science, 2011, 4 (12): 4761-4785.

[2] MANTHIRAM A, MURUGAN A V, SARKAR A, et al. Nanostructured electrode materials for electrochemical energy storage and conversion [J]. Energy & Environmental Science, 2008, 1 (6): 621-638.

[3] WANG H L, DAI H J. Strongly coupled inorganic-nano-carbon hybrid materials for energy storage [J]. Chemical Society Reviews, 2013, 42 (7): 3088-3113.

［4］HU X L, ZHANG W, LIU X X, et al. Nanostructured Mo-based electrode materials for electrochemical energy storage ［J］. Chemical Society Reviews, 2015, 44 (8): 2376-2404.

［5］LIU Y C, LI Y, KANG H Y, et al. Design, synthesis, and energy-related applications of metal sulfides ［J］. Materials Horizons, 2016, 3 (5): 402-421.

［6］LIU X Q, IOCOZZIA J, WANG Y, et al. Noble metal-metal oxide nanohybrids with tailored nanostructures for efficient solar energy conversion, photocatalysis and environmental remediation ［J］. Energy & Environmental Science, 2017, 10 (2): 402-434.

［7］WANG Y G, SONG Y F, XIA Y Y. Electrochemical capacitors: mechanism, materials, systems, characterization and applications ［J］. Chemical Society Reviews, 2016, 45 (21): 5925-5950.

［8］XIA W, MAHMOOD A, ZOU R Q, et al. Metal-organic frameworks and their derived nanostructures for electrochemical energy storage and conversion ［J］. Energy & Environmental Science, 2015, 8 (7): 1837-1866.

［9］YU Z N, TETARD L, ZHAI L, et al. Supercapacitor electrode materials: nanostructures from 0 to 3 dimensions ［J］. Energy & Environmental Science, 2015, 8 (3): 702-730.

［10］XIA M Y, NIE J H, ZHANG Z L, et al. Suppressing self-discharge of supercapacitors via electrorheological effect of liquid crystals ［J］. Nano Energy, 2018, 47: 43-50.

［11］DUNN B, KAMATH H, TARASCON J M. Electrical energy storage for the grid: a battery of choices ［J］. Science, 2011, 334 (6058): 928-935.

［12］GOODENOUGH J B, PARK K S. The Li-ion rechargeable battery: A perspective ［J］. Journal of the American Chemical Society, 2013, 135 (4): 1167-1176.

［13］孙美玲, 唐浩林, 潘牧. 动力锂离子电池隔膜的研究进展 ［J］. 材料导报, 2011, 09: 44-50.

［14］PARK J H, CHO J H, PARK W, et al. Close-packed SiO_2/poly (methyl methacrylate) binary nanoparticles-coated polyethylene separators for lithium-ion batteries ［J］. Journal of Power Sources, 2010, 195 (24): 8306-8310.

［15］FASHANDI H, KARIMI M. Comparative studies on the solvent quality and atmosphere humidity for electrospinning of nanoporous polyetherimide fibers ［J］. Industrial & Engineering Chemistry Research, 2014, 53 (1): 235-245.

［16］ZHAI Y, XIAO K, YU J, et al. Fabrication of hierarchical structured SiO_2/polyetherimide-polyurethane nanofibrous separators with high performance for lithium ion batteries ［J］. Electrochimica Acta, 2015, 154: 219-226.

［17］KIM Y J, AHN C H, LEE M B, et al. Characteristics of electrospun $PVDF/SiO_2$ composite nanofiber membranes as polymer electrolyte ［J］. Materials Chemistry and Physics, 2011, 127 (1-2): 137-142.

［18］HUANG X. Evaluation of a polymethylpentene fiber mat formed directly on an anode as a battery separator ［J］. Journal of Membrane Science, 2014, 466: 331-337.

［19］JUNG H R, LEE W J. Electrochemical characteristics of electrospun poly (methyl methacrylate) / polyvinyl chloride as gel polymer electrolytes for lithium ion battery ［J］. Electrochimica Acta, 2011, 58: 674-680.

［20］LIAO Y, SUN C, HU S, et al. Anti-thermal shrinkage nanoparticles/polymer and ionic liquid based gel polymer electrolyte for lithium ion battery ［J］. Electrochimica Acta, 2013, 89: 461-468.

［21］PRASANTH R, ARAVINDAN V, SRINIVASAN M. Novel polymer electrolyte based on cob-web electrospun multi component polymer blend of polyacrylonitrile/poly (methyl methacrylate) / polystyrene for lithium ion batteries-Preparation and electrochemical characterization ［J］. Journal of Power Sources, 2012, 202: 299-307.

［22］WANG L, LI N, HE X, et al. Macromolecule plasticized interpenetrating structure solid state polymer electrolyte for lithium ion batteries ［J］. Electrochimica Acta, 2012, 68: 214-219.

［23］YANG C M, KIM H S, NA B K, et al. Gel-type polymer electrolytes with different types of ceramic fillers and lithium salts for lithium-ion polymer batteries［J］. Journal of Power Sources, 2006, 156（2）: 574-580.

［24］KIL E H, CHOI K H, HA H J, et al. Imprintable, bendable, and shape-conformable polymer electrolytes for versatile-shaped lithium-ion batteries［J］. Advanced Materials, 2013, 25（10）: 1395-1400.

［25］LI H, MA X T, SHI J L, et al. Preparation and properties of poly（ethylene oxide）gel filled polypropylene separators and their corresponding gel polymer electrolytes for Li-ion batteries［J］. Electrochimica Acta, 2011, 56（6）: 2641-2647.

［26］ZHAI Y, XIAO K, YU J, et al. Closely packed x-poly（ethylene glycol diacrylate）coated polyetherimide/poly（vinylidene fluoride）fiber separators for lithium ion batteries with enhanced thermostability and improved electrolyte wettability［J］. Journal of Power Sources, 2016, 325: 292-300.

［27］LIN J, TIAN F, SHANG Y, et al. Facile control of intra-fiber porosity and inter-fiber voids in electrospun fibers for selective adsorption［J］. Nanoscale, 2012, 4（17）: 5316-5320.

［28］LIN J, WANG X, DING B, et al. Biomimicry via electrospinning［J］. Critical Reviews in Solid State and Materials Sciences, 2012, 37（2）: 94-114.

［29］CHEN B K, SU C T, TSENG M C, et al. Preparation of polyetherimide nanocomposites with improved thermal, mechanical and dielectric properties［J］. Polymer Bulletin, 2006, 57（5）: 671-681.

［30］CHOUDHURY A. Dielectric and piezoelectric properties of polyetherimide/$BaTiO_3$ nanocomposites［J］. Materials Chemistry and Physics, 2010, 121（1-2）: 280-285.

［31］LEE E H, PARK J H, KIM J M, et al. Direct surface modification of high-voltage $LiCoO_2$ cathodes by UV-cured nanothickness poly（ethylene glycol diacrylate）gel polymer electrolytes［J］. Electrochimica Acta, 2013, 104: 249-254.

［32］ZHAI Y, WANG N, MAO X, et al. Sandwich-structured PVDF/PMIA/PVDF nanofibrous separators with robust mechanical strength and thermal stability for lithium ion batteries［J］. Journal of Materials Chemistry A, 2014, 2（35）: 14511-14518.

［33］ZHANG D, CHANG J. Patterning of electrospun fibers using electroconductive templates［J］. Advanced Materials, 2007, 19（21）: 3664-3667.

［34］KUMAR A, SANGER A, KUMAR A, et al. An efficient alpha-MnO_2 nanorods forests electrode for electrochemical capacitors with neutral aqueous electrolytes［J］. Electrochimica Acta, 2016, 220: 712-720.

［35］KIM S K, CHO J, MOORE J S, et al. High-performance mesostructured organic hybrid pseudocapacitor electrodes［J］. Advanced Functional Materials, 2016, 26（6）: 903-910.

［36］LIM E, JO C, LEE J. Amini review of designed mesoporous materials for energy-storage applications : from electric double-layer capacitors to hybrid supercapacitors［J］. Nanoscale, 2016, 8（15）: 7827-7833.

［37］WANG Y, FUGETSU B, WANG Z, et al. Nitrogen-doped porous carbon monoliths from polyacrylonitrile（PAN）and carbon nanotubes as electrodes for supercapacitors［J］. Scientific Reports, 2017, 7: 40259.

［38］DAR R A, GIRI L, KARNA S P, et al. Performance of palladium nanoparticle-graphene composite as an efficient electrode material for electrochemical double layer capacitors［J］. Electrochimica Acta, 2016, 196: 547-557.

［39］CHEN H, ZHOU S, CHEN M, et al. Reduced graphene oxide-MnO_2 hollow sphere hybrid nanostructures as high-performance electrochemical capacitors［J］. Journal of Materials Chemistry,

2012，22（48）：25207-25216.

[40] SALANNE M, ROTENBERG B, NAOI K, et al. Efficient storage mechanisms for building better supercapacitors [J]. Nature Energy, 2016, 1（6）：16070.

[41] BISSETT M A, WORRALL S D, KINLOCH I A, et al. Comparison of two-dimensional transition metal dichalcogenides for electrochemical supercapacitors [J]. Electrochimica Acta, 2016, 201：30-37.

[42] WANG G, ZHANG L, ZHANG J. A review of electrode materials for electrochemical supercapacitors [J]. Chemical Society Reviews, 2012, 41（2）：797-828.

[43] XIA H, ZHU D, LUO Z, et al. Hierarchically structured Co_3O_4@Pt@MnO_2 nanowire arrays for high-performance supercapacitors [J]. Scientific Reports, 2013, 3：2978.

[44] XU B, WU F, CHEN S, et al. Activated carbon fiber cloths as electrodes for high performance electric double layer capacitors [J]. Electrochimica Acta, 2007, 52（13）：4595-4598.

[45] LI D, WANG Y L, XIA Y N. Electrospinning nanofibers as uniaxially aligned arrays and layer-by-layer stacked films [J]. Advanced Materials, 2004, 16（4）：361-366.

[46] FANG B, BINDER L. A modified activated carbon aerogel for high-energy storage in electric double layer capacitors [J]. Journal of Power Sources, 2006, 163（1）：616-622.

[47] CHENG Q, TANG J, MA J, et al. Graphene and nanostructured MnO_2 composite electrodes for supercapacitors [J]. Carbon, 2011, 49（9）：2917-2925.

[48] ELKADY M F, KANER R B. Scalable fabrication of high-power graphene micro-supercapacitors for flexible and on-chip energy storage [J]. Nature Communications, 2013, 4：1475.

[49] ZHANG L L, ZHOU R, ZHAO X S. Graphene-based materials as supercapacitor electrodes [J]. Journal of Materials Chemistry, 2010, 20（29）：5983-5992.

[50] GE J, FAN G, SI Y, et al. Elastic and hierarchical porous carbon nanofibrous membranes incorporated with $NiFe_2O_4$ nanocrystals for highly efficient capacitive energy storage [J]. Nanoscale, 2016, 8（4）：2195-2204.

[51] SAVINI G, DAPPE Y J, OBERG S, et al. Bending modes, elastic constants and mechanical stability of graphitic systems [J]. Carbon, 201149（1）：62-69.

[52] GU J, SANSOZ F. Role of cone angle on the mechanical behavior of cup-stacked carbon nanofibers studied by atomistic simulations [J]. Carbon, 2014, 66：523-529.

[53] BALGIS R, OGI T, ARIF A F, et al. Morphology control of hierarchical porous carbon particles from phenolic resin and polystyrene latex template via aerosol process [J]. Carbon, 2015, 84：281-289.

[54] NEIMARK A V, LIN Y, RAVIKOVITCH P I, et al. Quenched solid density functional theory and pore size analysis of micro-mesoporous carbons [J]. Carbon, 2009, 47（7）：1617-1628.

[55] JAGIELLO J, OLIVIER J P. A simple two-dimensional NLDFT model of gas adsorption in finite carbon pores. application to pore structure analysis [J]. Journal of Physical Chemistry C, 2009, 113（45）：19382-19385.

[56] IQBAL N, WANG X, BABAR A A, et al. Flexible Fe_3O_4@carbon nanofibers hierarchically assembled with MnO_2 particles for high-performance supercapacitor electrodes [J]. Scientific Reports, 2017, 7：15153.

[57] NAOI K, ISHIMOTO S, OGIHARA N, et al. Encapsulation of nanodot ruthenium oxide into KB for electrochemical capacitors [J]. Journal of the Electrochemical Society, 2009, 156（1）：A52-A59.

[58] FAN R J, CHEN Y, CHEN B Z, et al. Facile synthesis and electrochemical properties of α-MnO_2 as electrode material for supercapacitors [J]. Asia-Pacific Journal of Chemical Engineering, 2013, 8（5）：721-729.

357

［59］CHOU T C, DOONG R A, HU C C, et al. Hierarchically porous carbon with manganese oxides as highly efficient electrode for asymmetric supercapacitors ［J］. Chemsuschem, 2014, 7（3）: 841-847.

［60］HUANG Y, MIAO Y E, TJIU W W, et al. High-performance flexible supercapacitors based on mesoporous carbon nanofibers/Co_3O_4/MnO_2 hybrid electrodes ［J］. RSC Advances, 2015, 5（24）: 18952-18959.

［61］LE T, YANG Y, YU L, et al. In-situ growth of MnO_2 crystals under nanopore-constraint in carbon nanofibers and their electrochemical performance ［J］. Scientific Reports, 2016, 6: 37368.

［62］REDDY A L M, SHAIJUMON M M, GOWDA S R, et al. Multisegmented Au-MnO_2/carbon nanotube hybrid coaxial arrays for high-power supercapacitor applications ［J］. Journal of Physical Chemistry C, 2010, 114（1）: 658-663.

［63］GE J, QU Y, CAO L, et al. Polybenzoxazine-based highly porous carbon nanofibrous membranes hybridized by tin oxide nanoclusters : durable mechanical elasticity and capacitive performance ［J］. Journal of Materials Chemistry A, 2016, 4（20）: 7795-7804.

［64］HE S, HU C, HOU H, et al. Ultrathin MnO_2 nanosheets supported on cellulose based carbon papers for high-power supercapacitors ［J］. Journal of Power Sources, 2014, 246: 754-761.

［65］KO W Y, CHEN Y F, LU K M, et al. Porous honeycomb structures formed from interconnected MnO_2 sheets on CNT-coated substrates for flexible all-solid-state supercapacitors ［J］. Scientific Reports, 2016, 6: 18887.

［66］LIU C K, LAI K, LIU W, et al. Preparation of carbon nanofibres through electrospinning and thermal treatment ［J］. Polymer International, 2009, 58（12）: 1341-1349.

［67］GHOSH N N, KISKAN B, YAGCI Y. Polybenzoxazines-new high performance thermosetting resins : Synthesis and properties ［J］. Progress in Polymer Science, 2007, 32（11）: 1344-1391.

［68］IMAIZUMI S, MATSUMOTO H, SUZUKI K, et al. Phenolic resin-based carbon thin fibers prepared by electrospinning : additive effects of poly（vinyl butyral）and electrolytes ［J］. Polymer Journal, 2009, 41（12）: 1124-1128.

［69］NAIR C P R. Advances in addition-cure phenolic resins ［J］. Progress in Polymer Science, 2004, 29（5）: 401-498.

［70］KOLMAKOV A, ZHANG Y, CHENG G, et al. Detection of CO and O_2 using tin oxide nanowire sensors ［J］. Advanced Materials, 2010, 15（12）: 997-1000.

［71］LU Y C, MA C, ALVARADO J, et al. Electrochemical properties of tin oxide anodes for sodium-ion batteries ［J］. Journal of Power Sources, 2015, 284（4）: 287-295.

［72］BOPPELLA P M R, MANORAMA S V, A facile and green approach for the controlled synthesis of porous SnO_2 nanospheres : Application as an efficient photocatalyst and an excellent gas sensing material ［J］. ACS Applied Materials & Interfaces, 2012, 4（11）: 6252-6260.

［73］GU J, SANSOZ F. Superplastic deformation and energy dissipation mechanism in surface-bonded carbon nanofibers ［J］. Computational Materials Science, 2015, 99: 190-194.

［74］HE C, XIAO Y, DONG H, et al. Mosaic-structured SnO_2@C porous microspheres for high-performance supercapacitor electrode materials ［J］. Electrochimica Acta, 2014, 142: 157-166.

［75］NG K C, ZHANG S, PENG C, et al. Individual and bipolarly stacked asymmetrical aqueous supercapacitors of CNTs/SnO_2 and CNTs/MnO_2 nanocomposites ［J］. Journal of the Electrochemical Society, 2009, 156（11）: A846-A853.

［76］JUNG K H, FERRARIS J P. Preparation and electrochemical properties of carbon nanofibers derived from polybenzimidazole/polyimide precursor blends ［J］. Carbon, 2012, 50（14）: 5309-5315.

［77］ZHANG Z, XIAO F, XIAO J, et al. Functionalized carbonaceous fibers for high performance flexible all-solid-state asymmetric supercapacitors ［J］. Journal of Materials Chemistry A, 2015, 3

（22）: 11817-11823.

［78］ VIEILLE B，AUCHER J，TALEB L. Carbon fiber fabric reinforced PPS laminates : influence of temperature on mechanical properties and behavior［J］. Advances in Polymer Technology，2011，30 （2）: 80-95.

［79］ XU Y，HENNIG I，FREYBERG D，et al. Inkjet-printed energy storage device using graphene/ polyaniline inks［J］. Journal of Power Sources，2014，248: 483-488.

［80］ IQBAL N，WANG X，BABAR A A，et al. Polyaniline enriched flexible carbon nanofibers with core-shell structure for high-performance wearable supercapacitors［J］. Advanced Materials Interfaces，2017，4（24）: 1700855.

［81］ LI X，PU X，HAN S，et al. Enhanced performances of Li/polysulfide batteries with 3D reduced graphene oxide/carbon nanotube hybrid aerogel as the polysulfide host［J］. Nano Energy，2016，30: 193-199.

［82］ B GUIN F，PRESSER V，BALDUCCI A，et al. Carbons and electrolytes for advanced supercapacitors［J］. Advanced Materials，2014，26（14）: 2219-2251.

［83］ HUANG J，WANG J，WANG C，et al. Hierarchical porous graphene carbon-based supercapacitors ［J］. Chemistry of Materials，2015，27（6）: 2107-2113.

［84］ LEE J S，KIM W，JANG J，et al. Sulfur-embedded activated multichannel carbon nanofiber composites for long-life，high-rate lithium-sulfur batteries［J］. Advanced Energy Materials，2017，7（5）: 1601943.

［85］ HE S，HU X，CHEN S，et al. Needle-like polyaniline nanowires on graphite nanofibers : Hierarchical micro/nano-architecture for high performance supercapacitors［J］. Journal of Materials Chemistry，2012，22（11）: 5114-5120.

［86］ YU H，ZHANG Q，JOO J B，et al. Porous tubular carbon nanorods with excellent electrochemical properties［J］. Journal of Materials Chemistry A，2013，1（39）: 12198-12205.

［87］ GOPALAKRISHNAN K，SULTAN S，GOVINDARAJ A，et al. Supercapacitors based on composites of PANI with nanosheets of nitrogen-doped RGO，$BC_{1.5}N$，MoS_2 and WS_2［J］. Nano Energy，2015，12: 52-58.

［88］ JAYAKUMAR A，YOON Y J，WANG R，et al. Novel graphene/polyaniline/MnO_x 3D-hydrogels obtained by controlled morphology of MnO_x in the graphene/polyaniline matrix for high performance binder-free supercapacitor electrodes［J］. RSC Advances，2015，5（114）: 94388-94396.

［89］ OREGAN B，GRATZEL M. A low-cost，high-efficiency solar-cell based on dye-sensitized colloidal TiO_2 films［J］. Nature，1991，353（6346）: 737-740.

［90］ 高艳. 石墨烯材料的功能化及其在聚合物太阳能电池中的应用［D］. 浙江: 浙江大学，2012.

［91］ CROSSLAND E J W，KAMPERMAN M，NEDELCU M，et al. A bicontinuous double gyroid hybrid solar cell［J］. Nano Letters，2009，9（8）: 2807-2812.

［92］ SONG M Y，KIM D K，IHN K J，et al. Electrospun TiO_2 electrodes for dye-sensitized solar cells ［J］. Nanotechnology，2004，15（12）: 1861-1865.

［93］ ZHANG D S，YOSHIDA T，MINOURA H. Low-temperature fabrication of efficient porous titania photoelectrodes by hydrothermal crystallization at the solid/gas interface［J］. Advanced Materials，2003，15（10）: 814-817.

［94］ LIN J，DING B，YU J，et al. Direct fabrication of highly nanoporous polystyrene fibers via electrospinning［J］. ACS Applied Materials & Interfaces，2010，2（2）: 521-528.

［95］ ZHOU Z，XIAO W，SHI X，et al. Pore volume and distribution regulation of highly nanoporous titanium dioxide nanofibers and their photovoltaic properties［J］. Journal of Colloid and Interface Science，2017，490: 74-83.

［96］ KOKUBO H，DING B，NAKA T，et al. Multi-core cable-like TiO_2 nanofibrous membranes for dye-sensitized solar cells [J]. Nanotechnology, 2007, 18: 165604.

[97] BAI Y, MORASERO I, DE ANGELIS F, et al. Titanium dioxide nanomaterials for photovoltaic applications [J]. Chemical Reviews, 2014, 114 (19): 10095-10130.

[98] CHEN X, MAO S S. Titanium dioxide nanomaterials: Synthesis, properties, modifications, and applications [J]. Chemical Reviews, 2007, 107 (7): 2891-2959.

[99] YUNE J H, KARATCHEVTSEVA I, TRIANI G, et al. A study of TiO₂ binder-free paste prepared for low temperature dye-sensitized solar cells [J]. Journal of Materials Research, 2013, 28 (3): 488-496.

[100] WANG X, XI M, ZHENG F, et al. Reduction of crack formation in TiO₂ mesoporous films prepared from binder-free nanoparticle pastes via incorporation of electrospun SiO₂ or TiO₂ nanofibers for dye-sensitized solar cells [J]. Nano Energy, 2015, 12: 794-800.

[101] LEE W P, ROUTH A F. Why do drying films crack? [J]. Langmuir, 2004, 20 (23): 9885-9888.

[102] LAN W, WANG X, XIAO P. Agglomeration on drying of yttria-stabilised-zirconia slurry on a metal substrate [J]. Journal of the European Ceramic Society, 2006, 26 (16): 3599-3606.

[103] JAGLA E A. Stable propagation of an ordered array of cracks during directional drying [J]. Physical Review E, 2002, 65 (4): 046147.

[104] SENTHILARASU S, PEIRIS T A N, GARCIACANADAS J, et al. Preparation of nanocrystalline TiO₂ electrodes for flexible dye-sensitized solar cells: Influence of mechanical compression [J]. Journal of Physical Chemistry C, 2012, 116 (36): 19053-19061.

[105] TANG C S, SHI B, LIU C, et al. Experimental characterization of shrinkage and desiccation cracking in thin clay layer [J]. Applied Clay Science, 2011, 52 (1-2): 69-77.

[106] XUE G, GUO Y, YU T, et al. Degradation mechanisms investigation for long-term thermal stability of dye-sensitized solar cells [J]. International Journal of Electrochemical Science, 2012, 7 (2): 1496-1511.

[107] LEE K M, WU S J, CHEN C Y, et al. Efficient and stable plastic dye-sensitized solar cells based on a high light-harvesting ruthenium sensitizer[J]. Journal of Materials Chemistry, 2009, 19(28): 5009-5015.

[108] L. DLOCZIK, O. ILEPERUMA, I. LAUERMANN, et al. Dynamic response of dye-sensitized nanocrystalline solar cells: characterization by intensity-modulated photocurrent spectroscopy[J]. Journal of Physical Chemistry B, 1997, 101 (49): 10281-10289.

[109] LIN C Y, LIN J Y, WAN C C, et al. High-performance and low platinum loading electrodeposited-Pt counter electrodes for dye-sensitized solar cells [J]. Electrochimica Acta, 2011, 56 (5): 1941-1946.

[110] ROYMAYHEW J D, BOZYM D J, PUNCKT C, et al. Functionalized graphene as a catalytic counter electrode in dye-sensitized solar cells [J]. ACS Nano, 2010, 4 (10): 6203-6211.

[111] BAY L, WEST K, WINTHER J B, et al. Electrochemical reaction rates in a dye-sensitised solar cell—the iodide/tri-iodide redox system [J]. Solar Energy Materials & Solar Cells, 2006, 90 (3): 341-351.

[112] SAITO Y, KITAMURA T, WADA Y, et al. Application of poly (3, 4-ethylenedioxythiophene) to counter electrode in dye-sensitized solar cells [J]. Chemistry Letters, 2002, 2002 (10): 1060-1061.

[113] ZHOU H, SHI Y, DONG Q, et al. Surface oxygen vacancy-dependent electrocatalytic activity of W₁₈O₄₉ nanowires [J]. Journal of Physical Chemistry C, 2014, 118 (35): 20100-20106.

[114] XU H, ZHANG X, ZHANG C, et al. Nanostructured titanium nitride/pedot:PSS composite films as counter electrodes of dye-sensitized solar cells [J]. ACS Applied Materials & Interfaces, 2012, 4 (2): 1087-1092.

［115］ ZHAO W，LIN T，SUN S，et al. Oriented single-crystalline nickel sulfide nanorod arrays："two-in-one" counter electrodes for dye-sensitized solar cells［J］. Journal of Materials Chemistry A，2013，1（2）：194-198.

［116］ ZHOU L，YANG X，YANG B，et al. Controlled synthesis of CuInS$_2$/reduced graphene oxide nanocomposites for efficient dye-sensitized solar cells［J］. Journal of Power Sources，2014，272：639-646.

［117］ KOO B，PATEL R N，KORGEL B A. Wurtzite-chalcopyrite polytypism in CuInS$_2$ nanodisks［J］. Chemistry of Materials，2015，21（9）：1962-1966.

［118］ WANG L，HE J，ZHOU M，et al. Copper indium disulfide nanocrystals supported on carbonized chicken eggshell membranes as efficient counter electrodes for dye-sensitized solar cells［J］. Journal of Power Sources，2016，315：79-85.

［119］ PARK S H，KIM B K，LEE W J. Electrospun activated carbon nanofibers with hollow core/highly mesoporous shell structure as counter electrodes for dye-sensitized solar cells［J］. Journal of Power Sources，2013，239：122-127.

［120］ HE J，ZHOU M，WANG L，et al. Electrospinning in situ synthesis of graphene-doped porous copper indium disulfide/carbon composite nanofibers for highly efficient counter electrode in dye-sensitized solar cells［J］. Electrochimica Acta，2016，215：626-636.

［121］ SHEN J，HU Y，SHI M，et al. One step synthesis of graphene oxide-magnetic nanoparticle composite［J］. Journal of Physical Chemistry C，2010，114（3）：1498-1503.

［122］ NI Z H，WANG H M，KASIM J，et al. Graphene thickness determination using reflection and contrast spectroscopy［J］. Nano Letters，2007，7（9）：2758-2763.

［123］ 顾陇. 摩擦纳米发电机在声波能量收集中的应用［D］. 兰州：兰州大学，2016.

［124］ NIU S，WANG X，YI F，et al. A universal self-charging system driven by random biomechanical energy for sustainable operation of mobile electronics［J］. Nature Communications，2015，6（1）：8975.

［125］ GE J，ZONG D，JIN Q，et al. Biomimetic and superwettable nanofibrous skins for highly efficient separation of oil - in - water emulsions［J］. Advanced Functional Materials，2018，28（10）：1705051.

［126］ GE J，ZHANG J，WANG F，et al. Superhydrophilic and underwater superoleophobic nanofibrous membrane with hierarchical structured skin for effective oil-in-water emulsion separation［J］. Journal of Materials Chemistry A，2016，5（2）：497-502.

［127］ LI J，LIU E Z，MA Y N，et al. Synthesis of MoS$_2$/g-C$_3$N$_4$ nanosheets as 2D heterojunction photocatalysts with enhanced visible light activity［J］. Applied Surface Science，2016，364：694-702.

［128］ JANG S，KIM H，KIM Y，et al. Honeycomb-like nanofiber based triboelectric nanogenerator using self-assembled electrospun poly（vinylidene fluoride-co-trifluoroethylene）nanofibers［J］. Applied Physics Letters，2016，108（14）：9533.

［129］ HOU T C，YANG Y，ZHANG H，et al. Triboelectric nanogenerator built inside shoe insole for harvesting walking energy［J］. Nano Energy，2013，2（5）：856-862.

［130］ ZHU G，BAI P，CHEN J，et al. Power-generating shoe insole based on triboelectric nanogenerators for self-powered consumer electronics［J］. Nano Energy，2013，2（5）：688-692.

［131］ 郭隐犇，张青红，李耀刚，等. 可穿戴摩擦纳米发电机的研究进展［J］. 中国材料进展，2016，35（2）：91-100.

［132］ PU X，LIU M，CHEN X，et al. Ultrastretchable，transparent triboelectric nanogenerator as electronic skin for biomechanical energy harvesting and tactile sensing［J］. Science Advances，2017，3（5）：e1700015.

361

［133］YUN B K, KIM J W, KIM H S, et al. Base-treated polydimethylsiloxane surfaces as enhanced triboelectric nanogenerators［J］. Nano Energy, 2015, 15: 523-529.

［134］WANG Z L. Triboelectric nanogenerators as new energy technology for self-powered systems and as active mechanical and chemical sensors［J］. ACS Nano, 2013, 7（11）: 9533.

［135］DIAZ A F, FELIX-NAVARRO R M. A semi-quantitative tribo-electric series for polymeric materials : the influence of chemical structure and properties［J］. Journal of Electrostatics, 2004, 62（4）: 277-290.

［136］LI Z, SHEN J, ABDALLA I, et al. Nanofibrous membrane constructed wearable triboelectric nanogenerator for high performance biomechanical energy harvesting［J］. Nano Energy, 2017, 36: 341-348.

［137］成立. 基于纳米发电机的自供能纳米系统［D］. 兰州: 兰州大学, 2016.

［138］LIN W C, LEE S H, KARAKACHIAN M, et al. Tuning the surface potential of gold substrates arbitrarily with self-assembled monolayers with mixed functional groups［J］. Physical Chemistry Chemical Physics, 2009, 11（29）: 6199-6204.

［139］WANG S, ZI Y, ZHOU Y, et al. Molecular surface functionalization to enhance power output of triboelectric nanogenerators［J］. Journal of Materials Chemistry A, 2016, 4（10）: 3728-3734.

［140］CHANG T H, PENG Y W, CHEN C H, et al. Protein-based contact electrification and its uses for mechanical energy harvesting and humidity detecting［J］. Nano Energy, 2016, 21: 238-246.

［141］SHEN J, LI Z, YU J, et al. Humidity-resisting triboelectric nanogenerator for high performance biomechanical energy harvesting［J］. Nano Energy, 2017, 40: 282-288.

［142］OGAWA T, DING B, SONE Y, et al. Super-hydrophobic surfaces of layer-by-layer structured film-coated electrospun nanofibrous membranes［J］. Nanotechnology, 2007, 18（16）: 695-700.

［143］JIA Y, YU H, ZHANG Y, et al. Cellulose acetate nanofibers coated layer-by-layer with polyethylenimine and graphene oxide on a quartz crystal microbalance for use as a highly sensitive ammonia sensor［J］. Colloids & Surfaces B : Biointerfaces, 2016, 148: 263-269.

［144］MCCARTY L S, WHITESIDES G M. Electrostatic charging due to separation of ions at interfaces : contact electrification of ionic electrets［J］. Angewandte Chemie International Edition, 2008, 47（12）: 2188-2207.

［145］KIM H J, KIM J H, JUN K W, et al. Silk nanofiber - networked bio - triboelectric generator : Silk bio - teg［J］. Advanced Energy Materials, 2016, 6（8）: 1502329.

第12章 隔热用纳米纤维材料

静电纺陶瓷纳米纤维具有导热系数低、轻质柔软、耐高温、耐腐蚀且易于再加工的优点，由一维陶瓷纳米纤维组成的二维纳米纤维膜和三维纳米纤维气凝胶都具有超高的孔隙率、可调的多级网孔结构，这种结构可大幅提高材料的隔热性能[1-3]，通过调控纳米纤维及集合体的结构可实现材料隔热性能和力学性能的协同优化。本章将主要介绍静电纺陶瓷纤维材料在隔热领域的应用。

12.1 隔热材料概述

能源危机是一个经久不衰的话题，减少能源消耗是解决这个问题的主要途径[4-5]，通过利用隔热材料以减小能量损耗可以即时有效缓解能源危机[6]。良好的隔热性能是隔热材料的必要条件，而应用于不同环境中的隔热材料对耐久性、轻质柔软性等又有特定的要求，如在航空航天领域，要求隔热材料体积密度小且形状可控易装配；在工业领域，如油气管道，要求隔热材料寿命长、性能稳定；在个体防护领域，要求隔热材料柔软轻质，有一定的力学性能；在低温应用领域，要求材料抗低温脆性[7]。因此，开发具有优异附加性能（如力学性能、使用寿命）的高效隔热材料具有重要研究意义。

12.1.1 隔热机理

热力学传热的经典定义是"温差作用下穿过系统边界的能量流"[3]。多数情况下，传热在非真空环境中的热量传导机制主要包括热传导、热对流和热辐射[2]。热传导是在温差作用下物体内部的热载流子的不规则运动，从而引起介质中能量的传递，取决于材料的本体结构、连通性和化学组成。热对流是当流体运动叠加到一个温度梯度时所产生的对流传热，与热传导不同，热对流与材料特性无关，主要取决于流场、流体特性和流体流过表面的几何特性。热对流主要有两类：由于冷热流体密度不同产生浮力驱动的自然对流和受外界影响产生流动的强迫对流；由于纤维类隔热材料孔径通常都大于空气分子的平均自由程，所以其中的气体分子主要是相互之间碰撞的扩散热传递。热辐射不同于热传导和热对流，其引起的传热不需要任何介质，可以在真空中传递，靠电磁波携带能量。

12.1.2 隔热材料分类

隔热材料种类繁多，按其组成可分为有机隔热材料和无机隔热材料[8-11]。

12.1.2.1 有机隔热材料

有机隔热材料主要有聚苯乙烯泡沫、聚氨酯泡沫、酚醛泡沫及脲醛泡沫等，其因容重低、热导率低且易加工等特点被广泛应用于隔热领域，但有机材料在高温下易分解和燃烧，限制了其在高温领域的使用。

12.1.2.2 无机隔热材料

无机隔热材料主要有金属和无机非金属隔热材料，金属隔热材料主要包括金属箔和金属镀膜，因其具有很高的红外反射率，常与其他隔热材料复合成多层结构制备高温隔热材料，从而应用在航空航天中的高温热防护领域。无机非金属材料因具有耐高温、热稳定性好及耐腐蚀等特点而被广泛应用于高温领域。无机隔热材料种类很多，根据材料形态可分为粉末状、多孔状、纤维状[12-13]。

（1）粉末状无机隔热材料。粉末状无机隔热材料主要包括硅藻土、珍珠岩、蛭石粉等。其中，硅藻土主要成分是 SiO_2 及少量 Al_2O_3、Fe_2O_3、MgO 等，其具有较高孔隙率且轻质耐热，通常被加工成保温板等直接填充材料，用于建筑和工业设备隔热[14]。粉末状隔热材料虽应用广泛、价格低廉，但是仍存在一定的应用缺陷，如硅藻土导热系数高，珍珠岩成型性差，填充类颗粒污染严重等缺点。

（2）多孔状无机隔热材料。多孔状隔热材料主要是利用小孔径内气体的低热导率提高隔热性能，常见的无机多孔隔热材料有泡沫玻璃、微孔硅酸钙、SiO_2 气凝胶材料等，这些材料具有较高的使用温度和优良的隔热性能，如 SiO_2 气凝胶材料由纳米颗粒连接而成，孔隙率高达 99%，密度一般为 $0.05 \sim 0.2 g/cm^3$，其内部孔径小于空气分子的平均自由程，因此，其导热系数仅为 $0.02 \ W/(m \cdot k)$[15-17]。但是多孔状无机隔热材料具有脆性大、机械性能差的缺陷，限制了其实际应用[18-19]。

（3）纤维状无机隔热材料。目前，常用的无机纤维隔热材料主要有玻璃纤维、ZrO_2 纤维、Al_2O_3 纤维等，无机隔热纤维因具备耐高温、耐火、不燃及耐老化等优点被广泛应用，但是传统的无机纤维强度差、脆性大、与异形设备表面贴合性差，限制了其实际应用。因此，制备柔性无机纤维隔热材料，使其兼具无机纤维耐高温隔热和有机纤维材料柔软的优点，对促进纤维状无机隔热材料的发展和应用具有重要意义。

12.2 柔性无机纳米纤维膜隔热材料

12.2.1 柔性无机纳米纤维膜

目前，提升纤维材料隔热性能的方法主要包括：提高孔隙率，减小孔径，降低纤维膜的热传导和热对流；引入遮光剂或与金属薄膜复合，降低纤维膜的热辐射。纤维直径降低可使纤维膜的孔隙率提高、孔径减小，因此，纤维细化是提升材料隔热性能的重要方法之一，静电纺丝是纤维细化的重要方法，结合溶胶凝胶法制备的无机纳米纤维膜具有优异的隔热性能，同时还兼具优良的柔性和超轻质特性。

结合溶胶凝胶法与静电纺丝法制备出 SiO_2 无机纳米纤维膜[20]，如图 12-1 所示，以正硅酸四乙酯为硅源、草酸为催化剂制备硅溶胶，并以聚乙烯醇（PVA）为聚合物模板制备前驱体纺丝液，随后通过静电纺丝制备出有机/无机杂化纤维，最后在高温空气氛围下煅烧制备出柔性 SiO_2 纳米纤维膜。

为了研究煅烧温度对纤维形貌的影响，将杂化纤维膜置于不同温度下进行煅烧处

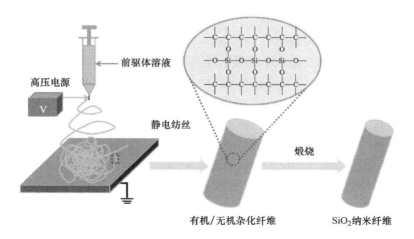

图 12-1　SiO₂ 纳米纤维膜的制备过程示意图

理。从图 12-2 纤维膜的 FE-SEM 图可以看出，煅烧前的杂化纳米纤维膜平均直径为 329nm，在 600℃煅烧后呈淡黄色，纤维平均直径降至 241nm，纤维膜呈淡黄色是由于纤维中仍存在未去除的碳；800℃煅烧后纤维膜呈现白色，表明有机物已完全分解，纤维平均直径为 236nm；1000℃煅烧后纤维平均直径为 297nm，纤维膜仍具有良好的柔性；1200℃煅烧后纤维直径为 322nm，纤维膜呈现脆性。从上述分析可知，随着煅烧温度的上升，纤维直径先减小后增大，这说明杂化膜的煅烧过程先是以横向收缩为主，温度过高后纤维沿纵向发生熔融收缩，如图 12-2（d）所示，纤维膜中可以观察到很多黏结结构，这种结构会阻碍纤维的移动，从而使纤维膜柔性大幅下降。

　　静电纺陶瓷纳米纤维膜的强度较低主要是由于纤维间作用力较弱，通过在前驱体纺

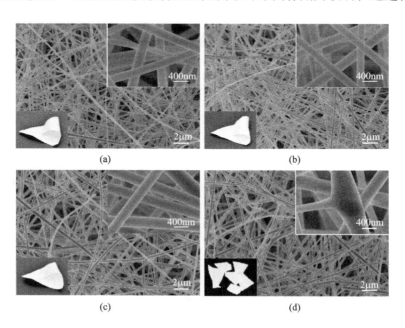

图 12-2　不同煅烧温度制备的 SiO₂ 纳米纤维膜 FE-SEM 图：（a）600℃；（b）800℃；（c）1000℃；（d）1200℃，右上插图为高倍 FE-SEM 图，左下插图为实物图

丝液中加入 NaCl，使其在高温下熔融以增加纤维间的黏结点，从而提升纤维膜的强力。图 12-3 是 NaCl 添加量为 0.1wt%、0.5wt%、1wt% 时所制得的 SiO$_2$ 纤维膜的柔软度值和应力—应变曲线，结果表明，纤维膜的强度随着 NaCl 含量的增加而增大，但是其柔性逐渐减小。这是因为 NaCl 在高温熔融后，在纤维搭接处形成了黏结点，随着 NaCl 含量的增高，纤维间黏结点增加导致纤维滑移减少，最终使得纤维膜的拉伸强度增大，柔性降低。图 12-4（a）和（b）是 NaCl 含量为 1wt% 时 SiO$_2$ 纳米纤维膜弯曲和回复过程的 SEM 图，可以看出 NaCl 的加入使得纤维膜在保持良好柔性的同时还具有一定的形状记忆特性，且纤维膜弯曲部分并没有发生断裂。此外，通过隔热性能测试发现制得的 SiO$_2$ 纳米纤维膜具有良好的隔热性能［图 12-4（c）］。

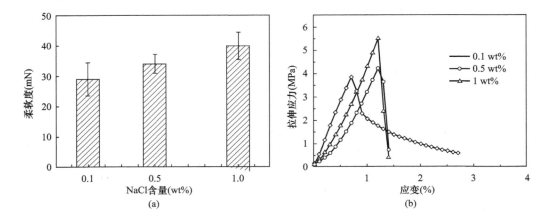

图 12-3　不同 NaCl 含量 SiO$_2$ 纳米纤维膜的（a）柔软度值和（b）拉伸应力—应变曲线

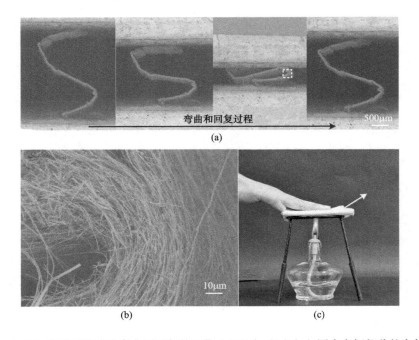

图 12-4　（a）SiO$_2$ 纳米纤维膜由弯曲到回复的原位 SEM 图；（b）（a）图中白框部分的高倍 SEM 图；（c）SiO$_2$ 纳米纤维膜隔热性能展示

　　此外，作者以乙酸锆为锆源，六水合硝酸钇为稳定剂，并以不同聚合物为纺丝模板制备杂化纳米纤维膜，最终煅烧得到柔性的钇稳定氧化锆（YSZ）纳米纤维膜[21]。为了研究聚合物模板对纤维膜形貌的影响，使用了三种水溶性聚合物聚乙烯吡咯烷酮（PVP）（M_w = 1300000）、PVA（M_w = 88000）和聚氧化乙烯（PEO）（M_w = 300000 的 PEO-30 和 M_w = 600000 的 PEO-60）为模板。如图 12-5 所示，以 PVP、PVA、PEO-30、PEO-60 为模板制备的 YSZ 纳米纤维直径分别为 270nm、197nm、398nm、490nm，这主要是由于聚合物模板分子量和浓度影响了纺丝液黏度，从而最终使纤维直径发生改变。同时，通过图 12-5（d）所示 SEM 图可知，当 PEO 分子量高达 60 万时，纤维膜中出现了大量的带状纤维，这将使最终获得的 YSZ 纳米纤维膜呈现明显的脆性。

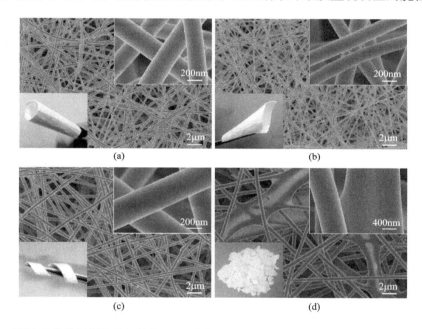

图 12-5　不同聚合物模板制备的钇掺杂 ZrO_2 纳米纤维膜 FE-SEM 图（右上插图为高倍 FE-SEM 图，左下插图为实物图）：（a）PVP；（b）PVA；（c）PEO-30；（d）PEO-60

　　为进一步研究聚合物种类对纤维性能的影响，首先对纤维膜的晶体结构进行了测试和分析。通过 X 射线衍射（XRD）图谱［图 12-6（a）］分析可知，不同聚合物模板制备的 YSZ 纳米纤维都显示为四方晶型（JCPDS no.48-0224）[22]。通过 Scherrer 公式对纤维晶粒尺寸进行计算，PVP、PVA、PEO-30 和 PEO-60 为模板制备的纳米纤维的晶粒尺寸分别为 23.8nm、21.8nm、21nm、19.8nm，晶胞模拟图如图 12-6（b）所示。

　　随后分析了前驱体纤维在 100 ～ 900℃的热失重（TG）曲线，如图 12-7 所示。前驱体纤维的煅烧过程可分为三个阶段：100 ～ 350℃，主要为乙酸锆表面羟基的自缩合过程[23]和聚合物侧链的分解过程[24]，此过程质量损失较大；350 ～ 650℃，主要发生聚合物主链的断裂；650 ～ 750℃，聚合物碳链分解及 ZrO_2 结晶。在这些聚合物模板中，最先达到质量损失最低点的是以 PVA 为模板的杂化纤维，因此，该纤维较早进入 ZrO_2 结晶过程，导致其晶体尺寸较大。对于侧链较大的 PVP，其在第一阶段损失最大，后续结晶过程中受到的阻力较小且结晶过程也较早发生，所以其晶粒尺寸最大。而分子量更

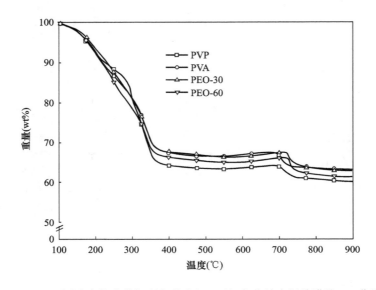

图 12-6 不同聚合物模板制备 YSZ 纤维的（a）XRD 图谱和（b）晶粒尺寸及晶胞模拟图

图 12-7 不同聚合物为模板制备的有机／无机杂化纳米纤维膜的 TG 曲线

大的 PEO，分解过程较长，制得的纤维中晶粒尺寸较小。

为考察聚合物模板种类对纤维膜力学性能的影响，对纤维膜的柔软度和拉伸强度进行了测试（图 12-8）。PVP 模板 YSZ 纳米纤维膜的拉伸强度达到了 4.82MPa，而堆积比较紧密的 PVA 模板制备的纤维膜拉伸强度相对减小，可能是由于其纤维中 ZrO₂ 晶粒尺寸减小。PEO-30 模板制备的纤维膜较蓬松，使得纤维膜在拉伸过程中以纤维滑移为主，应变较大、拉伸强度较小。以 PVA 为聚合物模板制备的 YSZ 纤维膜柔性最好、柔软度值最小为 21 mN，其次是以 PVP 为聚合物模板制备的纤维膜，柔性最差的是以 PEO-30 为聚合物模板制备的纤维膜，通过将纤维膜柔性与纤维直径对比可以发现纤维膜柔性和纤维平均直径呈正相关，纤维直径越小，纤维膜柔性越好。

选用拉伸强度高且柔性较好的 PVP 模板 YSZ 纳米纤维膜测试隔热性能，使用 LFA457 激光热导仪并通过夹层法测试纤维膜的本体热扩散系数，代入式（12-1）可计

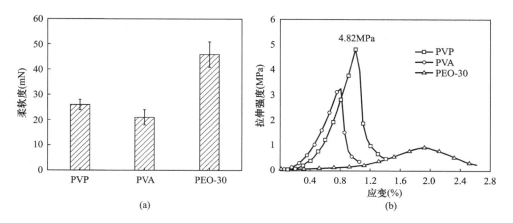

图 12-8　不同聚合物模板制备的 YSZ 纤维膜的（a）柔软度值；（b）拉伸应力—应变曲线

算出导热系数[25]：

$$\kappa = \rho C_p D \qquad\qquad (12\text{-}1)$$

式中：κ 为导热系数 [W/（m·K）]；ρ 为材料密度（kg/m³）；C_p 为材料比热 [J/（kg·K）]；D 是测试得到的热扩散系数（mm²/s）。

由测试所得 YSZ 纳米纤维膜的导热系数为 0.023W/（m·K）。

12.2.2　柔性 SiO₂ 纳米纤维 / 纳米颗粒复合膜

在解决了无机纳米纤维脆性大的问题后，需要对其隔热性能进行进一步改善。作为"超级绝热材料"的 SiO₂ 颗粒气凝胶具有纳米孔结构、较高的孔隙率和超低的导热系数，但是 SiO₂ 气凝胶自身的脆性导致其结构在应用过程中易被破坏，影响隔热效果。因此，将 SiO₂ 纳米纤维与 SiO₂ 纳米颗粒气凝胶复合，制备了具有多级孔结构的 SiO₂ 纳米纤维 / 气凝胶复合材料（SNF/SA）[26]。

SNF/SA 复合隔热材料制备流程如图 12-9 所示，整个制备过程包括纤维浸渍、硅溶胶凝胶、老化、溶剂置换、疏水处理和常压梯度干燥工序。首先将 SiO₂ 纳米纤维浸渍于硅溶胶中，待其凝胶后将之转移到容器中进一步凝胶固化 10 ~ 20min，随后密闭老化 24h。老化是为了使纤维表面的凝胶骨架进一步生长固化，保证结构中纳米孔结构

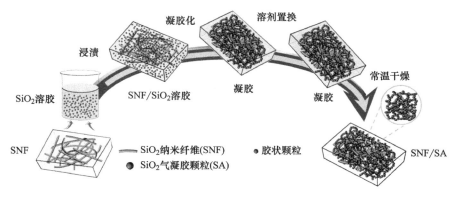

图 12-9　SNF/SA 复合隔热材料制备流程图

稳定。老化结束后，需要将材料干燥处理去除湿凝胶中的液体，但是 SiO_2 颗粒气凝胶微小的孔隙容易产生毛细效应，使得液体蒸发时在凝胶孔隙结构中产生毛细管力，毛细管力和液体表面张力的关系如 Young-Laplace 公式[27]所示：

$$\Delta P = \frac{2\gamma \cos \theta}{r} \tag{12-2}$$

式中：ΔP 表示毛细管压力；γ 为液体的表面张力；r 为毛细管半径；θ 为界面接触角。

由上式可知，湿凝胶中溶剂表面张力越大，毛细管压力也越大，在干燥过程中凝胶的骨架结构就越容易变形坍塌。为了得到结构完好的 SNF/SA 复合材料，需克服毛细管压力，常见方法有超临界干燥或常压置换干燥，超临界干燥设备要求过高且成本太大，工业上通常使用低表面张力的溶剂置换出凝胶孔隙结构中高表面张力的溶剂，减小干燥过程中毛细管力对结构的破坏。干燥后得到由纳米级颗粒组成的连续网状骨架结构，这些连续的纳米级颗粒与纤维间通过化学作用牢固结合并相互穿插，从而牢固生长在单根纤维表面或填充在纤维间的孔隙中。

SiO_2 气凝胶负载量是影响复合纤维膜形貌结构的重要因素之一，如图 12-11（a）所示。研究发现当 SiO_2 气凝胶负载量达到 20wt% 时，纳米颗粒牢固地附着在纤维表面，这是由于 SiO_2 颗粒和纤维都是由正硅酸乙酯水解制得，因此，两者表面存在大量的羟基且可以发生反应，同时界面处会形成较强的氢键作用（图 12-10）。当负载量增大时，颗粒不仅出现在纤维表面，还会以块状形式填充在纤维间的孔隙中［图 12-11（b）~（d）］，且块状体间分布着一些微小裂纹。从图 12-11（e）可以发现，多根取向相同的纤维被固结在相邻的气凝胶块体中，该结构有利于材料抵抗外力拉伸破坏。由 SNF/SA-4 高倍 FE-SEM 图［图 12-11（f）］可以发现，块状体内部是均匀分布且孔径小于 100nm 的孔，这对提升材料的隔热性能至关重要。

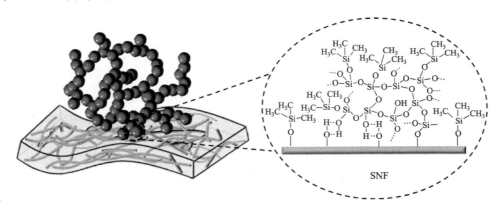

图 12-10　SiO_2 纳米纤维和气凝胶纳米颗粒间的化学键作用

为了研究 SiO_2 气凝胶负载量对 SNF/SA 复合材料机械性能的影响，测试了材料的柔软度和拉伸强度。由图 12-12（a）可以看出，随着纤维膜上 SiO_2 纳米颗粒负载量的增加，材料的弯曲刚度逐渐增大，材料的柔性逐渐降低，但是即使是柔软度最差的 SNF/SA-4 也展示出良好的柔性。通过电镜原位观察 SNF/SA-4 在外力作用下的弯曲和回复过程（图 12-13），可以发现整个过程中复合纤维膜都表现出良好的弯曲性能和回

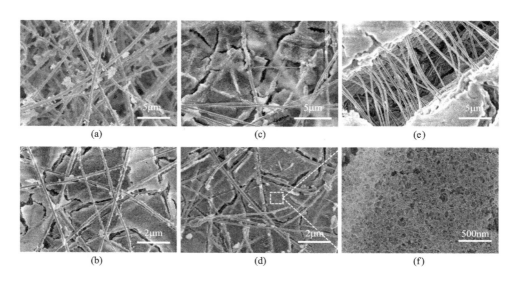

图 12-11　不同 SiO$_2$ 气凝胶负载量 SNF/SA 的 SEM 图：（a）20wt%（SNF/SA-1），（b）35wt%（SNF/SA-2），（c）60wt%（SNF/SA-3）和（d）70wt%（SNF/SA-4）；（e）（d）图中纤维的桥接作用；（f）（d）图中方框部分高倍数 FE-SEM 图

复性能，并且单根纤维在弯曲过程中未发生明显的断裂。

图 12-12（b）是 SiO$_2$ 纳米纤维和 SNF/SA 的应力—应变曲线图，从图中可以看出，随着 SiO$_2$ 气凝胶负载量的增加，材料的强度增加，断裂伸长率减小。负载量为 20wt% 时，纳米颗粒只是负载在纤维上，并有少部分增强了纤维间搭接点，因此，纤维膜的强度只是略微增大，受到外力拉伸时纤维间还是存在大量的滑移现象。当负载量增加到 60wt% 时，SiO$_2$ 纳米颗粒以块状填充在纤维膜的空隙，不仅在纤维搭接处出现大量的黏结点，纤维和块状体之间相互穿插形成了连续结构，阻碍了拉伸过程中纤维的滑移，因此，断裂应力增大，断裂伸长率减小。当复合材料中纳米颗粒负载量达到 70wt% 时，由于纤维被牢牢固结在气凝胶上，使 SNF/SA-4 中纤维滑移困难，随着外加应力增加，纤维断裂，复合材料发生脆性断裂。

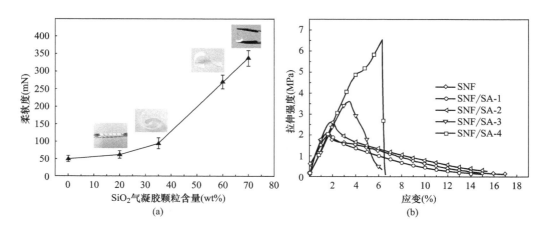

图 12-12　不同 SA 负载量 SNF/SA 的（a）柔软度值；（b）拉伸应力—应变曲线

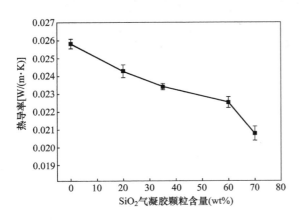

图 12-13 负载量为 70wt% 的 SNF/SA 原位弯曲回复的 SEM 图

随后研究了 SiO_2 气凝胶负载量对纤维膜隔热性能的影响，采用 TPS2500s 型导热系数仪在常温下对 SiO_2 纳米纤维和 SNF/SA 导热系数进行了测试，如图 12-14 (a) 所示。SiO_2 纳米纤维的导热系数为 0.026W/ (m·K)，随着 SiO_2 气凝胶负载量的增加，复合材料的导热系数明显下降。这主要是由于当纳米颗粒以块状的气凝胶形式存在于纤维网络中，纤维膜的孔径大幅度减小，而气凝胶的孔径远小于空气的平均自由程，同时，纤维和颗粒间形成的复杂纤维网络结构大大增加了固体传热长度，故而复合材料的导热系数降低。

图 12-14 不同 SiO_2 气凝胶负载量 SNF/SA 的导热系数

12.3 超轻超弹无机纳米纤维气凝胶隔热材料

二维无机纳米纤维膜材料可用于狭小空间的隔热，但面对较大空间及复杂结构的隔热，由纤维膜堆叠而成的体型材料存在层间易剥离和结构稳定性较差等问题[28-29]，因此，亟需开发一种结构稳定的体型隔热材料。作者制备出一种超轻质、超弹性、耐火的陶瓷纳米纤维气凝胶材料[30]，制备流程如图 12-15 所示，以柔性 SiO_2 纳米纤维为构筑基元，聚丙烯酰胺（PAM）水溶液为分散剂，硅铝硼（AlBSi）溶胶为高温黏结剂，通过均质分散、冷冻成型、真空干燥得到 PAM/AlBSi/SiO_2 纳米纤维杂化气凝胶（PNFAs），再经过高温煅烧（空气氛围中）得到陶瓷纳米纤维气凝胶（CNFAs）。

通过分析陶瓷纳米纤维气凝胶 X 射线光电子能谱（XPS）谱图发现，气凝胶表面具有明显的 Al_{2p}、B_{1s}、Si_{2p3} 和 Si_{2s} 特征峰 [图 12-16 (a)]。由于 CNFAs 内仅含有 Al、Si、B、O 四种元素[31-32]，因此，其具有耐高温特性，在丁烷喷灯火焰下（1100℃）没有任何形变和收缩，如图 12-16 (b) 所示。从图 12-16 (c) 可以看出，CNFAs 具有优异的结构可调性，通过改变模具形状及尺寸可以制备成不同形状的陶瓷纳米纤维气凝胶如圆柱状、立方体及特殊形状"D""H""U"等。此外，CNFAs 还具有超轻质特性，其体积密度最低可达 0.15mg/cm³，如图 12-16 (d) 所示，20cm³ 的 CNFAs（0.15mg/cm³）

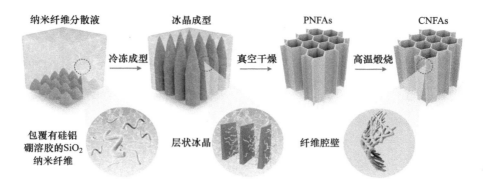

纳米纤维分散液　冰晶成型　PNFAs　CNFAs

冷冻成型　真空干燥　高温煅烧

包覆有硅铝硼溶胶的SiO₂纳米纤维　层状冰晶　纤维腔壁

图 12-15　CNFAs 的制备过程示意图

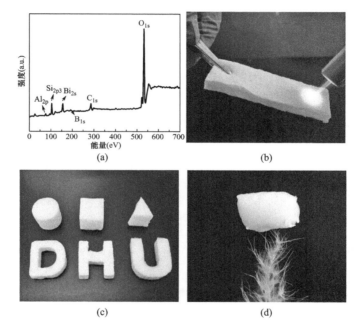

图 12-16　陶瓷纳米纤维气凝胶的（a）XPS 图谱；（b）在丁烷喷灯下的耐热性能展示；（c）不同形状气凝胶样品展示；（d）20cm³ 密度为 0.15mg/cm³ 的气凝胶站立在羽毛尖端

可以稳定地站立在羽毛的尖端。

陶瓷纳米纤维气凝胶具有多级胞腔网孔结构，如图 12-17 所示，纤维气凝胶由 10 ~ 30μm 层状胞腔构成，而胞腔是由孔径为 1 ~ 3μm 的纤维网状腔壁构成。这种多层胞腔结构的形成是在冷冻成型的过程中，冰晶的生长使得纤维随着聚合物分散剂 PAM 和 AlBSi 溶胶被排挤并聚集在冰晶表面，随后通过真空干燥使冰晶升华得到了具有多层胞腔结构的杂化纳米纤维气凝胶，最后高温煅烧去除聚合物并使 AlBSi 溶胶在纤维间形成 SiO₂/B₂O₃/Al₂O₃ 黏结结构。由图 12-17（d）可以看出，SiO₂ 纳米纤维表面均匀地包裹着 AlBSi 组分。

传统陶瓷气凝胶一般脆性较大，而陶瓷纳米纤维气凝胶具有优良的压缩回弹性，即使在较大的压缩应变下也能快速回复至初始形状。如图 12-18（a）所示，陶瓷纳米纤

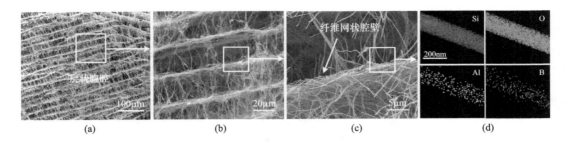

图 12-17 （a）~（c）不同放大倍率下 CNFAs 的多级网孔结构 SEM 图；（d）纳米单纤维的
STEM-EDS 图像及相应的 Si、O、Al 和 B 元素分布

维气凝胶的应力—应变曲线与蜂窝网络结构的材料相似，具有三个阶段[33-34]：应变小于 8% 时的线性弹性形变区；应变在 8% ~ 65% 的平台区；应变大于 65% 时，呈现斜率增大的致密化区域。当压缩应变为 80% 时，其压缩应力为 10.5kPa。陶瓷纳米纤维气凝胶的压缩循环测试如图 12-18（b）和（c）所示，60% 的压缩形变下循环 500 次后塑性形变仅为 12%，并且材料的杨氏模量和最大应力都保持在 70% 以上［图 12-18（c）］，说明陶瓷纳米纤维气凝胶具有稳定的服役性能。

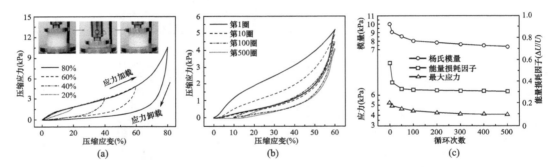

图 12-18 陶瓷纳米纤维气凝胶的（a）不同压缩应变下的压缩应力—应变曲线；（b）压缩应变 60%条件下 500 次循环疲劳测试曲线；（c）弹性模量、最大应力和损耗因子随压缩循环次数变化曲线

利用动态热机械分析仪测试气凝胶的动态压缩性能（图 12-19），发现其储能模量、损耗模量及损耗角基本保持稳定，在 0.1 ~ 100Hz 内不受交变频率的影响，并且这个范围内其损耗因子始终保持在 0.1 ~ 0.2，这表明陶瓷纳米纤维气凝胶主要表现为弹性响应。这主要是由于陶瓷纳米纤维腔壁在受力时会发生可逆的轴向弯曲[33, 35]，压力可以在陶瓷纳米纤维的腔壁间有效传递[34]。

陶瓷纳米纤维气凝胶不仅在常温下具有优异的弹性，而且因兼具陶瓷材料的耐高低温性能，在高温和低温环境下都能表现出良好的弹性。如图 12-20 所示，在 100 ~ 500℃温度范围内，在 0.1 ~ 10Hz 交变频率下，陶瓷纳米纤维气凝胶材料的储能模量、损耗模量和损耗因子都保持在一个稳定值。

为了研究陶瓷纳米纤维气凝胶在更高温度下是否具有回弹性，将其放置于不同的温度煅烧处理 30min，随后再进行压缩回弹性能测试，并计算出相应温度下的压缩功和回复功。如图 12-21 所示，当温度低于 1100℃时，陶瓷纳米纤维气凝胶的压缩回复性能未发生变化，表明其在 1100℃高温下仍具有稳定的多级网孔胞腔结构和优异的弹性回

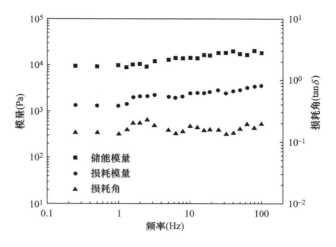

图 12-19　CNFAs 在应变振幅为 ±3% 条件下的动态交变压缩性能曲线

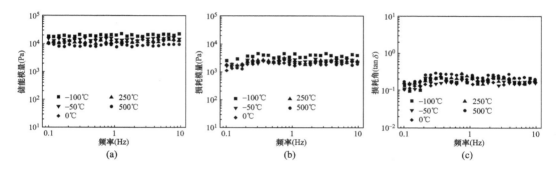

图 12-20　-100 ~ 500℃温度范围内的陶瓷纳米纤维气凝胶在不同频率下的动态热机械性能分析：
（a）储能模量；（b）损耗模量；（c）损耗角

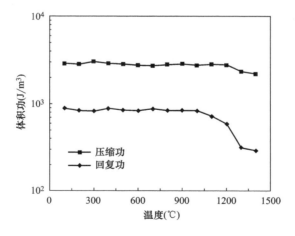

图 12-21　陶瓷纳米纤维气凝胶不同温度处理后的压缩功和回复功

复性能。而当煅烧温度高于1100℃后，压缩功轻微下降但是回复功明显下降，特别是温度达到1200℃后，这说明气凝胶的纤维网络结构在1200℃以上发生了变化。

通过 XRD 图谱（图 12-22）分析可知，在 1000℃和 1200℃煅烧后，陶瓷纳米纤维

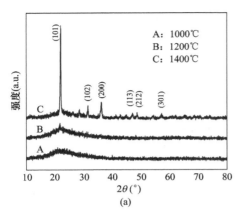
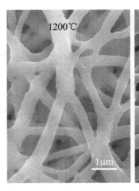
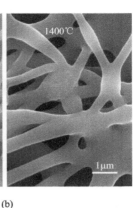

图 12-22　陶瓷纳米纤维气凝胶在（a）1000℃、1200℃、1400℃处理 30min 后的 XRD 图谱和（b）1200℃、1400℃处理 30min 后的 SEM 图

气凝胶仅在 22° 左右出现了宽峰，呈现出典型的非晶结构。但是在 1400℃煅烧后，多处都出现了明显的尖峰，证明陶瓷纳米纤维气凝胶中出现了 β- 磷石英相的 SiO_2，其在高温下过度生长导致 SiO_2 纤维变脆，最终使纤维气凝胶失去弹性。非晶特性是影响陶瓷纳米单纤维柔性的最重要因素之一，在纤维受到外力作用时，非晶区在纤维中起到一个"润滑区"的作用，使其在大变形下也不易出现裂纹及裂纹传播[36-37]。

此外，为了评估陶瓷纳米纤维气凝胶的高温压缩回弹性和耐火性能，将其置于酒精灯（691℃，红外成像仪测得）和丁烷喷灯（1063℃）火焰上进行原位压缩实验，如图 12-23 所示。陶瓷纳米纤维气凝胶在两种火焰上都未发生着火和结构损坏现象，并且在火焰上进行应变约为 50% 的压缩循环测试，发现气凝胶仍保持良好的弹性，这些都充分证明了陶瓷纳米纤维气凝胶具有优良的高温压缩回弹性和耐火性能。

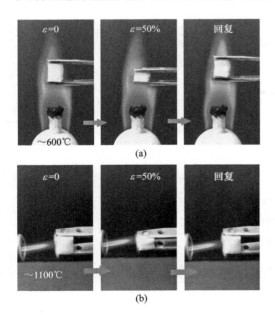

图 12-23　陶瓷纳米纤维气凝胶在（a）酒精灯和（b）丁烷喷灯火焰上的压缩回弹过程

气凝胶由于孔径小、孔隙率高、导热系数低等优势被广泛应用于隔热领域[38-39]，陶瓷纳米纤维气凝胶孔隙率高且具有曲折孔道结构，使得气体及固体热输运作用小，因而具有较好的隔热性能。图 12-24（a）是不同体积密度陶瓷纳米纤维气凝胶的导热系数，体积密度为 10mg/cm³ 的气凝胶导热系数为 0.025W/（m·K），接近于空气的导热系数 [0.023W/（m·K）]，随着其体积密度减小到 0.5mg/cm³，其孔径逐步增大导致热对流增强，导热系数增加到 0.032W/（m·K）。

与现有隔热材料相比，陶瓷纳米纤维气凝胶具有更低的导热系数和耐高温性能。从图 12-24（b）可以看出，聚合物隔热材料（如 PU 泡沫[40]、纤维素气凝胶[41]等）在

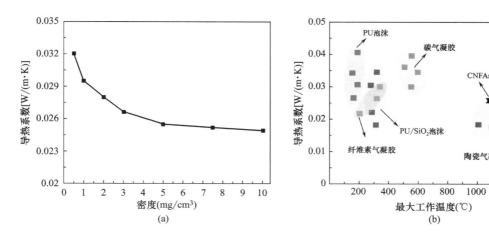

图 12-24　（a）不同体积密度的陶瓷纳米纤维气凝胶的导热系数；
（b）不同种类气凝胶的热导率和最高使用温度

超过 200℃使用时结构易坍塌，为了增加聚合物隔热材料的阻燃性，通常需要添加有毒害的阻燃剂，其耐温性可提升至 400℃[39, 42]；若将聚合物气凝胶碳化或水热碳化可制备出碳气凝胶，其耐热性将进一步提升[43]，但当温度超过 600℃时，其仍存在结构收缩和可燃的缺点。以上气凝胶材料虽然具有弹性，但却不能承受高温条件（1000℃）或火焰作用，传统陶瓷气凝胶（如 SiO_2、Al_2O_3、ZrO_2 气凝胶[44, 45]）可耐受高达 1200℃的高温条件，但由于其机械性能差、纳米颗粒易脱落导致安全性差等问题，严重限制了其应用。陶瓷纳米纤维气凝胶不仅具有与常见陶瓷气凝胶相似的导热系数和耐热性能，而且表现出了与高分子材料相似的弹性特征，因此，在易被挤压和震动的高温环境中具有广阔的应用前景。

此外，利用红外成像仪实时检测了陶瓷纳米纤维气凝胶在加热和火焰作用下的动态温度分布。如图 12-25 所示，将 15mm 厚的陶瓷纳米纤维气凝胶置于 350℃热台上 1min，其冷面层表面大约 50℃，10min 后温度提高到了 63℃，继续加热到 30min 后冷面温度基本保持不变。同样，陶瓷纳米纤维气凝胶在丁烷喷灯火焰下 2min 后远离火焰

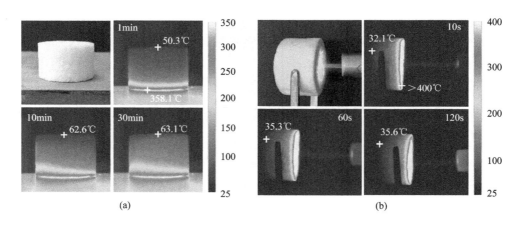

图 12-25　（a）陶瓷纳米纤维气凝胶放置于 350℃热台上加热 30min 后的光学和红外成像照片；
（b）暴露在丁烷喷灯火焰下 120s 后的纳米纤维气凝胶的光学和红外成像照片

的一端温度仅为 35.6℃。红外成像表征进一步证实了陶瓷纳米纤维气凝胶具有优异的隔热性能。

12.4 总结与展望

本章结合了静电纺丝法和溶胶凝胶法制备的无机纳米纤维膜、纳米纤维膜 / 气凝胶颗粒复合材料具有优异的隔热性能和柔性，在航空航天局部狭窄区域及消防防护服装等领域具有广泛的应用前景。在此基础上，以柔性无机纳米纤维为构筑基元，通过纤维三维网络重构方法制备了具有超轻质、超弹性和良好隔热性能的陶瓷纳米纤维气凝胶。然而，无机纳米纤维材料的拉伸强度、隔热性能和耐温性都有待进一步提升，期望未来通过对柔性机理的研究及对新工艺、新方法的探索解决此问题，以满足不同领域对轻质高效隔热材料的应用需求。

参考文献

[1] 奥齐西克. 热传导 [M]. 俞昌铭译. 北京：高等教育出版社，1983.

[2] 胡荣祖. 热分析动力学 [M]. 北京：科学出版社，2008.

[3] 陈刚. 纳米尺度能量输运和转换：对电子、分子、声子和光子的统一处理 [M]. 北京：清华大学出版社，2014.

[4] BARSKY R B, KILIAN L. Oil and the Macroeconomy since the 1970s [J]. Journal of Economic Perspectives，2004，18（4）：115-134.

[5] COX P M, BETTS R A, JONES C D, et al. Acceleration of global warming due to carbon-cycle feedbacks in a coupled climate model [J]. Nature，2000，408（6809）：184-187.

[6] WEBER L. Some reflections on barriers to the efficient use of energy [J]. Energy Policy，1997，25（10）：833-835.

[7] KOEBEL M M, RIGACCI A, ACHARD P. Aerogels for Superinsulation：A Synoptic View [M]. Germany：Springer，2011.

[8] 杨震，卿宁. 隔热材料的研究现状及发展 [J]. 化工新型材料，2011，39（5）：21-24.

[9] 高庆福. 纳米多孔 SiO_2、Al_2O_3 气凝胶及其高效隔热复合材料研究 [D]. 湖南：国防科学技术大学，2009.

[10] 谢文丁. 绝热材料与绝热工程 [M]. 北京：国防工业出版社，2006.

[11] 鄂加强. 工程热力学 [M]. 北京：中国水利水电出版社，2010.

[12] 何飞. SiO_2 和 SiO_2-Al_2O_3 复合干凝胶超级隔热材料的制备与表征 [D]. 黑龙江：哈尔滨工业大学，2006.

[13] 张德信，邹麂. 绝热材料应用技术 [M]. 北京：中国石化出版社，2005.

[14] 刘景林. 采用硅藻土制造隔热材料 [J]. 耐火与石灰，2007，32（2）：15-17.

[15] ZHAO S Y, ZHANG Z, SEBE G, et al. Multiscale assembly of superinsulating silica aerogels within silylated nanocellulosic scaffolds：improved mechanical properties promoted by nanoscale chemical compatibilization [J]. Advanced Functional Materials，2015，25（15）：2326-2334.

[16] LI L C, YALCIN B, NGUYEN B N, et al. Flexible nanofiber-reinforced aerogel（xerogel）synthesis，manufacture，and characterization [J]. ACS Applied Materials & Interfaces，2009，1

（11）：2491-2501.

［17］BURNS P J, TIEN C L. Natural convection in porous media bounded by concentric spheres and horizontal cylinders［J］. International Journal of Heat & Mass Transfer, 1979, 22（6）：929-939.

［18］LI S, WANG C A, HU L. Improved heat insulation and mechanical properties of highly porous YSZ ceramics after silica aerogels impregnation［J］. Journal of the American Ceramic Society, 2013, 96（10）：3223-3227.

［19］SAI H, XING L, XIANG J, et al. Flexible aerogels based on an interpenetrating network of bacterial cellulose and silica by a non-supercritical drying process［J］. Journal of Materials Chemistry A, 2013, 1（27）：7963-7970.

［20］SI Y, MAO X, ZHENG H, et al. Silica nanofibrous membranes with ultra-softness and enhanced tensile strength for thermal insulation［J］. RSC Advances, 2014, 5（8）：6027-6032.

［21］毛雪. ZrO$_2$ 基纳米纤维膜的柔性机制及其应用研究［D］. 上海：东华大学, 2016.

［22］GARVIE R C. Stabilization of tetragonal structure in zirconia microcrystals［J］. Journal of Physical Chemistry, 1978, 82（2）：218-224.

［23］GEICULESCU A C. Thermal decomposition and crystallization of aqueous sol-gel derived zirconium acetate gels occurring during the preparation of ceramic coatings［M］. 1998.

［24］JABLONSKI A E, LANG A J, VYAZOVKIN S. Isoconversional kinetics of degradation of polyvinylpyrrolidone used as a matrix for ammonium nitrate stabilization［J］. Thermochimica Acta, 2008, 474（1-2）：78-80.

［25］MüLLERPLATHE F. A simple nonequilibrium molecular dynamics method for calculating the thermal conductivity［J］. Journal of Chemical Physics, 1998, 106（14）：6082-6085.

［26］ZHENG H, SHAN H, WANG X, et al. Assembly of silica aerogels within silica nanofibers : Towards a super-insulating flexible hybrid aerogel membrane［J］. RSC Advances, 2015, 5（111）：91813-91820.

［27］HIEMENZ P C. Principles of colloid and surface chemistry［M］. America : Dekker, 1986.

［28］陈金静. 耐高低温柔性多层隔热材料结构与隔热性表征［D］. 上海：东华大学, 2010.

［29］王苗, 冯军宗, 姜勇刚, 等. 多层隔热材料的研究进展［J］. 材料导报：纳米与新材料专辑, 2016,（2）：461-465.

［30］SI Y, WANG X, DOU L, et al. Ultralight and fire-resistant ceramic nanofibrous aerogels with temperature-invariant superelasticity［J］. Science Advances, 2018, 4（4）：eaas8925.

［31］SHAO G, LU Y C, WU X D, et al. Preparation and thermal shock resistance of high emissivity molybdenum disilicide-aluminoborosilicate glass hybrid coating on fiber reinforced aerogel composite［J］. Applied Surface Science, 2017, 416：805-814.

［32］RIVERA L O, BAKAEV V A, BANERJEE J, et al. Characterization and reactivity of sodium aluminoborosilicate glass fiber surfaces［J］. Applied Surface Science, 2016, 370：328-334.

［33］SI Y, WANG X Q, YAN C C, et al. Ultralight biomass-derived carbonaceous nanofibrous aerogels with superelasticity and high pressure-sensitivity［J］. Advanced Materials, 2016, 28（43）：9512-9518.

［34］QIU L, LIU J Z, CHANG S L Y, et al. Biomimetic superelastic graphene-based cellular monoliths［J］. Nature Communications, 2012, 3（4）：1241.

［35］WU Y P, YI N B, HUANG L, et al. Three-dimensionally bonded spongy graphene material with super compressive elasticity and near-zero Poisson's ratio［J］. Nature Communications, 2015, 6：6141.

［36］SONG J, WANG X Q, YAN J H, et al. Soft Zr-doped TiO$_2$ nanofibrous membranes with enhanced photocatalytic activity for water purification［J］. Scientific Reports, 2017, 7：1636.

［37］SHAN H R, WANG X Q, SHI F H, et al. Hierarchical porous structured SiO$_2$/SnO$_2$ nanofibrous membrane with superb flexibility for molecular filtration [J]. ACS Applied Materials & Interfaces, 2017, 9 (22): 18966-18976.

[38] WANG H L, ZHANG X, WANG N, et al. Ultralight, scalable, and high-temperature-resilient ceramic nanofiber sponges [J]. Science Advances, 2017, 3: e1603170.

[39] WICKLEIN B, KOCJAN A, SALAZAR-ALVAREZ G, et al. Thermally insulating and fire-retardant lightweight anisotropic foams based on nanocellulose and graphene oxide [J]. Nature Nanotechnology, 2015, 10 (3): 277-283.

[40] GIBSON L J A A, ASHBY M FCellular Solids : Structure And Properties [J]. Cambridge University Press, 2014, 33: 487-488.

[41] CAI J, LIU S, FENG J, et al. Cellulose-silica nanocomposite aerogels by in situ formation of silica in cellulose gel [J]. Angewandte Chemie International Edition, 2012, 51 (9): 2076-2079.

[42] VERDOLOTTI L, LAVORGNA M, LAMANNA R, et al. Polyurethane-silica hybrid foam by sol–gel approach : Chemical and functional properties [J]. Polymer, 2015, 56: 20-28.

[43] ZUO L Z, ZHANG Y F, ZHANG L S, et al. Polymer/Carbon-Based Hybrid Aerogels : Preparation, Properties and Applications [J]. Materials, 2015, 8 (10): 6806-6848.

[44] PIERRE A C, PAJONK G M. Chemistry of aerogels and their applications [J]. Chemical Reviews, 2002, 102 (11): 4243-4265.

[45] HüSING N, SCHUBERT U. Aerogels airy materials : chemistry, structure, and properties [J]. Angewandte Chemie International Edition, 2010, 37 (1-2): 22-45.

第13章 功能静电纺纤维研究展望

静电纺纳米纤维材料因具有比表面积大、孔径小、孔隙率高、孔道连通性好等结构特点，在过滤分离、防水透湿、吸附与催化、生物医用、传感、隔热、能源等领域中具有广泛的应用。作者将静电纺丝技术与高分子物理、高分子化学、无机化学、电学、光学和拓扑学等多种学科结合，构建了多种功能性纳米纤维材料并实现了其在众多领域的应用。未来功能纳米纤维材料的研发主要可从以下三个方面展开：将静电纺纳米纤维材料与新技术、新方法结合，进一步拓宽功能纳米纤维材料的应用领域；提升静电纺纳米纤维材料的力学性能（拉伸、弯曲、剪切性能等），增强其服役性能与耐久性；实现纳米纤维材料的宏量制备。

13.1 静电纺纤维应用领域的拓宽

在环境领域，随着当今世界环境污染问题的日益严重，膜分离科学与技术受到全球研究人员的高度重视[1]。静电纺纤维材料因具有过滤效率高、分离精度高、阻力压降小、通量高等优势，在过滤与分离领域展现出了良好的应用前景[2-3]，本书第三～五章已分别介绍了静电纺纤维材料在空气过滤、液体过滤及油水分离方面的应用研究进展，为过滤分离领域内先进微滤、超滤膜材料的开发及应用奠定了理论与技术基础。但目前对静电纺纤维纳滤膜和反渗透膜的研究相对较少，因此，结合静电纺丝技术和新型材料加工技术开发纳滤膜和反渗透膜不仅将极大拓宽静电纺纤维材料的应用领域，如海水淡化、病毒拦截、重金属离子的拦截等，还将为膜分离科学研究的发展提供重要的技术支撑。此外，在静电纺纤维膜的功能化应用发展过程中，当前研究者在过滤与分离领域较多地涉及空气过滤、液体过滤及油水分离等领域，其他领域如有机溶剂分离、气体分离、同素异构体分离等仍未得到深入研究[4-7]，在未来研究工作中可拓宽静电纺纤维材料在这些领域中的功能化应用。

在能源领域，随着化石能源的不断减少，能源危机日益严重，太阳能作为一种可再生清洁能源，越来越受到人们的重视[8-9]。书中介绍的染料敏化太阳能电池，其可将太阳能转换为电能并作为供能装置用于便携式电子产品的开发。结合作者在柔性陶瓷纳米纤维材料研发方面的经验，将柔性陶瓷纳米纤维用作电极材料，有望开发具有良好光电转换效率的柔性太阳能电池，进而推动可穿戴柔性电子器件的发展。此外，在光热转换方面，柔性碳纳米纤维因具有孔隙率高、比表面积大、导热性好等优点，是一种良好的太阳能集热材料，通过碳纳米纤维的光热转换有望实现其在海水淡化、重污油处理等领域的应用。

除了上述应用领域之外，利用静电纺丝纳米纤维独特的光学性质，通过红外纳米成像技术开发出中红外双曲线变面，有望控制光的偏振态实现其在全息影像等领域的应用；虚拟现实技术和机器人的发展为静电纺纳米纤维在传感领域的应用带来了新的机遇与挑战，如静电纺金属纳米纤维可作为无线微型透明电路应用于智能隐形眼镜中，实时监测眼部状态。作者相信通过以实际应用为导向，以及对静电纺纳米纤维研究的不断深入，将会实现静电纺纤维材料在更多领域中的广泛应用。

13.2　静电纺纤维材料的增强

　　静电纺纳米纤维材料因其比表面积大、孔径小、孔隙率高等特点，在新型服装、环境、能源、生物医药等领域具有广泛的应用，但其力学性能与普通纤维材料相比仍存在一定的差距，使其服役性能与耐久性难以进一步提升。因此，静电纺纳米纤维材料的力学性能增强一直是静电纺丝领域研究的重点与难点。目前，研究人员对静电纺纳米纤维材料的增强主要集中于宏观形态下的结构调控，缺乏从微观高分子到宏观纤维的多尺度结构协同力学增强方法，无法从根本上解决纳米纤维应用力学性能不足的瓶颈问题。同时，在纳米单纤维力学性能测试方面，由于缺乏高精度的力学性能测试系统，测得的数据存在误差大、重复性差且无评价标准等问题。

　　针对上述问题，需根据不同领域的实际应用需求，从单纤维微观结构和集合体结构协同调控入手，以增强静电纺纳米纤维材料的力学性能。对于一维纳米纤维材料而言，需研究聚合物溶液性质与纺丝参数对纤维结构的影响及射流牵伸固化过程中聚合物分子链的运动，从而制备出分子链高度取向、缺陷少的纳米纤维。同时，在纺丝液中添加力学增强纳米填料并利用外场牵伸方法以有效改善分子链的取向、结晶程度，从而获得具有高强度的一维纳米纤维材料。对于二维静电纺纤维膜而言，其强度主要来源于纤维间的搭接和物理摩擦作用，一方面可以通过在纺丝液中引入交联剂，引发纤维搭接处发生物理或化学交联而使纤维间产生黏结作用，以提高纤维膜的强度；另一方面通过在纺丝液中添加纳米颗粒或调控静电纺丝过程中射流的相分离程度，在纤维表面形成一定的粗糙度，达到增强纤维间摩擦力的目的。对于具有胞腔结构的三维纳米纤维体型材料而言，纳米纤维气凝胶虽具有优异的压缩回弹性，但其抗拉伸及剪切性能较差，难以满足实际应用需求，通过引入力学性能优异的微米纤维作为支架，将其贯穿在气凝胶内部形成连续的框架结构，进而实现材料抗拉伸、耐剪切和抗冲击性能的增强。最后，建立高精度的纳米材料力学性能测试系统，并制定纳米纤维材料力学性能测试的综合标准，确保实验数据的科学与准确性，为纳米纤维材料的发展奠定基础。

13.3　静电纺纤维材料的宏量制备

13.3.1　二维静电纺纤维材料的宏量制备及展望

　　随着静电纺纤维批量化制备技术的不断发展，至今生产静电纺纤维的国内外公司已有几百家，并且每家公司都具有各自独特的优势。捷克 Elmarco 公司以 Jirsak 教授的专利技术为基础，开发了基于无针头自由液体表面纺丝技术的"纳米蜘蛛"高效静电纺丝设备，成功实现了纳米纤维的工业化生产，并于 2004 年成为了首家规模化纳米纤维生产设备的供应商[10]。Elmarco 公司开发的 NS8S1600U "纳米蜘蛛"生产线，每年的生产能力可以达到 2000 万 m²。上海云同纳米材料科技有限公司开发了 YT–MC–1 型静电纺纤维膜产业化生产线，该生产线以无针头的螺旋叶片式纺丝喷头为核心模块，可有效避免溶液堵塞并保证纤维直径的均匀性，其生产的纤维直径在 100 ~ 300nm，纳米纤维层克重在 0.03 ~ 3g/m²，年产能达到 3400 万 m²[11]。

　　除上述无喷头静电纺批量化制造设备外，目前很多公司采用多喷头静电纺设备来进行工业化生产。成立于 1915 年的美国 Donaldson 是最早采用多喷头静电纺丝技术批量化生产纳米纤维滤材的公司，其开发的 Ultra-Web® 纳米纤维滤清器具有更长的使用寿命[12]。此外，日本 MECC 公司研发出 EDEN 系列的纳米纤维产业化设备，可以直接使用实验型设备的参数进行纺丝，并且能够在短时间内更换新材料，根据实际需求还可更换相应的喷头装置和接收装置，从而制备出多孔、珠状、中空等多种结构的纳米纤维制品[13]。目前，国内采用多喷头静电纺设备生产纳米纤维的知名厂家有江西先材纳米纤维科技有限公司、北京永康乐业科技发展有限公司、嘉兴富瑞邦新材料科技有限公司、青岛聚纳达科技有限公司、深圳市通力微纳科技有限公司及三门峡兴邦特种膜科技发展有限公司等。

　　虽然静电纺纳米纤维的批量化制备已经取得了显著成果，但仍然存在以下问题亟待解决。

　　（1）在无针头静电纺丝方面，进一步研究纺丝原液自由表面射流产生机理，分析泰勒锥形成过程，为无针静电纺丝设备的完善以及纤维的进一步细化提供理论指导。

　　（2）在多喷头静电纺丝方面，通过对喷丝管进行结构设计，以实现纺丝溶液在流道内的均匀流动和各喷头处的同时等量供液；通过喷头设计提升射流密度以进一步提升纤维膜产量；通过喷丝模块设计减弱射流之间的电场干扰以保证纤维膜的质量。

　　（3）在纺丝外场环境调控方面，通过开发溶剂蒸汽补偿单元以调控环境中的溶剂浓度，从而实现对射流固化成纤速度的控制；通过对纺丝区域中检测反馈装置的排布进行设计，以实现对纺丝区域温湿度的精密控制。最终，实现批量化生产过程中对静电纺纳米纤维膜结构和质量的精确调控。

13.3.2　三维静电纺纤维材料的宏量制备展望

　　气凝胶材料具有纳米多孔网络结构，在隔热、保暖、航空航天等领域具有广阔的应用前景。从 1931 年 Kistler. S 开始，科研人员已经开发出多种气凝胶材料，包括陶瓷气凝胶、陶瓷 / 金属复合气凝胶、有机 / 无机复合气凝胶、碳气凝胶、碳化物气凝胶、纯金属气凝胶等[15-20]。然而，目前，实现工业化生产的主要为 SiO₂ 纳米颗粒气凝胶，生产出的产品主要用于航空航天及部分工业领域的高温隔热，国内外著名的 SiO₂ 颗粒气凝胶公司包括中国的纳诺高科、圣诺节能，美国的 Cabot、American Aerogel，德国的 Aspen 等。目前，SiO₂ 气凝胶材料存在生产成本高且脆性大的问题，解决方法多是与纤维材料复合制成毡状，但纳米颗粒易脱落导致的纳米毒性问题未得到解决。作者在 SiO₂ 颗粒气凝胶启发下，通过纤维三维网络重构方法成功制备出了超轻超弹纳米纤维气凝胶材料，并实现了其在隔热、压力传感等领域的初步应用，但由于该方法工艺复杂、生产周期长、能耗高、成本高，目前还未能实现工业化生产。在后续纳米纤维气凝胶宏量制备方面需逐步由液氮冷冻成型向低温快速冷冻过渡，由常温冷冻干燥向辅助加热快速冷冻干燥过渡、由冷冻干燥向常压干燥过渡，最终实现纳米纤维气凝胶材料的规模化制备及在组织工程支架、生物医用、航空航天等领域的实际应用。

参考文献

［1］KUMAR P S, SUNDARAMURTHY J, SUNDARRAJAN S, et al. Hierarchical electrospun nanofibers for energy harvesting, production and environmental remediation [J]. Energy & Environmental Science, 2014, 7 (10): 3192-3222.

［2］THAVASI V, SINGH G, RAMAKRISHNA S. Electrospun nanofibers in energy and environmental applications [J]. Energy & Environmental Science, 2008, 1 (2): 205-221.

［3］XUE J, XIE J, LIU W, et al. Electrospun nanofibers: New concepts, materials, and applications [J]. Accounts of Chemical Research, 2017, 50 (8): 1976-1987.

［4］WANG Y, DI J C, WANG L, et al. Infused-liquid-switchable porous nanofibrous membranes for multiphase liquid separation [J]. Nature Communications, 2017, 8 (1): 575.

［5］HOU L L, WANG L, WANG N, et al. Separation of organic liquid mixture by flexible nanofibrous membranes with precisely tunable wettability [J]. NPG Asia Materials, 2016, 8 (12): e334.

［6］WANG L, ZHAO Y, TIAN Y, et al. A general strategy for the separation of immiscible organic liquids by manipulating the surface tensions of nanofibrous membranes [J]. Angewandte Chemie International Edition, 2015, 54 (49): 14732-14737.

［7］WONG T S, KANG S H, TANG S K Y, et al. Bioinspired self-repairing slippery surfaces with pressure-stable omniphobicity [J]. Nature, 2011, 477 (7365): 443-447.

［8］PANWAR N L, KAUSHIK S C, KOTHARI S. Role of renewable energy sources in environmental protection: A review [J]. Renewable & Sustainable Energy Reviews, 2011, 15 (3): 1513-1524.

［9］CHU S, CUI Y, LIU N. The path towards sustainable energy[J]. Nature Materials, 2017, 16(1): 16-22.

［10］http://www.nanofiber.cn/.

［11］http://ytnano.com/.

［12］http://www.donaldson.cn/index.html.

［13］http://www.mecc.co.jp/ch/index.html.

［14］http://www.qdjunada.com/.

［15］AEGERTER M A, LEVENTIS N, KOEBEL M M. Aerogels Handbook [M]. Gemany: Springer-Verlag GmbH, 2011.

［16］WU Z S, YANG S B, SUN Y, et al. 3D nitrogen-doped graphene aerogel-supported Fe_3O_4 nanoparticles as efficient eletrocatalysts for the oxygen reduction reaction [J]. Journal of the American Chemical Society, 2012, 134 (22): 9082-9085.

［17］DORCHEH A S, ABBASI M H. Silica aerogel; synthesis, properties and characterization [J]. Journal of Materials Processing Technology, 2008, 199 (1-3): 10-26.

［18］ZUO L Z, ZHANG Y F, ZHANG L S, et al. Polymer/carbon-based hybrid aerogels: preparation, properties and applications [J]. Materials, 2015, 8 (10): 6806-6848.

［19］LI L C, YALCIN B, NGUYEN B N, et al. Flexible nanofiber-reinforced aerogel (xerogel) synthesis, manufacture, and characterization [J]. ACS Applied Materials & Interfaces, 2009, 1 (11): 2491-2501.

[20] HüSING N, SCHUBERT U. Aerogels-airy materials: chemistry, structure, and properties [J]. Angewandte Chemie International Edition, 2010, 37 (1-2): 22-45.

附录　英文缩写及中文名称

英文缩写	中文名称
AFM	原子力显微镜
AIBN	偶氮二异丁腈
ALG	海藻酸钠
ALP	碱性磷酸酶
AMIMCl	1-烯丙基-3-甲基咪唑氯盐
ASO	氨基硅油
BA	苯甲酰苯甲酸
BA-a	双酚 A 型苯并噁嗪
BAF-CHO	氟化苯并噁嗪
BET	Brunauer-Emmett-Teller
BF	碱性品红
BIP	封闭型异氰酸酯
BJH	Barret-Joyner-Halenda
BR2	碱性红 2
BSA	牛血清蛋白
CA	醋酸纤维素
CB	炭黑
CCA	柠檬酸
CNTs	碳纳米管
CS	壳聚糖
DCM	二氯甲烷
DFT	密度泛函理论
DMAc	N,N-二甲基乙酰胺
DMF	N,N-二甲基甲酰胺
DMSO	二甲基亚砜
DSC	差示扫描量热仪
DSSCs	染料敏化太阳能电池
DTAB	十二烷基三甲基溴化铵
DTMS	十二烷基三甲氧基硅烷

英文缩写	中文名称
EDC	1-（3-二甲氨基丙基）-3-乙基碳二亚胺盐酸盐
EDS	能量色散 X 射线光谱仪
EVOH	乙烯—乙烯醇共聚物
FAS	全氟辛基三乙氧基硅烷
Fe（acac）$_3$	乙酰丙酮铁
FE-SEM	场发射扫描电子显微镜
FHH	Frenkel-Halsey-Hill
FPU	氟化聚氨酯
FT-IR	傅里叶变换红外光谱
Gly	甘氨酸
GO	氧化石墨烯
HA	羟基磷灰石
HEPA	高效空气过滤器
HFIP	六氟异丙醇
HK	Horvath-Kawazoe
HRTEM	高分辨率透射电子显微镜
KGM	魔芋葡甘聚糖
MA	马来酸酐
MB	亚甲基蓝
Micro-CT	微计算机断层扫描技术
MO	甲基橙
MPA	3-硫基丙酸
MWCNTs	多壁碳纳米管
NC	硝酸纤维素
NHS	*N*-羟基琥珀酰亚胺
Ni（acac）$_2$	乙酰丙酮镍
NLDFT	非定域密度泛函理论
NMMO	*N*-甲基吗啉-*N*-氧化物
NR	中性红
OCA	油接触角
OCAH	油滞后角
OREC	有机累托石
PA	聚酰胺
PA-12	聚酰胺-12
PA-56	聚酰胺-56

英文缩写	中文名称
PA-6	聚酰胺 -6
PA-66	聚酰胺 -66
PAA	聚丙烯酸
PAM	聚丙烯酰胺
PAN	聚丙烯腈
PANI	聚苯胺
PBI	聚苯并咪唑
PBZ	聚苯并噁嗪
PC	聚碳酸酯
PCDA	10，12- 二十五碳二炔酸
PCL	聚己内酯
PDMS	聚二甲基硅氧烷
PE	聚乙烯
PEG	聚乙二醇
PEGDA	聚乙烯醇二丙烯酸酯
PEI	聚醚酰亚胺
PEO	聚氧化乙烯
PES	聚醚砜
PET	聚对苯二甲酸乙二醇酯
PGA	聚乙醇酸
PHA	聚羟基丁酸酯
PI	聚酰亚胺
PLA	聚乳酸
PLGA	聚乳酸—羟基乙酸共聚物
PMDA	均苯四甲酸酐
PMIA	聚间苯二甲酰间苯二胺
PMMA	聚甲基丙烯酸甲酯
PP	聚丙烯
PPA	多聚磷酸
PPV	聚对苯乙炔
PS	聚苯乙烯
PSU	聚砜
PTFE	聚四氟乙烯
PTT	聚对苯二甲酸丙二醇酯
PU	聚氨酯

英文缩写	中文名称
PVA	聚乙烯醇
PVAc	聚醋酸乙烯酯
PVB	聚乙烯醇缩丁醛
PVC	聚氯乙烯
PVDF	聚偏氟乙烯
PVDF—HFP	偏氟乙烯—六氟丙烯共聚物
PVP	聚乙烯吡咯烷酮
RhB	罗丹明 B
SAXS	X 射线小角散射技术
SEM	扫描电子显微镜
SFE	无表面活性剂乳液
SSE	含表面活性剂乳液
TBAC	四丁基氯化铵
TEM	透射电子显微镜
TENG	摩擦纳米发电机
TEOS	正硅酸四乙酯
TFA	三氟乙酸
TFE	三氟乙醇
TGA	热重分析仪
THF	四氢呋喃
TIP	钛酸异丙酯
TOC	总有机碳含量
TSF	柞蚕丝素蛋白
WCA	水接触角
WCAH	水滞后角
WFPU	含氟水性聚氨酯
WSA	水滚动角
XPS	X 射线光电子能谱
XRD	X 射线衍射仪
$Zr(Ac)_4$	醋酸锆

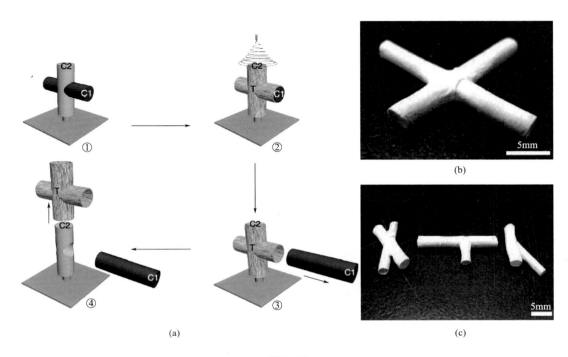

图 2-25

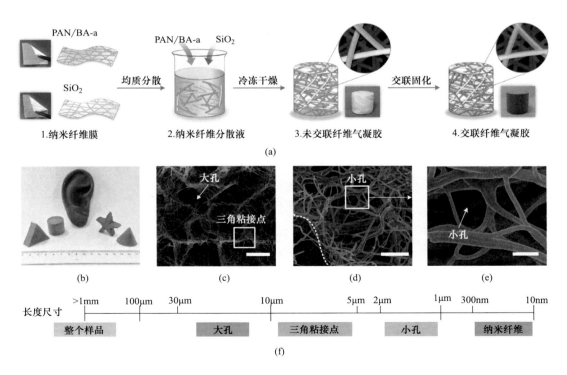

图 2-27

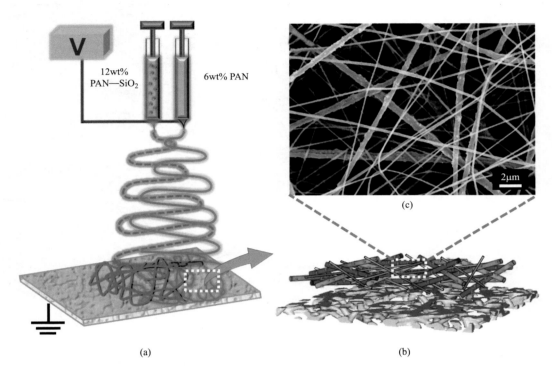

图 3-4

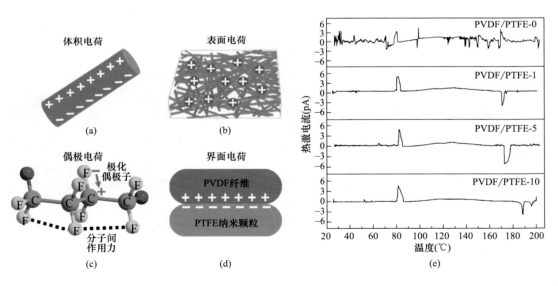

图 3-15

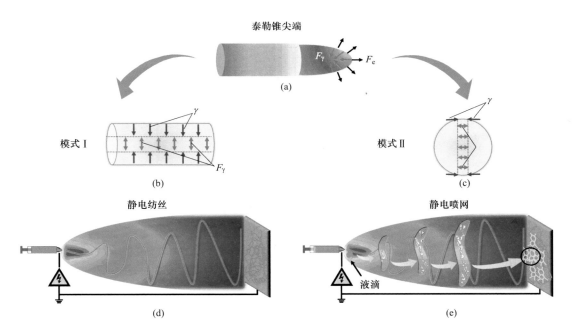

泰勒锥尖端

模式 I

模式 II

静电纺丝

静电喷网

液滴

(a)

(b)

(c)

(d)

(e)

图 3-17

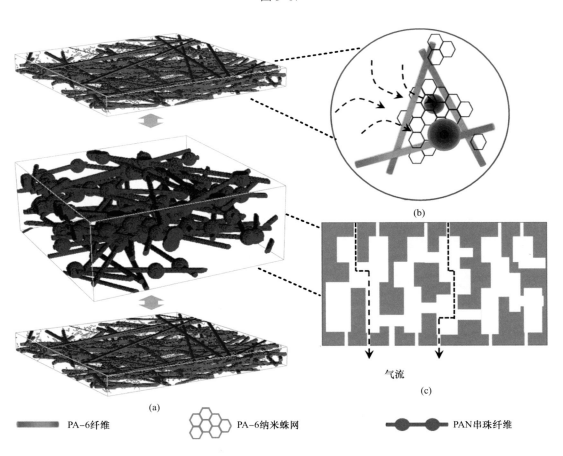

(a)

(b)

(c)

气流

PA-6纤维   PA-6纳米蛛网   PAN串珠纤维

图 3-24

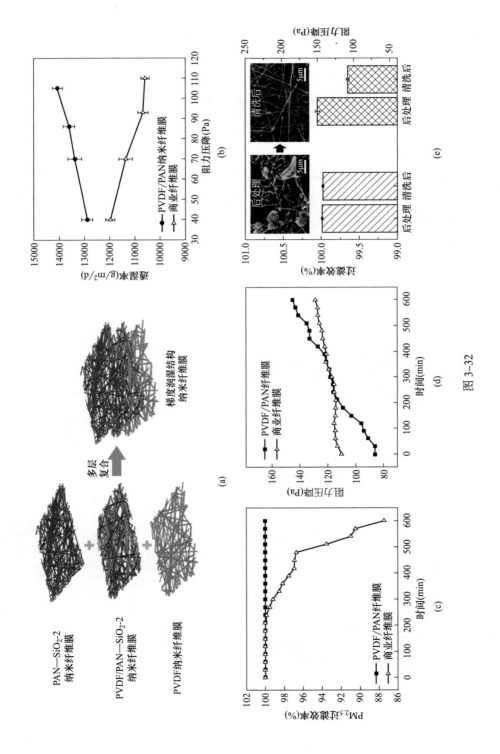

图 3-32

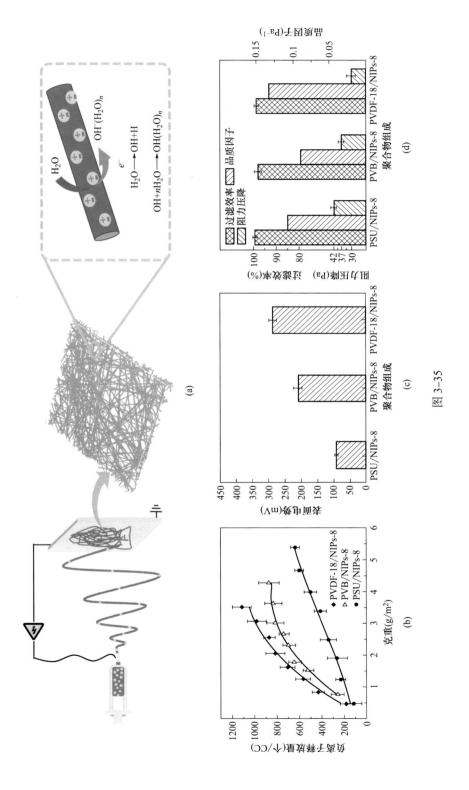

图 3-35

5

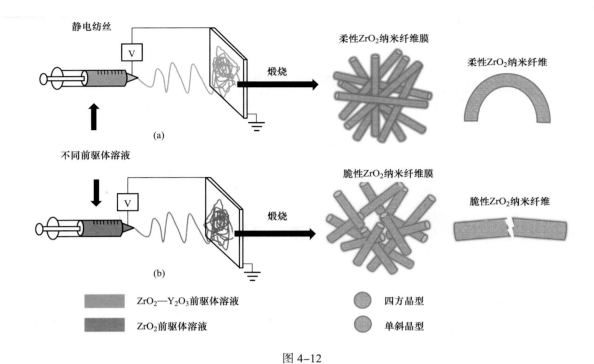

静电纺丝

不同前驱体溶液

柔性ZrO₂纳米纤维膜

柔性ZrO₂纳米纤维

脆性ZrO₂纳米纤维膜

脆性ZrO₂纳米纤维

煅烧

煅烧

(a)

(b)

ZrO₂—Y₂O₃前驱体溶液

ZrO₂前驱体溶液

四方晶型

单斜晶型

图 4-12

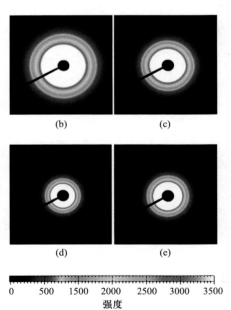

图 4-14

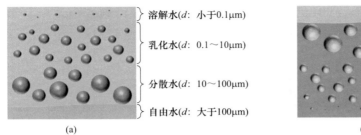

(a)

溶解水(d: 小于0.1μm)
乳化水(d: 0.1～10μm)
分散水(d: 10～100μm)
自由水(d: 大于100μm)

(b)

浮油(d: 大于100μm)
分散油(d: 10～100μm)
乳化油(d: 0.1～10μm)
溶解油(d: 小于0.1μm)

图 5-1

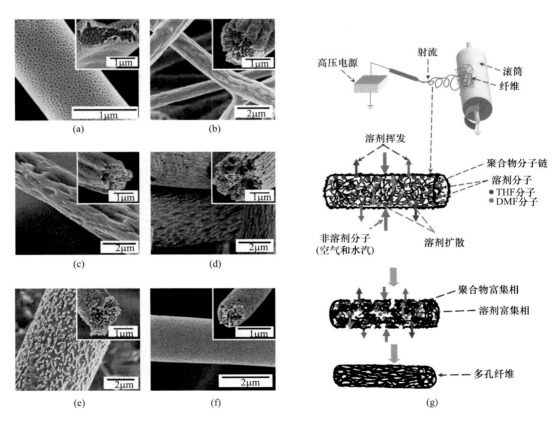

(a) (b)

(c) (d)

(e) (f)

高压电源 射流 滚筒 纤维

溶剂挥发

聚合物分子链
溶剂分子
● THF分子
● DMF分子

非溶剂分子
(空气和水汽) 溶剂扩散

聚合物富集相
溶剂富集相

多孔纤维

(g)

图 5-2

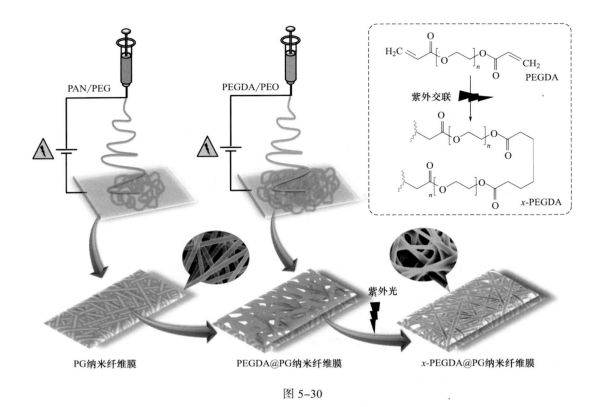

图 5-30

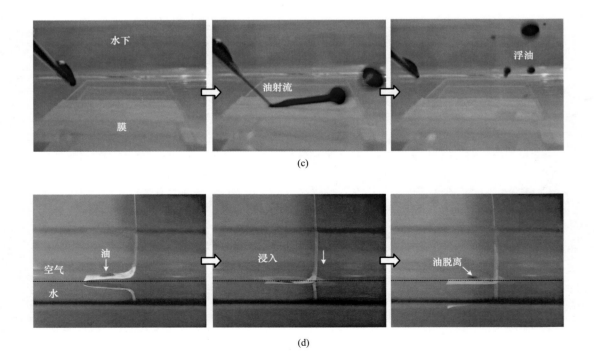

图 5-38

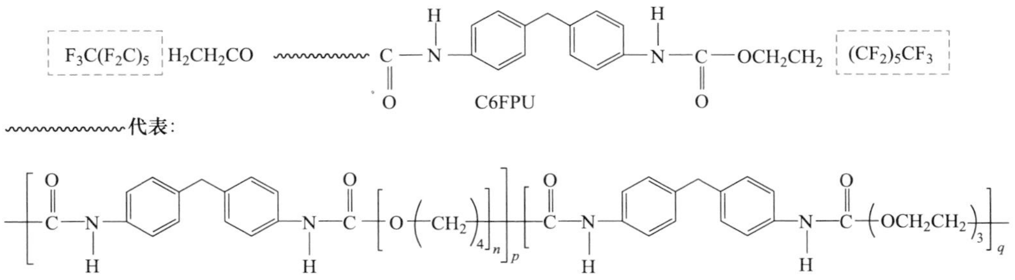

(a)

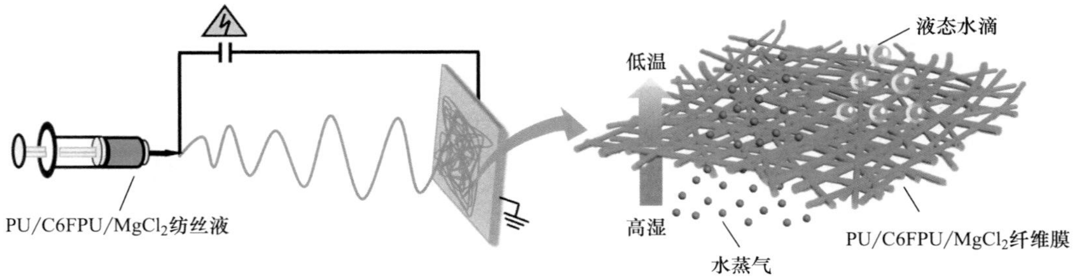

(b)

图 7-19

(a)

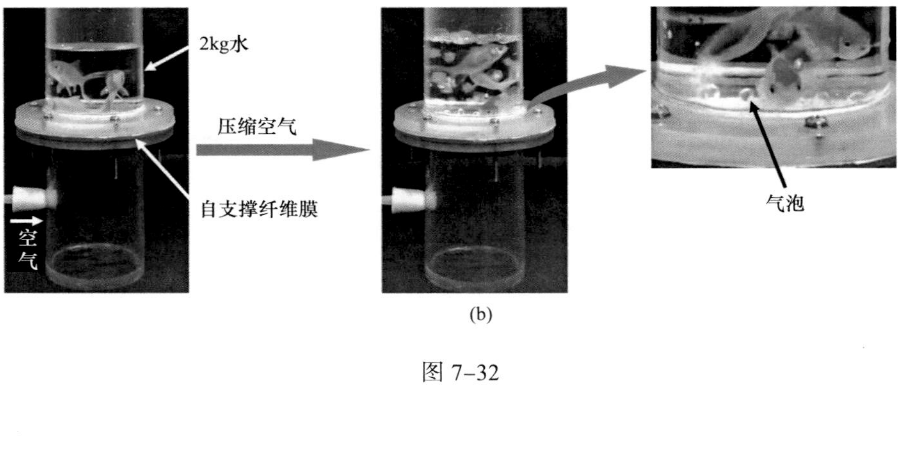

(b)

图 7-32

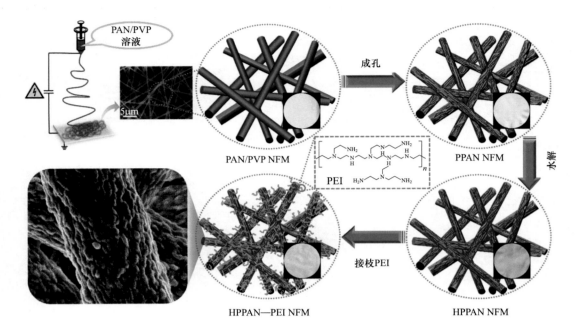

图 8-1

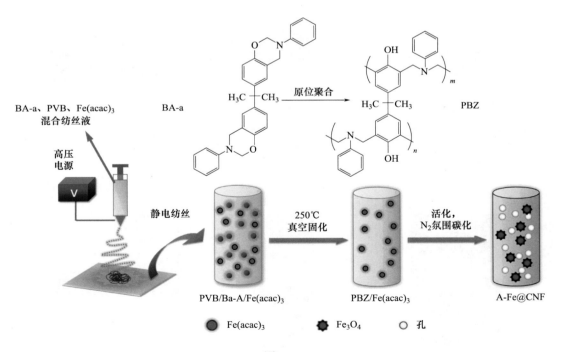

图 8-9

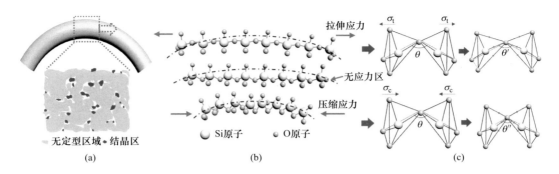

拉伸应力

无应力区

压缩应力

○ Si原子   ○ O原子

无定型区域 结晶区

(a)   (b)   (c)

图 8-19

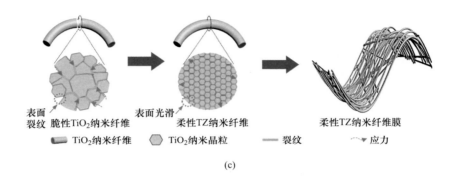

表面
裂纹   脆性TiO₂纳米纤维   表面光滑   柔性TZ纳米纤维   柔性TZ纳米纤维膜

▬ TiO₂纳米纤维   ⬡ TiO₂纳米晶粒   ▬ 裂纹   ⤳ 应力

(c)

图 8-30

BA-RNM   BD-RNM   CA-RNM

BDCA-RNM

(a)

2μm

(b)

病原体感染   产生ROS   抗菌性

(c)

图 9-11

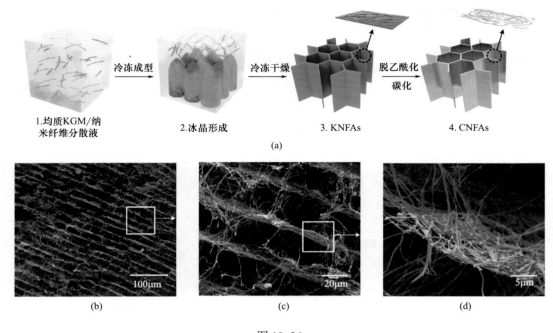

1.均质KGM/纳
米纤维分散液　　　冷冻成型　　　2.冰晶形成　　　冷冻干燥　　　3. KNFAs　　　脱乙酰化碳化　　　4. CNFAs

(a)

100μm

(b)

20μm

(c)

5μm

(d)

图 10-26

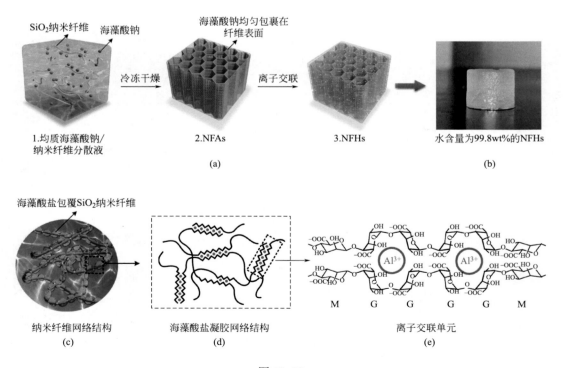

SiO$_2$纳米纤维　　海藻酸钠　　　海藻酸钠均匀包裹在纤维表面

冷冻干燥　　　离子交联

1.均质海藻酸钠/
纳米纤维分散液　　　2.NFAs　　　3.NFHs　　　水含量为99.8wt%的NFHs

(a)　　　(b)

海藻酸盐包覆SiO$_2$纳米纤维

Al^{3+}　Al^{3+}

M　G　G　G　G　M

纳米纤维网络结构　　　海藻酸盐凝胶网络结构　　　离子交联单元
(c)　　　(d)　　　(e)

图 10-29

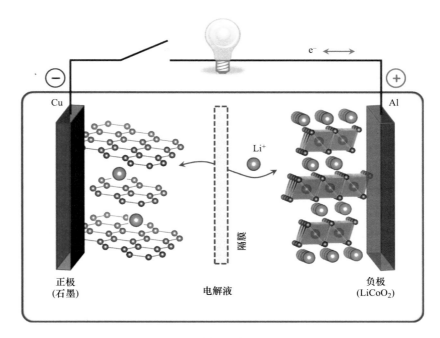

图 11-1

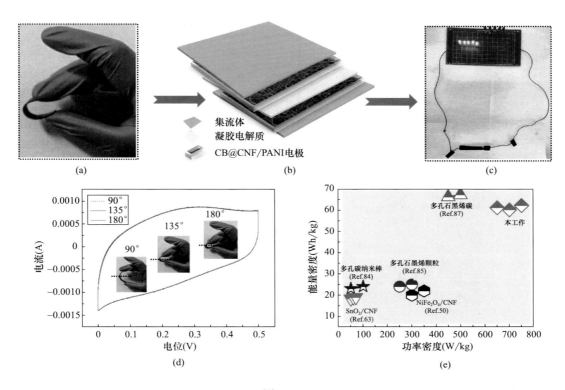

图 11-33

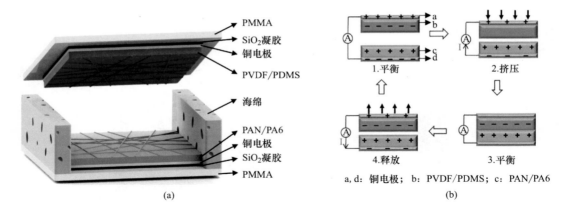

图 11-48

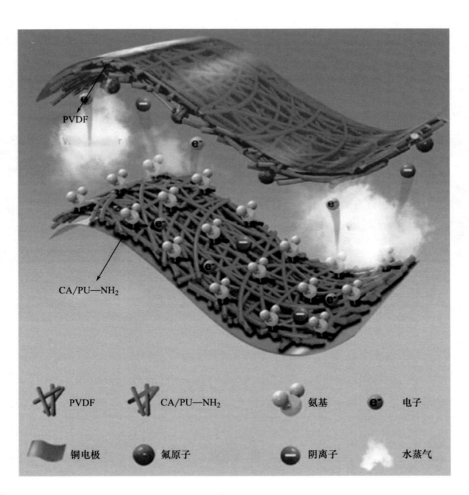

图 11-51

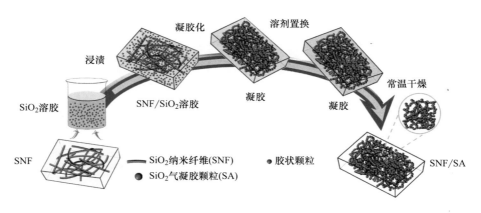

图 12-9

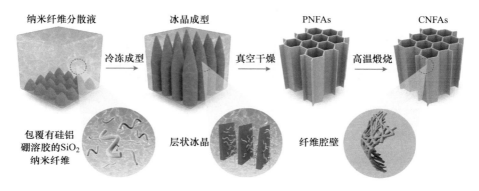

图 12-15

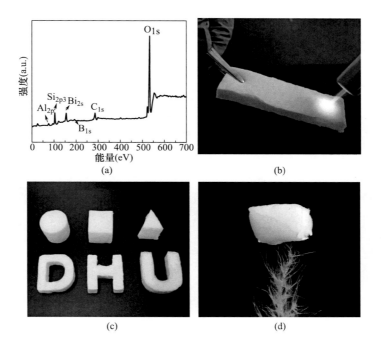

图 12-16

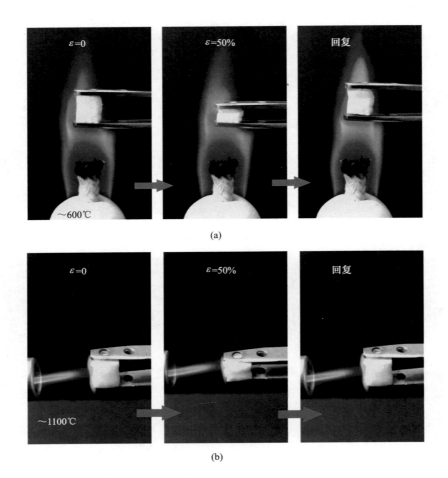

(a)

(b)

图 12-23

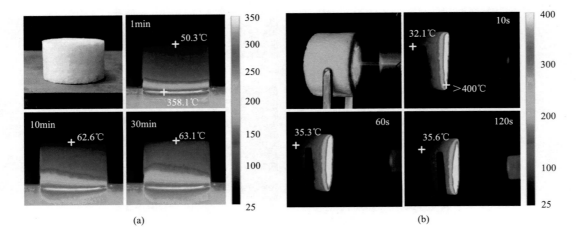

(a)   (b)

图 12-25